2026 소방시설관리사 마지막 골든타임
기회는 지금뿐! 2027년 개편 전에 끝내자!

2026년 시험이 특별한 이유!

1. 출제 경향이 익숙한 기출 위주
2. 경쟁률이 시험제도 개편 후보다 낮음
3. 2027년 시험 제도 개편에 따른 합격률 하락 예상

오래 준비해온 수험생에겐 가장 익숙한 기회,
초시생에겐 난이도와 경쟁자가 적은 기회입니다.

지금이 바로, 합격할 때입니다.

그 영광의 주인공은 바로 당신입니다!

업계 최대 규모 합격자 모임 실제 현장
(서울 마곡 코엑스)

 **기록적인 성장 1648%**

*2017년 vs 2024년 매출 기준

 **경이로운 수강생 증가 760%**

*2018년 vs 2025년 1, 2월 수강인원 기준

 **강의 만족도 99%**

*2024년, 2025년 모아바 합격수기 평가 점수 변환 기준

 **압도적인 합격률 79%**

*2024년 소방시설관리사 2차 합격률

"합격을 넘어 실무까지, 모아가 만듭니다!"

모아소방전기학원
모아직업기술교육원

소방기술사 강의

과정평가형

국가기간전략산업직종훈련

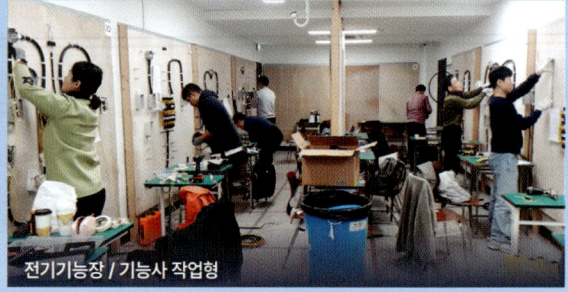
전기기능장 / 기능사 작업형

소방분야	소방기술사 / 소방시설관리사 / 소방설비기사(전기 / 기계) / 소방설비산업기사(전기 / 기계)
전기분야	전기안전기술사 / 전기응용기술사 / 발송배전기술사 / 건축전기설비기술사 / 전기기능장 / 전기기능사 / 전기기사·산업기사
안전분야	화공안전기술사 / 건축기사·산업기사 / 건축설비기사·산업기사 / 건설안전기술사 / 건설안전기사·산업기사 산업안전기사·산업기사 / 산업안전지도사 / 승강기기능사 / 공조냉동기계기사
통신분야	정보통신기술사
실무분야	소방감리실무 / 현장에서 통하는 소방설비 찐 실무
과정평가형	소방설비산업기사(전기 / 기계) / 산업안전산업기사 / 산업안전기사 / 건설안전기사 / 전기공사산업기사
국가기간전략훈련	[국기] 전기기능사 취득과정
위탁기관 위탁교육	서울시노동자복지관 / 제대군인지원센터 / 기아 Autol and 조합원 단체 교육

모아소빙진기학원

자격증 취득 & 과정상담

모아소방전기학원
02.2068.2851

모아직업기술교육원
02.2068.2854

평일 09:00~19:00 / 토·일 08:00~17:00 (공휴일 휴무)

모아소방전기학원 × 모아직업기술교육원

2026 엔드 업 소방시설관리사

2차 최신 경향 반영

기본서 설계 및 시공

소방기술사·소방시설관리사
이승화

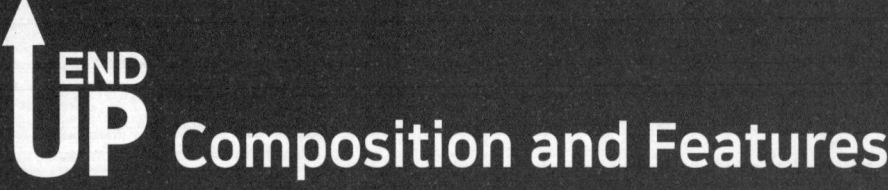# Composition and Features

❶ Systematic Learning Method
설계시공 과목의 핵심인 소방설비의 시스템을 정확히 이해함으로써 End up

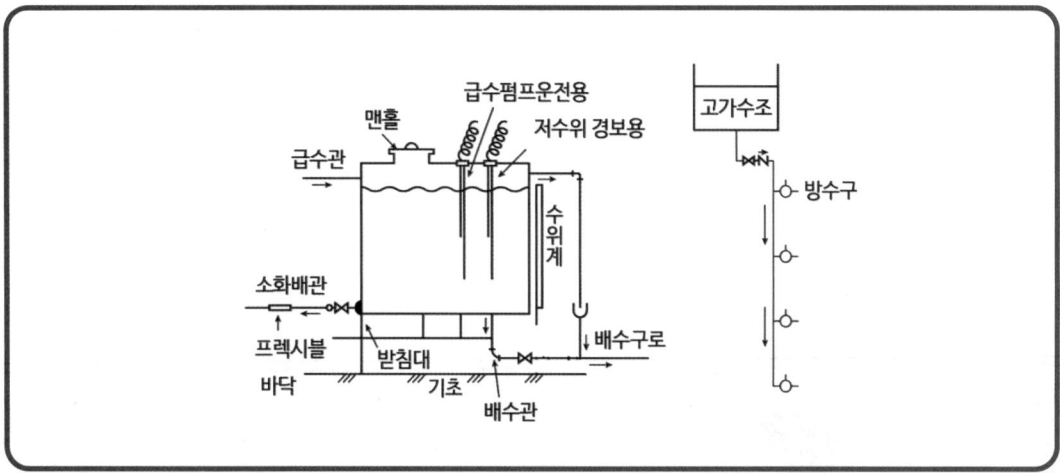

❷ Solid Understanding of NFTC
화재안전기준의 확실한 이해를 바탕으로 설계시공을 학습함으로써 End up

7 설치기준(NFTC)

1) 쉽게 접근할 수 있고 점검하기에 충분한 공간이 있는 장소로서 화재, 침수 등의 재해로 인한 피해를 받을 우려가 없는 장소에 설치
2) 동결 방지 조치를 하거나 동결의 위험이 없는 장소에 설치
3) 소화설비의 규정 방수압과 방수량 이상 토출
4) 펌프는 전용
5) 펌프 토출 측에는 압력계를 펌프 토출 측 플랜지에서 가까운 곳에 설치하고, 흡입 측에는 연성계 또는 진공계 설치
6) 성능시험배관 설치
7) 순환배관 : 체절 운전 시 수온 상승 방지

2026 END UP 소방시설관리사 기본서 설계 및 시공

❸ Approach of Computational Problems

합격의 당락을 좌우하는 설계시공 관련 계산문제를 완벽히 해결함으로써 End up

1. 각 예상제연구역별 배출량 [m³/hr]

구 분	바닥면적 / 직경 또는 통로길이	배출량
거실 – 1	500 m²/ $\sqrt{(25m)^2 + (20m)^2}$ = 32.02 m	∴ 최소 40,000 m³/hr
거실 – 2	$375 m^2 \times 1 m^3/min \cdot m^2 \times 60 min/hr$	∴ 최소 22,500 m³/hr
거실 – 3	500 m²/ $\sqrt{(25m)^2 + (20m)^2}$ = 32.02 m	∴ 최소 40,000 m³/hr
거실 – 4	500 m²/ $\sqrt{(25m)^2 + (20m)^2}$ = 32.02 m	∴ 최소 40,000 m³/hr
복도 – 1	– /35 m	∴ 최소 45,000 m³/hr
복도 – 2	– /40 m	∴ 최소 45,000 m³/hr

❹ Category of Various Issues

소방기술사, 소방관리사, 소방기사의 최근 이슈 등 넓은 범주의 문제들을 다룸으로써 End up

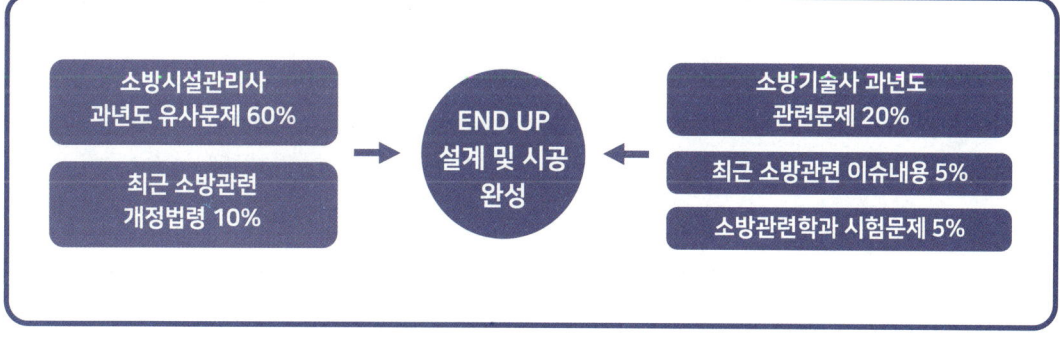

How to Pass

❶ Systematic Learning Method

검증된 교재를 통한 수준별 & 단계별 교재의 선택이 중요하다.

단계	과정	교재	교재구분	
1 step	1차 시험 기본	버닝 업 1차	상권	하권
2 step	1차 시험 심화	버닝 업 10년 과년도	단권	
3 step	2차 시험 예비	그로우 업 1차	수리계산기초	화재안전기준
4 step	2차 시험 기본	엔드 업 기본서	점검실무행정	설계 및 시공
5 step	2차 시험 심화	엔드 업 심화서	점검실무행정	설계 및 시공
6 step	2차 시험 심화	엔드 업 만(萬)제	점검실무행정	설계 및 시공

❷ Verified Institution

실력이 검증된 기관이며, 꾸준히 다수의 합격생들을 배출하고 합격생들이 극찬한 기관에서 출판한 교재인지 확인을 해야 한다.

❸ Acceptance ratio is only one indicator

구분		2020	2021	2022	2023	2024	2025
1차	대상(명)	7,151	8,487	6,701	7,701	7,725	8,204
	응시(명)	5,765	6,874	5,311	6,327	6,296	6,730
	합격(명)	1,085	3,375	2,131	2,404	2,063	3,973
	합격률(%)	18%	49%	40.1%	37.9%	32.8%	59.0%
2차	대상(명)	2,576	3,348	3,591	3,053	3,017	-
	응시(명)	2,307	2,802	2,992	2,668	2,642	-
	합격(명)	65	104	172	39	403	-
	합격률(%)	2.8%	3.7%	5.7%	1.4%	15.3%	-

※ 2025년 2차 합격률은 교재 발간 이후 발표되어 본 자료에는 반영되지 않았습니다.

❹ Average score of 60 or higher will pass

구분		시험 과목	시험 시간
2차 시험 (논술형)	1교시	소방시설의 점검실무행정 (3문항)	90분 (09:30~11:00)
	2교시	소방시설의 설계 및 시공 (3문항)	90분 (11:50~13:20)
합격기준		시험과목별 5인의 채점위원이 각각 채점하는 독립 5심제이며, 최고점수와 최저점수를 제외한 점수가 채점위원 1명당 100점을 만점으로 하여 매 과목 평균 40점 이상 전 과목 평균 60점 이상 득점한 자	

설계시공 공부의 Guide

Five-Step Guide

✓ STEP 1 이해를 기초로 한 철저한 암기
많은 분들이 설계시공을 이해과목으로 오해하고 있지만, 설계시공은 이해를 바탕으로 한 암기과목이므로 계산문제와 화재안전기준의 조건을 철저하게 학습해야 한다.

✓ STEP 2 화재안전기준의 철저한 공부
설계시공은 국가화재안전기준의 틀 안에서 주어진 조건에 맞게 풀이하도록 시험문제들이 출제되고 있다. 수리학적 계산보다도 먼저 선행되어야 하는 학습은 화재안전기준의 철저한 이해라고 할 수 있다. 기본적으로 화재안전기준이 정리되어 있다면 계산문제와 실무 관련 내용에 대한 체계적 학습을 거치면서 다듬어질 수 있다.

✓ STEP 3 과년도 문제의 철저한 정리
설계시공은 지금까지 출제된 문제를 위주로 소방설계의 방법을 준비해야 한다 이를 위하여 과년도 정리가 반드시 필요하며, 실제로 과년도의 범주와 유사한 계산문제들이 출제되고 있다.

✓ STEP 4 실제적 의미와 해석의 안목 키움
소방설계의 이론문제와 계산문제를 단순한 암기적 풀이가 아닌, 그 문제가 내포하고 있는 의미를 실제적으로 해석하는 안목을 키워야만 최근 시험에 대비할 수 있다.

✓ STEP 5 소방은 새로운 것이 없다
"소방에서 새로운 것은 없다. 다만, 새롭게 해석될 부분은 아직도 많이 존재한다."

최근에 출제되었던 과년도 문제의 출제경향은 방호대상물의 올바른 소방설계와 소방시공의 방법을 제시하는 형태로 발전하고 있다. 따라서 기존의 서술형 문제와 계산문제에서 개선방법을 찾는 것이 확실한 합격전략이라고 할 수 있다.

Determination of MOA

우리의 공부와 노력의 선택은 자유입니다.
하지만 합격은 우리의 엉덩이로 흘린 '땀 방울'의 양이 결정합니다.
'모아'는 우리가 합격을 위해서 흘리는 '땀 방울'을 담아내는 그릇이 되고 싶습니다.

END UP CONTENTS

PART 00 소방 유체역학

CHAPTER 01 소방 유체역학 ··· 23
└ CHAPTER 01 계산문제 ··· 120

PART 01 소화기구 및 자동소화장치

CHAPTER 01 소화기구 및 자동소화장치 ································· 160
└ CHAPTER 01 계산문제 ··· 167

PART 02 수계설비

CHAPTER 01 옥내소화전설비 ··· 178
CHAPTER 02 옥외소화전설비 ··· 192
└ CHAPTER 01, 02 계산문제 ··· 194
CHAPTER 03 스프링클러설비 ··· 210
└ CHAPTER 03 계산문제 ··· 227
CHAPTER 04 간이스프링클러설비 ·· 247
CHAPTER 05 화재조기진압용 스프링클러설비 ·························· 252
└ CHAPTER 04, 05 계산문제 ··· 255
CHAPTER 06 물분무소화설비 ··· 258
CHAPTER 07 미분무소화설비 ··· 262
└ CHAPTER 06, 07 계산문제 ··· 267
CHAPTER 08 포소화설비 ··· 270
└ CHAPTER 08 계산문제 ··· 282

PART 03 가스계설비

CHAPTER 01 이산화탄소소화설비 ··· 302
└ CHAPTER 01 계산문제 ··· 312
CHAPTER 02 할론소화설비 ··· 336
CHAPTER 03 할로겐화합물 및 불활성기체소화설비 ························· 338
└ CHAPTER 02, 03 계산문제 ··· 345
CHAPTER 04 분말소화설비 ··· 361
└ CHAPTER 04 계산문제 ··· 368
CHAPTER 05 고체에어로졸소화설비 ·· 374
└ CHAPTER 05 계산문제 ··· 379

PART 04 경보설비

CHAPTER 01 자동화재탐지설비 및 시각경보장치 ···························· 382
└ CHAPTER 01 계산문제 ··· 404
CHAPTER 02 비상경보설비 및 단독경보형 감지기 ·························· 414
CHAPTER 03 비상방송설비 ··· 416
CHAPTER 04 자동화재속보설비 및 누전경보기 / 가스누설경보기 / 화재알림설비 ·········· 419
└ CHAPTER 02~04 계산문제 ··· 428

PART 05 피난구조 및 소화용수설비

CHAPTER 01 피난기구 및 인명구조기구 ··· 446
└ CHAPTER 01 계산문제 ··· 453
CHAPTER 02 유도등 및 유도표지 / 비상조명등 ································ 456
CHAPTER 03 상수도소화용수설비 / 소화수조 및 저수조 ····················· 466
└ CHAPTER 03 계산문제 ··· 469

PART 06 소화활동설비

CHAPTER 01 제연설비 ·· 474
└ CHAPTER 01 계산문제 ··· 485
CHAPTER 02 특별피난계단의 계단실 및 부속실 제연설비 ···················· 500
└ CHAPTER 02 계산문제 ··· 518
CHAPTER 03 연결송수관설비 ··· 532
└ CHAPTER 03 계산문제 ··· 536
CHAPTER 04 연결살수설비 ·· 539
CHAPTER 05 비상콘센트설비 ··· 543
└ CHAPTER 05 계산문제 ··· 548
CHAPTER 06 무선통신보조설비 ·· 549
└ CHAPTER 06 계산문제 ··· 554

PART 07 기타 설비

CHAPTER 01 소방시설용 비상전원수전설비 · 558
CHAPTER 02 도로터널 · 562
  └ CHAPTER 02 계산문제 · 565
CHAPTER 03 고층건축물 · 574
  └ CHAPTER 03 계산문제 · 577
CHAPTER 04 지하구 · 580
CHAPTER 05 건설현장 · 584
CHAPTER 06 전기저장시설 · 588
CHAPTER 07 공동주택 · 590
CHAPTER 08 창고시설 · 595
  └ CHAPTER 08 계산문제 · 599
CHAPTER 09 소방시설의 내진설계 기준 · 601
  └ CHAPTER 09 계산문제 · 604

부록 소방시설도시기호 · 606

설계 및 시공 기출문제 분석

회 차	문 제
1회	① R형 수신기의 다중전송방식(Multiplexing) ② 포소화약제의 혼합방식 ③ 펌프의 동력 계산 ④ 분말소화설비의 5가지 장점 ⑤ 물올림장치의 개요 및 설치기준 ⑥ 공동현상 ⑦ 광전식 감지기의 구조원리 ⑧ 건식 밸브의 QOD 종류 2가지 ⑨ 일제개방밸브의 감압과 가압방식 ⑩ 준비작동식설비의 작동과정 2단계 구분 설명
2회	① 자동화재탐지설비에서 발신기의 가닥수 ② 스프링클러설비에서 배관의 배관경 계산(Q, v조건) ③ 스프링클러설비에서 배관의 시공기준 및 배관재료의 사용기준 ④ 옥내소화전설비에서 저압수전의 계통도 도해 ⑤ 옥내소화전설비의 토출량/전양정/용량 [kW]/수원의 용량
3회	① 이산화탄소소화설비 저장용기실의 계통도/이산화탄소의 가스농도 ② P형과 R형 수신기의 설명 및 차이점 ③ 펌프의 성능시험곡선에서 체절점, 설계점, 150 % 유량점 ④ 펌프의 수온상승 방지장치 2종류 ⑤ 스프링클러설비 설치 및 취급 시 주의사항 및 분말소화설비의 배관 시공 시 주의사항
4회	① 스프링클러설비의 전양정/분당토출량/동력 계산 ② 경계구역의 수/감지기 ③ ODP, GWP의 정의/청정소화약제의 주된 소화원리 ④ 스프링클러설비의 헤드 선정 시 유의사항/설치 시 유의사항
5회	① 감지기회로에서 송배선식으로 하고 종단저항의 설치이유 ② 내화배선의 시공부분 및 시공방법 ③ 스프링클러설비에서 배관의 관경 계산 및 배관경에 따른 헤드의 개수 ④ 달시 방정식을 이용한 마찰손실수두의 계산 ⑤ 포소화약제의 저장량/고정포방출구의 개수/혼합장치의 방출량

2026 END UP 소방시설관리사 기본서 설계 및 시공

회차	문제
6회	① 드렌처설비에서 시공 시 헤드의 방수량/수원량/헤드의 배치기준 ② 성능시험배관의 시공방법 ③ 제연설비의 배출량/풍도/동력/회전수/풍량 증가 시 사용 가능 여부 ④ 옥내소화전설비에서 피토게이지를 통한 방수량 측정 위치/방법 ⑤ 할론약제량/저장용기의 수/감지기의 수/회로수/분구면적의 계산
7회	① 제연설비에서 제연구획의 기준 ② 옥내소화전설비에서 감압방식의 4가지 ③ 포소화설비에서 혼합장치의 종류 ④ 습식 외의 스프링클러설비에서 하향식 헤드를 사용할 수 있는 경우 ⑤ 이산화탄소소화설비에서 연기감지기의 작동부터 분사헤드의 약제방출 순서 ⑥ 스프링클러설비에서 구성기기의 비정상 상태 감지신호 4가지 ⑦ 옥내소화전과 스프링클러설비에 따른 토출량/전동기 동력 ⑧ 소화펌프에서 토출 측 주배관의 관경계산 ⑨ 방호구역의 설정 ⑩ 옥내소화전과 호스릴옥내소화전설비의 수원/방수압/방수량/배관/수평거리의 차이점
8회	① 옥외소화전설비에서 펌프 주위 배관의 도시/안전밸브의 종류 ② 릴리이프밸브의 설정압력 ③ 옥외소화전설비의 동파방지를 위한 시공 시 유의사항 ④ 콘루프형 위험물의 고정포약제량/보조포약제량 ⑤ 스프링클러설비에서 랙식 창고(특수가연물저장) 헤드의 수/배관경/수원
9회	① 할로겐화합물 청정소화설비의 약제량 계산 ② 도로터널의 소방시설(길이 3,000 m) ③ 부속실제연설비에서 제어반의 기능 ④ 소규모거실(350 m^2)에서 송풍기의 동력 ⑤ 특정소방대상물의 경계구역 수/경보방식
10회	① 청정, 할로겐화합물, 불활성기체소화약제의 정의 ② 청정소화설비의 설치금지 장소(최대허용설계농도) ③ 과압배출구의 설치장소 ④ 할로겐화합물 및 불활성기체소화설비에서 저장용기 재충전 및 교체기준 ⑤ 부속실제연설비에서 제연방식

설계 및 시공 기출문제 분석

회 차	문 제
10회	⑥ 부속실제연설비에서 제연구역 선정기준 ⑦ 부속실제연설비에서 차압 [Pa]을 구하고, 최소차압 40 Pa와 기준치의 비교 ⑧ 폐쇄형 스프링클러설비에서 수리계산에 따른 압력/방수량/유량/내경의 계산
11회	① 펌프 흡입배관의 마찰손실을 하젠 – 윌리엄스공식을 이용한 유효흡입수두 ② 물분무소화설비에서 절연유봉입변압기의 토출량, 전기기기의 헤드이격거리, 차고/주차장의 배수설비기준 ③ 단독경보형 감지기의 수량산출/특수형감지기 8가지의 종류/특수형감지기의 설치 제외 ④ P형 1급수신기의 종단저항/전류계산
12회	① 아파트의 옥내소화전설비 및 스프링클러설비 겸용설비에 따른 전양정 및 수원/토출량/동력 계산 ② 옥내소화전설비의 방수구 설치 제외/감시제어반과 동력제어반의 구분하여 설치하지 않아도 되는 경우 ③ 아파트의 주방에 설치하는 자동식소화기의 설치기준 ④ 의료시설의 경우 수동식소화기의 설치개수 산정 ⑤ 소화용수 저수량 산정/흡수관 투입구/채수구개수 ⑥ 도로터널에서 옥내소화전방수구의 설치수량 및 수원량 ⑦ 도로터널에서 자동화재탐지설비의 경계구역 및 설치 가능 감지기 3가지 ⑧ 도로터널에서 비상콘센트의 설치수량
13회	① 이산화탄소소화설비에서 저장용기의 설치기준/분사헤드 설치 제외 장소 ② 이산화탄소소화설비의 모피, 에탄올 저장창고에서 고압식 설계(약제량/1병당 저장량/최소용기 수 농도/체적) ③ 부속실제연설비의 급기방식/급기송풍기의 설치기준 ④ 거실제연 송풍기 배출량/동력/풍도폭/풍도두께 ⑤ 폐쇄형미분무소화설비의 최고주위온도 계산/수원량 ⑥ 시각경보기의 전압강하 계산 ⑦ 옥내소화전설비에서 내화배선의 시공방법
14회	① 주상복합건축물의 주용도 및 부속용도에 따른 소화기개수 산출 ② 스프링클러설비에서 입상배관의 압력 산출 ③ 스테인레스 강관(다지관)의 유량 계산 ④ 자동화재탐지설비에서 경계구역 산출/쉴드선의 사용 이유 및 원리

2026 END UP 소방시설관리사 기본서 설계 및 시공

회 차	문 제
14회	⑤ PG법에 의한 발전기의 용량 [kVA] ⑥ 펌프의 극수를 고려한 비속도 ⑦ HCFC B/A의 조성 ⑧ IG-541 소화약제 산출 및 기호설명/선형상수/약제량/저장용기 수/선택밸브의 통과유량
15회	① 거실제연설비의 A구역 배출량, B구역 배출량, 급/배기댐퍼 동작 상태/제연구역의 구획 설정 기준, 송풍기 최소필요압력, 송풍기 동력 ② 복도통로유도등의 설치기준/60분 용량 대상 ③ 방유제 내 휘발유 및 중유저장탱크 약제량/방유제의 높이 ④ 도로터널에서 발신기의 설치높이 ⑤ 도로터널에서 제연설비 전원공급선의 유지 조건 ⑥ 펌프의 수동력(에너지보존법칙) ⑦ 문화 및 집회시설에서 스프링클러설비의 적용대상 ⑧ HFC-125소화약제의 선형상수 ⑨ 차고에서 포소화설비의 저장량/호스릴 적용 조건/기동장치에서 자동경보장치의 설치기준
16회	① 이산화탄소소화설비에서 국소방출방식 방호공간 체적/방호공간 벽면적 합계/방호대상물 주위에 설치된 벽면적/최소약제량 및 용기 수 ② 체적 55 m^3 미만인 전기설비의 소화약제 비체적/자유유출/심부화재 약제량/설계농도의 계산 ③ 일반건식 밸브와 저압건식 밸브의 작동순서/저압건식 밸브의 장점/QOD의 작동원리 ④ 스프링클러설비에서 주펌프 2대 병렬운전 시 장점 ⑤ 스프링클러설비에서 후드밸브와 체크밸브의 이상유무 확인방법 ⑥ 간이스프링클러설비에서 상수도직결방식 및 펌프방식의 배관과 밸브 ⑦ 공동예상제연 및 통로배출방식에 따른 최소풍량/상사법칙에 의한 전동기의 용량/최소 공기유입량/공기유입구의 최소면적
17회	① 스프링클러설비의 적용대상(비불연재료와 비내화구조의 공장, 창고) ② 준비작동식 스프링클러설비의 동작순서 ③ 종단저항의 설치기준/회로도통 시험 시 전압계를 사용한 가부판정기준 ④ 일제개방밸브의 2차 측 배관 부대설비 설치기준 ⑤ 스프링클러헤드의 표시온도(위험물 세부기준) ⑥ 준비작동식 밸브 2차 측으로 넘어간 소화수의 양/소화수의 무게

설계 및 시공 기출문제 분석

회 차	문 제
17회	⑦ 청정소화약제소화설비의 배관허용응력/관의 두께 ⑧ 경계구역수의 산정/감지기의 종류별 수량 ⑨ 송수구의 송수압력범위 표시설비/급수개폐밸브 작동표시스위치 ⑩ 부속실제연설비에서 옥내 출입문의 구조기준 ⑪ 피난통로의 설치대상이 되는 다중이용업소 ⑫ 영상음향차단장치의 설치기준 ⑬ 연속 방정식의 계산 ⑭ 내진설계기준에서 종방향 흔들림방지 버팀대의 설치기준 ⑮ 소형소화기/소형소화기의 감소기준/소화기구의 적응성 소화약제 ⑯ 항공기격납고의 소화기구/고정포개수/최소방출량/포수용액량 ⑰ 비상콘센트의 회로수/설치개수/전선의 허용전류/전압강하
18회	① 벤츄리관의 유량 계산식 유도/물의 유량 ② 4층 이상 피난사다리의 설치기준/개구부/적응성 피난기구/피난기구의 수 ③ 이산화탄소설비의 개구부/방호구역의 산출량/소화약제의 저장량/석탄, 에틸렌의 설계농도 ④ 고층건축물의 옥내소화전 수원/스프링클러설비의 수원/자연낙차의 방수시간 ⑤ 물의 상평형도/비등점, 공동현상/잠열과 소화효과의 영향 ⑥ 정온식 감지기의 최소작동시간 ⑦ 정온식 감지선형감지기의 설치기준 ⑧ HCFCB/A 저장량/저장용기 교체기준/안전시설의 설치기준 ⑨ 부속실 제연설비의 출입문 틈새면적/누설량
19회	① 소화기구의 능력단위/소화기개수 ② HFC-23 저장량/분사헤드의 유량 ③ IG-100 저장량/저장용기 수 ④ 스프링클러설비의 말단 유량/마찰손실 압력/펌프의 토출압력 ⑤ 할로겐화합물 및 불활성기체소화설비에서 배관두께 ⑥ 부속실제연설비에서 송풍기의 풍량/송풍기 정압/전동기 용량 ⑦ 수계소화설비에서 기동용 수압개폐장치 주, 예비, 충압펌프의 기동점, 정지점 ⑧ 주펌프, 예비펌프의 성능시험 시 양정(체절운전/정격토출량 150 %) ⑨ 성능시험배관의 유량측정범위(최소유량, 최대유량) ⑩ 문화 및 집회, 종교, 운동시설에서 스프링클러설비의 설치대상

2026 END UP 소방시설관리사 기본서 설계 및 시공

회 차	문 제
19회	⑪ 할로겐화합물 및 불활성기체소화설비에서 배관의 구경 선정기준 ⑫ 무선통신보조설비에서 무선기기 접속단자의 설치기준 ⑬ 지하주차장 및 기계실의 차동식 스포트형 감지기 설치기준 ⑭ 스프링클러설비 유수검지장치의 종류별 수량 ⑮ 폐쇄형 스프링클러헤드를 사용하는 설비의 방호구역·유수검지장치 설치기준
20회	① 시설법에 따른 간이스프링클러설비의 설치대상 ② 다특법에 따른 간이스프링클러설비의 설치대상 ③ 상수도직결형 및 캐비닛형을 설치할 수 없는 특정소방대상물 ④ 가압수조방식의 간이스프링클러설비에서 배관 및 밸브의 설치 ⑤ 상수도직결형 및 캐비닛형 간이스프링클러설비의 배관경 ⑥ 위험물 안전관리법에 따른 IG-100, IG-55, IG-541 약제량 ⑦ 위험물 안전관리법에 따른 불활성기체소화설비의 안전조치기준 ⑧ HFC-227ea/FIC-13I1/FK-5-1-12의 화학식 ⑨ Ⅱ형 포방출구의 정의 ⑩ 이소부틸알콜을 저장하는 고정지붕구조탱크에 필요한 약제량 및 수원량 계산 등 ⑪ 이소부틸알콜을 저장하는 고정지붕구조탱크의 전동기 출력 계산 ⑫ 위험물 안전관리법에 따른 폐쇄형 스프링클러헤드의 부착위치 ⑬ 위험물 안전관리법에 따른 스프링클러설비의 유수검지장치 설치기준 ⑭ 위험물 안전관리법에 따른 건식 및 준비작동식 스프링클러설비의 설치기준 ⑮ 하디 크로스방식(Hardy Cross Method)의 유체역학적 기본원리 ⑯ 하디 크로스방식(Hardy Cross Method)의 계산절차 ⑰ 세 개 분기관에서 각 분기관에 흐르는 유량 ⑱ 스프링클러설비에서 방수압과 방수량의 관계식 $Q=80\sqrt{10P}$ 유도 ⑲ 스프링클러설비에서 급수개폐밸브 작동표시스위치의 설치기준 ⑳ 스프링클러설비에서 충압펌프의 설치기준
21회	① 중량유량 980 N/min으로 흐를 때, 공동현상이 발생되지 않는 압력 계산 ② 도로터널에서 수원의 용량 및 방사된 수원을 보충하는 데 필요한 시간 계산 ③ 도시기호 중 분말헤드, 포헤드, 방수구, 이온화식 감지기, 시각경보기 ④ 화재조기진압용 스프링클러설비에서 설치장소 높이 및 천장의 기울기 ⑤ 화재조기진압용 스프링클러설비에서 가지배관 사이의 거리

설계 및 시공 기출문제 분석

회차	문제
21회	⑥ 필요방사밀도(RDD) 및 실제방사밀도(ADD)의 개념/그 관계 ⑦ 이산화탄소소화설비에서 분사헤드의 설치 제외 장소 ⑧ 이산화탄소소화설비에서 가연성 액체 또는 가연성 가스의 소화에 필요한 설계농도 ⑨ 할론소화설비의 최소 약제량 및 저장용기 수 [개] ⑩ 할론소화설비의 비체적 [m^3/kg] ⑪ 할론소화설비의 방사에 따른 방호구역 약제농도 [%] ⑫ 피난안전구역에 설치하는 소방시설의 종류 ⑬ 피난안전구역에 설치하는 피난유도선의 설치기준 ⑭ 피난안전구역에 설치하는 인명구조기구의 설치기준 ⑮ 경보설비에서 비상전원으로 사용하는 축전지의 용량 [Ah] ⑯ 자동화재탐지설비의 회로에 연결된 전선의 최소 공칭 단면적 [mm^2] ⑰ 자동화재탐지설비에서 정온식 감지선형 감지기의 설치기준 ⑱ 전동기 시퀀스제어회로에서 타임차트에 따른 회로의 명칭 및 제어회로 도면작성
22회	① 고가수조의 최소 수원의 양 [m^3]과 고층부의 필요한 최소 동력 [kW] ② 고가수조방식으로 적용 가능한 중층부의 가장 높은 층의 계산 ③ 감압밸브가 설치된 옥내소화전 노즐선단의 방수압력 [MPa] ④ 연결송수관설비의 가압송수장치에 필요한 최소 동력 [kW] ⑤ 지상/지하에 설치된 연결송수관설비의 송수구 압력 [MPa] ⑥ 옥내소화전에 사용하는 가압송수장치 4가지 방식 ⑦ 건축물의 최소 경계구역 수 및 감지기 종류별 최소 설치 수량 ⑧ 화재가 발생하였을 경우, 경보를 발하여야 하는 층 ⑨ P형1급 수신기를 설치할 경우, 배선내역 및 전선가닥수 ⑩ Y-⊿ 기동제어회로를 사용하는 이유/Y결선 및 ⊿결선의 부하전류 ⑪ 전동기가 ⊿결선으로 운전되고 있을 때, 점등되는 램프 ⑫ THR의 명칭과 회로에서의 역할 ⑬ 제연송풍기의 풍량 [m^3/hr] 및 덕트 내 평균 풍속 [m/s] ⑭ 달시 - 바이스바흐(Darcy - Weisbach)식을 이용한 단위길이당 덕트마찰손실 [Pa/m] ⑮ 거실 A, B, C의 예상제연구역에 대한 최저 배출량 [m^3/hr] ⑯ 피난안전구역에 설치하는 제연설비의 설치기준

2026 END UP 소방시설관리사 기본서 설계 및 시공

회차	문제
23회	① 이산화탄소소화설비에서 소화약제의 저장량 ② 이산화탄소소화설비에서 분사헤드의 방사량 ③ 이산화탄소소화설비에서 소화약제 저장량의 방사시간 ④ NFTC 106에서 정하고 있는 저장용기기준 ⑤ 할로겐화합물 소화약제량의 무유출(No Efflux)방식 이유 및 산출식 유도 ⑥ 불활성기체소화약제량의 자유유출(Free Efflux)방식 이유 및 산출식 유도 ⑦ HFC-227ea와 IG-100의 선형상수 ⑧ HFC-227ea의 소화약제에 필요한 최소 용기 수 ⑨ IG-100의 소화약제에 필요한 최소 용기 수 ⑩ 방호구역이 사람이 상주하는 곳의 HFC-227ea와 IG-100의 최대 용기 수 ⑪ 제트팬의 시퀀스제어회로에서 MCCB의 동작시퀀스 ⑫ 제트팬의 시퀀스제어회로에서 유도전동기에 정격전압 3상 380 V을 공급할 때 전자개폐기에 인가되는 전압 [V] ⑬ 제트팬의 시퀀스제어회로에서 제어회로의 입력신호에 따른 타임차트 ⑭ 제트팬의 시퀀스제어회로에서 순시동작 한시복귀 타이머를 사용할 경우 타임차트 ⑮ 수신반에서 감지기가 작동할 때 전압강하의 계산 ⑯ 옥내소화전 펌프용 유도전동기의 역률 개선을 위한 콘덴서 용량의 계산 ⑰ 스프링클러 펌프의 동기속도와 회전속도 ⑱ 옥내소화전 펌프의 소요동력 계산 ⑲ NFTC 102에서 옥내소화전 방수구를 설치하지 않을 수 있는 곳 ⑳ NFTC 102에서 비상전원의 종류 및 비상전원을 설치하지 아니할 수 있는 경우 ㉑ 도시기호 중 옥외소화진, 소화진 송수구, 옥내소화진 방수용기구병설 ㉒ 옥내소화전의 노즐에서 방수량을 구하는 공식의 유도 ㉓ 소방시설의 내진설계기준상 지진분리장치의 설치기준
24회	① 특별피난계단의 계단실 및 부속실 제연설비에서 부속실과 복도 사이의 누설량 ② 특별피난계단부속실의 배출용 송풍기 최소 풍량(m^3/hr) 및 입상덕트의 최소 크기(m^2) ③ 출입문에 설치된 폐쇄장치(Door Closer)의 폐쇄력(N) ④ 수직풍도 「건축물의 피난·방화구조 등의 기준에 관한 규칙」 제3조 제2호의 기준 ⑤ 특별피난계단의 계단실 및 부속실 제연설비에서 급기 송풍기의 풍량(m^3/hr) ⑥ 특별피난계단의 계단실 및 부속실 제연설비에서 급기송풍기의 동력(kW)

설계 및 시공 기출문제 분석

회차	문제
24회	⑦ 급기송풍기 풍량을 기준으로 한 입상덕트의 최소 크기(m^2)
	⑧ 공동예상 제연구역의 최소 전체 배출량(m^3/hr)
	⑨ A, B, C실의 공기유입구와 배출구의 최소 직선거리(m)
	⑩ 방출되는 물의 최대유량(L/min)
	⑪ 배수시간 산출 공식을 연속 방정식과 토리첼리의 정리를 이용하여 유도
	⑫ 배수하는 데 걸리는 최소 시간 t(s)
	⑬ 할론 소화설비의 기동용 가스용기기준
	⑭ 할로겐화합물 및 불활성기체소화설비에서 배관의 최대허용압력(kPa)
	⑮ 소화약제별 선형상수 $S(m^3/kg)$의 K_1과 K_2를 설명
	⑯ 심부화재 방호대상물에서 10℃를 기준으로 이산화탄소 소화약제의 선형상수 $S(m^3/kg)$
	⑰ 부속용도별로 추가하는 소화기구 설치기준
	⑱ 감지기회로의 선로저항(Ω) 계산
	⑲ 감지기회로에 흐르는 감시전류 I_1(mA), 동작전류 I_2(mA) 계산
	⑳ 감지기 배선의 도시기호 의미
	㉑ 수신기 공통선시험의 목적과 판정기준
	㉒ 수신기 교류 전원부의 브리지 정류회로 그림에서의 Vm(V)과 T(ms) 계산
	㉓ 브리지 정류회로에서 콘덴서 C의 회로 내 역할
	㉔ 축전지의 최소 용량(mAh) 계산
	㉕ 비상콘센트설비의 상용전원회로 배선 분기위치
	㉖ 비상콘센트설비의 비상전원으로 사용할 수 있는 설비 4종류
	㉗ 비상전원을 설치하지 않을 수 있는 경우
	㉘ 비상콘센트 전동기 코드에 흐르는 전류(A)
25회	① HFC-227ea와 IG-01 소화약제의 저장량
	② HFC-227ea와 IG-01 저장용기 수
	③ HFC-227ea와 IG-01 분사헤드 최소 방사량
	④ 특수가연물 저장·취급장소 고발포용고정포방출구방식의 포수용액양 및 방출구수
	⑤ 이산화탄소소화설비 저장용기 수
	⑥ 이산화탄소농도가 40%일 때, CO_2방출가스의 체적(m^3)(단, 무유출 상태)
	⑦ CO_2 저장용기에서 선택밸브까지 배관계통도
	⑧ 전기저장시설의 화재안전기술기

회차	문제
25회	⑨ 개방형 스프링클러헤드 수별 급수관의 구경 표를 완성 및 헤드 사이의 거리 ⑩ 각 구간의 마찰손실압력(MPa)과 스프링클러헤드의 최소유량(L/min) ⑪ 10층의 백화점 건축물에 습식 스프링클러설비의 전양정과 전동기 용량(Kw) ⑫ 댐퍼, 풍량조절댐퍼의 정의 ⑬ 헤드의 설치 제외장소 중 "불연재료로 된 특정소방대상물 또는 그 부분으로서 다음의 어느 하나에 해당하는 장소" 4가지 ⑭ 3상 유도 전동기 부하에서 소비되는 유효전력 [W], 피상전력 [VA], 부하의 역률 ⑮ 역률을 0.95(지상)로 개선하기위한 정전용량 [μF] ⑯ Y-⊿ 기동법으로 3상 유도전동기를 기동하는 경우 Y 결선에서의 기동 전류 및 기동 토크는 ⊿ 결선에 비하여 몇 배 ⑰ 회전 속도가 2,000 rpm이고 회전자의 회전속도는 1,900 rpm이라면 공극 출력과 기계적 출력의 비인 2차 측 효율 [%] ⑱ 휴대용비상조명등 설치기준 ⑲ 방전전류가 증가하는 경우, 이에 적합한 연축전지의 용량(Ah) ⑳ 부동충전방식의 충전기 2차 전류 [A]와 2차 출력 [kVA] ㉑ 변압비가 6,600/380 V이고 정격용량이 50 kVA인 단상 변압기를 3대를 ⊿ 결선 시 부하전류(선전류)와 변압기 상전류 ㉒ V 결선으로 운전 시 부하전류(선전류)와 변압기 상전류 ㉓ 소손되지 않은 나머지 2대의 단상 변압기에는 몇 %의 과부하가 걸리는지 계산

END UP
소방시설관리사 기본서
설계 및 시공

PART 00

소방 유체역학

[이론별 페이지 확인]

항목	페이지
수학 기초	23
SI 단위	26
유체역학 기본	27
질량(Mass)과 중량(Weight)	28
Newton의 점성법칙	33
압력의 정의 및 구분	36
정지유체	40
유체의 표면장력	43
운동량과 역적(충격력)	44
연속 방정식	48
베르누이 방정식	50
토리첼리 정리	53
배수시간	54
유량 측정 개요	55
피토관(Pitot tube)	57
피토관과 피토정압관	59
벤투리 관(VenturiMeter)	61
오리피스	63
방수압과 토출량	66
소화전 방수압력	69
주손실	71
Hazen-Poiseuille	75
돌연 확대관의 손실(부차적 손실)	78
Hardy Cross 계산방법	80
동력	83
펌프 효율	85
동력 계산식 유도	86
공동현상(Cavitation)	87
NPSH(Net Positive Suction Head)	88
전양정	91
원심펌프와 용적형 펌프	94
펌프의 직·병렬운전	96
상사법칙	98
비속도(Specific Speed)	100
비속도 유도	103
수격현상(WaterHammer)	104
서징(Surging)	107
소방펌프	109
Air Lock	111
아보가드로 법칙	114
이상기체 상태 방정식	115
흔들림방지 버팀대의 세장비	119

CHAPTER 01 | 소방 유체역학

수학 기초

1 삼각함수

$$\sin\theta = \frac{y}{z} \qquad \cos\theta = \frac{x}{z} \qquad \tan\theta = \frac{y}{x}$$

$$\sin^2\theta + \cos^2\theta = 1$$

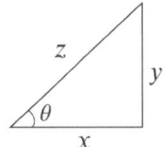

2 지수함수

$a^m \times a^n = a^{m+n}$ 　　예) $2^2 \times 2^3 = 2^{2+3} = 2^5$

$\dfrac{a^m}{a^n} = a^{m-n}$ 　　예) $\dfrac{2^6}{2^2} = 2^{6-2} = 2^4$

$a^{-m} = \dfrac{1}{a^m}$ 　　예) $2^{-5} = \dfrac{1}{2^5}$

$a^{\frac{1}{m}} = \sqrt[m]{a}$ 　　예) $2^{\frac{1}{2}} = \sqrt{2}$

3 로그/지수함수

$y = a^x \rightarrow x = \log_a y$

　예) $1000 = 10^3 \rightarrow 3 = \log_{10} 1000$

$y = 10^x \rightarrow x = \log_{10} y = \log y$

$y = e^x \rightarrow x = \log_e y = \ln y = 2.303 \log y$

　예) $e^{-K \cdot L} = \dfrac{I}{I_0} \rightarrow -K \cdot L = \ln\left(\dfrac{I}{I_0}\right) \rightarrow K = \dfrac{1}{L}\ln\left(\dfrac{I_0}{I}\right)$

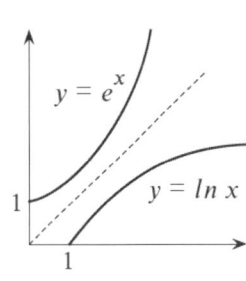

$$\log(A \times B) = \log A + \log B$$

$$\log\left(\frac{A}{B}\right) = \log A - \log B$$

$$-\log\left(\frac{A}{B}\right) = \log\left(\frac{B}{A}\right)$$

$$\log A^n = n \log A$$

4 미분

$$(x^n)' = n \cdot x^{n-1} \cdot dx$$

예) $(x^3)' = \dfrac{dx^3}{dx} = 3x^2 \cdot dx$

$$(y^{-1/2})' = \frac{dy^{-1/2}}{dy} = -\frac{1}{2}y^{(-\frac{1}{2}-1)} \cdot dy = -\frac{1}{2}y^{-3/2} \cdot dy$$

5 적분

$$\int_a^b x^n dx = \left[\frac{1}{n+1}x^{n+1}\right]_a^b = \frac{1}{n+1}(b^{n+1} - a^{n+1})$$

$$\int \frac{1}{x}dx = \ln x$$

$$\int \frac{1}{1-x}dx = -\ln(1-x)$$

예) $\int x^3 dx = \dfrac{1}{4}x^4, \qquad \int \sqrt{x}\, dx = \int x^{\frac{1}{2}} dx = \dfrac{1}{\frac{1}{2}+1} x^{\frac{1}{2}+1} = \dfrac{2}{3} x^{\frac{3}{2}}$

$$\int \frac{1}{\sqrt{x}} dx = \int x^{-\frac{1}{2}} dx = \frac{1}{-\frac{1}{2}+1} x^{-\frac{1}{2}+1} = 2x^{\frac{1}{2}} = 2\sqrt{x}$$

$$\int_a^b \frac{1}{x}dx = \ln x\Big]_a^b = \ln b - \ln a = \ln\left(\frac{b}{a}\right)$$

Annex

그리스 문자

대문자	소문자	이름	대문자	소문자	이름
A	α	알파	M	μ	뮤
B	β	베타	N	ν	뉴
Γ	γ	감마	Ξ	ξ	크사이
Δ	δ	델타	Π	π	파이
E	ε	엡실론	P	ρ	로
Z	ζ	제타	Σ	σ	시그마
H	η	에타	T	τ	타우
Θ	θ	세타	Φ	φ	파이
Λ	λ	람다	Ω	ω	오메가

접두어

제곱수	접두어	약자	제곱수	접두어	약자
10^{-1}	deci	d	10	deka	da
10^{-2}	centi	c	10^{2}	hecto	h
10^{-3}	milli	m	10^{3}	kilo	k
10^{-6}	micro	μ	10^{6}	mega	M
10^{-9}	nano	n	10^{9}	giga	G
10^{-12}	pico	p	10^{12}	tera	T
10^{-15}	femto	f	10^{15}	peta	P
10^{-18}	atto	a	10^{18}	exa	E

SI 단위

1 기본 SI 단위

기본 SI 단위			
물리적인 양	단위의 기호	물리적인 양	단위의 기호
질량	kg	물질의 양	mol
길이	m	전류	A
시간	s	광도	cd
온도	K	-	-

2 유도된 단위

1) 차원이 없는 단위

평면각(rad)	• 원의 부채꼴에서 반지름의 길이에 대한 호의 길이의 비율 • 이때 부채꼴이 갖는 중심각의 단위로 사용된다(호도법). 라디안 $\dfrac{b(호 길이)}{a(반지름)}$ • 1 라디안은 도수법(육십분법)으로 약 57°에 해당한다.
입체각(sr)	• 라디안의 3차원 버전이다. • 반지름이 r 인 구에서, 표면에 r^2의 면적을 만드는 입체각이 1 스테라디안이다. • 원점을 기준으로 방향 벡터들을 모두 반지름 1인 구에 정사영하여 그 넓이를 적분한 값이다. 따라서 모든 방향에 대한 값은 4π가 된다.

2) 차원이 있는 단위

구분	SI 단위	정의
부피	m^3	공간에서 차지하는 크기
밀도	kg/m^3	단위 부피당 질량
힘	N	$1kg$의 질량에 $1m/s^2$의 가속을 주기 위해 필요한 힘 $1N = 1kg \cdot m/s^2$
압력	Pa	$1\,m^2$의 면적 위에 작용하는 $1N$의 힘 $1Pa = 1N/m^2 = 1kg/m \cdot s^2$
에너지	J	$1N$의 힘으로 $1\,m$의 거리를 이동시킬 때 행해진 일 $1J = 1N \cdot m$
일률	W	단위 시간당 에너지 J/s

유체역학 기본

1 정의

1) 유체란 마찰에 의하여 전단응력(마찰응력)이 존재하는 물질. 전단력을 받았을 때 그 힘이 아무리 작더라도 연속적으로 변형되는 물질이다.
2) 유체의 특성을 크게 두 가지로 요약하면 점성과 압축성이 중요하다.

2 유체 분류

1) 정상류와 비정상류

   (1) 정상류(Steady Flow)

   시간에 따라 속도, 압력, 밀도 등의 유체 특성이 변하지 않는 흐름

   $$\frac{\partial v}{\partial t} = 0, \quad \frac{\partial p}{\partial t} = 0, \quad \frac{\partial \rho}{\partial t} = 0$$

   $\frac{\partial Q}{\partial t} = 0$ (예 환기지배형 화재, Pool fire)

   (2) 비정상류(Unsteady Flow)

   시간에 따라 속도, 압력, 밀도 등의 유체 특성이 변하는 흐름

   $$\frac{\partial v}{\partial t} \neq 0, \quad \frac{\partial p}{\partial t} \neq 0, \quad \frac{\partial \rho}{\partial t} \neq 0$$

2) 압축성과 비압축성 유체

   (1) 비압축성 유체

   압력변화에 대하여 밀도가 변하지 않는 유체 ($\frac{\partial \rho}{\partial p} = 0$)

   (2) 압축성 유체

   ① 압력변화에 대하여 밀도가 변하는 유체 ($\frac{\partial \rho}{\partial p} \neq 0$)

   ② 소화수의 경우 일반적으로 비압축성 유체로 취급하지만 수격현상 해석에서는 압축성 유체로 간주한다.

3) 점성유체 / 비점성 유체

   (1) 점성 유체 : 점성이 고려되는 유체로서 상대운동의 원인이 된다.

4) 이상유체와 실제유체

   (1) 이상유체 : 마찰이 없고(비점성), 비압축성 유체

   (2) 실제유체(점성유체) : 점성의 영향이 중요한 인자인 유체이다.

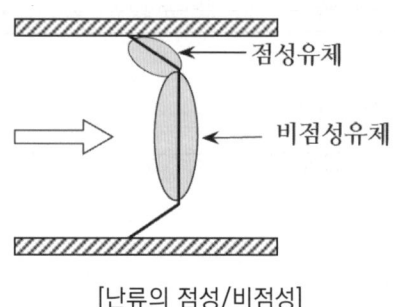

[난류의 점성/비점성]

질량(Mass)과 중량(Weight)

1 질량과 중량

1) 질량(kg, m)

   (1) 물질은 질량과 공간을 가지고 있는 것

   (2) 물체의 질량은 그 물체를 구성하는 물질의 양으로 물질의 고유한 양

2) 중량(N, W)

   (1) 어떤 물질이 지구에 의해 끌어당기는 힘의 크기로 중량은 힘의 단위를 가지는 물체의 무게로 나타낸다.

   (2) 질량 × 중력가속도

     $W = m \times g$, $g = 9.8\,m/s^2$

3) 힘 = 중량 = 무게

   $F = m \cdot a$

   $1\,N = 1\,kg \times 1\,m/s^2$ $1\,kg_f = 1\,kg \times 9.8\,m/s^2 = 9.8\,kg \cdot m/s^2 = 9.8\,N$

   $1\,N = 1\,kg \cdot m/s^2 = 1000g \times 100cm/s^2$

         $= 10^5 g \cdot cm/s^2 = 10^5\,dyne$

2 밀도(ρ), 비중량(γ), 비체적

1) 밀도(ρ)

   (1) 단위 체적당 질량($kg/m^3 = N \cdot s^2/m^4$)

   (2) 물의 밀도

단위	값
절대 단위	$1000 \, kg/m^3$
SI 단위	$1000 \, N \cdot s^2/m^4$
공학단위	$102 \, kg_f \cdot s^2/m^4$

   (3) 공기 밀도 : $1.2 \, kg/m^3 \, [\fallingdotseq \frac{29}{22.4} \quad at \, 0℃ \, , \, 1atm]$

2) 비중량(γ)

   (1) 단위 체적당 중량

   (2) $\gamma = \dfrac{W}{V} = \dfrac{m \cdot g}{V} = \rho \cdot g$

   (3) 물의 비중량 : $1,000 \, kg_f/m^3$ = $9,800 \, N/m^3$

3) 비체적(S)

   (1) 단위 질량당 체적 ($\dfrac{m^3}{kg}$)

   (2) 가스계소화설비 : 선형 상수

3 비중(상대밀도)

1) 기체 : 공기 기준

   (1) 같은 온도, 압력에서 공기의 비중 대비 기체의 비중

   (2) (저온) LNG의 경우 상온에서는 공기보다 가볍지만 극저온으로 저장하므로 누출 시 공기보다 무거워 지상에 잔류한다.

$$\text{기체비중} = \frac{\text{기체의 분자량}}{\text{공기의 분자량}} = \frac{\text{기체의 밀도}}{\text{공기의 밀도}}$$

2) 액체 : 물 기준

$$S = \frac{\gamma}{\gamma_w} = \frac{\rho \cdot g}{\rho_w \cdot g} = \frac{\rho}{\rho_w}$$

γ_w : 물의 비중량
ρ_w : 물의 밀도

4 차원

1) 차원의 정의

   기본 물리량과의 관계를 기호로 표시한 것

2) 차원의 구분

   (1) MLT 차원계

   ① 기본 차원 : 질량(M), 길이(L), 시간(T)로 표현

   ② $F = m \cdot a \ [kg \cdot m/s^2 = MLT^{-2}]$

   ③ $\gamma = \dfrac{\text{중량}}{\text{체적}} = \dfrac{F}{m^3} = \dfrac{MLT^{-2}}{L^3} = ML^{-2}T^{-2}$

   (2) FLT 차원계

   ① 기본 차원 : 힘(F), 길이(L), 시간(T)로 표현

   ② $P = \dfrac{F}{A} = FL^{-2} = MLT^{-2}L^{-2} = ML^{-1}T^{-2}$

3) 각종 물리량의 차원

차원 물리량	FLT계	MLT계	차원 물리량	FLT계	MLT계
힘	F	MLT^{-2}	밀도	$FL^{-4}T^2$	ML^{-3}
길이	L	L	운동량	FT	MLT^{-1}
질량	$FL^{-1}T^2$	M	토크	FL	ML^2T^{-2}
시간	T	T	압력	FL^{-2}	$ML^{-1}T^{-2}$
면적	L^2	L^2	동력	FLT^{-1}	ML^2T^{-3}
속도	LT^{-1}	LT^{-1}	점성계수	$FL^{-2}T$	$ML^{-1}T^{-1}$
각속도	T^{-1}	T^{-1}	동점성계수	L^2T^{-1}	L^2T^{-1}
비중량	FL^{-3}	$ML^{-2}T^{-2}$	에너지, 열	FL	ML^2T^{-2}

예 동력(일률)

$$W = J/s$$

$$\frac{N \cdot m}{s} = \frac{kg \cdot m/s^2 \cdot m}{s}$$

$$= kg \cdot m^2/s^3 \quad [ML^2T^{-3}]$$

예 힘

$$N = kg \cdot m/s^2 \rightarrow kg = \frac{N}{m/s^2}$$

예 밀도

$$\frac{kg}{m^3} = \frac{N \cdot s^2}{m} \cdot \frac{1}{m^3} = N \cdot s^2/m^4$$

예제

1 체적이 10 m³인 기름의 무게가 30,000 N 이라면 이 기름의 비중은 얼마인가? (단, 물의 밀도는 1,000 kg/m^3이다)

정답

$$\gamma = \frac{W\,[N]}{V\,[m^3]} = \frac{30{,}000}{10} = 3000\,N/m^3$$

$$\gamma_w = \rho_w \cdot g = 1000 \times 9.8 = 9800\,N/m^3$$

$$S = \frac{\gamma}{\gamma_w} = \frac{3000}{9800} = 0.3061 \quad \therefore\ 0.31$$

답 0.31

---

2 무게가 40,000 N, 체적이 5 m³인 액체의 비중은?

정답

$$S = \frac{\gamma}{\gamma_w} = \frac{W}{V} \times \frac{1}{\gamma_w} = \frac{40000}{5} \times \frac{1}{9800} = 0.82$$

답 0.82

---

3 호주에서 무게가 20 kg_f인 어떤 물체를 한국에서 측정하니 19.8 kg_f이었다면 한국에서의 중력가속도는 약 몇 [m/s²]인가? (단, 호주에서의 중력가속도는 9.82 m/s²이다)

정답

무게는 장소에 따라 다르지만(중력가속도가 다르므로) 질량은 같다.

(1) 호주에서의 질량

$$F = m \cdot g$$

$$20 = m \times 9.82 \rightarrow m = \frac{20}{9.82}\,kg$$

(2) 한국에서의 중력가속도

한국 : $F = m \cdot g$

$$19.8\,[N] = \frac{20}{9.82}\,[kg] \times g\,[m/s^2]$$

$$g = \frac{19.8 \times 9.82}{20} = 9.7218\,m/s^2 \quad \therefore\ 9.72\,m/s^2$$

답 0.92 m/s²

Newton의 점성법칙

1 개요

1) 유체가 유동할 때 서로 인접하는 2개의 층에 전단력이 작용하여 속도구배로 인한 미끄럼이 생기면, 두 층 사이에 마찰이 생겨 전단력에 저항하는 전단응력(Shear Stress)이 발생한다.
2) 이때 유체의 상대 유동(Relative Motion)을 방해하는 성질을 점성이라 한다.
3) 뉴턴유체는 전단력과 속도구배가 직선(선형)적으로 비례하는 유체이다.

2 용어정의

1) 속도구배(Velocity Gradient)

$$속도구배 = \frac{dv}{dy}$$

2) 전단응력(마찰)

　(1) 면적이 A인 평판에 힘 F를 가하면

$$F \propto \frac{dv}{dy} \cdot A$$

　(2) 면적이 A인 평판에 힘 F가 작용할 때 전단응력 τ의 크기는 아래와 같다.

$$\tau = \frac{F}{A}\,[N/m^2] \rightarrow \tau \propto \frac{dv}{dy} \rightarrow \tau = \mu \cdot \frac{dv}{dy}$$

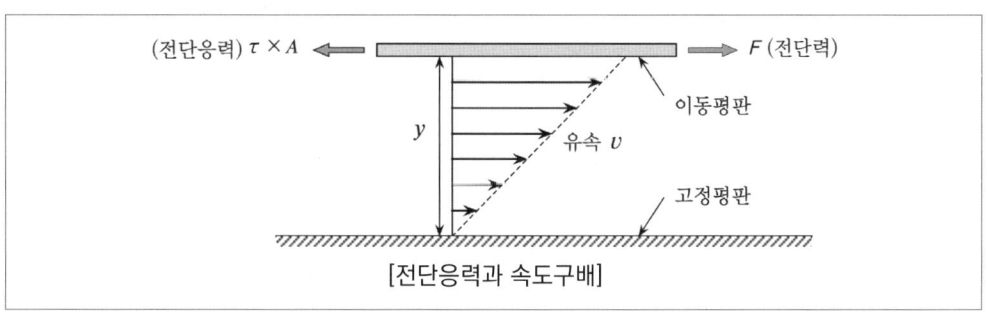

[전단응력과 속도구배]

3) 점성(Viscosity)

점성계수는 전단력과 속도구배의 비

$$\mu = \frac{전단력}{속도구배} = \frac{\tau}{dv/dy}$$

$$\tau = \mu \frac{dv}{dy}$$ μ : 점성계수 $[N \cdot s/m^2]$ $[ML^{-1}T^{-1}]$

3 동점성계수

1) 유체 표면에 작용하는 전단력(운동량)이 얼마나 빠르게 내부로 전달되는가를 나타내는 계수

$$\nu = \frac{\mu}{\rho} [m^2/s]$$

2) 동점성계수가 클수록 운동량 전달률이 커서 유체가 정상 상태(Steady State)에 빠르게 도달한다.

4 점성과 온도

1) 액체 : 온도가 상승하면 점성은 감소한다.

2) 기체

(1) 온도가 상승하면 점성은 증가한다.

(2) 같은 조건일 때 거실 제연설비에서 급기덕트보다 배기덕트의 손실이 더 크다.

Annex

◈ 점성 관련 단위

1) 점성계수(μ)

$1\,[N \cdot s/m^2] = 1\,[kg/m \cdot s] = 10\,[g/cm \cdot s] = 10\,[poise]$

2) 동점성계수(ν)

$1\,[cm^2/s] = 1\,[stokes]$

◈ 점성계수 차원

$\mu = \dfrac{\tau}{dv/dy}$

$\tau = [FTL^{-2}] = [ML^{-1}T^{-2}]$

$[dv] = [LT^{-1}] \qquad [dy] = [L]$

$\therefore [\mu] = \dfrac{[ML^{-1}T^{-2}]}{[LT^{-1}/L]} = [ML^{-1}T^{-1}]$

◈ 뉴턴 유체와 비뉴턴 유체

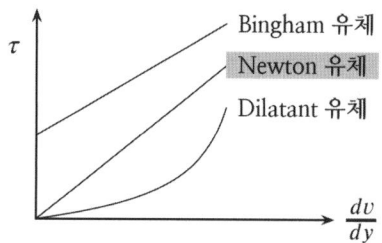

※ 포 원액(Foam Oncentration)은 일반적으로 뉴턴 유체로 간주하지만(Darcy-Weisbach식 적용) 일부 내알콜포(Alcohol Resistant Foam Concentration)은 비뉴턴 유체이므로 손실 계산 시 특별한 고려가 필요하다.

압력의 정의 및 구분

1 압력 정의

압력이란 단위면적당 작용하는 힘으로 $P = \dfrac{F}{A}[N/m^2]$이다.

$F = m \cdot g$에서 $m[kg] = \rho[kg/m^3] \times V[m^3]$라 하고

$V[m^3] = A[m^2] \times h[m]$라 하면

$F = m \cdot g = \rho \cdot V \cdot g = \rho \cdot A \cdot h \cdot g$

$P = \dfrac{F}{A} = \dfrac{\rho \cdot A \cdot h \cdot g}{A} = \rho \cdot g \cdot h = \gamma \cdot h$

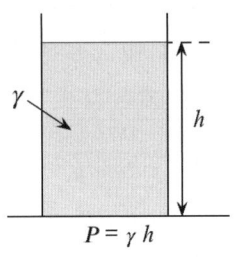

$P = \gamma h$

2 단위

압력의 단위	조합단위
kg_f/m^2	$N/m^2 = Pa$
N/m^2	
$mmHg$	$1\,bar = 10^5\,N/m^2$
bar	
Pa	$1kg_f/cm^2 = 10m(Aq)$
$mm(Aq)$	

3 표준대기압

기압계로 측정한 대기압력으로

$1\,atm = 760\,mmHg = 10.332\,m(Aq) = 10332\,kg_f/m^2 = 101325\,N/m^2\,[Pa] = 14.7\,psi$

> **Annex**
>
> ✐ 표준대기압 1 atm
>
>   1 atm = 760 mmHg(0 ℃) = 76 cmHg
>   = 1.0332 kg/cm²
>   = 10.332 mAq = 10.332 mH₂O
>   = 1.01325 bar(1bar = 10⁶ dyne/cm² = 10³ mbar = 10⁶ Pa = 10³ hpa)
>   = 0.101325 MPa = 101.325 kPa = 101,325 Pa
>   = 14.7 Psi(Lb/in²) = 30 inHg = 10,332 mmAq = 101,325 N/m²

4 상대압력과 절대압력

1) 절대압력

　(1) 유체의 실제 압력

　(2) 완전 진공을 기준으로 측정하는 압력

　(3) $NPSH$, $PV = nRT$ 에 적용한다.

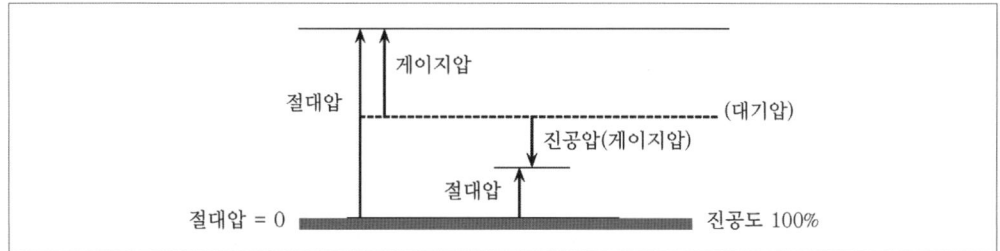

2) 상대압력(게이지압력) : 압력계로 측정한 압력 = 절대압과 대기압 차

　(1) 게이지압력(P_g) : 대기압을 기준으로 하여 그 이상에 있는 압력

　(2) 진공압(진공 게이지압) : 대기압을 기준으로 하여 그 이하의 압력

　　① 진공압이란 대기압의 누르는 압력에서 절대압력을 뺀 압력이다.

　　② 즉, 진공압이 $400\,mmHg$란 대기압이 누르는 압력이 $760\,mmHg$이고, 유체가 누르는(반발) 압력이 $360\,mmHg$란 뜻이다. 이때 $360\,mmHg$를 절대압력이라 부른다.

　(3) 대기압 이상 : 게이지압력 = 절대압 - 대기압

　(4) 대기압 이하 : 진공압 = 대기압 - 절대압

Annex

◈ 수두 환산

$1\,atm = 760\,mmHg$

수두 = 유체높이 × 비중

$h_w = h \times S$

$760\,mmHg \times 13.6 = 10332\,mmAq = 10.332\,mAq$

예제

1 액면에서 깊이 3 m에 있는 액체의 압력이 0.1 kg_f/cm^2일 때 비중량 [N/m^3]은?

정답

$$\gamma = \frac{P}{h} = \frac{0.1 \times 10^4}{3} \, [kg_f/m^3]$$

$$= \frac{0.1 \times 10^4}{3} \times 9.8 = 3266.66 \, N/m^3$$

답 3,266.66 N/m³

2 창고에서 화재로 인하여 내부 압력이 37 $mmAq$가 되었다. 이때 벽면의 단위면적당 작용하는 힘 [N]은?

정답

$1Pa = 1N/m^2$

$37 \, mmAq \times \dfrac{101325 \, Pa}{10332 \, mmAq} = 362.86 \, Pa = 362.86 \, N/m^2$

답 362.86 N/m²

3 밀폐된 용기 내 공기의 계기압력은 몇 kPa인가?

정답

계기압력(게이지압)을 계산하여야 하므로 대기압은 고려하지 않는다.

$0.5m \times \dfrac{101.325 \, kPa}{10.332 \, m} = 4.9 \, kPa$

$2m \times \dfrac{101.325 \, kPa}{10.332 \, m} = 19.61 \, kPa$

공기압 + $4.9 \, kPa$ = $19.61 \, kPa$

공기압 = $14.7 \, kPa$

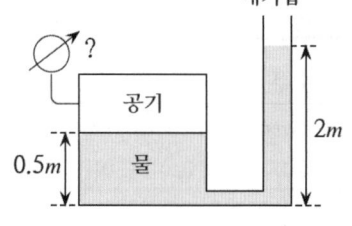

답 14.7 kPa

※ 문제에서 절대압력을 물어보면 대기압을 고려하여야 한다.
  공기압 + $4.9 \, kPa$ = $19.61 \, kPa$ + 대기압

4 그림과 같이 평형 상태를 유지하고 있을 때 관의 유체 비중은?

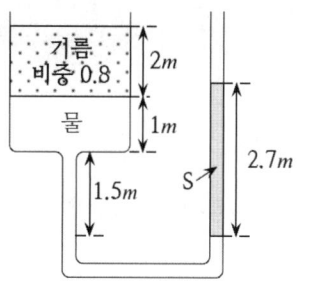

정답

(1) 기름 압력 : $S_{기름} \times \gamma_w \times 2 = 0.8 \times \gamma_w \times 2 = 1.6 \times \gamma_w$

(2) 물의 압력 : $\gamma_w \times (1 + 1.5) = 2.5 \times \gamma_w$

(3) 관의 압력 : $S \times \gamma_w \times 2.7$

$$S \times \gamma_w \times 2.7 = 2.5 \times \gamma_w + 1.6 \times \gamma_w$$

$$S = 1.52$$

답 1.52

---

5 기압계가 730 mmHg일 때 압력게이지가 2 atm일 경우 절대압력수두 [m]는?

정답

절대압 = 대기압(기압계) + 게이지압

$$730\,mmHg \times \frac{10.332\,m}{760\,mmHg} + 2\,atm \times \frac{10.332\,m}{1\,atm} = 30.59\,m$$

답 30.59 m

정지유체

1 개요
유체가 정지하고 있다는 의미는 (밀폐계 내) 유체에 작용하는 압력의 크기가 모든 방향에서 동일하다는 의미이다.

2 기본개념
1) 정지 유체 내의 임의의 한 점에 작용하는 압력의 크기는 모든 방향에서 동일하다.
2) 정지 유체에서의 동일 수면상의 압력은 동일하다.

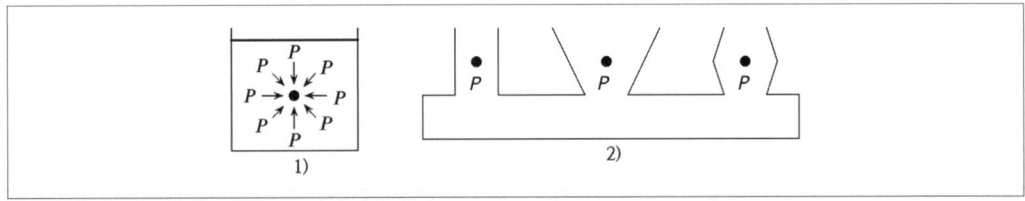

3) 정지 유체 내의 압력은 모든 면에 수직으로 작용한다.
4) 밀폐된 용기 내에 있는 유체(정지유체)에 가한 압력의 크기는 모든 방향에서 같은 크기로 작용한다. → 파스칼의 정리(유압기기의 원리)

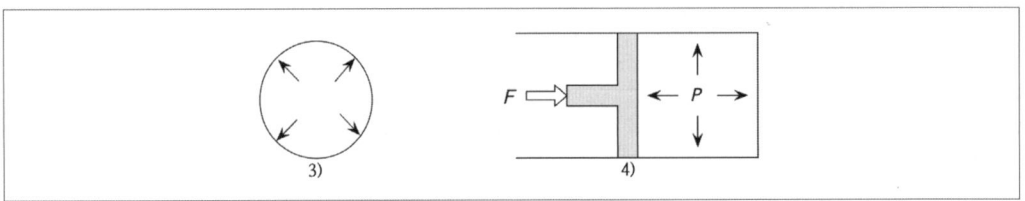

3 파스칼 정리(압력의 평형)
1) 밀폐계에서 정지 유체에 가해진 압력은 모든 방향에서 같다.
   → 작은 힘을 가하여 큰 힘을 이용할 수 있다.
2) 단면적 A_1, A_2인 두 개의 실린더를 연결하여 그 속에 유체를 채우면, A_1 실린더의 압력 P_1과 A_2 실린더의 압력 P_2는 같게 된다. 즉, 다음 관계가 성립한다.

$$P_1 = P_2 \rightarrow \frac{F_1}{A_1} = \frac{F_2}{A_2} \rightarrow F_1 = \frac{A_1}{A_2} \times F_2$$

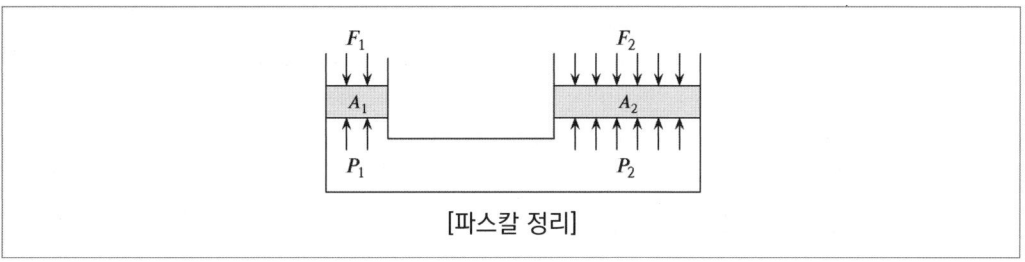

[파스칼 정리]

4 힘의 평형

건식 스프링클러의 2차 측에 낮은 공기압력으로 1차 측의 수압과 평형 클래퍼 양쪽의 힘이 평형 상태이므로

$F_1 = F_2 \rightarrow P_1 A_1 = P_2 A_2$

$P_2 = \dfrac{A_1}{A_2} \times P_1$

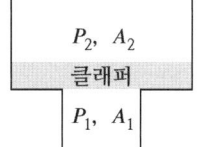

5 액주계(Manometer)

1) 압력은 위에서 아래로 작용 2) 동일수평면상의 압력은 동일 3) 대기압을 무시하면 계기압력, 대기압을 고려하면 절대압력이다.	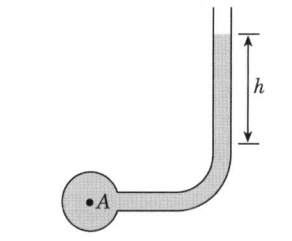
$P_A + \gamma_1 \cdot h_1 = \gamma_2 \cdot h_2 + $ 대기압 $P_A = \gamma_2 \cdot h_2 - \gamma_1 \cdot h_1 + $ 대기압 P_A : 절대압	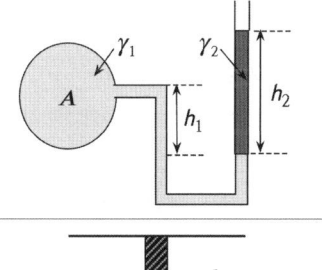
$P_a + \rho_1 \cdot g \cdot h = P_b + \rho_2 \cdot g \cdot h$ $P_a - P_b = (\rho_2 - \rho_1) \cdot g \cdot h$ $\quad\quad\quad = (\gamma_2 - \gamma_1) \cdot h$	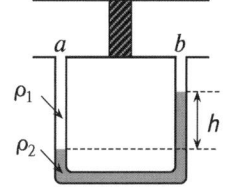

예제

1 아래 그림의 압력탱크 내의 물이 밖으로 방출되면서 수직제트를 발생시킨다. 손실을 무시할 때 제트의 상승 높이 H [m]를 계산하시오.

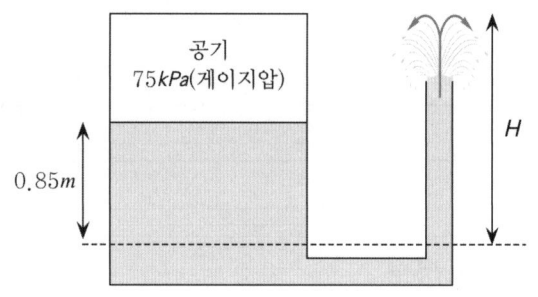

정답

$$0.85\,m + (10.332\,m\,H_2O \times \frac{75\,kPa}{101.325\,kPa}) = 8.498\,m$$

답 8.498 m

2 그림은 단면적이 A와 2 A인 U자형 관에 밀도 ρ 인 기름을 담은 모양이다. 그 한쪽 관에 물체를 기름 위에 놓았더니 두 관의 액면차가 h_1으로 되어 평형을 이루었다. 이때 이 물체의 질량은?

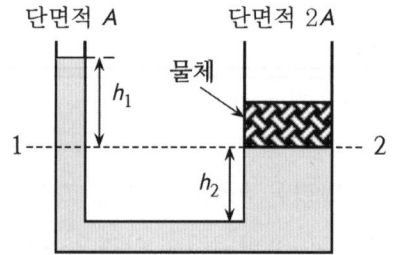

정답

(1) 1지점의 압력

$$P_1 = \gamma \cdot h_1 = \rho \cdot g \cdot h_1$$

(2) 2지점의 압력

$$P_2 = \frac{F_2}{2A} \quad F_2 = m \cdot g \text{이므로 } P_2 = \frac{mg}{2A}$$

$P_1 = P_2$ 이므로

$$\rho \cdot g \cdot h_1 = \frac{m \cdot g}{2A}$$

$$m = 2A \cdot \rho \cdot h_1$$

답 $2A \cdot \rho \cdot h_1$

유체의 표면장력

1 개요

1) 액체 내에서 분자 간의 인력, 즉 서로를 끌어당기는 힘(응집력)
   응집력 때문에 표면을 팽팽한 막처럼 만드는 힘으로 이것을 '표면장력'이라고 한다.
2) 단위길이당 발생하는 힘(N/m)이다.
3) 수소결합이 클수록 표면장력은 증가한다.

2 평형식

1) 표면장력(σ)은 액체 방울의 내부와 외부와의 압력차(ΔP)에 의해서 이루어진 힘과 서로 평형
2) 평형식

   (1) 단면적에 작용하는 힘 : $\pi \dfrac{D^2}{4} \cdot \Delta P$

   (2) 원주에 작용하는 힘 : $\pi D \cdot \sigma$

   $$\pi \cdot D \cdot \sigma = \pi \dfrac{D^2}{4} \cdot \Delta P$$

   $$\sigma = \dfrac{\Delta P \cdot D}{4} \ [N/m]$$

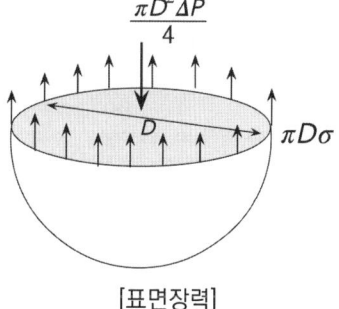

[표면장력]

운동량과 역적(충격력)

1 운동량(Momentum)

물체의 질량에 속도를 곱한 값

운동량 : $m \times v$

2 운동량의 변화 : 역적(Impulse)

물체에 작용하는 힘은 단위시간당 운동량의 변화(Newton의 제2법칙)

$$F = ma = m\frac{dv}{dt}$$

$$F \cdot dt = m \cdot dv$$

$F \cdot dt$: 역적
$m \cdot dv$: 운동량의 변화

3 운동량 변화율

$$F = m \cdot a \Rightarrow F = \frac{m \cdot (v_2 - v_1)}{t} \quad \left(\frac{m}{t}[kg/s] = \rho Q\left[\frac{kg}{m^3} \times \frac{m^3}{s} = \frac{kg}{s}\right]\right)$$

$$F = \frac{m}{t}(v_2 - v_1) = \rho Q (v_2 - v_1)$$

4 고정평판에 작용하는 힘

$$\begin{aligned} F_x &= \rho Q \Delta V \\ &= \rho Q(V-0) = \rho Q V \\ &= \rho(AV)V = \rho A V^2 \end{aligned}$$

F_x : 힘 $[N]$ ρ : 밀도 $[kg/m^3]$
Q : 유량 $[m^3/s]$ ΔV : 속도차 $[m/s]$
A : 단면적 $[m^2]$ V : 속도 $[m/s]$

5 노즐의 반발력(Nozzle Reaction Forces)

반발력 $[N] = \rho \cdot Q \cdot v = \rho \cdot A \cdot v^2 = \rho \cdot \dfrac{\pi}{4} \cdot D^2 \cdot v^2$

$(v = \sqrt{2gh} = \sqrt{2g \times \dfrac{P}{r}} = \sqrt{2g \times \dfrac{P}{\rho g}} = \sqrt{\dfrac{2P}{\rho}}$ P : 방수압 $[Pa])$

$= \rho \cdot \dfrac{\pi}{4} \cdot D^2 \cdot \dfrac{2p}{\rho} = \dfrac{\pi}{2} D^2 \cdot p$

[단위변환 : $D[m] = \dfrac{1}{1000} \times d[mm]$ $p[Pa] = 10^6 P[MPa]$]

$= \dfrac{\pi}{2} \cdot (\dfrac{1}{1000}d)^2 \cdot 10^6 \cdot P$

$= 1.5 \cdot d^2 \cdot P$

반발력 $[N] = 1.5 \cdot d^2 \cdot P$ d : 노즐의 직경 [mm]
P : 방사압 [MPa]

6 플랜지볼트에 작용하는 힘

1) 베르누이 방정식

$\dfrac{v_1^2}{2g} + \dfrac{P_1}{\rho g} = \dfrac{v_2^2}{2g} + \dfrac{P_2}{\rho g}$

여기서, $Z_1 = Z_2$, $P_2 = 0$(대기압), $\gamma = \rho g$

$\therefore P_1 = \dfrac{\rho(v_2^2 - v_1^2)}{2}$

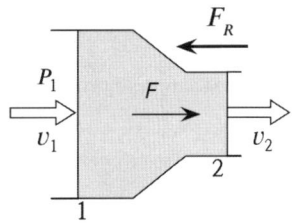

2) 힘 평형(Force Balance)

$\sum F = P_1 A_1 - P_2 A_2 + \rho \cdot Q \cdot (v_1 - v_2) = F_R$

여기서, $P_2 = 0$(대기압), $Q = A_1 \cdot v_1$

3) 플랜지볼트에 작용하는 힘

$$F_R = P_1 \cdot A_1 + \rho \cdot A_1 \cdot v_1 (v_1 - v_2)$$

$$= \frac{\rho (v_2^2 - v_1^2)}{2} \cdot A_1 + \rho A_1 v_1 (v_1 - v_2)$$

$$= \frac{\rho A_1}{2} (v_2^2 - v_1^2 - 2v_2 v_1 + 2v_1^2)$$

$$= \frac{\rho A_1}{2} (v_2^2 - 2v_2 v_1 + v_1^2)$$

$$\therefore F_R = \frac{\rho A_1}{2} (v_2 - v_1)^2$$

Annex

- **Newton의 운동 법칙**

  1) 제1법칙 : 관성의 법칙
     외부로부터 힘이 작용하지 않으면 모든 물체는 자기의 상태를 그대로 유지하려는 법칙

  2) 제2법칙 : 가속도의 법칙
     (1) 물체에 작용하는 힘은 물체의 질량에 가속도를 곱한 값이다. $F = m \cdot a$
     (2) 힘은 운동량의 변화량

  3) 제3법칙 : 작용과 반작용의 법칙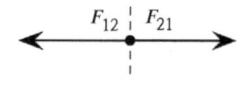
     모든 작용에 대해 크기는 같고 방향은 반대인 반작용이 존재한다.
     $\vec{F}_{12} = - \vec{F}_{21}$

- **모멘트(Moment) = 회전력(Turning Force)**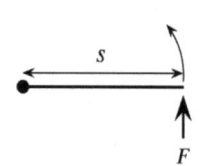

  $w = F \times S$

Annex

◎ 노즐의 단면적에 작용하는 힘 [N]

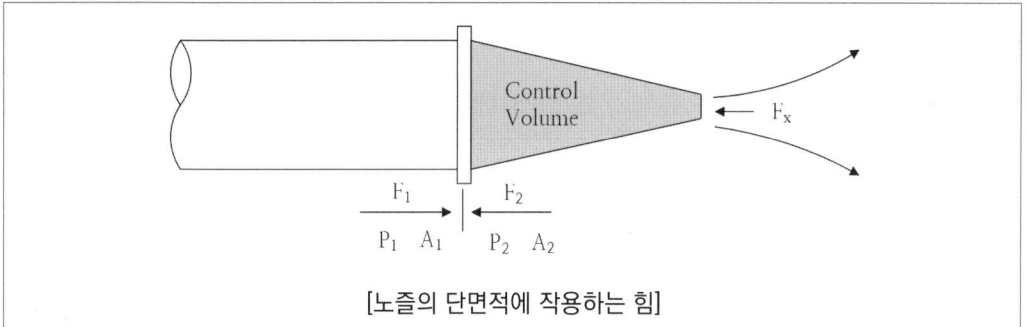

[노즐의 단면적에 작용하는 힘]

(1) 노즐의 단면적에 작용하는 힘 [N]
  ① 힘의 평형 조건(X축)
  $$F = P_1 A_1 - \cancel{P_2} A_2 - F_x \quad \cdots\cdots\cdots ⓐ$$
  여기서, $P_2 = 0$ 대기압
  ② 운동량 방정식 : 동압(단면적 변화로 인한 속도변화에 의해 배관에 작용하는 힘)
  $$F_x = \rho Q (v_2 - v_1) \quad \cdots\cdots\cdots ⓑ$$
  ③ 노즐의 단면적에 작용하는 힘
  $$F = P_1 A_1 - \rho Q (v_2 - v_1) \quad \cdots\cdots\cdots ⓒ$$

(2) "①"지점 "②"지점 베르누이 방정식을 적용하면
  ① $\dfrac{P_1}{\gamma} + \dfrac{v_1^2}{2g} + \cancel{z_1} = \dfrac{\cancel{P_2}}{\gamma} + \dfrac{v_2^2}{2g} + \cancel{z_2}$ 여기서, $P_2 = 0$ 대기압
  ② $P_1 = \dfrac{\gamma}{2g}(v_2^2 - v_1^2)$ 이므로 $\cdots\cdots\cdots ⓓ$

(3) "ⓓ"식을 "ⓒ"식에 대입하면
  $$F = \dfrac{\gamma}{2g}(v_2^2 - v_1^2) A_1 - \dfrac{\gamma}{g} Q (v_2 - v_1) \quad \cdots\cdots\cdots ⓔ$$

(4) "ⓔ"식을 정리하면 $v_1 = \dfrac{Q}{A_1}$, $v_2 = \dfrac{Q}{A_2}$ 대입정리
  ① $F = \dfrac{\gamma}{2g}\left[\left(\dfrac{Q}{A_2}\right)^2 - \left(\dfrac{Q}{A_1}\right)^2\right] A_1 - \dfrac{\gamma}{g} Q \left[\dfrac{Q}{A_2} - \dfrac{Q}{A_1}\right]$
  ② $F = \dfrac{\gamma A_1 Q^2}{2g}\left[\dfrac{1}{A_2^2} - \dfrac{1}{A_1^2}\right] - \dfrac{\gamma}{g} Q^2 \left(\dfrac{1}{A_2} - \dfrac{1}{A_1}\right)$
  ③ $F = \dfrac{\gamma A_1 Q^2}{2g}\left(\dfrac{1}{A_2^2} - \dfrac{1}{A_1^2} - \dfrac{2}{A_1 A_2} + \dfrac{2}{A_1^2}\right) = \dfrac{\gamma A_1 Q^2}{2g}\left(\dfrac{A_1^2 - 2A_1 A_2 + A_2^2}{A_1^2 A_2^2}\right)$
  ④ $F = \dfrac{\gamma A_1 Q^2}{2g}\left(\dfrac{A_1 - A_2}{A_1 A_2}\right)^2$

연속 방정식

1 개요

1) **질량보존의 법칙** : 배관 내 유체가 흐를 때, 배관의 모든 단면에서의 질량유량 $[kg/s]$은 동일하다.
2) 유동하는 유체가 비압축성이라면 체적유량 $[m^3/s]$도 동일하다.

2 질량유량

단위 시간당 통과하는 유체의 질량 $[kg/s]$

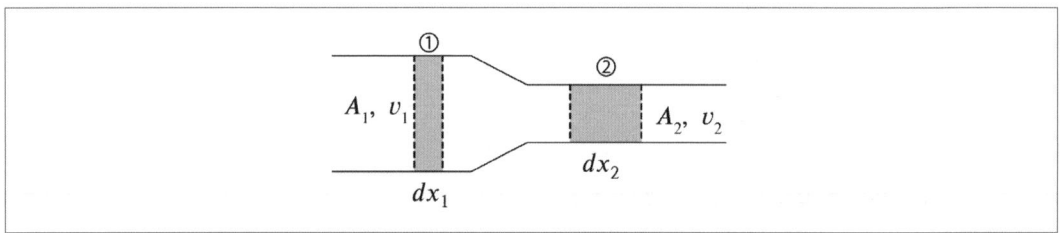

그림과 같은 유동에 질량보존의 법칙을 적용하여 ①, ② 두 단면에서의 단면적, 밀도 및 속도를 각각 A_1, v_1, ρ_1, A_2, ρ_2, v_2로 하고, 단위시간에 ① 단면으로부터 우측으로 거리 dx_1만큼 유동할 때 ② 단면의 유체가 우측으로 dx_2만큼 유동한다면, 질량은 보존되므로

$\rho_1 \cdot A_1 \cdot dx_1 = \rho_2 \cdot A_2 \cdot dx_2$

단위시간에 유동한 질량은

$\rho_1 \cdot A_1 \cdot \dfrac{dx_1}{dt} = \rho_2 \cdot A_2 \cdot \dfrac{dx_2}{dt}$

$\dfrac{dx_1}{dt}$, $\dfrac{dx_2}{dt}$는 각각 단면 ①과 ②를 통과할 때의 속도이므로 v_1, v_2이다.

$\rho_1 \cdot A_1 \cdot v_1 = \rho_2 \cdot A_2 \cdot v_2$

3 체적 유량 $[m^3/s]$

질량유량에서 유체가 비압축성 유체일 때 $(\rho_1 = \rho_2)$

$Q = A_1 \cdot v_1 = A_2 \cdot v_2$

$v_2 = \dfrac{A_1}{A_2} \cdot v_1$

$Q = A \cdot v \ [m^3/s]$

$v = \dfrac{Q}{A} \ [m/s], \quad D = \sqrt{\dfrac{4Q}{\pi v}} \ [m]$

4 중량유량 $[N/s]$

$G = \gamma_1 A_1 V_1 = \gamma_2 A_2 V_2$

$G = \gamma_1 \times \dfrac{\pi}{4} d_1^2 \times V_1 = \gamma_2 \times \dfrac{\pi}{4} d_2^2 \times V_2$

베르누이 방정식

1 개요

1) 유체의 에너지보존법칙으로 오일러(Euler)의 운동 방정식으로부터 유도
2) 에너지 손실이 없는 정상류(Steady Flow)에 있어서는 관 내의 어느 지점에서든지 유체가 갖는 역학적 에너지. 즉, 압력에너지, 운동에너지 및 위치에너지의 합은 일정하다는 방정식

2 가정

1) 유선을 따른 유동
2) 1차원, 정상 유동
   유체의 유동 방향과 직각인 어떤 단면을 지나더라도 동일한 단면상에서는 일정한 값을 갖는 유동
3) 비압축성 유동
4) 마찰이 없는 이상유체

3 유도

1) 오일러 방정식에 의한 유도

$$\frac{dp}{r} + \frac{v\,dv}{g} + dz = 0$$

양변을 적분하면

$$\int \frac{dp}{r} + \int \frac{v\,dv}{g} + \int dz = C$$

$$\frac{p}{r} + \frac{v^2}{2g} + z = C$$

2) 에너지보존법칙에 의한 유도

(1) 압력에너지 : PV

$$= \int F \cdot dh = \int P \cdot A \cdot dh = P \cdot A \cdot h = P \cdot V$$

(2) 운동에너지 : $\frac{1}{2}mv^2$

$$= \int m \cdot a\, ds = \int m \cdot \frac{v}{t}\, ds = \int m \cdot v \cdot \frac{ds}{t} = \int m \cdot v\, dv = \frac{1}{2}mv^2$$

(3) 위치에너지 : mgZ

$$= \int m \cdot g\, dz = m \cdot g \cdot Z$$

(4) 베르누이 방정식(수두)

$$PV + \frac{1}{2}mv^2 + mgZ = \text{일정} \quad \text{양변을 } mg\text{로 나누면}$$

$$\frac{PV}{mg} + \frac{mv^2}{2mg} + \frac{mgZ}{mg} = \text{일정} \quad \left(\frac{PV}{mg} = \frac{P}{\rho g} = \frac{P}{\gamma}\right)$$

$$\frac{P}{\gamma} + \frac{v^2}{2g} + Z = \text{일정}$$

4 식 및 분석

$$\frac{P_1}{\gamma} + \frac{v_1^2}{2g} + Z_1 = \frac{P_2}{\gamma} + \frac{v_2^2}{2g} + Z_2$$

압력수두 : $\dfrac{P}{\gamma}$

속도수두 : $\dfrac{v^2}{2g}$ 위치수두 : Z

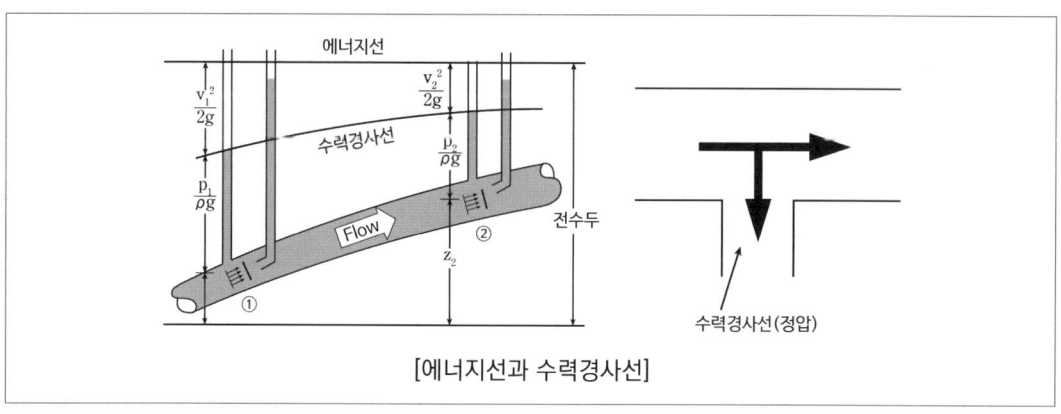

[에너지선과 수력경사선]

5 수력경사선(Hydraulic Grade Line)

1) $\dfrac{P}{\gamma} + Z$

2) 수계소화설비(스프링클러 등) 헤드의 방수량은 말단 헤드 등을 제외하고 수력경사선(정압)에 의해 결정된다.

3) 헤드 방수량을 계산 시 원칙적으로 정압(Normal Pressure)을 적용하여야 한다.

$$Q = K\sqrt{P}$$ P : 정압(Normal Pressure)

단, 소화설비종류에 따라 전압(동압을 무시)을 적용할 수 있다.

6 수정 베르누이 방정식

실제 유체는 점성 유체와 관벽과의 마찰 및 부차적 손실은 고려하여야 한다. 관로의 ① 단면과 ② 단면 사이에서의 손실수두를 H_L 이라 하면

$$\dfrac{P_1}{\gamma} + \dfrac{v_1^2}{2g} + Z_1 = \dfrac{P_2}{\gamma} + \dfrac{v_2^2}{2g} + Z_2 + H_L$$

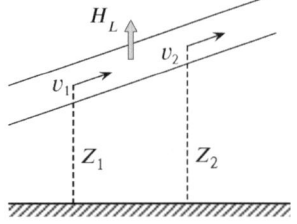

> **Annex**
>
> ◈ 에너지
>
> 에너지 = 힘 × 거리 = $\int 힘 \cdot ds$
>
> 1. 압력 관련 힘 $F = P \cdot A$
> 2. 운동 관련 힘 $F = m \cdot a$
> 3. 위치 관련 힘 $F = m \cdot g$

토리첼리 정리

1) 수면에서 깊이 H인 탱크 측벽의 작은 개구부에서 유출하는 액체의 유속 v_2

2) ①점과 ②점에서의 에너지 합은 같기 때문에 베르누이 방정식을 적용

$$\frac{P_1}{\gamma} + \frac{v_1^2}{2g} + Z_1 = \frac{P_2}{\gamma} + \frac{v_2^2}{2g} + Z_2$$

① 점(수면) : P_1 = 대기압, $v_1 \fallingdotseq 0$

② 점(노즐) : P_2 = 대기압,

여기서, $Z_1 - Z_2 = H$이므로

$$\frac{v_2^2}{2g} = H$$

$$\therefore v_2 = \sqrt{2gH}$$

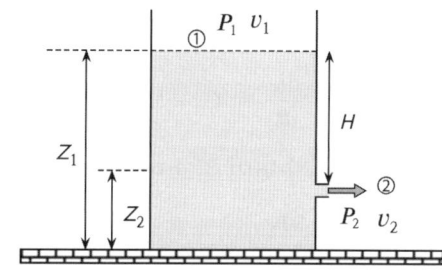

3) 위와 같이 개구부에서 대기로 방출되는 경우 토출지점에서 발생하는 손실을 고려하면

$$v = C_d \sqrt{2gH}$$

$C_v = \dfrac{실제속도}{이론속도}$ $C_c = \dfrac{베나 콘트렉타 단면적}{단면적}$

$$C_d = C_c \times C_v$$

C_d : 방출계수(Discharge Coefficient)
C_c : 수축계수(Contraction Coefficient)
C_v : 속도계수(Velocity Coefficient)

배수시간

1) 수조 내의 임의의 높이 h에서의 단위시간당 감소량 $[m^3/s]$

   = 수면의 면적(A_1) × 수조의 수위 변화량 ($\dfrac{dh}{dt}$)

2) 임의의 높이 h에서의 단위시간당 누출량 $[m^3/s]$

   = $\sqrt{2gh}$ × 배수관 노즐면적(A_2) × 방출계수(C_d)

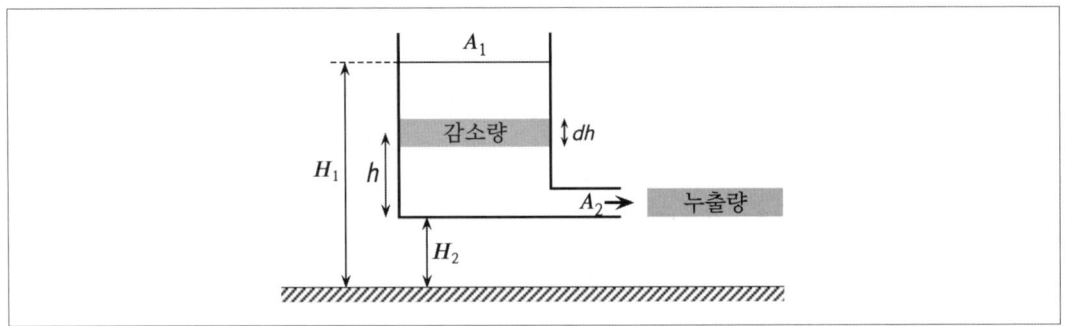

3) 임의의 높이 h에서의 단위시간당 감소량은 단위시간당 누출량과 같다.

$$-A_1 \times \dfrac{dh}{dt} = C_d \times A_2 \times \sqrt{2gh}$$

여기서, 수면이 감소하므로 (-), 방출계수(C_d)는 1로 가정한다.

$$dt = -\dfrac{A_1}{A_2} \cdot \dfrac{1}{\sqrt{2gh}} dh$$

4) 위 3)의 양변을 적분하면

$$\int dt = -\dfrac{A_1}{A_2} \cdot \int \dfrac{1}{\sqrt{2gh}} dh$$

$$t = -\dfrac{A_1}{A_2} \cdot \int_{H_1}^{H_2} \dfrac{1}{\sqrt{2gh}} dh \quad (\int \dfrac{1}{\sqrt{h}} dh = \int h^{-\frac{1}{2}} dh = \dfrac{1}{-\frac{1}{2}+1} h^{-\frac{1}{2}+1} = 2\sqrt{h}\,)$$

$$t = -\dfrac{A_1}{A_2} \cdot \dfrac{1}{\sqrt{2g}} \cdot [2\sqrt{h}\,]_{H_1}^{H_2}$$

$$t = -\dfrac{A_1}{A_2} \cdot \dfrac{\sqrt{2}}{\sqrt{g}} \cdot (\sqrt{H_2} - \sqrt{H_1})$$

$$\therefore t = \frac{A_1}{C_d \times A_2} \cdot \frac{\sqrt{2}}{\sqrt{g}} \cdot (\sqrt{H_1} - \sqrt{H_2})$$

여기서, t : 물이 배수되는 소요시간(s)
A_1 : 수조의 바닥면적(m^2)
A_2 : 방출구의 면적(m^2)
H_1 : 방수 전 수면으로부터 방출구까지의 높이(m)
H_2 : 방수 후 수면이 감소될 때 수면으로부터 방출구까지의 높이(m)
C_d : 방출계수

유량 측정 개요

1 방출계수

1) 속도계수(C_v)

노즐에서 유체가 방출될 때 이론속도는 $\sqrt{2gh}$ 이지만 유체와 노즐과의 마찰, 노즐 내에서의 난류 등에 의해 실제속도는 작아진다. 작아지는 비를 속도계수(C_v)라 한다.

2) 수축계수(C_c)

실제 유체 흐름 단면적은 이론 단면적보다 수축되는데, 이때 수축되는 비를 수축계수(C_c)라 한다.

$$C_c = \frac{a}{A}$$

3) 방출계수 (C_d)

$$C_d = C_c \times C_v$$
$$Q = C_d \cdot A \cdot \sqrt{2gh}$$

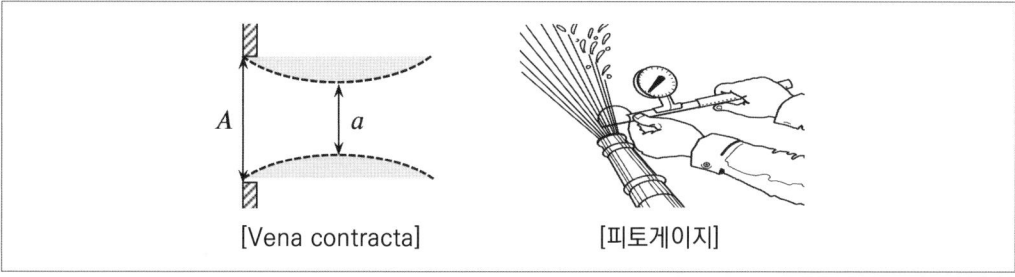

[Vena contracta]   [피토게이지]

2 개방된 공간으로 방출되는 유체의 유량 측정

1) 개방된 공간으로 방출되는 유체의 경우는 직접 속도를 측정(동압 = 전압)하여 유량을 계산한다. 이때 측정장치를 피토관(Pitot Tube)이라 한다.
2) 측정방법은 방출되는 유체가 가장 많이 수축되는 곳(Vena Contracta)에 피토관의 작은 개구부(일반적으로 1.6 mm 이하)를 삽입하여 측정한다. 이때 중요한 개념이 속도를 측정하여 구한 압력은 동압이며, 전압(Total Pressure)이다.
3) 왜냐하면 유체가 방출되는 순간 정압(Normal Pressure)은 0이 되기 때문이다.
4) 노즐 : 압력에너지(P_n)를 속도에너지(P_v)로 변환

3 배관 내의 유량 측정

1) 배관에서 기구를 이용하는 유량 측정방법은 크게 오리피스, 노즐, 벤투리를 이용하는 3가지로 분류된다.
2) 기본 측정 원리는 배관의 유동면적을 축소시켜서 속도를 증가시키고, 이에 따라 압력변화를 측정하거나 급격한 속도 변화에 의한 손실을 측정하여 유량을 측정하는 방법이 있다.

피토관(Pitot tube)

1 개요

1) 그림과 같이 개방된 공간(정압 = 0)에서 유체의 흐름에 직각으로 굽힌 관의 한쪽을 깊이 z인 곳에 넣는다.

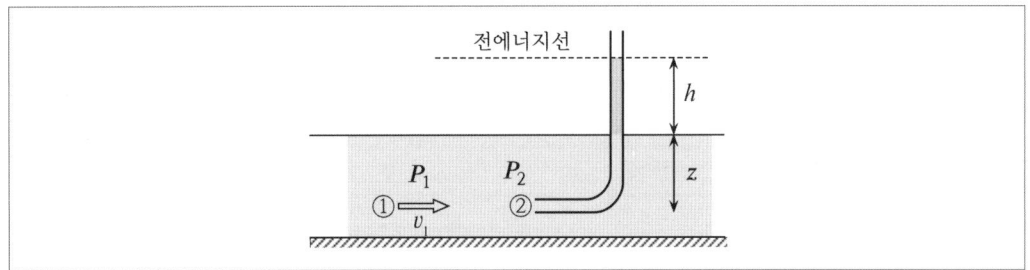

2) 그러면 유체는 피토관 속에 유입되어 수면보다 h만큼 더 올라가서 정지하고, 피토관 속 유체의 연직 높이($z + h$)에 해당하는 압력과 개구점 ②에 있어서의 압력이 평형을 이루게 된다.
3) 피토관 속의 유체가 정지 상태이므로, 피토관 직전의 점 ②의 유체도 정지 상태이다.

2 유도

②의 점을 정체점(Stagnation point)이라 하고, 압력을 정체압이라 한다. 이 정체압을 P_2, 정체점보다 상류에 있는 ①의 정압을 P_1, 유속을 v라 하여 ①, ② 사이에 베르누이의 정리를 적용하면,

$$\frac{P_1}{\gamma} + \frac{v_1^2}{2g} = \frac{P_2}{\gamma} + \frac{v_2^2}{2g}$$

여기서 $\frac{P_1}{\gamma} = z$, $\frac{P_2}{\gamma} = z + h$, $v_2 = 0$

$$z + \frac{v_1^2}{2g} = z + h$$

$$\frac{v_1^2}{2g} = h, \quad v_1 = \sqrt{2gh}$$

즉, 수면에서 측정한 수주의 높이 h를 읽음으로써 점 ①의 유속이 구해지는데, 이러한 관을 피토관이라 한다. 유속이 구해지면 여기에 단면적을 곱하여 유량을 계산할 수 있다.

예제

1 유속이 0.99 m/s이고, 비중이 0.8인 기름이 흐르고 있는 곳에 피토관을 설치했을 때 피토관에서 기름의 상승높이 H는 약 몇 m인가?

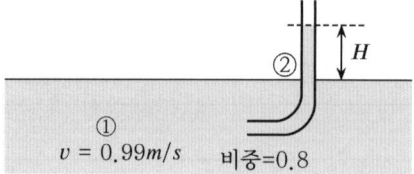

정답

①지점의 동압 = ②지점의 압력

$$\frac{v_1^2}{2g} \cdot \gamma_1 = H \cdot \gamma_2 \qquad \gamma_1 = \gamma_2$$

$$v_1 = \sqrt{2gH}$$

$$0.99 = \sqrt{2 \times 9.8 \times H}$$

$$\therefore H = 0.05\,m$$

답 0.05 m

※ 동일 유체이므로 피토관의 상승높이는 유체의 비중과 관계없다.

2 배관 내 벤투리는 저장탱크로부터 위로 유체를 흡입할 수 있는 낮은 압력을 형성한다. 저장탱크의 유체를 벤투리 부분까지 흡입할 수 있는 속도 v_1을 유도하시오.

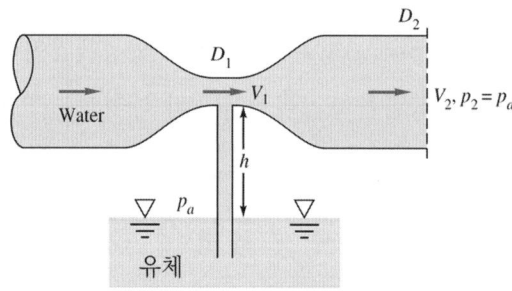

정답

$$\frac{P_1}{\gamma} + \frac{v_1^2}{2g} = \frac{P_2}{\gamma} + \frac{v_2^2}{2g} \rightarrow \frac{P_1}{\gamma} + \frac{v_1^2}{2g} = \frac{P_a}{\gamma} + \frac{v_2^2}{2g} \quad (Z_1 = Z_2,\ P_2 = P_a)$$

$$\frac{P_a}{\gamma} - \frac{P_1}{\gamma} = \frac{v_1^2}{2g} - \frac{v_2^2}{2g} \qquad 여기서,\ h = \left(\frac{P_a - P_1}{\gamma}\right)$$

$$v_1^2 = v_2^2 + 2gh$$

$$v_1 = \sqrt{v_2^2 + 2gh}$$

피토관과 피토정압관

1 피토관 : 전압 측정

1) 정압 = 0인 경우 적용

   속도를 측정(전압 측정)하여 유량 측정

2) 동압 = 전압

   (1) 노즐 등에서 대기로 방출될 때
   (2) 개방된 장소(수로)
   (3) $v = \sqrt{2gh}$

구분	공통점	차이점	적용
피토관	유속 측정	정압 = 0	노즐 등에서 유출
피토정압관		정압 ≠ 0	배관 내

2 피토정압관

1) 정압 ≠ 0인 경우

   속도를 측정하여 유량 측정(동압 = 전압 - 정압)

Annex

✎ 전압, 정압, 동압

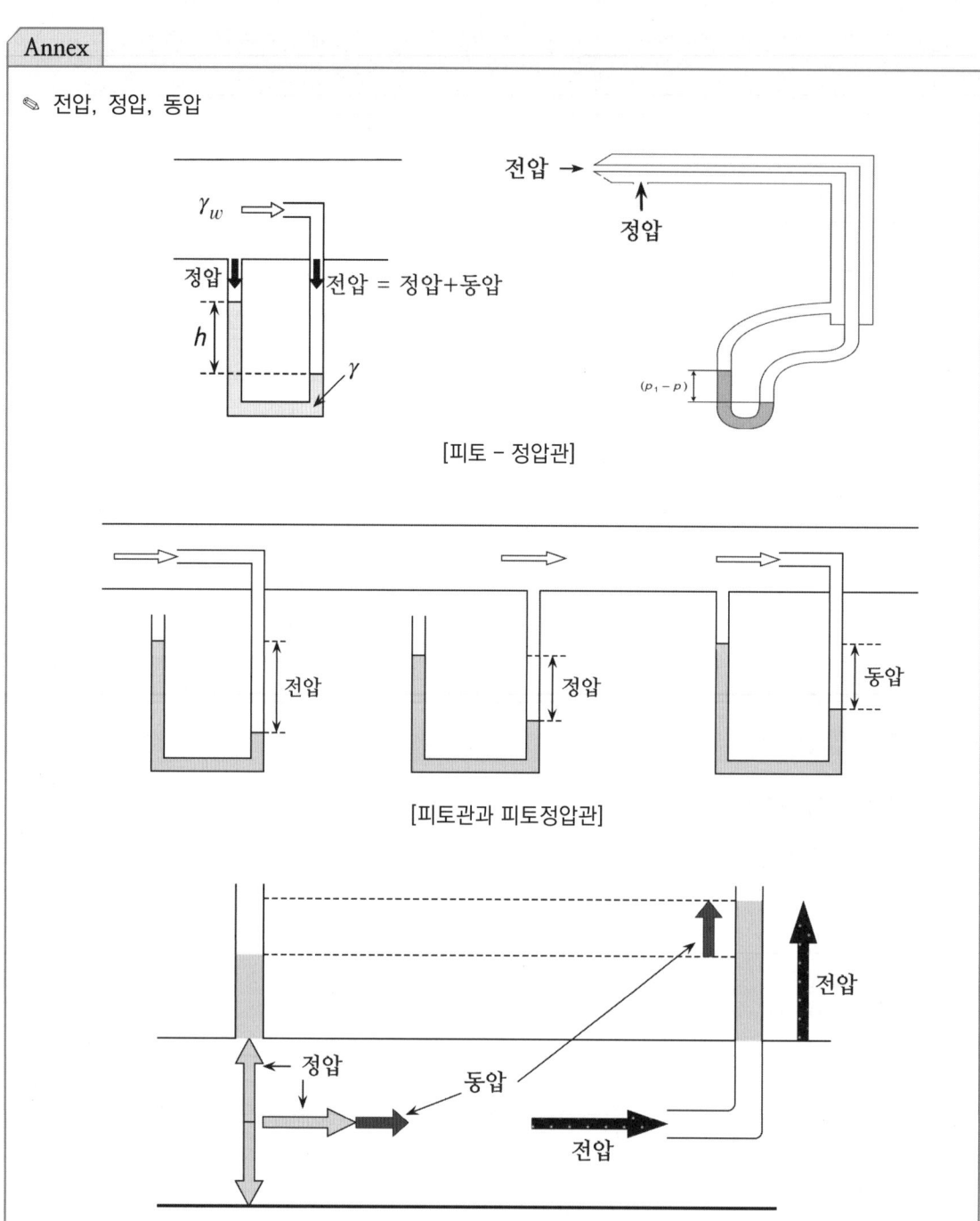

벤투리 관(Venturi Meter)

1 벤투리 효과

1) 배관의 단면적이 축소
2) 속도 증가 → 동압(Velocity Pressure) 증가
3) 베르누이 방정식에 의해 정압(Normal Pressure) 감소

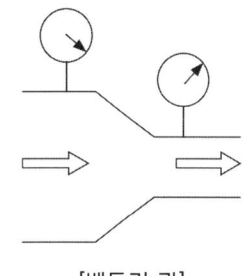

[벤투리 관]

2 수리학적 해석

1) 베르누이 방정식

$$\frac{P_1}{\gamma} + \frac{v_1^2}{2g} = \frac{P_2}{\gamma} + \frac{v_2^2}{2g} \rightarrow \frac{P_1 - P_2}{\gamma} = \frac{v_2^2 - v_1^2}{2g} \quad (Z_1 = Z_2)$$

2) 연속 방정식

$$Q = A_1 v_1 = A_2 v_2 \rightarrow v_1 = \frac{Q}{A_1}, \quad v_2 = \frac{Q}{A_2}$$

3 유량 계산식 유도

$$\frac{P_1 - P_2}{\gamma} = \frac{v_2^2 - v_1^2}{2g}$$

$$\frac{P_1 - P_2}{\gamma} = \frac{\left(\frac{Q}{A_2}\right)^2}{2g} - \frac{\left(\frac{Q}{A_1}\right)^2}{2g}$$

$$Q^2 \left(\frac{1}{A_2^2} - \frac{1}{A_1^2}\right) = 2g \frac{P_1 - P_2}{\gamma}$$

$$Q = \frac{A_1 A_2}{\sqrt{A_1^2 - A_2^2}} \sqrt{2g \frac{P_1 - P_2}{\gamma}}$$

$$Q = \frac{A_1 A_2}{\sqrt{A_1^2 - A_2^2}} \sqrt{2gH} \qquad (H = \frac{P_1 - P_2}{\gamma})$$

$$Q = \frac{A_2}{\sqrt{1 - \left(\frac{A_2}{A_1}\right)^2}} \sqrt{2gH}$$

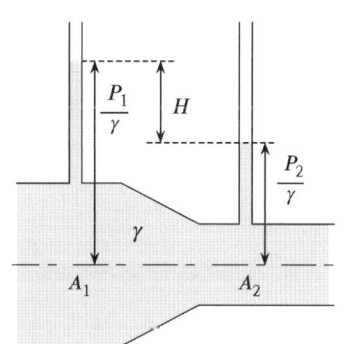

예제

1 다음 식을 유도하시오 $Q = \dfrac{A_2}{\sqrt{1-\left(\dfrac{A_2}{A_1}\right)^2}}\sqrt{2g\dfrac{\gamma_1-\gamma_2}{\gamma_2}h}$ (조건 : 베르누이 방정식을 활용, 마

노미터의 압력차 $\triangle P = P_1 - P_2 = (\gamma_1 - \gamma_2)\cdot h$ 이고, 기타 조건은 무시한다)

정 답

(1) 베르누이 방정식

$$\dfrac{P_1}{\gamma_2} + \dfrac{v_1^2}{2g} + z_1 = \dfrac{P_2}{\gamma_2} + \dfrac{v_2^2}{2g} + z_2 \qquad z_1 = z_2 \text{이므로,}$$

$$\dfrac{v_2^2 - v_1^2}{2g} = \dfrac{P_1 - P_2}{\gamma_2} \quad \cdots\cdots\cdots\cdots\cdots\cdots\cdots\cdots\cdots\cdots\cdots ①$$

(2) 연속 방정식

$$Q = A_1 \cdot v_1 = A_2 \cdot v_2 \ \rightarrow \ v_1 = \dfrac{A_2}{A_1}v_2 \quad \cdots\cdots\cdots\cdots\cdots ②$$

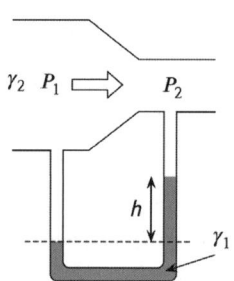

(3) ②식을 ①식에 대입하면,

$$\dfrac{v_2^2}{2g}\cdot\left[1-\left(\dfrac{A_2}{A_1}\right)^2\right] = \dfrac{P_1 - P_2}{\gamma_2}$$

$$\therefore v_2 = \sqrt{\dfrac{2g(P_1 - P_2)}{\left(1-\left(\dfrac{A_2}{A_1}\right)^2\right)\cdot \gamma_2}}$$

(4) 유량 계산식

$$Q = A_2\, v_2 = \dfrac{A_2}{\sqrt{1-\left(\dfrac{A_2}{A_1}\right)^2}}\sqrt{\dfrac{2g(P_1 - P_2)}{\gamma_2}} \quad \cdots\cdots\cdots ③$$

(5) 유량

문제의 조건에서 $\triangle P = P_1 - P_2 = (\gamma_1 - \gamma_2)\cdot h$ 이므로,

$$\therefore Q = \dfrac{A_2}{\sqrt{1-\left(\dfrac{A_2}{A_1}\right)^2}}\sqrt{2g\dfrac{\gamma_1 - \gamma_2}{\gamma_2}h}$$

오리피스

1 개요

1) 오리피스 유량계의 경우 실제유량과 이론유량은 차이가 발생하는데, 이를 보정하기 위해 유량계수(Flow Coefficient) [또는 유동계수]를 도입하였다.
2) 오리피스 유량계는 비용, 설치 측면에서는 장점을 가지고 있지만 탭 설치 및 정확한 유량을 측정하기는 어려운 점이 있으므로 설치 시 주의하여야 한다.

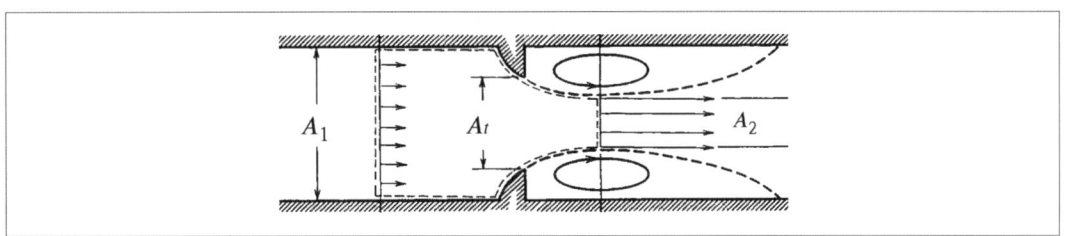

2 이론 유량

$$Q = \frac{A_2}{\sqrt{1-\left(\frac{A_2}{A_1}\right)^2}} \sqrt{2g \frac{\Delta P}{\gamma}}$$

3 유동계수(Flow Coefficient K)

1) 방출계수(Discharge Coefficient C_d)

   이상 유량(Ideal Flow)에 대한 실제 유량(Actual Flow)의 비

   $$Q = \frac{C_d \cdot A_t}{\sqrt{1-\left(\frac{A_t}{A_1}\right)^2}} \sqrt{2g \frac{\Delta P}{\gamma}} \quad (A_2 \text{ 대신에 } A_t \text{ 대입})$$

2) 속도 조정 요소(Velocity Correction Factor)

   $$E = \frac{1}{\sqrt{1-\beta^4}} \quad \text{단, } \beta = \frac{D_t}{D_1}$$

   속도 조정 요소는 1보다 크다.

3) 유동계수(Flow Coefficient K)

(1) 유동계수 = 방출계수 × 속도 조정 요소

$$K = \frac{C_d}{\sqrt{1-\beta^4}}$$

(2) 유동계수는 β와 Re의 함수이지만 Re가 $10^4 \sim 10^7$ 범위 내에서는 Re의 영향은 없고, β만의 함수이므로 이 영역을 유량계로 사용한다.

4 실제 유량

$$Q = \frac{A_2}{\sqrt{1-\left(\frac{A_2}{A_1}\right)^2}} \sqrt{2g\frac{\Delta P}{\gamma}} = K \cdot A_t \cdot \sqrt{2g\frac{\Delta P}{\gamma}}$$

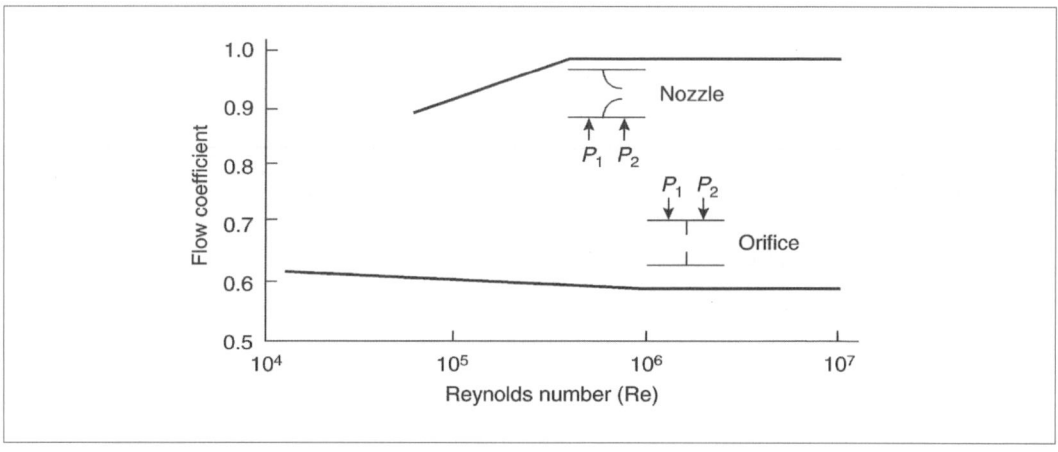

Annex

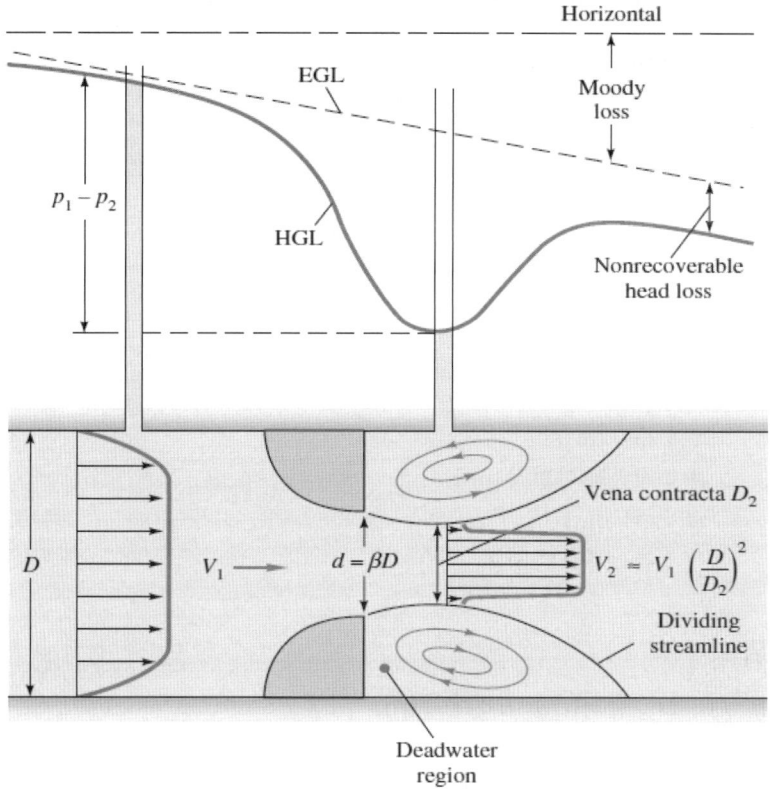

[오리피스 압력 변화]

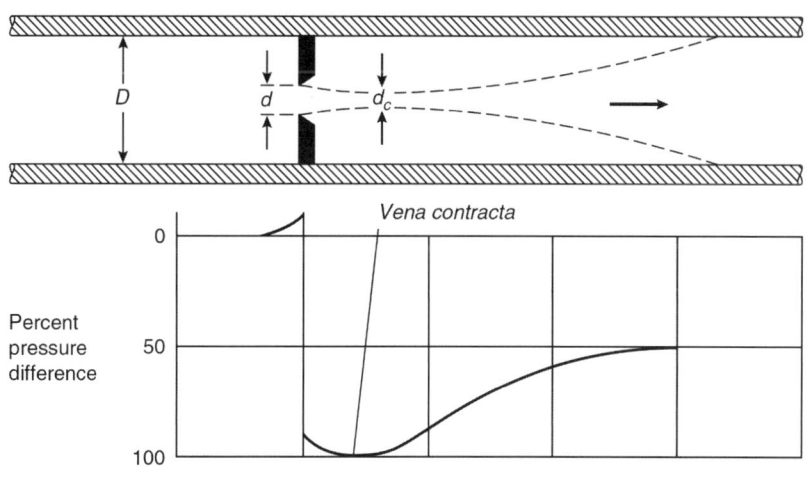

방수압과 토출량

1) 변환 전 공식은 연속 방정식으로 정리

   (1) $Q = A \times v = \dfrac{\pi D^2}{4} \times v$

   (2) 노즐에서 방출될 때 유속은 동압에 의해 결정되어 동압수두는 $H = \dfrac{v^2}{2g}$

   (3) 유량 공식 $Q = A \times v = \dfrac{\pi D^2}{4} \times \sqrt{2gH}$

   여기서, Q : 유량 [m³/s]
   v : 유속 [m/s]
   A : 배관의 단면적 [m²]
   H : 수두 [m]
   g : 중력가속도 [9.8 m/s²]

2) 변환 전 단위

   Q : 유량(m³/s), D : 관경(m), H : 수두(m)

3) 단위변환 계수 산정(변환 후 단위를 기준으로 산정)

변수	변환 후 단위	변환 전 단위	단위환산 계수 산출	단위 환산계수
Q(유량)	$\dfrac{L}{min}$	$\dfrac{m^3}{s}$	$\dfrac{1L}{min} \times \dfrac{1m^3}{1,000L} \times \dfrac{1min}{60s}$	$\dfrac{1}{1,000} \times \dfrac{1}{60}$
D(관경)	mm	m	$1mm \times \dfrac{1m}{1000mm}$	$\dfrac{1}{1000}$
P(압력)	MPa	m	$1MPa \times \dfrac{10.332m}{0.101325MPa}$	$\dfrac{10.332}{0.101325}$

4) 변환 전 공식에 단위변환 계수 대입

   (1) $\dfrac{1}{1,000 \times 60} Q' = \dfrac{\pi}{4} \times \left(\dfrac{1}{1,000} D'\right)^2 \times \sqrt{2 \times 9.8 \times \dfrac{10.332}{0.101325} \times P'}$

   (2) "①"식 정리에 따른 방수량 [L/min]

   $Q = 2.107 \times D^2 \sqrt{P}$

   여기서, Q : 방수량 [L/min]
   D : 관경 [mm]
   P : 방수압 [MPa]

예 제

1 스프링클러설비의 방수압과 방수량 관계식 $Q=80\sqrt{10P}$ (Q : L/min, P : MPa)의 유도과정을 쓰시오. (단, 헤드의 오리피스 내경(d)은 12.7 mm, 방출계수(C)는 0.75이며, 중력가속도(g)는 9.81 m/sec²으로 가정한다. 1 MPa = 10 kg_f/cm^2)

정답

(1) 변환 전 공식은 연속 방정식으로 정리

① $Q = C \times A \times v = C \times \dfrac{\pi D^2}{4} \times v$

② 노즐에서 방출될 때 유속은 동압에 의해 결정되어 동압수두는 $H = \dfrac{v^2}{2g}$

③ 유량의 공식

$Q = C \times A \times v = C \times \dfrac{\pi D^2}{4} \times \sqrt{2gH}$

(2) 변환 전 단위

Q : 유량(m³/s), D : 관경(m), H : 수두(m)

(3) 단위변환 계수 산정(변환 후 단위를 기준으로 산정)

변수	변환 후 단위	변환 전 단위	단위환산 계수 산출	단위 환산계수
Q(유량)	$\dfrac{L}{min}$	$\dfrac{m^3}{s}$	$\dfrac{1L}{min} \times \dfrac{1m^3}{1,000L} \times \dfrac{1min}{60s}$	$\dfrac{1}{1,000} \times \dfrac{1}{60}$
D(관경)	mm	m	$1mm \times \dfrac{1m}{1,000mm}$	$\dfrac{1}{1,000}$
P(압력)	kg_f/cm^2	m	$1kg_f/cm^2 \times \dfrac{10.332 m}{1.0332 kg_f/cm^2}$	10

(4) 변환 전 공식에 단위변환 계수 대입

① $\dfrac{1}{1,000 \times 60} Q' = C \times \dfrac{\pi}{4} \times \left(\dfrac{1}{1,000}D'\right)^2 \times \sqrt{2 \times 9.81 \times 10 \times P'}$

② 단위변환 후 공식으로

$Q = C \times 0.66007 \times D^2 \sqrt{P}$

여기서, Q : 유량 [L/min] K : K - factor
D : 내경 [mm] C : 유량계수
P : 방사압 [kg_f/cm^2]

③ SI압력단위의 변환에 따른 단위변환($kg_f/cm^2 \rightarrow MPa$)

변수	변환 후 단위	변환 전 단위	단위환산 계수 산출	단위 환산계수
P(압력)	MPa	kg_f/cm^2	$1\,MPa \times \dfrac{1.0332\,kg_f/cm^2}{0.101325\,MPa}$	10

④ SI압력단위 [MPa]에 따른 유량공식

$$Q = C \times 0.66007 \times D^2 \sqrt{10P}$$

(5) 표준형 스프링클러헤드의 K – factor 조건

유량식에서 내경 12.7 mm 및 방출계수 0.75를 조건 적용

(6) K - factor = $0.75 \times 0.66007 \times 12.7^2$ = 79.847 ∴ K - factor 80

$Q = 80\sqrt{10P}$

Annex

※ 옥내소화전 주배관 구경 $d = 72.86\sqrt{Q}$ (Q : m³/min, d : mm, π : 3.14)

1) 식 유도

$Q = A \cdot v = \dfrac{\pi}{4} d^2 \cdot v$ (옥내소화전 주배관 유속은 4 m/s 이하)

$d = \sqrt{\dfrac{4Q}{\pi v}} = 0.564\sqrt{Q}\,[m]$

2) 단위 환산

변수	변환 후 단위	변환 전 단위	단위환산 계수 산출	단위 환산계수
Q (유량)	$\dfrac{m^3}{min}$	$\dfrac{m^3}{s}$	$\dfrac{1m^3}{1min} \times \dfrac{1min}{60s}$	$\dfrac{1}{60}$
D (관경)	mm	m	$1\,mm \times \dfrac{1\,m}{1,000\,mm}$	$\dfrac{1}{1,000}$

$\dfrac{1}{1000} \cdot d\,[mm] = 0.564\sqrt{\dfrac{1}{60}Q}\,[m^3/min]$

∴ $d = 72.86\sqrt{Q}$

소화전 방수압력

1 수직운동

1) 자유낙하운동(등가속도운동) : $y = \dfrac{1}{2}gt^2$

2) 낙하 속도 $v = g \cdot t$

3) 수직 낙하시간과 수평거리 이동시간은 같다.

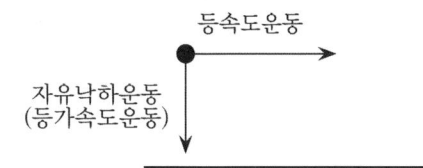

2 수평운동

등속도운동 $x = v \times t$

1) 속도 : $v = \sqrt{2gh}$

2) 시간 : $t = \sqrt{\dfrac{2y}{g}}$

3) 이동거리 : $x = \sqrt{2gh} \times \sqrt{\dfrac{2y}{g}}$

4) 소화전 방사수두 (h)

   $x^2 = 4yh$

   $h\,[m] = \dfrac{x^2}{4y}$

예제

1 소화전 방수압이 0.17 MPa일 때 방사거리는? (방사높이 1 m, 단 0.1 MPa는 10 m)

정답

$$0.17\,MPa \times \frac{10\,m}{0.1\,MPa} = \frac{x^2}{4 \times 1}$$

$$x = \sqrt{17 \times 4 \times 1}$$

∴ 방사거리 : 8.25 m

답 8.25 m

2 소화전 수면의 높이가 h인 수조 벽에 구멍을 뚫고 물을 방출시킬 때 가장 멀리 방출되는 개구부의 높이는? (단, 0.1 MPa는 10 m)

정답

(1) 낙하(이동)시간

$$y = \frac{1}{2}gt^2 \;\Rightarrow\; t = \sqrt{\frac{2y}{g}}$$

(2) 방출속도

$$v = \sqrt{2g(h-y)}$$

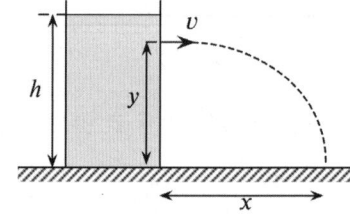

(3) 이동거리

$$x = v \times t$$
$$= \sqrt{\frac{2y}{g}} \times \sqrt{2g(h-y)}$$
$$= 2\sqrt{y(h-y)}$$

(4) 함수 적용

함수 : 두 변수 x, y에서 x의 값이 정해질 때마다 y의 값이 오직 하나로 결정될 때, y를 x의 함수라 한다.

$f(y) = y(h-y) = hy - y^2$ 라 하면

$f(y)$가 최대가 되기 위해서는 $\dfrac{df(y)}{dy} = 0$ 일 때(기울기 = 0)이므로

$$\frac{df(y)}{dy} = h - 2y$$

$h - 2y = 0 \to y = \dfrac{h}{2}$ ∴ $y = \dfrac{h}{2}$

답 $\dfrac{h}{2}$

주손실

1 개요

1) 유체가 배관 내를 유동할 때는 손실이 발생한다.
2) 손실은 크게 2가지에 의해 발생
   (1) 주손실
      ① 관벽과 유동하는 유체의 마찰에 의한 손실
      ② 조도의 영향이 크다.
   (2) 부차적 손실
      ① 유체의 속도가 급격히 변하는 부분에서 발생하는 손실(유체의 박리 등)
      ② 조도는 무시할 수 있다.

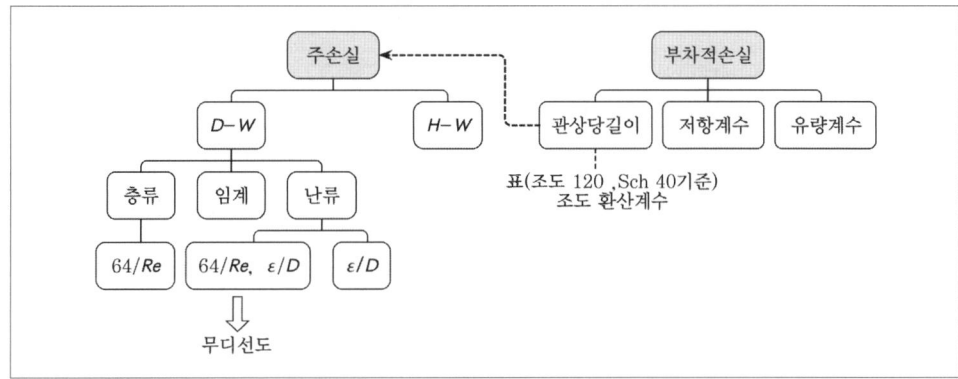

2 Darcy - Weisbach식

$$h = \lambda \cdot \frac{L}{D} \cdot \frac{v^2}{2g}$$

1) 마찰계수(λ)

흐름	층류	임계구역 $2,000 \leq Re \leq 4,000$	난류 천이구역	난류 완전 난류
마찰계수 (λ)	$\lambda = \dfrac{64}{Re}$	-	Re 와 상대조도($\dfrac{\varepsilon}{D}$)	상대조도($\dfrac{\varepsilon}{D}$)

■ 무디선도(Moody Diagram)

마찰계수를 계산하는 방법이 복잡하고 난해해서 표를 이용하여 구하는 방법

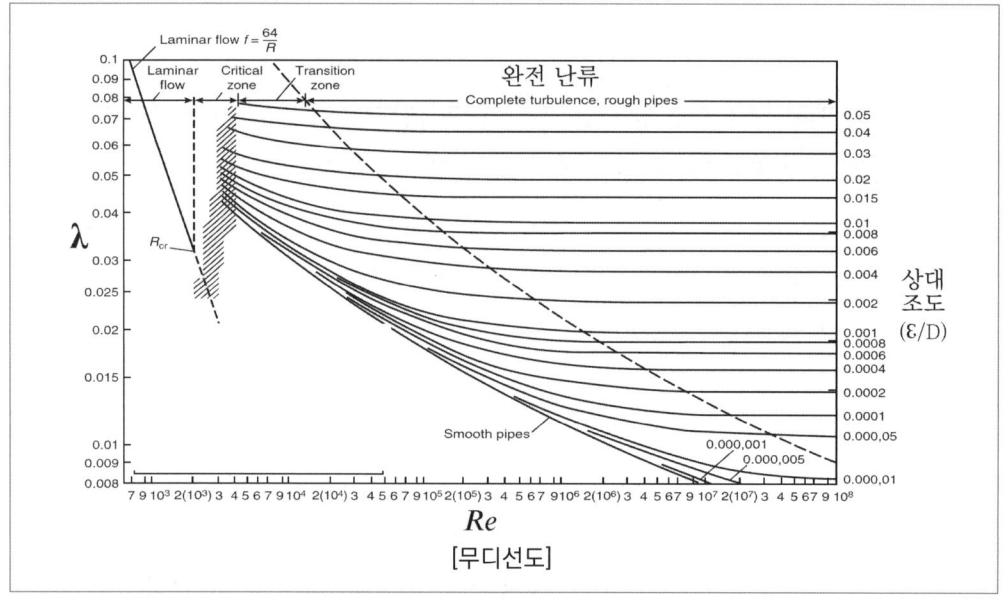

[무디선도]

2) 레이놀드 수(Reynold Number)

(1) 층류와 난류 흐름 사이 경계 조건의 무차원수로 어느 특정 값, 즉 임계흐름을 통과하면 흐름이 혼란해지고 결국에 난류흐름이 된다. 다시 말하면 임계 Reynold Number는 관내유동, 경계층 또는 유체 속에 잠긴 물체둘레의 유동이 층류 또는 난류의 흐름형태를 구분하는 임계치이다.

$$Re = \frac{관성력}{점성력} = \frac{\rho v D}{\mu} = \frac{v D}{\nu}$$

여기서, ρ : 밀도(kg/m³)
   v : 평균유속(m/s)
   D : 관경(m)
   ν : 동점성계수(m²/s)
   μ : 점성계(kg/m·s)

(2) 층류와 난류를 구분해주는 기준

① 층류 : Re < 2,000

② 임계구역 : 2,000 ≤ Re ≤ 4,000

   ㉠ 상임계 레이놀즈수 : 층류에서 난류로 바뀔 때(Re = 4,000)
   ㉡ 하임계 레이놀즈수 : 난류에서 층류로 바뀔 때(Re = 2,100)
   ㉢ 난류 : Re > 4,000

3) 특징

(1) 적용이 복잡하다.

(2) 마찰계수 값 적용이 어렵다.

(3) 적용 : (중·고압) Water Mist, Foam, 부동액 등의 혼합 소화수

3 하젠 - 윌리암스식(Hazen - Williams)

$$P_L[kg_f/cm^2] = 6.174 \times 10^5 \times \frac{Q^{1.85}}{C^{1.85} \times d^{4.87}} \times L$$

$$P_L[MPa] = 6.05 \times 10^4 \times \frac{Q^{1.85}}{C^{1.85} \times d^{4.87}} \times L$$

여기서, $\triangle P$: 배관 1 m당 마찰손실압력(MPa)

Q : 배관 내 유수량(L/min)

D : 배관의 안지름(mm)

C : 조도계수(배관벽의 거칠기)

L : 배관의 길이(m)

1) 조도계수

(1) 아주 매끈한 신형인 관 : 140

(2) 거친 관 : 130

(3) 오래되고 심하게 부식된 관 : 100

(4) PVC : 150

(5) 일반적으로 120 적용

배관 또는 튜브	C값
라이닝 안 된 주철 또는 연성철	100
흑관, 아연도금철(준비작동식을 포함한 건식설비)	100
흑관(일제살수식을 포함한 습식설비)	120
플라스틱(등록된 모든 배관 또는 관)	150
시멘트 라이닝 된 주철 또는 연성철, 콘크리트	140
구리튜브 또는 스테인리스강	150

2) 조건

    (1) 유체는 순수한 물

    (2) 물의 비중량은 9.8 kN/m^3

    (3) 물의 온도 범위는 7 ~ 24 ℃

    (4) 유속은 1.5 ~ 5.5 m/s

3) 적용

    (1) 스프링클러

    (2) 물분무소화설비

    (3) 미분무수(저압식)

Hazen – Poiseuille

1 개요

층류 유동에서의 흐름에 적용되는 식으로 Darcy - Weisbach식에서 유도

2 관계식

$$\lambda = \frac{64}{Re}, \quad Re = \frac{\rho \cdot v \cdot D}{\mu}$$

$$\rightarrow \lambda = \frac{64\,\mu}{\rho \cdot v \cdot D}$$

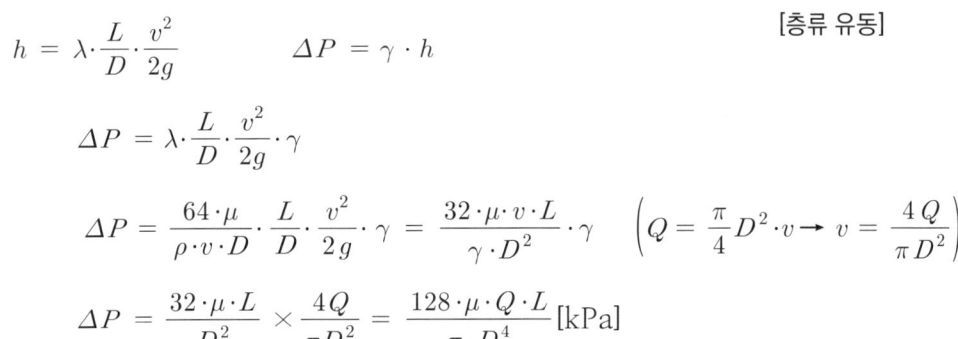

[층류 유동]

1) 마찰손실

$$h = \lambda \cdot \frac{L}{D} \cdot \frac{v^2}{2g} \qquad \Delta P = \gamma \cdot h$$

$$\Delta P = \lambda \cdot \frac{L}{D} \cdot \frac{v^2}{2g} \cdot \gamma$$

$$\Delta P = \frac{64 \cdot \mu}{\rho \cdot v \cdot D} \cdot \frac{L}{D} \cdot \frac{v^2}{2g} \cdot \gamma = \frac{32 \cdot \mu \cdot v \cdot L}{\gamma \cdot D^2} \cdot \gamma \quad \left(Q = \frac{\pi}{4} D^2 \cdot v \rightarrow v = \frac{4Q}{\pi D^2}\right)$$

$$\Delta P = \frac{32 \cdot \mu \cdot L}{D^2} \times \frac{4Q}{\pi D^2} = \frac{128 \cdot \mu \cdot Q \cdot L}{\pi \cdot D^4} \text{[kPa]}$$

여기서, ΔP : 마찰손실압력(kN/m²)
ΔH : 마찰손실수두(m)
Q : 유량(m³/s)
μ : 점성계수(N·s/m²)
ℓ : 배관의 길이(m)
g : 중력가속도(m/s²)
γ : 비중량(kN/m³)

2) 유량

$$Q = \frac{\Delta P \cdot \pi \cdot D^4}{128 \cdot \mu \cdot L}$$

3) 평균속도

$$V = \frac{Q}{A} = \frac{\Delta P \cdot \pi \cdot D^4}{128 \cdot \mu \cdot L} \cdot \frac{4}{\pi \cdot D^2} = \frac{\Delta P \cdot D^2}{32 \cdot \mu \cdot L}$$

예제

1 관경이 27.5 mm인 배관을 흐르는 물의 동압이 $0.15\,kg/cm^2$일 경우 유량은?

정답

(1) 동압 $= \dfrac{v^2}{2g} = 0.15\,kg/cm^2 = 1.5\,m$

(2) $v = \sqrt{2 \times 9.8 \times 1.5} = 5.42\,m/s$

(3) $Q = A \times v\ \ [m^3/s]$

$\quad = \dfrac{\pi}{4}(27.5 \times 10^{-3})^2 \times 5.42 \times 1000 \times 60\ Lpm$

$\quad = 193.06\ Lpm$

답 $193.06\ Lpm$

2 배관에 물이 흐르고 있다. 두 지점을 흐르는 물의 압력손실이 $0.8\,kg/cm^2$이다. 유량을 2배로 한다면 두 지점 간의 압력손실은?

정답

소화배관에서 유체의 손실 계산식은 하젠 - 윌리암스식과 Darcy - Weisbach식이 있다.

(1) 하젠 - 윌리암스식

① 유량과 손실

$$P_L[kg_f/cm^2] = 6.174 \times 10^5 \times \dfrac{Q^{1.85}}{C^{1.85} \times d^{4.87}} \times L \rightarrow P_L \propto Q^{1.85}$$

② 압력손실

$1^{1.85} : 0.8 = 2^{1.85} : P_L \quad \rightarrow \quad P_L = 0.8 \times \left(\dfrac{2}{1}\right)^{1.85}$

$P_L = 2.88\ kg/cm^2$

(2) Darcy – Weisbach식

$$h_L = \lambda \cdot \frac{L}{D} \cdot \frac{v^2}{2g}$$

① 층류

　㉠ 유량과 압력 손실

$$P_L = \lambda \frac{L}{D} \frac{v^2}{2g} \gamma$$

$$P_L = \frac{64\mu}{\rho v D} \frac{L}{D} \frac{v^2}{2g} \gamma = \frac{32\mu v L}{\gamma D^2} \gamma \left(v = \frac{Q}{A} = \frac{4Q}{\pi D^2}\right) = \frac{128\mu Q L}{\pi D^4}$$

　㉡ 압력손실

　　유량이 2배가 되면 손실도 2배 ($P_L \propto Q$)

$$P_L = 1.6 \, kg/cm^2$$

② 난류

　㉠ 유량과 압력 손실

$$P_L = \lambda \frac{L}{D} \frac{v^2}{2g} \gamma \quad v = \frac{Q}{A} = \frac{4Q}{\pi D^2}$$

$$P_L = \lambda \frac{L}{D} \frac{v^2}{2g} \gamma = \lambda \frac{L}{D} \frac{\gamma}{2g} \left(\frac{4Q}{\pi D^2}\right)^2 = \lambda L \frac{8 Q^2}{\pi^2 D^5} \rho$$

　㉡ 압력손실

　　유량이 2배가 되면 손실도 4배 ($P_L \propto Q^2$)

$$P_L = 3.2 \, kg/cm^2$$

※ 유량이 2배일 경우 소화설비별 주손실(NFPA)

　① 스프링클러 $P_L \propto Q^{1.85}$

　② 미분무수(중/고압) : ($P_L \propto Q^2$)

돌연 확대관의 손실(부차적 손실)

1 급 확대관에서의 손실

1) ①, ② 지점에 베르누이 방정식 적용

$$\frac{P_1}{\gamma} + \frac{v_1^2}{2g} + Z_1 = \frac{P_2}{\gamma} + \frac{v_2^2}{2g} + Z_2 + h_L \quad \text{여기에서, } Z_1 = Z_2$$

$$h_L = \frac{P_1 - P_2}{\gamma} + \frac{v_1^2 - v_2^2}{2g}$$

$$\therefore h_L = \frac{P_1 - P_2}{\rho g} + \frac{v_1^2 - v_2^2}{2g} \quad \cdots\cdots\cdots\cdots ①$$

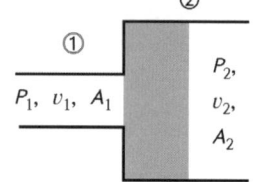

2) ①, ② 지점에 운동량 방정식 적용

(1) 수평관에서 힘의 평형을 고려하면,

$$\sum F = P_1 A_1 - P_2 A_2 + \rho Q(v_1 - v_2) \qquad \sum F = 0 \text{이므로}$$

$$0 = P_1 A_1 - P_2 A_2 + \rho Q(v_1 - v_2)$$

(2) 검사체적을 가정하면 $A_1 = A_2$, $Q = A_2 \cdot v_2$

$$0 = P_1 A_2 - P_2 A_2 + \rho A_2 v_2 (v_1 - v_2)$$

3) $(P_1 - P_2) \cdot A_2 = \rho \cdot A_2 \cdot v_2 (v_2 - v_1)$

$$\therefore P_1 - P_2 = \rho \cdot v_2 \cdot (v_2 - v_1) \quad \cdots\cdots\cdots\cdots ②$$

4) ②식을 ①식에 대입하면,

$$h_L = \frac{\rho v_2 (v_2 - v_1)}{\rho g} + \frac{v_1^2 - v_2^2}{2g}$$

$$= \frac{2v_2^2 - 2v_1 \cdot v_2 + v_1^2 - v_2^2}{2g}$$

$$= \frac{v_1^2 - 2v_1 \cdot v_2 + v_2^2}{2g} = \frac{(v_1 - v_2)^2}{2g}$$

$$h_L = \frac{(v_1 - v_2)^2}{2g} = \left(1 - \frac{v_2}{v_1}\right)^2 \cdot \frac{v_1^2}{2g}$$

$$\therefore h_L = K \frac{v_1^2}{2g} \qquad K = \left(1 - \frac{v_2}{v_1}\right)^2 = \left(1 - \frac{A_1}{A_2}\right)^2$$

2 급 축소관의 손실

급 축소관의 손실은 급 확대관 식과 수축계수(실험계수)를 이용하여 계산한다.

$$h_L = \frac{(v_0 - v_2)^2}{2g} = \left(\frac{v_0}{v_2} - 1\right)^2 \cdot \frac{v_2^2}{2g}$$

$$= \left(\frac{A_2}{A_0} - 1\right)^2 \cdot \frac{v_2^2}{2g} \qquad \left[\frac{A_0}{A_2} = C_c : 수축계수\right]$$

$$= \left(\frac{1}{C_c} - 1\right)^2 \cdot \frac{v_2^2}{2g}$$

Annex

- 힘($\sum F$) 분석 $\sum F = P_1 A_1 - P_2 A_2 + \rho Q(v_1 - v_2)$

  1) $\sum F = 0$: 정지 상태에서의 힘 분석(급 확대관에서의 손실 계산)

  2) $\sum F = $ 플랜지에 작용하는 힘 : 움직이는 상태에 대한 힘 분석(노즐에 작용하는 힘)

- 급 확대/축소관의 압력변화

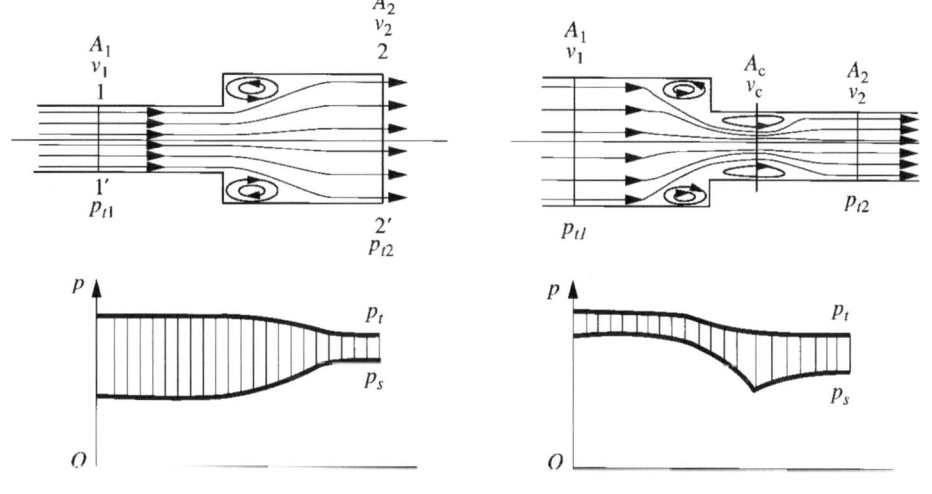

Hardy Cross 계산방법

1 개요

1) 복잡한 배관(Loop 또는 Grid)에서의 압력손실 해석방법이다.
2) 배관상의 유량을 임의로 분배하고, 각 관로의 압력손실 차이가 허용범위($0.035\,kg/cm^2$) 내로 수렴되도록 반복 계산하는 방법이다.

2 가정

1) 질량 보존 : 총 유입량과 총 유출량은 같다.

   $Q_{in} = Q_1 + Q_2 = Q_{out}$

2) 에너지 보존 : 각 관로별 손실수두는 같다.

   $h_{L1} = h_{L2}$

   배관이 만나는 곳에서의 배관 압력(손실)은 같고 방향은 반대이므로

   $\sum h_L = 0$

3) 각 배관의 압력손실은 스프링클러설비인 경우 하젠 - 윌리암스식으로 계산한다.

3 절차

1) Loop의 단순화

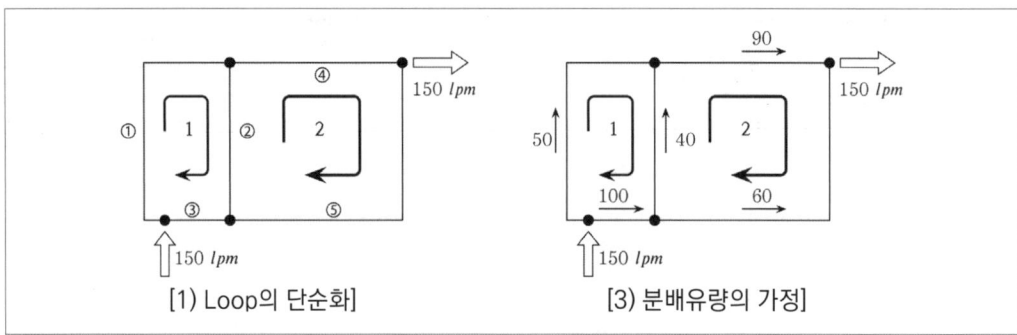

[1) Loop의 단순화]   [3) 분배유량의 가정]

2) K (Friction Loss Coefficient)의 계산

$$K = 6.05 \times 10^4 \times \frac{L}{C^{1.85} \times D^{4.87}}$$

3) 분배유량의 가정

4) 마찰손실 계산

$$h_L = K \times Q^{1.85}$$

5) 마찰손실의 합계($\sum h_L$) 계산

$\sum h_L$ 값이 $0.035\ kg/cm^2$ 이하면 계산 종료

6) $\dfrac{h_{L0}}{Q}$ 의 계산

7) 유량 보정계수(Δ) 계산

$$\Delta = \frac{-\sum h_{L0}}{1.85 \times \Sigma \left(\dfrac{h_{L0}}{Q}\right)}$$

8) 보정 유량 가감

9) 새롭게 보정된 분배유량으로 $\sum h_L$ 값이 충분히 작아질 때까지 4) ~ 7)를 반복한다.

10) 마지막 확인사항으로 임의의 경로에 대한 유입점으로부터 유출점까지의 마찰손실압력을 계산한다. 다른 경로로 두 번째 계산된 마찰손실압력값은 예상되는 범위 내의 동일한 값이 되어야 한다.

4 보정계수 유도

복합 배관 내에서 발생하는 에너지 손실 계산 시 배관망 전체에 에너지보존법칙 및 질량보존법칙이 성립되어야 한다. 특히 배관연결점에서는 아래와 같은 식이 성립한다.

$$\sum h_L = h_{L1} + h_{L2} + \cdots + h_{Lm} = 0$$

$$h_L = KQ^n \rightarrow \sum h_L = \sum KQ^n = 0$$

배관 내의 손실수두는 일반적으로 $h_L = KQ^n$의 형태로 표현된다.

$$\boxed{Q = Q_0 + \Delta}$$
Q : 보정된 유량 Q_0 : 가정(계산) 유량
Δ : 유량 보정값

$$h_L = K \cdot Q^n = K \cdot (Q_0 + \Delta)^n$$
$$= K(Q_0^n + n \cdot Q_0^{n-1} \cdot \Delta + \cdots)$$

Δ가 Q_0에 비해 상대적으로 작으므로 3항부터는 무시하면

$$\sum h_L = \sum KQ^n = \sum K \cdot (Q_0^n + nQ_0^{n-1} \cdot \Delta) = 0$$

$$\sum K \cdot Q_0^n + n \cdot \Delta \cdot \sum K \cdot Q_0^{n-1} = 0$$

$$\Delta = -\frac{\Sigma K \cdot Q_0^n}{n \cdot \Sigma K \cdot Q_0^{n-1}} = -\frac{\Sigma K \cdot Q_0^n}{n \cdot \Sigma \left(\frac{K \cdot Q_0^n}{Q_0}\right)} = -\frac{\Sigma h_{L0}}{n \cdot \Sigma \left(\frac{h_{L0}}{Q_0}\right)}$$

하젠-윌리암스식으로 마찰손실을 구하는 경우 $n = 1.85$

$$\therefore \Delta = -\frac{\Sigma h_{L0}}{1.85 \times \Sigma \left(\frac{h_{L0}}{Q_0}\right)}$$

Annex

- 이항정리 : $(a+b)^n = a^n + n \cdot a^{n-1} \cdot b^1 + \frac{n(n-1)}{2} a^2 \cdot b^{n-2} + \cdots + b^n$

문제에서 하젠 식이 $P_L[MPa] = 6.05 \times 10^4 \times \dfrac{Q^2}{C^2 \times d^{4.87}} \times L$ 로 주어지면

보정계수 Δ 는

$$\Delta = -\frac{\Sigma h_{L0}}{1.85 \times \Sigma \left(\frac{h_{L0}}{Q_0}\right)} \text{ 아니라 } \Delta = -\frac{\Sigma h_{L0}}{2 \times \Sigma \left(\frac{h_{L0}}{Q_0}\right)} \text{ 가 된다.}$$

동력

1 개요

동력이란 단위 시간당 일($J/s = W$)

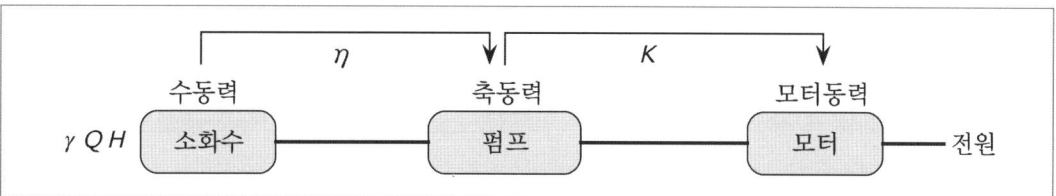

2 수동력(WHP, Water Horse Power)

1) 펌프에 의해 소화수에 가해지는 동력
2) 펌프에 의해 이동되는 시간당 액체의 중량 × 펌프에 의해 생성되는 수두

$$WHP = \gamma \cdot Q \cdot H$$

γ : 비중량 $[kN/m^3]$
Q : 유량 $[m^3/s]$
H : 양정(수두)

3 축동력(BHP, Brake Horse Power)

1) 펌프를 실제로 기동시키는 데 필요한 동력

$$BHP = \frac{\gamma \cdot Q \cdot H}{\eta}$$

η : 펌프의 효율

2) **펌프의 효율** : 수력 효율 × 체적 효율 × 기계 효율

   (1) 수력 효율 : 마찰손실, 곡관, 단면적 변화 등에 의해 발생하는 손실을 감안
   (2) 체적 효율 : 유체의 누설을 감안
   (3) 기계 효율 : 베어링, 축 등에 의한 기계적 손실

4 모터동력(EHP, Engine Horse Power)

1) 모터를 기동시키는 데 필요한 동력

$$EHP = \frac{\gamma \cdot Q \cdot H}{\eta} \times K \quad K : 전달계수$$

2) 전달계수(K)

　(1) 여유율(α)

　　① 전압 및 주파수변동, 연료의 적합 여부, 설계, 제작상의 여유 등을 고려한 값

　　② 유도전동기 - 0.1 ~ 0.2, 소출력의 엔진 - 0.15 ~ 0.25

　　　대출력의 엔진 - 0.1 ~ 0.2

　(2) 전달장치 효율(η)

　　① 전달방식(벨트 또는 전동기 직결 등)에 따른 효율을 고려한 값

　　② 평 벨트 - 0.9 ~ 0.93, V 벨트 - 0.95, 유체이음 - 0.95 ~ 0.97

　　③ 전달계수 $K = \dfrac{1+\alpha}{\eta}$

　　　여기서 K : 전동기 직결 시 1.1, 전동기 이외의 원동기인 경우 1.15

펌프 효율

1 개요
펌프의 효율은 수력 효율, 체적(누설) 효율, 기계 효율로 구성

2 수력 효율 : 펌프의 성능에 가장 큰 영향(80 ~ 95 %)

$$\eta_h = \frac{H_{th} - H_h}{H_{th}}$$

H_{th} : 펌프의 이론양정
H_h : 펌프의 손실

1) 마찰, 곡관, 단면적 변화 등에 의한 부차적 손실
2) 회전차, 안내깃 등에 유체가 흐를 때의 와류에 의한 손실
3) 회전차의 충돌에 의한 손실

3 체적 효율 : 90 ~ 95 % 정도

$$\eta_v = \frac{Q - \Delta Q}{Q}$$

Q : 방출유량
ΔQ : 펌프 내부에서의 누설 유량

1) 회전부분과 고정되어 있는 케이싱 부분 사이의 틈으로 유실되는 유량
2) 다단펌프의 경우 인접한 두 개의 단 사이의 틈새

4 기계 효율 : 90 ~ 97 %

$$\eta_m = \frac{L_s - L_m}{L_s}$$

L_s : 펌프의 축동력
L_m : 펌프의 손실동력

1) 회전수의 제곱에 비례
2) 베어링장치와 누설방지 장치에 의한 손실
3) 패킹의 압착강도를 크게 하면 누설량은 작게 되나 기계적 손실은 크게 된다. 따라서 어느 정도 누설을 허용하더라도 기계손실을 작게 하는 것이 효율이 증가한다.

5 펌프의 효율
수력 효율 × 체적 효율 × 기계 효율

동력 계산식 유도

1) 일(J) = 힘 × 거리 = $N[kg \cdot m/s^2] \times H[m] = m[kg] \times g[m/s^2] \times H[m]$

2) 동력 (J/s)

3) 동력 $(W) = \dfrac{m[kg] \times g[m/s^2] \times H[m]}{t[s]}$ ················· ①

$\dfrac{m[kg]}{t[s]} = \rho \times Q[m^3/s]$ ················· ②

② 식을 ① 식에 대입

$$\begin{aligned}
동력(P) &= \rho \times g \times Q[m^3/s] \times H[m] \\
&= \gamma[N/m^3] \times Q[m^3/s] \times H[m] \\
&= \gamma \cdot Q \cdot H \left[\dfrac{N}{m^3} \times \dfrac{m^3}{s} \times \dfrac{m}{1}\right] \\
&= \gamma \cdot Q \cdot H \ [N \cdot m/s]
\end{aligned}$$

$$동력(P) = \gamma \cdot Q \cdot H \ [kW]$$

$$= \dfrac{\gamma[kN/m^3] \times Q[m^3/\min] \times H[m]}{60} \ [kW]$$

Annex

송풍기 동력 계산

동력$[W] = \gamma \cdot Q \cdot H \ [N \cdot m/s]$ $P[N/m^2] = \gamma[N/m^3] \times H[m]$

동력$[W] = P[N/m^2] \times Q[m^3/s]$

$[kW] = P[kPa] \times Q[m^3/s]$

[전압 단위환산]

변수	변환 후 단위	변환 전 단위	단위환산 계수 산출	단위 환산계수
P(전압)	$mmAq$	kPa	$mmAq \times \dfrac{101.325kPa}{10332mmAq}$	$\dfrac{9.8}{1000}$

$[kW] = \dfrac{9.8 P[mmAq] \times Q[m^3/s]}{1000}$

$[kW] = \dfrac{P[mmAq] \times Q[m^3/s]}{102}$

$$동력 = \dfrac{P \cdot Q}{102} \ [kW]$$

P : 압력 $[mmAq]$
Q : 유량 $[m^3/s]$

공동현상(Cavitation)

1 개요

1) 유동하는 액체의 절대압력(정압)이 액체의 포화증기압보다 작은 경우 액체는 기화되어 증기포켓이 형성되고, 그 증기 포켓은 액체를 따라 흐르다가 고압부에서 붕괴되면서 진동, 소음 및 펌프를 손상시키는 현상이다.
2) 일반적으로 유체가 유동할 때 발생하지만 수주 분리(Water Column Separation) 상태에서도 발생한다.

2 정압 = 전압 - 동압

1) 전압이 작은 경우 : 펌프 흡입 측 배관
2) 동압이 큰 경우 : 배관이 급속히 작아져서(유속 증가)

3 발생 메커니즘 : 압력 < 증기압(Vapor Pressure)

1) 유속 증가 → 동압 증가 → 정압이 감소
2) 압력(정압) < 증기압
3) 유체 일부가 기포가 되고, 높은 압력에서 기포가 터지며 충격, 소음, 진동을 발생

4 공동현상이 발생하는 주요 장소

정압이 작을 수 있는 장소 : 전압이 작은 곳 또는 동압이 큰 곳
1) **전압이 작은 곳** : 펌프 흡입 측
2) **동압이 큰 곳** : 밸브류(특히 감압밸브)
3) **펌프 토출 측** : 수주 분리(Water Column Separation)

5 사이폰관의 공동현상

1) 공동현상은 압력이 가장 낮은 ①에서 발생한다.
2) 호스 토출속도 v_2는 H(수면과 노즐 끝의 차)의 영향을 받는다.
$$v_2 = \sqrt{2gH}$$
3) 공동현상은 L과 H의 영향을 받는다.
   (1) L이 증가할수록 전압은 감소(전압 = 대기압 − L)
   (2) H가 증가할수록 속도가 증가하여 동압이 증가

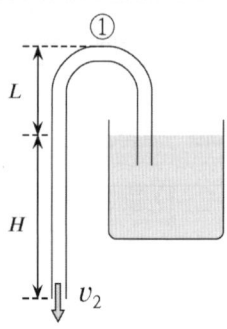

NPSH(Net Positive Suction Head)

1 개요

1) 수조의 수위가 펌프보다 낮은 경우 펌프가 물을 흡입하는 것이 아니고, 펌프 구동에 따라 배관 내 압력이 대기압 이하로 감소한다. 이때 외부 대기압에 의해 배관 내 물이 자연적으로 상승하는 것이다.
2) 펌프 설치 시에는 $NPSHav$가 $NPSHre$보다 크도록 설치하여야 한다.

2 NPSH(Net Positive Suction Head) 정의

1) 펌프 흡입구의 압력수두
2) 흡입배관 내의 압력은 절대압력(수두)로 표시

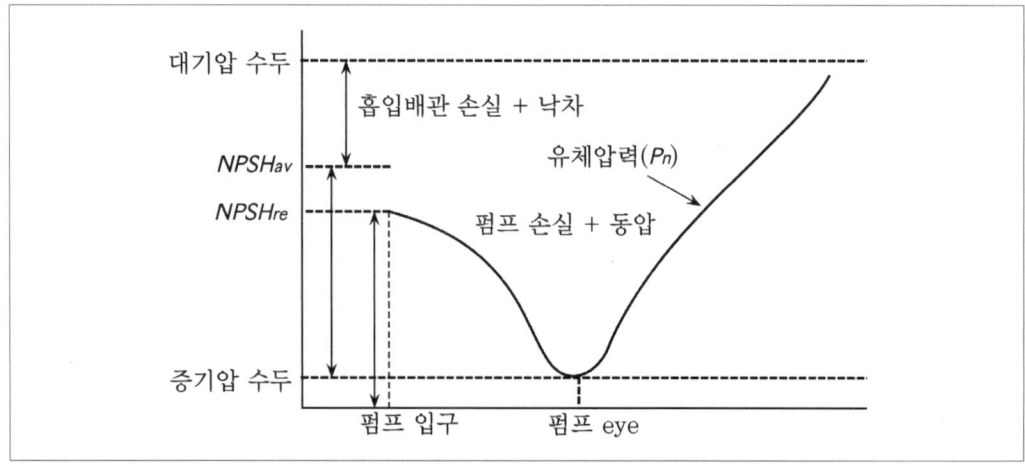

3 NPSH의 종류

1) NPSHre

(1) 정의 : 펌프 입구로부터 임펠러까지의 손실수두 + 속도수두

(2) 공동현상을 방지하기 위해 필요한 수두로, 펌프의 형상 및 흡입 측 설비의 작동 조건 (유량, 속도)에 따라 다르다.

$$NPSHre = \left(\frac{n\sqrt{Q}}{N_s}\right)^{\frac{4}{3}}$$

n : 회전수
Q : 유량
N_s : 비속도

(3) 펌프 설치 시 펌프 흡입구에서 공동현상을 방지하기 위해서는 압력강하가 가장 큰 펌프 임펠러 눈(Eye)에서 어느 정도의 압력 강하가 있어도 그때 액체온도에 상당하는 포화증기압에는 도달하지 않는 정도의 여유를 갖도록 해야 한다.

2) NPSHav

(1) 펌프 입구에 가해지는 실제수두(절대수두)

(2) 펌프의 위치 등 설계에 의해 결정

　① 펌프의 설치높이

　② 흡입관로의 손실

　③ 유체의 온도

(3) 대기압수두 [m] ± 설치높이 [m] - 손실수두 [m] - 포화증기수두 [m]

$$NPSHav = \frac{P_a}{\gamma} \pm H_s - H_f - \frac{P_v}{\gamma}$$

P_a : 대기압　　H_s : 설치높이(낙차)
H_f : 마찰손실(정격토출량의 150 %를 기준)
P_v : 유체의 포화증기압

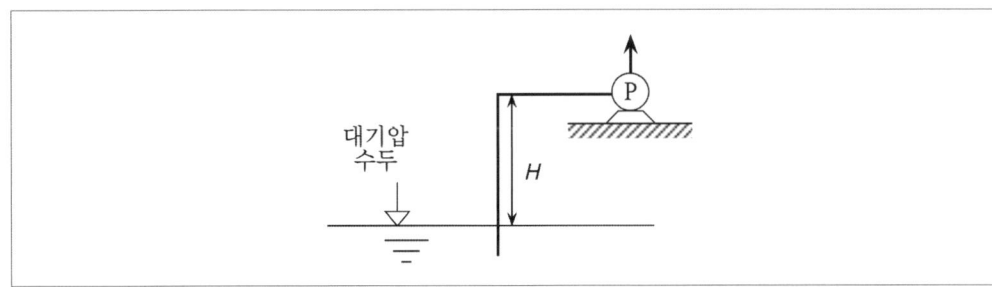

3) 공동현상 방지 : $NPSH\,av\ >\ NPSH\,re$

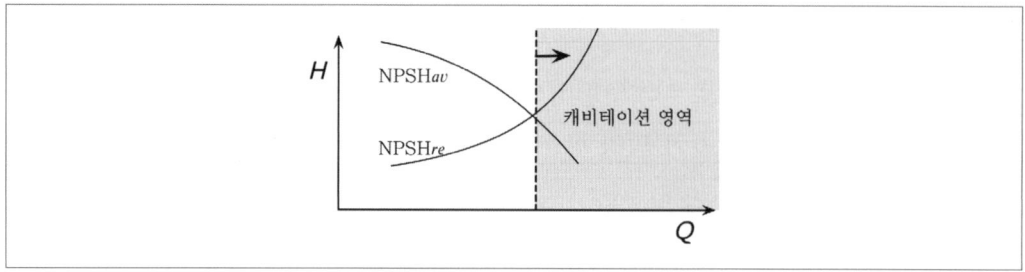

4 대책

1) NPSHav 증가

   (1) 펌프의 설치위치를 수원보다 낮게 한다.

   (2) 펌프의 흡입관경을 크게 한다. → 유속 제한

   (3) 흡입 측 관 부속을 줄이고 Butterfly Valve 사용금지

   (4) 흡입배관의 길이를 짧게 하여 흡입마찰손실을 줄인다.

   (5) Pa의 증가 : 압력수조를 사용하여 대기압보다 큰 압력을 가한다.

   (6) 수직 터빈식 펌프 : 임펠러가 수중

   (7) 물의 온도를 낮추어 포화증기압을 낮게 한다.

2) NPSHre 감소

   (1) 펌프의 선정 시 NPSHre가 작은 펌프 : 흡입 비속도가 큰 펌프

   (2) 양 흡입 펌프 사용($Q \to Q/2$)

3) 설계 시 NPSHav ≧ 1.3 × NPSHre (정격토출량의 150 % 기준)

5 결론

1) 펌프에 공동현상이 발생하면 충격, 소음, 진동 등이 발생하여 임펠러 손상 등을 일으킬 수 있다.

2) 따라서 수계소화설비의 펌프설계 시는 반드시 NPSH를 고려하여 공동현상이 발생하지 않도록 해야 한다.

전양정

1 개요

전양정(Total Head)이란 펌프가 하는 양정(수두)

2 전양정

구분	전양정	비고
흡입과 토출 관경이 다른 경우	$H_p = h_{gd} + h_{vd} \pm h_{gs} - h_{vs} + h$	H_p : 전수두 h_{gd} : 토출수두(게이지압력) h_{vd} : 토출속도수두 h_{gs} : 전흡입수두(게이지압력) h_{vs} : 흡입속도수두 h : 압력계 사이의 낙차
흡입과 토출 관경이 같은 경우	$H_p = h_{gd} \pm h_{gs} + h$	

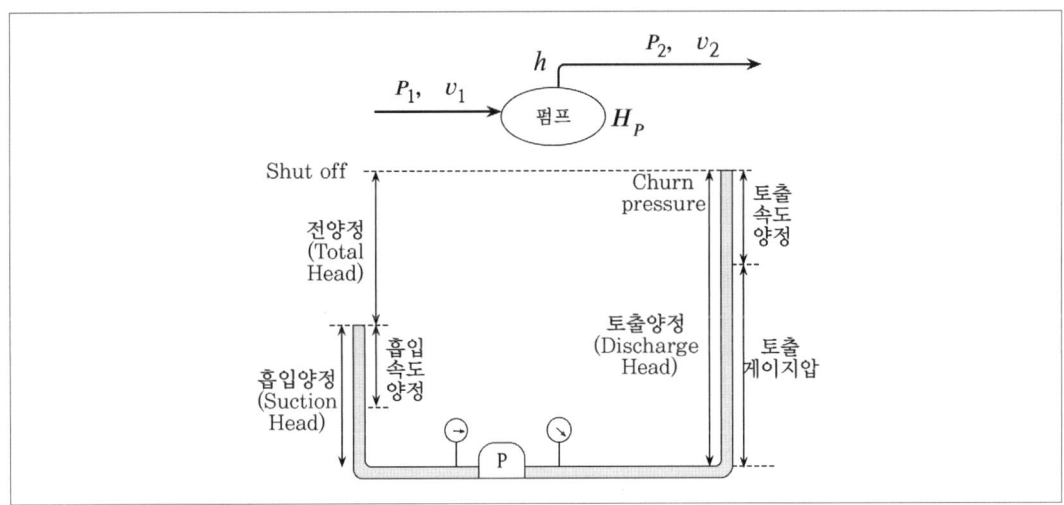

예제

1 펌프의 소요동력 [kW]을 계산하시오.

$P_1 = 500\,Pa,\ P_2 = 3\,bar,\ Q = 0.02\,m^3/s$

$D_1 = 10\,cm,\ D_2 = 5\,cm,\ H = 3\,m$

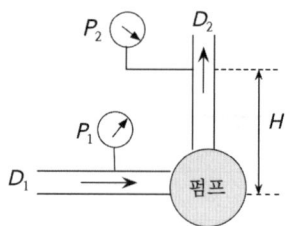

정답

(1) 유속

D_1의 유속 : $v_1 = \dfrac{0.02}{\dfrac{\pi}{4} \times 0.1^2} = 2.55\,m/s$

D_2의 유속 : $v_2 = \dfrac{0.02}{\dfrac{\pi}{4} \times 0.05^2} = 10.19\,m/s$

(2) 전양정

손실을 무시할 때 1지점과 2지점의 에너지는 같으므로 베르누이식을 적용하면

$$\dfrac{P_1}{\gamma} + \dfrac{v_1^2}{2g} + Z_1 + H_p = \dfrac{P_2}{\gamma} + \dfrac{v_2^2}{2g} + Z_2$$

$\dfrac{500\,N/m^2}{9800\,N/m^3} + \dfrac{2.55^2}{2 \times 9.8} + 펌프의\ 전양정 = \dfrac{3 \times 10^5}{9800} + \dfrac{10.19^2}{2 \times 9.8} + 3$

펌프 전양정 $= 38.73\,m$

(3) 펌프 동력 $[kW]$

동력 $P[kW] = \gamma\,[kN/m^3] \times Q\,[m^3/s] \times H\,[m]$
$= 9.8 \times 38.73 \times 0.02 = 7.59\,kW$

답 7.59 kW

2 다음과 같은 상태로 펌프가 작동되고 있을 때 전양정을 계산하시오. (단, 흡입과 토출 관경은 같다)

조건 1) 압력계 지시값 : 0.3 MPa
    2) 연성계 지시값 : -73.5 $mmHg$
    3) 연성계와 압력계 높이 차 : 1 m

정답

전양정 = 압력계 + 높이차 + 연성계

$$0.3 \times \frac{10.332\,m}{0.101325\,MPa} + 1\,m + 73.5\,mmHg \times \frac{10.332\,mAg}{760\,mmHg} = 32.6\,m$$

답 32.6 m

※ 별해

  절대압기준 풀이

  대기압 $- 73.5\,mmHg$ + 펌프 = 대기압 + $0.3\,MPa$ + 1 m

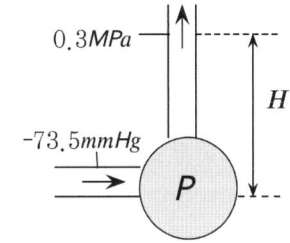

원심펌프와 용적형 펌프

1 개요

소화펌프는 수계소화설비의 핵심기기로서 유체에 압력에너지를 공급하는 기기

2 소화펌프의 특성

1) 토출량이 일정하지 않다. → 어떠한 상황에서도 성능기준에 적합한 방사압 / 방사량
2) 정전이나 비상 상황에서도 반드시 작동 → 비상전원 설치
3) 평상시에는 사용하지 않는다. → 성능 시험
4) 펌프의 보호보다 확실한 기동 및 계속운전이 중요하다.

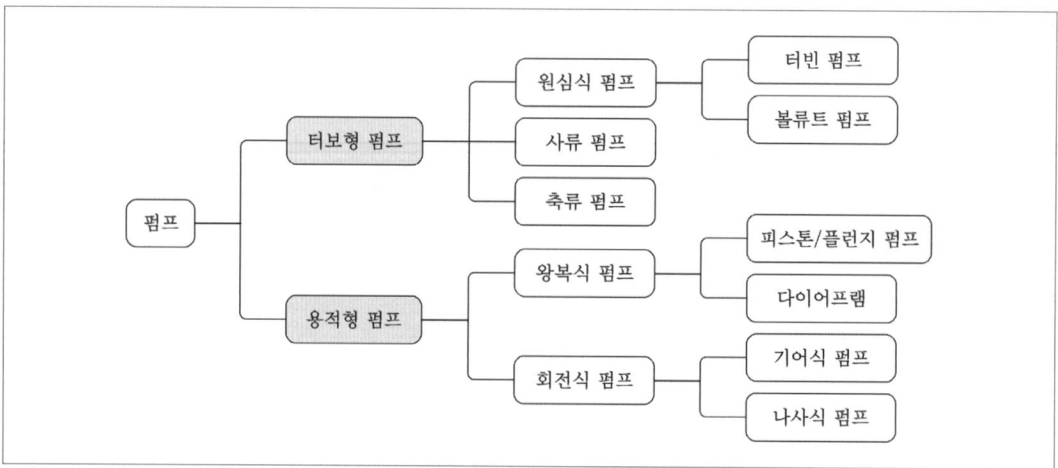

3 원심펌프(Centrifugal Fire Pump)

1) 임펠러의 운동에너지를 속도수두와 압력수두로 전환하는 방식
2) 이론적으로는 유량 변동에 따라 압력이 일정하지만 실제는 유량과 압력은 서로 반비례
3) 일반적으로 저양정, 고유량에 많이 사용
4) 임펠러와 베인 등에 의해 유량과 압력이 변동
5) 종류
   (1) 볼류트펌프
      ① 안내날개(Vane)가 없다.
      ② 저양정

(2) 터빈펌프

① 안내날개가 있다.   ② 고양정

[원심펌프 H - Q곡선]   [용적형 H - Q곡선]

4 용적형 펌프(Positive Displacement Fire Pump)

1) 부피(용적) 변화로 유체를 이동시키는 펌프
2) 자흡능력(Self-priming)을 가진다.
3) 이론적으로는 압력 변동에 따라 유량이 일정하지만 실제는 유량과 압력은 서로 반비례
4) 저유량 / 고양정
5) 다양한 종류의 유체에 사용 가능(점성의 영향이 적다)

   (1) 포약제 펌프   (2) 미분무소화설비

6) 종류 : 피스톤, 플런저 펌프

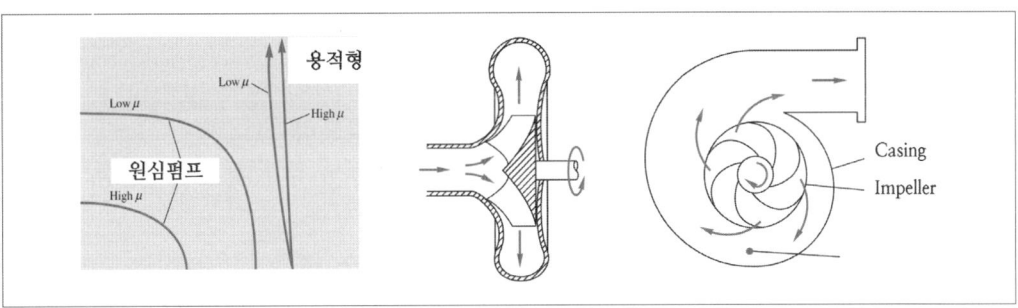

Annex

◎ 펌프 형태와 성능

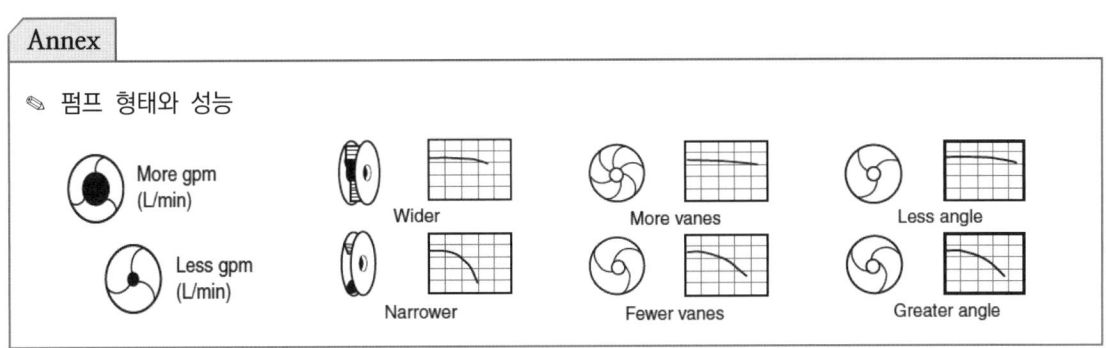

펌프의 직·병렬운전

1 개요

1) 펌프의 토출량 및 토출압이 부족 시 직·병렬운전을 한다.
2) NFPA의 경우는 펌프를 과압방지방법으로 직렬운전을 하는 경우도 있다.

2 직렬운전

1) 펌프 특성곡선
   (1) 하나의 펌프 토출배관이 다른 펌프의 흡입배관
   (2) 대수적으로 토출압이 2배로 증가되지 않는다.

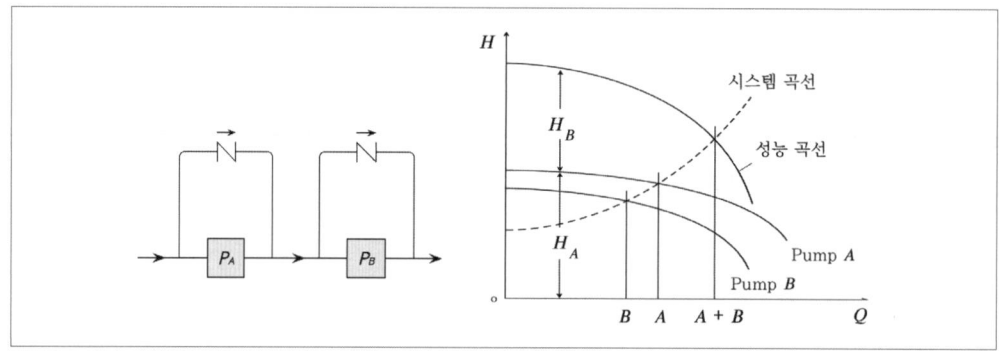

2) 고려사항
   (1) 별도의 바이패스(By-pass), 밸브, 체크밸브가 필요하다.
   (2) 그림처럼 용량이 큰 펌프 A의 토출 측을 펌프 B 흡입 측에 연결하여야 한다. 반대로 연결 시 캐비테이션이 발생한다.
   (3) 펌프 A가 펌프 B보다 먼저 기동하여야 한다.
   (4) 펌프 A의 기동 신호를 펌프 B의 제어반에 전송해야 한다.
   (5) 2개의 펌프는 Interlock 제어를 하여야 한다.

3 병렬운전

1) 목적
   ⑴ 토출량 부족 시 사용
   ⑵ 신뢰성 증가

2) 특성곡선
   ⑴ 흡입배관과 토출배관을 공유
   ⑵ 대수적으로 토출량이 2배로 증가되지 않는다.

3) 고려사항
   ⑴ 펌프 기동 시 2대의 펌프가 동시에 동작하면 배관에 영향을 주므로 일정 시간(5 ~ 10초)이 기동 간격이 필요하다.
   ⑵ 2대의 펌프가 같은 펌프일 필요는 없다. 그러나 그림처럼 펌프 A가 펌프 B보다 양정이 큰 경우 펌프 B는 양정이 체절 압력 밑으로 내려오기 전에는 유량을 토출할 수 없다(기동하지 않는다).
   ⑶ 1대의 펌프만이 작동될 때 펌프를 통하여 역류가 발생하지 않도록 하여야 한다.
   ⑷ 1대의 펌프만 구동시킬 때 만족스러운 작동을 할 수 있는지 고려해보아야 한다.

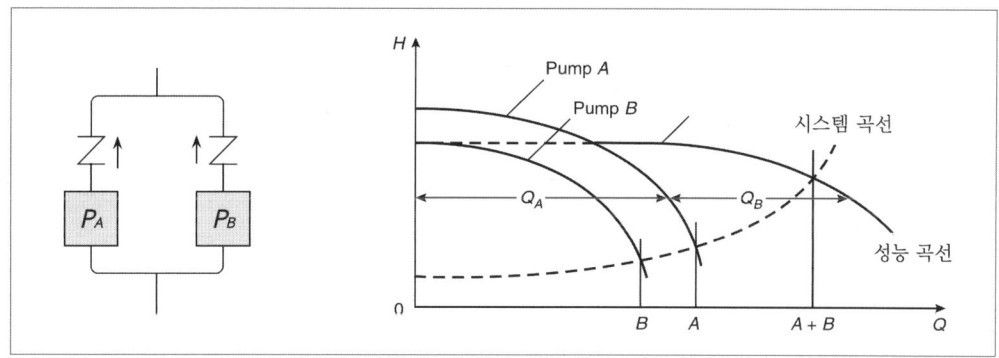

상사법칙

1 개요(개념)

1) 비속도가 같은 펌프는 크기가 다른 경우에도 기하학적으로 상사(닮은꼴)하다고 한다.
2) 비속도가 같은 펌프는 양정, 유량, 동력과 같은 펌프성능과 회전수(N)나 임펠러 직경 (D) 사이에 일정한 관계식이 성립한다.
3) 비속도가 같은 펌프의 관계식을 펌프의 상사법칙이라 한다.

2 펌프의 상사법칙

$$\frac{Q_2}{Q_1} = \left(\frac{N_2}{N_1}\right)^1 \times \left(\frac{D_2}{D_1}\right)^3$$

$$\frac{H_2}{H_1} = \left(\frac{N_2}{N_1}\right)^2 \times \left(\frac{D_2}{D_1}\right)^2$$

$$\frac{L_2}{L_1} = \frac{\eta_1}{\eta_2} \times \left(\frac{N_2}{N_1}\right)^3 \times \left(\frac{D_2}{D_1}\right)^5$$

L : 소요동력
N : 회전수(펌프)
D : 회전차 직경
η : 효율

3 실제 응용 예

1) 대형 펌프 제작 전 → 상사형 소형 Pump 제작 후 성능 확인
2) 펌프성능 개선(유량, 양정)
   (1) Fan에서는 토출량을 맞추기 위하여 토출압을 조정하고, 그 방법으로 Fan의 회전속도 및 임펠러의 직경을 임의로 조정할 수 있어 광범위하게 많이 사용한다.
   (2) 이미 제작된 펌프는 유량과 압력의 문제가 있어 현장에서 보정하는 수단으로 임펠러의 직경을 변경하는 방법을 주로 사용한다.

예제

1 소화펌프의 성능에서 임펠러 직경 150 mm, 회전수 1,770 rpm, 유량 4,000 L/min과 양정 50 m로 가압 송수하고 있을 때 펌프를 교환하여 임펠러직경 200 mm, 회전수 1,170 rpm로 운전하면 유량 [L/min], 양정 [m]은 각각 얼마인가?

(1) 유량 [L/min]

(2) 양정 [m]

정답

서로 다른 치수의 펌프를 비교(상사)했을 때

유량 $[m^3/s]$ $\quad Q_2 = \left(\dfrac{N_2}{N_1}\right)^1 \times \left(\dfrac{D_2}{D_1}\right)^3 \times Q_1$

양정(압력) [m] $\quad H_2 = \left(\dfrac{N_2}{N_1}\right)^2 \times \left(\dfrac{D_2}{D_1}\right)^2 \times H_1$

동력 [kW] $\quad L_2 = \left(\dfrac{N_2}{N_1}\right)^3 \times \left(\dfrac{D_2}{D_1}\right)^5 \times L_1$

(1) 유량 [L/min]

$$Q_2 = \left(\dfrac{N_2}{N_1}\right)^1 \times \left(\dfrac{D_2}{D_1}\right)^3 \times Q_1 = \left(\dfrac{1{,}170}{1{,}770}\right)^1 \times \left(\dfrac{200}{150}\right)^3 \times 4000 = 6{,}267.42 \text{ L/min}$$

답 6,267.42 L/min

(2) 양정 [m]

$$H_2 = \left(\dfrac{N_2}{N_1}\right)^2 \times \left(\dfrac{D_2}{D_1}\right)^2 \times H_1 = \left(\dfrac{1{,}170}{1{,}770}\right)^2 \times \left(\dfrac{200}{150}\right)^2 \times 50 = 38.84 \text{ m}$$

답 38.84 m

비속도(Specific Speed)

1 개요

1) 펌프의 흡입·토출 특성에 대한 설명을 단순화하기 위한 수치로서 최적성능(최대 효율) 지점에서 펌프의 토출량, 양정 및 속도 [rpm]를 하나의 숫자로 통합한 개념이다.
2) 펌프의 특성은 크게 토출특성과 흡입특성으로 구분된다.

2 정의

1) 펌프의 최대 효율에서 단위수두에 대해 단위시간당 유량을 이송하기 위한 속도
2) 일반적으로 펌프는 1 m인 양정에 대해 1 m³/min의 유량을 이송하기 위한 회전수

3 종류 및 특성

1) 토출비속도 (N_s)

$$N_s = \frac{N \times Q^{\frac{1}{2}}}{\left(\dfrac{H}{n(단수)}\right)^{\frac{3}{4}}}$$

여기서, Ns : 비속도(rpm·m³/min·m)
Q : 유량(m³/min)
H : 양정(m)
N : 분당회전수(rpm)

(1) N_s는 펌프 형식을 나타내는 지수로서 N_s가 동일하면 펌프의 크기에 관계없이 같은 형식 펌프로 되고, 특성도 대체로 같게 된다.
(2) N_s가 작을수록 저유량 고양정 펌프
(3) N_s가 클수록 고유량 저양정 펌프
(4) 다단펌프의 경우 1단 양정을 대입
(5) 펌프별 토출비속도

비속도	400 이하	800~1,000	1,200 이상
펌프 종류	원심	사류	축류

2) 흡입비속도 (N_{ss})

$$N_{ss} = \frac{N \times Q^{\frac{1}{2}}}{(NPSH_{re})^{\frac{3}{4}}}$$

⑴ 양흡입 펌프의 경우 유량은 $Q/2$

⑵ 흡입비속도는 펌프의 흡입특성을 표현하는 수치가 클수록 흡입특성은 우수한 펌프이다.

4 토출비속도에 따른 토출량 변화 시 양정, 효율 및 동력

1) 비속도와 전양정

   비속도가 작은 펌프가 성능곡선이 완만하다.

2) 비속도와 효율

   ⑴ 토출량이 증가할수록 효율은 증가하다가 정격토출량 이상이면 효율은 감소한다.

   ⑵ 비속도가 큰 펌프일수록 최고점 근처의 곡률반경이 작아져 토출량이 조금만 변하여도 효율 변동률이 크다.

3) 비속도와 동력

   ⑴ 비속도가 작은 펌프는 토출량이 증가하면 동력도 증가한다.

   ⑵ 비속도가 크면 토출량이 증가하면 동력은 감소한다.

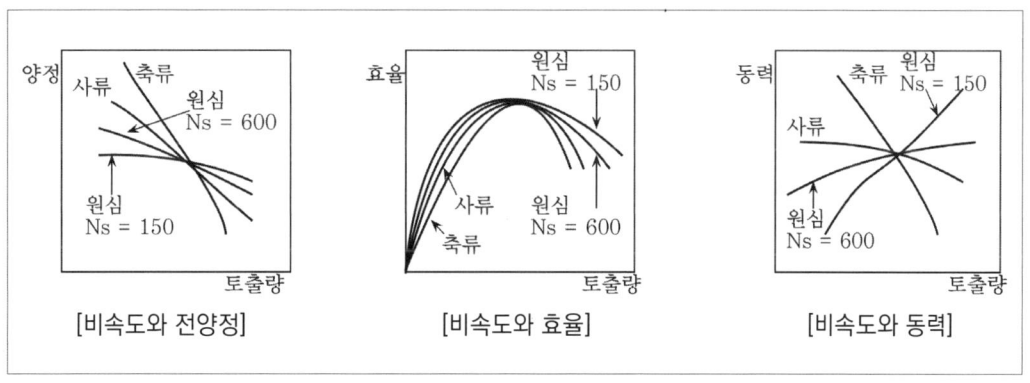

[비속도와 전양정]   [비속도와 효율]   [비속도와 동력]

5 펌프의 회전 수

1) 동기속도

회전수 전동기를 직결하여 사용할 경우는 동기속도를 계산하여 이로부터 전동기의 회전수를 결정한다. 전동기의 동기속도는 무부하 상태인 이론상의 펌프의 회전수

$$N = \frac{120f}{P}$$

여기서, N : 회전수 [rpm]
f : 주파수 [Hz]
P : 극수

2) 펌프를 운전할 시는 부하(Load)가 걸리기 때문에 미끄럼(Sliding)이 생기므로 이를 고려해주어야 한다.

$$N = \frac{120f}{P}(1-s)$$

여기서, N : 회전수 [rpm]
f : 주파수 [Hz]
P : 극수
s : 슬립 [%]

3) 주파수 : 교류의 전류가 1초간에 방향을 바꾸는 수로서 사이클(Cycle)이나 헤르츠 [Hz]로 표기

비속도 유도

1 상사법칙

1) 회전차의 식

$v = \pi \cdot D \cdot n \Rightarrow v \propto D \cdot n$ (여기서, n = 회전수)

2) 연속 방정식

$Q = A \cdot v \quad Q \propto D^2 \cdot D \cdot n$ (여기서, n = 회전수)

$\dfrac{Q_2}{Q_1} = \dfrac{D_2^{\,2}}{D_1^{\,2}} \cdot \dfrac{n_2}{n_1} \dfrac{D_2}{D_1}$

$\dfrac{Q_2}{Q_1} = \left(\dfrac{n_2}{n_1}\right)\left(\dfrac{D_2}{D_1}\right)^3$ ·············· ①

3) 토리첼리의 식

$v = \sqrt{2gH}$ 에서 $v \propto \sqrt{H}$ 이므로

$\dfrac{H_2}{H_1} = \left(\dfrac{v_2}{v_1}\right)^2$

$\dfrac{H_2}{H_1} = \left(\dfrac{n_2}{n_1}\right)^2 \cdot \left(\dfrac{D_2}{D_1}\right)^2$ ·············· ②(여기서, n = 회전수)

2 비속도

① 식의 양변을 제곱 $\left(\dfrac{D_2}{D_1}\right)^6 = \left(\dfrac{Q_2}{Q_1}\right)^2 \left(\dfrac{n_1}{n_2}\right)^2$

② 식의 양변을 삼승 $\left(\dfrac{D_2}{D_1}\right)^6 = \left(\dfrac{H_2}{H_1}\right)^3 \cdot \left(\dfrac{n_1}{n_2}\right)^6$

①, ② 식에서 D를 소거하면

$\left(\dfrac{Q_2}{Q_1}\right)^2 \cdot \left(\dfrac{n_1}{n_2}\right)^2 = \left(\dfrac{H_2}{H_1}\right)^3 \cdot \left(\dfrac{n_1}{n_2}\right)^6$

$\left(\dfrac{n_1}{n_2}\right)^4 = \dfrac{\left(\dfrac{Q_2}{Q_1}\right)^2}{\left(\dfrac{H_2}{H_1}\right)^3} \rightarrow n_1 \cdot \dfrac{Q_1^{1/2}}{H_1^{3/4}} = n_2 \cdot \dfrac{Q_2^{1/2}}{H_2^{3/4}}$

첨자 1의 실제펌프에 대해서는 양정 H, 토출량 Q, 회전속도 n을 대입하고 첨자 2에 대해서는 양정 1 m, 토출량 1 m³/min, 회전속도 N_S를 대입하면, 첨자 2의 조건을 만족하는 경우 (토출) 비속도라 한다.

$$\therefore N_S = \frac{n \cdot Q^{\frac{1}{2}}}{H^{\frac{3}{4}}}$$

수격현상(Water Hammer)

1 개요

1) 관 내를 흐르던 유체의 갑작스런 속도변화에 의해 운동에너지가 압력에너지로 변환되어 배관 및 관부속품에 충격을 주는 현상이다.
2) 가정 : 물의 압축성과 배관의 신축성에 의하여 발생되고 설명된다.
3) 수격현상 발생 시 배관계통에서 소음과 진동이 발생되며 심하면 배관의 파손 원인이 될 수 있다.

2 원인

1) 펌프의 기동($F = m \cdot a$)
2) 펌프의 급정지($F = m \cdot a = m \cdot \frac{\Delta v}{\Delta t}$)
3) 밸브의 급폐쇄

3 관련 식

1) 운동량 방정식 : 속도차 = 충격량

$$F = m \cdot a = m \cdot \frac{\Delta v}{\Delta t} \Rightarrow F \cdot \Delta t = m \cdot \Delta v$$

⑴ 속도차(Δv) → 충격량(역적) → 압력차

유체의 속도가 짧은 시간 안에 급격히 변하게 되면 배관에 충격을 주게 된다.

⑵ 배관에 가해진 충격량은 압력을 발생시키고, 이것은 압축파의 형태로 배관을 왕복하면서 배관을 두드리는 듯한 소리를 낸다.

2) 베르누이 방정식 : 속도차 = 압력차

$$\frac{v_1^2}{2g} + \frac{P_1}{\gamma} + z_1 = \frac{v_2^2}{2g} + \frac{P_2}{\gamma} + z_2$$

$$\frac{v_2^2}{2g} - \frac{v_1^2}{2g} = \frac{P_1}{\gamma} - \frac{P_2}{\gamma} \ (\because z_1 = z_2)$$

4 발생 메커니즘

1) 밸브의 급폐쇄

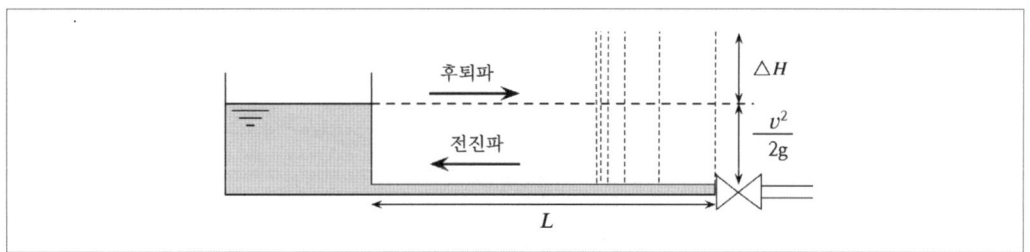

⑴ 밸브의 급격한 폐쇄 시 유체가 흐르던 방향에 대한 속도는 속도에너지가 된다.

⑵ 이러한 속도에너지는 음파의 속도로 이동되며 밸브의 폐쇄시간이 후퇴의 속도보다 빠른 경우 수격현상을 발생시킨다.

⑶ 밸브폐쇄시간 T가 후퇴파 도달시간(t_r)보다 작은 경우 수격이 발생된다.

$$t = \frac{L}{a} \quad t_r = \frac{2L}{a}$$

t : 전진파 도달시간 t_r : 후퇴파 도달시간
L : 배관길이 a : 음속 [m/s]

⑷ 그림에서 ΔH 만큼 압력이 상승

(5) 수격현상 시 압력

$$\Delta P = \frac{9.81 \times \alpha \times v}{g} \ [kPa]$$

ΔP : 압력 상승 [kPa]
α : 압력파 속도 [m/s]
v : 배관 내 유속 [m/s]

(6) 수격현상이 발생하지 않도록 하려면 후퇴파가 도달하는 시간보다 밸브를 천천히 폐쇄하여야 한다. 이러한 점에서 급격한 개폐가 가능한 버터플라이밸브는 적용 시 유의하여야 한다.

2) 펌프의 급정지

(1) 제1단계 [수주분리(Water Column Separation)]

① 펌프의 갑작스런 정지 → 물의 압축
  → 펌프 토출 측 배관 내 물의 압력(밀도)이 낮아짐
  → 경우에 따라 완전히 진공 상태가 됨
  → 공동현상(기포 발생)

② 물의 압축성 및 배관의 신축성에 의해 발생한다.

(2) 제2단계

밸브 등에 의하여 밀려간 물이 되돌아옴 → 압력 상승(기포 파괴) → 펌프 및 배관 파손

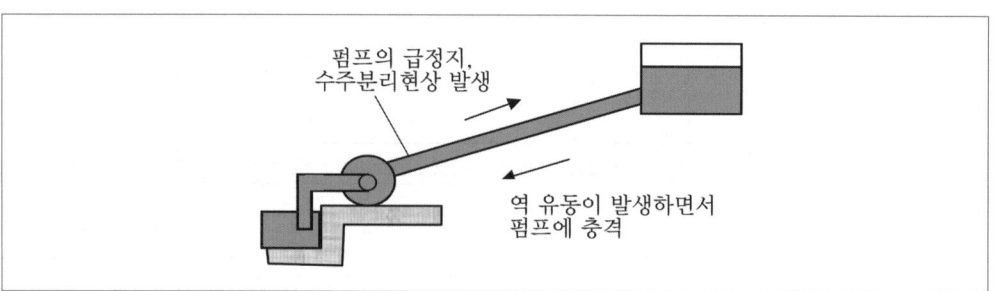

5 문제점

1) 압력상승에 의해 펌프, 밸브, 배관 등이 파손된다.
2) 압력강하에 의해 수주분리(Water Column Separation) 후 재결합 시에 발생하는 격심한 충격파에 의해 관로가 파손된다.
3) 진동, 소음의 원인이 된다.
4) 주기적인 압력변동 때문에 자동제어기기들이 난조를 일으킨다.

6 펌프의 급정지 대책

1) 제1단계 : 부압이 발생하고 수주분리를 일으키는 것을 방지한다.
   (1) 펌프에 플라이 휠인 관성차를 붙여 펌프의 속도가 급격히 변화하는 것을 막는다.
   (2) 펌프 토출 측에 서지탱크(저압수조)를 설치한다.
      ① 펌프의 급정지 후에 관 내의 압력이 강하할 염려가 있는 배관 도중에 설치한다.
      ② 물을 관로에 보급시켜주는 방법
   (3) Air Tank 설치 : 관 내 압력충격을 흡수함
   (4) 공기밸브 설치 : 부압이 발생할 경우 공기를 흡입
   (5) 단방향 서지탱크 설치
      관로의 압력이 탱크의 수면보다 낮아졌을 때는 관로에 물을 보급하는 것이 가능하지만 그 역으로는 흐르지 못한다.
   (6) 관 내 유속을 낮춘다.
   (7) Flexible Joint를 추가 설치한다.

2) 제2단계 : 수류의 역류가 시작되고 압력상승이 일어나므로 이것을 방지한다.
   (1) 급폐 체크밸브를 사용하고, 펌프에서 가장 많이 이용한다.
      역류가 일어나기 직전에 스프링 힘으로 밸브를 급히 닫는다.
   (2) 완폐식 역지밸브를 이용한다. 역류 시에 밸브가 그 힘으로 닫히게 되어 큰 충격을 받게 된다.

서징(Surging)

1 서징 개요

1) 펌프 및 송풍기운전 시 토출 측의 압력과 유량이 주기적으로 변동하는 현상이다.
2) 서징현상은 압력, 유량 변동으로 진동, 소음 등이 발생하며 장시간 계속되면 유체 관로를 연결하는 기계나 장치 등의 파손될 수도 있다.

2 서징 발생 조건

1) 펌프 특성
   (1) 블레이드 형태가 전곡형(Forward)
   (2) 비속도가 작은 경우

2) 운전 특성

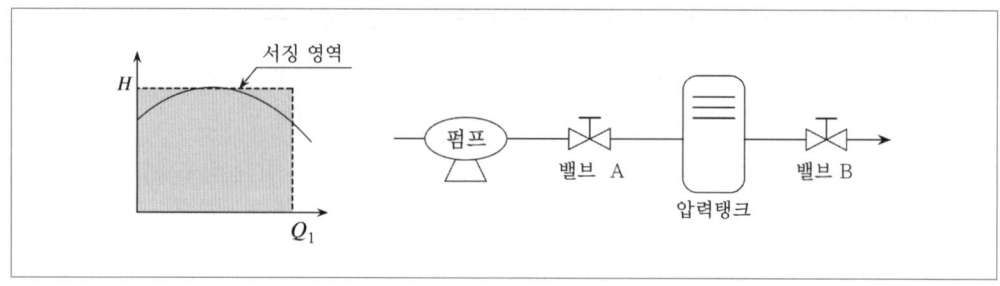

[블레이드 형태와 성능곡선]

   (1) 펌프의 $H-Q$ 곡선이 오른쪽 위로 향하는 산(山)형 구배특성을 가지고 있다.
   (2) 토출량 Q_1 이하의 범위에서 운전한다.
   (3) 펌프의 토출 관로가 길고 배관 중간에 기체 상태의 부분이 존재한다.
   (4) 기체 상태가 있는 부분의 하류 측 밸브 B에서 토출량을 조절한다.
   (5) 펌프가 산형 구배특성을 가져도 위의 조건 중에서 어느 하나의 조건이 만족되지 않으면 서징 현상은 발생하지 않는다. 예로 펌프 직후 밸브 A 만으로 유량을 조절하는 경우에는 서징현상이 발생하지 않는다.

3 서징 방지법

1) 펌프의 $H-Q$ 곡선이 오른쪽 하향구배특성을 가진 펌프를 사용한다.
2) 유량조절밸브의 위치를 펌프 토출 측 직후에 설치한다.
3) By-Pass관을 사용하여 운전점이 펌프 $H-Q$ 곡선의 오른쪽 하향구배 특성범위에 있게 한다.
4) 배관 중에 수조 또는 기체 상태인 부분이 존재하지 않도록 한다.

소방펌프

1 개요

화재 시 소화설비에 가압수를 규정된 압력과 유량으로 공급하는 장치로서, 일반 급수펌프와는 여러 가지 면에서 다른 특성을 가지고 있다.

2 소방펌프 특성

1) 토출량이 일정하지 않다. → 어떠한 상황에서도 성능기준에 적합한 토출압/토출량
2) 정전이나 비상 상황에서도 반드시 작동한다. → 비상전원 설치
3) 평상시에는 사용하지 않는다. → 성능 시험
4) 펌프의 보호보다 확실한 기동 및 계속운전이 중요하다(Sacrifice).

3 펌프의 선정 시 고려사항

1) 최대 토출량
2) $H-Q$ 곡선 : 완만한 곡선의 펌프 선정(비속도가 작은 펌프)
3) 흡입양정, 특히 유효 NPSH
4) 펌프 속도 및 소요동력
5) 펌프의 설치 공간 및 환경
6) 펌프 토출 측에서 최대 허용압력

4 주펌프

1) 수계소화설비 동작 시, 소화에 필요한 방수압과 유량을 공급하기 위한 펌프
2) 성능기준
    (1) 체절운전 : 정격유량 대비 0 %일 경우, 정격양정의 140 % 이하
    (2) 정격운전 : 정격유량 대비 100 %일 경우, 정격양정의 100 % 이상
    (3) 최대운전 : 정격유량 대비 150 %일 경우, 정격양정의 65 % 이상

5 충압펌프

1) 밸브 및 부속장치 등에서 작은 압력이 누설될 경우 압력을 보충하여 배관 내 압력을 일정하게 유지하기 위해 설치
2) 주펌프보다 먼저 기동하여 압력을 충압하여 주펌프의 잦은 기동 방지
3) 토출량
   (1) 최소 : 정상적인 누설량
   (2) 최대 : 헤드 하나의 토출량
4) 토출압
   (1) 주펌프의 정격토출 압력과 같을 때
   (2) 최고의 살수장치의 자연압 + 0.2 MPa(스프링클러) 이상

6 예비펌프

1) 주펌프의 고장, 수리 등에 대비하여 주펌프와 동등 이상의 성능을 가진 펌프
2) 옥상의 2차 수원 대신에 주펌프와 동등 이상의 예비펌프를 설치할 수 있으며, 이때는 이를 2차 수원으로 갈음

7 설치기준(NFTC)

1) 쉽게 접근할 수 있고 점검하기에 충분한 공간이 있는 장소로서 화재, 침수 등의 재해로 인한 피해를 받을 우려가 없는 장소에 설치
2) 동결 방지 조치를 하거나 동결의 위험이 없는 장소에 설치
3) 소화설비의 규정 방수압과 방수량 이상 토출
4) 펌프는 전용
5) 펌프 토출 측에는 압력계를 펌프 토출 측 플랜지에서 가까운 곳에 설치하고, 흡입 측에는 연성계 또는 진공계 설치
6) 성능시험배관 설치
7) 순환배관 : 체절운전 시 수온 상승 방지
8) 기동용 수압개폐장치(압력챔버)를 사용할 경우 용적은 100 L 이상

9) 물올림장치

   (1) 전용의 수조

   (2) 유효수량 100 L 이상, 15 mm 이상의 급수배관

10) 충압펌프

11) 내연기관 사용 시

   (1) 자동기동 및 수동기동 가능

   (2) 상시 충전되어 있는 축전지설비

   (3) 주펌프로 사용하지 못한다.

Air Lock

1 개요

1) 압력수조와 옥상수조가 수직배관으로 연결된 설비에서 발생한다.

2) 압력수조의 소화수 방출 후 옥상수조 체크밸브에서의 옥상수조 수압이 압력수조 잔류 공기압보다 작아서 옥상수조 체크밸브가 개방되지 못하는 현상이다.

2 기준(NFPA)

1) 원칙적으로 압력수조는 옥상에 설치

2) 화재위험이 있는 경우 소화장치에 의해 보호

3) 관계기관의 승인이 있는 경우 지하에 설치 가능

4) 물의 체적은 탱크의 2/3, 소화수 방출 후 게이지압력은 $0.1\,MPa$

   잔류압력 $(P_2) = 0.1\,MPa$

   $(P_1 + 0.1) \cdot \dfrac{V}{3} = (0.1 + 0.1) \cdot V$

   $P_1 = 0.5\,MPa$

   즉, 필요한 소화수는 압력수조 탱크의 2/3이고, 이때 공기압은 $0.5\,MPa$

3 대책

1) 압력수조의 소화수 체적 증가

   ⑴ 소화수가 모두 방출되었을 때 잔류 공기압이 옥상수조의 수압보다 작아서 옥상체크 밸브가 동작한다.

   ⑵ 예를 들어 압력수조에 소화수를 4/5만큼 채우고, 이때 공기압이 $0.4\ MPa$이면

   $$(0.4+0.1) \cdot \frac{V}{5} = (P_2 + 0.1) \cdot V$$

   $$P_2 = 0$$

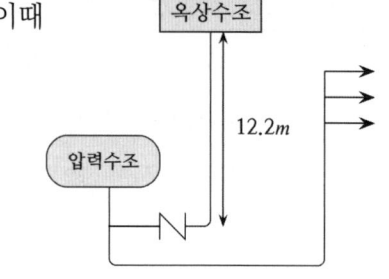

2) 옥상수조와 체크밸브의 낙차를 12.2 m 이상

3) 본질적으로는 압력수조를 옥상에 설치

Annex

- 압력수조 방출 전/후 압력

$$(P_1+P_a)\cdot V_1 = (P_2+P_a)\cdot V_2$$

P_1 : 초기 압력(게이지압)
P_2 : 소화수 방출 후 압력(게이지압)
P_a : 대기압
V_1 : 초기 공기 체적
V_2 : 소화수 방출 후 공기 체적

1) 압력수조의 2/3을 소화수로 채웠다고 가정하면 초기 공기체적 $V_1 = \dfrac{1}{3}V_2$

$$(P_1+P_a)\cdot V_1 = (P_2+P_a)\cdot V_2$$

$$(P_1+P_a)\cdot \dfrac{V_2}{3} = (P_2+P_a)\cdot V_2$$

$$\dfrac{P_1+P_a}{3} = P_2+P_a$$

2) 초기 압력(압력수조 압력)

$$P_1 = 3P_2 + 2P_a$$

3) 소화수 방출 후 압력

$$P_2 = \dfrac{P_1 - 2P_a}{3}$$

- 고가수조의 체크밸브에서의 소화수 압력은 $0.1H\,[kg/cm^2]$

- Air lock 발생

$$0.1H \leq \dfrac{P_1 - 2P_a}{3}$$

$$H \leq \dfrac{10}{3}(P_1 - 2P_a)$$

아보가드로 법칙

1 아보가드로 법칙

동일한 온도, 압력에서 기체는 부피가 같으면 같은 수의 분자를 갖는다.

V (체적) $\propto n$ (분자수 또는 몰수)

2 아보가드로 수

1 몰에 들어 있는 분자의 수 : 6.02×10^{23}

3 몰(mol)

1) 표준 온도와 압력(0 ℃, 1 atm)에서 탄소 12 g이 함유하고 있는 탄소원자의 수와 같은 수의 입자(아보가드로 수)를 가지고 있는 물질의 양

   (1) 기체 1몰의 부피는 22.4 L

   (2) 질량 분자량(g)

   (3) $n = \dfrac{w}{M}$, $V \propto n$ (몰수)

2) 일반적으로 $kmol$로 표현

   (1) 기체 $1 kmol$의 부피는 22.4 m³

   (2) 질량 : 분자량 [kg]

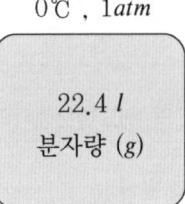

[1 몰]

Annex

◈ 온도와 밀도

$PV = nRT$

$1 \times V = \dfrac{w}{29} \times 0.082 \times T$

$\dfrac{29}{0.082} = \dfrac{w}{V} \times T$

$353 = \rho \cdot T$

표준 상태(STP, Standard Temperature and Pressure) : 0 ℃, 1 atm

상태(NTP, Normal Temperature and Pressure) : 20 ℃, 1 atm

이상기체 상태 방정식

1 가스의 특성 관련 3가지 법칙

1) 보일의 법칙 : $V \propto \dfrac{1}{P}$

   일정한 온도에서 일정량의 기체의 부피는 압력에 반비례

2) 샤를의 법칙(Gay-lussac의 법칙) : $V \propto T$

   압력이 일정할 때 기체의 부피는 온도가 1℃ 상승할 때마다 0℃일 때 부피의 1/273씩 증가

3) 아보가드로의 법칙 : $V \propto n$(몰수)

   온도와 압력이 같을 때 서로 다른 기체라도 부피가 같으면 같은 수의 분자를 포함한다는 법칙, 이상기체를 가정하면, 1 mol 속의 분자개수는 6.02 × 10^{23}개로 이 숫자를 아보가드로 수 또는 아보가드로 상수(常數)라 한다.

$$V \propto \dfrac{n \cdot T}{P} \rightarrow V = R \cdot \left(\dfrac{n \cdot T}{P}\right)$$

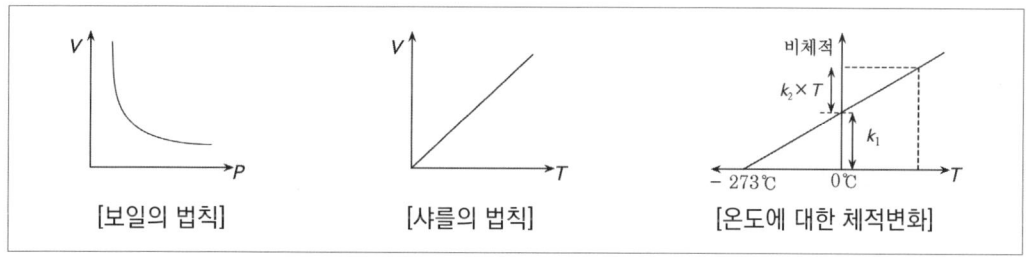

[보일의 법칙]　　[샤를의 법칙]　　[온도에 대한 체적변화]

2 이상기체 운동론

실제 기체는 아주 낮은 압력과 높은 온도에서만 이상기체 상태 방정식을 따른다.

1) 기체 분자의 질량은 존재하지만, 부피는 존재하지 않는다.

2) 기체 분자 간 힘을 주고받지 않는다.

3) 기체 분자가 일으키는 모든 충돌은 완전 탄성충돌이다.

4) 기체는 끊임없이 무질서하게 불규칙적인 운동을 한다.

5) 기체의 평균 분자운동에너지는 절대온도에 비례하며, 분자 크기, 모양 및 종류에는 영향을 받지 않는다.

3 (일반) 이상기체 상수(R) 유도

1) 이상기체 상태 방정식

$$PV = nRT \Rightarrow R = \frac{P \cdot V}{n \cdot T}$$

STP(표준 상태)에서 이상기체 $1\,mol$은

$$P = 101,325\,Pa\,(N/m^2), \quad V = 0.0224\,m^3, \quad n = 1\,mol, \quad T = 273\,K$$

$$\therefore R = \frac{101,325\,N/m^2 \times 0.0224\,m^3}{1\,mol \times 273\,K} = 8.314 \left[\frac{N \cdot m}{mol \cdot K} = \frac{J}{mol \cdot K}\right]$$

2) 압력을 kPa로, 부피를 ℓ로 나타낼 때

$$\frac{101.325\,kPa \times 22.4\,\ell}{1\,mol \times 273\,K} = 8.314 \left[\frac{kPa \cdot \ell}{mol \cdot K}\right]$$

3) 압력을 atm으로, 부피를 ℓ로 나타낼 때

$$= 8.314 \frac{kPa \cdot \ell}{mol \cdot K} \times \frac{1\,atm}{101.325\,kPa} = 0.082 \left[\frac{atm \cdot \ell}{mol \cdot K} = \frac{atm \cdot m^3}{kmol \cdot K}\right]$$

4) 기체상수 $R = \dfrac{P \cdot V}{n \cdot T}$

0 ℃, 1 atm일 때 이상기체 $1\,mol$의 체적은 22.4 ℓ이므로

$$R = \frac{P \cdot V}{n \cdot T} = \frac{1 \times 22.4}{1 \times 273} = 0.082 \left[\frac{\ell \cdot atm}{mol \cdot K}\right]$$

압력 단위	체적 단위	R의 단위	R의 값
atm	ℓ	$\ell \cdot atm/mol \cdot K$	0.082
$Pa\,(N/m^2)$	m^3	$J/mol \cdot K$	8.314
atm	cm^3	$cm^3 \cdot atm/mol \cdot K$	82.0575
atm	m^3	$m^3 \cdot atm/mol \cdot K$	8.205×10^{-5}

4 (특정) 이상기체 상수($\overline{R}$) 유도

$PV = nRT \Rightarrow PV = \dfrac{w}{M}RT \left(\overline{R} = \dfrac{R}{M}\right)$

$PV = w\overline{R}T \Rightarrow \dfrac{w}{V} = \rho = \dfrac{P}{\overline{R}T}$

$\overline{R} = \dfrac{P[N/m^2]\ V[m^3]}{w[kg]\ T[K]} = \left[\dfrac{N \cdot m}{kg \cdot K}\right] = \left[\dfrac{J}{kg \cdot K}\right]$

가스	H_2	N_2	공기	O_2	CO_2
기체상수($J/kg \cdot K$)	4,124	297	287	260	189

예제

1 1기압 20 ℃에서 2 kg의 이산화탄소의 체적 [L]은?

정답

이상기체로 간주하고 이상기체 상태 방정식 이용

$P = 1\,atm, \quad w = 2\,kg, \quad M = 44\,g/mol, \quad T = (20+273)K$

$R = 0.082\,atm \cdot L/mol \cdot K$

$$V = \frac{w \cdot R \cdot T}{M \cdot P} = \frac{2000 \times 0.082 \times (273+20)}{44 \times 1} = 1{,}092\,L$$

2 어떤 가스 1 kg이 압력 98 kPa, 온도 30 ℃의 상태에서 체적 0.8 m³이다. 이 가스의 기체 상수 ($N \cdot m/kg \cdot K$)는?

정답

$$\overline{R} = \frac{PV}{wT} = \frac{98 \times 10^3 \times 0.8}{1 \times (273+30)} = 258.75 \left[\frac{N \cdot m}{kg \cdot K}\right]$$

3 25 ℃, 0.85 atm에서 산소의 밀도 [g/L]는 얼마인가?

정답

(1) $PV = nRT = \dfrac{w}{M}RT$ 에서

$\rho = \dfrac{w}{V} = \dfrac{PM}{RT}$

(2) 기체상수 R

$1\,atm, \; 22.4\,L, \; 273\,K, \; 1\,mol$ 에서

$R = \dfrac{PV}{nT} = \dfrac{1 \times 22.4}{1 \times 273} = 0.082 \left[\dfrac{atm \cdot L}{mol \cdot K}\right]$

(3) 산소의 밀도 [g/L]

$\rho = \dfrac{0.85 \times 32}{0.082 \times 298} = 1.113\,g/L$

답 1.113 g/L

흔들림방지 버팀대의 세장비

1 세장비(Slenderness Ratio)의 정의

1) 세장비(L/r)란 지진 시 버팀대의 길이(L)와 최소단면 2차 반경(r)의 비율
2) 최소단면 2차 반경(r)은 회전하는 물체의 모멘트와 그 물체의 전 질량이 어떤 점에 모였다고 가정하고 관성 모멘트가 일정할 때 회전 축심과 그 점과의 거리를 말한다.

$$\text{세장비 } (\lambda) = \frac{L}{r} \text{ (300 이하)}$$

L : 버팀대 길이
r : 최소단면 2차 반경

2 최소단면 2차 반경(Least Radius of Gyration) 영향 인자

$$\text{최소단면 2차 반경 } (r) = \sqrt{\frac{I}{A}}$$

I : 버팀대 단면 2차 모멘트
A : 버팀대의 단면적

1) 물체 단면적의 형상 : 원, 타원, 직사각형, 정사각형 등
2) 물체 단면적
3) 단면 이차 모멘트

버팀대 형상	정삼각형	직사각형	원형	중공원형
단면	b, h	h, b	D	D, d
단면 2차 모멘트	$\dfrac{bh^3}{36}$	$\dfrac{bh^3}{12}$	$\dfrac{\pi D^4}{64}$	$\dfrac{\pi (D^4 - d^4)}{64}$
단면적	$\dfrac{bh}{2}$	bh	$\dfrac{\pi D^2}{4}$	$\dfrac{\pi (D^2 - d^2)}{4}$

CHAPTER 01 계산문제
| 소방 유체역학

01
물이 담겨 있는 용기에 진공펌프가 연결된 파이프를 세워 두고 펌프를 작동시켰더니 파이프 속의 물이 6.5 m까지 올라갔다. 물기둥 윗부분의 공기압 [kPa]을 계산하시오. (단, 대기압은 101.3 kPa이다)

정답

1. 대기압
   지구를 둘러싸고 있는 공기(대기)에 의해 누르는 압력
   대기압 $[kPa]$ = 물기둥 $[kPa]$ + 공기압 $[kPa]$

2. 공기압(진공압) 계산
   공기압 $[kPa]$ = 대기압 $[kPa]$ − 물기둥 $[kPa]$

   $$공기압\ [kPa] = 101.3 - 6.5\,m \times \frac{101.3\,kPa}{10.332\,m} = 37.57\,kPa$$

   ∴ 37.57 kPa

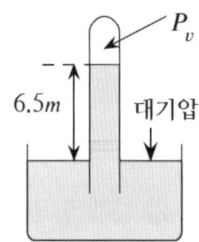

답 37.57 kPa

※ 추가문제 : 게이지압(진공압) = 101.3 − 37.57 = 63.73 kPa

02
압력계 B로 물유동 내의 점 A에서의 압력을 측정하고자 한다. B지점의 압력이 87 kPa이라고 할 때 점 A의 압력(kPa)은? (단, $\gamma_물 = 9.8\,kN/m^3$, $\gamma_{수은} = 133\,kN/m^3$, $\gamma_{기름} = 8.7\,kN/m^3$ 이다)

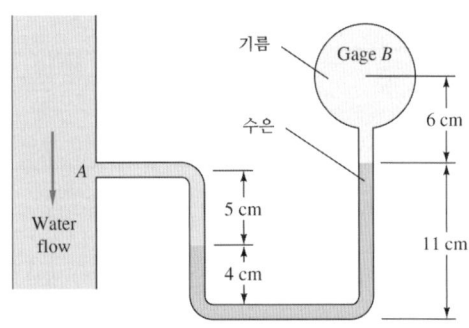

정답

$$P_A + 9.8 \times 0.05m = 133 \times 0.07m + 8.7 \times 0.06 + 87\,kPa$$
$$P_A + 0.49 - 9.31 - 0.522 = 87$$
$$P_A = 96.342\,kPa$$

답 96.34 kPa

03

노즐직경 75 mm, 25 mm인 노즐에 5 L/s의 소화수가 방출될 때 플렌지볼트 전체에 작용하는 힘은?

정답

플렌지볼트 전체에 작용하는 힘 $= P_1 \cdot A_1 - \rho Q(v_2 - v_1)$

1. $F = \rho Q(v_2 - v_1) = \rho \cdot A_1 \cdot v_1 \cdot (v_2 - v_1)$

    $A_1 = \dfrac{\pi(0.075)^2}{4} = 4.42 \times 10^{-3}\,m^2$

    $A_2 = \dfrac{\pi(0.025)^2}{4} = 4.91 \times 10^{-4}\,m^2$

    $v_1 = Q/A_1 = 1.13\,[m/s]$

    $v_2 = Q/A_2 = 10.18\,[m/s]$

    $F = \rho Q(v_2 - v_1) = 1000\,N\cdot s^2/m^4 \times 0.005\,m^3/s \times (10.18 - 1.131)m/s = 45.25\,N$

2. P_1

    $$\dfrac{v_1^2}{2g} + \dfrac{P_1}{\rho g} = \dfrac{v_2^2}{2g} + \dfrac{P_2}{\rho g}$$

    $$P_1 = \dfrac{\rho \cdot (v_2^2 - v_1^2)}{2}$$

    $$P_1 = \dfrac{\rho \cdot (v_2^2 - v_1^2)}{2} = \dfrac{1000(10.18^2 - 1.13^2)}{2} = 51200\,N/m^2$$

3. 볼트 전체에 작용하는 힘

    $F_R = P_1 A_1 - F = 51200 \times 4.42 \times 10^{-3} - 45.25 = 181.05\,N$

답 181.05 N

04

비중이 1.2인 유체가 50 N/s의 유량으로 수평 원형 축소관을 통해 A지점에서 B지점으로 흐르고 있다. 아래 조건을 참고하여 A지점의 유속 [m/s]과 B지점의 유속 [m/s]을 구하시오. (단, 조건에 없는 내용은 무시하고, 답은 소수점 넷째자리에서 반올림하여 셋째자리까지 구하시오)

조건

① 배관의 재질 : 배관용 탄소강관(KS D 3507)
② A지점(호칭지름 : 100 A, 외경 : 114.3 mm, 관의 두께 : 4.5 mm)
③ B지점(호칭지름 : 80 A, 외경 : 89.1 mm, 관의 두께 : 4.05 mm)

정답

1. A지점의 유속 [m/s]

$$\dot{G} = \gamma A V$$

$$V = \frac{\dot{G}}{\gamma A} = \frac{\dot{G}}{S\gamma_w \frac{\pi}{4}D^2}$$

$$D[m] = 114.3\,mm - 2 \times 4.5\,mm = 105.3\,mm = 0.1053\,m$$

$$\therefore V = \frac{50\,N/s}{1.2 \times 9800\,N/m^3 \times \frac{\pi}{4} \times (0.1053\,m)^2} = 0.4882 ≒ 0.488\,m/s$$

답 0.488 m/s

2. B지점의 유속 [m/s]

$$\dot{G} = \gamma A V$$

$$V = \frac{\dot{G}}{\gamma A} = \frac{\dot{G}}{S\gamma_w \frac{\pi}{4}D^2}$$

$$D[m] = 89.1\,mm - 2 \times 4.05\,mm = 81\,mm = 0.081\,m$$

$$\therefore V = \frac{50\,N/s}{1.2 \times 9800\,N/m^3 \times \frac{\pi}{4} \times (0.081\,m)^2} = 0.8250 ≒ 0.825\,m/s$$

답 0.825 m/s

05

수조의 바닥면적 50 m², 저수면의 높이 6 m의 수조에서 그림과 같이 방수구에서 소화수가 방출될 때 다음 사항을 산출하시오.

1) 방수구에서 분출 시의 최대 순간 유속 [m/s]
2) 저장된 소화수를 수조바닥까지 비우는 데 걸리는 시간

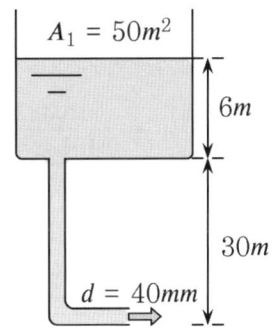

정답

1. 최대유속

$$v = \sqrt{2gh} = \sqrt{2 \times 9.8 \times 36} = 26.56 \, m/s$$

답 26.56 m/s

2. 배수시간

임의의 높이 h에서의 수조의 시간당 감소량과 시간당 방출량은 같다.

1) 수조 내 시간당 감소량 $[m^3/s]$: $A_1 \cdot \dfrac{dh}{dt}$

2) 시간당 방출량 : $C_d \cdot A_2 \cdot \sqrt{2gh}$

3) 수조 내 감소량과 시간당 방출량은 같다.

$$-A_1 \cdot \dfrac{dh}{dt} = C_d \cdot A_2 \cdot \sqrt{2gh}$$

$$\rightarrow dt = -\dfrac{A_1}{A_2} \cdot \dfrac{1}{\sqrt{2gh}} dh$$

$$\int dt = -\dfrac{A_1}{A_2} \cdot \int \dfrac{1}{\sqrt{2gh}} dh$$

$$t = -\dfrac{A_1}{A_2} \cdot \int_{36}^{30} \dfrac{1}{\sqrt{2gh}} dh = \dfrac{A_1}{A_2} \cdot \int_{30}^{36} \dfrac{1}{\sqrt{2gh}} dh$$

$$t = \dfrac{A_1}{A_2} \cdot \dfrac{1}{\sqrt{2g}} \cdot [2\sqrt{h}]_{30}^{36} \rightarrow t = \dfrac{50}{\dfrac{\pi}{4} \cdot 0.04^2} \cdot \dfrac{\sqrt{2}}{\sqrt{9.8}} \cdot (\sqrt{36} - \sqrt{30})$$

$$\therefore t = 9396.7 \, 초$$

답 9,396.7 초

> Annex
>
> ✎ 압력용기
>
> 위 문제에서 용기 내부 압력이 0.2 MPa로 일정한 경우 방수시간
>
> $0.2 MPa \times \dfrac{10.332\,m}{0.101325\,MPa} = 20.4\,m$
>
> $t = \dfrac{50}{\dfrac{\pi}{4} \cdot 0.04^2} \cdot \dfrac{\sqrt{2}}{\sqrt{9.8}} \cdot (\sqrt{20.4+36} - \sqrt{20.4+30})$

06

다음과 같은 원형 물탱크에서 밸브를 완전히 개방하였을 때 최저 유효 수면까지 물이 배수되는 소요시간 [hr]을 구하시오. (단, 토리첼리의 정리를 이용하고, 탱크 수면 하강속도가 변화하는 점을 고려한다)

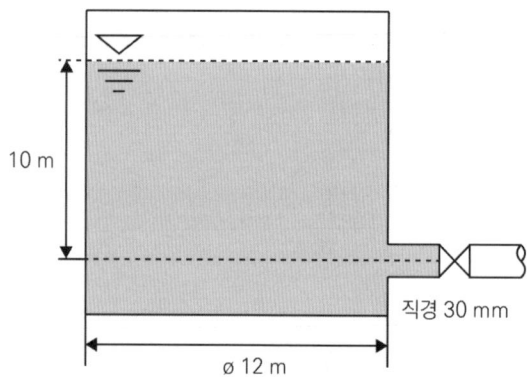

정답

■ 계산과정

탱크 내 배수되는 소요시간 $t[s] = \dfrac{A_1}{A_2} \times \dfrac{2}{\sqrt{2g}} \times (\sqrt{H_1} - \sqrt{H_2})$

A_1 : 수조의 면적(수면면적) [m²], A_2 : 오리피스의 면적 [m²]

H : 수조의 수면 높이 [m], t : 방출 시간 [s])

$\therefore t = \dfrac{\dfrac{\pi}{4} \times 12^2\,m^2}{\dfrac{\pi}{4} \times 0.03^2\,m^2} \times \dfrac{2}{\sqrt{2 \times 9.8\,m/s^2}} \times (\sqrt{10\,m} - \sqrt{0\,m})$

$= 228571.43\,s = 63.49\,hr$

답 63.49 hr

07

소화수 유량이 15 kg/s인 경우 a점의 게이지압 [kPa]은? (단, 손실은 무시한다)

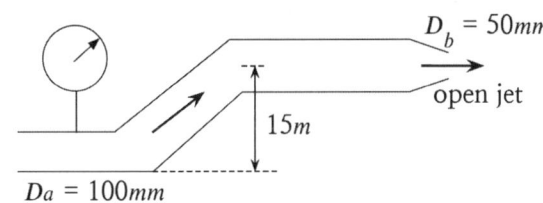

정답

1. "a" 지점과 "b" 지점의 에너지 총합은 같기 때문에 베르누이 방정식을 적용

$$\frac{P_a}{\gamma} + \frac{v_a^2}{2g} + z_a = \frac{P_b}{\gamma} + \frac{v_b^2}{2g} + z_b \rightarrow P_a = \left(\frac{(v_b^2 - v_a^2)}{2g} + (z_b - z_a)\right) \times \gamma$$

2. a, b 점의 유속

유량 Q : $15\,kg/s = 15\,kg/s \times \dfrac{1\,m^3}{1000\,kg} = 0.015\,m^3/s$

$v_a = \dfrac{Q}{A_a} = \dfrac{0.015\,m^3/s}{\dfrac{\pi}{4} \times 0.1^2\,m^2} = 1.91\,m/s$,

$v_b = \dfrac{Q}{A_b} = \dfrac{0.015\,m^3/s}{\dfrac{\pi}{4} \times 0.05^2\,m^2} = 7.639\,m/s$

3. a점의 게이지압 [kPa]

$$P_a = \left(\frac{(v_b^2 - v_a^2)}{2g} + (z_b - z_a)\right) \times \gamma$$

$$P_a = \left(\frac{(7.639m/s)^2 - 1.91m/s)^2}{2 \times 9.8m/s^2} + 15m\right) \times 9.8kN/m^3 = 174.35$$

답 174.35 kPa

08

풍도에서 유속을 측정하기 위하여 피토정압관을 설치하였다. 이때 비중이 0.8인 알코올의 높이 차이가 10 cm가 되었다. 압력이 $101.3\,kPa$이고, 온도가 20 ℃일 때 풍도에서 공기의 속도는 약 몇 [m/s]인가? (단, 공기의 기체상수는 $287\,N\cdot m/kg\cdot K$ 이다)

정답

1. 공기 밀도

$$PV = w\overline{R}T \rightarrow \rho = \frac{w}{V} = \frac{P}{\overline{R}T}$$

$$\rho = \frac{P}{\overline{R}T} = \frac{101.3 \times 10^3}{287 \times (273+20)} = 1.205\,kg/m^3$$

2. 알코올 밀도

$$S = \frac{\rho}{\rho_w} \rightarrow \rho = S \times \rho_w = 0.8 \times 1000\,kg/m^3$$

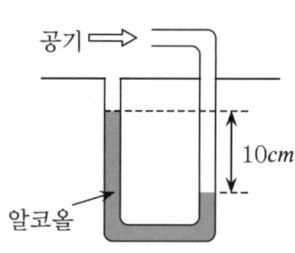

3. 속도

$$v = \sqrt{2gH} = \sqrt{2gh\left(\frac{\rho_{\text{알}} - \rho_{\text{공}}}{\rho_{\text{공}}}\right)}$$

$$v = \sqrt{2 \times 9.8 \times 0.1 \times \left(\frac{800 - 1.205}{1.205}\right)} = 36.05\,m/s$$

$$\therefore v = 36.05\,m/s$$

답 36.05 m/s

09

그림과 같이 지름 25 cm인 수평관에 15 cm의 오리피스가 설치되어 있으며, 물 – 수은 액주계가 오리피스 양쪽에 연결되어 있다. 액주계의 높이 차이가 25 cm일 때 유량은 몇 (m^3/s)인가? (단, 수은의 비중은 13.6, 수축계수는 0.7, 속도계수는 0.97이다)

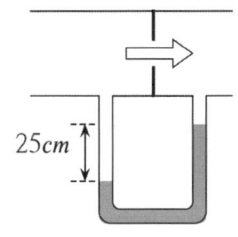

정답

$$Q = K \cdot A_t \cdot \sqrt{2gh}$$

여기서 K : 유동계수

유동계수 : 방출계수(C_d) × 속도조정요소(β)

방출계수(C_d) : 수축계수(C_c) × 속도계수(C_v)

속도조정요소 : $\beta = \dfrac{1}{\sqrt{1-\left(\dfrac{D_t}{D_1}\right)^4}}$

1. 방출계수

   $C_d = C_v \times C_c = 0.97 \times 0.7$

2. 속도조정요소

   $\dfrac{1}{\sqrt{1-\left(\dfrac{D_t}{D_1}\right)^4}} = \dfrac{1}{\sqrt{1-\left(\dfrac{15}{25}\right)^4}} = 1.072$

3. 액주계 높이

   $\dfrac{\Delta P}{\gamma_w} = \dfrac{(\gamma - \gamma_w) \cdot h}{\gamma_w} = \dfrac{(S \cdot \gamma_w - \gamma_w) \cdot h}{\gamma_w} = \dfrac{(S-1) \cdot h}{1}$

   $\dfrac{(13.6-1) \times 0.25}{1} = 3.15$

   $Q = (0.97 \times 0.7) \times 1.072 \times \dfrac{\pi}{4} \times 0.15^2 \times \sqrt{2 \times 9.8 \times 3.15} = 0.1\, m^3/s$

   $\therefore Q = 0.1\ m^3/s$

답 $0.1\, m^3/s$

10

펌프의 성능시험을 위하여 오리피스로 시험한 결과 그림과 같이 수은주의 높이차가 47 [cm]로 측정되었다. 이 오리피스를 통과하는 유량 [L/s]은 얼마인가? (단, 수은의 비중은 13.6, 속도계수 C_v = 0.9, 중력가속도 g = 9.81 m/s²이다)

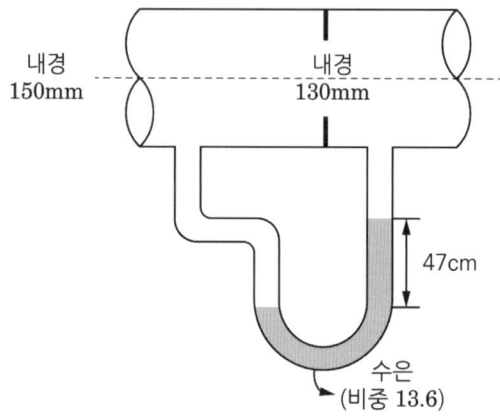

정답

$$Q = C_v \frac{A_2}{\sqrt{1-\left(\frac{A_2}{A_1}\right)^2}} \sqrt{2gh\left(\frac{s_0}{s}-1\right)}$$

$$= 0.9 \times \frac{\pi \times 0.13^2}{4} \times \frac{1}{\sqrt{1-\left(\frac{0.13^2}{0.15^2}\right)^2}} \times \sqrt{2 \times 9.81 \times 0.47 \times \left(\frac{13.6}{1}-1\right)}$$

$$= 0.195048 \, \text{m}^3/\text{s} = 195.048 \, \ell/\text{s} = 195.05 \, \text{L/s}$$

답 195.05L/s

11

화재가 발생한 건축물 지면으로부터 0.8 m 높이에 설치된 송수구에 호스연결 작업을 하고 있다. 폭렬현상으로 지면에서 40 m 높이에 있는 질량 2 kg의 유리창 파편이 낙하하는 경우 다음을 구하시오. (단, 유리파편은 자유낙하로 취급하고, 중력가속도는 9.8 m/s²이다)

(1) 위치에너지 [kJ]
(2) 낙하 2초 후의 속도 [m/s]
(3) 지면에 도달하기까지의 소요시간 [s]

정답

1. 위치에너지

   위치에너지 $[kJ] = m \cdot g \cdot h \times 10^{-3} = 2\,kg \times 9.8\,m/s^2 \times 40\,m \times 10^{-3}$
   $= 0.784\,kJ$

   답 0.78 kJ

2. 낙하 2초 후의 속도 $[m/s]$

   $v = g \cdot t = 9.8 \times 2 = 19.6\,m/s$

   답 19.6 m/s

3. 지면에 도달하기까지의 소요시간 $[s]$

   $y = \dfrac{1}{2} g\,t^2 \rightarrow t = \sqrt{\dfrac{2y}{g}}$

   $t = \sqrt{\dfrac{2 \times 40}{9.8}} = 2.857 ≒ 2.86\,s$

   답 2.86 s

12

옥외소화전 방수 시의 그림에서 안지름이 65 mm인 옥외소화전 방수구의 높이(y)가 800 mm, 방수된 물이 지면에 도달하는 거리(x)가 16 m일 때 방수량은 몇 m³/s이고, 동일 안지름의 방수구를 개방하였을 때 화재안전기준에 따른 방수량을 만족하려면 방출된 물이 지면에 도달하는 거리(x)가 최소 몇 m 이상이어야 하는지 구하시오. (단, 그림에서 y는 지면에서 방수구 중심 간 거리이고, x는 방수구에서 물이 도달하는 부분의 중심 간 거리이다)

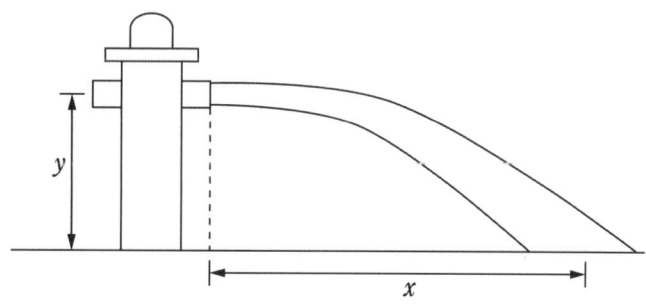

⑴ 방수된 물이 지면에 도달하는 거리(x)가 16 m일 때 방수량 Q [m³/s]를 구하시오.

⑵ 방수구에 화재안전기준의 방수량을 만족하기 위해서는 방출된 물이 지면에 도달하는 거리(x)가 몇 m 이상이어야 하는지 구하시오.

정답

1. 지면에 도달하는 거리(x)가 16 m일 때 방수량 Q [m³/s]

   1) 자유낙하 공식 : y(높이) $= \frac{1}{2}g$(중력가속도)$\times t^2$(낙하시간)

   $$t = \sqrt{\frac{y[m] \times 2}{g[m/s^2]}} = \sqrt{\frac{0.8[m] \times 2}{9.8[m/s^2]}} = 0.404[s]$$

   2) 도달거리 공식 : x(도달거리) $= t$(시간)$\times V$(유속)

   $$V = \frac{16[m]}{0.404[s]} = 39.603[m/s]$$

   3) $Q = AV = \frac{\pi \times 0.065^2}{4} m^2 \times 39.603\, m/s = 0.13\, m^3/s$

   답 0.13 m³/s

2. 해당 특정소방대상물에 설치된 옥외소화전(2개 이상 설치된 경우에는 2개의 옥외소화전)을 동시에 사용할 경우 각 옥외소화전의 노즐선단에서의 방수압력이 0.25 MPa 이상이고, 방수량이 350 L/min 이상이 되는 성능의 것으로 할 것

   $$V = \frac{4Q}{\pi D^2} = \frac{4 \times \frac{0.35}{60} m^3/s}{\pi \times 0.065^2\, m^2} = 1.757\, m/s$$

   $x = t \times V = 0.404\, s \times 1.757\, m/s = 0.709 ≒ 0.71\, m$

   답 0.71 m

13

유동 단면이 30 cm × 40 cm인 사각덕트를 통하여 비중 0.86, 점성계수가 0.027 $kg/m \cdot s$인 기름이 $2 m/s$의 유속으로 흐른다. 이때 수력직경에 기초한 레이놀즈수를 정수로 구하시오.

정답

1. 수력직경

   수력직경 = 4 × 수력반경 = $4 \times \frac{접수면적}{접수길이}$

   수력직경 $= \frac{4 \times 0.3 \times 0.4}{2 \times (0.3 + 0.4)} = 0.343\, m$

2. 밀도

$$S = \frac{\rho}{\rho_w} \rightarrow \rho = S \cdot \rho_w$$

$$\rho = 0.86 \times 1000 \, kg/m^3$$

3. Re

$$Re = \frac{\rho \cdot v \cdot D}{\mu} = \frac{v \cdot D}{\nu}$$

$$Re = \frac{0.86 \times 1000 \times 2 \times 0.343}{0.027} \fallingdotseq 21,850.37$$

답 21,851

14

이중원형관의 수력직경을 구하시오. (단, 이중관의 바깥 관 내경 : D, 안쪽 관 외경 : d)

정답

접수면적 $= \frac{\pi}{4}(D^2 - d^2)$

접수길이 $= \pi(D + d)$

수력반경 $= \dfrac{\frac{\pi}{4}(D^2 - d^2)}{\pi(D + d)} = \dfrac{\frac{\pi}{4}(D+d)(D-d)}{\pi(D+d)} = \dfrac{(D-d)}{4}$

수력직경 = 4 × 수력반경
         $= D - d$

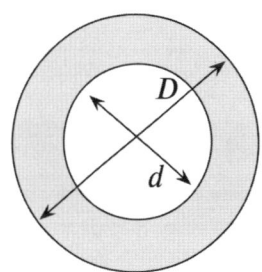

[이중 원형관]

답 $D - d$

15

유량 0.01539 m^3/s, 지름이 30 cm 인 배관 내에서, 점성계수 $\mu = 0.103 N \cdot s/m^2$, 비중 0.85의 유체가 흐르고 있다. 길이 3,000 m에 대한 손실수두 [m]를 계산하시오.

정답

1. 유속

$$Q = A \cdot v$$

$$0.01539 = \frac{\pi}{4} \times 0.3^2 \times v$$

$$v = 0.22 \, m/s$$

2. Re 수 계산

점성계수 단위(μ) : $N \cdot s/m^2 = kg \cdot \frac{m}{s^2} \cdot s/m^2 = kg/m \cdot s$

$$Re = \frac{\rho \cdot v \cdot d}{\mu} = \frac{0.85 \times 1,000 \, kg/m^3 \times 0.22 \, m/s \times 0.3 \, m}{0.103 \, kg/m \cdot s} = 545$$

Re 수가 2,000 이하이므로 층류

3. 손실계수

$$\lambda = \frac{64}{Re} = \frac{64}{545} = 0.12$$

4. Darcy-Weisbach

$$h_L = \lambda \cdot \frac{L}{d} \frac{v^2}{2g}$$

$$= 0.12 \times \frac{3000}{0.3} \times \frac{0.22^2}{2 \times 9.8} = 2.9632 \fallingdotseq 2.96 \, m$$

답 2.96 m

16

수평으로 곧게 설치되어 있는 40 m 길이의 파이프를 유량 600 L/min의 물이 흐를 때 다음 물음에 답하시오. (단, 레이놀즈수는 1,200, 관직경 65 mm이며 배관의 인입 측 수압계는 0.8 MPa을 가리키고 있다)

(1) 달시 방정식을 이용하여 손실수두 [m]를 구하시오.
(2) 배관 출구에서의 수압 [MPa]을 구하시오.

정답

1. 달시 – 웨버 방정식 $h_L[m] = f \times \dfrac{L[m]}{D[m]} \times \dfrac{(V[m/s])^2}{2g[m/s^2]}$

   마찰손실계수 $f = \dfrac{64}{Re(\text{레이놀즈수})} = \dfrac{64}{1200} = 0.0533$

   $\therefore V = \dfrac{4Q}{\pi D^2} = \dfrac{\dfrac{0.6}{60} m^3/s}{\dfrac{\pi \times 0.065^2}{4} m^2} = 3.014 \, m/s$

   $\therefore h_L = 0.0533 \times \dfrac{40 \, m}{0.065 \, m} \times \dfrac{(3.014 \, m/s)^2}{2 \times 9.8 \, m/s^2} = 15.20 \, m$

   답 15.2 m

2. 계산과정

   배관의 출구압력 = 배관의 입구압력 - 마찰손실압력

   1) 마찰손실압력 $P = \gamma \times h = 9,800 \, N/m^3 \times 15.2 \, m = 148,960 \, Pa = 0.14896 \, MPa$

   2) 배관의 출구압력 = 배관의 입구압력 - 마찰손실압력
   $= 0.8 \, MPa - 0.14896 \, MPa = 0.65104 ≒ 0.65 \, MPa$

   답 0.65 MPa

17

옥외소화전설비에서 펌프의 소요양정이 50 m이고 말단방수노즐의 방수압력이 0.15 MPa이었다. 관련 법에 맞게 방수압력을 0.25 MPa로 증가시키고자 할 때 [조건]을 참고하여 토출 측 유량 [L/min]과 펌프의 압력 [MPa]를 구하시오. (단, 10 m = 0.1 MPa)

조 건

① 유량 $Q = K\sqrt{10P}$를 적용하며 이때 K = 100이다.

Q : 유량 [L/min], K : 방출계수, P : 방수압력 [MPa]

② 배관 마찰 손실은 하젠 - 윌리엄식을 적용한다.

$$\triangle P = 6.05 \times 10^4 \times \frac{Q^{1.85}}{C^{1.85} \times D^{4.87}}$$

$\triangle P$: 단위길이당 마찰손실 압력 [MPa/m]

Q : 유량 [ℓ/min], C : 관의 조도계수, D : 관의 내경 [mm]

정답

방수압력 증가 → 유량 증가 → 손실 증가

1. $P_1 = 0.15$ [MPa]일 때 유량

   $Q_1 = K\sqrt{10P} = 100 \times \sqrt{10 \times 0.15\,\text{MPa}} = 122.47\,L/\text{min}$

2. $P_2 = 0.25$ [MPa]일 때 유량

   $Q_2 = K\sqrt{10P} = 100 \times \sqrt{10 \times 0.25\,\text{MPa}} = 158.11\,L/\text{min}$

3. 교체 후 압력

   $P_1 = 0.15$ [MPa]일 때 손실압력 $\triangle P_1$은 0.5 - 0.15 = 0.35 MPa

   $P_2 = 0.25$ [MPa]일 때 손실압력 $\triangle P_2$는

   하젠 - 윌리엄식에 의해 $\triangle P \propto Q^{1.85}$

   $\therefore 0.35 : 122.47^{1.85} = \triangle P_2 : 158.11^{1.85}$

   $\triangle P_2 = 0.35 \times \dfrac{158.11^{1.85}}{122.47^{1.85}} = 0.56\,\text{MPa}$

   0.25 MPa일 때 펌프 압력 $= 0.56\,\text{MPa} + 0.25\,\text{MPa} = 0.81\,\text{MPa}$

   답 토출 측 유량 158.11 L/min, 토출 측 압력 0.81 MPa

18

그림과 같은 확대 배관인 경우 상류 측 배관의 유속과 압력이 각각 1.5 m/s, 100 kPa일 때 하류 측 소화배관에서 소화수의 유속 [m/s]과 압력 [kPa]을 계산하시오. (단, 마찰손실은 무시한다)

정답

※ 부차적 손실은 마찰손실이 아니므로 고려하여야 한다.

1. 하류 유속

   연속 방정식 $A_1 \cdot v_1 = A_2 \cdot v_2 \rightarrow \frac{\pi}{4} \times 0.25^2 \times 1.5 = \frac{\pi}{4} \times 0.4^2 \times v_2$

   $v_2 = 0.586 \, m/s$

2. 급 확대관에 의한 손실

   $H_L = \frac{(v_1 - v_2)^2}{2g} = \frac{(1.5 - 0.586)^2}{2 \times 9.8} = 0.043 \, m$

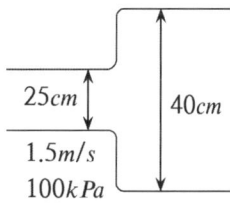

3. 하류 압력

   $\frac{P_1}{\gamma} + \frac{v_1^2}{2g} = \frac{P_2}{\gamma} + \frac{v_2^2}{2g} + H_L \rightarrow P_2 = P_1 + \left(\gamma \times \frac{v_1^2 - v_2^2}{2g}\right) - (\gamma \times H_L)$

   $P_2 = 100 \, kPa + \left[9.8 \, kN/m^3 \times \frac{1.5^2 - 0.586^2 \, (m/s)^2}{2 \times 9.8 \, m/s^2}\right] - (9.8 \, kN/m^3 \times 0.043 m)$

   $= 100.532 \, kPa$

   답 하류 측 유속 0.586 ($v_2 = 0.586 \, m/s$), 하류 측 압력 100.53 kPa

19

안지름이 각각 300 mm와 450 mm의 원관이 직접 연결되어 있다. 안지름이 작은 관에서 큰 관 방향으로 매초 230 L의 물이 흐르고 있을 때 돌연확대부분에서의 손실 [m]을 구하시오. (단, 중력가속도는 9.8 m/s²이다)

정답

1. 유속 $V_1 = \dfrac{Q}{A_1} = \dfrac{0.23\,m^3/s}{\dfrac{\pi \times 0.3^2}{4}\,m^2} = 3.254\,m/s$

2. 유속 $V_2 = \dfrac{Q}{A_2} = \dfrac{0.23\,m^3/s}{\dfrac{\pi \times 0.45^2}{4}\,m^2} = 1.446\,m/s$

3. 손실수두 $H = \dfrac{(V_1 - V_2)^2}{2g} = \dfrac{(3.254 - 1.446)^2}{2 \times 9.8} = 0.17\,m$

답 0.17 m

20

조도가 100인 배관에서 유량 2,000 Lpm인 방수총을 사용할 경우 1, 2 구간의 마찰 손실 [kg_f/cm^2]을 구하시오. (단, 관부속의 등가길이는 90°엘보의 경우 4 m, 게이트밸브의 경우 1.2 m 이다)

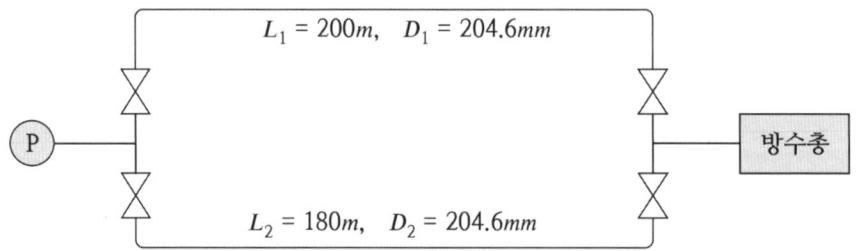

정답

문제에서 조도가 100이므로 부차적 손실값을 조도 100으로 환산하여 계산하여야 한다.

1. 그림의 Loop 배관에서

   $Q = Q_1 + Q_2 = 2,000\ Lpm$ ·· ①

$$\triangle P = \triangle P_1 = \triangle P_2 \quad \cdots\cdots\cdots\cdots\cdots\cdots\cdots\cdots\cdots\cdots\cdots\cdots\cdots\cdots \text{②}$$

2. 유량의 계산

1) ②식에 Hazen & William 공식을 적용하면,

$$6.17 \times 10^5 \times \frac{Q_1^{1.85}}{C_1^{1.85} \times D_1^{4.87}} \times L_1 = 6.17 \times 10^5 \times \frac{Q_2^{1.85}}{C_2^{1.85} \times D_2^{4.87}} \times L_2$$

여기에서, $C_1 = C_2$ 이고, $D_1 = D_2$ 이므로,

$$Q_1^{1.85} \times L_1 = Q_2^{1.85} \times L_2 \quad \cdots\cdots\cdots\cdots\cdots\cdots\cdots\cdots\cdots\cdots\cdots\cdots \text{③}$$

2) 구간별 등가길이

(1) 1구간

등가길이 = 직관길이 + {(게이트v/v + 엘보 + 엘보 + 게이트 v/v) × $\left(\frac{100}{120}\right)^{1.85}$}

$$= 200 + \{(1.2 + 4 + 4 + 1.2) \times \left(\frac{100}{120}\right)^{1.85}\}$$

$$= 200 + 7.422 = 207.42 \text{ m}$$

(2) 2구간

등가길이 = 직관길이 + {(게이트v/v + 엘보 + 엘보 + 게이트 v/v) × $\left(\frac{100}{120}\right)^{1.85}$}

$$= 180 + 7.422 = 187.42 \text{ m}$$

(3) ③식에 등가길이를 대입하면

$$207.42 \times Q_1^{1.85} = 187.42 \times Q_2^{1.85}$$

$$\frac{Q_2}{Q_1} = \left(\frac{207.42}{187.42}\right)^{\frac{1}{1.85}} = 1.056 \rightarrow \therefore Q_2 = 1.056\, Q_1 \quad \cdots\cdots\cdots \text{④}$$

(4) ④식을 ①식에 대입하면

$$2.056\, Q_1 = 2{,}000\, Lpm$$

$$\therefore Q_1 = 972.76\, Lpm \qquad Q_2 = 1{,}027.24\, Lpm$$

3. 각 구간의 마찰손실

문제의 조건에서 $C = 100$, $D = 204.6 mm$ 이므로,

$$\therefore \triangle P = 6.17 \times 10^5 \times \frac{972.76^{1.85} \times 207.42}{100^{1.85} \times 204.6^{4.87}} = 0.048\, kg_f/cm^2$$

답 $0.048\, kg_f/cm^2$

21

그림과 같은 배관에 물이 흐를 경우 배관 ①, ②, ③에 흐르는 각각의 유량 $[Lpm]$을 계산하여라. (단, 마찰손실은 다음의 공식을 적용한다)

$$P = 6.174 \times 10^5 \times \frac{Q^{1.85}}{C^{1.85} \times d^{4.87}} \times L \ [kg_f/cm^2]$$

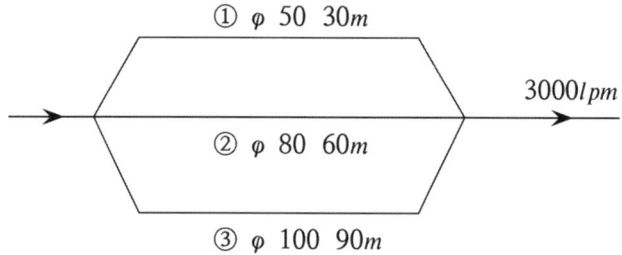

정답

1. 배관 마찰손실을 P라 하면 주어진 조건에 의해

   $\triangle P_1 = \triangle P_2 = \triangle P_3$ ·· ①

2. 각 배관에 흐르는 유량을 Q_1, Q_2, Q_3라 하면

   $Q_1 + Q_2 + Q_3 = 3,000 \ Lpm$ ·· ②

3. 각 배관을 Hazen Williams의 식을 이용

   1) $\triangle P_1 = 6.174 \times 10^5 \times \dfrac{Q_1^{1.85}}{C^{1.85} \times 50^{4.87}} \times 30$

   2) $\triangle P_2 = 6.174 \times 10^5 \times \dfrac{Q_2^{1.85}}{C^{1.85} \times 80^{4.87}} \times 60$

   3) $\triangle P_3 = 6.174 \times 10^5 \times \dfrac{Q_3^{1.85}}{C^{1.85} \times 100^{4.87}} \times 90$

   4) ①식에 대해 $\triangle P_1 = \triangle P_2 = \triangle P_3$이므로

   $\dfrac{Q_1^{1.85}}{50^{4.87}} \times 30 = \dfrac{Q_2^{1.85}}{80^{4.87}} \times 60 = \dfrac{Q_3^{1.85}}{100^{4.87}} \times 90$ ································ ③

   5) ③식의 각항에 $\left(\dfrac{100^{4.87}}{30}\right)$을 곱하면

   $\left(\dfrac{100}{50}\right)^{4.87} \times Q_1^{1.85} = \left(\dfrac{100}{80}\right)^{4.87} \times Q_2^{1.85} \times 2 = \left(\dfrac{100}{100}\right)^{4.87} \times Q_3^{1.85} \times 3$

4. 위의 식을 정리하면 Q_2 는

$$Q_2^{1.85} = \left(\dfrac{\dfrac{100}{50}}{\dfrac{100}{80}}\right)^{4.87} \times \dfrac{1}{2} \times Q_1^{1.85} \rightarrow Q_2 = \sqrt[1.85]{1.6^{4.87} \times \dfrac{1}{2}} \times Q_1 = 2.369\, Q_1$$

5. Q_3 는

$$Q_3^{1.85} = \left(\dfrac{\dfrac{100}{50}}{\dfrac{100}{100}}\right)^{4.87} \times \dfrac{1}{3} \times Q_1^{1.85} \rightarrow Q_3 = \sqrt[1.85]{2^{4.87} \times \dfrac{1}{3}} \times Q_1 = 3.42\, Q_1$$

6. 결론

1) ②식에서

$Q_1 + Q_2 + Q_3 = 3{,}000$ 이므로

$Q_1 + 2.369\, Q_1 + 3.42\, Q_1 = 3{,}000$

$Q_1 = \dfrac{3{,}000\, Lpm}{(1 + 2.369 + 3.42)} = 442\, Lpm$

2) $Q_2 = 2.369\, Q_1 = 2.369 \times 442 = 1{,}047\, Lpm$

3) $Q_3 = 3.42\, Q_1 = 3.42 \times 442 = 1{,}511\, Lpm$

답 $Q_1 = 442\, Lpm,\ Q_2 = 1{,}047\, Lpm,\ Q_3 = 1{,}511\, Lpm$

22

물이 방출될 때 다음 조건과 같은 펌프의 수동력 [kW]을 계산하시오.
(물의 밀도는 $\rho = 998.2 \, kg/m^3$, $g = 9.8 \, m/s^2$, 대기압은 0.1 MPa, 펌프의 효율은 75 %이다)

정답

1. 펌프의 수동력

$$P[kW] = \gamma \cdot Q \cdot H \quad (\gamma[kN/m^3], \quad Q[m^3/s], \quad H[m])$$

2. 비중량($\gamma[kN/m^3]$)

$$\gamma = \rho \cdot g = 998.2 \times 9.8 \times 10^{-3} = 9.78 \, kN/m^3$$

3. 유량($Q[m^3/s]$)

$$Q = A_1 \cdot v_1 = A_2 \cdot v_2 = \frac{\pi}{4} \times 0.15^2 \times 2 = 0.0353 \, m^3/s$$

4. 양정(H)

$$\frac{P_1}{\gamma} + \frac{v_1^2}{2g} + Z_1 + H(펌프\,양정) = \frac{P_2}{\gamma} + \frac{v_2^2}{2g} + Z_2$$

$$H = \frac{P_2 - P_1}{\gamma} + \frac{v_2^2 - v_1^2}{2g} + Z_2 - Z_1$$

$$H = \frac{(0 - 200)}{9.78} + \frac{15^2 - 2^2}{2 \times 9.8} + 30 = 20.8305 \, m$$

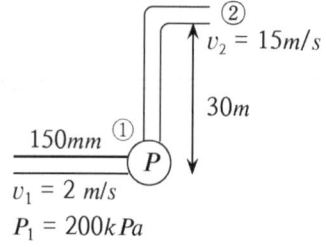

5. 수동력

수동력을 계산하므로 효율은 무시

$$P[kW] = \gamma \cdot Q \cdot H = 9.78 \times 0.0353 \times 20.8305 = 7.193 \, kW$$

답 7.19 kW

23

그림과 같이 25 ℃의 물이 커다란 탱크로부터 직경이 일정한 호스를 통해 옮겨진다. 공동현상이 일어나지 않으면서 사이펀으로 옮길 수 있는 높이 H[m]의 최댓값을 구하라. (대기압은 10.332 m, 25 ℃에서의 포화증기압은 0.03 kg_f/cm^2, 호스 마찰손실은 무시한다)

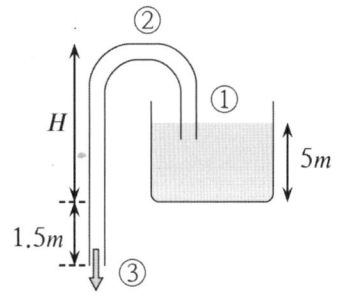

정답

이 유동이 비점성 비압축성, 정상유동이라면, 점 ①에서 ②, ③으로 유선을 따라 베르누이 방정식을 적용하여 다음의 식을 얻을 수 있다.

$$\frac{P_1}{\gamma} + \frac{v_1^2}{2g} + Z_1 = \frac{P_2}{\gamma} + \frac{v_2^2}{2g} + Z_2 = \frac{P_3}{\gamma} + \frac{v_3^2}{2g} + Z_3$$

탱크의 바닥을 기준으로 잡으면 $Z_1 = 5m$, $Z_2 = H$, $Z_3 = -1.5m$이다.
또한 $v_1 = 0$ (탱크가 큼), $P_1 = P_3 =$ 대기압 (대기에 노출), $v_2 = v_3$ (호스의 직경 일정)

1) ①과 ③지점의 베르누이 공식에서

$$v_3 = \sqrt{2g(Z_1 - Z_3)} = \sqrt{2 \times 9.8 \times (5-(-1.5))} = 11.287\, m/s$$

2) ①과 ②지점의 베르누이 공식에서

$$\frac{P_1}{\gamma} + \frac{v_1^2}{2g} + Z_1 = \frac{P_2}{\gamma} + \frac{v_2^2}{2g} + Z_2$$

$$10.332\,m + 0 + 5 = 0.3m + \frac{11.287^2}{2 \times 9.8} + H$$

$H = 8.53\,m$

즉, H가 이 값 ($8.53\,m$)보다 크면 공동현상 발생

답 8.53 m

Annex

별해

②점의 전압수두 $[m]$: $10.332 - (H-5)$

②점의 동압수두 $[m]$: $5 + 1.5$

②점의 정압수두 $[m]$: $10.332 - (H-5) - (5+1.5)$

②지점의 정압수두 > 포화증기압

$10.332 - (H-5) - (5+1.5) > 0.3$

$H < 8.532$

24

그림과 같이 관에 20 ℃의 물의 유량 0.5 m³/s로 물이 흐르고 있다. ②점에서 공동현상이 발생하지 않을 ①점에서의 최소 게이지압력 [kPa]은? (20 ℃의 증기압은 40 mmHg이다. 단, 대기압은 101 kPa)

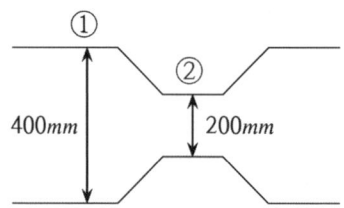

정답

1. 공동현상이 발생하지 않을 ②점에서의 최소(절대)압력

$$P_2 = 40\,mmHg \times \frac{101.325\,kPa}{760\,mmHg} = 5.33\,kPa$$

2. 배관 내 유속

$$v_1 = \frac{4Q}{\pi D^2} = \frac{4 \times 0.5}{\pi \times 0.4^2} = 3.98\,m/s$$

$$v_2 = \frac{4Q}{\pi D^2} = \frac{4 \times 0.5}{\pi \times 0.2^2} = 15.92\,m/s$$

3. ① 압력

$$\frac{P_1}{\gamma} + \frac{v_1^2}{2g} = \frac{P_2}{\gamma} + \frac{v_2^2}{2g}$$

$$P_1 = P_2 + \left[\gamma \times \left(\frac{v_2^2}{2g} - \frac{v_1^2}{2g}\right)\right]$$

$$P_1 = 5.33 + 9.8 \times \left(\frac{15.92^2}{2 \times 9.8} - \frac{3.98^2}{2 \times 9.8}\right)$$

$$P_1 = 124.12\,kPa \text{ (절대압)}$$

$$P_1(게이지압) = 124.12\,kPa - 101\,kPa$$

$$\therefore P_1 = 23.12\,kPa \text{ (게이지압)}$$

답 $23.12\,kPa$(게이지압)

25

다음 그림과 같이 관에 중량 유량이 980 N/min로 40 ℃의 물이 흐르고 있다. ②점에서 공동현상이 발생하지 않는 ①점에서의 최소압력 [kPa]을 구하시오. (단, 관의 손실은 무시하고 40 ℃ 물의 증기압은 55.32 mmHg이며 소수점 여섯째자리에서 반올림하여 소수점 다섯째자리까지 구하시오)

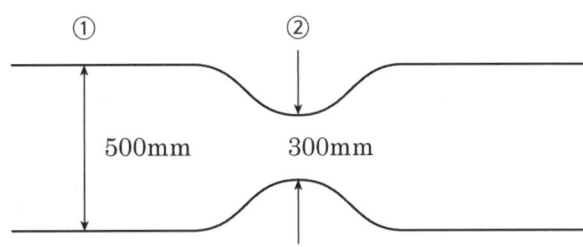

정답

■ 계산과정

공동현상이 발생하지 않을 조건 : P_2(②점에서의 압력) $\geq P_v$(40 ℃ 물의 증기압)

$$\frac{P_1}{\gamma}+\frac{V_1^2}{2g}+Z_1=\frac{P_2}{\gamma}+\frac{V_2^2}{2g}+Z_2$$

여기서, ②점에서 공동현상이 발생하지 않는 ①점에서의 최소압력은 "$P_2 = P_v$ 일 때의 P_1"이 된다. 또한 관이 수평하므로 $Z_1 = Z_2$이다.

$$\frac{P_1}{\gamma}+\frac{V_1^2}{2g}=\frac{P_v}{\gamma}+\frac{V_2^2}{2g}$$

1) V_1[m/s], V_2[m/s]

$\dot{G} = \gamma_w \cdot A \cdot V \, (\gamma_w = 9800 \, \text{N/m}^3)$

$$V_1 = \frac{\dot{G}}{\gamma_w \times A_1} = \frac{\frac{980}{60} \, N/s}{9,800 \, N/m^3 \times \frac{\pi \times 0.5^2}{4} \, m^2} = 0.008488 \, m/s$$

$$V_2 = \frac{\dot{G}}{\gamma_w \times A_2} = \frac{\frac{980}{60} \, N/s}{9,800 \, N/m^3] \times \frac{\pi \times 0.3^2}{4} \, m^2} = 0.023578 \, m/s$$

2) $\frac{P_v}{\gamma}$[mAq]

$H[mAq] = \frac{P}{\gamma}$ 이므로 $\frac{P_v}{\gamma} = 55.32 \, \text{mmHg} \times \frac{10.332 \, \text{mAq}}{760 \, \text{mmHg}} = 0.752060 \, \text{mAq}$

3) P_1[kPa]

$$\frac{P_1}{\gamma}+\frac{V_1^2}{2g}=\frac{P_v}{\gamma}+\frac{V_2^2}{2g}$$

$$\frac{P_1}{9.8\,\mathrm{kN/m^3}}+\frac{(0.008488\,\mathrm{m/s})^2}{2\times 9.8\,\mathrm{m/s^2}}=0.752060\,mAq+\frac{(0.023578\,\mathrm{m/s})^2}{2\times 9.8\,\mathrm{m/s^2}}$$

$$\therefore P_1 = 7.370429 ≒ 7.37043\,kPa$$

답 7.37043 kPa

26

흡입 측 배관의 마찰손실수두가 2 m일 때 공동현상이 일어나지 않는 수원의 수면으로부터 소화펌프까지의 설치높이는 몇 m 미만으로 하여야 하는지 다음 [조건]을 참고하여 구하시오.

조건

① 물의 온도는 20 ℃이고 흡입 측 속도수두는 무시한다.
② 대기압은 표준대기압이다.
③ 포화수증기압은 2,340 Pa, 비중량은 9,800 N/m³이다.
④ 펌프의 필요흡입수두(NPSHre)는 7.5 m이다.

정답

유효흡입양정 $NPSH_{av} = \dfrac{P_a}{\gamma} - \dfrac{P_v}{\gamma} - H_f \pm H_s$

P_a : 흡입 수면의 대기압 [N/m²], γ : 9.8 [kN/m³]
P_v : 유체의 온도에 상당하는 포화증기압 [N/m²]
H_f : 흡입 측 배관의 마찰손실수두 [m]
H_s : 흡입 양정(-) 또는 압입양정(+)일 때 [m]
($NPSH_{av} > NPSH_{re}$ 공동현상 방지영역)

$$NPSH_{av} = 10.332\,m - \frac{2,340\,Pa}{9,800\,N/m^3} - 2\,m - H_s\,[m]$$

$$= 8.093\,m - H_s\,[m]$$

$8.093\,m - H_s\,[m] > 7.5\,m$, $\therefore H_s < 0.593\,m$

답 0.59 m

27

다음 조건과 그림을 보고 물음에 답하시오.

조 건

① 설계기준온도는 20 ℃이고, 이때 포화 수증기압은 2.45 kPa이다.
② 대기압은 0.1 MPa이다.
③ 물의 비중량은 9,800 N/m³이다.
④ 배관 내 마찰손실수두는 0.3 m이다.

---

(1) 유효흡입수두(NPSHav)는 몇 m인가?
(2) 필요흡입수두(NPSHre) 그래프를 보고 ① 정격운전 시와 ② 최대운전 시 펌프의 사용 여부와 그 이유를 설명하시오.

정답

1. 유효흡입수두(NPSHav)

$$NPSH_{av} = H_a - H_v - H_f - H_s$$
$$= \left(0.1\,MPa \times \frac{10.332\,m}{0.101325\,MPa}\right) - \left(2.45\,kPa \times \frac{10.332\,m}{101.325\,kPa}\right)$$
$$\quad - 0.3\,m - (4.5\,m + 0.5\,m)$$
$$= 4.647 ≒ 4.65\,m$$

답 4.65 m

2. 펌프의 사용 여부와 그 이유

NPSHav > NPSHre일 때 공동현상 발생하지 않음

1) 정격운전 시

　유효흡입수두(4.65 m)가 필요흡입수두(4 m)보다 더 크므로 공동현상이 발생하지 않는다.

2) 150 % 유량으로 운전 시

　유효흡입수두(4.65 m)가 필요흡입수두(5 m)보다 더 작으므로 공동현상이 발생한다. 따라서 펌프의 운전이 불가능하다(소화설비용 펌프는 150 % 유량으로 운전 시, 정격토출압력의 65 % 이상이 되어야 하기 때문).

답 정격운전 시에는 공동현상이 발생하지 않지만, 150 % 유량으로 운전 시 공동현상이 발생하여 펌프운전이 불가능하다.

28

운전 중인 펌프의 압력계를 측정하였더니 흡입 측 진공계의 눈금이 150 mmHg, 토출 측 압력계는 0.294 MPa이었다. 펌프의 전양정 [m]을 구하시오. (단, 토출 측 압력계는 흡입 측 진공계보다 50 cm 높은 곳에 있고, 직경은 동일하다)

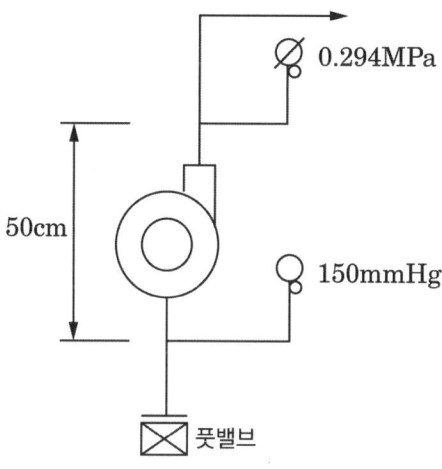

정답

1. 토출 측 전양정

$$0.294\,\text{MPa} \times \frac{10.332\,\text{mAq}}{0.101325\,\text{MPa}} = 29.979\,\text{m}$$

2. 흡입 측 전양정

$$150\,\text{mmHg} \times \frac{10.332\,\text{mAq}}{760\,\text{mmHg}} = 2.039\,\text{m}$$

∴ $H = 29.979 + 2.039 + 0.5 = 32.518\,\text{m} ≒ 32.52\,\text{m}$

답 32.52 m

29

다음 그림과 같이 해발 1,000 m 위치에 수조와 펌프를 설치하였다. [조건]을 참조하여 펌프에 공동현상이 일어나는지 여부를 판정하시오. (단, 반드시 계산과정에 중력가속도는 9.8 m/s²을 적용한다)

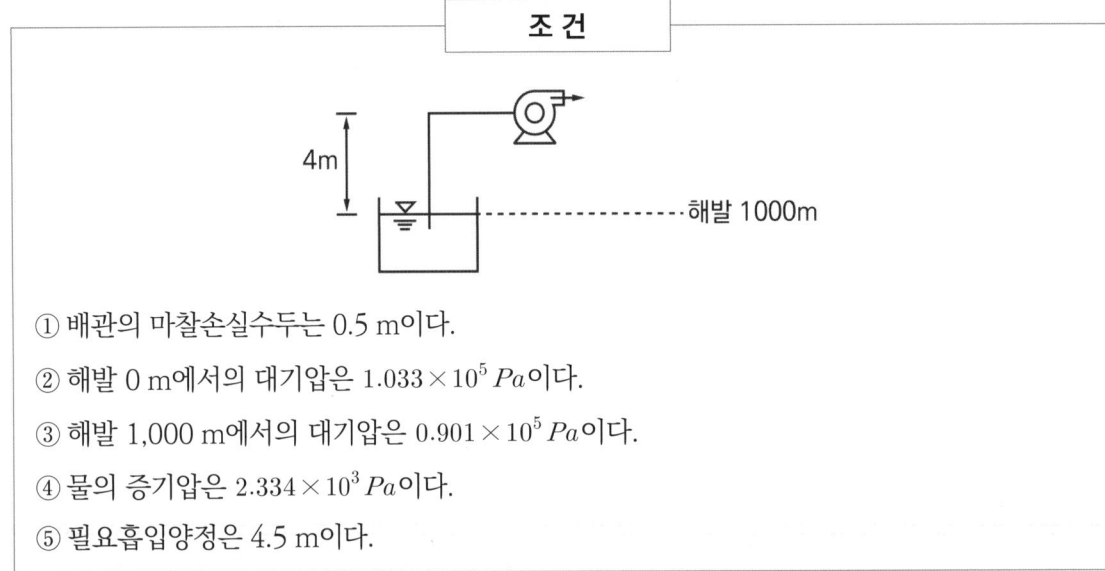

① 배관의 마찰손실수두는 0.5 m이다.
② 해발 0 m에서의 대기압은 $1.033 \times 10^5 \, Pa$이다.
③ 해발 1,000 m에서의 대기압은 $0.901 \times 10^5 \, Pa$이다.
④ 물의 증기압은 $2.334 \times 10^3 \, Pa$이다.
⑤ 필요흡입양정은 4.5 m이다.

(1) 유효흡입양정 [m]을 구하시오.
(2) 펌프의 공동현상 발생 여부를 판별하시오.

정답

※ 압력에 대한 단위 변환

① 표준대기압 환산수두를 이용한 단위 변환

② $P = rh$를 이용한 단위 변환

위 2가지 압력에 대한 단위 변환 중 문제에서 '반드시 계산과정에 중력가속도는 9.8 m/s²을 적용한다'라고 하였으므로 '② $P = rh$를 이용한 단위 변환'을 해야 한다.

중력가속도는 9.8 m/s²이므로

$r = \rho g = 1{,}000\,N \cdot s^2/m^4 \times 9.8\,m/s^2 = 9{,}800\,N/m^3$

(∵ 물의 밀도 $\rho = 1{,}000\,kg/m^3 = 1{,}000\,N \cdot s^2/m^4$)

따라서 흡입 수면의 대기압 환산수두 $h_a[m] = \dfrac{P}{\gamma} = \dfrac{0.901 \times 10^5\,Pa}{9\,800\,N/m^3}$

(여기서, h_a는 '해발 0 m'에서의 대기압이 아닌 흡입 수면의 대기압인 '해발 1,000 m에서의 대기압'을 기준으로 함)

1. 유효흡입양정 [m]

유효흡입양정 $NPSH_{av} = \dfrac{P_a}{\gamma} - \dfrac{P_v}{\gamma} - H_f \pm H_s$

여기서, P_a : 흡입 수면의 대기압 [N/m²]
P_v : 유체의 온도에 상당하는 포화증기압 [N/m²]
H_f : 흡입 측 배관의 마찰 손실수두 [m]
H_s : 흡입 양정(-) 또는 압입 양정(+) [m]

$NPSH_{av} = \dfrac{0.901 \times 10^5\,Pa}{9{,}800\,N/m^3} - \dfrac{2.334 \times 10^3\,Pa}{9{,}800\,N/m^3} - 4\,m - 0.5\,m = 4.455 ≒ 4.46\,[m]$

답 4.46 m

2. 공동현상 발생 여부

필요흡입양정(4.5 m) > 유효흡입양정(4.46 m)이므로 공동현상 발생

답 필요흡입양정(4.5 m)보다 유효흡입양정(4.46 m)이 작기 때문에 공동현상이 발생한다.

30

흡입덕트와 토출덕트로 연결되어 있는 송풍계통에서 송풍기의 전압과 정압을 구하시오. (단, 토출구 정압 200 Pa, 토출구 동압 100 Pa, 흡입구 정압 -150 Pa, 흡입구 동압 50 Pa으로 한다)

정답

1. 송풍기 전압

   송풍기 흡입 측 전압(P_{t1}) + 송풍기 전압(P_t) = 송풍기 토출 측 전압(P_{t2})

   송풍기 흡입 측(정압 + 동압) + 송풍기 전압 = 송풍기 토출 측(정압 + 동압)

   $-150\,Pa + 50\,Pa +$ 송풍기 전압 $= 200\,Pa + 100\,Pa$

   ∴ 송풍기 전압 $= 400\,Pa$

   답 400 Pa

2. 송풍기 정압

   송풍기 정압(P_s) = 송풍기 전압(P_t) - 송풍기 동압(P_{v2})

   $= 400\,Pa - 100\,Pa = 300\,Pa$

   ∴ 송풍기 정압 $= 300\,Pa$

   답 300 Pa

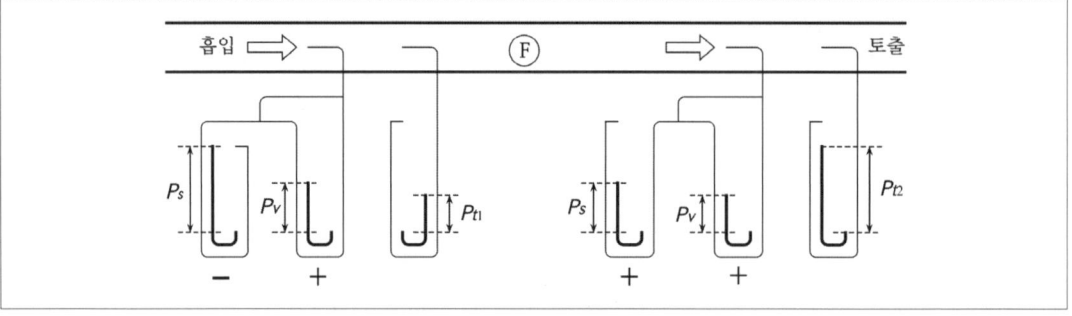

Annex

- 송풍기

  1) $P_t = P_{t2} - P_{t1}$

     $P_s = P_t - P_{v2} = P_{t2} - P_{t1} - P_{v2} = P_{s2} + P_{v2} - (P_{s1} + P_{v1}) - P_{v2} = P_{s2} - P_{s1}$

  2) $P_s = P_{s2} - P_{s1}$ $P_t = P_s + P_{v2}$

31

조건과 같이 설치된 펌프의 비속도에 관한 다음 물음에 답하시오.

> **조 건**
>
> 전동기(Motor)에 공급되는 전원의 주파수가 50 Hz이며, 전동기의 극수는 4극, 펌프의 전양정이 110 m, 펌프의 토출량 180 L/s, 펌프운전 시 미끄럼(Slip)율은 3 %이다.

(1) 편흡입 1단 펌프의 비속도(단위표기 포함)를 계산하시오.
(2) 편흡입 2단 펌프의 비속도(단위표기 포함)를 계산하시오.
(3) 양흡입 1단 펌프의 비속도(단위표기 포함)를 계산하시오.

정답

1. 편흡입 1단 펌프의 비속도(단위표기 포함)
   1) 펌프(Pump)의 회전수 [rpm]
      (1) 펌프의 회전수 [N]

$$N = \frac{120f}{P}(1-s)$$

   여기서, N : 회전수 [rpm]
   f : 주파수 [Hz]
   P : 극수
   s : 슬립 [%]

   (2) 회전수 [N] $= \frac{120f}{P}(1-s) = \frac{120 \times 50}{4}(1-0.03) = 1,455$ ∴ 1,455 rpm

   2) 펌프의 비속도(비교회전도)

$$Ns = \frac{N\sqrt{Q}}{\left(\frac{H}{n}\right)^{3/4}}$$

   여기서, Ns : 비속도 [rpm·m³/min·m]
   Q : 유량 [m³/min]
   H : 전양정 [m]
   N : 분당회전수 [rpm]
   n : 펌프의 단수

3) 편흡입 1단 펌프의 비속도 $= \dfrac{1,455\,\text{rpm} \times \sqrt{0.18\,\text{m}^3/\text{s} \times 60\,\text{s}/\text{min}}}{\left(\dfrac{110\,\text{m}}{1\text{단수}}\right)^{3/4}}$

$= 140.78$

답 140.78 rpm·m³/min·m

2. 편흡입 2단 펌프의 비속도(단위표기 포함)

편흡입 2단 펌프의 비속도 $= \dfrac{1,455\,\text{rpm} \times \sqrt{0.18\,\text{m}^3/\text{s} \times 60\,\text{s}/\text{min}}}{\left(\dfrac{110\,\text{m}}{2\text{단수}}\right)^{3/4}}$

$= 236.76$

답 236.76 rpm·m³/min·m

3. 양흡입 1단 펌프의 비속도(단위표기 포함)

양흡입 1단 펌프의 비속도 $= \dfrac{1,455\,\text{rpm} \times \sqrt{(0.18\,\text{m}^3/\text{s} \times 60\,\text{s}/\text{min})/2\,(\text{양흡입})}}{\left(\dfrac{110\,\text{m}}{1\text{단수}}\right)^{3/4}}$

$= 99.54$

답 99.54 rpm·m³/min·m

32

원심펌프가 회전수 3,600 rpm으로 회전할 때의 전양정은 128 m이고, 1.228 m³/min의 유량을 가진다. 비속도의 범위가 200 ~ 260 rpm · m³/min · m인 펌프를 설정할 때 몇 단 펌프가 되는지 구하시오.

정답

$$N_S(비속도) = \frac{N\sqrt{Q}}{\left(\dfrac{H}{n}\right)^{\frac{3}{4}}}$$

N : 회전수 $[rpm]$, Q : 유량 $[m^3/\min]$, H : 전양정 $[m]$, n : 단수

1) N_S가 200이라면

$$200 = \frac{3,600\sqrt{1.228}}{\left(\dfrac{128}{단수}\right)^{\frac{3}{4}}}, \quad \left(\frac{128}{단수}\right) = \left(\frac{3,600\sqrt{1.228}}{200}\right)^{\frac{4}{3}}$$

∴ 단수 = 2.37단

2) N_S가 260이라면

$$260 = \frac{3,600\sqrt{1.228}}{\left(\dfrac{128}{단수}\right)^{\frac{3}{4}}}, \quad \left(\frac{128}{단수}\right) = \left(\frac{3,600\sqrt{1.228}}{260}\right)^{\frac{4}{3}}$$

∴ 단수 = 3.36단

따라서 2.37단 ≤ 단수 n ≤ 3.36단이므로 3단 펌프를 선정한다.

답 3단

33

내용적 30 m³인 압력수조에 20 m³의 물이 0.75 MPa의 압력으로 유지되었으나, 화재로 인하여 소화수가 방수되어 내부압력이 0.35 MPa으로 되었을 때 방사된 물의 양 [m³]이 얼마인지 구하시오. (단, 대기압은 0.1 MPa, 물은 비압축성 유체로 추가공급은 없는 것으로 가정)

정답

$$P_1 V_1 = P_2 V_2$$

P_1 : 초기 압력(절대압) P_2 : 소화수 방수 후 압력(절대압)
V_1 : 초기 공기 체적 V_2 : 소화수 방수 후 공기 체적

1. 소화수 방수 후 공기체적 V_2

   $(0.75 + 0.1) \times 10 = (0.35 + 0.1) \times V_2$

   $V_2 = 18.888 \, m^3$

2. 공기의 체적변화량

   $(18.888 - 10) m^3 = 8.888 \, m^3$

3. 방사된 물의 양 = 공기 체적 변화량

   ∴ 방사된 물의 양 $= 8.89 \, m^3$

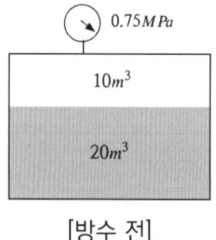

[방수 전]

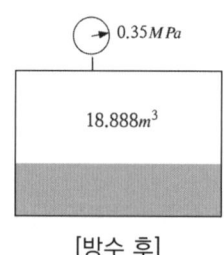

[방수 후]

답 $8.89 \, m^3$

34

소화수 방출 후 게이지압력은 0.1 MPa이다, 방출 전 소화수는 탱크의 2/3일 때 방출 전 수조 내 게이지압력 [MPa]은? (단, 대기압은 0.1 MPa)

정답

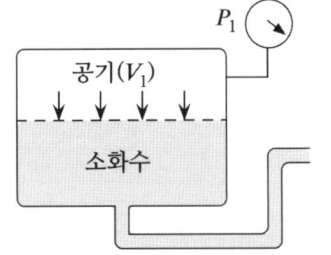
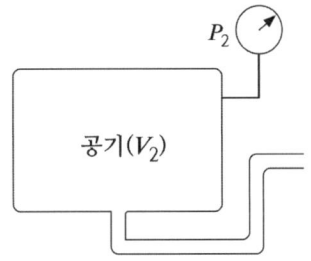

1. 보일의 법칙

   $P_1 V_1 = P_2 V_2$ P_1 : 초기 압력(절대압) P_2 : 소화수 방출 후 압력(절대압)
   V_1 : 초기 공기 체적 V_2 : 소화수 방출 후 공기 체적

   압력수조의 체적을 V 라 하면

2. 방출 후

   1) 공기 체적 : $V_2 = V$

   2) 절대압 : $P_2 = 0.1\,MPa + 0.1\,MPa$

3. 방출 전

   1) 공기 체적 : $V_1 = \dfrac{1}{3} V$

   2) 절대압

   $P_1 \times \dfrac{1}{3} V = 0.2 \times V$

   $P_1 = 0.2 \times \dfrac{1}{1/3} = 0.6\,MPa$

   3) 게이지압 : $P_1 = 0.6\,MPa - 0.1\,MPa = 0.5\,MPa$

   답 $0.5\,MPa$

35

60 ℃, 300 kPa 상태에서 산소의 비체적은 얼마 [m^3/kg]인가? (단, $R = 260\,J/kg \cdot K$ 이다)

정답

$$PV = \frac{w}{m}RT = w\overline{R}T \Rightarrow \frac{V}{w} = \frac{\overline{R}T}{P}$$

비체적 $\dfrac{V}{w} = \dfrac{260\,\dfrac{N \cdot m}{kg \cdot K} \times (273+60)K}{300 \times 10^3\,Pa} = 0.29\,m^3/kg$

답 0.29 m³/kg

36

20 ℃ 물이 100 ℃ 수증기로 증발되었을 때 팽창비는?

정답

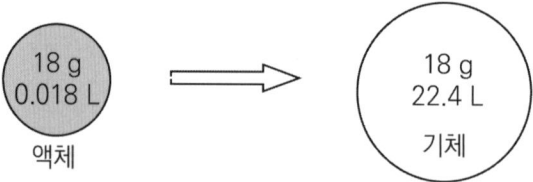

온도변화에 따른 물(액체)의 체적 변화는 무시하고 물 18 g이 증발되었다고 가정하면

1. 0 ℃ 수증기 체적 : 22.4 L

2. 100 ℃ 수증기 체적

$$\frac{V_1}{T_1} = \frac{V_2}{T_2} \Rightarrow V_2 = V_1 \times \frac{T_2}{T_1}$$

$$= 22.4 \times \frac{373}{273} = 30.61\,L$$

답 30.61 L

상태	물	0 ℃ 수증기	100 ℃ 수증기
체적	0.018 L	22.4 L	30.61 L
팽창비	1	1,244	1,700

END UP
소방시설관리사 기본서
설계 및 시공

PART 01

소화기구 및 자동소화장치

CHAPTER 01 | 소화기구 및 자동소화장치

■ 설치대상

소화기구	자동소화장치
• 연면적 33 m² 이상인 것 • 가스시설, 발전시설 중 전기저장시설 및 국가유산 • 터널 • 지하구	• 주거용 주방자동소화장치 : 아파트등 및 오피스텔의 모든 층 • 캐비닛형·가스·분말·고체에어로졸자동소화장치 : 화재안전기준에서 정하는 장소 • 상업용 주방자동소화장치 〈시행 2023.12.1.〉 : 판매시설 중 대규모점포에 입점해 있는 일반음식점, 집단급식소

1 소화기구의 설치기준

1) 특정소방대상물의 설치장소에 따라 적합한 종류의 것

  (1) 소화약제별 적응성

[소화기구의 소화약제별 적응성]

소화약제 구분 적응대상	가스			분말		액체			기타			
	이산화탄소	할론	할로겐/불활성기체	인산염류	중탄산염류	산알칼리	강화액	포	물·침윤	고체에어로졸화합물	마른모래	팽창질석·팽창진주암	그 밖의 것
일반화재 (A급 화재)	-	○	○	○	-	○	○	○	○	○	○	○	-
유류화재 (B급 화재)	○	○	○	○	○	○	○	○	○	○	○	○	-
전기화재 (C급 화재)	○	○	○	○	○	*	*	*	*	○	-	-	-
주방화재 (K급 화재)	-	-	-	-	*	-	*	*	*	-	-	-	*
금속화재 (D급 화재)	-	-	-	-	*	-	-	-	-	○	○	-	*

[비고] "*"의 소화약제별 적응성 : 형식승인 및 제품검사 기술기준에 따라 화재 종류별 적응성에 적합한 것으로 인정되는 경우에 한함

(2) 화재의 정의

① "일반화재(A급 화재)"란 나무, 섬유, 종이, 고무, 플라스틱류와 같은 일반 가연물이 타고 나서 재가 남는 화재를 말한다. 일반화재에 대한 소화기의 적응 화재별 표시는 'A'로 표시한다.

② "유류화재(B급 화재)"란 인화성 액체, 가연성 액체, 석유 그리스, 타르, 오일, 유성도료, 솔벤트, 레키, 알코올 및 인화성 가스와 같은 유류가 타고 나서 재가 남지 않는 화재를 말한다. 유류화재에 대한 소화기의 적응 화재별 표시는 'B'로 표시한다.

③ "전기화재(C급 화재)"란 전류가 흐르고 있는 전기기기, 배선과 관련된 화재를 말한다. 전기화재에 대한 소화기의 적응 화재별 표시는 'C'로 표시한다.

④ "주방화재(K급 화재)"란 주방에서 동식물유를 취급하는 조리기구에서 일어나는 화재를 말한다. 주방화재에 대한 소화기의 적응 화재별 표시는 'K'로 표시한다.

⑤ "금속화재(D급화재)란" 마그네슘 합금 등 가연성 금속에서 일어나는 화재를 말한다. 금속화재에 대한 소화기의 적응 화재별 표시는 'D'로 표시한다.

〈신설 2024.7.25.〉

2) 소화기구의 능력단위기준에 따를 것

특정소방대상물	소화기구의 능력단위
위락시설	해당 용도의 바닥면적 30 m^2마다 1단위
공연장, 집회장, 관람장, 문화재, 장례식장 및 의료시설	해당 용도의 바닥면적 50 m^2마다 1단위
근린생활시설, 판매시설, 운수시설, 숙박시설, 노유자시설, 전시장, 공동주택, 업무시설, 방송통신시설, 공장, 창고시설, 항공기 및 자동차 관련 시설 및 관광 휴게시설	해당 용도의 바닥면적 100 m^2마다 1단위
그 밖의 것	해당 용도의 바닥면적 200 m^2마다 1단위

[비고] 건축물의 주요구조부가 내화구조이고, 벽 및 반자의 실내에 면하는 부분이 불연·준불연·난연재료로 된 특정소방대상물인 경우 바닥면적의 2배를 기분면적으로 한다.

3) 능력단위 외에 부속용도별로 사용되는 부분에 소화기구 및 자동소화장치를 추가 설치

용도별		소화기구의 능력단위
1. 다음 각 목의 시설. 다만 스프링클러설비·간이스프링클러설비·물분무등소화설비 또는 상업용 주방자동소화장치가 설치된 경우에는 자동확산소화기를 설치하지 않을 수 있다. 가. 보일러실·건조실·세탁소·대량화기취급소 나. 음식점(지하가의 음식점을 포함한다)·다중이용업소·호텔·기숙사·노유자시설·의료시설·업무시설·공장·장례식장·교육연구시설·교정 및 군사시설의 주방. 다만 의료시설·업무시설 및 공장의 주방은 공동취사를 위한 것에 한한다. 다. 관리자의 출입이 곤란한 변전실·송전실·변압기실 및 배전반실(불연재료로 된 상자 안에 장치된 것을 제외)		1. 해당 용도의 바닥면적 25 m²마다 능력단위 1단위 이상의 소화기로 할 것 이 경우 나목의 주방에 설치하는 소화기 중 1개 이상은 주방화재용 소화기(K급)로 설치해야 한다. 2. 자동확산소화기는 해당 용도의 바닥면적을 기준으로 10 m² 이하는 1개, 10 m² 초과는 2개 이상을 설치하되, 보일러, 조리기구, 변전설비 등 방호대상에 유효하게 분사될 수 있는 위치에 배치될 수 있는 수량으로 설치할 것
2. 발전실·변전실·송전실·변압기실·배전반실·통신기기실, 전산기기실·기타 이와 유사한 시설이 있는 장소. 다만 제1호 다목의 장소를 제외		해당 용도의 바닥면적 50 m²마다 적응성이 있는 소화기 1개 이상 또는 유효설치 방호체적 이내의 가스·분말·고체에어로졸자동소화장치, 캐비닛형 자동소화장치(다만 통신기기실·전자기기실을 제외한 장소에 있어서는 교류 600 V 또는 직류 750 V 이상의 것에 한한다)
3. 위험물안전관리법시행령 별표 1에 따른 지정수량의 1/5 이상 지정수량 미만의 위험물을 저장 또는 취급하는 장소		능력단위 2단위 이상 또는 유효설치방호체적 이내의 가스·분말·고체에어로졸 자동소화장치, 캐비닛형 자동소화장치
4. 화재의 예방 및 안전관리에 관한 법률 시행령 별표 2에 따른 특수 가연물을 저장 또는 취급하는 장소	지정수량 이상	지정수량의 50배 이상마다 능력단위 1단위 이상
	지정수량의 500배 이상	대형소화기 1개 이상
5. 고압가스안전관리법·액화석유가스의 안전관리 및 사업법 또는 도시가스사업법에서 규정하는 가연성 가스를 연료로 사용하는 장소	액화석유가스 기타 가연성 가스를 연료로 사용하는 연소기기가 있는 장소	각 연소기로부터 보행거리 10 m 이내에 능력단위 3단위 이상의 소화기 1개 이상. 다만 상업용 주방자동소화장치가 설치된 장소는 제외
	액화석유가스 기타 가연성 가스를 연료로 사용하기 위하여 저장하는 저장실(저장량 300 kg 미만은 제외한다)	능력단위 5단위 이상의 소화기 2개 이상 및 대형소화기 1개 이상

용도별			소화기구의 능력단위
6. 고압가스안전관리법·액화석유가스의 안전관리 및 사업법 또는 도시가스사업법에서 규정하는 가연성 가스를 제조하거나 연료 외의 용도로 저장·사용하는 장소	저장하고 있는 양 또는 1개월 동안 제조·사용하는 양	200 kg 미만 저장하는 장소	능력단위 3단위 이상의 소화기 2개 이상
		200 kg 미만 제조·사용하는 장소	능력단위 3단위 이상의 소화기 2개 이상
		200 kg 이상 300 kg 미만 저장하는 장소	능력단위 5단위 이상의 소화기 2개 이상
		200 kg 이상 300 kg 미만 제조·사용하는 장소	바닥면적 50 m^2마다 능력단위 5단위 이상의 소화기 1개 이상
		300 kg 이상 저장하는 장소	대형소화기 2개 이상
		300 kg 이상 제조·사용하는 장소	바닥면적 50 m^2마다 능력단위 5단위 이상의 소화기 1개 이상
7. 마그네슘 합금 칩을 저장 또는 취급하는 장소			금속화재용 소화기(D급) 1개 이상을 금속재료로부터 보행거리 20 m 이내로 설치할 것

4) 소화기 설치기준

  (1) 특정소방대상물의 각 층마다 설치

  (2) 각 층이 2 이상의 거실(거주·집무·작업·집회·오락 그 밖에 이와 유사한 목적을 위하여 사용하는 방)로 구획된 경우에는 각 층마다 설치하는 것 외에 바닥면적 33 m^2 이상 거실에도 배치

  (3) 특정소방대상물의 각 부분으로부터 1개의 소화기까지의 보행거리가 소형소화기의 경우에는 20 m 이내, 대형소화기의 경우에는 30 m 이내가 되도록 배치할 것. 다만 가연성 물질이 없는 작업장의 경우 보행거리를 완화하여 배치 가능

구분	능력단위	보행거리
소형 소화기	1단위 이상 ~ 대형 미만	20 m 이내
대형 소화기	A급 : 10단위 / B급 : 20단위 이상	30 m 이내

5) 간이소화용구 : 전체능력단위의 1/2 이하(노유자시설 초과 가능)

[소화약제 외의 것을 이용한 간이소화용구 능력단위]

간이소화용구	용량	능력단위
마른 모래(삽을 상비)	50 L 이상의 것 1포	0.5단위
팽창질석 또는 팽창진주암(삽을 상비)	80 L 이상의 것 1포	0.5단위

6) 소화기구 설치위치 및 표지기준

소화기구(자동확산소화기를 제외한다)는 거주자 등이 손쉽게 사용할 수 있는 장소에 바닥으로부터 높이 1.5 m 이하의 곳에 비치하고, 소화기에 있어서는 "소화기", 투척용 소화용구에 있어서는 "투척용 소화용구", 마른모래에 있어서는 "소화용 모래", 팽창질석 및 팽창진주암에 있어서는 "소화질석"이라고 표시한 표지를 보기 쉬운 곳에 부착할 것. 다만 소화기 및 투척용 소화용구의 표지는 「축광표지의 성능인증 및 제품검사의 기술기준」에 적합한 축광식 표지로 설치하고, 주차장의 경우 표지를 바닥으로부터 1.5 m 이상의 높이에 설치할 것

7) 자동확산소화기 설치기준

(1) 방호대상물에 소화약제가 유효하게 방출될 수 있도록 설치

(2) 작동에 지장이 없도록 견고하게 고정

2 대형소화기의 소화약제량

대형소화기 소화약제량	물	강화액	포	CO_2	Halogen화물	분말
	80 L	60 L	20 L	50 kg	30 kg	20 kg

3 자동소화장치 설치기준

1) 주거용 주방 자동소화장치 설치기준(설치대상 : 아파트등 및 오피스텔의 모든 층)

(1) 소화약제 방출구는 환기구의 청소부분과 분리, 형식승인의 유효설치높이 및 방호면적에 따라 설치

(2) 감지부는 형식승인 받은 유효한 높이 및 위치에 설치

(3) 차단장치(전기, 가스)는 상시 확인 및 점검이 가능하도록 설치

(4) 가스용 주방 자동소화장치의 탐지부는 수신부와 분리하여 설치

① 공기보다 가벼운 가스 : 천장 면으로부터 30 cm 이하의 위치

② 공기보다 무거운 가스 : 바닥 면으로부터 30 cm 이하의 위치

(5) 수신부는 주위의 열기류, 습기, 주위온도에 영향을 받지 않고 사용자가 상시 볼 수 있는 장소에 설치

2) 상업용 주방 자동소화장치 설치기준

　(1) 소화장치 : 조리기구 종류별 성능인증 받은 설계 매뉴얼에 적합하게 설치

　(2) 감지부 : 성능인증을 받은 유효높이 및 위치에 설치

　(3) 차단장치(전기, 가스) : 상시 확인 및 점검이 가능하도록 설치

　(4) 후드에 방출되는 분사헤드 : 후드의 가장 긴 변의 길이까지 방출될 수 있도록 약제 방출방향 및 거리를 고려하여 설치

　(5) 덕트에 방출되는 분사헤드는 성능인증 받는 길이 이내로 설치

3) 캐비닛형 자동소화장치 설치기준

　(1) 분사헤드 설치높이 : 형식승인 범위 내에서 유효하게 방출 가능한 높이

　(2) 화재감지기는 방호구역 내의 천장 또는 옥내에 면하는 부분에 설치

　(3) 방호구역 내의 화재감지기의 감지에 따라 작동되도록 할 것

　(4) 화재감지기의 회로는 교차회로방식으로 설치

　(5) 교차회로 내의 각 화재감지기 1개가 담당하는 바닥면적은 「자동화재탐지설비 및 시각경보장치의 화재안전기술기준」에 따를 것

　(6) 개구부 및 통기구(환기장치 포함)는 약제가 방사되기 전 폐쇄(가스압에 의한 폐쇄는 소화약제방출과 동시 폐쇄 가능)

　(7) 작동에 지장이 없도록 견고하게 고정

　(8) 구획된 장소의 방호체적 이상을 방호할 수 있는 소화성능이 있을 것

4) 가스·분말·고체에어로졸 자동소화장치 설치기준

　(1) 소화약제 방출구는 형식승인을 받은 유효설치범위 내에 설치할 것

　(2) 방호구역 내 형식승인 받은 1개의 제품 설치(연동방식 : 1개로 봄)

　(3) 감지부는 형식승인된 유효설치범위 내에 설치 및 다음의 표시온도의 것으로 설치할 것(열감지선의 감지부는 형식승인에 따름)

설치장소의 최고주위온도	표시온도
39℃ 미만	79℃ 미만
39℃ 이상 ~ 64℃ 미만	79℃ 이상 ~ 121℃ 미만
64℃ 이상 ~ 106℃ 미만	121℃ 이상 ~ 162℃ 미만
106℃ 이상	162℃ 이상

　(4) (3)에도 불구하고 화재감지기를 감지부로 사용하는 경우에는 3) 캐비닛형 자동소화장치의 (2) ~ (5)의 설치방법에 따를 것

4 소화기 설치 감소

구분	옥내소화전, 옥외소화전, 스프링클러, 물분무등 소화설비	대형소화기
소형소화기 감소	2/3 감소(1/3만 설치)	1/2 감소
대형소화기 감소	설치 면제	

5 소형소화기를 감소할 수 없는 경우

1) 층수가 11층 이상인 부분
2) 근린생활시설, 위락시설, 문화 및 집회시설, 운동시설, 판매시설, 운수시설
3) 숙박시설, 노유자시설, 의료시설, 업무시설(무인변전소 제외), 방송통신시설, 교육연구시설, 항공기 및 자동차 관련 시설, 관광 휴게시설

6 이산화탄소 또는 할로겐화합물 소화기구

지하층이나 무창층 또는 밀폐된 거실로서 그 바닥면적이 20 m^2 미만의 장소에는 설치할 수 없다. 다만 배기를 위한 유효한 개구부가 있는 장소인 경우에는 그렇지 않다.

CHAPTER 01 | 계산문제

| 소화기구 및 자동소화장치

01

자동확산소화기의 정의 및 종류를 쓰시오.

정답

1. 자동확산소화기의 정의
   화재를 감지하여 자동으로 소화약제를 방출·확산시켜 국소적으로 소화하는 소화기

2. 자동확산소화기의 종류
   1) 일반화재용 자동확산소화기
      보일러실, 건조실, 세탁소, 대량화기취급소 등에 설치되는 자동확산소화기
   2) 주방화재용 자동확산소화기
      음식점, 다중이용업소, 호텔, 기숙사, 의료시설, 업무시설, 공장 등의 주방에 설치되는 자동확산소화기
   3) 전기설비용 자동확산소화기
      변전실, 송전실, 변압기실, 배전반실, 제어반, 분전반등에 설치되는 자동확산소화기

02

바닥면적이 30 m × 20 m인 다음의 장소에 분말소화기를 설치할 경우 각각의 장소에 필요한 분말소화기의 소화능력단위를 구하시오.

(1) 위락시설
(2) 판매시설
(3) 공연장(단, 건축물의 주요 구조부가 내화구조이고, 벽 및 반자의 실내에 면하는 부분이 불연재료로 되어 있다)

특정소방대상물	소화기구의 능력단위
위락시설	바닥면적 30 m²마다 1단위 이상
공연장	바닥면적 50 m²마다 1단위 이상
판매시설	바닥면적 100 m²마다 1단위 이상

주요 구조부가 내화구조이고, 벽 및 반자의 실내에 면하는 부분이 불연재료·준불연재료 또는 난연재료로 된 경우 기준면적의 2배

1. 위락시설 : $\dfrac{30\,\text{m} \times 20\,\text{m}}{30\,\text{m}^2/\text{단위}} = 20$단위

답 20단위

2. 판매시설 : $\dfrac{30\,\text{m} \times 20\,\text{m}}{100\,\text{m}^2/\text{단위}} = 6$단위

답 6단위

3. 공연장 : $\dfrac{30\,\text{m} \times 20\,\text{m}}{100\,\text{m}^2/\text{단위}} = 6$단위

답 6단위

03

[조건]을 참고하여 건물 각 층의 소형 소화기의 설치개수를 산정하시오.

조 건

① 지하 1, 2층 주차장 건물이고, 1~3층 사무실 용도로 쓰는 건물이다.
② 지하 2층에 보일러실 100 m²이 설치되어 있다(주차장 용도는 1,400 m²이다).
③ 층당 바닥면적은 1,500 m²이다.
④ 내화구조가 아니고 건물에 설치하는 소화기는 A급 소화기 능력단위 3단위 설치한다.

---

(1) 지하 1층

(2) 지하 2층

(3) 지상 1~3층 사무실

정답

특정소방대상물	소화기구의 능력단위
업무시설, 항공기 및 자동차 관련 시설	바닥면적 100 m²마다 1단위 이상
보일러실(추가)	바닥면적 25 m²마다 능력단위 1단위 이상의 소화기

1. 지하 1층 주차장(항공기 및 자동차 관련 시설)

   지하 1층 → $\dfrac{1500\,\text{m}^2}{100\,\text{m}^2/단위} = 15\,단위$ ∴ 개수 $= \dfrac{15\,단위}{3\,단위/개} = 5$개

   답 5개

2. 지하 2층 주차장(항공기 및 자동차 관련 시설)

   1) 지하 2층 → $\dfrac{1500\,\text{m}^2}{100\,\text{m}^2/단위} = 15\,단위$ ∴ 개수 $= \dfrac{15\,단위}{3\,단위/개} = 5$개

   2) 부속용도별로 추가해야 할 소화기 : 보일러실 $= \dfrac{100\,\text{m}^2}{25\,\text{m}^2/단위} = 4\,단위$

   ∴ 개수 $= \dfrac{4\,단위}{3\,단위/개} \fallingdotseq 2$개를 추가로 설치할 것

   3) 총 개수 = 5 + 2 = 7개

   답 7개

3. 지상 1 ~ 3층 사무실(업무시설)

   지상 1 ~ 3층 → $\dfrac{1500\,\text{m}^2}{100\,\text{m}^2/단위} = 15\,단위$,   개수 $= \dfrac{15\,단위}{3\,단위/개} = 5$개

   ∴ 5개 × 3개 층 = 15개

   답 15개

04

조건과 같은 특정소방대상물에 설치해야 하는 소화기에 관한 다음 물음에 답하시오.

조 건

① 건축물의 1 ~ 2층은 업무시설이며, 지하 1, 2층 주차장이다.
② 각 층당 바닥면적은 1,800 m^2이다.
③ 지하 2층에 보일러실 100 m^2이 설치되어 있으며, 주차장 용도의 바닥면적은 1,700 m^2이다.
④ 건축물의 주요 구조부는 내화구조이고 실내에 접하는 부분의 마감은 난연재료로 되어 있다.
⑤ 1, 2층에는 옥내소화전이 지하주차장에는 스프링클러설비가 설치되어 있다.
⑥ 건축물에 설치하는 소화기는 A급 소화기 능력단위 3단위를 설치한다.

(1) 지상 1층에 설치해야 하는 소화기의 개수를 계산하시오.
(2) 지하 1층에 설치해야 하는 소화기의 개수를 계산하시오.
(3) 지하 2층에 설치해야 하는 소화기의 개수를 계산하시오.

정답

1. 능력단위기준

특정소방대상물	소화기구의 능력단위
업무시설	바닥면적 100 m^2마다 1단위 이상

※ 주요 구조부가 내화구조이고, 벽 및 반자의 실내에 면하는 부분이 불연재료·준불연재료 또는 난연재료로 된 경우 기준면적의 2배

보일러실(추가)	• 바닥면적 25 m^2마다 능력단위 1단위 이상의 소화기 • 자동확산소화기 : SP 설치로 제외 가능

2. 소화기 설치 감소

구분	옥내소화전, 옥외소화전 스프링클러, 물분무등 소화설비	대형소화기
소형소화기 감소	2/3 감소(1/3만 설치)	1/2 감소
대형소화기 감소	설치 면제	

3. 소형소화기를 감소할 수 없는 특정소방대상물

   층수가 11층 이상인 부분, 근린생활시설, 위락시설, 문화 및 집회시설, 운동시설, 판매시설, 운수시설, 숙박시설, 노유자시설, 의료시설, 업무시설(무인변전소를 제외), 방송통신시설, 교육연구시설, 항공기 및 자동차 관련 시설, 관광 휴게시설

1. 지상 1층(업무시설)에 설치해야 하는 소화기의 개수

   1) 능력단위 = $\dfrac{1,800\,m^2}{200\,m^2/단위}$ = 9단위

   2) 지상 1층에 설치해야 하는 소화기의 개수 = $\dfrac{9단위}{3단위/1개}$ = 3개

   답 3개

2. 지하 1층(주차장)에 설치해야 하는 소화기의 개수

   1) 능력단위 = $\dfrac{1,800\,m^2}{200\,m^2/단위}$ = 9단위

   2) 지하 1층에 설치해야 하는 소화기의 개수 = $\dfrac{9단위}{3단위/1개}$ = 3개

   답 3개

3. 지하 2층에 설치해야 하는 소화기의 개수

용도	능력단위	소화기의 개수
지하 2층 주차장 (자동차 관련 시설)	$\dfrac{1,800\,m^2}{200\,m^2/단위}$ = 9단위	$\dfrac{9단위}{3단위/1개}$ = 3개
보일러실	$\dfrac{100\,m^2}{25\,m^2/단위}$ = 4단위	$\dfrac{4단위}{3단위/1개}$ = 2개

답 5개

05

서울 성곽 중에서 제일 오래된 목조 건축물인 국보 서울 숭례문의 바닥면적이 400 m^2이며, 건축물의 주요 구조부가 내화구조가 아닌 전시장의 바닥면적이 950 m^2이다. 각 특정소방대상물에 능력단위가 2단위인 소화기를 설치하고자 한다. 다음 각 물음에 답하시오.

(1) 국보 서울 숭례문에 설치해야 하는 소화기의 개수를 산정하시오.
(2) 전시장에 설치해야 하는 소화기의 개수를 산정하시오.

정답

특정소방대상물	소화기구의 능력단위
문화재	바닥면적 50 m²마다 1단위 이상
전시장	바닥면적 100 m²마다 1단위 이상

1. 국보 서울 숭례문에 설치해야 하는 소화기의 개수

$$\frac{400\,m^2}{50\,m^2/단위} = 8단위$$

$$\therefore 개수 = \frac{8단위}{2단위/개} = 4개$$

답 4개

2. 전시장에 설치해야 하는 소화기의 개수

$$\frac{950\,m^2}{100\,m^2/단위} = 9.5단위$$

$$\therefore 개수 = \frac{9.5단위}{2단위/개} = 4.75 ≒ 5개$$

답 5개

06

조건과 같은 장례식장에 설치하여야 하는 소화기의 최소개수를 계산하시오.

---- 조 건 ----

① 장례식장은 지상 1층이며, 주요 구조부는 내화구조, 실내마감재는 불연재료로 되어 있다.
② 1층의 바닥면적은 60 m × 30 m이며, 옥내소화전설비가 설치되어 있다.
③ 소형소화기 A급 2단위 소화기를 설치하며, 그 외의 조건은 고려하지 않는다.

정답

특정소방대상물	소화기구의 능력단위
장례식장	바닥면적 50 m²마다 1단위 이상
주요 구조부가 내화구조이고, 벽 및 반자의 실내에 면하는 부분이 불연재료·준불연재료 또는 난연재료로 된 경우 기준면적의 2배	

1. 장례식장에 설치해야 하는 소화기의 능력단위

$$\frac{1800\,\text{m}^2}{100\,\text{m}^2/\text{단위}} = 18\,\text{단위}$$

2. 장례식장에 설치해야 하는 소화기의 개수

장례식장은 옥내소화전설비 설치에 따른 2/3 감소 가능 장소

∴ 개수 = $\frac{18\,\text{단위}}{2\,\text{단위/개}} = 9\,\text{개} \times \frac{1}{3} = 3$

답 3개

07

지하 2층, 지상 1층인 특정소방대상물의 각 층에 소화기를 설치하고자 한다. 아래 [조건]을 참고하여 설치해야 할 소화기의 최소개수를 산정하시오.

조 건

① 지하 2층과 지하 1층은 주차장 용도이고, 지상 1층은 업무시설이다.
② 각 층의 바닥면적은 2,000 m²이다.
③ 지하 2층에는 150 m²의 보일러실이 포함되어 있다.
④ 해당 특정소방대상물은 비내화구조이며, 전 층에 소화설비가 없는 것으로 가정한다.
⑤ A급 3단위 소화기로 설치하며, 자동확산소화기는 소화기개수 산정에서 제외한다.

(1) 지하 2층에 설치해야 할 소화기의 개수
(2) 지하 1층에 설치해야 할 소화기의 개수
(3) 지상 1층에 설치해야 할 소화기의 개수

정답

1. 특정소방대상물별 소화기구의 능력단위기준

특정소방대상물	소화기구의 능력단위
근린생활시설, 판매시설, 운수시설, 숙박시설, 노유자시설, 전시장, 공동주택, 업무시설, 방송통신시설, 공장, 창고시설, 항공기 및 자동차 관련 시설 및 관광휴게시설	해당 용도의 바닥면적 100 m^2마다 능력단위 1단위 이상

[비고] 건축물의 주요 구조부가 내화구조이고, 벽 및 반자의 실내에 면하는 부분이 불연재료·준불연재료 또는 난연재료로 된 특정대상물에 있어서는 위 표의 바닥면적의 2배를 해당 특정소방대상물의 기준면적으로 한다.

2. 부속용도별로 **추가**해야 할 소화기구 및 자동소화장치

용도별	소화기구의 능력단위
1. 다음 각 목의 시설. 다만 스프링클러설비·간이스프링클러설비·물분무등소화설비 또는 상업용 주방자동소화장치가 설치된 경우에는 자동확산소화기를 설치하지 않을 수 있다. 가. 보일러실·건조실·세탁소 나. 음식점·다중이용업소·호텔·기숙사·노유자시설·의료시설·업무시설·공장·장례식장의 주방 다. 관리자의 출입이 곤란한 변전실·송전실·변압기실 및 배전반실	1. 해당 용도의 바닥면적 25 m^2마다 능력단위 1단위 이상의 소화기로 할 것 나목의 주방에 설치하는 소화기 중 1개 이상은 주방화재용 소화기(K급) 설치 2. 자동확산소화기는 해당 용도의 바닥면적을 기준으로 10 m^2 이하는 1개, 10 m^2 초과는 2개 이상 설치하되, 보일러, 조리기구, 변전설비 등 방호대상에 유효하게 분사될 수 있는 위치에 배치될 수 있는 수량으로 설치할 것

1. 지하 2층에 설치해야 할 소화기의 개수

    1) 지하 2층 주차장에 설치해야 할 소화기의 개수

    - 능력단위 = $\dfrac{2{,}000\,\text{m}^2}{100\,\text{m}^2/\text{단위}} = 20\,\text{단위}$

    - 소화기의 개수 = $\dfrac{20\,\text{단위}}{3\,\text{단위}/\text{개}} = 6.67 ≒ 7\text{개}$

    2) 부속용도별로 추가해야 할 소화기개수(보일러실)

    - 능력단위 : $\dfrac{150\,\text{m}^2}{25\,\text{m}^2/\text{단위}} = 6\,\text{단위}$

    - 소화기의 개수 = $\dfrac{6\,\text{단위}}{3\,\text{단위}/\text{개}} = 2\text{개}$

    3) 총 소화기의 개수 = 7 + 2 = 9개

답 9개

2. 지하 1층에 주차장에 설치해야 할 소화기의 개수

    - 능력단위 = $\dfrac{2{,}000\,\text{m}^2}{100\,\text{m}^2/\text{단위}} = 20\,\text{단위}$

    - 소화기의 개수 = $\dfrac{20\,\text{단위}}{3\,\text{단위}/\text{개}} = 6.67 ≒ 7\text{개}$

답 7개

3. 지상 1층에 업무시설에 설치해야 할 소화기의 개수

    - 능력단위 = $\dfrac{2{,}000\,\text{m}^2}{100\,\text{m}^2/\text{단위}} = 20\,\text{단위}$

    - 소화기의 개수 = $\dfrac{20\,\text{단위}}{3\,\text{단위}/\text{개}} = 6.67 ≒ 7\text{개}$

답 7개

END UP
소방시설관리사 기본서
설계 및 시공

PART 02

수계설비

CHAPTER 01 | 옥내소화전설비

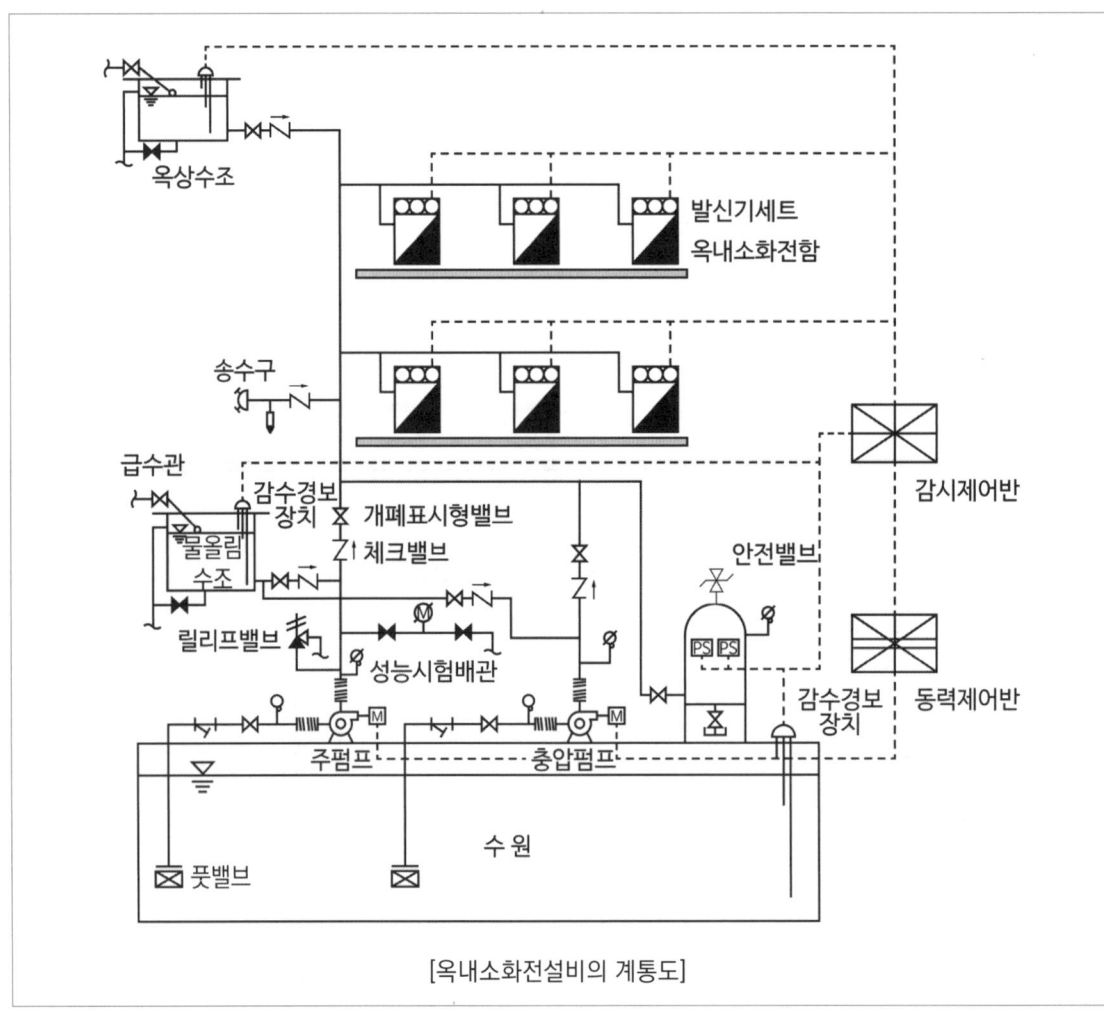

[옥내소화전설비의 계통도]

■ 설치대상

특정소방대상물		적용기준	
용도별	연면적 적용(지하가 중 터널 제외)	3,000 m² 이상	전층 설치
	바닥면적 적용	지하층·무창층 또는 4층 이상인 층 중 바닥면적이 600 m² 이상인 층	
	위에 해당하지 않는 근린생활시설, 판매시설, 운수시설, 의료시설, 노유자시설, 업무시설, 숙박시설, 위락시설, 공장, 창고시설, 항공기 및 자동차 관련 시설, 교정 및 군사시설 중 국방·군사시설, 방송통신시설, 발전시설, 장례시설, 복합건축물	연면적 1,500 m² 이상	
		지하층·무창층 또는 4층 이상인 층 중 바닥면적이 300 m² 이상인 층	
터널		터널 길이	1,000 m 이상
옥상에 설치된 차고 또는 주차장		차고 주차 용도 면적	200 m² 이상
위에 해당하지 않는 공장 또는 창고시설		화재의 예방 및 안전관리에 관한 법률 시행령 별표 2에서 정하는 특수가연물을 저장, 취급	750배 이상

1 수원 및 펌프의 토출량

> 수원의 양 = 옥내소화전 설치 개수(최대 2개) × 2.6 m³
> • 30 ~ 49층 : 설치개수(최대 5개) × 5.2 m³
> • 50층 이상 : 설치개수(최대 5개) × 7.8 m³

※ 옥상수조 : 유효수량 외 별도로 유효수량의 1/3 이상 저장

1) 방수압력 : 0.17 ~ 0.7 MPa (0.7 MPa 초과 시 감압)

2) 방수량 : 130 L/min 이상

3) 수원의 양 : 130 L/min × 설치개수 × 방수시간

4) 방수시간 : 20분, 30 ~ 49층(40분), 50층 이상(60분)

5) 펌프 토출량 : 130 L/min × 설치개수(최대 2개, 30층 이상 5개)

2 수조 설치기준

1) 점검이 편리한 곳에 설치할 것
2) 동결방지조치를 하거나 동결의 우려가 없는 장소에 설치할 것
3) 수조의 외측에 수위계를 설치할 것(불가피한 경우 맨홀 등을 통하여 수조 안의 물의 양을 쉽게 확인할 수 있도록 할 것)
4) 수조의 상단이 바닥보다 높을 때 수조의 외측에 고정식사다리를 설치할 것
5) 수조가 실내에 설치된 때에는 그 실내에 조명설비를 설치할 것
6) 수조의 밑 부분에는 청소용 배수밸브 또는 배수관을 설치할 것
7) 수조 외측의 보기 쉬운 곳에 "옥내소화전소화설비용 수조"라고 표시한 표지를 할 것. 이 경우 그 수조를 다른 설비와 겸용하는 때에는 그 겸용되는 설비의 이름을 표시한 표지를 함께 할 것
8) 소화설비용 펌프의 흡수배관 또는 소화설비의 수직배관과 수조의 접속부분에는 "옥내소화전소화설비용 배관"이라고 표시한 표지를 할 것.

3 옥상수조(유효수량 1/3) 설치 제외 가능 경우

1) 지하층만 있는 건축물
2) 고가수조를 가압송수장치로 설치
3) 수원이 건축물의 최상층에 설치된 방수구보다 높은 위치
4) 건축물의 높이가 지표면으로부터 10 m 이하
5) 내연기관의 기동과 연동 또는 비상전원 연결된 별도의 펌프 설치
6) 가압수조를 가압송수장치로 설치
7) 학교, 공장, 창고시설(옥상수조를 설치한 대상은 제외)로서 동결의 우려가 있는 장소에 있어서는 기동용 스위치에 보호판을 부착하여 옥내소화전함 내에 설치한 경우(예비펌프 추가설치)

4 가압송수장치의 종류

1) 펌프에 의한 가압송수장치

전양정 $H = h_1 + h_2 + h_3 + 17\,m$

h_1 : 배관, 부속품 마찰손실수두
h_2 : 호스 마찰손실수두
h_3 : 낙차

2) 고가수조의 자연낙차에 의한 가압송수장치

$H = h_1 + h_2 + 17\,m$

h_1 : 배관, 부속품 마찰손실수두
h_2 : 호스 마찰손실수두
H : 필요한 낙차

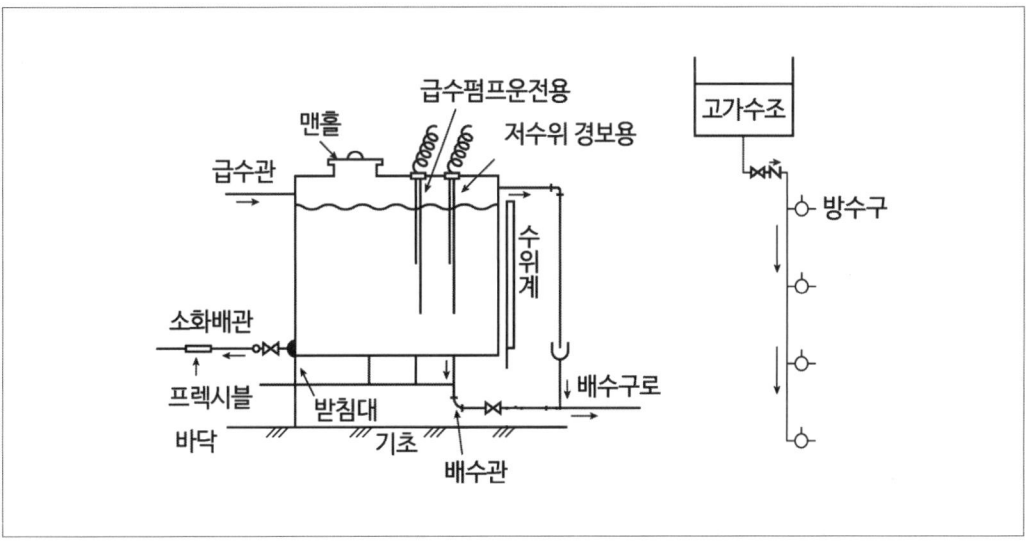

3) 압력수조에 의한 가압송수장치

$$P = P_1 + P_2 + P_3 + 0.17\,MPa$$

P : 필요 압력
P_1 : 소방용 호스 마찰손실수두압
P_2 : 배관 마찰 손실수두압
P_3 : 낙차 환산수두압

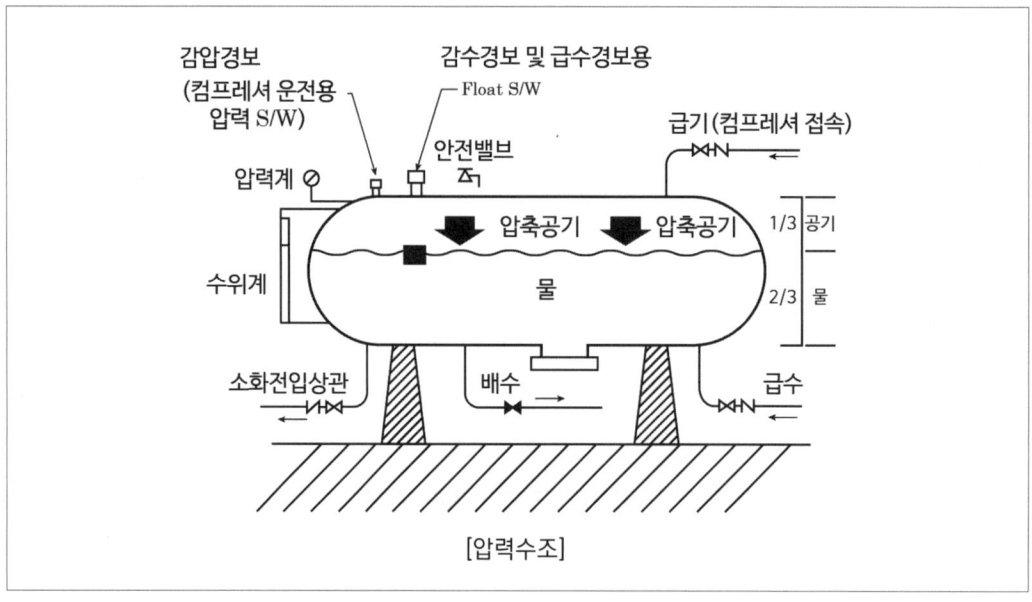

[압력수조]

4) 가압수조에 의한 가압송수장치

 (1) 가압수조의 압력은 규정된 방수압 및 방수량을 20분 이상 유지

 (2) 가압수조 및 가압원은 별도의 방화 구획된 장소에 설치

 (3) 가압수조를 이용한 가압송수장치는 소방청장이 정하여 고시한 「가압수조식가압송수장치의 성능인증 및 제품검사의 기술기준」에 적합한 것으로 설치

5 전동기 용량

$$P = P_s \times K = \frac{P_w}{\eta} \times K = \frac{\gamma Q H}{\eta} \times K$$

P : 전동기용량, P_S : 축동력, P_w : 수동력 ($\gamma Q H$)

H : 전양정 [m]
Q : 토출량 [m³/s]
γ : 9.8 [kN/m³]
η : 전효율
K : 전달계수

6 펌프의 성능시험배관(충압펌프 제외)

1) 성능시험배관은 펌프의 토출 측 개폐밸브 이전에서 분기
2) 유량측정장치기준 전단 직관부에 개폐밸브, 후단 직관부에 유량조절밸브를 설치(유량측정장치 전단, 후단 밸브와의 직관부거리는 제조사의 설치사양에 따르고, 호칭지름은 유량측정장치의 호칭지름에 따른다)
3) 유량측정장치 : 펌프 정격토출량의 175 % 이상까지 측정할 수 있는 성능

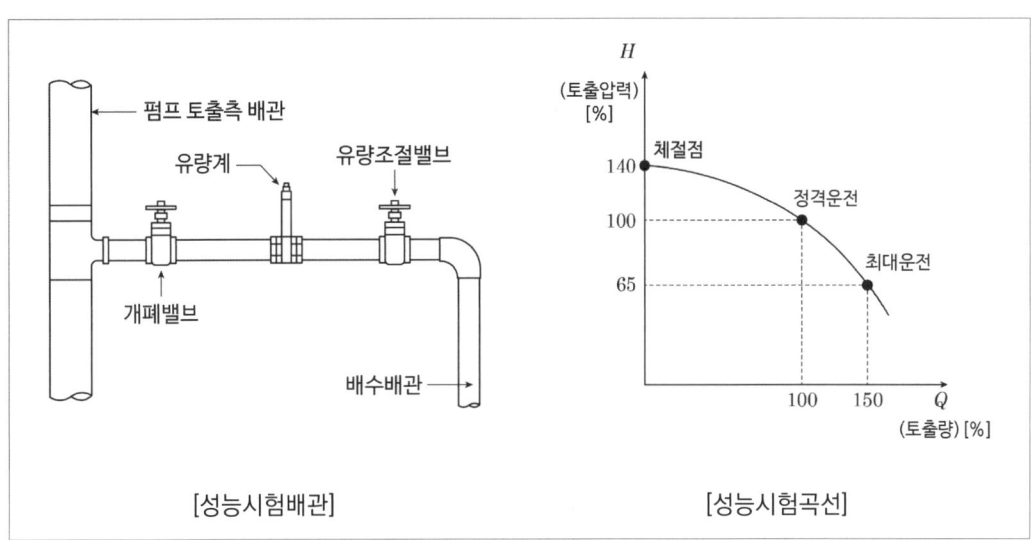

[성능시험배관]   [성능시험곡선]

7 순환배관(충압펌프 제외)

1) 설치목적 : 체절운전 시 가압송수장치의 수온 상승을 방지하기 위해
2) 분기위치 : 펌프토출 측 체크밸브 이전
3) 구경 : 20 mm 이상
4) 릴리프밸브의 작동압력 : 체절압력 미만에서 개방

8 펌프 흡입 측 배관

1) 공기고임이 생기지 아니하는 구조로 하고, 여과장치를 설치할 것
2) 수조가 펌프보다 낮게 설치된 경우에는 각 펌프(충압펌프를 포함)마다 수조로부터 별도로 설치할 것
3) 버터플라이밸브 외의 개폐표시형 밸브를 설치할 것

9 물올림 장치

1) 물올림장치에는 전용의 수조를 설치
2) 수조의 유효수량은 100 L 이상, 구경 15 mm 이상의 급수배관에 따라 해당 수조에 물이 계속 보급

10 기타 배관기준

1) 사용압력에 따른 배관의 종류 – 수계 공통

사용압력	배관의 종류
1.2 MPa 미만	• 배관용 탄소강관(KS D 3507) • 이음매 없는 구리 및 구리합금관(KS D5301)(습식에 한함) • 배관용 스테인리스강관(KS D 3576) 또는 일반배관용 스테인리스강관(KS D 3595) • 덕타일 주철관(KS D 4311)
1.2 MPa 이상	• 압력배관용 탄소강관(KS D 3562) • 배관용 아크용접 탄소강강관(KS D 3583)

2) **펌프의 토출 측 압력계 설치**(체크밸브 이전 플랜지에서 가까운 곳)
   펌프 흡입 측 연성계 또는 진공계 설치할 것
3) **기동용 수압개폐장치(압력챔버) 용적** : 100 L 이상의 것
4) **펌프의 토출 측 주배관의 구경** : 유속이 4 m/s 이하 크기
   가지배관의 구경 : 40 mm(호스릴 25 mm) 이상
   수직배관의 구경 : 50 mm(호스릴 32 mm) 이상
5) 급수배관에 설치되는 급수 차단 개폐밸브는 개폐표시형
6) 배관은 다른 배관과 구분되는 위치 설치, 적색 또는 소방용 표시를 할 것
7) 소방용합성수지배관(Chlorinated Poly Vinyl Chloride)
   ⑴ 배관을 지하에 매설하는 경우
   ⑵ 다른 부분과 내화구조로 구획된 덕트 또는 피트의 내부에 설치하는 경우
   ⑶ 천장(상층이 있는 경우에는 상층바닥의 하단을 포함한다. 이하 같다)과 반자를 불연 재료 또는 준불연 재료로 설치하고 소화배관 내부에 항상 소화수가 채워진 상태로 설치하는 경우

※ 적용
　(1) 옥내소화전, 옥외소화전설비
　(2) 스프링클러설비, 간이 및 화재조기진압용 스프링클러설비
　(3) 물분무설비, 포소화설비

11 내연기관 설치기준

1) 내연기관의 기동은 자동식 기동장치 설치하거나 소화전함의 위치에서 원격조작이 가능하고 기동을 명시하는 적색등을 설치
2) 제어반에 따라 내연기관의 자동기동 및 수동기동이 가능하고, 상시 충전되어 있는 축전지설비를 갖출 것
3) 내연기관의 연료량은 펌프를 20분(층수가 30층 이상 49층 이하는 40분, 50층 이상은 60분) 이상 운전할 수 있는 용량일 것

12 비상전원

1) 전원의 종류

전원	정의	종류
상용전원	정상적인 상태에서 전력회사로부터 전력을 공급받아 사용하는 전력공급원	• 저압수전 • 고압 및 특별고압수전방식
비상전원	상용전원이 사고나 고장에 의해 공급되지 못할 경우에 사용하기 위한 전력공급원	• 자가발전기 • 축전지설비 • 전기저장장치

2) 비상전원의 설치대상
　(1) 층수가 7층 이상으로서 연면적이 2,000 m² 이상인 것
　(2) 지하층의 바닥면적의 합계가 3,000 m² 이상인 것
　　다만 2 이상의 변전소(「전기사업법」 제67조에 따른 변전소를 말한다. 이하 같다)에서 전력을 동시에 공급받을 수 있거나 하나의 변전소로부터 전력의 공급이 중단되는 때에는 자동으로 다른 변전소로부터 전원을 공급받을 수 있도록 상용전원을 설치한 경우와 가압수조방식에는 비상전원을 설치하지 않을 수 있다.

3) 비상전원의 설치기준

　(1) 점검에 편리하고 화재 및 침수 등의 재해로 인한 피해 우려가 없는 곳에 설치할 것

　(2) 옥내소화전설비를 유효하게 20분 이상 작동할 수 있어야 할 것
　　(층수 30층 이상 ~ 49층 이하는 40분 이상, 50층 이상은 60분 이상 작동)

　(3) 전력의 공급이 중단된 때에는 자동으로 비상전원으로부터 전력을 공급받을 수 있도록 할 것

　(4) 비상전원의 설치장소는 다른 장소와 방화구획할 것

　(5) 비상전원을 실내에 설치하는 때에는 그 실내에 비상조명등을 설치

13 감시제어반, 동력제어반을 구분하여 설치하지 않아도 되는 경우

1) 비상전원 설치대상에 해당하지 않는 특정소방대상물에 설치되는 옥내소화전설비
　※ 비상전원 설치대상
　　① 층수가 7층 이상으로서 연면적이 2,000 m^2 이상인 것
　　② 지하층의 바닥면적의 합계가 3,000 m^2 이상인 것
2) 내연기관에 따른 가압송수장치를 사용하는 옥내소화전설비
3) 고가수조에 따른 가압송수장치를 사용하는 옥내소화전설비
4) 가압수조에 따른 가압송수장치를 사용하는 옥내소화전설비

14 감시제어반의 기능 적합기준

1) 각 펌프의 작동 여부를 확인할 수 있는 표시등 및 음향경보 기능
2) 각 펌프를 자동 및 수동 작동시키거나 중단시킬 수 있어야 할 것
3) 비상전원을 설치한 경우 상용전원 및 비상전원의 공급 여부 확인
4) 수조, 물올림탱크가 저수위로 될 때 표시등 및 음향 경보
5) 예비전원이 확보되고 예비전원의 적합 여부 시험이 가능할 것
6) 확인회로마다 도통시험 및 작동시험을 할 수 있을 것
　(1) 기동용 수압개폐장치의 압력스위치회로
　(2) 수조 또는 물올림수조의 저수위감시회로
　(3) 개폐밸브의 폐쇄 상태 확인회로
　(4) 그 밖의 이와 비슷한 회로

15 옥내소화전함 설치기준

1) 함은 성능기준에 적합한 것으로, 밸브의 조작, 호스의 수납 및 문의 개방 등 옥내소화전 사용에 장애가 없도록 설치할 것
2) 기둥 또는 벽이 설치되지 아니한 대형공간의 경우
   (1) 호스, 관창은 방수구의 가장 가까운 벽 또는 기둥의 함 내에 비치
   (2) 방수구 위치표지는 표시등 또는 축광도료 등 상시 확인 가능한 것
3) 함 표면에 "소화전" 표시
4) 함 가까이에 사용요령 표지판(외국어 병기, 그림포함), 함의 문에 붙이는 경우 문의 내부 및 외부에 모두 붙일 것

16 방수구의 설치기준

1) 층마다 설치, 수평거리가 25 m (호스릴 포함) 이하
   (복층형 구조의 공동주택 : 세대 출입구가 설치된 층에만 설치)
2) 바닥으로부터의 높이 1.5 m 이하
3) 호스는 구경 40 mm (호스릴 25 mm) 이상, 각 부분에 물이 유효하게 뿌려질 수 있는 길이로 설치할 것
4) 호스릴의 노즐에는 노즐을 쉽게 개폐할 수 있는 장치를 부착할 것

17 방수구 설치 제외

불연재료로 된 특정소방대상물 또는 그 부분으로서
1) 냉장창고 중 온도가 영하인 냉장실 또는 냉동창고의 냉동실
2) 고온의 노 또는 물과 격렬하게 반응하는 물품의 저장, 취급 장소
3) 발전소·변전소 등으로서 전기시설이 설치된 장소
4) 식물원·수족관·목욕실·수영장(관람석 부분은 제외) 등
5) 야외음악당·야외극장 또는 그 밖의 이와 비슷한 장소

18 송수구의 설치기준

1) 송수구는 소방차가 쉽게 접근할 수 있는 잘 보이는 장소에 설치하되 화재층으로부터 지면으로 떨어지는 유리창 등이 송수 및 그 밖의 소화작업에 지장을 주지 아니하는 장소에 설치할 것
2) 송수구로 부터 주배관의 연결배관에는 개폐밸브를 설치하지 않을 것
   (다만 스프링클러설비·물분무소화설비·포소화설비 또는 연결송수관설비의 배관과 겸용하는 경우에는 그렇지 않다)
3) 지면으로부터 높이가 0.5 m 이상 1 m 이하의 위치에 설치할 것
4) 구경 65 mm의 쌍구형 또는 단구형으로 할 것
5) 송수구의 가까운 부분에 자동배수밸브(또는 직경 5 mm의 배수공) 및 체크밸브를 설치할 것
6) 송수구에는 이물질을 막기 위한 마개를 씌울 것

19 소화펌프의 재질(충압펌프 제외)

1) 임펠러는 청동 또는 스테인리스 등 부식에 강한 재질을 사용할 것
2) 펌프축은 스테인리스 등 부식에 강한 재질을 사용할 것

20 분기배관

배관 측면에 구멍을 뚫어 둘 이상의 관로가 생기도록 가공한 배관
1) 확관형 분기배관 : 배관의 측면에 조그만 구멍을 뚫고 소성가공으로 확관시켜 배관 용접이음자리를 만들거나 배관 용접이음자리에 배관이음쇠를 용접 이음한 배관. 확관형 분기배관은 「분기배관의 성능인증 및 제품검사의 기술기준」에 적합한 것으로 설치할 것
2) 비확관형 분기배관 : 배관의 측면에 분기호칭내경 이상의 구멍을 뚫고 배관이음쇠를 용접 이음한 배관

※ 소화펌프의 재질과 분기배관기준은 모든 수계설비에 적용된다.

21 겸용기준

1) 옥내소화전설비의 수원을 다른 설비와 겸용하는 경우의 설치기준

    옥내소화전설비의 수원을 스프링클러설비·간이스프링클러설비·화재조기진압용 스프링클러설비·물분무소화설비·포소화전설비 및 옥외소화전설비의 수원과 겸용하여 설치하는 경우의 저수량은 각 소화설비에 필요한 저수량을 합한 양 이상이 되도록 하여야 한다. 다만 이들 소화설비 중 고정식 소화설비(펌프·배관과 소화수 또는 소화약제를 최종 방출하는 방출구가 고정된 설비)가 2 이상 설치되어 있고, 그 소화설비가 설치된 부분이 방화벽과 방화문으로 구획되어 있는 경우에는 각 고정식 소화설비에 필요한 저수량 중 최대의 것 이상으로 할 수 있다.

2) 옥내소화전설비의 가압송수장치를 다른 설비와 겸용하는 경우의 설치기준

    옥내소화전설비의 가압송수장치로 사용하는 펌프를 스프링클러설비·간이스프링클러설비·화재조기진압용 스프링클러설비·물분무소화설비·포소화전설비 및 옥외소화전설비의 가압송수장치와 겸용하여 설치하는 경우의 펌프의 토출량은 각 소화설비에 해당하는 토출량을 합한 양 이상이 되도록 하여야 한다. 다만 이들 소화설비 중 고정식 소화설비가 2 이상 설치되어 있고, 그 소화설비가 설치된 부분이 방화벽과 방화문으로 구획되어 있으며 각 소화설비에 지장이 없는 경우에는 펌프의 토출량 중 최대의 것 이상으로 할 수 있다.

3) 옥내소화전설비의 송수구를 다른 설비와 겸용하는 경우의 설치기준

    옥내소화전설비의 송수구를 스프링클러설비·간이스프링클러설비·화재조기진압용 스프링클러설비·물분무소화설비·포소화설비 또는 연결송수관설비의 송수구와 겸용으로 설치하는 경우에는 스프링클러설비의 송수구의 설치기준에 따르고, 연결살수설비의 송수구와 겸용으로 설치하는 경우에는 옥내소화전설비의 송수구의 설치기준에 따르되 각각의 소화설비의 기능에 지장이 없도록 하여야 한다.

22 내화배선 및 내열배선

1) 내화배선

사용전선의 종류	공사방법
1. 450/750 V 저독성 난연 가교 폴리올레핀 절연 전선 2. 0.6/1 kV 가교 폴리에틸렌 절연 저독성 난연 폴리올레핀 시스 전력 케이블 3. 6/10 kV 가교 폴리에틸렌 절연 저독성 난연 폴리올레핀 시스 전력용 케이블 4. 가교 폴리에틸렌 절연 비닐시스 트레이용 난연 전력 케이블 5. 0.6/1 kV EP 고무절연 클로로프렌 시스 케이블 6. 300/500 V 내열성 실리콘 고무 절연전선 (180 ℃) 7. 내열성 에틸렌 - 비닐아세테이트 고무 절연케이블 8. 버스덕트(Bus Duct) 9. 기타 「전기용품 및 생활용품 안전관리법」 및 「전기설비기술기준」에 따라 동등 이상의 내화성능이 있다고 산업통상자원부장관이 인정하는 것	금속관 · 2종 금속제 가요전선관 또는 합성수지관에 수납하여 내화구조로 된 벽 또는 바닥 등에 벽 또는 바닥의 표면으로부터 25 mm 이상의 깊이로 매설하여야 한다. 다만 다음 각 목의 기준에 적합하게 설치하는 경우에는 그러하지 아니하다. 가. 배선을 내화성능을 갖는 배선전용실 또는 배선용 샤프트 · 피트 · 덕트 등에 설치하는 경우 나. 배선전용실 또는 배선용 샤프트 · 피트 · 덕트 등에 다른 설비의 배선이 있는 경우에는 이로 부터 15 cm 이상 떨어지게 하거나 소화설비의 배선과 이웃하는 다른 설비의 배선 사이에 배선지름(배선의 지름이 다른 경우에는 가장 큰 것을 기준으로 한다)의 1.5배 이상의 높이의 불연성 격벽을 설치하는 경우
내화전선	케이블공사의 방법에 따라 설치

[비고] 내화전선의 내화성능은 KS C IEC 60331-1과 2 (온도 830 ℃ / 가열시간 120분) 표준 이상을 충족하고, 난연성능 확보를 위해 KS C IEC 60332-3-24 성능 이상을 충족할 것

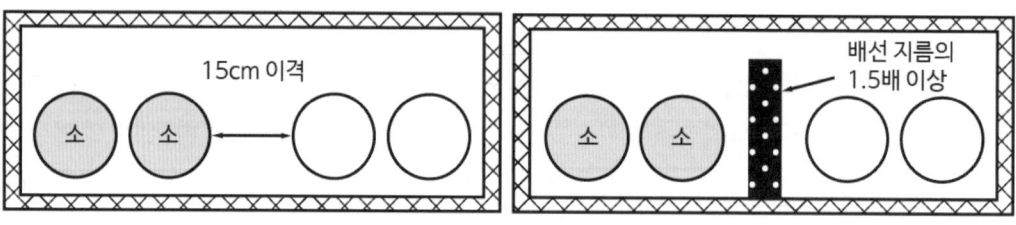

2) 내열배선

사용전선의 종류	공사방법
1. 450/750 V 저독성 난연 가교 폴리올레핀 절연 전선 2. 0.6/1 kV 가교 폴리에틸렌 절연 저독성 난연 폴리올레핀 시스 전력 케이블 3. 6/10 kV 가교 폴리에틸렌 절연 저독성 난연 폴리 4. 가교 폴리에틸렌 절연 비닐시스 트레이용 난연 전력 케이블 5. 0.6/1 kV EP 고무절연 클로로프렌 시스 이블 6. 300/500 V 내열성 실리콘 고무 절연전선(180 ℃) 7. 내열성 에틸렌 - 비닐아세테이트 고무 절연케이블 8. 버스덕트(Bus Duct) 9. 기타 「전기용품 및 생활용품 안전관리법」 및 「전기설비기술기준」에 따라 동등 이상의 내화성능이 있다고 산업통상자원부장관이 인정하는 것	금속관·금속제 가요전선관·금속덕트 또는 케이블(불연성덕트에 설치하는 경우에 한한다) 공사방법에 따라야 한다. 다만 다음 각목의 기준에 적합하게 설치하는 경우에는 그러하지 아니하다. 가. 배선을 내화성능을 갖는 배선전용실 또는 배선용 샤프트·피트·덕트 등에 설치하는 경우 나. 배선전용실 또는 배선용 샤프트·피트·덕트 등에 다른 설비의 배선이 있는 경우에는 이로부터 15 cm 이상 떨어지게 하거나 소화설비의 배선과 이웃하는 다른 설비의 배선 사이에 배선지름(배선의 지름이 다른 경우에는 지름이 가장 큰 것을 기준으로 한다)의 1.5배 이상의 높이의 불연성 격벽을 설치하는 경우
내화전선	케이블공사의 방법에 따라 설치

CHAPTER 02 | 옥외소화전설비

■ 설치대상

1) 지상 1층 및 2층의 바닥면적의 합계가 9,000 m² 이상인 것(같은 구내의 둘 이상의 특정소방대상물이 연소 우려가 있는 구조인 경우에는 이를 하나의 특정소방대상물로 본다)
2) 문화유산 중 보물 또는 국보로 지정된 목조건축물
3) 공장 또는 창고시설로서 기준수량의 750배 이상의 특수가연물을 저장·취급하는 것

1 수원 및 펌프 토출량

> 수원의 양 = 옥외소화전 설치개수(최대 2개) × 7 m³

1) 방수압력 : 0.25 ~ 0.7 MPa (0.7 MPa 초과 시 감압)
2) 방수량 : 350 L/min 이상
3) 펌프 토출량 : 350 L/min × 설치개수(최대 2개)
4) 수원의 양 : 350 L/min × 설치개수(최대 2개) × 20분

2 옥외소화전 설치기준

1) 호스접결구 : 지면으로부터 높이 0.5 m 이상 1 m 이하
2) 수평거리 : 40 m 이하
3) 호스구경 : 65 mm
   (노즐구경 : 19 mm)

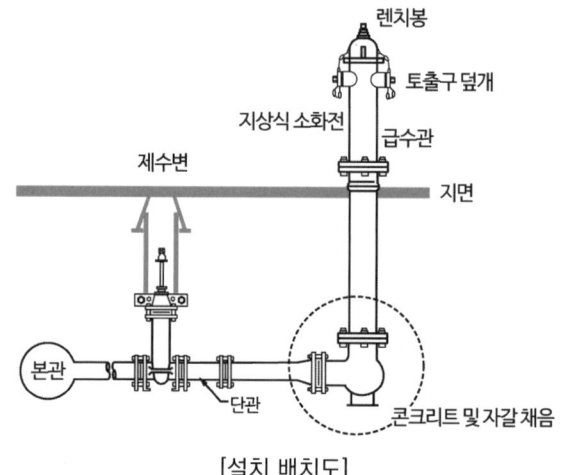

[설치 배치도]

3 옥외소화전함

1) 설치거리 : 옥외소화전으로부터 5 m 이내의 장소에 소화전함을 설치

옥외소화전	옥외소화전함의 개수
10개 이하	각 옥외소화전마다 5 m 이내에 1개 이상 설치
11 ~ 30개 이하	11개 이상의 소화전함을 각각 분산하여 설치
31개 이상	옥외소화전 3개마다 1개 이상 설치

※ 옥외소화전설비에는 옥상수조와 송수구기준이 없다.

CHAPTER
01,02 | 계산문제 | 옥내 / 옥외소화전설비

01
수원을 수조로 설치하는 경우에 전용수조로 설치하지 아니할 수 있는 경우를 쓰시오.

정답

1) 옥내소화전펌프의 풋밸브 또는 흡수배관의 흡수구(수직회전축펌프의 흡수구를 포함)를 다른 설비 (소방용설비 외의 것)의 풋밸브 또는 흡수구보다 낮은 위치에 설치한 때
2) 고가수조로부터 옥내소화전설비의 수직배관에 물을 공급하는 급수구를 다른 설비의 급수구보다 낮은 위치에 설치한 때

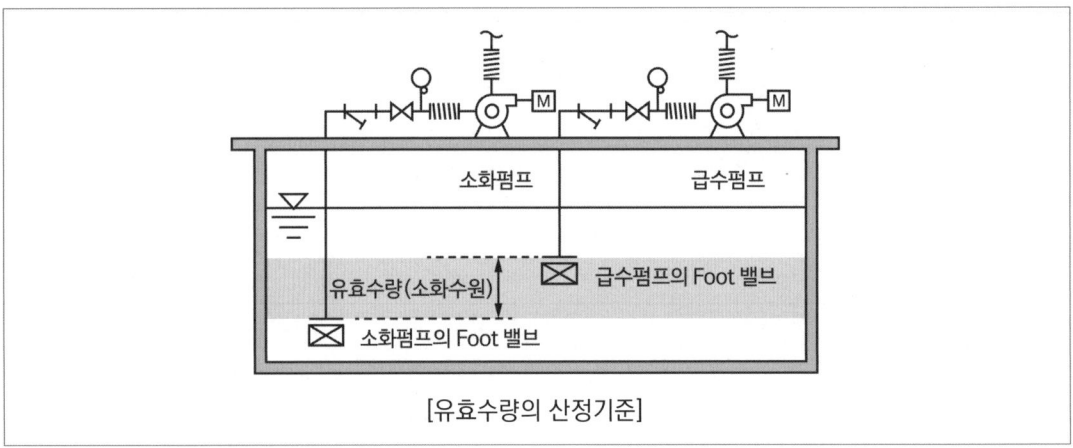

[유효수량의 산정기준]

02

지상 4층 건물에 옥내소화전을 설치하려고 한다. 각 층에 130 L/min씩 송출하는 옥내소화전 3개씩을 배치하며, 이때 실양정은 40 m, 배관의 손실압력수두는 실양정의 25 %, 호스의 마찰손실수두 3.5 m, 펌프 효율이 0.75, 여유율은 1.2이고, 30분간 연속방수되는 것으로 하였을 때 다음 물음에 답하시오. (단, 10 m = 0.1 MPa이다)

(1) 수원의 용량 [m³]을 계산하시오.
(2) 소화펌프의 토출량 [m³/min]을 계산하시오.
(3) 소화펌프의 전양정 [m]을 계산하시오.
(4) 소화펌프의 소요동력 [kW]을 계산하시오.

정답

1. 펌프 양정 = 낙차수두(실양정) + 배관 마찰손실수두 + 호스 마찰손실수두 + 방수수두(17 m)
2. 기준개수 : 2개(고층건축물 5개)

1. 수원의 용량 [m³]
   1) 저수조의 용량 [m³] = 130 L/min × 2 × 30 min = 7,800 L   ∴ 7.8 m³
   2) 옥상수조의 용량 [m³] = 7.8 m³ × 1/3 = 2.6   ∴ 2.6 m³
      ∴ 전체 수원의 용량 [m³] = 7.8 m³ + 2.6 m³ = 10.4

   답 10.4 m³

2. 소화펌프의 토출량 [m³/min]
   토출량 [m³/min] = 130 L/min × 2 = 260 L/min

   답 0.26 m³/min

3. 소화펌프의 전양정 [m]
   전양정 [m] = 40 m + (40 m × 0.25) + 3.5 m + 17 m = 70.5 m

   답 70.5 m

4. 소화펌프의 소요동력 [kW]

$$P = \frac{\gamma \times Q \times H}{\eta} \times \alpha$$

여기서, P : 소요 동력 [kW]
γ : 비중량 [kN/m³]
Q : 유량 [m³/s]
H : 전양정 [m]
α : 동력 여유율
η : 효율

소요동력 [kW] = $\dfrac{9.8\,\text{kN/m}^3 \times 70.5\,\text{m} \times 0.26\,\text{m}^3/\text{min}}{0.75 \times 60\,s} \times 1.2 = 4.79\,\text{kW}$

답 4.79 kW

03

연결송수관설비의 배관이 겸용된 옥내소화전설비가 설치된 어느 건물이 있다. 옥내소화전이 2층에 3개, 3층에 4개, 4층에 5개일 때 [조건]을 참고하여 다음 각 물음에 답하시오.

조건

① 실양정은 20 m, 배관의 마찰손실수두는 실양정의 20 %, 관 부속품의 마찰손실수두는 배관 마찰손실수두의 50 %로 본다.
② 소방호스의 마찰손실수두값은 호스의 100 m당 26 m이며, 호스길이는 15 m이다.
③ 배관직경 산정기준은 정격토출량의 150 %로 운전 시 정격토출압력의 65 % 기준으로 계산한다.

(1) 펌프의 전양정 [m]을 구하시오.
(2) 성능시험배관의 관경 [mm]을 구하시오.
(3) 펌프의 성능시험을 위한 유량측정장치의 최대측정유량 [L/min]을 구하시오.
(4) 토출 측 주배관에서 배관의 최소구경 [mm]을 구하시오. (단, 유속은 최대유속을 적용한다)

> 정답
> 1. 펌프 양정 = 낙차수두(실양정) + 배관 마찰손실수두 + 호스 마찰손실수두 + 방수수두(17 m)
> 2. 기준개수 : 2개(고층건축물 5개)
> 3. 유량측정장치는 펌프의 정격토출량의 175 % 이상까지 측정
> 4. 연결송수관설비의 배관과 겸용할 경우의 주배관은 구경 100 mm 이상, 방수구로 연결되는 배관의 구경은 65 mm 이상

1. 펌프의 전양정 [m]

   1) $h_1 = 20\,\text{m}$, $h_2 = (20 \times 0.2) + (20 \times 0.2 \times 0.5) = 6\,\text{m}$

   $$h_3 = 15 \times \frac{26}{100} = 3.9\,\text{m}$$

   2) 전양정 $H = h_1 + h_2 + h_3 + 17 = 20 + 6 + 3.9 + 17 = 46.9\,\text{m}$ 답 46.9 m

2. 성능시험배관의 관경 [mm]

   $$Q = 2.107 \times D^2 \sqrt{P}$$

   여기서, Q : 방수량 [L/min]
   D : 관경 [mm]
   P : 방수압 [MPa]

   1) 방수량 $Q = 2\,\text{개} \times 130\,L/\text{min} = 260\,L/\text{min}$

   2) 방수압 $P = 46.9\,\text{m} \times \dfrac{0.101325\,\text{MPa}}{10.332\,\text{mAq}} = 0.46\,\text{MPa}$

   3) 조건에 따라

   $$260\,L/\text{min} \times 1.5 = 2.107 \times d^2 \times \sqrt{0.65 \times 0.46\,\text{MPa}}$$

   $$\therefore d = \sqrt{\frac{1.5 \times 260}{2.107 \times \sqrt{0.65 \times 0.46}}} = 18.398\,\text{mm}$$ 답 18.4 mm

3. 유량측정장치의 최대측정유량 [L/min]

   유량측정장치는 정격유량의 175 %을 측정할 수 있도록 할 것

   $260 \times 1.75 = 455\,L/\text{min}$ 답 455 L/min

4. 토출 측 주배관에서 배관의 최소구경 [mm]

   $$Q = A \times v = \frac{\pi D^2}{4} \times v \rightarrow D = \sqrt{\frac{4Q}{\pi v}}$$

   여기서, Q : 유량 [m³/s]
   v : 유속 [m/s]
   A : 단면적 [m²]

   $\dfrac{0.26}{60}\,\text{m}^3/\text{s} = \dfrac{\pi \times D^2}{4} \times 4\,\text{m/s}$, $D = 0.03714\,\text{m} = 37.14\,\text{mm}$

   연결송수관설비의 배관과 겸용할 경우의 주배관 구경 100 mm 이상이어야 한다.   답 100 mm

04

11층의 연면적 15,000 m² 업무용 건축물에 옥내소화전설비를 화재안전기술기준에 따라 설치하려고 한다. 다음 [조건]을 참고하여 물음에 답하여라.

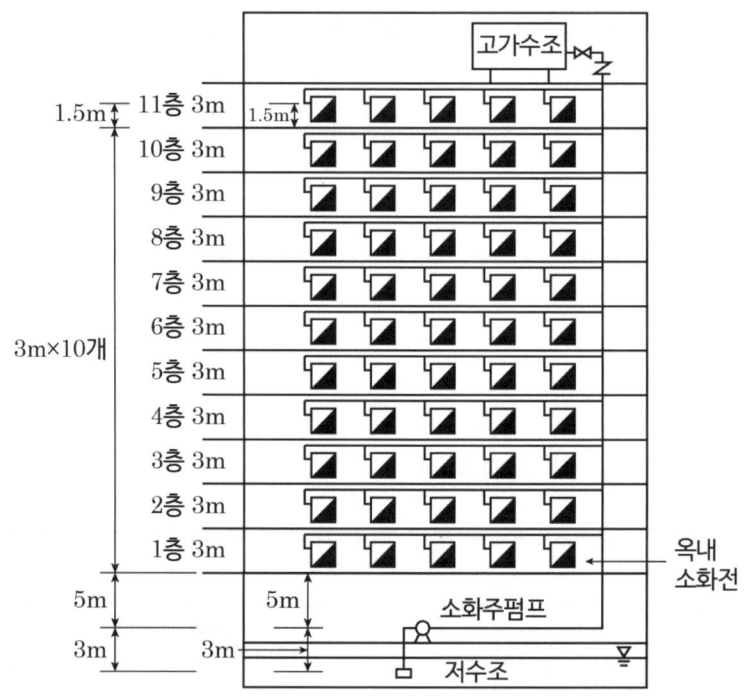

조 건

① 펌프의 풋밸브로부터 11층 옥내소화전 호스 접결구까지의 마찰손실수두는 실양정의 25 %로 한다.
② 펌프의 전달계수 값은 1.1이다.
③ 펌프의 효율은 68 %이다.
④ 각 층당 옥내소화전은 5개씩 있다.
⑤ 소방용 호스의 마찰손실수두는 7.8 m이다.

(1) 펌프의 최소유량 [L/min]을 구하시오.
(2) 지하 수조의 최소 저수량 [m³]을 구하시오.
(3) 옥상에 설치할 옥상수조의 용량 [m³]을 구하시오.
(4) 펌프의 총 양정 [m]을 구하시오.
(5) 축동력 [kW]을 구하시오.
(6) 펌프의 전동기동력 [kW]을 구하시오.

정답

1. 펌프 양정 = 낙차수두 + 배관 마찰손실수두 + 호스 마찰손실수두 + 방수수두(17 m)
2. 기준개수 : 2개(고층건축물 5개)
3. 옥상수조 용량 : 유효수량의 1/3
4. 동력
   1) 수동력 $= \gamma [\text{kN}/\text{m}^3] \times Q [\text{m}^3/\text{s}] \times H [\text{m}]$
   2) 축동력 $= \dfrac{\text{수동력}}{\text{효율}}$
   3) 전동기동력 = 축동력 × 전달계수

1. 펌프의 최소유량 [L/min] : $Q = 2 \times 130\, L/\min = 260\, L/\min$

   답 260 L/min

2. 지하 수조의 최소 저수량 [m³] : 지하수원 $= 2 \times 2.6\, \text{m}^3 = 5.2\, \text{m}^3$

   답 5.2 m³

3. 옥상수조의 용량 [m³] : 옥상수원 $= 5.2\, \text{m}^3 \times \dfrac{1}{3} = 1.73\, \text{m}^3$

   답 1.73 m³

4. 펌프의 총 양정 [m]
   1) 낙차수두 $= 3 + 5 + (3 \times 10) + 1.5 = 39.5\, m$
   2) 호스접결구까지의 마찰손실수두 = 39.5 × 0.25 = 9.875 m
   3) 호스마찰손실수두 = 7.8 m
   ∴ 전양정 = $h_1 + h_2 + h_3 + 17$ = 39.5 + 9.875 + 7.8 + 17 = 74.18 m

   답 74.18 m

5. 축동력 [kW] : $P[\text{kW}] = \dfrac{9.8\, \text{kN}/\text{m}^3 \times \dfrac{0.26}{60}\, \text{m}^3/\text{s} \times 74.18\, \text{m}}{0.68} = 4.63\, \text{kW}$

   답 4.63 kW

6. 펌프의 동력 [kW] : 전동기동력 = 축동력 × 전달계수 K
   $= 4.63\, \text{kW} \times 1.1 = 5.09\, \text{kW}$

   답 5.09 kW

05

조건과 같이 설치된 옥내소화전설비에 관한 다음 물음에 답하시오.

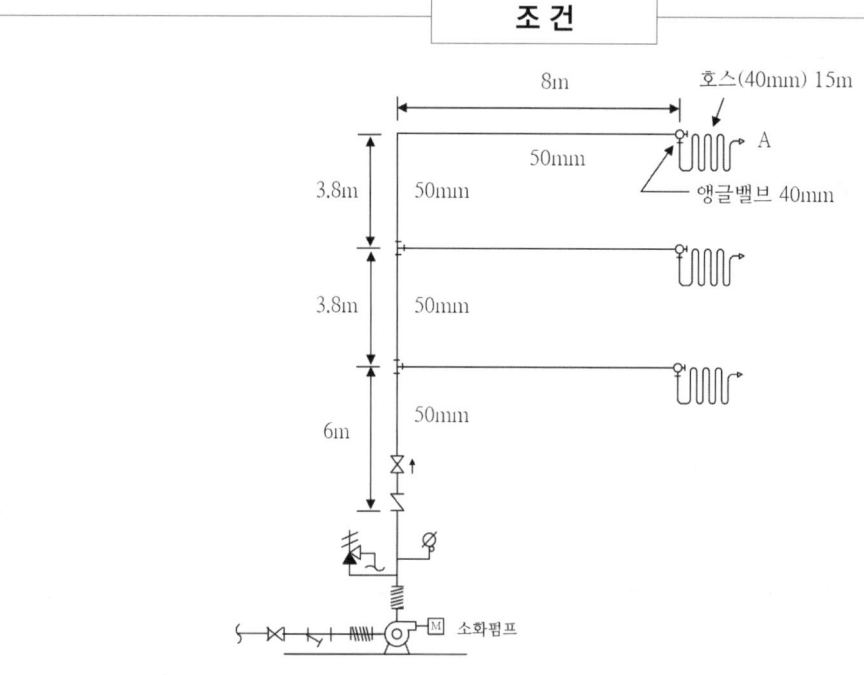

① 옥내소화전설비의 노즐 선단 "A"에서 방사량은 130 L/min이며, 방사압은 0.17 MPa이다.
  (단, 압력 계산 시 0.1 MPa = 10 m이다)
② 소방용 호스길이 100 m당 마찰손실수두는 15 m이다.
③ 밸브 및 관 부속품에 대한 각 등가길이는 다음과 같다.

앵글밸브(40 A) : 5 m	90°엘보(50 A) : 0.8 m	직류티(50 A) : 1 m
게이트밸브(50 A) : 1 m	체크밸브(50 A) : 5 m	분류(측류)티(50 A) : 4 m

④ 배관의 마찰손실의 압력은 다음 식을 적용한다.

$$\Delta P(MPa/m) = 6 \times 10^4 \frac{Q^2}{C^2 \times D^5}$$

  (다만 C는 120이며 50 A는 내경 53 A, 40 A는 내경 42 A이다)
⑤ 소화펌프의 양정은 일정하다.
⑥ 조건에서 제시되지 아니한 것은 계산에 포함되지 아니한다.

⑴ 펌프 토출구로부터 노즐 "A"지점의 방사압을 충족하기 위한 전양정 [m]을 계산하시오.
⑵ 방사량을 만족하기 위한 소화펌프의 동력 [kW]을 계산하시오. (단, 펌프 효율은 55 %이다)

정답

1. 펌프 양정 = 낙차 + 마찰손실(배관 50 A + 40 A) + 호스 마찰손실 + 방수압수두(17 m)
2. 동력

    ① 수동력 $= \gamma [\text{kN/m}^3] \times Q[\text{m}^3/\text{s}] \times H[\text{m}]$

    ② 축동력 $= \dfrac{\text{수동력}}{\text{효율}}$

    ③ 전동기동력 = 축동력 × 전달계수

1. 펌프 토출구로부터 노즐 "A"지점의 방사압을 충족하기 위한 전양정 [m]

    1) 낙차수두 = 6 m + 3.8 m + 3.8 m = 13.6 ∴ 13.6 m

    2) 배관경 50 A의 마찰손실수두 [m]

    (1) 배관의 마찰손실압력 계산식

    $$\Delta P(MPa/m) = 6 \times 10^4 \dfrac{Q^2}{C^2 \times D^5}$$

    (2) 소화펌프의 토출 측 체크밸브부터 방수구전까지 50 A 직관길이 및 상당길이

구분	계산	
직관길이	6 m + 3.8 m + 3.8 m + 8 m = 21.6	∴ 21.6 m
상당길이	• 체크밸브(50 A) + 게이트밸브(50 A) + 직류티(50 A) × 2개 + 엘보(50 A) • 5 m + 1 m + 1 m × 2개 + 0.8 m = 8.8	∴ 8.8 m
배관길이	21.6 m + 8.8 m = 30.4	∴ 30.4 m

    (3) 50 A 배관의 마찰손실수두 [m]

    $\Delta P_{50A} = 6 \times 10^4 \times \dfrac{(130\,\text{L/min})^2}{120^2 \times (53\,\text{mm})^5} \times 30.4\,\text{m} = 0.0051\,\text{MPa}$ ∴ 0.51 m

    3) 방수구 40 A의 마찰손실수두 [m]

    $\Delta P_{40A} = 6 \times 10^4 \times \dfrac{(130\,\text{L/min})^2}{120^2 \times (42\,\text{mm})^5} \times 5\,\text{m} = 0.0026\,\text{MPa}$ ∴ 0.26 m

    4) 소방호스의 마찰손실수두 [m] $= 15\,\text{m} \times \dfrac{15\,\text{m}}{100\,\text{m}} = 2.25$ ∴ 2.25 m

    5) 전양정 [m] = 13.6 m + 0.51 m + 0.26 m + 2.25 m + 17 m = 33.62

    답 33.62 m

2. 방사량을 만족하기 위한 소화펌프의 동력 [kW]

    소화펌프의 동력 [kW] $= \dfrac{9.8\,\text{kN/m}^3 \times 33.62\,\text{m} \times 0.13\,\text{m}^3/\text{min}}{0.55 \times 60\,s} = 1.297$

    답 1.3 kW

06

다음은 옥내소화전설비에 관한 설명이다. 다음 물음에 답하시오.

> ① 특정소방대상물의 층수는 5층이며 각 층의 층당 바닥면적은 2,000 m²이다.
> ② 각 층에 설치된 옥내소화전의 개수는 6개이다.
> ③ 옥내소화전설비의 실양정은 20 m이고, 배관 및 관 부속품의 마찰손실수두는 40 m이다.
> ④ 소방용 호스는 15 m 길이로 된 2본를 사용하며, 호스의 마찰손실수두는 100 m당 26 m로 사용한다.
> ⑤ 0.1 MPa는 10 m라 가정하고, 기타의 제시되지 않은 조건은 화재안전기술기준에 따른다.

(1) 펌프의 토출량 [L/min]은?
(2) 필요한 옥상수조의 수원량 [m³]은?
(3) 옥내소화전설비에 필요한 전양정 [m]은?
(4) 정격토출량의 150 %로 운전할 경우 정격토출압력은 최소 몇 MPa 이상이어야 하는가?
(5) 펌프의 주배관의 구경을 다음 [보기]에서 선정하시오.

> **보 기**
>
> 25 mm, 32 mm, 40 mm, 50 mm, 65 mm, 80 mm, 100 mm

(6) 만일 펌프에서 제일 먼 거리에 있는 옥내소화전 노즐과 가장 가까운 곳의 옥내소화전 노즐의 방사압력 차이가 0.4 MPa이며, 펌프에서 제일 먼 거리에 있는 옥내소화전 노즐에서의 방사압력이 0.17 MPa, 유량이 130 LPM일 경우 펌프에서 가장 가까운 소화전에서의 방사유량은 얼마인가? (유량은 소수점에서 절상하여 정수표시)

(7) "(6)"에서 산정된 방수량과 방수압력을 기준으로 노즐의 구경 [mm]을 산정하시오. (단, 방출계수는 0.99이다)

정답

1. 방수량 $Q = K\sqrt{P}$
2. $Q = 0.99 \times 2.107 \times D^2 \times \sqrt{P} \equiv 2.086 \times D^2 \times \sqrt{P}$

1. 펌프의 토출량 [L/min]

   2개 $\times 130\,L/\min = 260\,L/\min$

   답 260 L/min

2. 필요한 옥상수조의 수원량 [m³]

$$2\,개 \times 2.6\,\text{m}^3 \times \frac{1}{3} = 1.73\,\text{m}^3$$

답 1.73 m³

3. 전양정 [m]

$$H = h_1 + h_2 + h_3 + 17$$
$$= 20\,\text{m} + 40\,\text{m} + \left(15\,\text{m} \times 2\,\text{본} \times \frac{26\,\text{m}}{100\,\text{m}}\right) + 17\,\text{m} = 84.8\,\text{m}$$

답 84.8 m

4. 정격토출량의 150 %로 운전할 경우 정격토출압력 [MPa]

$0.848\,\text{MPa} \times 0.65 = 0.55\,\text{MPa}$

답 0.55 MPa

5. 주배관의 구경

$$D = \sqrt{\frac{4 \times Q}{\pi \times V}} \times 1{,}000 = \sqrt{\frac{4 \times \frac{0.26}{60}\,\text{m}^3/\text{s}}{\pi \times 4\,\text{m}/\text{s}}} = 0.037140\,\text{m} = 37.14\,\text{mm}$$

답 50 mm

6. 방사유량 [L/min]

1) $Q = K\sqrt{P},\ Q \propto \sqrt{P}$

여기서, Q : 방수량 [$L/\min$]
K : 방출계수 [K - factor]
P : 방수압 [MPa]

2) 비례식으로 풀면 $\sqrt{0.17} : 130 = \sqrt{0.57} : x$

$$x = \frac{\sqrt{0.57}}{\sqrt{0.17}} \times 130 = 238.04\,\text{L/min}\,[\text{절상}] = 239\,\text{L/min}$$

답 239 L/min

7. 노즐의 구경 [mm]

$Q = 2.086 \times D^2 \times \sqrt{P}$

$Q = 239\,L/\min,\ P = 0.57\,\text{MPa}$

$\therefore\ 239\,L/\min = 2.086 \times D^2 \times \sqrt{0.57\,MPa}$

$$D = \sqrt{\frac{239}{2.086 \times \sqrt{0.57}}} = 12.318 ≒ 12.32$$

답 12.32 mm

07
조건과 같은 특정소방대상물 1층에 옥외소화전을 설치하려고 한다. 다음 물음에 답하시오.

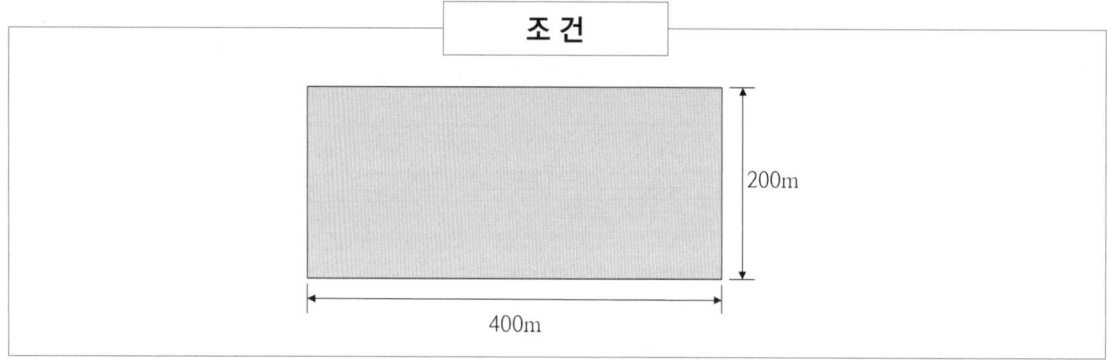

(1) 옥외소화전의 최소개수를 계산하시오.
(2) 옥외소화전함의 설치개수 산정기준을 쓰시오.

정답

1. 특정소방대상물의 각 부분으로부터 하나의 호스접결구까지의 수평거리가 40 m 이하
2. 옥외소화전 설치간격 : 80 m

1. 옥외소화전의 최소개수
   1) 건축물의 총 둘레길이 [m] = 400 m × 2 + 200 m × 2 = 1,200   ∴ 1,200 m
   2) 옥외소화전의 설치개수 = $\dfrac{1,200\,\text{m}}{80\,\text{m/개}}$ = 15개   답 15개

2. 옥외소화전함의 설치개수 산정기준
   1) 옥외소화전이 10개 이하 : 옥외소화전마다 5 m 이내의 장소에 1개 이상 설치
   2) 옥외소화전이 11개 이상 30개 이하 : 11개 이상의 소화전함을 분산하여 설치
   3) 옥외소화전이 31개 이상 : 옥외소화전 3개마다 1개 이상의 소화전함을 설치

08

옥외소화전설비에서 펌프의 소요양정이 50 m이고 말단방수노즐의 방수압력이 0.15 MPa이었다. 관련 법에 맞게 방수압력을 0.25 MPa로 증가시키고자 할 때 [조건]을 참고하여 토출 측 유량 [L/min]과 펌프의 양정 [m]을 구하시오. (단, 0.1 MPa = 10 m이다)

조 건

① 유량 $Q = K\sqrt{10P}$ 를 적용하며, 이때 K = 100이다.
② 배관 마찰 손실은 하젠 - 윌리엄식을 적용한다.

정답

$$\triangle P = 6.05 \times 10^4 \times \frac{Q^{1.85}}{C^{1.85} \times D^{4.87}}$$

$$\triangle P \propto Q^{1.85}$$

1. $P_1 = 0.15\,\mathrm{MPa}$일 때 유량

   $Q_1 = K\sqrt{10P} = 100 \times \sqrt{10 \times 0.15\,\mathrm{MPa}} = 122.47\,L/\mathrm{min}$

2. $P_2 = 0.25\,\mathrm{MPa}$일 때 유량

   $Q_2 = K\sqrt{10P} = 100 \times \sqrt{10 \times 0.25\,\mathrm{MPa}} = 158.11\,L/\mathrm{min}$

3. 교체 후 양정

   1) $P_1 = 0.15\,\mathrm{MPa}$일 때 손실압력 $\triangle P_1$

      $\triangle P_1 = 0.5\,(펌프양정) - 0.15(방수압력) = 0.35\,\mathrm{MPa}$

   2) $P_2 = 0.25\,\mathrm{MPa}$일 때 손실압력 $\triangle P_2$는

      하젠 - 윌리엄식에 의해 $\triangle P \propto Q^{1.85}$

      $\therefore 0.35 : 122.47^{1.85} = \triangle P_2 : 158.11^{1.85}$

      $\triangle P_2 = 0.35 \times \dfrac{158.11^{1.85}}{122.47^{1.85}} = 0.56\,\mathrm{MPa}$

      $0.25\,MPa$일 때 펌프 양정 = 0.56 + 0.25 = 0.81 MPa = 81 m

      답 토출 측 유량 158.11 L/min, 토출 측 양정 81 m

09

근린생활시설에 옥내소화전설비를 설치할 경우 아래의 [조건]을 참조하여 다음 각 물음에 답하시오.

조건

① 옥내소화전이 가장 많이 설치된 층의 설치개수는 4개이다.
② 실양정은 25 m, 배관(관부속 포함) 및 소방호스의 마찰손실수두는 10 m이다.
③ 펌프의 효율은 65 %, 전달계수는 1.1을 적용한다.
④ 배관의 호칭구경은 다음 표를 참조한다.

호칭구경 [mm]	40	50	65	80	100	125	150
배관 안지름 [mm]	42.1	53.2	69.0	81.0	105.3	130.1	155.5

⑤ 유량측정장치(유량계)는 오리피스 형식(Orifice Type)을 사용하며 규격은 다음과 같다.

호칭구경 [mm]	32	40	50	65	80	100	125
유량 범위 [L/min]	70 ~ 360	110 ~ 550	220 ~ 1,100	540 ~ 2,200	700 ~ 3,300	900 ~ 4,500	1,200 ~ 6,000

(1) 토출 측 주배관은 호칭구경이 몇 mm인 배관을 사용하여야 하는가?
(2) 펌프의 최대 체절압력은 몇 kPa인가?
(3) 성능시험배관에 설치하는 유량측정장치(유량계)의 최소 호칭구경은 몇 mm인가?
(4) 펌프를 정격토출량의 150 %로 운전할 때의 최소 양정은 몇 m인가?

정답

옥내소화전 주배관 중 수직 배관의 구경은 50 mm 이상으로 해야 함

1. 토출 측 주배관은 호칭구경

$$Q = A \cdot V = \frac{\pi \times D^2}{4} \times 4\,\mathrm{m/s},\ Q = 2\,개 \times 130\,\mathrm{L/min} = 260\,\mathrm{L/min}$$

$$D = \sqrt{\frac{4Q}{\pi V}} = \sqrt{\frac{4 \times \frac{0.26}{60}\,\mathrm{m^3/s}}{\pi \times 4\,\mathrm{m/s}}} = 0.03714\,\mathrm{m} = 37.14\,\mathrm{mm} \to 50\,\mathrm{mm}$$

답 50 mm

2. 펌프의 최대 체절압력은 몇 kPa

   H = 25 m + 10 m + 17 m = 52 m

   펌프의 체절압력은 정격토출압(정격양정)의 140 %를 초과하지 않아야 하므로

   최대 $52\,m \times 1.4 = 72.8\,m \rightarrow 72.8\,m \times \dfrac{101.325\,kPa}{10.332\,mAq} = 713.94\,kPa$

   답 713.94 kPa

3. 성능시험배관에 설치하는 유량측정장치(유량계)의 최소 호칭구경

   유량계 최대유량측정 값 : $260\,L/min \times 1.75 = 455\,L/min$

   ∴ 최대 455 L/min를 측정할 수 있는 유량계의 호칭 구경은 40 mm, 50 mm이다.

   답 40 mm

4. 펌프를 정격토출량의 150 %로 운전할 때의 최소 양정 [m]

   펌프의 성능은 정격토출량의 150 %로 운전할 때 정격토출압력의 65 % 이상

   ∴ 52 m × 0.65 = 33.8 m

   답 33.8 m

10

다음 그림은 옥내소화전설비의 계통도이다. 도면을 보고 틀린 점 4가지를 지적하고, 수정방법을 쓰시오.

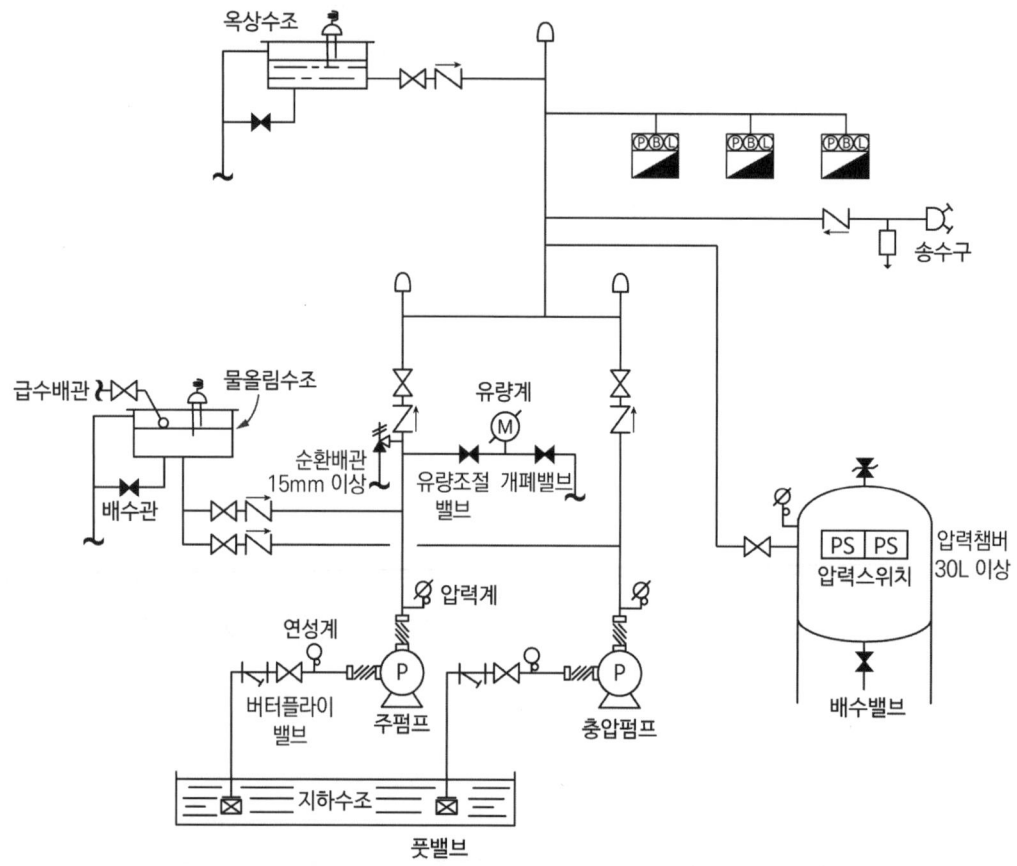

	틀린 부분	수정 사항
①		
②		
③		
④		

정답

	틀린 부분	수정 사항
①	펌프 흡입 측 배관에 버터플라이밸브가 설치됨	펌프 흡입 측 배관에 버터플라이밸브 외의 개폐표시형 밸브를 설치할 것
②	성능시험배관의 개폐밸브와 유량조절 밸브의 위치	성능시험배관의 밸브는 유량측정장치를 기준으로 전단 직관부에는 개폐밸브를 후단 직관부에는 유량조절밸브를 설치할 것
③	순환배관의 구경이 15 mm 이상인 것	순환배관을 구경 20 mm 이상의 배관으로 설치할 것
④	압력챔버의 용적이 30 L인 것	압력챔버의 용적을 100 L 이상으로 할 것

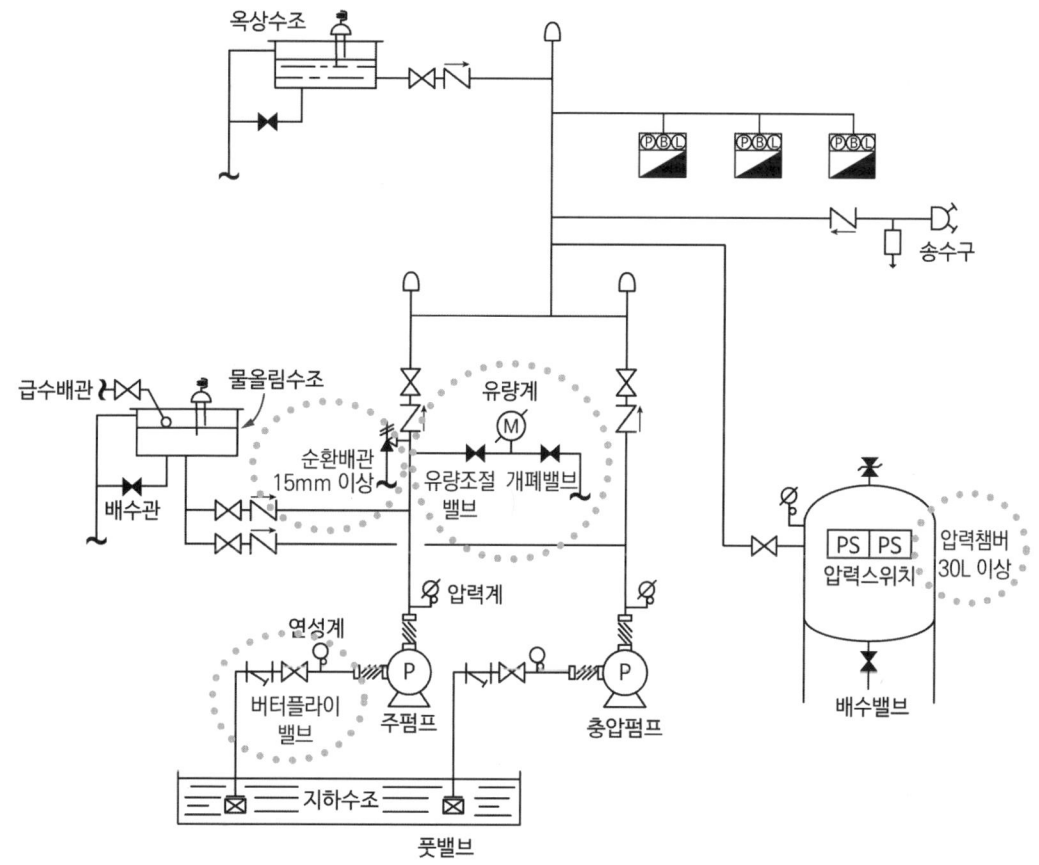

CHAPTER 01, 02 계산문제 209

CHAPTER 03 | 스프링클러설비

■ 설치대상

특정소방대상물		설치대상
• 문화 및 집회시설, 종교시설, 운동시설	수용인원 100명 이상	모든 층
	영화상영관 (설치대상에 해당하면 모든 층)	지하층, 무창층 바닥면적 500 m² 이상
		그 외의 층 바닥면적 1,000 m² 이상
	무대부 (설치대상에 해당하면 모든 층)	지하층, 무창층·4층 이상인 경우 바닥면적 300 m² 이상
		그 외의 층 바닥면적 500 m² 이상
• 판매시설 • 운수시설 및 창고시설 (물류터미널)	수용인원 500명 이상	모든 층
	바닥면적 합계 5,000 m² 이상	
• 창고시설 (물류터미널 제외)	바닥면적 합계 5,000 m² 이상	모든 층
• 근린생활시설 중 조산원 및 산후조리원 • 노유자시설 • 의료시설(정신의료기관, 종합병원, 병원, 치과병원, 한방병원, 요양병원) • 수련시설(숙박이 가능한 것) • 숙박시설		해당 용도 바닥면적 합계 600 m² 이상인 것 모든 층
• 층수가 6층 이상인 특정소방대상물		모든 층(표 아래 ※ 제외사항 참조)
• 지하상가		연면적 1,000 m² 이상
• 지하층, 무창층 4층 이상의 층		바닥면적 1,000 m² 이상인 층
• 천장 또는 반자의 높이가 10 m를 넘는 랙식 창고		바닥면적 1,500 m² 이상

특정소방대상물		설치대상
공장 또는 창고시설	1,000배 이상의 특수가연물을 저장·취급하는 시설	-
	중·저준위 방사성 폐기물의 저장시설 중 소화수를 수집·처리하는 설비가 있는 저장시설	-
지붕 또는 외벽이 불연재료가 아니거나 내화구조가 아닌 공장 또는 창고시설	물류터미널	바닥면적의 합계가 2,500 m² 이상이거나 수용인원 250명 이상인 경우에는 모든 층
	창고시설(물류터미널 제외)	바닥면적의 합계가 2,500 m² 이상인 경우에는 모든 층
	랙식 창고시설	바닥면적의 합계 750 m² 이상인 경우 모든 층
	공장·창고시설	지정수량 500배 이상의 특수가연물을 저장·취급하는 시설
		지하층, 무창층·4층 이상인 경우 바닥면적 500 m² 이상
기숙사 또는 복합건축물		연면적 5,000 m² 이상
교정 및 군사시설 중 유치장, 보호감호소, 구치소, 보호관찰소, 갱생보호시설, 치료감호시설, 소년원 등		
발전시설 중 전기저장시설		
설치대상에 부속된 보일러실 또는 연결통로		

※ 6층 이상인 특정소방대상물로서 스프링클러설비가 제외되는 경우〈개정 2020.9.15.〉
  1) 기존 아파트 등을 리모델링하는 경우로서 연면적 및 층높이가 변경되지 않는 경우
  2) 스프링클러설비가 없는 기존의 특정소방대상물을 용도변경하는 경우
     다만 스프링클러설비를 설치하여야 하는 용도로 변경하는 경우는 해당 규정에 따라 스프링클러설비를 설치하여야 한다.

1 수원 및 펌프 토출량

> 수원의 양 = 헤드의 기준개수 × 1.6 m³
> • 30 ~ 49층 : 기준개수 × 3.2 m³
> • 50층 이상 : 기준개수 × 4.8 m³

1) **방수압력** : 0.1 MPa 이상 1.2 MPa 이하

2) **방수량** : 80 L/min 이상(0.1 MPa 기준)

3) **수원의 양** : 80 L/min × 헤드기준개수 × 방수시간

4) **방수시간** : 20분, 30 ~ 49층(40분), 50층 이상(60분)

5) **펌프 토출량** : 80 L/min × 헤드기준개수

2 스프링클러설비의 종류

구분	1차 측 (밸브기준)	2차 측 (밸브기준)	헤드의 종류	밸브의 종류(명칭)	감지기	시험 장치	기호
습식	가압수	가압수	폐쇄형	습식 유수검지장치 (알람체크밸브)	×	○	▲
건식	가압수	압축공기 또는 질소	폐쇄형	건식 유수검지장치 (드라이밸브)	×	○	△
준비작동식	가압수	대기압	폐쇄형	준비작동식 유수검지장치 (프리액션밸브)	○	×	ⓟ
일제살수식	가압수	대기압	개방형	일제개방밸브 (델류지밸브)	○	×	◀D
부압식	가압수 (정압)	소화수 (부압)	폐쇄형	준비작동식 유수검지장치 (프리액션밸브)	○	○	ⓟ

3 스프링클러 헤드의 기준개수

1) 폐쇄형 스프링클러헤드

스프링클러설비의 설치장소			기준개수
지하층 제외한 층수가 10층 이하인 특정소방대상물	공장	특수가연물 저장·취급	30개
		그 밖의 것	20개
	근린생활시설, 판매시설·운수시설 또는 복합건축물	판매시설 또는 복합건축물 (판매시설이 있는 복합건축물)	30개
		그 밖의 것	20개
	그 밖의 것	헤드의 부착높이 8 m 이상	20개
		헤드의 부착높이 8 m 미만	10개
지하층을 제외한 층수 11층 이상인 소방대상물 지하가 또는 지하역사			30개

[비고] 하나의 소방대상물이 2 이상의 기준개수에 해당하는 때에는 기준개수가 많은 것을 기준으로 삼음

2) 개방형 스프링클러 헤드

　(1) 설치해야 하는 경우

　　① 문화 및 집회시설(동·식물원은 제외), 종교시설(주요구조부가 목조인 것은 제외), 운동시설(물놀이형 시설 및 바닥이 불연재료이고 관람석이 없는 운동시설은 제외)로서 다음의 어느 하나에 해당하는 경우에는 모든 층

　　　㉠ 무대부가 지하층·무창층 또는 4층 이상의 층에 있는 경우에는 무대부의 면적이 300 m² 이상인 것

　　　㉡ 그 외의 층에 있는 경우에는 무대부의 면적이 500 m² 이상인 것

　　② 연소할 우려가 있는 개구부

　(2) 펌프 토출량

　　① 30개 이하 : 설치개수 × 1.6 m³

　　② 30개 초과 : 방수압력과 방수량기준에 적합할 것

4 스프링클러 헤드의 수평거리

설치장소	수평거리(R)
무대부, 특수가연물 저장·취급 장소	1.7 m 이하
기타 구조	2.1 m 이하
내화구조	2.3 m 이하
아파트 등	2.6 m 이하

※ 정방형 배치 시 헤드의 간격

$$\text{헤드간격 } S = 2R\cos 45° = \sqrt{2}R$$

여기에서 R : 수평거리

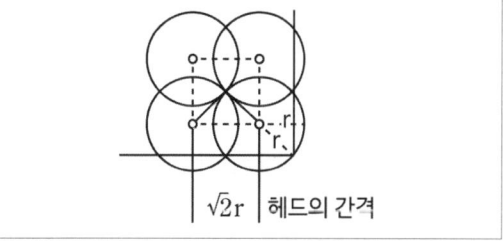

5 스프링클러 헤드의 반응시간지수(RTI)

1) 정의

　기류의 온도·속도·작동시간에 대하여 스프링클러 헤드의 반응을 예상한 지수

2) 계산식

$$RTI(m \cdot s)^{0.5} = \tau\sqrt{u}$$ τ : 감열체 시간상수(s), u : 기류속도 [m/s]

$$\tau = \frac{m \cdot c}{h \cdot A} = \frac{g \times J/g \cdot \text{℃}}{W/m^2 \cdot \text{℃} \times m^2} = \frac{g \times J/g \cdot \text{℃}}{J/s \cdot m^2 \cdot \text{℃} \times m^2} \, (s)$$

여기서, τ : 감열체의 시간상수 [s]
  v : 열기류속도 [m/s]
  m : 감열체의 질량 [g]
  c : 감열체의 비열 [J/g·℃]
  h : 대류열전달계수 [W/m²·℃]
  A : 감열체의 면적 [m²]

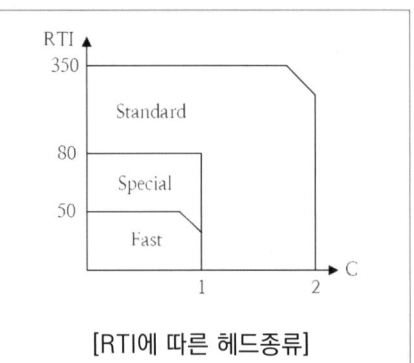

[RTI에 따른 헤드종류]

3) 스프링클러헤드 분류(형식승인 및 제품검사 기술기준)

RTI	헤드 분류
50 이하	Fast Response(조기반응형)
51 초과 ~ 80 이하	Special Response(특수반응형)
80 초과 ~ 350 이하	Standard Response(표준반응형)

4) 조기반응형 헤드(RTI 50 이하, K80) 설치장소

(1) 공동주택·노유자시설의 거실

(2) 오피스텔·숙박시설의 침실

(3) 병원·의원의 입원실

6 폐쇄형 스프링클러 헤드의 표시온도

높이가 4 m 이상인 공장에 설치하는 스프링클러헤드는 그 설치장소의 평상시 최고주위온도에 관계없이 표시온도 121 ℃ 이상의 것 설치

설치장소의 최고주위온도 [℃]	헤드의 표시온도 [℃]
39 미만	79 미만
39 이상 64 미만	79 이상 121 미만
64 이상 106 미만	121 이상 162 미만
106 이상	162 이상

퓨즈블링크형		유리벌브형	
표시온도 [℃]	색깔	표시온도 [℃]	색깔
77 미만	없음	57	오렌지
78 ~ 120	흰색	68	빨강
121 ~ 162	파랑	79	노랑
163 ~ 203	빨강	93	초록
204 ~ 259	초록	141	파랑
260 ~ 319	오렌지	182	연한 자주
320 이상	검정	227 이상	검정

7 스프링클러 헤드의 설치기준

1) 헤드로부터 반경 60 cm 이상의 공간을 보유
2) 벽과 스프링클러헤드간의 공간은 10 cm 이상
3) 스프링클러헤드와 그 부착 면과의 수직거리 30 cm 이하
4) 배관, 조명기구 등 살수를 방해하는 것의 아래에 설치
   (헤드와 장애물 간 이격거리가 장애물 폭의 3배 이상인 경우 제외)
5) 스프링클러헤드의 반사판은 그 부착 면과 평행하게 설치

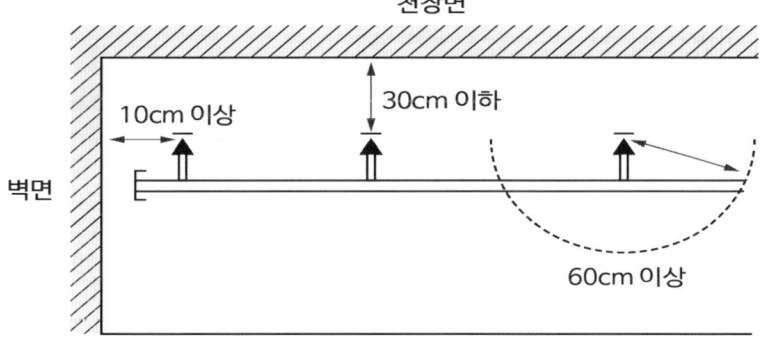

[스프링클러헤드의 설치]

6) 천장 기울기가 1/10 초과 시 가지관을 천장의 마루와 평행하게 설치하고, 스프링클러헤드는 다음 어느 하나에 적합하게 설치

(1) 천장 최상부에 헤드를 설치 시 헤드의 반사판은 수평으로 설치

(2) 최상부를 중심으로 가지관을 마주보게 설치하는 경우

① 최상부 가지관 상호 거리 : $\dfrac{헤드 간 간격}{2}$ 이하(최소 1 m 이상)

② 가지관 최상부 헤드 : 천장 최상부로부터 수직거리 90 cm 이하

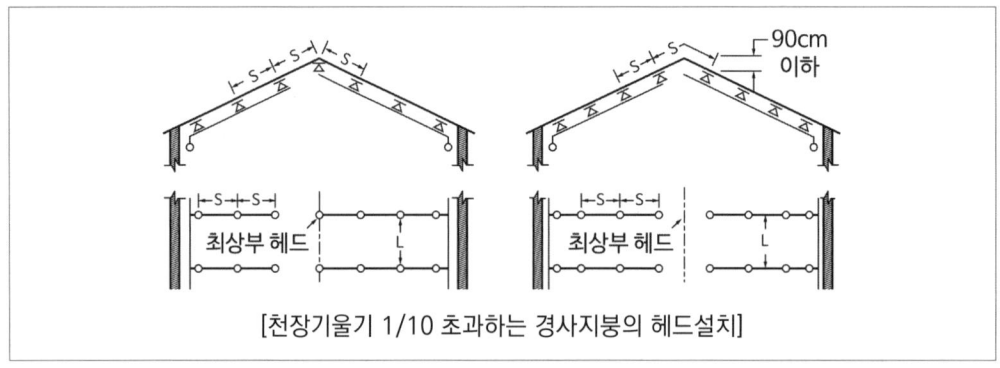

[천장기울기 1/10 초과하는 경사지붕의 헤드설치]

7) 연소할 우려가 있는 개구부

(1) 상하좌우에 2.5 m 간격(폭 2.5 m 이하는 그 중앙에)으로 설치

(2) 헤드와 개구부의 내측 면간 직선거리는 15 cm 이하

(3) 통행에 지장이 있는 때에는 개구부의 상부 또는 측면(폭 9 m 이하인 경우만)에 헤드 간격은 1.2 m 이하로 설치

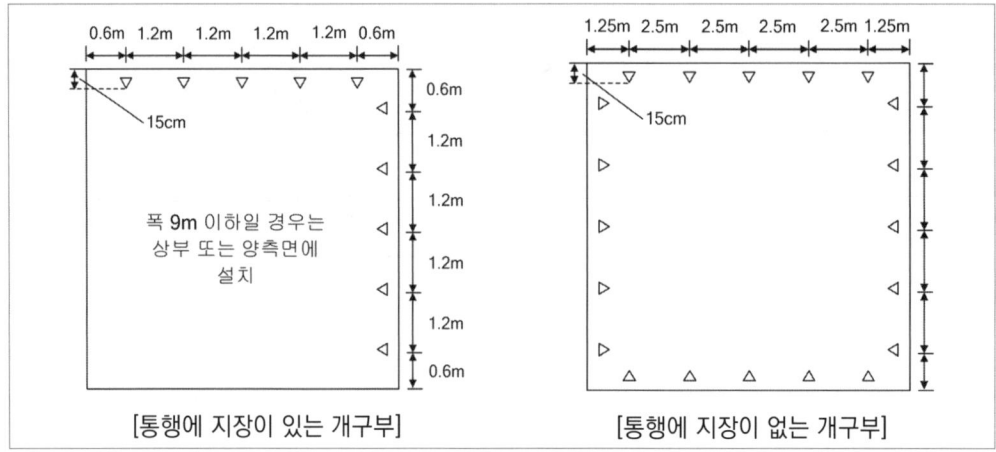

8) 습식 및 부압식 스프링클러설비 외의 설비에는 상향식 헤드 설치(다음 각 목의 경우 제외)

 ⑴ 드라이펜던트스프링클러헤드를 사용하는 경우

 ⑵ 스프링클러헤드의 설치장소가 동파의 우려가 없는 곳인 경우

 ⑶ 개방형 스프링클러헤드를 사용하는 경우

9) 측벽형은 긴 변의 한쪽 벽에 일렬로 3.6 m 이내마다 설치

 (폭이 4.5 m ~ 9 m인 실은 양쪽에 헤드가 나란히꼴이 되도록 설치)

10) 상부 헤드의 방출수에 따라 감열부에 영향이 없도록 차폐판 설치

8 폐쇄형 스프링클러설비의 방호구역 · 유수검지장치

1) 하나의 방호구역의 바닥면적은 3,000 m²를 초과하지 아니할 것

 (격자형 배관방식은 3,700 m² 범위 내 설치 가능)

2) 하나의 방호구역에는 1개 이상의 유수검지장치 설치

3) 하나의 방호구역은 2개 층에 미치지 아니하도록 할 것

 (1개 층 헤드 10개 이하 및 복층형 구조 공동주택은 3개 층 가능)

4) 유수검지장치 : 실내 또는 보호용 철망 등으로 구획된 장소에 바닥부터 0.8 m 이상 1.5 m 이하의 위치에 설치하되, 그 실에는 개구부 가로 0.5 m, 세로 1 m 이상의 출입문 및 "유수검지장치실" 표지 설치

5) 스프링클러헤드에 공급되는 물은 유수검지장치를 지나도록 할 것. 다만 송수구를 통하여 공급되는 물은 그렇지 않다.

6) 자연낙차에 따른 압력수가 흐르는 배관상에 설치된 유수검지장치는 수조의 하단으로부터 낙차를 두어 설치할 것

7) 조기반응형 헤드를 설치하는 경우에는 습식 또는 부압식 스프링클러설비를 설치할 것

9 개방형 스프링클러설비의 방수구역 · 일제개방밸브

1) 하나의 방수구역은 2개 층에 미치지 아니할 것

2) 방수구역마다 일제개방밸브를 설치할 것

3) 하나의 방수구역을 담당하는 헤드의 개수는 50개 이하로 할 것

 (2개 이상의 방수구역으로 나눌 경우 하나의 방수구역에 25개 이상)

4) 장소, 높이, 개구부 등은 유수검지장치기준 동일

10 배관의 설치기준

1) 사용압력에 따른 배관의 종류

사용압력	배관의 종류
1.2 MPa 미만	• 배관용 탄소강관(KS D 3507) • 이음매 없는 구리 및 구리합금관(KS D 5301)(습식에 한함) • 배관용 스테인리스강관(KS D 3576) 또는 일반배관용 스테인리스강관(KS D 3595) • 덕타일 주철관(KS D 4311)
1.2 MPa 이상	• 압력배관용 탄소강관(KS D 3562) • 배관용 아크용접 탄소강강관(KS D 3583)

2) 배관의 구경(수리계산에 따르는 경우)

   (1) 가지배관의 유속은 6 m/s 이하

   (2) 그 밖의 배관의 유속은 10 m/s 이하

3) 수직배수배관의 구경은 50 mm 이상(다만 수직배관의 구경이 50 mm 미만인 경우 동일한 구경 가능)

4) 교차배관 구경 : 40 mm 이상

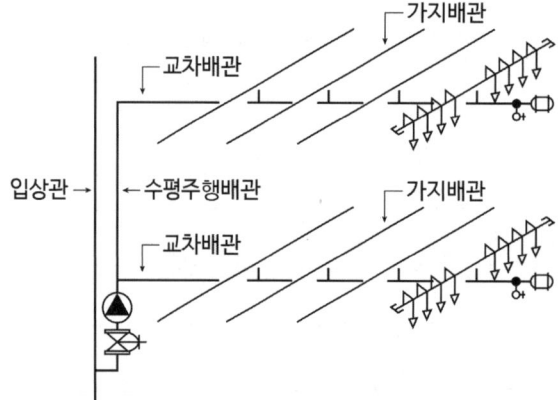

[스프링클러설비 배관의 구분]

■ 스프링클러헤드 수별 급수관의 구경

구분\구경	25	32	40	50	65	80	90	100	125	150
가	2	3	5	10	30	60	80	100	160	161 이상
나	2	4	7	15	30	60	65	100	160	161 이상
다	1	2	5	8	15	27	40	55	90	91 이상

[비고] 폐쇄형 스프링클러헤드를 사용하는 설비의 경우로서 1개 층에 하나의 급수배관(또는 밸브 등)이 담당하는 구역의 최대면적은 3,000 m²를 초과하지 않을 것

(1) 폐쇄형 스프링클러헤드 설치하는 경우

다만 100개 이상의 헤드를 담당하는 급수배관(또는 밸브)의 구경을 100 mm로 할 경우에는 수리계산을 통하여 2.5.3.3의 단서에서 규정한 배관의 유속에 적합하도록 할 것

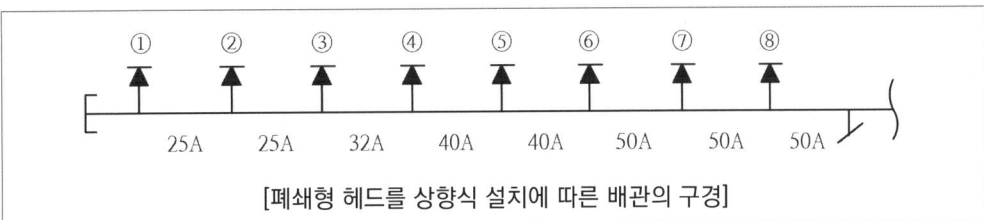

[폐쇄형 헤드를 상향식 설치에 따른 배관의 구경]

(2) 반자 아래 헤드와 반자 속 헤드의 병용 설치하는 경우

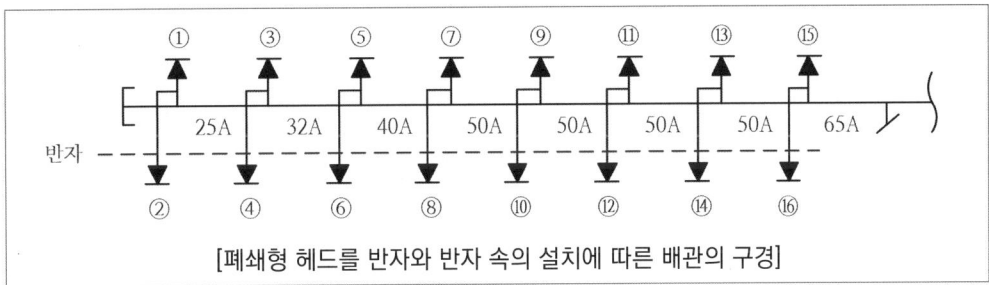

[폐쇄형 헤드를 반자와 반자 속의 설치에 따른 배관의 구경]

(3) 무대부나 특수가연물을 저장·취급하는 장소에 폐쇄형 스프링클러헤드를 설치하는 경우

개방형 스프링클러헤드를 설치하는 경우(헤드의 개수가 30개 이하일 때)

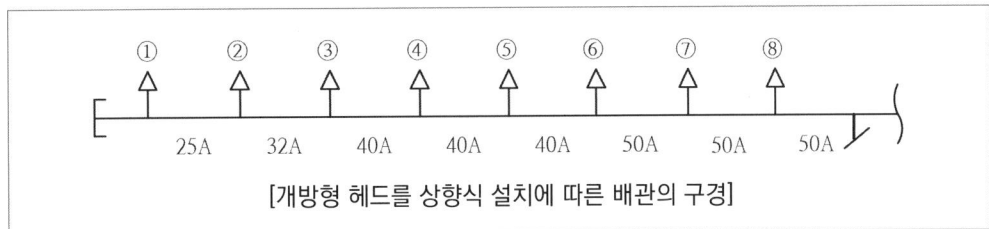

[개방형 헤드를 상향식 설치에 따른 배관의 구경]

5) 가지배관의 배열

　(1) 토너먼트(Tournament) 배관방식이 아닐 것

　(2) 교차배관에서 분기되는 지점을 기점으로 한쪽 가지배관에 설치되는 헤드의 개수(반자 아래와 반자 속의 헤드를 하나의 가지배관 상에 병설하는 경우에는 반자 아래에 설치하는 헤드의 개수)는 8개 이하로 할 것. 다만 다음 각 기준의 어느 하나에 해당하는 경우에는 그렇지 않다.

　　① 기존의 방호구역 안에서 칸막이 등으로 구획하여 1개의 헤드를 증설하는 경우

　　② 습식 스프링클러설비 또는 부압식 스프링클러설비에 격자형 배관방식(2 이상의 수평주행배관 사이를 가지배관으로 연결하는 방식을 말한다)을 채택하는 때에는 펌프의 용량, 배관의 구경 등을 수리학적으로 계산한 결과 헤드의 방수압 및 방수량이 소화목적을 달성하는 데 충분하다고 인정되는 경우

　(3) 가지배관과 헤드 사이의 배관을 신축배관으로 하는 경우에는 소방청장이 정하여 고시한 「스프링클러설비신축배관의 성능인증 및 제품검사의 기술기준」에 적합한 것으로 설치할 것. 이 경우 신축배관의 설치길이는 2.7.3의 거리를 초과하지 않아야 한다.

6) 습식, 건식, 부압식 유수검지장치의 시험 장치

　(1) 습식, 부압식 : 유수검지장치 2차 측 배관에 연결

　(2) 건식 : 유수검지장치에서 가장 먼 가지배관의 끝에 연결하여 설치

　(3) 유수검지장치 2차 측 내용적이 2,840 L를 초과하는 건식 스프링클러설비는 시험장치 완전 개방 후 1분 이내에 물이 방사되어야 한다.

　(4) 시험장치 배관의 구경은 25 mm 이상, 그 끝에 헤드와 동등한 방수성능을 가진 오리피스를 설치(개방형 헤드의 오리피스만 설치 가능)

　(5) 시험배관의 끝 : 물받이 통, 배수관(배수처리가 용이한 장소 제외)

7) 스프링클러설비 배관 행거

　(1) 가지배관에는 헤드의 설치지점 사이마다 1개 이상의 행거를 설치하되 헤드 간의 거리가 3.5 m를 초과하는 경우에는 3.5 m 이내마다 1개 이상 설치한다. 이 경우 상향식 헤드와 행거 사이에는 8 cm 이상의 간격을 두어야 한다.

　(2) 교차배관에는 가지배관과 가지배관 사이마다 1개 이상의 행거를 설치하되 가지배관 사이의 거리가 4.5 m를 초과하는 경우에는 4.5 m 이내마다 1개 이상 설치한다.

　(3) 수평주행배관에는 4.5 m 이내마다 1개 이상 설치한다.

11 준비작동식 유수검지장치 또는 일제개방밸브

1) 담당구역 내의 화재감지기의 동작에 따라 개방 및 작동될 것
2) 화재감지회로는 교차회로방식으로 할 것(다음의 경우 제외)
   (1) 배관 또는 헤드에 누설경보용 물 또는 압축공기가 채워지거나 부압식 스프링클러설비의 경우
   (2) 화재감지기를 「자동화재탐지설비의 화재안전기술기준(NFTC 203)」 제7조 제1항 단서의 각 호의 감지기로 설치한 때
3) 인근에서 수동기동(전기식 및 배수식)에 따라서도 개방 및 작동
4) 화재감지기회로에는 발신기를 설치할 것

12 준비작동식 또는 일제개방밸브 2차 측 배관의 부대설비

1) 개폐표시형 개폐밸브를 설치할 것
2) 개폐표시형 개폐밸브와 준비작동식 유수검지장치 또는 일제개방밸브 사이의 배관의 구조
   (1) 수직배수배관과 연결하고 동 연결 배관상에는 개폐밸브를 설치
   (2) 자동배수장치 및 압력스위치를 설치할 것
   (3) 압력스위치는 수신부에서 준비작동식 유수검지장치 또는 일제개방밸브의 개방 여부를 확인할 수 있게 설치

13 드렌처헤드 설치기준

연소할 우려가 있는 개구부에 다음의 기준에 따른 드렌처설비를 설치한 경우에는 해당 개구부에 한하여 스프링클러헤드를 설치하지 않을 수 있다.

1) 드렌처헤드는 개구부 위 측에 2.5 m 이내마다 1개 설치
2) **제어밸브** : 층마다, 바닥으로부터 0.8 m 이상 1.5 m 이하에 설치
3) **수원의 수량** : 드렌처헤드 설치개수 × 1.6 m^3
4) 방수압력이 0.1 MPa 이상, 방수량이 80 L/min 이상
5) 가압송수장치는 점검이 쉽고, 재해로 인한 피해우려가 없는 장소
   ※ 펌프의 재질 및 분기배관기준은 옥내소화전설비의 기준과 같다.

14 송수구 설치기준

1) 소방차가 쉽게 접근할 수 있고 잘 보이는 장소에 설치하고, 화재층으로부터 지면으로 떨어지는 유리창 등이 송수 및 그 밖의 소화작업에 지장을 주지 않는 장소에 설치할 것
2) 송수구로부터 스프링클러설비의 주배관에 이르는 연결배관에 개폐밸브를 설치한 때에는 그 개폐 상태를 쉽게 확인 및 조작할 수 있는 옥외 또는 기계실 등의 장소에 설치할 것
3) 송수구는 구경 65 mm의 쌍구형으로 할 것
4) 송수구에는 그 가까운 곳의 보기 쉬운 곳에 송수압력범위를 표시한 표지를 할 것
5) 폐쇄형 스프링클러헤드를 사용하는 스프링클러설비의 송수구는 하나의 층의 바닥면적이 3,000 m^2를 넘을 때마다 1개 이상(5개를 넘을 경우에는 5개로 한다)을 설치할 것
6) 지면으로부터 높이가 0.5 m 이상 1 m 이하의 위치에 설치할 것
7) 송수구의 부근에는 자동배수밸브(또는 직경 5 mm의 배수공) 및 체크밸브를 설치할 것. 이 경우 자동배수밸브는 배관안의 물이 잘 빠질 수 있는 위치에 설치하되, 배수로 인하여 다른 물건이나 장소에 피해를 주지 않아야 한다.
8) 송수구에는 이물질을 막기 위한 마개를 씌울 것

15 비상전원

1) 비상전원의 종류
   (1) 자가발전설비, 축전지설비 또는 전기저장장치에 따른 비상전원
   (2) 차고·주차장으로서 스프링클러설비가 설치된 부분의 바닥면적의 합계가 1,000 m^2 미만인 경우에는 비상전원수전설비로 설치 가능

2) 비상전원 설치기준
   (1) 점검에 편리하고 화재 및 침수 등의 재해로 인한 피해를 받을 우려가 없는 곳에 설치할 것
   (2) 스프링클러설비를 유효하게 20분 이상 작동할 수 있어야 할 것
   (3) 상용전원으로부터 전력의 공급이 중단된 때에는 자동으로 비상전원으로부터 전력을 공급받을 수 있도록 할 것
   (4) 비상전원(내연기관의 기동 및 제어용 축전기를 제외)의 설치장소는 다른 장소와 방화구획 할 것. 이 경우 그 장소에는 비상전원의 공급에 필요한 기구나 설비 외의 것(열병합발전설비에 필요한 기구나 설비는 제외)을 두어서는 안 됨

(5) 비상전원을 실내에 설치하는 때에는 그 실내에 비상조명등 설치
(6) 옥내에 설치하는 비상전원실에는 옥외로 직접 통하는 충분한 용량의 급배기설비를 설치

3) 비상전원의 출력용량
(1) 비상전원 설비에 설치되어 동시에 운전될 수 있는 모든 부하의 합계 입력용량을 기준으로 정격출력을 선정할 것(소방전원 보존형 발전기를 사용할 경우에는 그렇지 않다)
(2) 기동전류가 가장 큰 부하가 기동될 때에도 부하의 허용 최저입력전압 이상의 출력전압을 유지할 것
(3) 단시간 과전류에 견디는 내력은 입력용량이 가장 큰 부하가 최종 기동할 경우에도 견딜 수 있을 것

4) 자가발전설비의 종류
정격출력용량은 하나의 건축물에 있어서 소방부하의 설비용량을 기준으로 하고, 비상부하는「건축전기설비설계기준」의 수용률 범위 중 최댓값 이상을 적용
(1) 소방전용 발전기 : 소방부하용량을 기준으로 정격출력용량을 산정하여 사용하는 발전기
(2) 소방부하 겸용 발전기 : 소방 및 비상부하 겸용으로서 소방부하와 비상부하의 전원용량을 합산하여 정격출력용량을 산정하여 사용하는 발전기
(3) 소방전원 보존형 발전기 : 소방 및 비상부하 겸용으로서 소방부하의 전원용량을 기준으로 정격출력용량을 산정하여 사용하는 발전기

16 제어반

1) 감시제어반의 기능
(1) 각 펌프의 작동 여부를 확인할 수 있는 표시등 및 음향경보기능이 있어야 할 것
(2) 각 펌프를 자동 및 수동으로 작동시키거나 중단시킬 수 있어야 할 것
(3) 비상전원을 설치한 경우에는 상용전원 및 비상전원의 공급 여부를 확인할 수 있어야 할 것
(4) 수조 또는 물올림수조가 저수위로 될 때 표시등 및 음향으로 경보할 것
(5) 예비전원이 확보되고 예비전원의 적합 여부를 시험할 수 있어야 할 것

2) 감시제어반 설치기준

(1) 화재 및 침수 등의 재해로 인한 피해를 받을 우려가 없는 곳에 설치

(2) 감시제어반은 스프링클러설비의 전용으로 할 것(스프링클러설비의 제어에 지장이 없는 경우에는 다른 설비와 겸용 가능)

(3) 감시제어반 전용실기준(중앙제어실 내 설치하는 경우에는 그렇지 않다)

① 다른 부분과 방화구획을 할 것. 이 경우 전용실의 벽에는 기계실 또는 전기실 등의 감시를 위하여 두께 7 mm 이상의 망입유리(두께 16.3 mm 이상의 접합유리 또는 두께 28 mm 이상의 복층유리를 포함한다)로 된 4 m² 미만의 붙박이창 설치 가능

② 피난층 또는 지하 1층에 설치할 것. 다만 다음의 경우에는 지상 2층 또는 지하 1층 외의 지하층에 설치 가능

㉠ 특별피난계단이 설치되고 그 계단(부속실을 포함한다) 출입구로부터 보행거리 5 m 이내에 전용실의 출입구가 있는 경우

㉡ 아파트의 관리동(관리동이 없는 경우에는 경비실)에 설치하는 경우

③ 비상조명등 및 급·배기설비를 설치할 것

④ 「무선통신보조설비의 화재안전기술기준(NFTC 505)」 2.2.3에 따라 유효하게 통신이 가능할 것(영 별표 4의 제5호마목에 따른 무선통신보조설비가 설치된 특정소방대상물에 한한다)

⑤ 바닥면적은 감시제어반의 설치에 필요한 면적 외에 화재 시 소방대원이 그 감시제어반의 조작에 필요한 최소면적 이상으로 할 것

(4) 전용실에는 특정소방대상물의 기계·기구 또는 시설 등의 제어 및 감시설비 외의 것을 두지 않을 것

(5) 각 유수검지장치 또는 일제개방밸브의 경우에는 작동 여부를 확인할 수 있는 표시 및 경보기능이 있도록 할 것

(6) 일제개방밸브의 경우에는 밸브를 개방시킬 수 있는 수동조작스위치 설치

(7) 일제개방밸브를 사용하는 경우에는 설비의 화재감지기는 각 경계회로별로 화재표시가 되도록 할 것

3) 도통시험 및 작동시험 확인회로

　(1) 기동용 수압개폐장치의 압력스위치회로

　(2) 수조 또는 물올림수조의 저수위감시회로

　(3) 유수검지장치 또는 일제개방 밸브의 압력스위치회로

　(4) 일제개방밸브를 사용하는 설비의 화재감지기회로

　(5) 개폐밸브의 폐쇄 상태 확인회로

　(6) 그 밖의 이와 비슷한 회로

17 스프링클러헤드 설치 제외 장소

1) 계단실(특별피난계단의 부속실을 포함)·경사로·승강기의 승강로·비상용승강기의 승강장·파이프덕트 및 덕트피트(파이프·덕트를 통과시키기 위한 구획된 구멍에 한한다)·목욕실·수영장(관람석 부분을 제외)·화장실·직접 외기에 개방되어 있는 복도·기타 이와 유사한 장소

2) 통신기기실·전자기기실·기타 이와 유사한 장소

3) 발전실·변전실·변압기·기타 이와 유사한 전기설비가 설치되어 있는 장소

4) 병원의 수술실·응급처치실·기타 이와 유사한 장소

5) 천장과 반자 양쪽이 불연재료로 되어 있는 경우로서 그 사이의 거리 및 구조가

　(1) 천장과 반자 사이의 거리가 2 m 미만인 부분

　(2) 천장과 반자 사이의 벽이 불연재료이고, 천장과 반자 사이의 거리가 2 m 이상으로서 그 사이에 가연물이 존재하지 않는 부분

6) 천장·반자 중 한쪽이 불연재료 + 천장과 반자 사이의 거리가 1 m 미만

7) 천장 및 반자가 불연재료 외의 것 + 천장과 반자 사이의 거리가 0.5 m 미만

8) 펌프실·물탱크실·엘리베이터 권상기실 그 밖의 이와 비슷한 장소

9) 현관 또는 로비 등으로서 바닥으로부터 높이가 20 m 이상인 장소

10) 영하의 냉장창고의 냉장실 또는 냉동창고의 냉동실

11) 고온의 노가 설치된 장소, 물과 격렬하게 반응하는 물품의 저장 또는 취급장소

12) 불연재료로 된 특정소방대상물 또는 그 부분으로서
   (1) 정수장·오물처리장 그 밖의 이와 비슷한 장소
   (2) 펄프공장의 작업장·음료수공장의 세정 또는 충전하는 작업장 등
   (3) 불연성의 금속·석재 등의 가공공장으로서 가연성 물질을 저장 또는 취급하지 않는 장소
   (4) 가연성 물질이 존재하지 않는 「건축물의 에너지절약설계기준」에 따른 방풍실
13) 실내에 설치된 테니스장·게이트볼장·정구장 또는 이와 비슷한 장소로서 실내 바닥·벽·천장이 불연재료 또는 준불연재료로 구성되어 있고 가연물이 존재하지 않는 장소로서 관람석이 없는 운동시설(지하층은 제외)

CHAPTER 03 | 계산문제

| 스프링클러설비

01

다음 그림과 같이 스프링클러 설비의 가압송수장치를 고가수조방식으로 할 경우 다음을 구하시오.
(단, 0.1 MPa = 10 m)

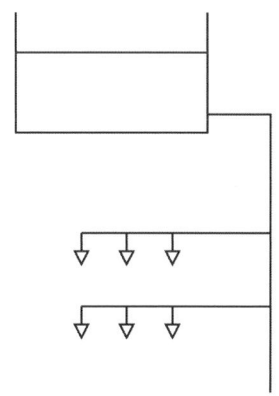

(1) 고가수조에서 최상부층 말단 스프링클러 헤드까지의 낙차가 15 m이고, 배관 마찰손실압력이 0.04 MPa일 때 최상부층 말단 스프링클러헤드 선단에서의 방수압력 [kPa]을 구하시오.
(2) (1)에서 말단 헤드 선단에서의 방수압력을 0.12 MPa 이상으로 나오게 하려면 현재 위치에서 고가수조를 몇 m 더 높여야 하는지 구하시오. (단, 배관 마찰손실압력은 0.04 MPa 기준이다)

정답

고가수조의 자연낙차에 의한 가압송수장치

$$H = h_1 + h_2 [m]$$

H : 필요한 낙차
h_1 : 배관, 부속품 마찰손실수두
h_2 : 방수압력 환산수두

1. 방수압력 [MPa] = 낙차의 환산수두압 - 배관의 마찰손실압력
   = 0.15 MPa - 0.04 MPa = 0.11 MPa = 110 kPa   답 110 kPa

2. 0.12 MPa - 0.11 MPa = 0.01 MPa = 1 m
   따라서 현재 위치에서 1 m를 높여야 한다.   답 1 m

02

7층 사무실 건물의 전층에 스프링클러설비를 하고자 한다. 주어진 [조건]을 이용하여 화재안전기술기준에서 규정한 방수압력과 방수량을 만족할 수 있도록 하고자 할 때 다음을 구하시오. (단, 토출량, 소요양정, 전동기 동력의 순서로 구하도록 한다)

조건

① 펌프로부터 가장 멀리 떨어진 폐쇄형 스프링클러헤드까지의 배관 길이는 70 m이다.
② 펌프의 운전 효율은 60 %, 동력의 전달계수는 1.1이다.
③ 배관의 마찰손실수두의 합계는 직관장의 30 %에 해당하는 수치와 동일한 값으로 가정한다.
④ 펌프의 실양정은 25 m이고, 헤드 부착높이는 3.5 m이다.

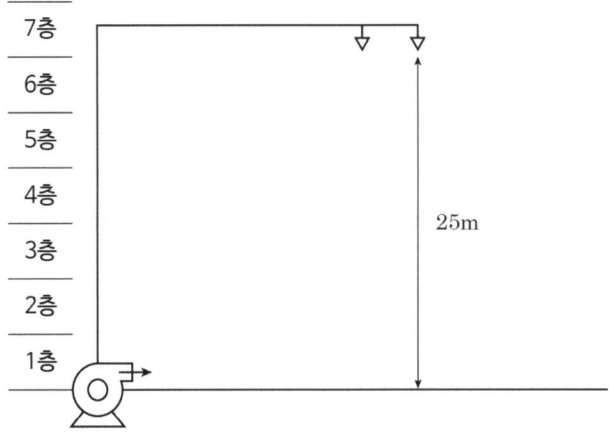

---

(1) 펌프의 최소 토출량 [L/min]은?
(2) 펌프의 전양정 [m]은?
(3) 펌프모터의 동력 [kW]은?

정답

1. 10층 이하 사무실 건물(헤드 부착높이 : 8 m 미만) : 기준개수 10개
2. 펌프 양정 = 낙차수두(실양정) + 배관 마찰손실수두 + 방수수두(10 m)

---

1. 펌프의 최소 토출량 [L/min]

   $Q = 10\,개 \times 80\,L/min = 800\,L/min$ 답 800 L/min

2. 펌프의 전양정 [m]

   1) $h_1(실양정) = 25\,m$, 2) $h_2(마찰손실) = 70 \times 0.3 = 21\,m$

   ∴ $H = h_1 + h_2 + 10m = 25 + 21 + 10 = 56\,m$ 답 56 m

3. 펌프모터의 동력 [kW]

$$P = \frac{\gamma \times Q \times H}{\eta} \times K$$

여기서, P : 전동기의 동력 [kW]
γ : 비중량 [kN/m^3]
Q : 유량 [m^3/s]
H : 전양정 [m]
K : 전동기 전달계수
η : 효율

계산과정 : $P[\text{kW}] = \dfrac{9.8\,\text{kN/m}^3 \times \dfrac{0.8}{60}\,\text{m}^3/\text{s} \times 56\,\text{m}}{0.6} \times 1.1 = 13.42\,\text{kW}$

답 13.42 kW

03

지하 1층, 지상 10층의 판매시설인 복합건축물에 화재안전기술기준에 따라 아래 조건과 같이 스프링클러설비와 옥내소화전설비를 설계하려고 한다. 다음 각 물음에 답하시오.

---조 건---

① 펌프로부터 최상층 스프링클러헤드까지 수직거리는 45 m이다.
② 배관의 마찰손실수두는 펌프 토출 실양정의 32 %로 한다.
③ 펌프의 흡입 측 배관에 설치된 연성계는 -325 mmHg를 지시하고 있다.
④ 펌프로부터 최상층 옥내소화전 방수구까지 수직거리는 42 m이다.
⑤ 모든 규격치는 최소량을 적용한다.
⑥ 옥내소화전은 층당 1개가 설치되어 있고, 호스 마찰손실수두는 고려하지 않는다.
⑦ 펌프는 체적 효율 80 %, 기계 효율 95 %, 수력 효율 90 %이다.
⑧ 최고위의 스프링클러설비헤드의 방사압은 0.2 MPa이다. (단, 0.1 MPa = 10 m)
⑨ 펌프의 전달계수 K = 1.1이다.

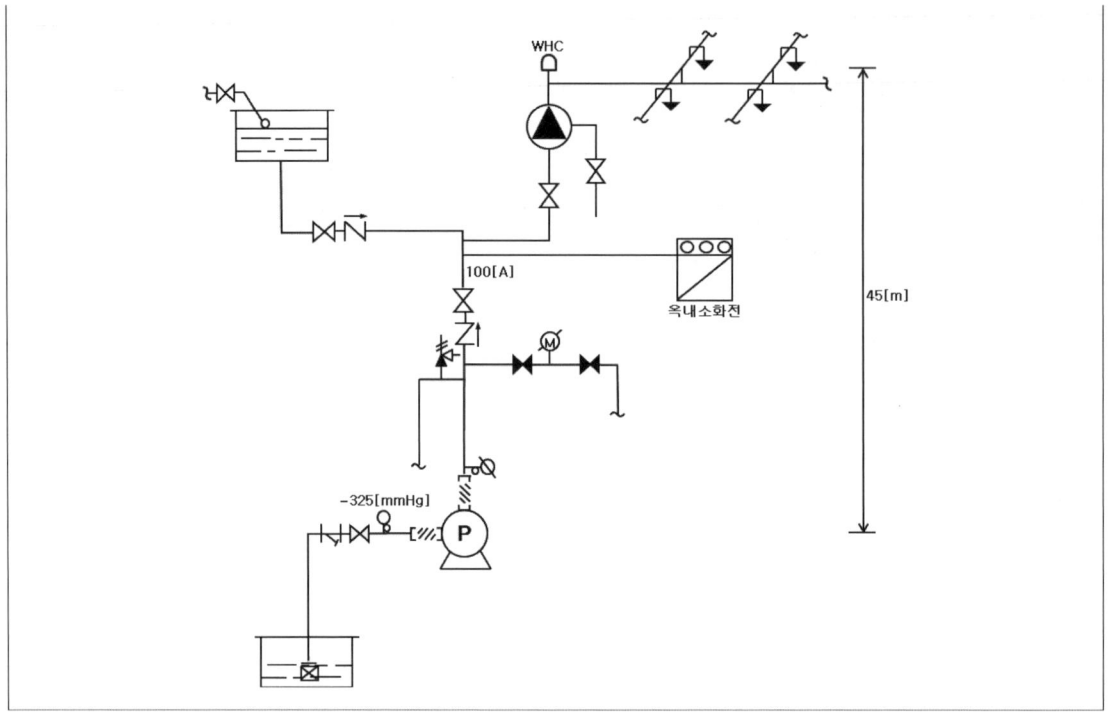

(1) 펌프의 전양정 [m]을 산출하시오.

(2) 이 설비의 지하수원의 양 [m³]을 구하시오.

(3) 펌프의 전효율 [%]을 산출하시오.

(4) 펌프동력 [kW]을 산출하시오.

정답

1. 낙차수두(실양정) = 토출양정 - 흡입양정(수조가 펌프 아래 설치 시 흡입양정은 -)
2. 전양정 = 실양정 + 마찰손실수두 + 방사압환산수두
3. 판매시설인 복합건축물 기준개수 30개
4. 펌프 겸용 시 : 전양정은 최댓값으로 산정, 토출량은 합산값
5. 수원 겸용 가능 : 수원 양 합산

1. 전양정

   1) 스프링클러설비 전양정

   (1) 흡입양정 $325\,mmHg \times \dfrac{10.332\,m}{760\,mmHg} = 4.42\,m$

   (2) 토출 측 배관의 마찰손실수두 $45 \times 0.32 = 14.4\,m$

   (3) 전양정 = 45-(-4.42) + 14.4 + 20 = 83.82 m

2) 옥내소화전 전양정

　　⑴ 토출 측 배관의 마찰손실수두 $42 \times 0.32 = 13.44\,m$

　　⑵ 전양정 = 42- (-4.42) + 13.44 + 17 = 76.86 m

3) 펌프 겸용이므로 두 양정 중 최댓값 적용 　　　　　　　　　　　　　답 83.82 m

2. 지하수원의 양 [m³]

　1) 스프링클러설비 수원량 : 30개 × 1.6 m³ = 48 m³

　2) 옥내소화전 수원량 : 1개 × 2.6 m³ = 2.6 m³

　　∴ 수원량 합산 : 2.6 + 48 = 50.6 m³

　　　　　　　　　　　　　　　　　　　　　　　　　　　　　답 50.6 m³

3. 펌프의 전효율 [%]

　0.8 × 0.95 × 0.9 = 0.684 × 100 = 68.4 %　　　　　　　　　　　답 68.4 %

4. 펌프동력 [kW]

　1) 펌프토출량 $Q = (1 \times 130) + (30 \times 80) = 2{,}530\,L/\min$

　2) 펌프동력 $P[kW] = \dfrac{9.8\,kN/m^3 \times \dfrac{2.53}{60}\,m^3/s \times 83.82\,m}{0.684} \times 1.1 = 55.70\,kW$

　　　　　　　　　　　　　　　　　　　　　　　　　　　　　답 55.70 kW

04

다음 그림은 어느 일제개방형 스프링클러설비의 계통을 나타내는 Isometric Diagram이다. 주어진 [조건]을 참조하여 이 설비가 작동되었을 경우 방수압, 방수량 등을 답란의 요구순서대로 수리계산하여 산출하시오.

조 건

① 설치된 개방형 헤드의 방출계수(K)는 80이다.

② 살수 시 최저방수압이 걸리는 헤드에서의 방수압은 0.1 MPa이다.

　(단, 각 헤드의 방수압이 같지 않음을 유의할 것)

③ 사용배관은 KS D 3507 탄소강관으로서 아연도금강관이다.

④ 가지관으로부터 헤드까지의 마찰손실은 무시한다.

⑤ 호칭구경 50 A 이하의 배관은 나사 접속식, 65 A 이상의 배관은 용접 접속식이다.

⑥ 배관 내의 유수에 따른 마찰손실압력은 하젠 - 윌리엄 공식을 적용하되, 계산의 편의상 공식은 다음과 같다고 가정한다.

$$\triangle P = \frac{6 \times Q^2 \times 10^4}{120^2 \times D^5} \ [\text{MPa/m}]$$

⑦ 배관의 내경은 호칭별로 다음과 같다고 가정한다.

호칭구경 [A]	25	32	40	50	65	80	100
내경 [mm]	27	36	42	53	69	81	105

⑧ 배관부속 및 밸브류의 마찰손실은 무시한다.
⑨ 수리계산 시 속도수두는 무시한다.
⑩ 계산 시 소수점 이하의 숫자는 소수점 이하 셋째자리에서 반올림할 것
⑪ 살수 시 중력수조 내의 수위의 변동은 없다고 가정한다.

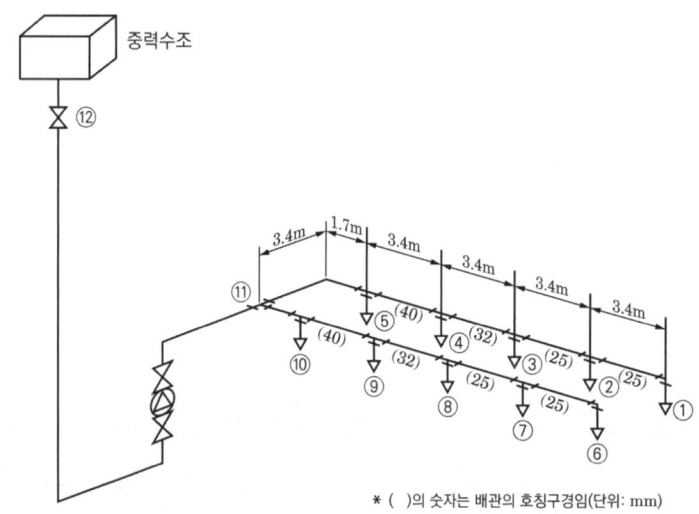

* ( )의 숫자는 배관의 호칭구경임(단위: mm)

(1) 스프링클러 헤드의 방수압 및 방수량 계산

항목	헤드번호	방수압 [MPa]	방수량 [L/min]
1	①	$P_1 = 0.1 [MPa]$	$Q_1 = K\sqrt{10P}$ $= 80 \times \sqrt{10 \times 0.1}$ $= 80 [\ell/\min]$
2	②	계산과정 : ①방사압 + ①, ② 간 관로손실압	계산과정 : $Q_2 = K\sqrt{10P}$
3	③	계산과정 : ②방사압 + ②, ③ 간 관로손실압	계산과정 : $Q_3 = K\sqrt{10P}$
4	④	계산과정 : ③방사압 + ③, ④ 간 관로손실압	계산과정 : $Q_4 = K\sqrt{10P}$
5	⑤	계산과정 : ④방사압 + ④, ⑤ 간 관로손실압	계산과정 : $Q_5 = K\sqrt{10P}$

(2) 도면의 배관 구간 ⑤ ~ ⑪의 매분 유량 [L/min]은? (배관의 호칭구경은 40 A이다)

정답

1. 각 헤드의 방수압은 관로 손실압을 고려
2. 헤드 방수량 $Q = K\sqrt{10P}$ (P : 헤드 방수압)

1.

항목	헤드 번호	방수압 [MPa]	방수량 [L/min]
1	①	$P_1 = 0.1\,\text{MPa}$	$Q_1 = K\sqrt{10P}$ $= 80 \times \sqrt{10 \times 0.1}$ $= 80\,L/min$
2	②	계산 : ① 노즐 방사압 + ①, ②간 관로 손실압 $= 0.1 + \dfrac{6 \times 80^2 \times 10^4}{120^2 \times 27^5} \times 3.4 = 0.11\,MPa$	$Q_2 = K\sqrt{10P}$ $= 80 \times \sqrt{10 \times 0.11}$ $= 83.9\,L/min$
3	③	계산 : ② 노즐 방사압 + ②, ③간 관로 손실압 $= 0.11 + \dfrac{6 \times (80 + 83.9)^2 \times 10^4}{120^2 \times 27^5} \times 3.4 = 0.14\,MPa$	$Q_3 = K\sqrt{10P}$ $= 80 \times \sqrt{10 \times 0.14}$ $= 94.66\,L/min$
4	④	계산 : ③ 노즐 방사압 + ③, ④간 관로 손실압 $= 0.14 + \dfrac{6 \times (80 + 83.9 + 94.66)^2 \times 10^4}{120^2 \times 36^5} \times 3.4$ $= 0.16\,MPa$	$Q_4 = K\sqrt{10P}$ $= 80 \times \sqrt{10 \times 0.16}$ $= 101.19\,L/min$
5	⑤	계산 : ④ 노즐 방사압 + ④, ⑤간 관로 손실압 $= 0.16 + \dfrac{6 \times (80 + 83.9 + 94.66 + 101.19)^2 \times 10^4}{120^2 \times 42^5} \times 3.4$ $= 0.17\,MPa$	$Q_5 = K\sqrt{10P}$ $= 80 \times \sqrt{10 \times 0.17}$ $= 104.31\,L/min$

2. 계산과정

    구간 ⑤ ~ ⑪의 유량 [L/min] = $Q_1 + Q_2 + Q_3 + Q_4 + Q_5$
    $= 80 + 83.9 + 94.66 + 101.19 + 104.31 = 464.06\,L/min$

    답 464.06 L/min

05

조건과 같은 특정소방대상물에 스프링클러헤드를 설치하려고 한다. 다음 물음에 답하시오.

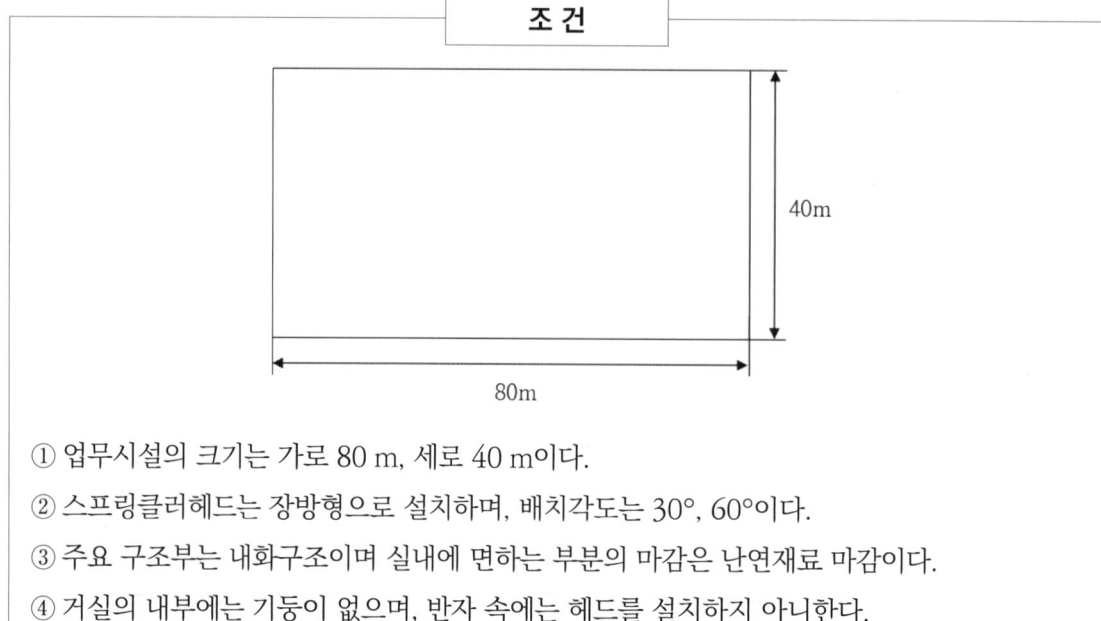

① 업무시설의 크기는 가로 80 m, 세로 40 m이다.
② 스프링클러헤드는 장방형으로 설치하며, 배치각도는 30°, 60°이다.
③ 주요 구조부는 내화구조이며 실내에 면하는 부분의 마감은 난연재료 마감이다.
④ 거실의 내부에는 기둥이 없으며, 반자 속에는 헤드를 설치하지 아니한다.

(1) 폐쇄형 스프링클러헤드를 정방형으로 설치하는 경우 최소 설치개수를 계산하시오.
(2) 폐쇄형 스프링클러헤드를 장방형으로 설치하는 경우 최소 설치개수를 계산하시오.
(3) 길이 25 m, 폭 4.5 m의 통로에 측벽형 헤드를 설치하는 경우 최소 설치개수를 계산하시오.

정답

1. 정방향 설치 시 헤드 간 거리 = 2 × 수평거리 × $\cos\theta$ (내화구조 수평거리 : 2.3 m)
2. 장방향 설치 시 : $S = 2r \times \cos\theta_1$ $L = 2r \times \sin\theta_1$
3. 측벽형 스프링클러헤드
    1) 3.6 m 이내마다 긴 변의 한쪽 벽에 일렬로 설치
    2) 폭이 4.5 m 이상 9 m 이하 : 긴 변의 양쪽에 각각 나란히꼴이 되도록 설치

1. 폐쇄형 스프링클러헤드를 정방형으로 설치하는 경우 최소 설치개수
    1) 정방형으로 배치하는 경우 헤드의 설치간격 [m]
        헤드의 설치간격 [m] = 2 × 2.3 m × cos45° = 3.252   ∴ 3.25 m
    2) 가로 = 80 m ÷ 3.25 m/개 = 24.61   ∴ 25개
    3) 세로 = 40 m ÷ 3.25 m/개 = 12.3   ∴ 13개
    4) 정방형으로 설치하는 경우 최소 설치개수 = 25개 × 13개 = 325   답 325개

2. 폐쇄형 스프링클러헤드를 장방형으로 설치하는 경우 최소 설치개수

   1) 헤드의 설치간격 [m] 계산식

   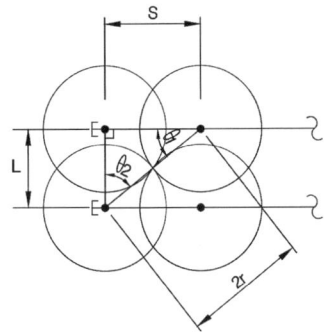

   $S = 2r \times \cos\theta_1$
   $L = 2r \times \sin\theta_1$

   여기서, S, L : 헤드의 설치간격 [m]
   　　　　r : 수평거리 [m]

   2) 장방형으로 배치하는 경우

배치각도	헤드설치개수	
배치각도 30°인 경우	① 가로개수 = $\dfrac{80\,\text{m}}{2 \times 2.3\,\text{m} \times \cos 30°}$ = 20.08개	∴ 21개
	② 세로개수 = $\dfrac{40\,\text{m}}{2 \times 2.3\,\text{m} \times \sin 30°}$ = 17.39개	∴ 18개
	③ 헤드의 설치개수 = 21개 × 18개 = 378개	∴ 378개
배치각도 60°인 경우	① 가로개수 = $\dfrac{80\,\text{m}}{2 \times 2.3\,\text{m} \times \cos 60°}$ = 34.78개	∴ 55개
	② 세로개수 = $\dfrac{40\,\text{m}}{2 \times 2.3\,\text{m} \times \sin 60°}$ = 10.04개	∴ 11개
	③ 헤드의 설치개수 = 35개 × 11개 = 385개	∴ 385개

   3) 장방형으로 설치하는 경우 최소 설치개수

   　답 378개

3. 길이 25 m, 폭 4.5 m의 통로에 측벽형 헤드를 설치하는 경우 최소 설치개수

   1) 길이 25 m, 폭 4.5 m의 통로에 측벽형 헤드를 설치하는 경우 설치해야 하는 헤드 수량

   　(1) Ⅰ면에 설치해야 하는 헤드 수 = $\dfrac{25\,\text{m} - 1.8\,\text{m}}{3.6\,\text{m/개}}$ = 6.4개　　　　∴ 7개

   　(2) Ⅱ면에 설치해야 하는 헤드 수 = $\dfrac{25\,\text{m} - 0.9\,\text{m}}{3.6\,\text{m/개}}$ = 6.7개　　　　∴ 7개 + 1개

   　(3) 측벽형 스프링클러헤드의 설치수량 = 7개 + 8개 = 15개　　　　답 15개

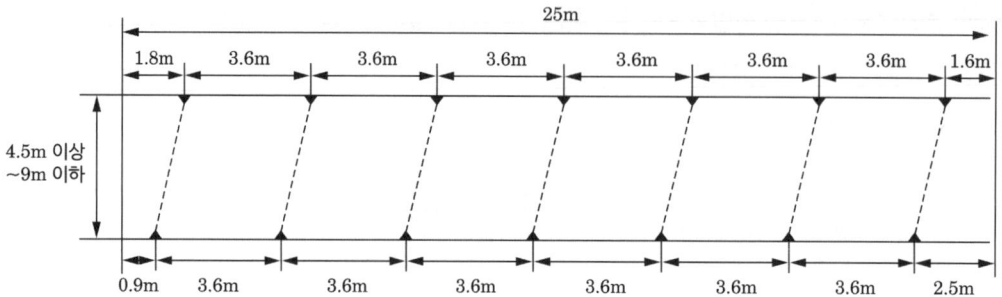

06

근린생활시설로 사용되는 8층 건물에 스프링클러설비를 설치하고자 한다. 조건을 참고하여 다음 물음에 답하시오.

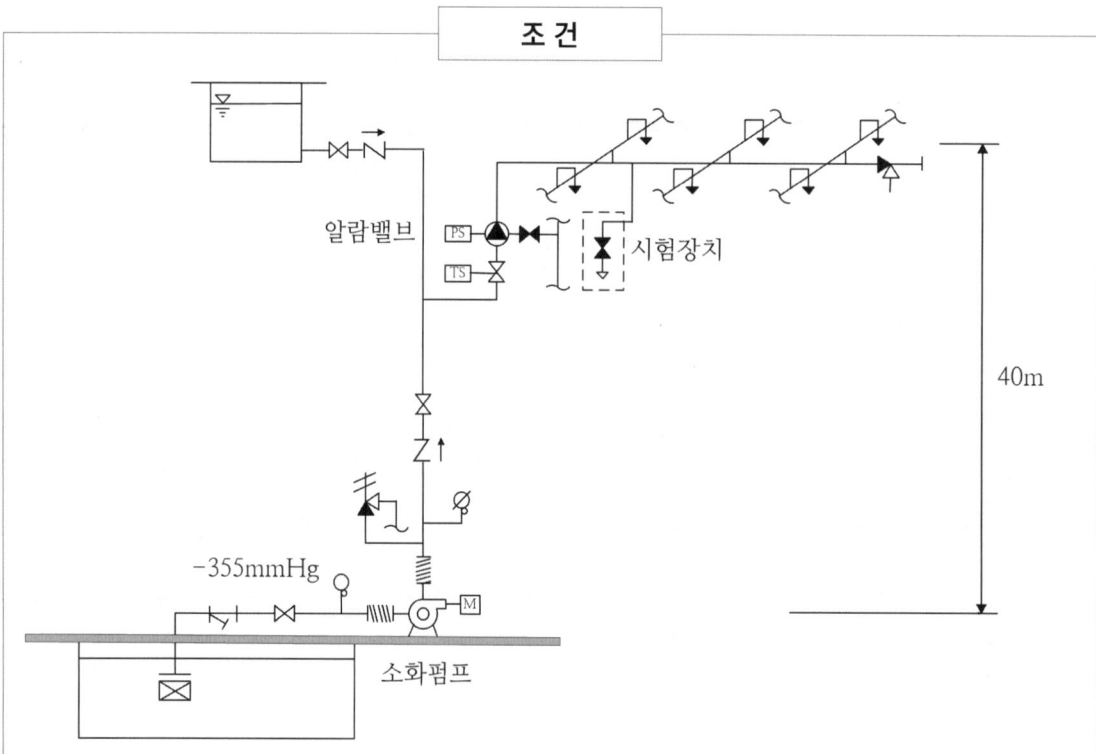

① 배관의 마찰손실은 펌프 토출 측 실양정의 35 %, 펌프 흡입 측의 연성계는 -355 mmHg를 지시하고 있으며, 이때 대기압은 0.101325 MPa이다.
② 펌프의 수력 효율 90 %, 체적 효율 80 %, 기계 효율 95 %이며, 주어지지 않은 것은 무시한다.

(1) 소화펌프의 전양정 [m]을 계산하시오.
(2) 소화펌프의 분당 토출량 [m³/min]을 계산하시오.
(3) 소화펌프의 동력 [kW]을 계산하시오.

정답

1. 전양정 = 실양정 + 마찰손실수두 + 방수압환산수두
2. 10층 이하 근린생활시설기준개수 : 20개

1. 소화펌프의 전양정 [m]

   1) 실양정 = 연성계의 압력(흡입 측 실양정) + 토출 측 실양정

   $$실양정\,[m] = \left(\frac{355\,\text{mmHg}}{760\,\text{mmHg}} \times 10.332\,\text{mH}_2\text{O}\right) + 40\,\text{m} = 44.826\,\text{m} \qquad \therefore 44.83\,\text{m}$$

   2) 마찰손실수두 [m] = 40 m × 0.35 = 14 m 　　　　　　　　　　　　　　∴ 14 m

   3) 전양정 [m] = 44.83 m + 14 m + 10 m = 68.83 m 　　　　　　　　　답 68.83 m

2. 소화펌프의 분당 토출량 [m³/min]

   소화펌프의 토출량 [m³/min] = 80 L/min × 20개 = 1,600 L/min

   　　　　　　　　　　　　　　　　　　　　　　　　　　　　　　답 1.6 m³/min

3. 소화펌프의 동력 [kW]

   1) 소화펌프의 효율(η)

   　(1) 효율(η) = 기계 효율($\eta_{기}$) × 수력 효율($\eta_{수}$) × 체적 효율($\eta_{체}$)

   　(2) 효율(η) = 0.9 × 0.8 × 0.95 = 0.684 　　　　　　　　　　　　　∴ 0.68

   2) 소화펌프의 동력 [kW] $= \dfrac{9.8\,\text{kN/m}^3 \times 68.83\,\text{m} \times 1.6\,\text{m}^3/\text{min}}{0.68 \times 60\,s} = 26.452\,\text{kW}$

   　　　　　　　　　　　　　　　　　　　　　　　　　　　　　　답 26.45 kW

07

지상 25층 지하 1층의 계단실형 아파트에 옥내소화전과 스프링클러설비를 설치할 경우 다음 물음에 답하시오. (단, 지상층 – 층당 바닥면적은 320 m^2, 옥내소화전 2개/층, 폐쇄형 습식 스프링클러헤드 28개/층 지하층 – 바닥면적 6,300 m^{2}로 방화구획 완화규정 적용, 옥내소화전 9개와 준비작동식 스프링클러설비가 혼합설치, 소화펌프는 옥내소화전과 스프링클러 겸용이다)

(1) 소화펌프의 토출량 [L/min]과 전동기의 동력 [kW]을 계산하시오. (단, 실양정은 70 m, 손실수두 25 m, 효율 65 %, 전달계수 1.1, 방수압은 옥내소화전을 기준으로 하되 안전율 10 m를 고려한다)

(2) 소화펌프의 토출 측 주배관의 수리계산방식에 의한 최소값 [mm]을 계산하시오. (단, 배관 내 유속은 옥내소화전 화재안전기술기준[NFTC 102]을 적용한다)

(3) 하나의 계단으로부터 출입할 수 있는 세대수가 층당 2세대일 경우 스프링클러설비의 방호구역 설정(지하 주차장 포함)개수를 계산하시오.

(4) 특정소방대상물에 설치해야 하는 송수구의 설치개수를 계산하시오. (단, 쌍구형송수구로 하고, 각 소화설비별로 설치한다)

정답

1. 아파트등기준개수 : 10개(아파트등의 각 동이 주차장으로 서로 연결된 구조인 경우 해당 주차장 부분은 30개 적용)
2. 펌프의 토출 측 주배관의 구경은 유속(옥내소화전) : 4 m/s 이하
3. 폐쇄형 스프링클러설비의 방호구역
    1) 하나의 방호구역은 2개 층에 미치지 않도록 할 것. 다만 1개 층에 설치되는 스프링클러헤드의 수가 10개 이하인 경우와 복층형 구조의 공동주택에는 3개 층 이내로 할 수 있다.
    2) 하나의 방호구역의 바닥면적은 3,000 m^{2}를 초과하지 않을 것. 다만 폐쇄형 스프링클러설비에 격자형 배관방식을 채택하는 때에는 3,700 m^2
4. 송수구의 설치기준
    폐쇄형 스프링클러헤드를 사용하는 스프링클러설비의 송수구는 하나의 층의 바닥면적이 3,000 m^{2}를 넘을 때마다 1개 이상(5개를 넘을 경우에는 5개)을 설치할 것

1. 소화펌프의 토출량 [L/min]과 전동기의 동력 [kW]

    1) 펌프의 토출량 = 옥내소화전설비의 토출량 + 스프링클러설비의 토출량

    펌프의 토출량 [L/min]
    $= 130\,\text{L/min} \times 2\text{개} + 80\,\text{L/min} \times 10\text{개} = 1{,}060\,\text{L/min}$ ∴ 1,060 L/min

    2) 펌프의 전양정 [m]

    펌프의 전양정 [m] = 70 m + 25 m + 17 m + 10 m = 122 m ∴ 122 m

    3) 전동기의 동력 [kW] $= \dfrac{9.8\,\text{kN/m}^3 \times 122\,\text{m} \times 1.06\,\text{m}^3/\text{min}}{0.65 \times 60\,s} \times 1.1 = 35.745\,\text{kW}$

    답 35.75 kW

2. 소화펌프의 토출 측 주배관의 수리계산방식에 의한 최소값 [mm]

    배관경 [mm] $= \sqrt{\dfrac{4 \times 1.06\,\text{m}^3/\text{min}}{\pi \times 4\,\text{m/s} \times 60\,s}} = 0.0749898\,\text{m}$ 답 74.99 mm

3. 스프링클러설비의 방호구역 설정(지하 주차장 포함) 개수

    1) 지상층 25층의 층당 바닥면적은 320 m²이므로 방호구역 25개

    2) 지하층의 바닥면적 6,300 m²이므로 6,300 m² ÷ 3,000 m²/개 = 2.1개 ∴ 3개 구역

    3) 전체 방호구역의 개수 = 25개 + 3개 = 28개 답 28개

4. 특정소방대상물에 설치해야 하는 송수구의 설치개수

    쌍구형 송수구 = 옥내소화전 1개 + 스프링클러설비 3개 = 4개 답 4개

08

조건과 같이 말단헤드 방수압력이 0.1 MPa일 때 방수량이 80 L/min인 폐쇄형 스프링클러설비에 관한 다음 물음에 답하시오. (단, 설치된 스프링클러헤드는 모두 개방되었다)

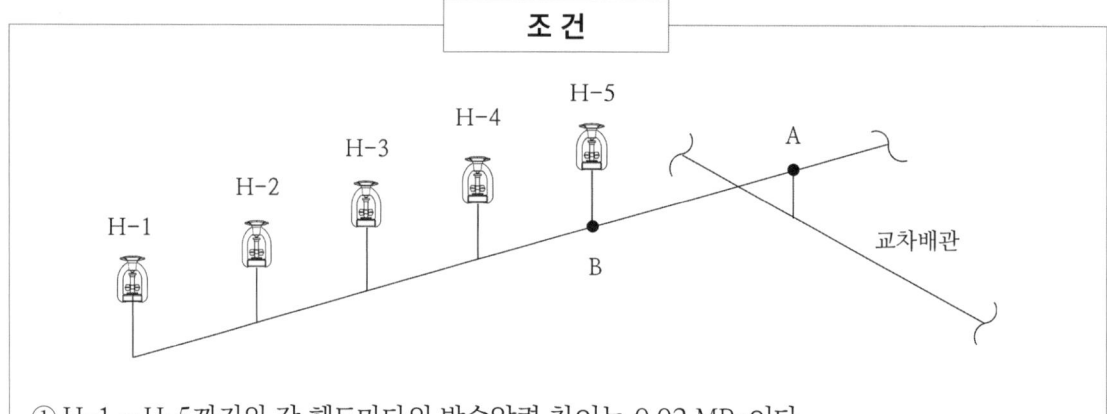

조 건

① H-1 ~ H-5까지의 각 헤드마다의 방수압력 차이는 0.02 MPa이다.
② A ~ B구간의 마찰손실은 0.03 MPa이다.
③ H-1 헤드에서의 방수량은 80 L/min이며, 그 외 주어지지 않은 조건은 무시한다.

(1) "A" 지점의 필요 최소압력 [MPa]을 계산하시오.
(2) 각 헤드에서의 방수량 [L/min]을 계산하시오.
(3) "B-A" 구간에서의 유량 [L/min]을 계산하시오.
(4) "B-A" 구간에서의 최소내경 [mm]을 계산하시오.

정답

1. 스프링클러설비의 배관구경에 따른 유속기준
   배관의 구경은 2.2.1.10(가압송수장치의 정격토출압력) 및 2.2.1.11(가압송수장치의 송수량)에 적합하도록 수리계산에 의하거나 표 2.5.3.3의 기준에 따라 설치할 것. 다만 수리계산에 따르는 경우 가지배관의 유속은 6 m/s, 그 밖의 배관의 유속은 10 m/s를 초과할 수 없다.

1. "A" 지점의 필요 최소압력 [MPa]
   압력 [MPa] = 0.1 MPa + (0.02 MPa × 4) + 0.03 MPa = 0.21

   답 0.21 MPa

2. 각 헤드에서의 방수량 [L/min]

   1) H-1에서의 방수량

   (1) 스프링클러헤드의 방수압력 [MPa]에 따른 방수량 [L/min]

   $$Q = K\sqrt{10P} \rightarrow K = \frac{Q}{\sqrt{10P}}$$

   여기서, Q : 방수량 [L/min]
   K : 오리피스계수(K - factor)
   P : 방수압(MPa)

   (2) 스프링클러헤드의 K - factor $= \dfrac{80}{\sqrt{10 \times 0.1\,\text{MPa}}} = 80$ ∴ K - factor는 80

   (3) 방수압력 0.1 MPa일 때 방수량 [L/min]

   $Q_1 = 80\sqrt{10 \times 0.1\,\text{MPa}} = 80\,\text{L/min}$ 답 80 L/min

   2) H-2에서 방수압력 0.12 MPa일 때 방수량 [L/min]

   $Q_2 = 80\sqrt{10 \times 0.12\,\text{MPa}} = 87.64\,\text{L/min}$ 답 87.64 L/min

   3) H-3에서 방수압력 0.14 MPa일 때 방수량 [L/min]

   $Q_3 = 80\sqrt{10 \times 0.14\,\text{MPa}} = 94.66\,\text{L/min}$ 답 94.66 L/min

   4) H-4에서 방수압력 0.16 MPa일 때 방수량 [L/min]

   $Q_4 = 80\sqrt{10 \times 0.16\,\text{MPa}} = 101.19\,\text{L/min}$ 답 101.19 L/min

   5) H-5에서 방수압력 0.18 MPa일 때 방수량 [L/min]

   $Q_5 = 80\sqrt{10 \times 0.18\,\text{MPa}} = 107.33\,\text{L/min}$ 답 107.33 L/min

3. "B-A" 구간에서의 유량 [L/min]

   유량 [L/min] = 80 + 87.64 + 94.66 + 101.19 + 107.33 = 470.82 L/min   답 470.82 L/min

4. "B-A" 구간에서의 최소내경 [mm]

   1) 연속 방정식에 따른 배관경 [mm]

   $$Q = A \times v = \frac{\pi D^2}{4} \times v \rightarrow D = \sqrt{\frac{4Q}{\pi v}}$$

   여기서, Q : 유량 [m³/s]
   v : 유속 [m/s]
   A : 배관의 단면적 [m²]

   2) 스프링클러설비의 배관구경에 따른 유속기준

   3) 배관경 [mm] $= \sqrt{\dfrac{4 \times 0.47082\,\text{m}^3/\text{min}}{\pi \times 6\,\text{m/s} \times 60\,\text{s}}} = 0.0408\,\text{m}$ 답 40.8 mm

09

조건과 같은 습식 스프링클러설비에서 헤드가 모두 개방되어 소화수가 방수되고 있다. 다음 물음에 답하시오.

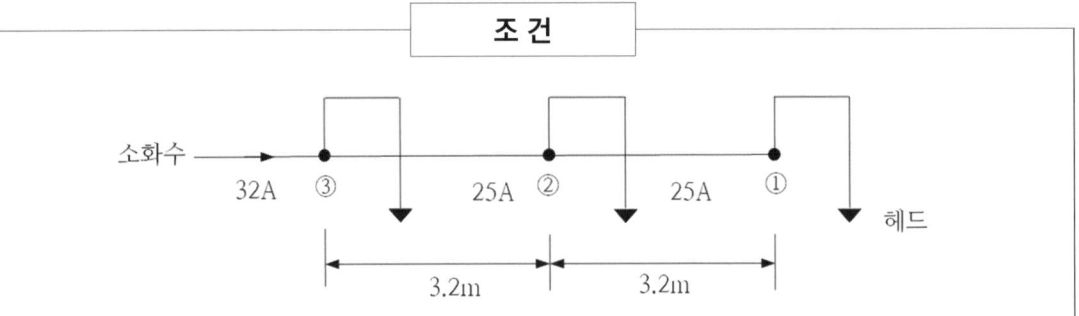

① 호칭경에 따른 내경표는 다음 표와 같다.

호칭경	25 A	32 A	40 A	50 A	65 A
내경 [mm]	28	36	42	53	68

② 관부속품 및 가지배관에서 헤드 사이의 마찰손실은 고려하지 않는다.

③ 말단 헤드의 방사압력은 0.1 MPa이며, 헤드의 방출계수는 80이다.

④ 배관 내의 마찰손실압력은 하젠 - 윌리암스 공식을 적용한다.

$$\triangle P = 6 \times 10^4 \times \frac{Q^2}{C^2 \times D^5}$$

여기서, $\triangle P$: 배관 1 m당 마찰손실압력 [MPa/m]

Q : 유량 [L/min]

D : 배관의 안지름 [mm]

C : 조도계수(120)

⑤ 주어진 조건 외의 것은 고려하지 않는다.

(1) "①"지점에서의 통과유량 [L/min]을 계산하시오.

(2) "②"지점에서의 통과유량 [L/min] 및 방수압력 [MPa]을 계산하시오.

(3) "③"지점에서의 통과유량 [L/min] 및 방수압력 [MPa]을 계산하시오.

정답

1. "①"지점에서의 통과유량 [L/min]

   1) 방수압력에 따른 방수량 [L/min]

   $$Q = K\sqrt{10P}$$

   여기서, Q : 방수량 [L/min]
   K : 오리피스계수 [K - factor]
   P : 방수압력 [MPa]

   2) 말단헤드의 방수압력 0.1 MPa일 때, "①"지점의 통과유량 [L/min]

   통과유량 [L/min] $= K\sqrt{10P} = 80\sqrt{10 \times 0.1\,\text{MPa}} = 80$

   답 80 L/min

2. "②"지점에서의 통과유량 [L/min] 및 방수압력 [MPa]

   1) "①" ~ "②"번 헤드 사이의 마찰손실압력

   (1) 배관의 마찰손실압력 [MPa]

   $$\triangle P = 6 \times 10^4 \times \frac{Q^2}{C^2 \times D^5}$$

   여기서, $\triangle P$: 배관 1 m당 마찰손실압력 [MPa/m]
   Q : 유량 [L/min]
   D : 배관의 안지름 [mm]
   C : 조도계수(120)

   (2) $\triangle P_{①지점 \sim ②지점} = 6 \times 10^4 \times \dfrac{(80\,\text{L/min})^2}{120^2 \times (28\,\text{mm}^5)} \times 3.2\,\text{m} = 0.0049$ ∴ 0.0049 MPa

   2) "②"지점의 방수압력 [MPa]

   방수압력 [MPa] = 0.1 MPa + 0.0049 MPa = 0.1049 MPa

   답 0.1049 MPa

   3) "②" 방수압력에 따른 방수량 [L/min]

   방수량 [L/min] $= K\sqrt{10P} = 80\sqrt{10 \times 0.1049\,\text{MPa}} = 81.94$ L/min ∴ 81.94 L/min

   4) "②" 지점의 통과유량 [L/min]

   통과유량 [L/min] = 80 L/min + 81.94 L/min = 161.94 L/min

   답 161.94 L/min

   5) "②" ~ "③"번 헤드 사이의 마찰손실압력 [MPa]

   $\triangle P_{②지점 \sim ③지점} = 6 \times 10^4 \times \dfrac{(161.94\,\text{L/min})^2}{120^2 \times (28\,\text{mm})^5} \times 3.2\,\text{m} = 0.0203\,\text{MPa}$ ∴ 0.0203 MPa

3. "③"지점에서의 통과유량 [L/min] 및 방수압력 [MPa]

   1) "③"지점의 방수압력 [MPa]

   방수압력 [MPa] = 0.1049 MPa + 0.0203 MPa = 0.1252 MPa

   답 0.1252 MPa

   2) "③" 방수압력에 따른 방수량 [L/min]

   방수량 [L/min] = $K\sqrt{10P}$ = $80\sqrt{10 \times 0.1252 \text{MPa}}$ = 89.51 L/min   ∴ 89.51 L/min

   3) "③" 지점의 통과유량 [L/min]

   통과유량 [L/min] = 161.94 L/min + 89.51 L/min = 251.45 L/min

   답 251.45 L/min

10

감지기 오동작으로 인하여 준비작동식 밸브가 개방되어 1차 측의 가압수가 2차 측으로 이동하였으나 스프링클러헤드는 개방되지 않았다. 밸브 2차 측 배관은 평상시 대기압 상태로서 배관 내의 체적은 3.2 m³이고, 밸브 1차 측 압력은 5.8 kg$_f$/cm²이며, 물의 비중량은 9,800 N/m³, 공기의 분자운동은 이상기체로서 온도 변화는 없다고 할 때 다음 물음에 답하시오.

(1) 오동작으로 인하여 밸브 2차 측으로 넘어간 소화수의 양 [m³]을 계산하시오.

(2) 밸브 2차 측 배관 내에 충수되는 유체의 무게 [kN]를 계산하시오.

정 답

1. 오동작으로 인하여 밸브 2차 측으로 넘어간 소화수의 양 [m³]

   1) 준비작동식 밸브에 작동 시 1차 측 압력이 2차 측의 압력과 평행이 될 때까지 1차 측의 가압수가 2차 측에 채워지게 된다.

   $$(P_a + P_1) \times V_1 = (P_a + P_2) \times V_2$$

   여기서, P_1 : 작동 전 2차 측 압력 [MPa]
   P_2 : 작동 후 2차 측 압력 [MPa]
   P_a : 대기압 [MPa]
   V_1 : 작동 전 2차 측 배관체적 [m³]
   V_2 : 작동 후 압축공기 체적 [m³]

   2) 오동작으로 인하여 밸브 2차 측으로 넘어간 소화수의 양 [m³]

   (1) 오동작에 따른 2차 측 공기의 부피 [m³]

   $(1.0332\,kg_f/cm^2 + 0) \times 3.2\,m^3 = (5.8\,kg_f/cm^2 + 1.0332\,kg_f/cm^2) \times$ 밸브작동 후 체적

   ∴ 작동 후 압축공기 체적 = 0.48 m³

   (2) 2차 측으로 넘어간 소화수의 양 [m³] = 3.2 m³ - 0.48 m³ = 2.72 m³

   답 2.72 m³

2. 밸브 2차 측 배관 내에 충수되는 유체의 무게 [kN]

   1) 충수되는 유체의 무게 [N]

   $$F = \gamma \times V$$

   여기서, F : 무게 [N]
   V : 체적 [m³]
   γ : 비중량 [N/m^3]

   2) 유체의 무게 [kN] = $2.72\,m^3 \times 9.8\,kN/m^3 = 26.656\,kN$

   답 26.66 kN

11

엑츄에이터(Actuator)가 설치된 저압건식 밸브에 건식 밸브 1차 측 압력이 1 MPa, 단면 직경이 20 mm, 2차 측 단면적이 75 cm²일 때 2차 측 압력 [MPa]을 계산하시오.

정답

1. 엑츄에이터(Actuator)밸브의 정의

    저압건식 밸브의 동작을 조절할 목적으로 건식 밸브 1차 측의 가압수와 2차 측의 압축공기에 의한 중간챔버의 가압수를 배출하기 위해 설치하는 밸브

2. 파스칼의 원리를 응용한 건식 밸브 1차 측과 2차 측의 힘에 관한 공식

$$F_1 = F_2 \rightarrow P_1 \times A_1 = P_2 \times A_2 \rightarrow P_2 = \frac{P_1 \times A_1}{A_2}$$

   여기서, P_1 : 1차 측에 작용하는 압력 [MPa]
   P_2 : 2차 측에 작용하는 압력 [MPa]
   A_1 : 1차 측 단면적 [cm²]
   A_2 : 2차 측 단면적 [cm²]

3. 2차 측 압력 [MPa] $= \dfrac{1\,MPa \times \pi \times (2\,cm)^2}{75\,cm^2 \times 4} = 0.041$ MPa

답 0.04 MPa

CHAPTER 04 | 간이스프링클러설비

■ 설치대상(시설법 시행령)

1) 근린생활시설

   (1) 바닥면적의 합계가 1,000 m² 이상인 것은 모든 층

   (2) 의원, 치과의원 및 한의원으로서 입원실 또는 인공신장실이 있는 시설

   (3) 조산원 및 산후조리원으로서 연면적 600 m² 미만인 시설

2) 교육 연구시설 내 합숙소 : 연면적 100 m² 이상인 것은 모든 층

3) 의료시설

   (1) 종합병원, 병원, 치과병원, 한방병원 및 요양병원(의료재활시설은 제외한다)으로 사용되는 바닥면적의 합계가 600 m² 미만인 시설

   (2) 정신의료기관, 의료재활시설 : 바닥면적 합계가 300 m² 이상 600 m² 미만인 시설

   (3) 정신의료기관, 의료재활시설 : 300 m² 미만이고 창살이 설치된 시설

4) 노유자시설

   (1) 노유자 생활시설

   (2) 노유자시설로 사용하는 바닥면적의 합계가 300 m² 이상 600 m² 미만인 시설

   (3) 노유자시설로 사용하는 바닥면적의 합계가 300 m² 미만이고 창살이 설치된 시설

5) 출입국 관리법에 의한 보호시설로 사용하는 부분

6) 숙박시설로 사용되는 바닥면적 합계가 300 m² 이상 600 m² 미만인 시설

7) 복합건축물[(근린생활, 판매, 업무, 숙박, 위락시설) + 주택]로서 연면적 1,000 m² 이상인 모든 층

8) 공동주택 중 연립주택 및 다세대주택(주택용 간이스프링클러설치)〈시행 2024.12.1.〉

■ 설치대상(다특법 시행령)

1) 지하층, 밀폐구조에 설치된 영업장

2) 산후조리업, 고시원의 영업장(지상 1층, 지상과 직접 닿은 층 제외)

3) 권총사격장의 영업장(실내사격장만 해당)

1 설치기준

구분	내용

수원	• 간이헤드 2개 × 10분
	• 간이헤드 5개 × 20분
	  - 근린생활시설 바닥면적 합계 1,000 m² 이상인 것은 모든 층
	  - 숙박시설 바닥면적 합계 300 m² 이상 600 m² 미만인 시설
	  - 복합 건축물 연면적 1,000 m² 이상인 모든 층

가압송수장치	• 방수압력 : 0.1 MPa 이상
	• 방수량 : 50 Lpm(표준반응형 헤드 80 Lpm)
	  - 주차장에는 표준반응형 스프링클러헤드 설치
	• 상수도직결형 및 캐비닛형 간이스프링클러설비 외의 가압송수장치 설치
	  - 근린생활시설 바닥면적 합계1,000 m² 이상인 것은 모든 층
	  - 숙박시설 바닥면적 합계 300 m² 이상 600 m² 미만인 시설
	  - 복합 건축물 연면적 1,000 m² 이상인 모든 층

간이헤드	• 폐쇄형 간이스프링클러 헤드 • 조기반응형 헤드(K50) • 살수장애 발생 없이 시공

비상전원	• 유효하게 10분 이상
	• 유효하게 20분 이상
	  - 근린생활시설 바닥면적 합계 1,000 m² 이상인 것은 모든 층
	  - 숙박시설 바닥면적 합계 300 m² 이상 600 m² 미만인 시설
	  - 복합 건축물 연면적 1,000 m² 이상인 모든 층
	• 정전 시 자동으로 비상전원 절환

2 간이헤드

구분	내용		
종류	폐쇄형 간이헤드, 주차장에는 표준반응형 스프링클러헤드		
작동온도	최대주위천장온도		공칭작동온도
	0 ~ 38 ℃		57 ~ 77 ℃
	39 ~ 66 ℃		79 ~ 109 ℃
수평거리	2.3 m		
수직거리	상향식, 하향식		천장 등 ~ 디플렉터 : 25 ~ 102 mm
	플러쉬형(하향식)		천장 등 ~ : 102 mm 이하
	측벽형		천장 등 ~ : 102 ~ 152 mm
살수장애	천장등의 경사·보·조명장치 등에 따라 살수장애 없도록 설치		

3 배관 및 밸브 등의 순서

1. 상수도 직결형의 경우
1) 수도용 계량기, 급수차단장치, 개폐표시형 밸브, 체크밸브, 압력계, 유수검지장치, 2개의 시험밸브
2) 간이스프링클러설비 이외의 배관에는 화재 시 배관을 차단할 수 있는 급수차단장치를 설치

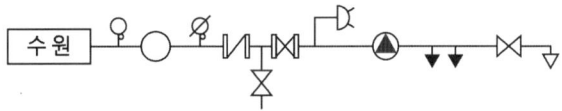

2. 펌프 등의 가압송수장치를 이용하여 배관 및 밸브 등을 설치하는 경우
수원, 연성계 또는 진공계, 펌프 또는 압력수조, 압력계, 체크밸브, 성능시험배관, 개폐표시형 밸브, 유수검지장치, 시험밸브

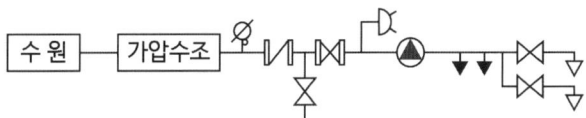

3. 가압수조를 가압송수장치로 이용하여 배관 및 밸브 등을 설치하는 경우
수원, 가압수조, 압력계, 체크밸브, 성능시험배관, 개폐표시형 밸브, 유수검지장치, 2개의 시험밸브의 순으로 설치

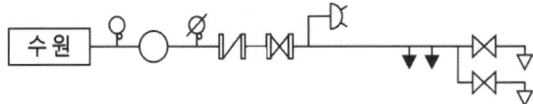

4. 캐비닛형의 가압송수장치에 배관 및 밸브 등을 설치하는 경우
수원, 연성계 또는 진공계, 펌프 또는 압력수조, 압력계, 체크밸브, 개폐표시형 밸브, 2개의 시험밸브

4 주택전용 간이스프링클러설비 설치기준 〈시행 2024.12.1.〉

설치 : 공동주택 중 연립주택 및 다세대주택

1) 상수도에 직접 연결하는 방식

   (1) 수도용 계량기 이후 분기

   (2) 설치순서

      수도용 역류방지밸브 - 개폐표시형 밸브 - 세대별 개폐밸브 및 간이헤드

      (개폐표시형 밸브와 세대별 개폐밸브는 설치위치 식별 표시)

2) 방수압력 0.1 MPa 이상, 방수량 50 Lpm(표준형 헤드 사용 시 80 Lpm)

3) 세대 내 배관은 소방용 합성수지배관으로 설치할 수 있음

4) 간이헤드와 송수구 설치기준 동일

5) 주택전용 간이스프링클러설비에는 가압송수장치, 유수검지장치, 제어반, 음향장치, 기동장치 및 비상전원은 적용하지 않을 수 있음

5 급수배관

1) 전용으로 할 것(상수도직결형의 수도배관 호칭지름 32 mm 이상)
2) 급수배관에 설치되어 급수를 차단할 수 있는 개폐밸브는 개폐표시형으로 할 것(펌프의 흡입 측 배관에는 버터플라이밸브 외의 개폐표시형 밸브)
3) 간이헤드 수별 급수관의 구경기준

구분 \ 구경	25	32	40	50	65	80	100	125	150
가	2	3	5	10	30	60	100	160	161 이상
나	2	4	7	15	30	60	100	160	161 이상

(1) 폐쇄형 간이헤드를 사용하는 설비의 경우로서 1개 층에 하나의 급수배관(또는 밸브 등)이 담당하는 구역의 최대면적은 1,000 m^2를 초과하지 않을 것

(2) 폐쇄형 간이헤드를 설치하는 경우에는 "가" 란의 헤드 수에 따를 것

(3) 폐쇄형 간이헤드를 설치하고 반자 아래의 헤드와 반자 속의 헤드를 동일 급수관의 가지관상에 병설하는 경우에는 "나" 란의 헤드 수에 따를 것

(4) "캐비닛형" 및 "상수도직결형"을 사용하는 경우 주배관은 32 mm, 수평주행배관은 32 mm, 가지배관은 25 mm 이상으로 할 것. 하나의 가지배관에는 간이헤드를 3개 이내로 설치할 것

6 방호구역 및 유수검지장치

1) 하나의 방호구역의 바닥면적은 1,000 m²를 초과하지 않을 것
2) 하나의 방호구역에는 1개 이상의 유수검지장치를 설치하되, 화재 시 접근이 쉽고 점검하기 편리한 장소에 설치할 것
3) 하나의 방호구역은 2개 층에 미치지 않도록 할 것. 다만 1개 층에 설치되는 간이헤드의 수가 10개 이하인 경우에는 3개 층 이내로 할 수 있다.
4) 유수검지장치는 실내에 설치하거나 보호용 철망 등으로 구획하여 바닥으로부터 0.8 m 이상 1.5 m 이하의 위치에 설치하되, 그 실 등에는 가로 0.5 m 이상 세로 1 m 이상의 개구부로서 그 개구부에는 출입문을 설치하고 그 출입문 상단에 "유수검지장치실"이라고 표시한 표지를 설치할 것. 다만 유수검지장치를 기계실(공조용기계실을 포함한다)안에 설치하는 경우에는 별도의 실 또는 보호용 철망을 설치하지 않고 기계실 출입문 상단에 "유수검지장치실"이라고 표시한 표지를 설치할 수 있다.
5) 간이헤드에 공급되는 물은 유수검지장치를 지나도록 할 것. 다만 송수구를 통하여 공급되는 물은 그렇지 않다.
6) 자연낙차에 따른 압력수가 흐르는 배관 상에 설치된 유수검지장치는 화재 시 물의 흐름을 검지할 수 있는 최소한의 압력이 얻어질 수 있도록 수조의 하단으로부터 낙차를 두어 설치할 것
7) 간이스프링클러설비가 설치되는 특정소방대상물에 부설된 주차장부분에는 습식 외의 방식으로 해야 한다. 다만 동결의 우려가 없거나 동결을 방지할 수 있는 구조 또는 장치가 된 곳은 그렇지 않다.

7 기타

1) 송수구 : 구경 65 mm의 단구형 또는 쌍구형, 배관 안지름 40 mm 이상
2) 다중이용업소의 영업상에 상수도 직결형 또는 캐비닛형이 설치된 경우 송수구 제외 가능

CHAPTER 05 | 화재조기진압용 스프링클러설비

1 수원의 양 계산

$$Q = 12 \times 60 \times K\sqrt{10P}$$

Q : 수원의 양 [L]
K : 상수(L/min/MPa$^{\frac{1}{2}}$)
P : 헤드선단 압력 [MPa]
12개 헤드 = 가지배관 3개 × 헤드 수 4개

최대 층고	최대 저장높이	ESFR 헤드의 최소방사압력 [MPa]				
		K = 360 하향식	K = 320 하향식	K = 240 하향식	K = 240 상향식	K = 200 하향식
13.7 m	12.2 m	0.28	0.28	-	-	-
13.7 m	10.7 m	0.28	0.28	-	-	-
12.2 m	10.7 m	0.17	0.28	0.36	0.36	0.52
10.7 m	9.1 m	0.14	0.24	0.36	0.36	0.52
9.1 m	7.6 m	0.10	0.17	0.24	0.24	0.34

2 설치장소의 구조

1) 해당 층의 높이가 13.7 m 이하일 것. 다만 2층 이상일 경우에는 해당 층의 바닥을 내화구조로 하고 다른 부분과 방화구획 할 것

2) 천장의 기울기가 $\frac{168}{1,000}$ 이내, 초과 시 반자를 수평으로 설치할 것

3) 천장은 평평하여야 하며, 철재나 목재트러스 구조인 경우 철재나 목재의 돌출 부분이 102 mm를 초과하지 않을 것

4) 보(목재, 콘크리트, 철재) 사이 간격 0.9 m 이상 2.3 m 이하일 것
   (보 간격 2.3 m 이상 : 보로 구획된 부분의 넓이 28 m² 이하)

5) 창고 내의 선반의 형태는 하부로 물이 침투되는 구조로 할 것

3 헤드 설치기준

구분	헤드의 설치기준	
헤드 하나의 방호면적	6.0 m² 이상 ~ 9.3 m²	
가지배관과 가지배관 사이 거리 (헤드 사이 거리)	천장의 높이	사이 거리
	9.1 m 미만	2.4 m 이상 3.7 m 이하
	9.1 m 이상 13.7 m 이하	2.4 m 이상 3.1 m 이하 (헤드 : 3.1 m 이하)
저장물과의 거리	헤드 반사판과 저장물 최상부 : 914 mm 이상	
헤드와 창고 벽	102 mm 이상 ~ $\frac{1}{2}S$ 이하(S = 헤드 사이의 거리)	
작동온도 표시	74 ℃ 이하	
상향식 헤드 반사판	가지배관 상부로부터 178 mm 위에 설치	
상향식 감지부 중앙	천장 반자와 101 mm 이상 152 mm 이하	
하향식 헤드의 반사판의 위치	천장 또는 반자 아래 125 mm 이상 ~ 355 mm 이하	

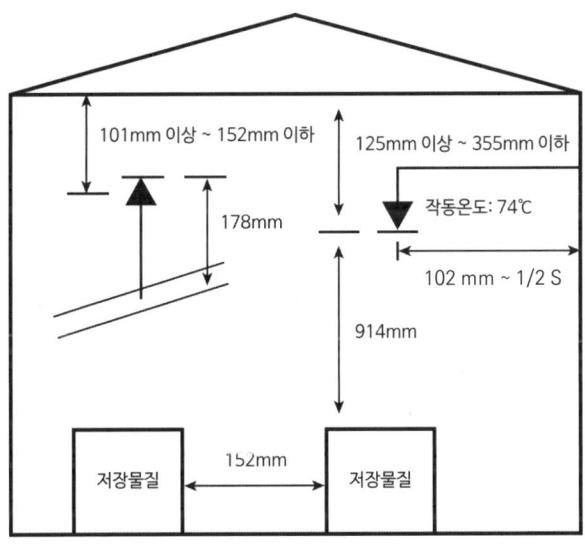

[ESFR 헤드 설치기준]

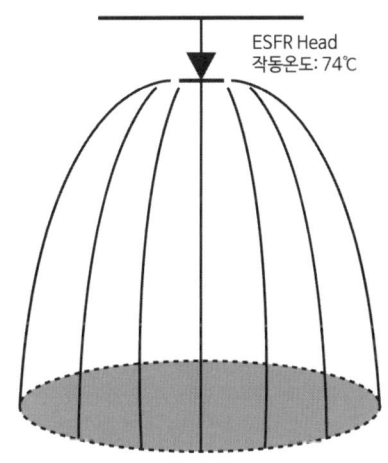

[헤드 1개당 방호면적]

4 저장물의 간격

저장물품 사이의 간격은 모든 방향에서 152 mm 이상의 간격을 유지

5 환기구 설치기준

1) 공기의 유동으로 인하여 헤드의 작동온도에 영향을 주지 않는 구조일 것
2) 화재감지기와 연동하여 동작하는 자동식 환기장치를 설치하지 아니할 것. 다만 자동식 환기장치를 설치할 경우에는 최소작동온도가 180 ℃ 이상일 것

6 설치 제외

1) 제4류 위험물
2) 타이어, 두루마리 종이 및 섬유류, 섬유제품 등 연소 시 화염의 속도가 빠르고 방사된 물이 하부까지에 도달하지 못하는 것

CHAPTER
04, 05 | 계산문제
| 간이스프링클러설비 / ESFR

01

조건과 같은 특정소방대상물에 간이스프링클러설비를 설치할 때 다음 물음에 답하시오.

조 건

① 건축물의 주요 구조부는 내화구조이며, 특정소방대상물의 규모는 다음과 같다.

구분	지하 1층	지상 1층	지상 2층	지상 3층
용도	주차장	슈퍼마켓	휴게음식점	주택
층 높이	4.5 m	4 m	4 m	3.2 m
반자높이	3.5 m	3.0 m	3.0 m	2.5 m
바닥면적	150 m²	400 m²	400 m²	200 m²

② 지하 1층에 기계실 바닥면에 소화펌프가 설치되어 있으며, 간이스프링클러설비의 헤드등은 정방형으로 설치한다. (단, 주차장에는 표준반응형 스프링클러헤드를 적용한다)
③ 주어진 조건 외의 것은 국가화재안전기술기준에 따른다. (단, 10 m = 0.1 MPa이다)

(1) 특정소방대상물에 설치해야 하는 스프링클러헤드등의 최소 수량을 계산하시오.
(2) 펌프의 토출량 [L/min]을 계산하시오.

정답

1. 특정소방대상물에 설치해야 하는 스프링클러헤드등의 최소 수량
   1) 간이헤드의 수평거리
      간이헤드를 설치하는 천장·반자·천장과 반자 사이·덕트·선반 등의 각 부분으로부터 간이헤드까지의 수평거리는 2.3 m(「스프링클러헤드의 형식승인 및 제품검사의 기술기준」에 따른 유효살수반경의 것으로 한다) 이하가 되도록 해야 한다. 다만 성능이 별도로 인정된 간이헤드를 수리계산에 따라 설치하는 경우에는 그렇지 않다.

2) 간이헤드의 수평거리는 2.3 m를 적용한 정방형으로 배치된 헤드 사이의 거리

  (1) 수평거리에 따른 헤드의 설치간격

  $$S = 2r \times \cos 45°$$

  여기서, S : 헤드의 설치간격 [m]
  r : 수평거리 [m]

  (2) 정방형 헤드의 설치간격 [m] = 2 × 2.3 × cos45° = 3.252 m ∴ 3.252 m

3) 간이헤드의 방호면적 [m²] = 3.252 m × 3.252 m = 10.575 m² ∴ 10.58 m²

4) 방호면적 [m²]에 따른 헤드개수

지하 1층	지상 1층	지상 2층	지상 3층
$\dfrac{150\text{m}^2}{10.58\text{m}^2/\text{개}} = 15\text{개}$	$\dfrac{400\text{m}^2}{10.58\text{m}^2/\text{개}} = 38\text{개}$	$\dfrac{400\text{m}^2}{10.58\text{m}^2/\text{개}} = 38\text{개}$	$\dfrac{200\text{m}^2}{10.58\text{m}^2/\text{개}} = 19\text{개}$

5) 스프링클러헤드등의 수량 = 15개 + 38개 + 38개 + 19개 = 110개

  답 110 개

2. 펌프의 토출량 [L/min]

  1) 기준개수 5개 이상 및 20분 이상 수원량을 적용하는 특정소방대상물

  (1) 근린생활시설로 사용하는 부분의 바닥면적 합계가 1,000 m² 이상인 모든 층

  (2) 숙박시설로 사용되는 바닥면적의 합계가 300 m² 이상 600 m² 미만인 시설

  (3) 복합건축물(별표 2 제30호 나목의 복합건축물만 해당 [하나의 건축물이 근린생활시설, 판매시설, 업무시설, 숙박시설 또는 위락시설의 용도와 주택의 용도로 함께 사용되는 것])로서 연면적 1천 m² 이상인 것은 모든 층

  2) 가압송수장치의 적용기준

  방수압력(상수도직결형은 상수도압력)은 가장 먼 가지배관에서 2개 [위의 (1), (2), (3)에 해당하는 경우에는 5개]의 간이헤드를 동시에 개방할 경우 각각의 간이헤드 선단 방수압력은 0.1 MPa 이상, 방수량은 50 L/min 이상이어야 한다. 다만 2.3.1.7에 따른 주차장에 표준반응형 스프링클러헤드를 사용할 경우 헤드 1개의 방수량은 80 L/min 이상이어야 한다.

  3) 펌프의 토출량 [L/min] = 80 L/min × 5개 = 400 L/min

  답 400 L/min

02

다음 조건을 고려하여 화재조기진압용 스프링클러설비 수원의 양을 구하시오.

> **조 건**
> - 랙(Rack)창고의 높이는 12 m이며, 최상단 물품높이는 10 m이다.
> - ESFR 헤드의 K factor는 320이고, 하향식으로 천장에 60개가 설치되어 있다.
> - 옥상수조의 양 및 제시되지 않은 조건은 무시한다.

정답

$Q = 12 \times 60 \times K \sqrt{10p}$ $K : 상수\,[Lpm/(MPa)^{1/2}]$

최대층고	최대저장 높이	화재조기진압용 스프링클러헤드의 최소방사압력 [MPa]				
		K = 360 하향식	K = 320 하향식	K = 240 하향식	K = 240 상향식	K = 200 하향식
13.7 m	12.2 m	0.28	0.28	-	-	-
13.7 m	10.7 m	0.28	0.28	-	-	-
12.2 m	10.7 m	0.17	0.28	0.36	0.36	0.52
10.7 m	9.1 m	0.14	0.24	0.36	0.36	0.52
9.1 m	7.6 m	0.10	0.17	0.24	0.24	0.34

1. 수원 계산

$Q = 12 \times 60 \times K \sqrt{10p}$

$= 12 \times 60 \times 320 \times \sqrt{10 \times 0.28} = 385532.94\,L$

답 $385.53\,m^3$

CHAPTER 06 | 물분무소화설비

■ 설치대상

물분무등소화설비 설치대상(시설법 시행령 별표 4)		소화설비
건축물 내부의 차고, 주차장용도	사용되는 면적의 합계가 200 m² 이상인 경우 해당 부분(50세대 미만 연립주택 및 다세대주택 제외)	물분무, 미분무, CO_2, 포, 할론, 할로겐화합물 및 불활성기체 또는 분말 소화설비
차고, 주차용 건축물, 철골 조립식 주차시설	연면적 800 m² 이상	
기계장치에 의한 주차시설	20대 이상	
항공기 및 자동차 관련 시설 중 항공기격납고		
소방청장이 국가유산청장과 협의하여 정한 국가유산		물분무, 미분무, CO_2, 할론, 할로겐화합물 및 불활성기체 또는 분말 소화설비
특정소방대상물에 설치된 전기실, 발전실, 변전실, 축전지실, 통신기기실, 전산실 등	바닥면적 300 m² 이상	
행정안전부령으로 정하는 터널		물분무 소화설비
중·저준위 방사성 폐기물 저장시설(소화수 수집·처리 설비 없는 것)		CO_2, 할론, 할로겐화합물 및 불활성기체소화설비

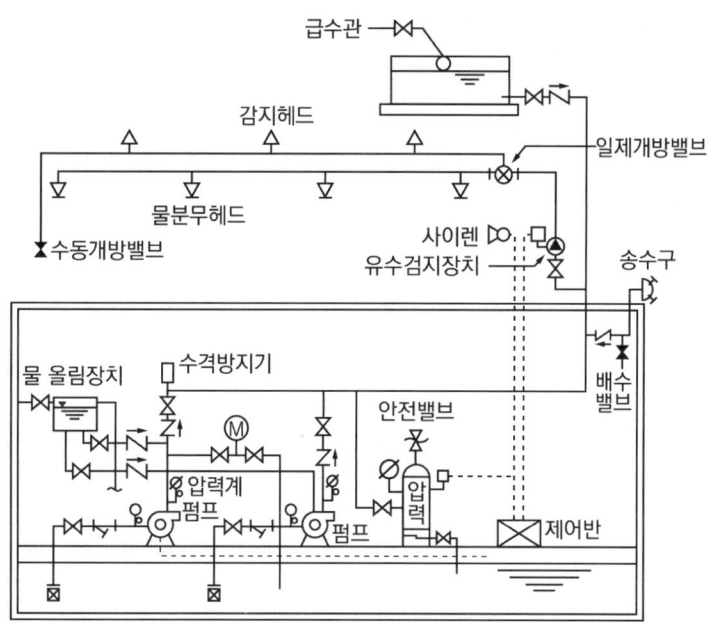

[물분무소화설비 구성]

1 수원의 양

소방대상물	수원량 [L]	A [m²]
특수가연물 저장·취급	A × 10 L/min·m² × 20 min	최대 방수구역의 바닥면적 (최소 50 m²)
콘베이어벨트 등· 절연유봉입 변압기	A × 10 L/min·m² × 20 min	• 컨베이어 벨트 바닥면적 • 변압기 표면적의 합 (바닥부분 제외)
케이블트레이/덕트	A × 12 L/min·m² × 20 min	투영된 바닥면적
차고·주차장	A × 20 L/min·m² × 20 min	최대 방수구역의 바닥면적 (최소 50 m²)

2 물분무헤드의 설치 제외

1) 물에 심하게 반응하는 물질 또는 물과 반응하여 위험한 물질을 생성하는 물질을 저장 또는 취급하는 장소

2) 고온의 물질 및 증류범위가 넓어 끓어 넘치는 위험이 있는 물질을 저장 또는 취급하는 장소

3) 운전 시 표면의 온도가 260 ℃ 이상으로 되는 등 직접 분무하는 경우 그 부분에 손상을 입힐 우려가 있는 기계장치 등이 있는 장소

3 전기기기와 물분무헤드 사이의 거리

전압 [kV]	거리 [cm]
66 이하	70 이상
66 초과 77 이하	80 이상
77 초과 110 이하	110 이상
110 초과 154 이하	150 이상
154 초과 181 이하	180 이상
181 초과 220 이하	210 이상
220 초과 275 이하	260 이상

4 물분무헤드의 종류

종류	특징
디플렉터형	물방울을 반사판에 충돌시켜 미세물방울을 만드는 방식
선회류형	선회류와 직선류의 충돌 또는 선회류에 의해 확산·방출시키는 방식
슬리터형	수류를 슬릿(Slit - 긴 구멍)에 의해 수막상의 분무를 만드는 방식
충돌형	유수와 유수의 충돌에 의해 미세한 물방울을 만드는 방식
분사형	소구경의 오리피스로부터 고압 분사에 의해 확산·방출시키는 방식

5 배수설비 설치기준

1) 차량이 주차하는 장소의 적당한 곳에 높이 10 cm 이상의 경계턱으로 배수구를 설치할 것
2) 배수구에는 새어나온 기름을 모아 소화할 수 있도록 길이 40 m 이하마다 집수관·소화피트 등 기름분리장치를 설치할 것
3) 차량이 주차하는 바닥은 배수구를 향하여 100분의 2 이상 기울기
4) 배수설비는 가압송수장치의 최대송수능력의 수량을 유효하게 배수할 수 있는 크기 및 기울기로 할 것

6 물분무소화설비의 소화효과

소화효과	내용
질식효과	화재 시 연소열에 의해 생성된 수증기는 체적이 1,700배로 팽창되어 연소면의 산소공급을 차단
냉각효과	물입자가 작아서 열흡수(증발)가 용이하고 증발잠열이 커서 냉각효과가 우수
유화효과	유류화재 시 유류표면에 방사되어 불연성의 유화층(에멀션)을 형성하여 소화
희석효과	가연물의 농도를 낮추어 소화

CHAPTER 07 | 미분무소화설비

- **미분무** : 물만을 사용하여 소화하는 방식으로 최소설계압력에서 헤드로부터 방출되는 물입자 중 99 %의 누적체적분포가 400 μm 이하로 분무되고 A, B, C급 화재에 적응성을 갖는 것

1 수원

$$Q = N \times D \times T \times S + V$$

- Q : 수원의 양 [m³]
- N : 헤드의 개수
- D : 설계유량 [m³/min]
- T : 설계방수시간 [min]
- S : 안전율 [1.2 이상]
- V : 배관의 총체적 [m³]

1) 미분무수 소화설비에 사용되는 용수는 「먹는물관리법」 제5조에 적합해야 한다.
2) 저수조 등에 충수할 경우 필터 또는 스트레이너를 통하여야 한다.
3) 배관의 연결부(용접부 제외) 또는 주배관의 유입 측에는 필터 또는 스트레이너를 설치하여야 한다.
4) 사용되는 필터 또는 스트레이너의 메쉬는 헤드 오리피스 지름의 80 % 이하가 되어야 한다.
5) 첨가제의 양은 설계방수시간 내에 충분히 사용될 수 있는 양 이상으로 산정한다.

2 압력에 따른 분류

분류	압력
저압 미분무	최고사용압력이 1.2 MPa 이하
중압 미분무	사용압력이 1.2 MPa 초과 3.5 MPa 이하
고압 미분무	최저사용압력이 3.5 MPa 초과

3 배관 등

1) 배관의 재질

   (1) 설비에 사용되는 구성요소는 STS 304 이상의 재료를 사용하여야 한다.

   (2) 배관은 배관용 스테인리스 강관(KS D 3576)이나 이와 동등 이상의 강도·내식성 및 내열성을 가진 것으로 하여야 하고, 용접할 경우 용접찌꺼기 등이 남아 있지 아니하여야 하며, 부식의 우려가 없는 용접방식으로 하여야 한다.

   (3) 급수배관은 다음 각 호의 기준에 따라 설치하여야 한다.
   ① 전용으로 할 것
   ② 급수를 차단할 수 있는 개폐밸브는 개폐표시형으로 할 것

2) 성능시험배관 및 순환배관

   (1) 성능시험배관은 펌프의 토출 측에 설치된 개폐밸브 이전에서 분기하여 직선으로 설치하고, 유량측정장치를 기준으로 전단 직관부에는 개폐밸브를 후단 직관부에는 유량조절밸브를 설치할 것. 이 경우 개폐밸브와 유량측정장치 사이의 직관부 거리 및 유량측정장치와 유량조절밸브 사이의 직관부 거리는 해당 유량측정장치 제조사의 설치사양에 따르고, 성능시험배관의 호칭지름은 유량측정장치의 호칭 지름에 따른다.

   (2) 유입구에는 개폐밸브를 둘 것

   (3) 유량측정장치는 펌프의 정격토출량의 175 % 이상까지 측정할 수 있는 성능이 있을 것

   (4) 가압송수장치의 체절운전 시 수온의 상승을 방지하기 위하여 체크밸브와 펌프 사이에서 분기한 구경 20 mm 이상의 배관에 체절압력 미만에서 개방되는 릴리프밸브를 설치할 것

4 방호구역과 방수구역

1) 폐쇄형 미분무헤드를 사용하는 설비의 방호구역(미분무소화설비의 소화범위에 포함된 영역을 말한다. 이하 같다)은 다음 각 호의 기준에 적합하여야 한다.

   (1) 하나의 방호구역의 바닥면적은 펌프용량, 배관의 구경 등을 수리학적으로 계산한 결과 헤드의 방수압 및 방수량이 방호구역 범위 내에서 소화목적을 달성할 수 있도록 산정해야 한다.

   (2) 하나의 방호구역은 2개 층에 미치지 않을 것

2) 개방형 미분무소화설비의 방수구역은 다음 각 호의 기준에 적합하여야 한다.
   (1) 하나의 방수구역은 2개 층에 미치지 아니 할 것
   (2) 하나의 방수구역을 담당하는 헤드의 개수는 최대 설계개수 이하로 할 것
      다만 2개 이상의 방수구역으로 나눌 경우에는 하나의 방수구역을 담당하는 헤드의 개수는 최대설계개수의 1/2 이상으로 할 것
   (3) 터널, 지하가 등에 설치할 경우 동시에 방수되어야 하는 방수구역은 화재가 발생된 방수구역 및 접한 방수구역으로 할 것

5 미분무소화설비의 헤드 설치기준

1) 천장·반자·천장과 반자 사이·덕트·선반 기타 이와 유사한 부분에 설계자의 의도에 적합하도록 설치
2) 하나의 헤드까지의 수평거리 산정은 설계자가 제시
3) 사용되는 헤드는 조기반응형 헤드를 설치
4) 폐쇄형 미분무헤드는 그 설치장소의 평상시 최고주위온도에 따라 다음 식에 따른 표시온도의 것으로 설치

$$T_a = 0.9\,T_m - 27.3\,℃$$

T_a : 최고주위온도
T_m : 헤드의 표시온도

5) 배관, 행거 등으로부터 살수가 방해되지 아니하도록 설치
6) 설계도면과 동일하게 설치
7) 미분무 헤드는 성능시험기관으로 지정받은 기관에서 검증

6 미분무 설계도서 작성 시 고려사항(일반설계도서와 특별설계도서 중 1개)

1) 점화원의 형태
2) 초기 점화되는 연료 유형
3) 문과 창문의 초기 상태(열림, 닫힘) 및 시간에 따른 변화 상태
4) 화재 위치
5) 시공유형과 내장재 유형
6) 공기조화설비, 자연형(문, 창문) 및 기계형 여부

7 설계도서 작성기준

1) 공통사항

설계도서는 건축물에서 발생 가능한 상황을 선정하되, 건축물의 특성에 따라 제2호의 설계도서 유형 중 (1)의 일반설계도서와 (2)부터 (7)까지의 특별설계도서 중 1개 이상을 작성한다.

2) 설계도서 유형

(1) 일반설계도서

① 건물용도, 사용자 중심의 일반적인 화재를 가상한다.

② 설계도서에는 다음 사항이 필수적으로 명확히 설명되어야 한다.

　㉠ 건물사용자 특성
　㉡ 사용자의 수와 장소
　㉢ 실 크기
　㉣ 가구와 실내 내용물
　㉤ 연소 가능한 물질들과 그 특성 및 발화원
　㉥ 환기 조건
　㉦ 최초 발화물과 발화물의 위치

③ 설계자가 필요한 경우 기타 설계도서에 필요한 사항을 추가할 수 있다.

(2) 특별설계도서 1

① 내부 문들이 개방되어 있는 상황에서 피난로에 화재가 발생하여 급격한 화재연소가 이루어지는 상황을 가상한다.

② 화재 시 가능한 피난방법의 수에 중심을 두고 작성한다.

(3) 특별설계도서 2

① 사람이 상주하지 않는 실에서 화재가 발생하지만, 잠재적으로 많은 재실자에게 위험이 되는 상황을 가상한다.

② 건축물 내의 재실자가 없는 곳에서 화재가 발생하여 많은 재실자가 있는 공간으로 연소 확대되는 상황에 중심을 두고 작성한다.

⑷ 특별설계도서 3
　① 많은 사람들이 있는 실에 인접한 벽이나 덕트 공간 등에서 화재가 발생한 상황을 가상한다.
　② 화재감지기가 없는 곳이나 자동으로 작동하는 소화설비가 없는 장소에서 화재가 발생하여 많은 재실자가 있는 곳으로의 연소 확대가 가능한 상황에 중심을 두고 작성한다.

⑸ 특별설계도서 4
　① 많은 거주자가 있는 아주 인접한 장소 중 소방시설의 작동범위에 들어가지 않는 장소에서 아주 천천히 성장하는 화재를 가상한다.
　② 작은 화재에서 시작하지만 큰 대형화재를 일으킬 수 있는 화재에 중심을 두고 작성한다.

⑹ 특별설계도서 5
　① 건축물의 일반적인 사용 특성과 관련, 화재하중이 가장 큰 장소에서 발생한 아주 심각한 화재를 가상한다.
　② 재실자가 있는 공간에서 급격하게 연소 확대되는 화재를 중심으로 작성한다.

⑺ 특별설계도서 6
　① 외부에서 발생하여 본 건물로 화재가 확대되는 경우를 가상한다.
　② 본 건물에서 떨어진 장소에서 화재가 발생하여 본 건물로 화재가 확대되거나 피난로를 막거나 거주가 불가능한 조건을 만드는 화재에 중심을 두고 작성한다.

CHAPTER 06, 07 | 계산문제

| 물분무 / 미분무소화설비

01

그림과 같이 바닥면이 자갈로 되어 있는 절연유 봉입 변압기에 물분무소화설비를 설치하고자 한다. 물분무소화설비의 화재안전기술기준을 참고하여 다음 각 물음에 답하시오.

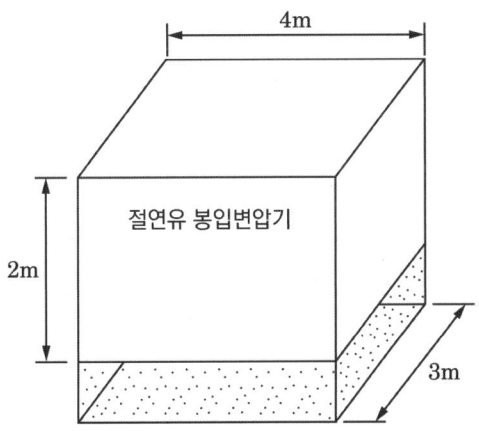

(1) 소화 펌프의 최소 토출량 [L/min]을 구하시오.
(2) 최소 수원의 양 [m³]을 구하시오.

정답

1. 절연유 봉입변압기 소화 펌프의 최소 토출량 [L/min]
   = A [m²] × 10 $L/min \cdot m^2$ (A : 바닥부분 제외 변압기 표면적의 합)
2. 절언유 봉입변압기 최소 수원량 [L]
   = A [m²] × 10 $L/min \cdot m^2$ × 20 min

1. 소화 펌프의 최소 토출량 [L/min]

   A [m²] × 10 $\ell/min \cdot m^2$ × 20 min (A : 바닥부분 제외 변압기 표면적의 합)

   1) $A = (4m \times 2m \times 2면) + (3m \times 2m \times 2면) + (4m \times 3m) = 40\,m^2$
   2) $Q = 40\,m^2 \times 10\,L/m^2 \cdot min = 400\,L/min$ 　　　　답 400 L/min

2. 수원의 양 [m³] = $400\,L/min \times 20\,min = 8{,}000\,L = 8\,m^3$ 　　　　답 8 m³

02

각 층당 48 m²의 주차면적을 가지고 있는 지상 4층 규모의 주차용 건축물에 물분무소화설비를 설치하려고 한다. 다음 물음에 답하시오.

(1) 물분무 소화펌프의 최소 토출량 [L/min]을 계산하시오.
(2) 주차용 건축물에 설치해야 하는 배수설비의 설치기준을 쓰시오.

정답

1. 차고 또는 주차장 최소 토출량 [L/min]
   = A [m²] × 20 $L/min \cdot m^2$ (A : 최대 방수구역의 바닥면적. 최소 50 m²)

1. 토출량 [L/min] = 50 m² × 20 $L/min \cdot m^2$ = 1,000 L/min

   답 1,000 L/min

2. 주차용 건축물에 설치해야 하는 배수설비의 설치기준
   1) 차량이 주차하는 장소의 적당한 곳에 높이 10 cm 이상의 경계턱으로 배수구를 설치할 것
   2) 배수구에는 새어나온 기름을 모아 소화할 수 있도록 길이 40 m 이하마다 집수관·소화핏트 등 기름분리장치를 설치할 것
   3) 차량이 주차하는 바닥은 배수구를 향하여 100분의 2 이상의 기울기를 유지할 것
   4) 배수설비는 가압송수장치의 최대송수능력의 수량을 유효하게 배수할 수 있는 크기 및 기울기로 할 것

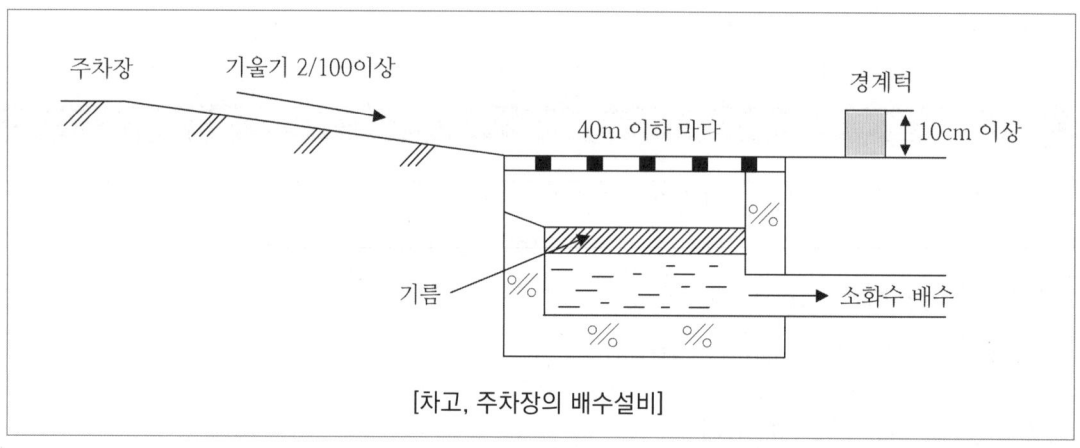

[차고, 주차장의 배수설비]

03

미분무소화설비에 관한 다음 물음에 답하시오.

(1) 조건과 같이 설치된 미분무소화설비의 수원량 [m³]을 계산하시오.

조 건

① 헤드의 설치개수는 30개이다.
② 헤드 1개당 설계유량은 50 L/min이다.
③ 설계방수시간 1시간이다.
④ 미분무소화설비에서 배관의 총체적은 0.07 m³이다.

---

(2) 미분무소화설비의 폐쇄형 미분무헤드의 표시온도가 79 ℃일 때 그 설치장소의 평상시 최고주위온도 [℃]를 계산하시오.

정답

$$수원량 Q = (N \times T \times D \times S) + V$$

1. 조건과 같이 설치된 미분무소화설비의 수원량 [m³]

$$Q = (N \times D \times T \times S) + V$$

- Q : 수원의 양 [m³]
- N : 헤드의 개수
- D : 설계유량 [m³/min]
- T : 설계방수시간 [min]
- S : 안전율 [1.2 이상]
- V : 배관의 총체적 [m³]

수원량 [m³] = (30개 × 0.05m³/min·개 × 60min × 1.2) + 0.07m³ = 108.07 m³

답 108.07 m³

2. 미분무소화설비의 폐쇄형 미분무헤드의 표시온도가 79 ℃일 때 그 설치장소의 평상시 최고주위온도 [℃]

1) 설치장소의 평상시 최고주위온도에 따른 표시온도 계산식

$$Ta = 0.9\,Tm - 27.3℃$$

여기서, Ta : 최고주위온도(℃)
Tm : 헤드표시온도(℃)

2) 평상시 최고주위온도 [℃] = 0.9 × 79℃ − 27.3℃ = 43.8 ℃

답 43.8 ℃

CHAPTER 08 | 포소화설비

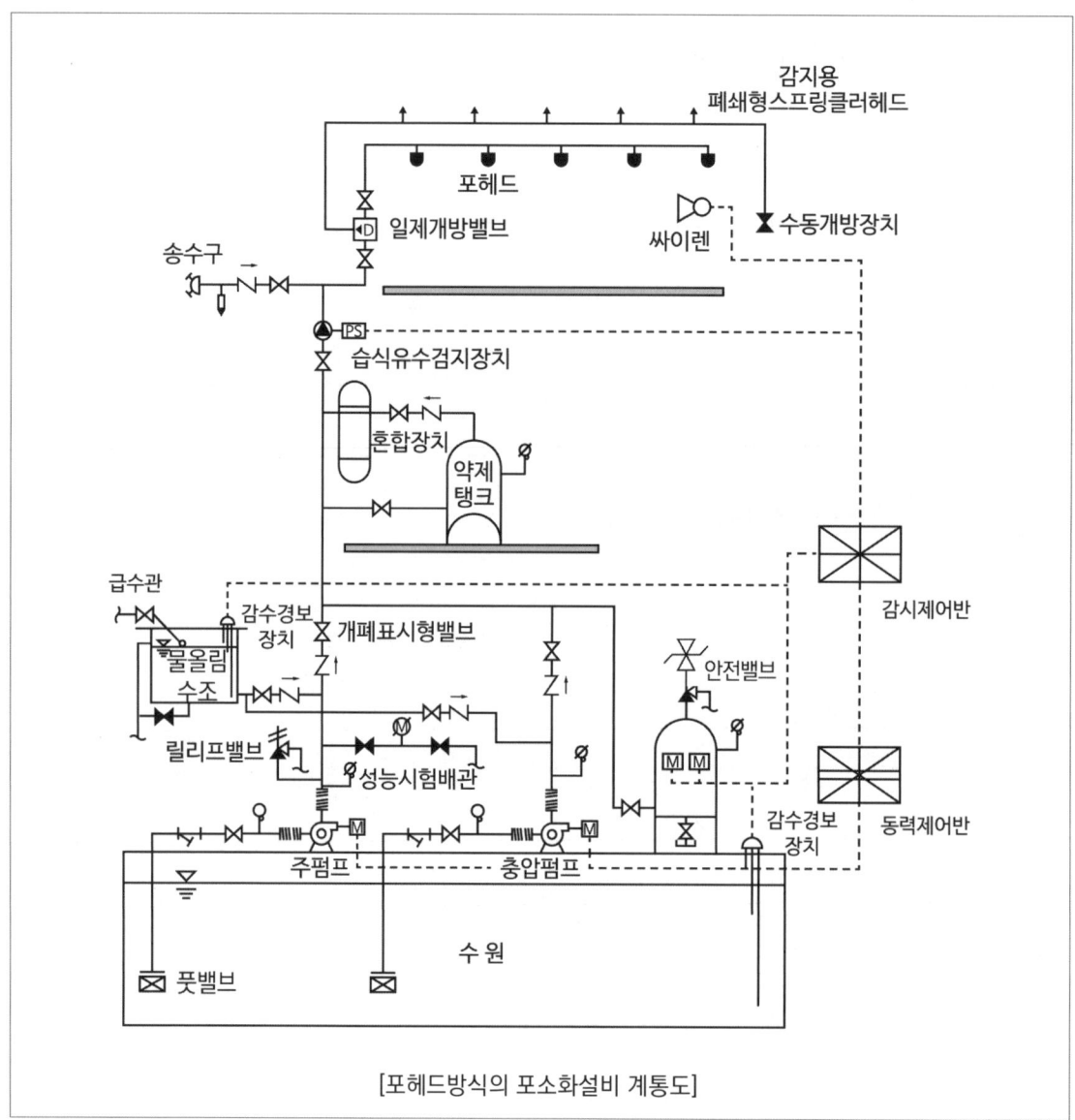

[포헤드방식의 포소화설비 계통도]

1 포소화설비의 종류 및 적응성

대상 \ 설비의 종류	포워터 스프링클러	포 헤드	고정포 방출설비	압축 공기포	포 소화전	호스릴 포
특수가연물을 저장·취급하는 공장, 창고	○	○	○	○	×	×
차고 또는 주차장	○	○	○	○	①②	①②
항공기 격납고	○	○	○	○	×	③
발전기실, 엔진펌프실, 변압기, 전기케이블실, 유압설비(300 m² 미만)	×	×	×	○	×	×

① 완전 개방된 옥상주차장 또는 고가 밑의 주차장으로서 주된 벽이 없고 기둥뿐이거나 주위가 위해방지용 철주 등으로 둘러싸인 부분
② 차고·주차장 중 지상 1층으로서 지붕이 없는 부분
③ 항공기격납고의 바닥면적의 합계가 1,000 m² 이상이고, 항공기의 격납위치가 한정되어 있는 경우에는 그 한정된 장소 외의 부분

2 수원의 산정기준

구분	수원의 산정기준
특수가연물을 저장·취급하는 공장·창고	① 포워터 또는 포헤드(이하 "포헤드")가 가장 많이 설치된 층의 포헤드(바닥면적이 200 m²를 초과한 층은 바닥면적 200 m² 이내에 설치된 포헤드)에서 동시에 표준방사량으로 10분간 방사할 수 있는 양 이상 ② 고정포방출설비의 경우에는 고정포방출구가 가장 많이 설치된 방호구역 안의 고정포방출구에서 표준방사량으로 10분간 방사할 수 있는 양 이상 ③ 포워터스프링클러설비·포헤드설비 또는 고정포방출설비가 함께 설치된 때에는 각 설비별로 산출된 저수량 중 최대의 것

구분	수원의 산정기준
차고 또는 주차장	① 포워터 또는 포헤드(이하 "포헤드")가 가장 많이 설치된 층의 포헤드(바닥면적이 200 m²를 초과한 층은 바닥면적 200 m² 이내에 설치된 포헤드)에서 동시에 표준방사량으로 10분간 방사할 수 있는 양 이상 ② 고정포방출설비의 경우에는 고정포방출구가 가장 많이 설치된 방호구역 안의 고정포방출구에서 표준방사량으로 10분간 방사할 수 있는 양 이상 ③ 차고, 주차장에 설치된 호스릴포 및 포소화전(최대 5개) 설치개수에 6 m³ 이상 ④ 호스릴포소화설비·포소화전설비·포워터스프링클러 설비·포헤드설비 또는 고정포방출설비가 함께 설치된 경우 각 설비별로 산출된 저수량 중 최대의 것
항공기 격납고	① 포워터스프링클러설비·포헤드설비 또는 고정포방출설비의 경우에는 포헤드 또는 고정포방출구가 가장 많이 설치된 항공기격납고의 포헤드 또는 고정포방출구에서 동시에 표준방사량으로 10분간 방사할 수 있는 양 이상 ② 호스릴포소화설비를 함께 설치한 경우에는 호스릴포방수구가 가장 많이 설치된 격납고의 호스릴방수구수(호스릴포방수구가 5개 이상 설치된 경우에는 5개)에 6 m³를 곱한 양을 합한 양 이상
고정식압축공기포소화설비(발전기실, 엔진펌프실, 변압기, 전기케이블실, 유압설비 : 바닥면적 300 m² 미만의 장소)	① 방수량은 설계사양에 따라 방호구역에 최소 10분 방사 ② 수원에서의 설계 방출밀 　㉠ 일반가연물, 탄화수소류 : 1.63 L/min·m² 이상 　㉡ 특수가연물, 알코올류와 케톤류 : 2.3 L/min·m² 이상

3 포 소화약제의 저장량

1) 전역방출방식

(1) 포워터스프링클러헤드방식

$$Q = N \times Q_1 \times T \times S$$

여기서, Q : 포소화약제의 양 [L]
N : 헤드 수 [특수가연물 및 차고, 주차장은 최대 바닥면적 200 m² 이내의 헤드 수]
Q_1 : 단위 포수용액의 양 [$75 L/min \cdot$개]
T : 방출시간 [min]
S : 포소화약제의 사용농도 [%]

(2) 포헤드방식

$$Q = A \times Q_1 \times T \times S$$

여기서, Q : 포소화설비약제의 양 [L]
A : 바닥면적 [특수가연물 및 차고, 주차장에는 최대 바닥면적 200 m² 이내]
Q_1 : 단위 포수용액의 양 [$L/min \cdot m^2$]
T : 방출시간 [min]
S : 포소화약제의 사용농도 [%]

소방대상물	포소화약제의종류	바닥면적 1 m²당 방사량
차고·주차장 및 항공기격납고	단백포	6.5 L 이상
	합성계면활성제포	8.0 L 이상
	수성막포	3.7 L 이상
특수가연물을 저장·취급	단백포 합성계면활성제포 수성막포	6.5 L 이상

(3) 고정포방출구(고발포용)방식

$$Q = V \times Q_1 \times T \times S$$

여기서, Q : 포소화약제의 양 [L]
V : 관포체적(방호대상물의 높이보다 0.5 m 높은 위치까지의 체적 [m³]
Q_1 : 단위 포수용액의 양 [$L/\min \cdot m^3$]
T : 방출시간 [min]
S : 포소화약제의 사용농도 [%]

소방대상물	포의 팽창비	Q_1
항공기격납고	팽창비 80 이상 250 미만	2.00 L
	팽창비 250 이상 500 미만	0.50 L
	팽창비 500 이상 1,000 미만	0.29 L
차고 또는 주차장	팽창비 80 이상 250 미만	1.11 L
	팽창비 250 이상 500 미만	0.28 L
	팽창비 500 이상 1,000 미만	0.16 L
특수가연물 저장·취급장소	팽창비 80 이상 250 미만	1.25 L
	팽창비 250 이상 500 미만	0.31 L
	팽창비 500 이상 1,000 미만	0.18 L

(4) 고정포방출구방식(위험물 저장탱크)

$$Q' = Q_1 + Q_2 + Q_3$$

① Q_1 : 고정포방출구의 포소화약제 양 [L]

$Q_1 = A \cdot Q \cdot T \cdot S$
  A : 탱크의 액표면적 [m²]
  Q : 단위포소화수용액의 양(방출률) [$L/\min \cdot m^2$]
  T : 방출시간 [min] S : 약제농도 [%]

② Q_2 : 보조포소화전의 포소화약제 양 [L]

$Q_2 = N \cdot 8,000 \cdot S$
  N : 호스접결구의 수(최대 3개)
  S : 약제농도 [%]

③ Q_3 : 가장 먼 탱크까지 송액관의 양(내경 75 mm 이하 배관 제외)

$Q_3 = A \cdot L \cdot S \cdot 1,000$
  Q_3 : 배관 보정량 [L] A : 배관 단면적 [m²]
  S : 약제농도 [%] L : 배관의 길이 [m]

※ 송액관 : 수원으로부터 포헤드, 고정포방출구 등에 급수하는 배관

(5) 압축공기포방식

$$Q = A \times Q_1 \times T \times S$$

Q : 포소화약제의 양 [L]
A : 방호구역의 바닥면적 [m²]
Q_1 : 단위 포수용액의 양 [L/min·m²]
T : 방출시간 [min]
S : 포소화약제의 사용농도 [%]

방호대상물	방호면적 1 m²에 대한 1분당 방출량
특수가연물, 알코올류와 케톤류	2.3 L
기타의 것, 탄화수소류	1.63 L

2) 국소방출방식 고발포용포방출구

  (1) 인접하여 불이 옮겨 붙을 우려가 있는 범위 내의 방호대상물은 하나의 방호대상물로 하여 설치할 것
  (2) 방호면적 [높이의 3배(최소 1 m)의 거리를 수평으로 연장한 선으로 둘러싸인 부분]에 대한 1분당 방출량

방호대상물	방호면적 1 m²에 대한 1분당 방출량
특수가연물	3 L
기타의 것	2 L

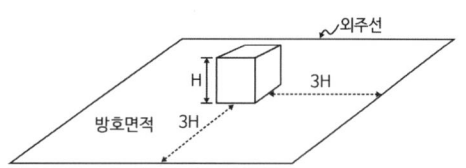

3) 옥내포소화전방식 또는 호스릴방식(단, 바닥면적이 200 m² 미만인 건축물 : 산출량의 75 %)

$$Q = N \times S \times 6,000 \, L$$

Q : 포소화약제의 양 [L]
N : 호스 접결구수(5개 이상인 경우는 5)
S : 포소화약제의 사용농도 [%]

4 배관의 설치기준

1) 송액관은 포의 방출 종료 후 배관 안의 액을 배출하기 위하여 적당한 기울기를 유지하고 그 낮은 부분에 배액밸브를 설치하여야 한다.
2) 포워터스프링클러설비 또는 포헤드설비
  (1) 가지배관의 배열은 토너먼트방식이 아닐 것
  (2) 한쪽 가지배관에 설치하는 헤드의 수는 8개 이하로 한다.

3) 송액관은 전용으로 하여야 한다. 다만 기동 시 다른 설비의 용도에 사용하는 배관의 송수를 차단할 수 있거나, 포소화설비의 성능에 지장이 없는 경우에는 다른 설비와 겸용할 수 있다.
4) 압축공기포소화설비의 배관은 토너먼트방식으로 하여야 하고, 소화약제가 균일하게 방출되는 등거리 배관구조로 설치하여야 한다.

5 위험물 저장탱크의 포방출구

고정포방출구		작동원리
I형		고정지붕구조의 탱크에 상부포주입법을 이용하는 것으로서 방출된 포가 액면 아래로 몰입되거나 액면을 뒤섞지 않고 액면상을 덮을 수 있는 통계단 또는 미끄럼판 등의 설비 및 탱크 내의 위험물증기가 외부로 역류되는 것을 저지할 수 있는 구조·기구를 갖는 포방출구
II형		고정지붕구조 또는 부상덮개부착고정지붕구조의 탱크에 상부포주입법을 이용하는 것으로서 방출된 포가 탱크옆판의 내면을 따라 흘러내려 가면서 액면 아래로 몰입되거나 액면을 뒤섞지 않고 액면상을 덮을 수 있는 반사판 및 탱크 내의 위험물증기가 외부로 역류되는 것을 저지할 수 있는 구조·기구를 갖는 포방출구
특형		부상지붕구조의 탱크에 상부포주입법을 이용하는 것으로서 부상지붕의 부상 부분상에 높이 0.9 m 이상의 금속제의 칸막이를 탱크옆판의 내측으로부터 1.2 m 이상 이격하여 설치하고 탱크옆판과 칸막이에 의하여 형성된 환상부분에 포를 주입하는 것이 가능한 구조의 반사판을 갖는 포방출구
III형		고정지붕구조의 탱크에 저부포주입법(탱크의 액면하에 설치된 포방출구로부터 포를 탱크 내에 주입하는 방법)을 이용하는 것으로서 송포관으로부터 포를 방출하는 포방출구
IV형		고정지붕구조의 탱크에 저부포주입법을 이용하는 것으로서 평상시에는 탱크의 액면하의 저부에 설치된 격납통에 수납되어 있는 특수호스 등이 송포관의 말단에 접속되어 있다가 포를 보내는 것에 의하여 특수호스 등이 전개되어 그 선단이 액면까지 도달한 후 포를 방출하는 포방출구

※ 위험물안전관리법에 관한 방출구 종류에 따른 포수용액량

4류 위험물 중	I 형		II, III, IV형		특형	
	포수용액량 [L/m²]	방출률 [L/m²·min]	포수용액량 [L/m²]	방출률 [L/m²·min]	포수용액량 [L/m²]	방출률 [L/m²·min]
인화점이 21℃ 미만인 것	120	4	220	4	240	8
인화점이 21℃ 이상 70℃ 미만인 것	80	4	120	4	160	8
인화점이 70℃ 이상인 것	60	4	100	4	120	8

6 포소화약제 혼합방식

1) 라인 프로포셔너방식(Line Proportioner Type)
펌프와 발포기의 중간에 설치된 벤추리관의 벤추리 작용에 따라 포소화약제를 흡입·혼합하는 방식

2) 펌프 프로포셔너방식(Pump Proportioner Type)
펌프의 토출관과 흡입관 사이의 배관 도중에 설치한 흡입기에 펌프에서 토출된 물의 일부를 보내고, 농도 조정밸브에서 조정된 포소화약제의 필요량을 포소화약제 탱크에서 펌프 흡입 측으로 보내어 이를 혼합하는 방식

3) 프레셔 사이드 프로포셔너(Pressure Side Proportioner Type)
펌프의 토출관에 압입기를 설치하여 포소화약제 압입용 펌프로 포소화약제를 압입시켜 혼합하는 방식

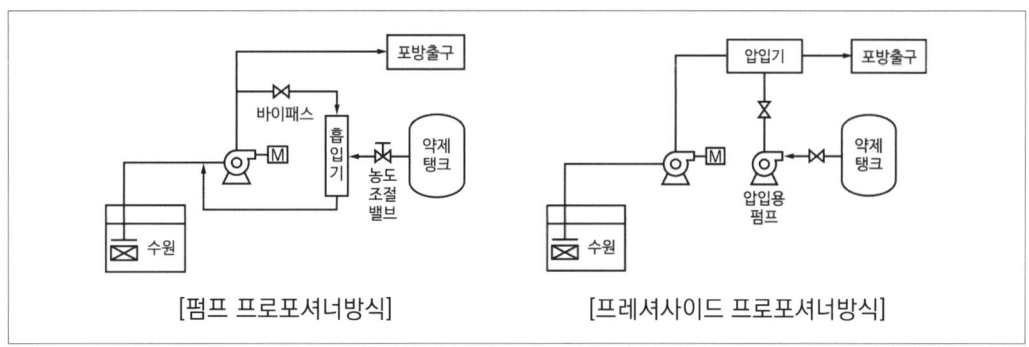

[펌프 프로포셔너방식]   [프레셔사이드 프로포셔너방식]

4) 프레셔 프로포셔너(Pressure Proportioner Type)

펌프와 발포기의 중간에 설치된 벤추리관의 벤추리작용과 펌프 가압수의 포소화약제 저장탱크에 대한 압력에 따라 포소화약제를 흡입·혼합하는 방식

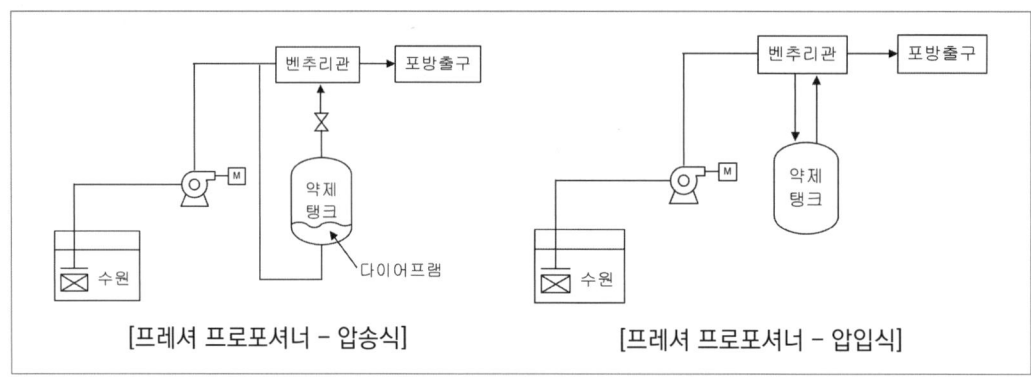

[프레셔 프로포셔너 - 압송식]   [프레셔 프로포셔너 - 압입식]

5) 압축공기포 혼합방식(CAFS, Compressed Air Foam System)

압축공기 또는 압축질소를 일정비율로 포수용액에 강제 주입·혼합하는 방식

7 포소화설비의 설치기준

1) 포헤드 및 고정포방출구의 포의 팽창비율

구분		팽창비	포방출구의 종류
저발포		20 이하	포헤드, 압축공기포헤드
고발포	제1종	80 ~ 250 미만	고발포용 고정포방출구
	제2종	250 ~ 500 미만	
	제3종	500 ~ 1,000 미만	

2) 포소화설비의 방호면적에 따른 헤드 설치기준

구분		설치기준	
포워터스프링클러헤드		바닥면적 8 m^2마다 1개 이상	포헤드의 유효 반경 2.1 m
포헤드		바닥면적 9 m^2마다 1개 이상	
고정포방출구		바닥면적 500 m^2마다 1개 이상	
압축공기포소화 설비의 분사헤드	유류탱크주위	바닥면적 13.9 m^2마다 1개 이상	
	특수가연물저장소	바닥면적 9.3 m^2마다 1개 이상	

3) 포 저장탱크 설치기준

　⑴ 화재 등의 재해로 인한 피해를 받을 우려가 없는 장소에 설치할 것

　⑵ 기온의 변동으로 포의 발생에 장애를 주지 않는 장소에 설치할 것. 다만 기온의 변동에 영향을 받지 않는 포소화약제의 경우에는 그렇지 않다.

　⑶ 포소화약제가 변질될 우려가 없고 점검에 편리한 장소에 설치할 것

　⑷ 가압송수장치 또는 포소화약제 혼합장치의 기동에 따라 압력이 가해지는 것 또는 상시 가압된 상태로 사용되는 것은 압력계를 설치할 것

　⑸ 포소화약제 저장량의 확인이 쉽도록 액면계 또는 계량봉 등을 설치할 것

　⑹ 가압식이 아닌 저장탱크는 글라스게이지를 설치하여 액량을 측정할 수 있는 구조로 할 것

8 차고·주차장에 설치하는 호스릴 포소화설비, 포소화전설비

1) 방수구(5개 초과 : 5개)를 동시에 사용할 경우 다음 만족할 것

　⑴ 방사압력 : 0.35 MPa 이상

　⑵ 방사량 : 300 L/min (1개 층 바닥면적이 200 m² 이하 : 230 L/min)

　⑶ 방사능력 : 수평거리 15 m 이상 방사

2) 저발포의 포소화약제 사용

3) 호스릴 또는 호스를 호스릴포방수구 또는 포소화전방수구로 분리하여 비치하는 때에는 그로부터 3 m 이내의 거리에 호스릴함 또는 호스함을 설치

4) 호스릴함 또는 호스함

　⑴ 바닥으로부터 높이 : 1.5 m 이하

　⑵ "포호스릴함(또는 포소화전함)" 표지

　⑶ 적색의 위치표시등

5) 호스릴포방수구의 수평거리 : 15 m 이하

　포소화전방수구의 수평거리 : 25 m 이하

6) 호스릴, 호스의 길이 : 각 부분에 포가 유효하게 뿌려질 수 있을 것

9 포소화설비의 수동식 기동장치

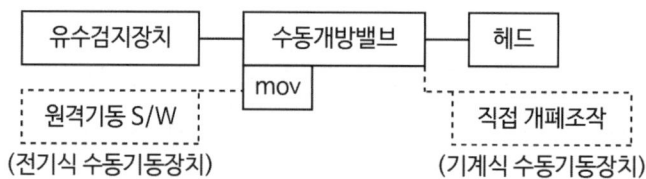

1) 직접조작 또는 원격조작에 따라 가압송수장치·수동식개방밸브 및 소화약제 혼합장치를 기동할 수 있는 것
2) 2 이상의 방사구역을 가진 포소화설비에는 방사구역을 선택할 수 있는 구조
3) 기동장치의 조작부는 화재 시 쉽게 접근할 수 있는 곳에 설치하되, 바닥으로부터 0.8 m 이상 1.5 m 이하의 위치에 설치하고, 유효한 보호장치를 설치
4) 기동장치의 조작부 및 호스 접결구에는 가까운 곳의 보기 쉬운 곳에 각각 "기동장치의 조작부" 및 "접결구"라고 표시한 표지 설치
5) 차고 또는 주차장에 설치하는 포소화설비의 수동식 기동장치는 방사구역마다 1개 이상 설치
6) 항공기격납고에 설치하는 포소화설비의 수동식 기동장치는 각 방사구역마다 2개 이상을 설치하되, 그중 1개는 각 방사구역으로부터 가장 가까운 곳 또는 조작에 편리한 장소에 설치(1개는 감시실 등에 설치)

10 포소화설비의 자동식 기동장치

화재감지기의 작동 또는 폐쇄형 스프링클러헤드의 개방과 연동하여 가압송수장치·일제개방밸브 및 포 소화약제 혼합장치를 기동시킬 수 있도록 다음의 기준에 따라 설치
(자동화재탐지설비의 수신기가 설치된 장소에 상시 사람이 근무하고 있고, 화재 시 즉시 해당 조작부를 작동시킬 수 있는 경우 제외)

1) 폐쇄형 스프링클러헤드를 사용하는 경우
   (1) 표시온도가 79 ℃ 미만인 것, 1개의 SP헤드의 경계면적은 20 m^2 이하로 할 것
   (2) 부착 면의 높이는 바닥으로부터 5 m 이하, 화재를 유효하게 감지
   (3) 하나의 감지장치 경계구역은 하나의 층이 되도록 할 것

2) 화재감지기를 사용하는 경우
　(1) 화재감지기는 자동화재탐지설비의 화재안전기준의 기준에 따라 설치할 것
　(2) 화재감지기회로에는 발신기를 설치할 것
3) 동결우려가 있는 장소는 자동화재탐지설비와 연동으로 할 것

11 포소화설비의 송수구 설치기준

1) 송수구는 화재 층으로부터 지면으로 떨어지는 유리창 등이 송수 및 그 밖의 소화작업에 지장을 주지 않는 장소에 설치할 것
2) 송수구로부터 포소화설비의 주배관에 이르는 연결배관에 개폐밸브를 설치한 때에는 그 개폐 상태를 쉽게 확인 및 조작할 수 있는 옥외 또는 기계실 등의 장소에 설치할 것
3) 송수구는 구경 65 mm의 쌍구형으로 할 것
4) 송수구에는 그 가까운 곳의 보기 쉬운 곳에 송수압력범위를 표시한 표지를 할 것
5) 송수구는 하나의 층의 바닥면적이 3,000 m^{2}를 넘을 때마다 1개 이상(5개를 넘을 경우에는 5개로 한다)을 설치할 것
6) 지면으로부터 높이가 0.5 m 이상 1 m 이하의 위치에 설치할 것
7) 송수구의 부근에는 자동배수밸브(또는 직경 5 mm의 배수공) 및 체크밸브를 설치할 것. 이 경우 자동배수밸브는 배관 안의 물이 잘 빠질 수 있는 위치에 설치하되, 배수로 인하여 다른 물건이나 장소에 피해를 주지 않아야 한다.
8) 송수구에는 이물질을 막기 위한 마개를 씌울 것
9) 압축공기포소화설비를 스프링클러 보조설비로 설치하거나 압축공기포 소화설비에 자동으로 급수되는 장치를 설치한 때에는 송수구 설치를 설치하지 않을 수 있다.

CHAPTER 08 계산문제

| 포소화설비

01

특수가연물을 저장하는 창고에 포소화설비를 설치하고자 한다. 다음 [조건]을 참조하여 각 물음에 답하시오.

조건

① 창고의 크기는 가로 20 m, 세로 10 m이다.
② 포헤드를 정방형으로 배치한다.
③ 포원액은 3 % 수성막포를 사용한다.
④ 전양정은 35 m, 효율은 65 %, 여유율은 10 %이다.

(1) 헤드를 정방형으로 배치할 때 포헤드의 설치개수를 구하시오.
(2) 수원의 저수량 [m³]을 구하시오.
(3) 포원액의 최소소요량 [L]을 구하시오.
(4) 펌프의 토출량 [L/min]을 구하시오.
(5) 펌프의 최소 동력 [kW]을 구하시오.

정답

1. 포헤드 상호 간의 거리 = 2 × 유효반경(2.1 m) × cos45°
   포헤드설비에서의 유효반경은 구조에 관계없이 2.1 m를 적용
2. 특수가연물을 저장하는 창고의 포 헤드 방사량(모든 약제) : $6.5\,L/m^2 \cdot min$

1. 포헤드의 설치개수

   $S = 2 \times 2.1 \times \cos 45° = 2.97\,m$

   1) 가로 : $\dfrac{20\,m}{2.970\,m} = 6.73$ 개 ≒ 7개

   2) 세로 : $\dfrac{10\,m}{2.970\,m} = 3.37$ 개 ≒ 4개

   3) 헤드개수 : 7 × 4 = 28개

   답 28개

2. 포헤드설비의 수원량 산정

소방대상물	포소화약제의 종류	바닥면적 1 m² 방사량
차고, 주차장 항공기격납고	수성막포	3.7 $L/min·m^2$
	단백포	6.5 $L/min·m^2$
	합성계면활성제포	8.0 $L/min·m^2$
특수가연물의 저장·취급하는 소방대상물	수성막포	6.5 $L/min·m^2$
	단백포	6.5 $L/min·m^2$
	합성계면활성제포	6.5 $L/min·m^2$

수원량 $= (20 \times 10)\,m^2 \times 6.5\,L/m^2·min \times 10\,min = 13000\,L = 13\,m^3$

답 13 m³

3. 포원액의 최소소요량 [L]

$$Q = A \times Q_1 \times T \times S$$

여기서, Q : 포소화약제의 양 [L]
A : 방호구역의 바닥면적(최대 바닥면적 200 m² 이내)
Q_1 : 단위 포수용액의 양 [$L/min·m^2$]
T : 방출시간 [min]
S : 포소화약제의 사용농도 [%]

약제량 $= (20 \times 10)\,m^2 \times 6.5\,L/m^2·min \times 10\,min \times 0.03 = 390\,L$

답 390 L

4. 펌프의 토출량 [L/min]

$$Q = A \times Q_1$$

여기서, Q : 포소화약제의 토출량 [L/min]
A : 방호구역의 바닥면적(최대 바닥면적 200 m² 이내)
Q_1 : 단위 포수용액의 양 [$L/min·m^2$]

펌프 토출량 $= (20 \times 10)\,m^2 \times 6.5\,L/m^2·min = 1,300\,L/min$

답 1,300 L/min

5. 펌프의 최소 동력 [kW]

$$P = \frac{\gamma \times Q \times H}{\eta} \times K$$

여기서, P : 소요동력 [kW]
γ : 비중량 [kN/m³]
Q : 유량 [m³/s]
H : 전양정 [m]
K : 여유율
η : 효율

$$P[kW] = \frac{9.8\,kN/m^3 \times \frac{1.3}{60}\,m^3/s \times 35\,m}{0.65} \times 1.1 = 12.58\,kW$$

답 12.58 kW

02

조건에 따라 다음 물음에 답하시오.

조 건

① 항공기격납고로서 전역방출방식의 고발포용 고정포방출구가 설치되어 있다.
② 격납고의 크기는 20 m × 10 m × 3 m(높이)이다.
③ 개구부 등에는 자동폐쇄장치가 설치되어 있다.
④ 방호대상물의 높이는 1.8 m이다.
⑤ 합성계면활성제포 3 %를 사용한다.
⑥ 포의 팽창비는 500이며, 1 m³에 대한 분당 포수용액 방출량은 0.29 L이다.

(1) 고정포방출구의 개수 [개]를 산정하시오.
(2) 포수용액의 양 [m³]을 구하시오.
(3) 합성계면활성제 소화약제량 [L]을 구하시오.

> **정 답**
>
> 1. 고발포용 고정포방출구의 수는 $500\,m^2$마다 1개 이상 설치
> 2. 관포체적 높이 : 방호대상물의 높이 + 0.5 m
> 3. 항공기격납고(팽창비 500 ~ 1,000) : $0.29\,L/m^3\cdot min$

1. 고정포방출구의 수는 $500\,m^2$마다 1개 이상 설치하므로

$$\text{고정포방출구개수} = \frac{\text{바닥면적}\,[m^2]}{500\,m^2/\text{개}} = \frac{200\,m^2}{500\,m^2/\text{개}} = 0.4 \rightarrow 1\text{개}$$

답 1개

2. 포수용액의 양 [m³]

   1) 고발포용 고정포방출구의 단위방출량 [L/m³·min]

   고정포방출구는 특정소방대상물 및 포의 팽창비에 따른 종별에 따라 해당 방호구역의 관포체적 1 m³에 대하여 1분당 방출량이 다음 표에 따른 양 이상이 되도록 할 것

포의 팽창비	1 m³에 대한 분당 포수용액 방출량		
	항공기격납고	차고, 주차장	특수가연물 저장, 취급
팽창비 80 이상 250 미만	2.00 L	1.11 L	1.25 L
팽창비 250 이상 500 미만	0.50 L	0.28 L	0.31 L
팽창비 500 이상 1,000 미만	0.29 L	0.16 L	0.18 L

   2) 고정포방출구의 포수용액량 [m³]

   $$Q = V \times Q_1 \times T$$

   여기서, Q : 포소화약제의 포수용액량 [L]
   V : 관포체적(방호대상물의 높이보다 0.5 m 높은 위치까지의 체적 [m³])
   Q_1 : 단위 포수용액의 양 [L/min·m³]
   T : 방출시간 [min]

   관포체적 $V_{관포} = 20\,m \times 10\,m \times (1.8+0.5)\,m = 460\,m^3$

   ∴ 포수용액 양 $Q = V_{관포} \times Q_1 \times T$

   $= 460\,m^3 \times 0.29\,L/m^3\cdot min \times 10\,min = 1{,}334\,L = 1.33\,m^3$

답 1.33 m³

3. 합성계면활성제 소화약제량 [L]

   포소화약제량 $Q = 1{,}334\,L \times 0.03 = 40.02\,L$

답 40.02 L

03

경유를 저장하는 탱크의 내부직경 40 m인 플로팅루프탱크에 포소화설비의 특형 방출구를 설치하여 방호하려고 할 때 위험물안전관리에 관한 세부기준에 의한 다음 물음에 답하시오.

> **조 건**
> ① 소화약제는 3 %의 수성막포를 사용
> ② 탱크 내면과 굽도리판의 간격은 2.5 m로 한다.
> ③ 펌프의 효율은 60 %, 전동기 전달계수는 1.2로 한다.

(1) 상기 탱크의 특형 방출구에 의하여 소화하는 데 필요한 수용액량, 수원량, 포소화약제 원액량은 각각 몇 L 이상이어야 하는가?
   ① 수용액량 [L]
   ② 수원량 [L]
   ③ 원액량 [L]
(2) 펌프의 분당 방수량은 몇 [L/min] 이상이어야 하는가?
(3) 펌프의 전양정이 100 m라고 할 때 전동기의 출력은 몇 [kW] 이상이어야 하는가?

> **정 답**
> 1. 경유 : 인화점이 21 ℃ 이상 70 ℃ 미만인 것
> 2. 플로팅루프탱크(특형) 포수용액의 방출률 : 8 L/m^2·min, 방사시간은 20분

1. 특형 방출구에 의하여 소화하는 데 필요한 양 [L]

위험물안전관리에 관한 세부기준의 비수용성 위험물 약제량(비수용성) 산정기준

4류 위험물 중	I형		II, III, IV형		특형	
	포수용액량 [L/m^2]	방출률 [L/m^2·min]	포수용액량 [L/m^2]	방출률 [L/m^2·min]	포수용액량 [L/m^2]	방출률 [L/m^2·min]
인화점이 21 ℃ 미만인 것	120	4	220	4	240	8
인화점이 21 ℃ 이상 70 ℃ 미만인 것	80	4	120	4	160	8
인화점이 70 ℃ 이상인 것	60	4	100	4	120	8

1) 수용액량 [L]

$$Q = A \times Q_1 \times T$$

여기서, Q : 포수용액량 [L]
A : 탱크의 액표면적 [m²]
Q_1 : 포소화약제의 단위방출량 [L/min·m²]
T : 방출시간 [min]

$$\frac{\pi \times (40^2 - 35^2)}{4} m^2 \times 8\,\ell/m^2 \cdot \min \times 20\min = 47123.89\,\ell$$

답 47,123.89 L

2) 수원량 [L]

47,123.89 L × 0.97 = 45,710.17 L

답 45,710.17 L

3) 원액량 [L]

47,123.89 L × 0.03 = 1,413.72 L

답 1,413.72 L

2. 펌프의 분당 방수량 [L/min]

1) 펌프의 토출량은 고정식 포방출구의 설계압력 또는 노즐의 방사압력의 허용범위로 포수용액을 방출 또는 방사하는 것이 가능한 양으로 할 것

$$Q = A \times Q_1$$

여기서, Q : 포수용액 유량 [L/min]
A : 탱크의 액표면적 [m²]
Q_1 : 단위 포소화수용약의 양 [L/min·m²]

2) 방수량 [L/min] = $\dfrac{\pi \times (40^2 - 35^2)}{4} m^2 \times 8\,L/m^2 \cdot \min = 2356.19\,L/\min$

답 2,356.19 L/min

3. 전동기의 출력 [kW]

$$P = \frac{9.8\,kN/m^3 \times \dfrac{2.35619}{60}\,m^3/s \times 100\,m}{0.6} \times 1.2 = 76.97\,kW$$

답 76.97 kW

04

인화점 10 ℃ 위험물를 저장하는 내부직경이 50 m인 플루팅루프탱크(부상식 지붕구조)에 포방출구를 설치하여 방호하려고 할 때 아래의 [조건]을 참조하여 다음 각 물음에 답하시오.

조건

① 소화약제는 6 %용의 단백포를 사용
② 탱크 내면과 굽도리판의 간격은 1.2 m로 한다.
③ 보조포소화전은 3개 설치되어 있다.
④ 송액배관의 길이는 200 m이며, 내경은 100 mm이다.
⑤ 물의 밀도는 1,000 kg/m³, 포수용액의 밀도는 1,050 kg/m³이다.

---

(1) 최소 포소화약제의 양 [L]을 계산하시오.
(2) 최소 수원의 양 [m³]을 계산하시오.
(3) 포수용액을 토출하는 가압송수장치의 최소 분당 토출량 [L/min]을 계산하시오.

정답

1. 인화점 10 ℃ 위험물 : 인화점이 21 ℃ 미만인 것 적용
2. 플로팅루프탱크(특형) 포수용액의 방출률 : 8 L/m^2·min, 방사시간은 30분
3. 고정포방출구방식의 포 소화약제량
   = 고정포방출구의 약제량 + 보조포소화전의 약제량 + 송액관의 보충량

1. 최소 포소화약제의 양 [L]

   포소화약제 저장량 = 고정포방출구의 약제량 + 보조포소화전의 약제량 + 송액관의 보충량

   1) 고정포방출구의 약제량(ℓ)

   $$Q = A \times Q_1 \times T \times S$$

   여기서, Q : 고정포방출구의 약제량 [L]
   A : 저장탱크의 액표면적 [m²]
   Q_1 : 포소화약제의 단위방출량 [$L/min \cdot m^2$]
   T : 방출시간 [min]
   S : 포소화약제의 사용농도 [%]

   고정포 : $\dfrac{\pi \times (50^2 - 47.6^2)}{4} m^2 \times 8\,L/m^2 \cdot \min \times 30\,\min \times 0.06 = 2,649.192\,L$

2) 보조포소화전의 약제량 [L]

$$Q = N \times S \times 8{,}000\, L$$

여기서, Q : 보조포소화전의 약제량 [L]
N : 호스 접결구수(3개 이상인 경우는 3개)
S : 포소화약제의 사용농도 [%]

보조포 : 3개 × 400 L/min × 20 min × 0.06 = 1,440 L

3) 송액관의 보충량 [m³]

송액관 : 포소화설비 수원으로부터 포헤드·고정포방출구 또는 이동식포노즐에 급수하는 배관

$$Q = V \times S \times 1{,}000\, L/m^3$$

여기서, Q : 송액관의 보충량 [m³]
V : 송액관의 체적 [m³]
S : 포소화약제의 사용농도 [%]

송액관의 보충량 : $(\dfrac{\pi \times 0.1^2}{4}) m^2 \times 200\, m \times 0.06 \times 1{,}000\, \ell/m^3 = 94.248\, L$

4) 최소 포소화약제의 저장량 [L]

2,649.192 + 1,440 + 94.248 = 4,183.44 L

답 4,183.44 2 L

2. 최소 수원의 양 [m³]

1) 고정포 : $\dfrac{\pi \times (50^2 - 47.6^2)}{4} m^2 \times 8\, L/m^2\cdot min \times 30\, min \times 0.94 = 41{,}504.008\, L$

2) 보조포 : 3개 × 400 L/min × 20 min × 0.94 = 22,560 L

3) 배관 보정량 : $(\dfrac{\pi \times 0.1^2}{4}) m^2 \times 200\, m \times 0.94 \times 1{,}000\, L/m^3 = 1{,}476.549\, L$

∴ 41,504.008 + 22,560 + 1,476.549 = 65,540.557 L = 65.54 m³

답 65.54 m³

3. 가압송수장치의 최소 분당 토출량 [L/min]

1) 고정포 : $\dfrac{\pi \times (50^2 - 47.6^2)}{4} m^2 \times 8\, L/m^2\cdot min = 1471.773\, L/min$

2) 보조포 : 3개 × 400 L/min = 1,200 L/min

∴ 1,471.773 + 1,200 = 2,671.773 L/min

답 2,671.77 L/min

05

조건과 같은 특수가연물을 저장하는 창고에 포워터스프링클러설비를 설치하고자 한다. 다음 물음에 답하시오.

조 건

① 특수가연물 저장창고의 크기는 가로 20 m, 세로 10 m이다.
② 포워터스프링클러헤드를 정방형으로 배치한다.
③ 포원액은 3 % 수성막포를 사용한다.
④ 전양정은 35 m, 효율은 65 %, 여유율은 10 %이다.

---

(1) 포소화약제의 저장량 [L]을 계산하시오.
(2) 펌프의 최소 소요동력 [kW]을 계산하시오.

정답

1. 포헤드 등(포워터, 포헤드) 상호 간의 거리(정방향) = 2 × 유효반경(2.1 m) × cos45°
2. 포워터스프링클러헤드 : 75 L/min·개, 방수시간 10분

1. 포소화약제의 저장량 [L]

$$Q = N \times Q_1 \times T \times S$$

여기서, Q : 포소화약제의 양 [L]
N : 포워터스프링클러헤드의 수(최대 바닥면적 200 m² 이내)
Q_1 : 단위 포수용액의 양 [75 L/min·개]
T : 방출시간 [min]
S : 포소화약제의 사용농도 [%]

1) 포워터스프링클러헤드의 개수
 (1) 포워터스프링클러헤드의 간격 [m] = 2 × 2.1 m × cos45° = 2.97 m   ∴ 2.97 m
 (2) 가로 포워터스프링클러헤드의 개수 = 20 m ÷ 2.97 m/개 = 6.73개   ∴ 7개
 (3) 세로 포워터스프링클러헤드의 개수 = 10 m ÷ 2.97 m/개 = 3.36개   ∴ 4개
 (4) 포워터스프링클러헤드의 개수 = 7개 × 4개 = 28개   ∴ 28개
2) 포소화약제의 저장량 [L] = 28개 × 75 L/min·개 × 10 min × 0.03 = 630 L

  답 630 L

2. 펌프의 최소 소요동력 [kW]

   1) 펌프의 토출량 [L/min]

   펌프의 토출량 [L/min] = 28개 × 75 L/min·개 = 2,100 L/min   ∴ 2.1 m³/min

   2) 소요동력 [kW] = $\dfrac{9.8\text{kN/m}^3 \times 35\text{m} \times 2.1\text{m}^3/\text{min}}{0.65 \times 60\text{s}} \times 1.1 = 20.316$ **답** 20.32 kW

06

조건과 같은 가로 40 m, 세로 50 m의 주차장에 포헤드소화설비를 설치하고자 한다. 다음 물음에 답하시오.

조 건

① 포헤드소화설비의 소화약제는 단백포 3 %를 사용하며, 혼합장치는 다이어프램방식이다.
② 펌프의 전양정은 80 m이다.
③ 포헤드의 팽창비는 화재안전기술기준을 따른다.

(1) 포헤드를 정방형으로 배치할 때, 설치해야 하는 포헤드의 개수를 계산하시오.
(2) 최소 포소화약제량 [L] 및 수원량 [m³]을 계산하시오.
(3) 화재 시 방출 된 최대 포의 체적 [m³]을 계산하시오.
(4) 펌프의 토출량 [L/min]을 계산하시오.
(5) 펌프의 최소 소요동력 [kW]을 계산하시오.

정답

1. 포헤드 상호 간의 거리 = 2 × 유효반경(2.1 m) × cos45°
2. 단백포 : 6.5 L/min·m² 이상
3. 팽창비 : 20 이하

   팽창비 = $\dfrac{\text{방출 후 포의 체적}\,[m^3]}{\text{방출 전 포수용액의 체적}\,[m^3]}$

1. 포헤드를 정방형으로 배치할 때, 설치해야 하는 포헤드의 개수
    1) 포헤드의 설치간격 [m] = $2 \times 2.1m \times \cos 45°$ = 2.97 m ∴ 2.97 m
    2) 가로의 헤드 설치개수 = 40 m ÷ 2.97 m/개 = 13.47개 ∴ 14개
    3) 세로의 헤드 설치개수 = 50 m ÷ 2.97 m/개 = 16.84개 ∴ 17개
    4) 포헤드의 개수 = 14개 × 17개 = 238 답 238개

2. 최소 포소화약제량 [L] 및 수원량 [m³]
    1) 포소화약제량 [L]
        포소화약제량 [L] = $200m^2 \times 6.5L/m^2 \cdot min \times 10min \times 0.03$ = 390 L ∴ 390 L
    2) 수원량 [m³]
        포워터스프링클러설비 또는 포헤드설비의 경우에는 포워터스프링클러헤드 또는 포헤드가 가장 많이 설치된 층의 포헤드(바닥면적이 200 m²를 초과한 층은 바닥면적 200 m² 이내에 설치된 포헤드를 말한다)에서 동시에 표준방사량으로 10분간 방사할 수 있는 양 이상으로, 고정포방출설비의 경우에는 고정포방출구가 가장 많이 설치된 방호구역 안의 고정포방출구에서 표준방사량으로 10분간 방사할 수 있는 양 이상으로 한다.

        $$Q = A \times Q_1 \times T$$

        여기서, Q : 포소화약제의 수원량 [L]
        A : 방호구역의 바닥면적(최대 바닥면적 200 m² 이내)
        Q_1 : 단위 포수용액의 양 $[L/min \cdot m^2]$
        T : 방출시간 [min]

        수원량 [m³] = $200m^2 \times 6.5L/m^2 \cdot min \times 10min$ = 13,000 L 답 13 m³

3. 방출 후 포의 체적 [m³]
    1) 포헤드 및 고정포방출구의 팽창비율

팽창비에 따른 포의 종류	포방출구의 종류
팽창비가 20 이하인 것(저발포)	포헤드(포워터스프링클러헤드 · 포헤드), 압축공기포헤드
팽창비가 80 이상 1,000 미만인 것(고발포)	고발포용 고정포방출구

    2) 팽창비의 계산식

        $$팽창비 = \frac{방출 후 포의 체적 [m^3]}{방출 전 포수용액의 체적 [m^3]}$$

        $20 = \dfrac{방출 후 포의 체적 [m^3]}{13 m^3}$ → 포의 체적 [m³] = $20 \times 13m^3$ = 260 m³ 답 260 m³

4. 펌프의 토출량 [L/min]

$$Q = A \times Q_1$$

여기서, Q : 포소화약제의 토출량 $[L/min]$
A : 방호구역의 바닥면적(최대 바닥면적 200 m² 이내)
Q_1 : 단위 포수용액의 양 $[L/min \cdot m^2]$

펌프의 토출량 [L/min] = 200 m² × 6.5 L/m²·min = 1,300 L/min

답 1,300 L/min

5. 펌프의 최소 소요동력 [kW]

$$P = \gamma \times Q \times H$$

여기서, P : 펌프의 동력 [kW]
Q : 유량 $[m^3/s]$
γ : 비중량 $[kN/m^3]$
H : 전양정 [m]

소요동력 [kW] = $\dfrac{9.8\,kN/m^3 \times 80\,m \times 1.3\,m^3/min}{60\,s}$ = 16.986 kW

답 17 kW

07

조건과 같은 항공기 격납고에 포소화설비를 설치하고자 한다. 다음 물음에 답하시오.

조 건

① 격납고의 바닥면적 1,800 m² 및 격납고의 높이 12 m이며, 항공기의 높이는 5.5 m이다.
② 격납고의 주요 구조부가 내화구조이고, 벽 및 천장의 실내에 면하는 부분은 난연재료이다.
③ 격납고 주변에 호스릴포소화설비 6개 설치를 설치하였다.
④ 포소화설비는 전역방출방식의 고발포용 고정포방출구설비를 설치하였다.
⑤ 고발포 고정포방출구의 팽창비는 220인 수성막포소화약제를 사용하였다.

---

(1) 고정포방출구 1개당 최소 방출량 [L/min]을 계산하시오.
(2) 전체 포소화설비에 필요한 포수용액량 [m³]을 계산하시오.

> 정답
>
> 1. 항공기 격납고 팽창비 80 이하 250 미만 : 2 L/min·m³
> 2. 포헤드 또는 고정포방출구가 가장 많이 설치된 항공기격납고의 포헤드 또는 고정포방출구에서 동시에 표준방사량으로 10분간 방사할 수 있는 양 이상으로 하되, 호스릴포소화설비를 함께 설치한 경우에는 호스릴포방수구가 가장 많이 설치된 격납고의 호스릴방수구수(호스릴포방수구가 5개 이상 설치된 경우에는 5개)에 6 m³를 곱한 양을 합한 양 이상으로 해야 한다.

1. 고정포방출구 1개당 최소 방출량 [L/min]

   1) 관포체적 [m³] = 1,800 m² × (5.5 m + 0.5 m) = 10,800 m³   ∴ 10,800 m³
   2) 방출량 [L/min] = 10,800 m³ × 2 L/min·m³ = 21,600 L/min   ∴ 21,600 L/min
   3) 고정포방출구의 수 = 1,800 m² ÷ 500 m²/개 = 3.6개   ∴ 4개
   4) 고정포방출구 1개당 최소 방출량 [L/min] = 21,600 L/min ÷ 4개 = 5,400   **답** 5,400 L/min

2. 전체 포소화설비에 필요한 포수용액량 [m³]

   1) 고정포방출구의 포수용액량 [m³]

   $$Q = V \times Q_1 \times T$$

   여기서, Q : 포소화약제의 포수용액량 [L]
   　　　　V : 관포체적(방호대상물의 높이보다 0.5 m 높은 위치까지의 체적 [m³])
   　　　　Q_1 : 단위 포수용액의 양 [$L/min·m^3$]
   　　　　T : 방출시간 [min]

   포수용액량 [m³] = 10,800 m³ × 2 L/m³·min × 10 min = 216,000 L   ∴ 216 m³

   2) 호스릴포소화설비의 포수용액량 [m³]

   $$Q = N \times 6,000 L$$

   여기서, Q : 포소화약제의 양 [L]
   　　　　N : 호스 접결구수(5개 이상인 경우는 5)

   포수용액량 [m³] = 5개 × 300 L/min × 20 min = 30,000 L   ∴ 30 m³

   3) 전체 포소화설비에 필요한 포수용액량 [m³]

   포수용액량 [m³] = 고정포방출구의 수용액량 + 호스릴포소화설비의 수용액량
   　　　　　　　　= 216 m³ + 30 m³ = 246 m³

   답 246 m³

08

바닥면적이 450 m²인 특수가연물 저장시설에 압축공기포소화설비를 설치하고자 할 때, 다음 물음에 답하시오.

(1) 압축공기포 설치 시 바닥면적에 따른 최소 분사헤드의 개수를 계산하시오.
(2) 압축공기포 설치에 따른 수원량 [m³]을 계산하시오.

정답

방호 대상물	분사헤드 개수	분사헤드의 방출량	방수 시간	수원의 설계방출밀도
특수가연물	9.3 m²/개	2.3 L/min·m²	10분	알코올류, 케톤류의 설계방출밀도는 특수가연물의 방출량과 동일함
기타의 것	13.9 m²/개	1.63 L/min·m²	10분	일반가연물, 탄화수소류의 설계방출밀도는 기타의 것의 방출량과 동일함

1. 압축공기포 설치 시 바닥면적에 따른 최소 분사헤드의 개수

   분사헤드의 수 = A ÷ 9.3 m²/개 = 450 m² ÷ 9.3 m²/개 = 48.38개

   답 49개

2. 압축공기포 설치에 따른 수원량 [m³]

   수원량 [m³] = 450 m² × 2.3 L/m²·min × 10 min = 10,350 L

   답 10.35 m³

09

조건과 같은 차고에 호스릴포소화설비를 설치하려고 할 때 다음 물음에 답하시오.

> **조건**
> ① 높이 3 m, 바닥크기 10 m × 15 m인 차고에 호스릴포소화설비를 설치한다.
> ② 호스릴 접결구는 정방형으로 배치하며, 수성막포 5 %를 사용한다.
> ③ 주어진 조건 외의 것은 고려하지 않는다.

(1) 호스릴포소화설비의 최소 포소화약제 저장량 [L]을 계산하시오.
(2) 호스릴포 방수구 1개당 최소 방출량 [L/min]을 계산하시오.

정답

1. 옥내포소화전방식 또는 호스릴방식 : 바닥면적이 200 m² 미만인 건축물에 있어서는 75 %로 할 수 있다.
2. 호스릴포방수구 또는 포소화전 방수구(호스릴포방수구 또는 포소화전방수구가 5개 이상 설치된 경우에는 5개)를 동시에 사용할 경우 각 이동식 포노즐선단의 포수용액 방사압력이 0.35 MPa 이상이고 300 L/min 이상(1개 층의 바닥면적이 200 m² 이하인 경우에는 230 L/min 이상)의 포수용액을 수평거리 15 m 이상으로 방사

1. 호스릴포소화설비의 약제량 [L]

$$Q = N \times S \times 6{,}000\,L$$

여기서, Q : 포소화약제의 양 [L]
N : 호스 접결구수(5개 이상인 경우는 5)
S : 포소화약제의 사용농도 [%]

1) 호스릴포소화전의 설치수량

　설치간격 [m] = $2r \times \cos\theta$ = 2 × 15 m × cos45° = 21.213 m　　∴ 21.21 m
　⑴ 가로 15 m ÷ 21.21 m/개 = 0.7개　　∴ 1개
　⑵ 세로 10 m ÷ 21.21 m/개 = 0.4개　　∴ 1개
　전체 호스릴포소화전의 설치개수 = 1개 × 1개 = 1개　　∴ 1개

2) 호스릴포소화설비의 약제량 [L] = 1개 × 6,000 L × 0.05 × 0.75 = 225 L

답 225 L

2. 호스릴포소화설비의 1개당 최소 방출량 [L/min]

최소 방출량 [L/min] = 230 L/min /1개 = 230 L/min

답 230 L/min

10

조건과 같은 위험물 옥외저장탱크에 포소화설비를 설치하려고 한다. 다음 물음에 답하시오.

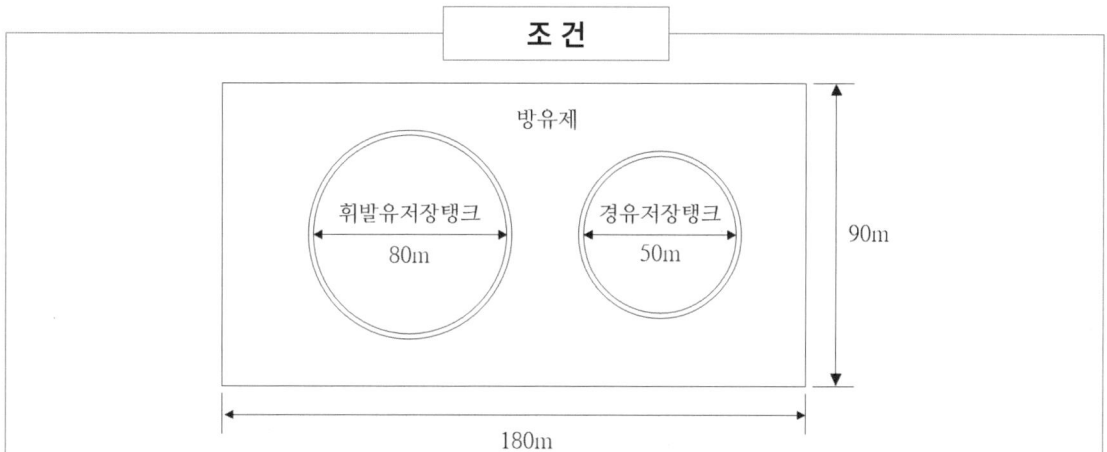

① 휘발유 저장탱크(Floating Roof Tank)의 내측벽으로부터 1.2 m에 굽도리판이 설치되어 있다.
② 위험물 탱크의 포소화약제는 수성막형 알코올 포소화약제 6 %를 사용한다.
③ 휘발유탱크에는 특형 고정포방출구 및 경유 저장탱크에는 Ⅱ형 고정포 방출구를 사용한다.
④ 저장탱크로부터 고정포방출구까지 배관은 150 mm / 400 m, 125 mm / 80 m, 65 mm / 50 m이다.
⑤ 방유제 밖에는 포모니터노즐이 2개 설치되어 있으며, 그 외의 것은 위험물안전관리에 관한 세부기준을 따른다.

(1) 각 저장탱크별 고정포방출구의 포수용액 유량 [L/min]을 계산하시오.
(2) 보조포소화전의 포수용액 유량 [L/min]을 계산하시오.
(3) 포모니터의 포수용액 유량 [L/min]을 계산하시오.
(4) 전체 소화시스템에 필요한 소화수조의 저장량 [m^3]을 계산하시오.
(5) 전체 소화시스템에 필요한 펌프의 토출량 [m^3/min]을 계산하시오.

정답

1. 비수용성 위험물 약제량(비수용성) 산정기준

포방출구 종류 위험물 구분	Ⅰ형		Ⅱ형		특형		Ⅲ형		Ⅳ형	
	포수용액량 [L/m²]	방출률 [L/m²·min]	포수용액량 [L/m²]	방출률 [L/m²·min]	포수용액량 [L/m²]	방출률 [L/m²·min]	포수용액량 [L/m²]	방출률 [L/m²·min]	포수용액량 [L/m²]	방출률 [L/m²·min]
인화점 21 ℃ 미만	120	4	220	4	240	8	220	4	220	4
인화점 21 ℃ 이상 70 ℃ 미만	80	4	120	4	160	8	120	4	120	4
인화점 70 ℃ 이상	60	4	100	4	120	8	100	4	100	4

2. 보조포소화전의 설치기준

   $Q = N \times 400 \, L/\min$ 호스 접결구수(3개 이상인 경우는 3개)

3. 포모니터 포수용액 유량 [L/min] : $Q = N \times 1,900 \, L/\min$ (방사시간 : 30분)

4. 수원의 수량 : 포수용액을 만들기 위하여 필요한 양 이상이 되도록 할 것

1. 각 저장탱크별 고정포방출구의 포수용액 유량 [L/min]

   1) 휘발유탱크의 포수용액 유량 [L/min] = $\dfrac{\pi \times (80^2 - 77.6^2) \, \text{m}^2}{4} \times 8 \, L/\text{m}^2 \cdot \min$

      = 2,376.552 L/min

      답 2,376.55 L/min

   2) 경유탱크의 포수용액 유량 [L/min] = $\dfrac{\pi \times 50 \, \text{m}^2}{4} \times 4 \, L/\text{m}^2 \cdot \min$

      = 7,853.981 L/min

      답 7,853.98 L/min

2. 보조포소화전의 포수용액 유량 [L/min]

   방유제 외측의 소화활동상 유효한 위치에 설치하되 각각의 보조포소화전 상호 간의 보행거리가 75 m 이하가 되도록 설치할 것

   1) 보조포소화전의 설치개수 = $\dfrac{180\text{m} \times 2 + 90\text{m} \times 2}{75\text{m}/\text{개}}$ = 7.2개   ∴ 8개

   2) 보조포소화전 포수용액 유량 [L/min] = 3개 × 400 L/min = 1,200 L/min

      답 1,200 L/min

3. 포모니터의 포수용액 유량 [L/min]

포모니터노즐은 모든 노즐을 동시에 사용할 경우에 각 노즐선단의 방사량이 1,900 L/min 이상이고 수평방사거리가 30 m 이상이 되도록 설치할 것

$$Q = N \times 1{,}900 \; L/\min$$

여기서, Q : 포수용액 유량 [L/min]
N : 포모니터노즐의 개수

포모니터 포수용액의 유량 [L/min] = 2개 × 1,900 L/min = 3,800 L/min

답 3,800 L/min

4. 전체 소화시스템에 필요한 소화수조의 저장량(m³)

※ 포소화설비의 수원량 산정기준

(1) 포수용액을 만들기 위하여 필요한 양 이상이 되도록 할 것

(2) 수원량 = 고정포방출구 수원량 + 보조포소화전수원량 + 포모니터수원량 + 송액관수원량

1) 고정포방출구 수원량 [m³] = 7.85 m³/min × 0.94 × 30 min = 221.37 m³ ∴ 221.37 m³

2) 보조포소화전 수원량 [m³] = 1.2 m³/min × 0.94 × 20 min = 22.56 m³ ∴ 22.56 m³

3) 포모니터 수원량 [m³] = 3.8 m³/min × 0.94 × 30 min = 107.16 m³ ∴ 107.16 m³

4) 송액관 량 [m³] = $\dfrac{\pi \times (0.15^2 \times 400 + 0.125^2 \times 80 + 0.065^2 \times 50)}{4} \times 0.94$

= 7.72 m³ ∴ 7.72 m³

5) 전제 소화수조의 저장량 [m³] = 221.37 m³ + 22.56 m³ + 107.16 m³ + 7.72 m³
= 358.81 m³

답 358.81 m³

5. 전제 소화시스템에 필요한 펌프의 토출량 [m³/min]

1) 가압송수장치의 설치기준

(1) 펌프의 토출량은 고정식 포방출구의 설계압력 또는 노즐의 방사압력의 허용범위로 포수용액을 방출 또는 방사하는 것이 가능한 양으로 할 것

(2) 펌프의 토출량 = 저장탱크 토출량 + 보조포소화전 토출량 + 포모니터의 펌프 토출량

2) 저장탱크의 펌프 토출량 [m³/min] = 7,853.98 L/min ∴ 7.85 m³/min

3) 보조포소화전의 펌프 토출량 [m³/min] = 1,200 L/min ∴ 1.2 m³/min

4) 포모니터의 펌프 토출량 [m³/min] = 3,800 L/min ∴ 3.8 m³/min

5) 펌프의 토출량 [m³/min] = 7.85 m³/min + 1.2 m³/min + 3.8 m³/min
= 12.85 m³/min

답 12.85 m³/min

END UP
소방시설관리사 기본서
설계 및 시공

PART 03

가스계설비

CHAPTER 01 | 이산화탄소소화설비

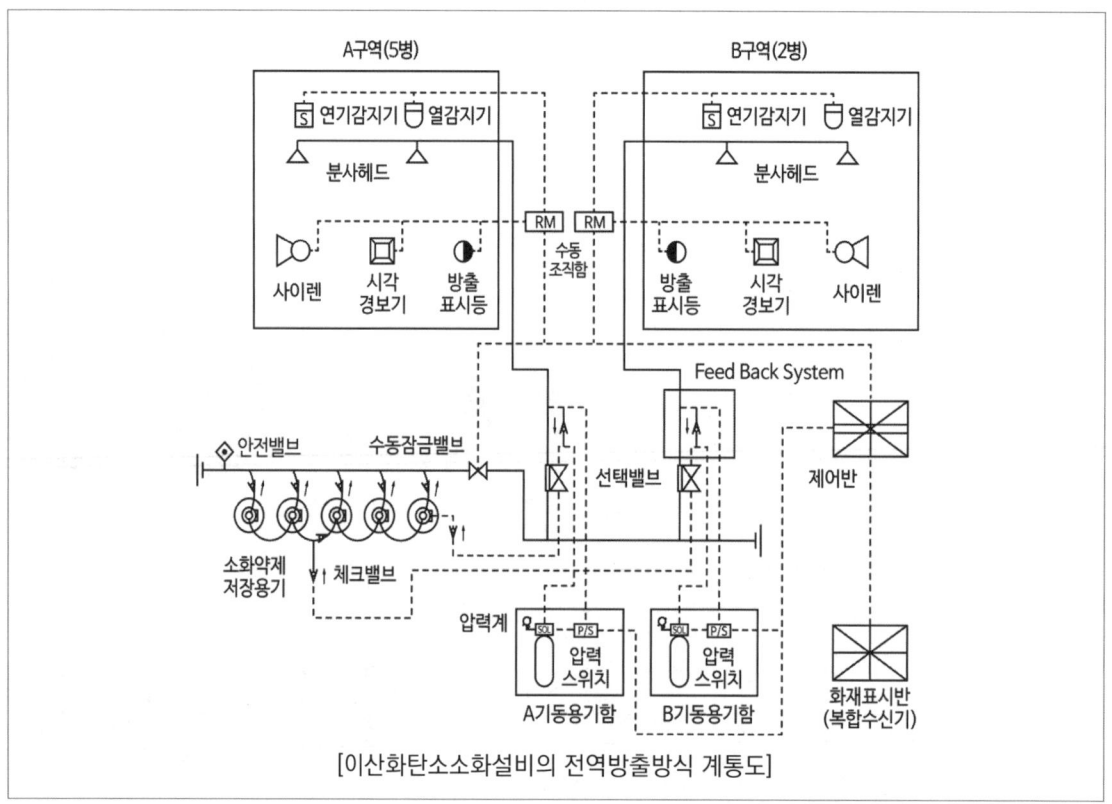

[이산화탄소소화설비의 전역방출방식 계통도]

1 가스계소화설비 용어의 정의

1) **전역방출방식** : 소화약제 공급장치에 배관 및 분사헤드 등을 설치하여 밀폐 방호구역 전체에 소화약제를 방출하는 방식

2) **국소방출방식** : 소화약제 공급장치에 배관 및 분사헤드를 등을 설치하여 직접 화점에 소화약제를 방출하는 방식

3) **호스릴방식** : 소화수 또는 소화약제 저장용기 등에 연결된 호스릴을 이용하여 사람이 직접 화점에 소화수 또는 소화약제를 방출하는 방식

4) **충전비** : 소화약제 저장용기의 내부 용적과 소화약제의 중량과의 비(용적/중량)

5) **심부화재** : 목재 또는 섬유류와 같은 고체가연물에서 발생하는 화재형태로서 가연물 내부에서 연소하는 화재

6) **표면화재** : 가연성 물질의 표면에서 연소하는 화재

7) **방호구역** : 소화설비의 소화범위 내에 포함된 영역

8) **선택밸브** : 2 이상의 방호구역 또는 방호대상물이 있어 소화수 또는 소화약제를 해당하는 방호구역 또는 방호대상물에 선택적으로 방출되도록 제어하는 밸브

9) **소화농도** : 규정된 실험 조건의 화재를 소화하는 데 필요한 소화약제의 농도(형식승인대상의 소화약제는 형식승인된 소화농도)

10) **설계농도** : 방호대상물 또는 방호구역의 소화약제 저장량을 산출하기 위한 농도로서 소화농도에 안전율을 고려하여 설정한 농도

2 전역방출방식 약제량 산정

$$W = (V \times \alpha) \times h + (A \times \beta) \; [kg]$$

V : 방호구역 체적 [m³]
α : 체적계수 [kg/m³]
h : 보정계수(표면화재인 경우 적용)
A : 개구부면적 [m²]
β : 면적계수
　　(표면화재 : 5 kg/m², 심부화재 : 10 kg/m²)

(면적계수는 개구부에 자동폐쇄장치 미설치 시 적용)

1) **표면화재(가연성 가스, 가연성 액체 등)**

방호구역 체적	소요약제량	최소저장량
45 m³ 미만	1 kg/m³	45 kg
45 m³ 이상 150 m³ 미만	0.9 kg/m³	45 kg
150 m³ 이상 1,450 m³ 미만	0.8 kg/m³	135 kg
1,450 m³ 이상	0.75 kg/m³	1,125 kg

⑴ 약제량 계산결과 최소저장량 미만일 경우 약제량은 최소저장량으로 한다.

⑵ 개구부에 자동폐쇄장치 미설치 시 개구부 가산량 : 5 kg/m²을 적용한다.

⑶ 이 경우 개구부면적은 방호구역 전체표면적의 3 % 이하로 한다.

⑷ 설계농도가 34 % 이상인 방호대상물의 소화약제량 : 방호구역체적에 체적계수를 곱하여 산출한 기본소화약제량(V × α)에 보정계수 곱하여 산출

[표 2.2.1.1.2 가연성 액체 또는 가연성 가스의 소화에 필요한 설계농도]

방호대상물	설계농도 [%]
수소(Hydrogen)	75
아세틸렌(Acetylene)	66
일산화탄소(Carbon Monoxide)	64
산화에틸렌(Ethylene Oxide)	53
에틸렌(Ethylene)	49
에탄(Ethane)	40
석탄가스, 천연가스(Coal, Natural gas)	37
사이크로 프로판(Cyclo Propane)	37
이소부탄(Iso Butane)	36
프로판(Propane)	36
부탄(Butane)	34
메탄(Methane)	34

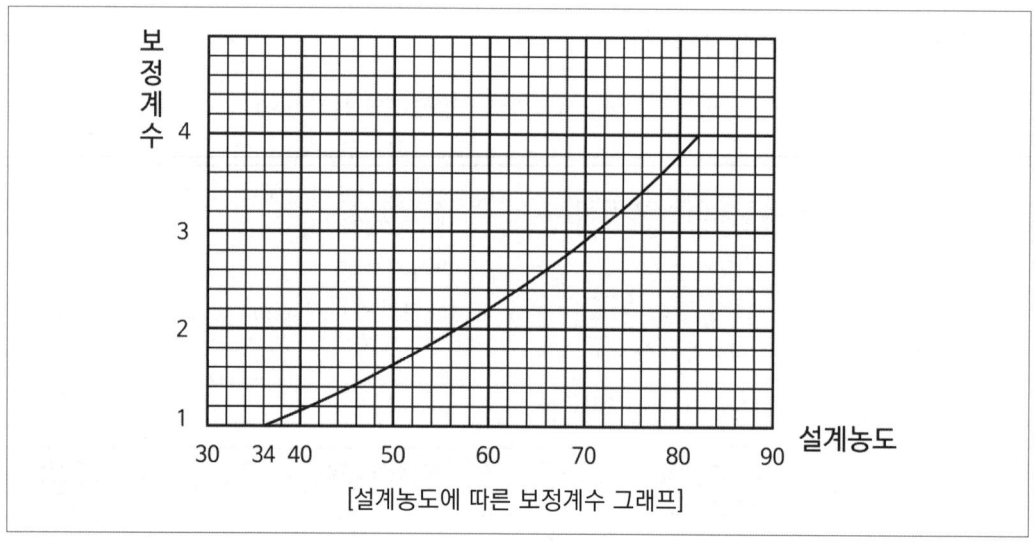

[설계농도에 따른 보정계수 그래프]

※ 표면화재의 보정계수 (MCF, Material Conversion Factor)

$$보정계수(MCF) = \frac{\ln(1-C_2)}{\ln(1-C_1)} = 5.542 \times \log\left(\frac{100}{100-C_2}\right)$$

여기서, C_2 : 보정 설계농도(표 2.2.1.1.2 설계농도)
　　　　C_1 : 기준 설계농도(34 %)

2) 심부화재(종이, 목재, 석탄, 섬유류, 합성수지류 등)

방호대상물	방호구역 1 m³에 대한 소화약제량	설계농도 [%]
유압기기를 제외한 전기설비, 케이블실	1.3 kg	50
체적 55 m³ 미만의 전기설비	1.6 kg	50
서고, 전자제품창고, 목재가공품창고, 박물관	2.0 kg	65
고무류, 면화류, 모피, 석탄창고, 집진설비	2.7 kg	75

(1) 개구부에 자동폐쇄장치 미설치 시 개구부 가산량 : 1 m²당 10 kg 적용

(2) 이 경우 개구부면적은 방호구역 전체표면적의 3 % 이하

3 국소방출방식 약제량 산정

1) 평면화재(저장용기 윗면이 개방, 화재 시 연소 면이 한정되고, 비산 우려가 없는 경우)

$$W\ [kg] = A\ [m^2] \times 13\ kg/m^2 \times h$$

W : 약제량 [kg]
A : 방호대상물 표면적 [m²]
h : 할증계수(고압 : 1.4, 저압 : 1.1)

2) 입면화재(평면화재 외)

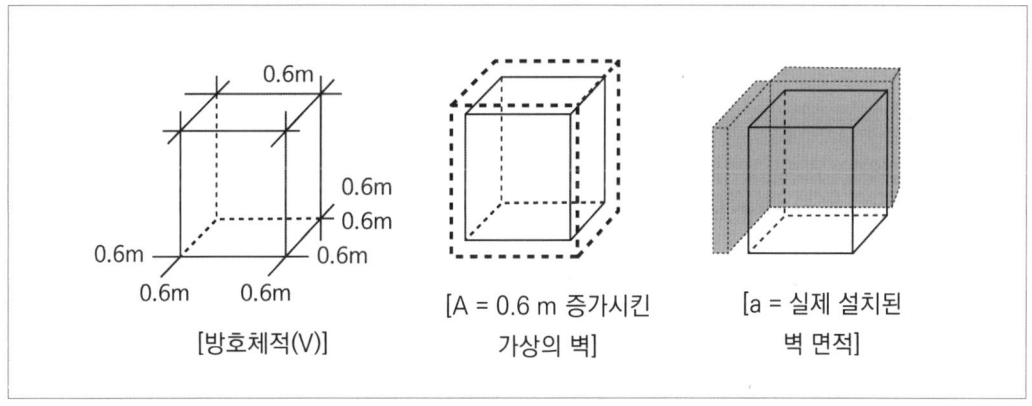

[방호체적(V)]   [A = 0.6 m 증가시킨 가상의 벽]   [a = 실제 설치된 벽 면적]

$$W\ [kg] = V\ [m^3] \times Q\ [방출계수] \times h\ [할증계수]$$

W : 약제량 [kg]
V : 방호공간의 체적 [m³](방호대상물의 각 부분으로부터 0.6 m의 거리에 따라 둘러싸인 공간)

$$\text{방출계수 } Q = 8 - 6\frac{a}{A}$$

Q : 방호공간 1 m³에 대한 소화약제량 [kg/m³]
a : 방호대상물 주위에 설치된 벽 면적의 합계 [m²]
A : 방호공간의 벽면적의 합계 [m²](벽이 없는 경우 벽이 있다고 가정한 당해 부분의 면적)

4 고압식과 저압식

구분	고압식	저압식
저장용기	68 ℓ / 45 kg (실린더)	3 ~ 60톤(저장탱크 1대)
저장압력	상온, 6.0 MPa	-18 ℃, 2.1 MPa
방출압력	2.1 MPa 이상	1.05 MPa 이상
내압시험압력	25 MPa 이상	3.5 MPa 이상
충전비	1.5 이상 ~ 1.9 이하	1.1 이상 ~ 1.4 이하

배관	• 전용
	• 압력배관용탄소강관 : Sch 80 ↑
	  (구경 20 mm 이하는 Sch 40 ↑)
	• 동관(이음이 없는 동합금관)
	  : 16.5 MPa 이상
		• 전용
		• 압력배관용탄소강관 : Sch 40 ↑
		• 동관(이음이 없는 동합금관)
		  : 3.75 MPa 이상

배관부속 (최소 사용설계압력)	• 1차 측 : 9.5 MPa • 2차 측 : 4.5 MPa	4.5 MPa

5 저장용기 설치장소의 기준

1) 방호구역 외의 장소에 설치할 것. 다만 방호구역 내에 설치할 경우에는 피난 및 조작이 용이하도록 피난구 부근에 설치
2) 온도가 40 ℃ 이하이고, 온도변화가 적은 곳에 설치
3) 직사광선 및 빗물이 침투할 우려가 없는 곳에 설치
4) 방화문으로 구획된 실에 설치
5) 용기의 설치장소에는 해당 용기가 설치된 곳임을 표시하는 표지를 할 것
6) 용기 간의 간격은 점검에 지장이 없도록 3 cm 이상의 간격을 유지할 것
7) 저장용기와 집합관을 연결하는 연결배관에는 체크밸브를 설치할 것. 다만 저장용기가 하나의 방호구역만을 담당하는 경우에는 그렇지 않다.

6 소화약제 저장용기등 의 설치기준

1) 저장용기 적합기준
   (1) 저장용기의 충전비는 고압식은 1.5 이상 1.9 이하, 저압식은 1.1 이상 1.4 이하로 할 것
   (2) 저압식 저장용기에는 내압시험압력의 0.64배부터 0.8배의 압력에서 작동하는 안전밸브와 내압시험압력의 0.8배부터 내압시험압력에서 작동하는 봉판을 설치할 것
   (3) 저압식 저장용기에는 액면계 및 압력계와 2.3 MPa 이상 1.9 MPa 이하의 압력에서 작동하는 압력경보장치를 설치할 것
   (4) 저압식 저장용기에는 용기 내부의 온도가 섭씨 영하 18℃ 이하에서 2.1 MPa의 압력을 유지할 수 있는 자동냉동장치를 설치할 것
   (5) 저장용기는 고압식은 25 MPa 이상, 저압식은 3.5 MPa 이상의 내압시험압력에 합격한 것으로 할 것

2) 소화약제 저장용기의 개방밸브는 전기식·가스압력식 또는 기계식에 따라 자동으로 개방되고 수동으로도 개방되는 것으로서 안전장치가 부착된 것으로 하여야 한다.

3) 소화약제 저장용기와 선택밸브 또는 개폐밸브 사이에는 배관의 최소사용설계압력과 최대허용압력 사이의 압력에서 작동하는 안전장치를 설치해야 하며, 안전장치를 통하여 나온 소화가스는 전용의 배관 등을 통하여 건축물 외부로 배출될 수 있도록 해야 한다. 이 경우 안전장치로 용전식을 사용해서는 안 된다. 〈개정 2024.8.1.〉

7 분사헤드

1) 분사헤드 설치 제외 장소
   (1) 방재실·제어실 등 사람이 상시 근무하는 장소
   (2) 니트로셀룰로스·셀룰로이드 제품 등 자기연소성물질을 저장·취급하는 장소
   (3) 나트륨·칼륨·칼슘 등 활성금속물질을 저장·취급하는 장소
   (4) 전시장 등의 관람을 위하여 다수인이 출입·통행하는 통로 및 전시실 등

2) 분사헤드의 오리피스 구경
   (1) 부식방지조치를 해야 하며 오리피스의 크기, 제조일자, 제조업체가 표시
   (2) 분사헤드의 개수는 방호구역에 소화약제의 방출 시간이 충족되도록 설치
   (3) 방출률 및 방출압력은 제조업체에서 정한 값
   (4) 오리피스의 면적은 분사헤드가 연결되는 배관구경 면적의 70 % 이하가 되도록 할 것

8 수동식 기동장치

수동식 기동장치의 부근에는 소화약제의 방출지연스위치 설치

1) 방호구역마다, 방호대상물마다 설치
2) 출입구부근 등 조작 하는 자가 쉽게 피난할 수 있는 장소에 설치
3) **기동장치의 조작부** : 높이 0.8 m 이상 1.5 m 이하의 위치, 보호판
4) 보기 쉬운 곳에 "이산화탄소소화설비 수동식 기동장치" 표지
5) 전기를 사용하는 기동장치에는 전원표시등 설치
6) 방출용 스위치는 음향경보장치와 연동하여 조작될 수 있을 것
7) 보호장치 설치(보호장치 개방 시 부저 또는 벨 등으로 경고음 발할 것) 〈신설 2024.8.1.〉
8) 옥외에 설치하는 경우 빗물 또는 외부 충격의 영향을 받지 않도록 설치 〈신설 2024.8.1.〉

9 자동식 기동장치

1) 수동으로도 기동할 수 있는 구조로 할 것
2) 전기식 기동장치로서 7병 이상의 저장용기를 동시에 개방하는 설비는 2병 이상의 저장용기에 전자개방밸브를 부착할 것
3) 가스압력식 기동장치의 기준
   (1) 기동용 가스용기 및 밸브는 25 MPa 이상의 압력에 견딜 수 있는 것
   (2) 기동용 가스용기에는 내압시험압력의 0.8배부터 내압시험압력 이하에서 작동하는 안전장치 설치
   (3) 기동용 가스용기의 체적은 5 L 이상, 해당 용기에 저장하는 질소 등의 비활성기체는 6.0 MPa 이상(21 ℃)의 압력으로 충전할 것
   (4) 기동용 가스용기에 충전 여부 확인을 위한 압력게이지를 설치할 것
4) 기계식 기동장치는 저장용기를 쉽게 개방할 수 있는 구조로 할 것

10 배관의 구경(소화약제의 소요량 방출시간)

1) 전역방출방식
   (1) 표면화재(가연성 액체 또는 가연성 가스 등) : 1분 이내
   (2) 심부화재(종이, 목재, 석탄, 섬유류, 합성수지류 등) : 7분 이내(이 경우 설계농도가 2분 이내에 30 % 도달해야 한다)
2) 국소방출방식 : 30초 이내

11 안전시설 등

1) 안전시설 설치
   (1) 방호구역 내와 부근에 방출을 표시하는 시각경보장치 설치
   (2) 방호구역의 출입구 부근에 약제방출에 따른 위험경고표지를 부착
   (3) 방호구역의 출입구 외부 인근에 공기호흡기 1대 이상 비치(인명구조기구기준)
2) 부취발생기 설치방식 〈신설 2024.8.1.〉
   (1) 소화배관에 설치하여 소화약제의 방출에 따라 부취제가 혼합되도록 하는 방식
      ① 소화약제 저장용기실 내의 소화배관에 설치할 것
      ② 점검 및 관리가 쉬운 위치에 설치할 것
      ③ 방호구역별로 선택밸브 직후 2차 측 배관에 설치할 것. 다만 선택밸브가 없는 경우에는 집합배관에 설치할 수 있음
   (2) 방호구역 내에 부취발생기를 설치하여 이산화탄소소화설비의 기동에 따라 소화약제 방출 전에 부취제가 방출되도록 하는 방식

12 호스릴이산화탄소소화설비

1) 장소(차고 또는 주차의 용도로 사용되는 부분 제외) (= 할론, 분말)
   (1) 지상 1층 및 피난층에 있는 부분으로서 지상에서 수동 또는 원격조작에 따라 개방할 수 있는 개구부의 유효면적의 합계가 바닥면적의 15 % 이상인 부분
   (2) 전기설비가 설치되어 있는 부분 또는 다량의 화기를 사용하는 부분(주위 5 m 이내 부분 포함)의 바닥면적이 구획의 바닥면적의 5분의 1 미만이 되는 부분

2) 설치기준

(1) 방호대상물의 각 부분으로부터 하나의 호스접결구까지의 수평거리 15 m 이하
(2) 노즐은 20 ℃에서 하나의 노즐마다 60 kg/min(저장 90 kg) 이상 방사
(3) 소화약제 저장용기는 호스릴을 설치하는 장소마다 설치
(4) 소화약제 저장용기의 개방밸브는 호스릴의 설치장소에서 수동 개폐
(5) 가까운 곳의 보기 쉬운 곳에 적색 표시등 설치, 이산화탄소소화설비 표지를 할 것

13 이산화탄소소화설비의 제어반·화재표시반

1) 제어반은 수동기동장치 또는 화재감지기에서의 신호를 수신하여 음향경보장치의 작동, 소화약제의 방출 또는 지연 기타의 제어기능을 가진 것으로 하고, 제어반에는 전원표시등을 설치할 것
2) 화재표시반은 제어반에서의 신호를 수신하여 작동하는 기능을 가진 것으로 하되, 다음 각 목의 기준에 따라 설치할 것

   (1) 각 방호구역마다 음향경보장치의 조작 및 감지기의 작동을 명시하는 표시등과 이와 연동하여 작동하는 벨·버저 등의 경보기 설치. 이 경우 음향경보장치의 조작 및 감지기의 작동을 명시하는 표시등을 겸용 가능
   (2) 수동식 기동장치는 그 방출용 스위치의 작동을 명시하는 표시등 설치
   (3) 소화약제의 방출을 명시하는 표시등 설치
   (4) 자동식 기동장치는 자동·수동의 절환을 명시하는 표시등 설치
3) 제어반 및 화재표시반은 화재 및 침수 등의 재해로 인한 피해를 받을 우려가 없고 점검에 편리한 장소에 설치할 것
4) 제어반 및 화재표시반에는 해당 회로도 및 취급설명서를 비치할 것
5) 수동잠금밸브의 개폐 여부를 확인할 수 있는 표시등을 설치할 것

> ※ 수동잠금밸브(NFTC 106 2.5.3)
> • 설치위치 : 소화약제 저장용기와 선택밸브 사이의 집합배관(선택밸브 직전)
> • 선택밸브가 없는 경우 : 저장용기실 내 조작 및 점검이 쉬운 위치

14 배관의 스케줄 번호(Schedule Number)

강관 파이프의 두께를 표시하는 수치(번호가 클수록 두꺼움)

$$Sch\ No. = \frac{P}{S} \times 1000$$

P : 사용압력 [MPa]
S : 허용응력 [MPa]
(허용응력 = $\frac{인장강도}{안전율}$)

15 과압배출구 설치 시 검토 사항

소화약제 방출 시 발생하는 과(부)압으로 인한 구조물 등의 손상을 방지하기 위해 설치(다만 과(부)압이 발생해도 구조물 등에 손상이 생길 우려가 없음을 시험 또는 공학적인 자료로 입증하는 경우 설치 제외 가능) 〈개정 2024.8.1.〉

1) 방호구역 누설면적
2) 방호구역의 최대허용압력
3) 소화약제 방출 시의 최고압력
4) 소화농도 유지시간

CHAPTER 01 | 계산문제

| 이산화탄소소화설비

01

어떤 사무소 건물의 지하층에 있는 발전기실 및 축전지실에 전역방출방식의 이산화탄소소화설비를 설치하려고 한다. 소방법, 동 시행령, 규칙과 주어진 조건에 의하여 다음 각 물음에 답하시오.

---조 건---

① 소화설비는 고압식이다.
② 발전기실의 크기 : 가로 6 m, 세로 10 m, 높이 5 m
③ 발전기실의 개구부 크기 : 1.8 m × 3 m × 2개소(자동폐쇄장치 있음)
④ 축전지실의 크기 : 가로 5 m, 세로 6 m, 높이 4 m
⑤ 축전지실의 개구부 크기 : 0.9 m × 2 m × 1개소(자동폐쇄장치 없음)
⑥ 가스약제 용기 충전량 45 kg, 저장용기 내용적 68 L
⑦ 가스저장용기는 공용으로 한다.
⑧ 발전기실 및 축전지실은 표면화재로 간주한다.

(1) 각 방호구역별로 필요한 가스 저장용기는 몇 병인가?
(2) 집합장치에 필요한 가스 저장용기는 몇 병인가?
(3) 각 방호구역별 선택밸브 직후의 유량은 몇 [kg/s]인가?

정답

1. 표면화재 : 방호구역의 체적당 약제량(kg/m³) 및 개구부의 면적당 가산량 [kg/m²]

방호구역 체적	방호구역의 체적 1 m³당 소화약제 양	개구부면적 1 m²당 소화약제 양	최소 저장량
45 m³ 미만	1.00 kg	5 kg	45 kg
45 m³ 이상 150 m³ 미만	0.90 kg		45 kg
150 m³ 이상 1,450 m³ 미만	0.80 kg		135 kg
1,450 m³ 이상	0.75 kg		1,125 kg

2. 저장용기 병수 = $\dfrac{\text{약제량} \, kg}{\text{용기 충전량} \, kg/\text{병당}}$

3. 배관의 구경기준(방사시간)

　이산화탄소 소화약제의 소요량이 다음의 기준에 따른 시간 내에 방출될 수 있는 것으로 할 것

　1) 전역방출방식

　　⑴ 가연성 액체 또는 가연성 가스 등 표면화재 방호대상물의 경우에는 1분

　　⑵ 종이, 목재, 석탄, 섬유류, 합성수지류 등 심부화재 방호대상물의 경우에는 7분.
　　　이 경우 설계농도가 2분 이내에 30 %에 도달해야 한다.

　2) 국소방출방식의 경우에는 30초

---

1. 각 방호구역별로 필요한 가스 저장용기의 병수

　1) 이산화탄소소화설비의 약제량 [kg]

$$W = \text{기본량} + \text{개구부 가산량} = (V \times \alpha) \times \text{보정계수[표면화재]} + (A \times \beta)$$

　여기서,　W : 소화약제량 [kg]
　　　　　V : 방호구역의 체적 [m³]
　　　　　A : 개구부의 면적 [m²]
　　　　　α : 방호구역의 체적당 약제량 [kg/m³]
　　　　　β : 개구부의 면적당 가산량 [kg/m²]

　2) 발전기실 소요약제량 : (6 × 10 × 5) m³ × 0.8 kg/m³ = 240 kg

　　발전기실 가스 저장용기 병수 : $\dfrac{240\,kg}{45\,kg/\text{병}} = 5.33$ 병 ≒ 6병

　3) 축전지실 소요약제량 : (5 × 6 × 4) m³ × 0.9 kg/m³ + (0.9 × 2) m² × 5 kg/m² = 117 kg

　　축전지실 가스 저장용기 병수 : $\dfrac{117\,kg}{45\,kg/\text{병}} = 2.6$ 병 ≒ 3병

　　　　　　　　　　　　　　　　　　　　　　　　　　　답 발전기실 6병, 축전지실 3병

2. 집합장치에 필요한 가스 저장용기 병수

　발전기실 6병, 축전지실 3병이 필요하므로 집합장치에 필요한 가스 저장용기 병수 : 6병

　　　　　　　　　　　　　　　　　　　　　　　　　　　답 6병

3. 각 방호구역별 선택밸브 직후의 유량은 몇 kg/s

　1) 발전기실 : $\dfrac{6\,\text{병} \times 45\,kg/\text{병}}{60\,s} = 4.5\,kg/\sec$

　2) 축전지실 : $\dfrac{3\,\text{병} \times 45\,kg/\text{병}}{60\,s} = 2.25\,kg/\sec$

　　　　　　　　　　　　　　　　답 1) 발전기실 4.5 kg/sec, 2) 축전지실 2.25 kg/sec

02

어떤 실에 이산화탄소소화설비를 설치하고자 한다. [조건]을 참고하여 다음 각 물음에 답하시오.

> **조건**
>
> ① 방호구역은 가로 10 m, 세로 20 m, 높이 5 m이고 개구부는 2군데 있으며 하나의 개구부는 가로 0.8 m, 세로 1 m이며 자동폐쇄장치가 설치되어 있지 않고, 또 다른 개구부는 가로 1 m, 세로 1.2 m이며 자동폐쇄장치가 설치되어 있다.
> ② 표면화재를 기준으로 하며, 보정계수는 1을 적용한다.
> ③ 분사헤드의 방출률은 1.05 kg/mm²·분이다.
> ④ 저장용기 약제량은 45 kg이다.
> ⑤ 분사헤드 분구면적은 0.52 cm²이다.

(1) 이 실에 필요한 소화약제의 양 [kg]을 구하시오.
(2) 저장용기 수를 구하시오.
(3) 소화약제의 유량 [kg/s]를 구하시오.
(4) 헤드개수를 산출하시오.

정답

1. 소화약제의 유량 [kg/s] = $\dfrac{저장량\,kg}{약제\,방사시간}$ = $\dfrac{병수 \times 1병당\,약제저장량}{60s}$

   이산화탄소소화설비의 소화약제의 저장량은 2.5.2.1 및 2.5.2.2의 기준에서 정한 시간 이내에 방출할 수 있는 것으로 할 것

2. 헤드개수 = $\dfrac{저장량[kg]}{분사헤드\,방출률[kg/mm^2 \cdot min \cdot 개] \times 분구면적[mm^2] \times 방출시간[min]}$

1. 소화약제의 양 [kg]

   W = (10 × 20 × 5) m³ × 0.8 kg/m³ + (0.8 × 1) m² × 5 kg/m² = 804 kg

   답 804 kg

2. 저장용기 수

   $\dfrac{804\,kg}{45\,kg/병}$ = 17.87 ≒ 18 병

   답 18병

3. 소화약제의 유량 [kg/s]

$$\frac{45\,kg/병 \times 18\,병}{60\,s} = 13.5\,kg/s$$

답 13.5 kg/s

4. 헤드개수

$$\frac{45\,kg/병 \times 18\,병}{1.05\,kg/mm^2 \cdot min \cdot 개 \times (0.52 \times 100)\,mm^2 \times 1\,min} = 14.84 = 15개$$

답 15개

03

업무시설의 지하층 전기 설비 등에 다음과 같이 이산화탄소소화설비를 설치하고자 할 때 조건에 적합하게 답하시오.

조 건

① 전기설비와 모피 창고에는 가로 1 m, 세로 2 m의 자동폐쇄장치가 설치되지 않은 개구부가 각각 1개씩 설치되어 있다.
② 저장용기 내용적 68 L, 충전비 1.511으로 동일한 충전비를 가짐
③ 전기설비실과 케이블실을 동시 방호구역으로 설계함
④ 소화약제 방출시간은 모두 7분으로 함
⑤ 각 실에 설치할 노즐의 방출량은 각 노즐 1개당 1 kg/min으로 함
⑥ 각 실의 층고는 모두 3 m이고, 저장용기실은 방호구역이 아님

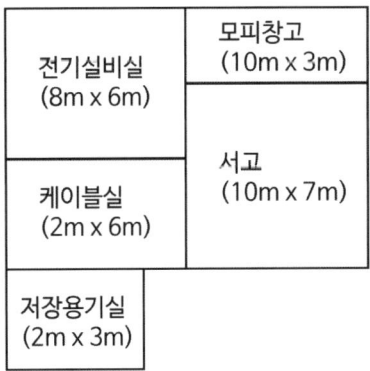

(1) 모피창고의 소요 가스량 [kg]을 구하시오.
(2) 저장용기 1병에 충전되는 가스량 [kg]을 구하시오.
(3) 저장용기실에 설치할 저장용기의 수는 몇 병인지 구하시오.
(4) 설치하여야 할 선택밸브 수는 몇 개인지 구하시오.
(5) 모피창고에 설치할 헤드 수는 모두 몇 개인지 구하시오. (단, 실제 방출 병수로 계산)
(6) 서고의 선택밸브 주배관의 유량은 몇 kg/min인지 구하시오. (단, 실제 방출 병수로 계산)

정답

1. 심부화재 : 방호구역의 체적당 약제량 [kg/m³] 및 개구부의 면적당 가산량 [kg/m²]

방호대상물	방호구역의 체적 1 m³당 소화약제 양	개구부면적 1 m²당 소화약제 양	설계농도 [%]
유압기기를 제외한 전기설비, 케이블실	1.3 kg	10 kg	50
체적 55 m³ 미만의 전기설비	1.6 kg		50
서고, 전자제품창고, 목재가공품창고, 박물관	2.0 kg		65
고무류·면화류창고, 모피창고, 석탄창고, 집진설비	2.7 kg		75

2. 충전비 = $\dfrac{용기부피\,[L]}{소화약제\,저장량\,[kg]}$

1. 모피창고의 소요 가스량 [kg]

   W = 10 × 3 × 3 m³ × 2.7 kg/m³ + 1 × 2 m² × 10 kg/m² = 263 kg

   답 263 kg

2. 저장용기 1병에 충전되는 가스량 [kg]

   약제의 중량비 $\dfrac{68\,L}{1.511\,L/kg} = 45\,kg$

   답 45 kg

3. 저장용기실에 설치할 저장용기의 수

   1) 전기설비실과 케이블실

   ⑴ 전기설비실

   W = 8 × 6 × 3 m³ × 1.3 kg/m³ + 1 × 2 m² × 10 kg/m² = 207.2 kg

   병수 = 207.2 ÷ 45 kg/병 ≒ 5병

   ⑵ 케이블실

   W = 2 × 6 × 3 m³ × 1.3 kg/m³ = 46.8 kg

   병수 = 46.8 ÷ 45 kg/병 ≒ 2병

   ※ 조건 ③에 따라 전기설비실과 케이블실을 동시 방호구역으로 설계함

   따라서 병수 = ⑴ + ⑵ = 5병 + 2병 = 7병

   2) 모피창고

   병수 = 263 kg ÷ 45 kg/병 ≒ 6병

   3) 서고

   W = 10 × 7 × 3 m³ × 2 kg/m³ = 420 kg

   병수 = 420 kg ÷ 45 kg/병 ≒ 10병

   답 10병

4. 선택밸브 수

   1) 선택밸브 : 2 이상의 방호구역 또는 방호대상물이 있어 소화수 또는 소화약제를 해당하는 방호구역 또는 방호대상물에 선택적으로 방출되도록 제어하는 밸브

   2) 전기설비실과 케이블실을 동시 방호구역하므로 3개

   답 3개

5. 모피창고에 설치할 헤드 수

   계산과정 : $\dfrac{6\,병 \times 45\,kg/병}{1\,kg/min\cdot 개 \times 7\,min} = 38.57 = 39\,개$

   답 39개

6. 서고의 선택밸브 주배관의 유량 [kg/min]

   ※ 이산화탄소소화설비의 배관구경 설치기준(방사시간)

   전역방출방식에 있어서 종이, 목재, 석탄, 섬유류, 합성수지류 등 심부화재 방호대상물의 경우에는 7분. 이 경우 2분 이내에 설계농도가 30 %에 도달해야 한다.

   1) 약제저장량 [kg] 및 방사시간을 고려한 통과유량에서 큰 값을 적용

   그러나 조건에 의해 약제저장량 [kg]만 고려하여 계산함

   2) 계산과정 : $\dfrac{10\,병 \times 45\,kg/병}{7\,min} = 64.29\,kg/min$

   답 64.29 kg/min

04

바닥면적 400 m², 높이 4 m인 전기실에 이산화탄소소화설비를 설치할 때 저장용기(68 L/45 kg)에 저장된 약제량을 방호구역 내에 전부 방출한다고 할 때 다음 물음에 답하시오. (단, 전기실에 유압기기는 없다)

조 건

① 방호구역 내에는 3 m²인 출입문이 있으며, 이 문은 자동폐쇄장치가 설치되어 있지 않다.
② 약제 방출방식은 전역방출방식을 적용하였으며, 심부화재를 가정한다.
③ 이산화탄소의 분자량은 44이고, 이상기체상수는 8.3143 kJ/kmol·K이다.
④ 이산화탄소 저장용기에는 한 병당 45 kg이 저장되어 있다.
⑤ 기타의 제시되지 않은 조건은 화재안전기술기준에 따른다.

---

(1) 이산화탄소 최소 저장용기 수 [병]를 구하시오.

(2) 최소 저장용기를 기준으로 이산화탄소를 모두 방출할 때 선택밸브 1차 측 배관에서의 최소 유량 [m³/min]을 구하시오. (단, 선택밸브 내의 온도와 압력 조건은 표준대기압, 온도 20 ℃로 가정한다)

정답

1. 저장용기의 수 = 약제량 [kg] ÷ 1병당 약제저장량 45 kg
2. 배관의 구경(소화약제의 소요량 방출시간)
   (1) 표면화재 : 1분 이내
   (2) 심부화재 : 7분 이내(설계농도가 2분 이내에 30 % 도달)

1. 이산화탄소 최소 저장용기 수 [병]

   1) 전기실의 소화약제량 [kg]

   $$W = 기본량 + 개구부가산량 = (V \times \alpha) + (A \times \beta)$$

   여기서, W : 소화약제량 [kg]
   V : 방호구역의 체적 [m³]
   A : 개구부의 면적 [m²]
   α : 방호구역의 체적당 약제량 [kg/m³]
   β : 개구부의 면적당 가산량 [kg/m²]

   W = (400 m² × 4 m) × 1.3 kg/m³ + 3 m² × 10 kg/m² = 2,110 kg

   2) 최소 저장용기 수 [병]

   $$용기 수 = \frac{2110\,kg}{45\,kg/병} = 46.88 ≒ 47병$$

   답 47병

2. 선택밸브 1차 측 배관 유량 [m³/min]

   1) 이산화탄소의 부피 [m³]

   $$PV = \frac{W}{M}RT$$

   $$V = \frac{WRT}{PM} = \frac{(47\,병 \times 45\,kg/병) \times 8.3143\,kJ/kmol \cdot K \times (273+20)\,K}{101.325\,kPa \times 44\,kg/kmol}$$

   $$= 1155.671\,m^3$$

   2) 선택밸브 1차 측 배관 유량 [m³/min] = $\frac{1155.671\,m^3}{7\,min}$ = 165.095 ≒ 165.1 m³/min

   답 165.1 m³/min

05

소화약제 방출에 따른 농도에 관한 다음 물음에 답하시오.

(1) 가스계소화설비에서 약제 방출 시 무유출(No Efflux) 또는 자유유출(Free Efflux)에 따른 가스농도 $C(\%) = \frac{21 - O_2}{21} \times 100$ 식을 유도하시오.

(2) 최소이론소화농도 [Minimum Extinguishing Concentration](28 %)를 설명하시오.

(3) 최소설계농도 [Minimum Design Concentration](34 %)를 설명하시오.

정답

1. 가스계소화설비에서 약제 방출 시 무유출(No Efflux) 또는 자유유출(Free Efflux)에 따른 가스농도 $C(\%) = \dfrac{21 - O_2}{21} \times 100$식

   1) 무유출 또는 자유유출에서 산소농도 [%]에 따른 가스농도 [%]

      (1) 산소농도 [%]에 따른 가스농도 [%]

      $$C = \dfrac{21 - O_2}{21} \times 100$$

      여기서, C : 가스농도 [%]
      O_2 : 산소농도 [%]

      (2) NFPA무유출(No Efflux)의 개념

      무유출은 약제가 방출되는 동안 유출이 없다고 가정하는 것으로 약제 방출 후 설계농도의 혼합가스(약제 + 공기)를 버린(Lost) 후 약제량을 계산하는 개념

   2) 소화약제의 부피 [m³]과 산소농도(O_2)

      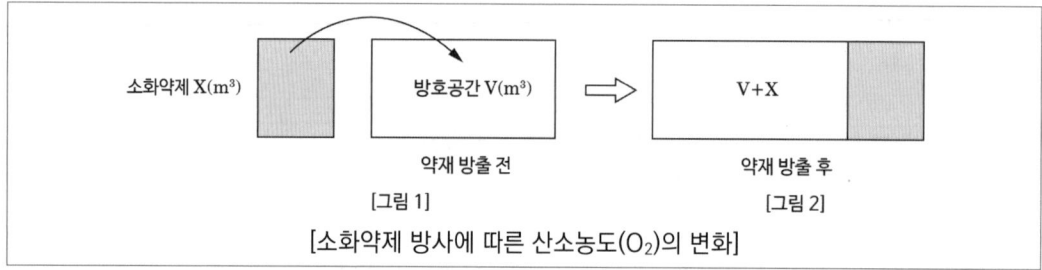

      [소화약제 방사에 따른 산소농도(O_2)의 변화]

      (1) 약제 방출 전 산소량 [그림 1] : $V \times 21(\%)$
      (2) 약제 방출 후 산소량 [그림 2] : $(V + X) \times O_2(\%)$
      (3) 방호공간(V) 내 초기 산소량과 소화약제(X) 방출 후 산소량(체적)이 같으므로

      • $V \times 21(\%) = (V + X) \times O_2(\%)$

      • $X = \dfrac{21 - O_2}{O_2} \times V$ ·· ①

(4) 방사된 가스농도 [%]

- 가스농도 [%] = $\dfrac{\text{방사된 가스의 부피 }[m^3]}{\text{방호구역의 부피 }[m^3] + \text{방사된 가스의 부피 }[m^3]} \times 100$

- 가스농도 [%] = $\dfrac{X}{V+X} \times 100$ ·············· ②

- "①"을 "②"을 대입

$$C(\%) = \dfrac{\left(\dfrac{21-O_2}{O_2} \times V\right)}{V + \left(\dfrac{21-O_2}{O_2} \times V\right)} \times 100 = \dfrac{21-O_2}{21} \times 100 \rightarrow C(\%) = \dfrac{21-O_2}{21} \times 100$$

2. 최소이론소화농도[Minimum Extinguishing Concentration] (28 %)

가연물의 연소한계 산소농도(15 %)를 적용하면 $C(\%) = \dfrac{21\% - 15\%}{21\%} \times 100 = 28\,\%$가 되고, 이 값을 전제로 한 것이 최소농도가 되며, 이는 실험이 아닌 계산에 의해 산정된 것

3. 최소설계농도[Minimum Design Concentration] (34 %)

최소이론농도는 결국 최소소화농도이며, 설계 시 적용하는 설계농도는 CO_2의 경우 안전율 20 %를 고려하여 28 % × 1.2 = 34 %가 되며 이를 최소설계농도라고 한다.

06

가로 20 m, 세로 15 m, 높이 5 m인 전기실에 전역방출방식의 이산화탄소소화설비를 설치하려고 한다. 다음 조건을 참조하여 물음에 답하시오. (실내압력 740 mmHg, 실내온도 12 ℃)

(1) 방사 후 실내의 산소농도가 13 vol%라면 실내의 이산화탄소농도는 몇 vol%인가?
(2) 약제 유출방식에 따른 방사된 이산화탄소량 [kg]은?

정답

1. 가스농도 $C = \dfrac{21-O_2}{21} \times 100$

2. 자유유출방식의 가스부피

$$x[m^3] = 2.303 \times \log\left(\dfrac{100}{100-C}\right) \times V$$

1. 약제 방사 후 방호구역 내 이산화탄소농도

$$C = \frac{21 - O_2}{21} \times 100 = \frac{21 - 13}{21} \times 100 = 38.095$$

답 이산화탄소농도 : 38.1 %

2. 약제 유출방식에 따른 방사된 이산화탄소량 [kg]

　1) 완전치환

　　방출된 소화약제의 부피만큼 방호구역 공기가 외부로 배출

$$CO_2\,[m^3] = 1500\,m^3 \times 0.381 = 571.5\,m^3$$

　2) 무유출

　　(1) 방출된 소화약제가 방호구역내 공기와 잘 혼합된 후 배출
　　(2) 약제가 방호구역에 방출되는 동안은 약제의 누출이 없다.

$$CO_2\,[m^3] = \frac{21 - O_2}{O_2} \times V$$

$$CO_2\,[m^3] = \frac{21 - 13}{13} \times 1500 = 923.07\,m^3$$

　3) 자유유출

　　방출된 소화약제의 부피만큼 방호구역 공기와 이산화탄소의 혼합기체가 외부로 배출

　　(1) 이산화탄소소화설비는 자유유출로 계산하여야 하므로

$$CO_2\,[m^3] = 2.303 \cdot \log\left(\frac{100}{100 - 38.1}\right) \times (20 \times 15 \times 5) = 719.48\,m^3$$

　　(2) 이상기체 상태 방정식 이용하여 이산화탄소량 계산

$$PV = \frac{W}{M}RT$$

여기서, P : 절대압력(atm = Pa = N/m²)
　　　　V : 기체의 부피 [m³]
　　　　T : 절대온도 [K]
　　　　W : 기체의 중량 [kg]
　　　　M : 기체의 분자량 [kg]
　　　　R : 기체상수 [0.082 atm·L/mol·K = 8,313.85 N·m/kmol·K]

$$PV = \frac{W}{M}RT$$

$$\frac{740}{760} \times 719.48 = \frac{W}{44} \times 0.082 \times (273 + 12)$$

$$= 1,319\,kg$$

답 1,319 kg

07

이산화탄소소화설비의 소화약제 방사에 따른 농도에 관한 다음 물음에 답하시오.

조건

① 지하 2층에 설치된 전기실의 크기는 가로 10 m, 세로 10 m, 높이 10 m이다.
② 이산화탄소의 방사에 따른 설계농도는 50 %이며, 그 외의 것은 고려하지 않는다.

---

(1) 무유출(No Efflux)방식으로 설계농도에 도달하기 위한 이산화탄소 약제량 [m³]을 계산하시오.
(2) 자유유출(Free Efflux)방식으로 설계농도에 도달하기 위한 이산화탄소 약제량 [m³]을 계산하시오.

정답

1. 무유출방식

$$\text{가스농도 [\%]} = \frac{\text{방사된 가스의 부피}(m^3)}{\text{방호구역의 부피}(m^3) + \text{방사된 가스의 부피}(m^3)} \times 100$$

2. 자유유출방식

$$x = 2.303 \times \log\left(\frac{100}{100 - C}\right) \times V$$

---

1. 무유출(No Efflux)방식으로 설계농도에 도달하기 위한 이산화탄소의 약제량 [m³]

$$\text{가스농도 [\%]} = \frac{\text{방사된 가스의 부피}(m^3)}{\text{방호구역의 부피}(m^3) + \text{방사된 가스의 부피}(m^3)} \times 100$$

1) 방호구역의 체적 = 10 m × 10 m × 10 m = 1,000 m³

2) $50\% = \dfrac{\text{약제량}\,[m^3]}{1,000\,m^3 + \text{약제량}\,[m^3]} \times 100$ → 약제량 [m³] = 1,000 m³

답 1,000 m³

2. 자유유출(Free Efflux)방식으로 설계농도에 도달하기 위한 이산화탄소의 약제량 [m³]

$$x = 2.303 \times \log\left(\frac{100}{100 - C}\right) \times V$$

여기서, x : 방출된 이산화탄소의 체적 [m³]
  C : 체적에 따른 소화약제의 설계농도 [%]
  V : 방호구역의 체적 [m³]

약제량 [m³] = $2.303 \times \log\left(\dfrac{100}{100 - 50\%}\right) \times 1,000\,m^3 = 693.272\,m^3$

답 693.27 m³

08

방호구역의 체적이 50 m³인 소방대상물에 이산화탄소소화설비를 하였다. 이곳에 160 kg을 방출하였을 때 이산화탄소의 농도를 구하시오. (단, 실내압력은 121 kPa이고, 온도는 22 ℃이다)

정답

1. $PV = \dfrac{W}{M}RT$, $R = 0.082 \, atm \cdot m^3/kmol \cdot K = 8.314 \, kJ/kmol \cdot K$

2. $X[m^3] = 2.303 \log\left(\dfrac{100}{100-C}\right) \times$ 방호구역 체적 (여기서, X : CO_2 체적)

3. $C = 100\left(1 - \dfrac{1}{10^{\frac{V(CO_2 \text{체적})}{2.303 \times \text{방호구역 체적}}}}\right)$

1. CO_2 체적

1) 이상기체 방정식

$$PV = \dfrac{W}{M}RT$$

여기서, P : 절대압력 [Pa = N/m²]
V : 기체의 부피 [m³]
T : 절대온도 [K]
W : 기체의 중량 [kg]
M : 기체의 분자량 [kg]
R : 기체상수
　[8,313.85 N·m/kmol·K = 8.314 kJ/kmol·K]

2) CO_2 체적 $V = \dfrac{WRT}{PM} = \dfrac{160 \, kg \times 8.314 \, kJ/kmol \cdot K \times (273+22) \, K}{121 \, kPa \times 44 \, kg/kmol} = 73.7 \, m^3$

2. CO_2 농도

1) 자유유출에 따른 이산화탄소 체적

$$x = 2.303 \times \log\left(\dfrac{100}{100-C}\right) \times V$$

여기서, x : 기체의 체적 [m³]
C : 체적에 따른 소화약제의 설계농도 [%]
V : 방호구역의 체적 [m³]

2) CO₂ 농도

$$73.7 = 2.303 \log\left(\frac{100}{100-C}\right) \times 50$$

$$C = 100\left(1 - \frac{1}{10^{\frac{73.7}{2.303 \times 50}}}\right) \quad [x = \log_a y \rightarrow y = a^x]$$

$$C = 77.05\,\%$$

답 77.05 %

09

조건과 같은 발전실 등에 전역방출방식의 고압식 이산화탄소소화설비를 설치하고자 할 때 다음 물음에 답하시오.

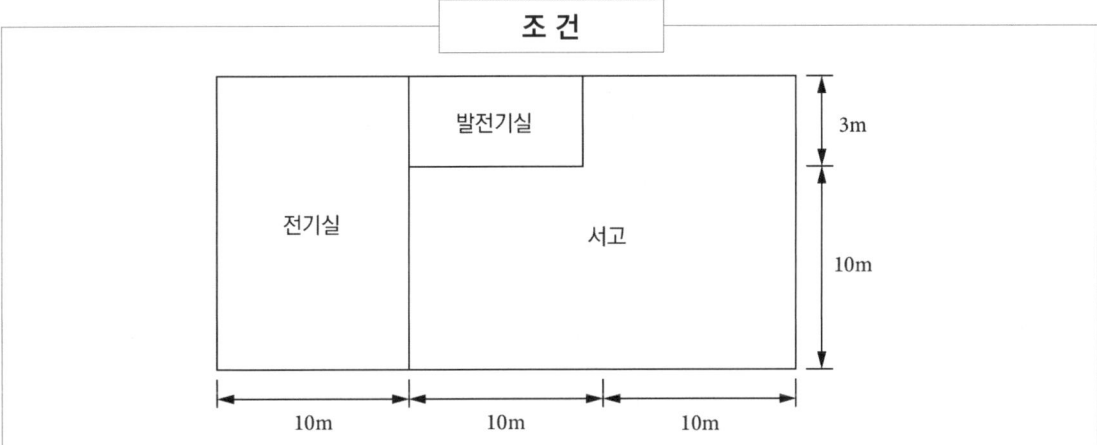

① 전기실과 발전기실은 표면화재로 본다.
② 층고는 4.5 m이고, 서고의 온도는 10 ℃를 적용한다.
③ 전기실에는 1.8 m × 2 m 크기의 개구부가 설치되어 있다.
④ 이산화탄소의 저장용기 내용적은 68 L이며, 충전비는 1.7이다.
⑤ 각 방호구역은 내화구조이며 일반구조물로 허용내압강도가 2.4 kPa이다.
⑥ 이산화탄소소화설비의 작동은 선택밸브방식이며, Feed Back System을 적용하였다.

(1) 전기실과 발전기실, 서고의 약제량 [kg]을 계산하시오.
(2) 서고를 방호하기 위한 저장용기실에 저장할 용기의 최소 병수를 계산하시오.
(3) 서고 내에 약제방사에 따른 선택밸브 이후의 유량 [kg/sec]을 계산하시오.
(4) 서고 내에 약제방사에 따른 과압을 방지하기 위한 과압배출구의 면적 [mm²]을 계산하시오.

> **정답**
>
> 1. 표면화재 : 개구부 가산량 5 kg/m²
> 2. 심부화재 약제 방사시간 : 7분. 이 경우 2분 이내에 설계농도가 30 %에 도달
> 3. 과압배출구 $A(mm^2) = \dfrac{239\,Q}{\sqrt{P(kPa)}}$

1. 전기실과 발전기실, 서고의 약제량 [kg]

    1) 전기실의 약제량 [kg]

        ⑴ 방호구역의 체적 [m³] = 10m × 13m × 4.5m = 585 m³   ∴ 585 m³

        ⑵ 소화약제의 양 [kg] = (585m³ × 0.8kg/m³) + (3.6m² × 5kg/m²) = 486

        답 486 kg

    2) 발전기실의 약제량 [kg]

        ⑴ 방호구역의 체적 [m³] = 10 m × 3 m × 4.5 m = 135 m³   ∴ 135 m³

        ⑵ 소화약제의 양 [kg] = 135 m³ × 0.9 kg/m³ = 121.5 kg   ∴ 121.5 kg

        답 121.5 kg

    3) 서고의 약제량 [kg]

        ⑴ 방호구역의 체적 [m³] = (20 × 13 × 4.5) m³ − 135 m³ = 1,035 m³   ∴ 1,035 m³

        ⑵ 소화약제의 양 [kg] = 1,035 m³ × 2.0 kg/m³ = 2,070 kg

        답 2,070 kg

2. 서고를 방호하기 위한 저장용기실에 저장할 용기의 최소 병수

    1) 저장용기 1병당 저장량 [kg] = $\dfrac{68L}{1.7}$ = 40 kg   ∴ 40 kg

    2) 저장용기의 수 = 2,070 kg ÷ 40 kg/병 = 51.75병

        답 52병

3. 서고 내에 약제방사에 따른 선택밸브 이후의 유량 [kg/sec]

    1) 약제저장량 [kg]에 따른 선택밸브 유량 [kg/sec]

        ⑴ 저장량 [kg] = 52 병 × 40 kg = 2,080 kg   ∴ 2,080 kg

        ⑵ 방사시간(7분)에 따른 약제저장량 [kg]의 선택밸브 유량 [kg/sec]

        선택밸브의 유량 [kg/sec] = 2,080 kg ÷ 420 s = 4.952 kg/s   ∴ 4.95 kg/s

2) 방사시간에 따른 선택밸브 유량 [kg/sec]

   (1) 설계농도에 따른 소화약제량 [kg]

   $$x = 2.303 \times \log\left(\frac{100}{100-C}\right) \times \frac{1}{S} \times V$$

   여기서, x : 소화약제량 [kg]
   C : 소화약제의 설계농도 [%]
   S : 소화약제별 선형상수 $[K_1 + K_2 \times t](m^3/kg)$
   t : 방호구역의 최소예상온도 [℃]
   V : 방호구역의 체적 [m^3]

   (2) 2분 이내에 설계농도가 30 %가 되는 약제량 [kg]

   $$= 2.303 \times \log\left(\frac{100}{100-30}\right) \times \frac{1}{0.53\,m^3/kg} \times 1,035\,m^3 = 696.651\,kg \qquad \therefore 696.65\,kg$$

   (3) 설계농도가 30 %의 유량 [kg/sec] $= 696.65\,kg \div 120\,sec = 5.805\,kg/s$ $\qquad \therefore 5.81\,kg/s$

3) 약제저장량 [kg] 및 방사시간을 고려한 통과유량에서 큰 값을 적용하여 서고의 선택밸브 통과유량

   답 $5.81\,kg/s$

4. 서고 내에 약제방사에 따른 과압을 방지하기 위한 과압배출구의 면적 [mm^2]

   1) 과압배출구의 면적

이산화탄소소화설비

   $$A(mm^2) = \frac{239\,Q}{\sqrt{P(kPa)}}$$

   Q : 이산화탄소의 유량 [kg/min]
   P : 방호구역의 허용강도 [kPa]

경량구조물	1.2 kPa
일반구조물	2.4 kPa
둥근구조물	4.8 kPa

   2) 과압배출구 [mm^2] $= \dfrac{239 \times 5.81\,kg/s \times 60\,s/min}{\sqrt{2.4\,kPa}} = 53,779.859\,mm^2$

   답 $53,779.86\,mm^2$

Annex

Feed Back System배관의 동작원리

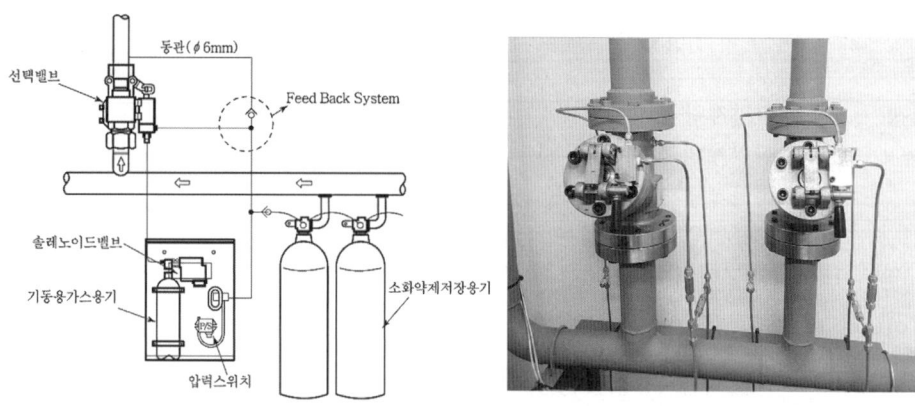

[Feed back System의 구조]

기동용기가 개방되면 기동용기는 선택밸브를 개방한 후 조작동관에 연결된 약제 저장용기를 개방하게 되며, 개방된 저장용기의 가스는 연결관을 통해 집합관에 모여 개방된 선택밸브를 통하여 방호구역에 방사되고, 이때 선택밸브 2차 측에 설치된 압력스위치에 연결되는 조작동관에 소화가스가 유입되어 압력스위치를 동작시킴과 동시에 Feed Back시켜 놓은 조작 동관으로도 충분한 양의 소화가스가 유입되어 이 유입된 소화가스의 압력으로 개방되어야 할 저장용기의 니들밸브를 100 % 개방시킨다.

10

조건과 같은 방호구역에 전역방출방식의 고압식 이산화탄소소화설비를 설치하려고 할 때 다음 각 물음에 답하시오.

---조건---

① 모피창고의 크기 8 m × 6 m × 3 m, 개구부의 크기 2 m × 1 m이고, 자동폐쇄장치가 설치되어 있다.
② 서고의 크기 5 m × 6 m × 3 m, 개구부의 크기 1 m × 1 m이다.
③ 에탄올 저장창고의 크기 5 m × 4 m × 2 m, 개구부의 크기 1 m × 1.5 m이고, 자동폐쇄장치가 설치되어 있으며, 보정계수는 1.2이다.
④ 충전비 1.511이며 내용적 68 L이다.

(1) 모피창고 및 서고의 소화약제량 [kg]을 계산하시오.
(2) 에탄올 저장창고의 소화약제량 [kg]을 계산하시오.

(3) 약제저장용기 1병당 약제 저장량 [kg]을 계산하시오.
(4) 모피창고 및 에탄올 저장창고에 소화약제 방사 후 방호구역 안의 산소농도가 10 %일 때 이산화탄소의 농도 [%]를 계산하시오.
(5) "(4)"에 따른 모피창고 및 에탄올 저장창고에 방사된 이산화탄소의 체적 [m³]을 계산하시오.

정답

1. 심부화재 소화약제량

방호대상물	방호구역의 체적 1 m³에 대한 소화약제의 양	설계농도 (%)
유압기기를 제외한 전기설비, 케이블실	1.3 kg	50
체적 55 m³ 미만의 전기설비	1.6 kg	50
서고, 전자제품창고, 목재가공품창고, 박물관	2.0 kg	65
고무류·면화류창고, 모피창고, 석탄창고, 집진설비	2.7 kg	75

2. 표면화재 소화약제량

방호구역 체적	방호구역의 체적 1 m³에 대한 소화약제의 양	소화약제 저장량의 최저한도의 양
45 m³ 미만	1.00 kg	45 kg
45 m³ 이상 150 m³ 미만	0.90 kg	
150 m³ 이상 1,450 m³ 미만	0.80 kg	135 kg
1,450 m³ 이상	0.75 kg	1,125 kg

3. 충전비 = $\dfrac{\text{저장용기의 내용적}(L)}{\text{소화약제 저장량}(kg/\text{병})}$

1. 모피창고 및 서고의 소화약제량 [kg]

구분	방호구역의 체적	약제량
모피창고	8 m × 6 m × 3 m = 144 m³	144 m³ × 2.7 kg/m³ = 388.8 kg
서고	5 m × 6 m × 3 m = 90 m³	(90 m³ × 2 kg/m³) + (1 m² × 10 kg/m²) = 190 kg

2. 에탄올 저장창고의 소화약제량 [kg]

구분	방호구역의 체적	약제량
에탄올	5 m × 4 m × 2 m = 40 m³	40 m³ × 1.0 kg/m³ = 40 kg
최소약제량을 45 kg 적용 후 보정계수 계산		최소약제량 45 kg × 1.2 = 54 kg

3. 소화약제 저장용기 1병당 약제 저장량 [kg]

　1) 충전비 = $\dfrac{\text{저장용기의 내용적}[L]}{\text{소화약제 저장량}[kg/\text{병}]}$

　2) 1병당 약제저장량 [kg] = $\dfrac{68L}{1.511}$ = 45　　　　　답 45 kg

4. 모피창고 및 에탄올 저장창고에 소화약제 방사 후 방호구역 안의 산소농도가 10 %일 때 이산화탄소의 농도 [%]

　1) 산소농도 [%]에 따른 가스농도 [%]

$$C = \dfrac{21 - O_2}{21} \times 100$$

　　여기서, C : 가스농도 [%]
　　　　　　O_2 : 산소농도 [%]

　2) 이산화탄소의 농도 [%] = $\dfrac{21 - 10\%}{21} \times 100$ = 52.38 %　　　　　답 52.38 %

5. 모피창고 및 에탄올 저장창고에 방사된 이산화탄소의 체적 [m³]

　1) 자유유출(Free Efflux)상태에서 이산화탄소의 방출체적 [m³]

$$x = 2.303 \times \log\left(\dfrac{100}{100 - C}\right) \times V$$

　　여기서, x : 방출된 이산화탄소의 체적 [m³]
　　　　　　C : 체적에 따른 소화약제의 설계농도 [%]
　　　　　　V : 방호구역의 체적 [m³]

　2) 각 방호구역별 이산화탄소의 방사체적 [m³]

구분	이산화탄소의 방사체적 [m³]	
모피창고	$2.303\log\left(\dfrac{100}{100 - 52.38\%}\right) \times 144\,m^3 = 106.855\,m^3$	∴ 106.86 m³
에탄올	$2.303\log\left(\dfrac{100}{100 - 52.38\%}\right) \times 40\,m^3 = 29.68\,m^3$	∴ 29.68 m³

11

이산화탄소소화약제의 선형상수에 관한 다음 물음에 답하시오.

(1) 약제량 산정을 위한 선형상수 [m³/kg]를 설명하시오.
(2) 표면화재에서 30 ℃를 기준으로 하는 선형상수 [m³/kg]를 계산하시오.
(3) 심부화재에서 10 ℃를 기준으로 하는 선형상수 [m³/kg]를 계산하시오.

정답

$$S = K_1 + K_2 \times t = K_1 + \frac{K_1}{273} \times t \, (t : \text{방호구역 최소예상온도 [℃]})$$

1. 약제량 산정을 위한 선형상수 [m³/kg]

   1) 선형상수 [m³/kg] : 특정온도(방호구역 최소예상온도)에서 소화약제의 비체적 [m³/kg]
   2) K_1의 개념
      (1) 아보가드로의 법칙으로 모든 기체는 0 ℃, 1 atm, 1 kmol은 22.4 m³이다.
      (2) $K_1 = \dfrac{22.4 m^3}{\text{분자량} \, kg}$
   3) K_2의 개념
      (1) 0 ℃에서 기체가 t ℃까지의 비체적 [m³/kg]의 변화량으로 샤를의 법칙에 의해 온도가 1 ℃ 올라갈 때마다 체적은 1/273씩 증가한다.
      (2) 임의의 온도(K_2) t ℃에서의 비체적 [m³/kg] : $K_2 = \dfrac{K_1}{273}$
   4) 선형상수 [m³/kg]의 계산식

   $$S = K_1 + K_2 \times t = K_1 + \frac{K_1}{273} \times t \, (t : \text{방호구역 최소예상온도 [℃]})$$

2. 표면화재에서 30 ℃를 기준으로 하는 선형상수 [m³/kg]

   1) 이산화탄소의 분자량 $= (12 kg \times 1) + (16 kg \times 2) = 44$ kg/kmol ∴ 44 kg/kmol
   2) $K_1 = \dfrac{22.4 \text{m}^3}{44 \text{kg}} = 0.509$ m³/kg ∴ 0.509 m³/kg
   3) $K_2 = \dfrac{0.509 \text{m}^3/\text{kg}}{273} = 0.00186$ m³/kg ∴ 0.00186 m³/kg
   4) 30 ℃의 선형상수 [m³/kg] $= 0.509 + 0.00186 \times 30$ ℃ $= 0.565$ m³/kg 답 0.57 m³/kg

3. 심부화재에서 10 ℃를 기준으로 하는 선형상수 [m³/kg]

   10 ℃의 선형상수 [m³/kg] $= 0.509 + 0.00186 \times 10$ ℃ $= 0.527$ m³/kg 답 0.53 m³/kg

12

경유탱크저장실(용기 5병, 체적 242 m³)에 전역방출방식의 고압식 이산화탄소소화설비를 설치하고자 한다. 이 경우 저장용기는 68 L/45 kg일 때 다음 물음에 답하시오.

(1) 방호구역에 약제 방출 후 가스농도 [%]를 계산하시오. (단, 방호구역의 기압 및 실내온도는 각각 30 ℃, 1기압인 상태로 약제가 방출될 때 자유유출 상태이다)

(2) 가스압력식의 기동용기에 질소 0.45 kg이 충전되었을 때 기동용기에 작용하는 게이지압력 [MPa]을 계산하시오. (단, 기동용 저장용기 안에 질소는 이상기체 조건으로 본다)

정답

1. $x = 2.303 \times \log\left(\dfrac{100}{100-C}\right) \times \dfrac{1}{S} \times V$ [kg]

2. 기동용 가스용기의 용적은 5 L 이상으로 하고, 해당용기에 저장하는 질소 등의 비활성기체는 6.0 MPa 이상(21 ℃ 기준)의 압력으로 충전할 것

---

1. 방호구역에 약제 방출 후 가스농도 [%]

   1) 30 ℃에서 이산화탄소의 선형상수 [m³/kg] = $\dfrac{22.4\,\text{m}^3}{44\,\text{kg}} + \dfrac{22.4\,\text{m}^3}{44\,\text{kg}} \times \dfrac{30\,℃}{273}$

   $= 0.565\,\text{m}^3/\text{kg}$ ∴ 0.565 m³/kg

   2) 방호구역에 방사된 약제량 [kg] = 45 kg × 5병 = 225 kg ∴ 225 kg

   3) 약제 방출 후 가스농도 [%]

   $225\,\text{kg} = 2.303 \times \log\left(\dfrac{100}{100-C}\right) \times \dfrac{1}{0.565\,\text{m}^3/\text{kg}} \times 242\,\text{m}^3$

   답 C = 40.86 %

2. 가스압력식의 기동용기에 질소 0.45 kg이 충전되었을 때 기동용기에 작용하는 게이지압력 [MPa]

   1) 이상기체 상태 방정식

   $PV = \dfrac{W}{M}RT \rightarrow P = \dfrac{WRT}{VM}$

   2) 기동용기에 작용하는 게이지압력 [MPa]

   (1) 기동용기의 절대압력 [MPa] = $\dfrac{0.45\,\text{kg} \times 8{,}313.85\,\text{N·m/kmol·K} \times (273+21)\,\text{K}}{0.005\,\text{m}^3 \times 28\,\text{kg/kmol}}$

   $= 7{,}856{,}588\,\text{Pa}$ ∴ 7.86 MPa

   (2) 게이지압력 [MPa] = 7.86 MPa − 0.101325 MPa = 7.758 MPa

   답 7.76 MPa

13

가로 2 m, 세로 1.8 m, 높이 1.4 m인 가연물에 국소방출방식의 고압식 이산화탄소소화설비를 설치하고자 한다. 다음 물음에 답하시오. (단, 입면에 고정된 벽체는 없다)

(1) 방호공간의 체적 [m³]을 계산하시오.
(2) 방호공간 벽면적의 합계 [m²]를 계산하시오.
(3) 국소방출방식에 따른 최소 약제량 및 저장용기의 수를 계산하시오. (단, 저장용기는 68 L/45 kg)

정답

국소방출방식
1) 윗면이 개방된 용기에 저장하는 경우와 화재 시 연소면이 한정되고 가연물이 비산할 우려가 없는 경우에는 방호대상물의 표면적 1 m²에 대하여 13 kg

$$W = A \times 13 kg/m^2 \times 할증계수(고압식 : 1.4, 저압식 : 1.1)$$

2) "1)" 외의 경우

$$W = V \times Q \times 할증계수 \text{ 여기서, } Q = 8 - 6\frac{a}{A}$$

1. 방호공간의 체적 [m³]
   1) 방호공간 : 방호대상물의 각 부분으로부터 0.6 m의 거리에 따라 둘러싸인 공간
   2) 방호공간 [m³]
      = (2 + 0.6 × 2) m × (1.8 + 0.6 × 2) m × (1.4 + 0.6) m = 19.2 m³

   답 19.2 m³

2. 방호공간 벽면적의 합계 [m²]
   방호공간의 벽면적 [m²] = (3.2 × 2) m² × 2 + (3 × 2) m² × 2 = 24.8 m³

   답 24.8 m³

3. 국소방출방식에 따른 최소 약제량 및 저장용기의 수

 1) 국소방출방식의 약제량 [kg]

$$W = V \times Q \times h = V \times \left(8 - 6\frac{a}{A}\right) \times 1.4$$

  여기서, W : 소화약제량 [kg]
  V : 방호공간의 체적 [m³]
  Q : 방호공간 1 m³ 대한 소화약제량 [kg/m³]
  a : 방호대상물 주위에 설치된 벽 면적의 합계 [m²]
  A : 방호공간의 벽면적의 합계 [m²]
   [벽이 없는 경우에는 벽이 있는 것으로 가정한 당해 부분의 면적]
  h : 할증계수(고압식은 1.4, 저압식은 1.1)

 2) 소화약제량 [kg] = $19.2\text{m}^3 \times \left(8 - 6\dfrac{0}{24.8}\right)\text{kg/m}^3 \times 1.4 = 215.04$ kg   ∴ 215.04 kg

 3) 저장용기의 수 = $\dfrac{약제량}{1병당 저장량} = \dfrac{215.04\text{kg}}{45\text{kg/병}} = 4.78$병

답 5병

14

다음 그림은 위험물 저장탱크에 국소방출방식의 이산화탄소소화설비를 설치한 도면이다. 각 물음에 답하시오. (단, 고압식이며 방호대상물 주위에는 동일한 크기의 벽이 설치되어 있다)

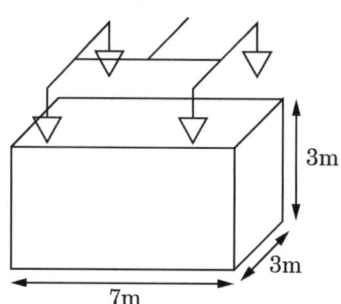

(1) 방호공간의 체적 [m³]을 구하시오.

(2) 소화약제 최소저장량 [kg]은 얼마인가?

(3) 저압식으로 할 때 소화약제 최소저장량 [kg]은 얼마인가?

정답

국소방출방식

$$W[kg] = 방호공간\ 체적 \times \left(8 - 6\frac{a}{A}\right) \times 할증계수\ (고압식\ 1.4\ 저압식\ 1.1)$$

1. 방호공간의 체적 [m³]

   V = 7 × 3 × (3 + 0.6) = 75.6 m³

   답 75.6 m³

2. 소화약제 최소저장량 [kg]

   1) a : (7 × 3 × 2) + (3 × 3 × 2) = 60 m²
   2) A : (7 × 3.6 × 2) + (3 × 3.6 × 2) = 72 m²

   $\therefore W = 75.6\,m^3 \times \left(8 - 6 \times \dfrac{60}{72}\right) kg/m^3 \times 1.4 = 317.52\,kg$

   답 317.52 kg

3. 저압식

   $\therefore W = 75.6\,m^3 \times \left(8 - 6 \times \dfrac{60}{72}\right) kg/m^3 \times 1.1 = 249.48\,kg$

   답 249.48 kg

Annex

◎ 저압식 이산화탄소소화설비의 밸브

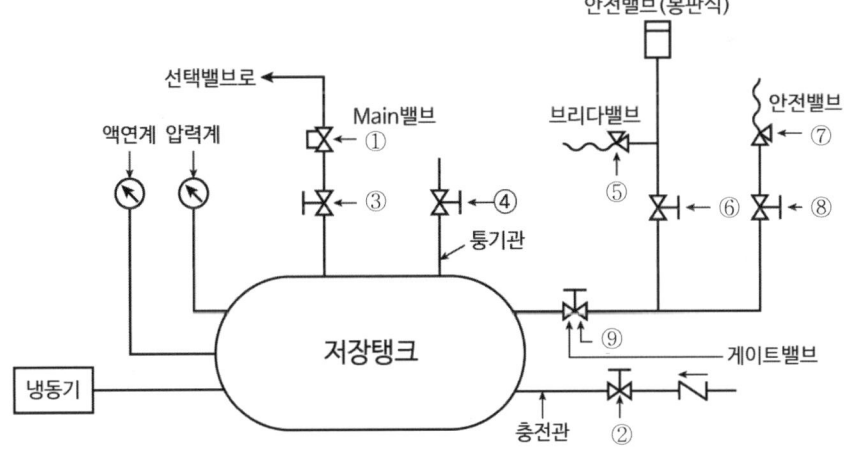

1) 상시 폐쇄되어 있는 밸브 : ①, ②, ④, ⑤, ⑦
2) 상시 개방되어 있는 밸브 : ③, ⑥, ⑧, ⑨

CHAPTER 02 | 할론소화설비

1 전역방출방식의 소화약제저장량

$$W = (V \times \alpha) + (A \times \beta) \text{ [kg]}$$

V : 방호구역 체적 [m³] α : 소요약제량 [kg/m³]
A : 개구부면적 [m²] β : 개구부 가산량(자동폐쇄장치 미설치 경우)

※ 할론 1301 소화설비의 체적 1 m³당 소요약제량 및 개구부 가산량

소방대상물	α [kg/m³]	β [kg/m²]
차고·주차장·통신기기실·전산실 기타 이와 유사한 전기설비가 설치되어 있는 부분	0.32 kg 이상 0.64 kg 이하	2.4 kg/m²
특수가연물 저장 취급 소방대상물(사류, 면화류, 볏짚류, 목재가공품, 대팻밥, 나무 부스러기 등)	0.52 kg 이상 0.64 kg 이하	3.9 kg/m²

2 할론소화설비 국소방출방식의 소화약제량

1) 다음 기준에 따라 산출한 양에 할론 2402 또는 할론 1211은 1.1을, 할론 1301은 1.25를 각각 곱하여 얻은 양 이상
2) 윗면이 개방된 용기에 저장하는 경우와 화재 시 연소 면이 1면에 한정되고, 가연물이 비산할 우려가 없는 경우

소화약제 종별	방호대상물의 표면적 1 m²에 대한 소화약제의 양
할론 2402	8.8 kg
할론 1211	7.6 kg
할론 1301	6.8 kg

3) 위 2)목 외의 경우

Q : 방호공간 1 m³에 대한 할론소화약제의 양 [kg/m³]

$$Q = X - Y\left(\frac{a}{A}\right)$$

a : 방호대상물 주위에 설치된 벽면적의 합계 [m³]
A : 방호공간의 벽면적의 합계 [m²]

종별	X	Y
할론 2402	5.2	3.9
할론 1211	4.4	3.3
할론 1301	4.0	3.0

※ 방호공간 : 0.6 m을 증가시킨 방호대상물 체적

3 분사헤드의 방출압력

소화약제의 종류	분사헤드 방출압력
할론 2402	0.1 MPa 이상
할론 1211	0.2 MPa 이상
할론 1301	0.9 MPa 이상

4 호스릴할론소화설비

소화약제의 종류	하나의 노즐에 대한 소화약제의 양
할론 2402, 1211	50 kg
할론 1301	45 kg

CHAPTER 03 | 할로겐화합물 및 불활성기체소화설비

1 소화약제의 종류 및 최대허용 설계농도(NFTC 107A)

소화약제		화학식	최대허용 설계농도 [%]
HCFC BLEND A 하이드로클로로플로우로 카본혼화제		HCFC-22($CHCIF_2$) : 82 % HCFC-123($CHCl_2CF_3$) : 4.75 % HCFC-124($CHCIFCF_3$) : 9.5 % $C_{10}H_{16}$: 3.75 %	10
FC-3-1-10 퍼플루오로부탄		C_4F_{10}	40
FIC-13I1 트리플루오로이오다이드		CF_3I	0.3
FK-5-1-12 도데카플루오로-2- 메틸펜탄-3-원		$CF_3CF_2C(O)CF(CF_3)_2$	10
HFC-23 트리플루오로메탄		CHF_3	30
HCFC-124 클로로테트라플루오르에탄		$CHCIFCF_3$	1.0
HFC-125 펜타플루오로에탄		CHF_2CF_3	11.5
HFC-236fa 헥사플루오로프로판		$CF_3CH_2CF_3$	12.5
HFC-227ea 헵타플루오로프로판		CF_3CHFCF_3	10.5
불연성· 불활성기체 혼합가스	IG-541	N_2 : 52 %, Ar : 40 %, CO_2 : 8 %	43
	IG-01	Ar : 100 %	
	IG-55	N_2 : 50 %, Ar : 50 %	
	IG-100	N_2 : 100 %	

> **Annex**

> ✎ 할로겐화합물소화약제의 명명법
>   1) 할로겐화합물소화약제의 경우
>   HFC - ① ② ③ → **예제)** FC-3-1-10(C_4F_{10})
>
> | ① + 1 = C 의 수 | 3 + 1 = 4(C) |
> | ② - 1 = H 의 수 | 1 - 1 = 0(H) |
> | ③ = F 의 수 | 10 = 10(F) |
>
>   2) 유기화합물화학식의 명명법
>   (1) 수에 관한 실용 접두어
>
> | 1. mono | 2. di | 3. tri | 4. tetra | 5. penta |
> | 6. hexa | 7. hepta | 8. octa | 9. nona | 10. deca |
>
>   (2) 탄소수에 관한 관용접두어
>
> | C1 | C2 | C3 | C4 | C5 |
> |---|---|---|---|---|
> | CH_4(메테인) | C_2H_6(에테인) | C_3H_8(프로페인) | C_4H_{10}(뷰테인) | C_5H_{12}(펜테인) |
>
>   3) 할로겐화합물소화약제 화학식 명명 : HCFC(하이드로클로로플로우로카본)
>   H(Hydro)-C(Chloro)-F(Fluoro)-C(Carbone)

2 배관의 구경(방출시간)

방출 시간 내에 방호구역 각 부분에 최소설계농도의 95 % 이상에 해당하는 약제량이 방출되도록 해야 한다.

구분	할로겐화합물 소화약제	불활성기체소화약제
방출시간	10초 이내	A급·C급 : 2분 B급 : 1분

3 소화약제의 저장량

1) 할로겐화합물 소화약제 저장량 [kg]

$$W = \frac{V}{S} \times \frac{C}{100-C} \text{ [kg]}$$

V : 방호구역 체적 [m³]
C : 체적에 따른 소화약제의 설계농도 [%]
- 설계농도 [%]는 상온에서 제조업체의 설계기준에 따라 인증받은 소화농도(%)에 안전계수를 곱한 값 이상
- 소화농도 [%] × 안전계수(A급 : 1.2, B급 : 1.3, C급 : A급 소화농도 × 1.35)

S : 소화약제별 선형상수($K_1 + K_2 \times t$) [m³/kg]
t : 방호구역의 최소예상온도 [℃]

소화약제	선형상수 K_1	선형상수 K_2
HCFC BLEND A	0.2413	0.00088
HFC-227ea	0.1269	0.0005
HFC-23	0.3164	0.0012

2) 불활성기체소화약제

$$X = 2.303 \times \frac{V_s}{S} \times \log\left(\frac{100}{100-C}\right) \text{ [m}^3/\text{m}^3\text{]}$$

S : 소화약제별 선형상수($K_1 + K_2 \times t$) [m³/kg]
C : 체적에 따른 소화약제의 설계농도 [%]
V_s : 20 ℃에서 소화약제의 비체적 [m³/kg]
t : 방호구역의 최소예상온도 [℃]

4 저장용기 설치장소의 기준

1) 방호구역 외의 장소에 설치할 것. 다만 방호구역 내에 설치할 경우에는 피난 및 조작이 용이하도록 피난구 부근에 설치할 것
2) 온도가 55 ℃ 이하이고, 온도 변화가 작은 곳에 설치할 것
3) 직사광선 및 빗물이 침투할 우려가 없는 곳에 설치할 것
4) 저장용기를 방호구역 외에 설치한 경우에는 방화문으로 구획된 실에 설치할 것
5) 용기의 설치장소에는 해당 용기가 설치된 곳임을 표시하는 표지를 할 것
6) 용기 간의 간격은 점검에 지장이 없도록 3 cm 이상의 간격을 유지할 것

7) 저장용기와 집합관을 연결하는 연결배관에는 체크밸브를 설치할 것. 다만 저장용기가 하나의 방호구역만을 담당하는 경우에는 그렇지 않다.

5 설치 제외

1) 사람이 상주하는 곳으로서 최대허용설계농도를 초과하는 장소
2) 제3류 위험물 및 제5류 위험물을 저장·보관·사용하는 장소

6 저장용기의 기준

1) 저장용기의 충전밀도 및 충전압력은 표 2.3.2.1(1) 및 표 2.3.2.1(2)에 따를 것

표 2.3.2.1 (1) 할로겐화합물소화약제 저장용기의 충전밀도·충전압력 및 배관의 최소사용설계압력

항목 \ 소화약제	HFC-227ea				FC-3-1-10	HCFC BLEND A	
최대충전밀도(kg/m³)	1,268	1,201.4	1,153.3	1,153.3	1,281.4	900.2	900.2
21℃ 충전압력(kPa)	303**	1,034*	2,482*	4,137*	2,482*	4,137*	2,482*
최소사용 설계압력(kPa)	2,868	1,379	2,868	5,654	2,482	4,689	2,979

항목 \ 소화약제	HFC-23					
최대충전밀도(kg/m³)	865	768.9	720.8	640.7	560.6	480.6
21℃ 충전압력(kPa)	4,198**	4,198**	4,198**	4,198**	4,198**	4,198**
최소사용 설계압력(kPa)	12,038	9,453	8,605	7,626	6,943	6,392

항목 \ 소화약제	HCFC-124		HFC-125		HFC-236fa		
최대충진밀도(kg/m³)	1,185.4	1,185.4	865	897	1,185.4	1,201.4	1,185.4
21℃ 충전압력(kPa)	1,655*	2,482*	2,482*	4,137*	1,655*	2,482*	4,137*
최소사용 설계압력(kPa)	1,951	3,199	3,392	5,764	1,931	3,310	6,068

항목 \ 소화약제	FK-5-1-12					
최대충전밀도(kg/m³)	1,441.7	1,441.7	1,441.7	1,201	1,441.7	1,121
21℃ 충전압력(kPa)	1,034*	1,344*	2,482*	3,447*	4,206*	6,000*
최소사용 설계압력(kPa)	1,034	1,344	2,482	3,447	4,206	6,000

[비고]
1. "*" 표시는 질소로 축압한 경우를 표시한다.
2. "**" 표시는 질소로 축압하지 않은 경우를 표시한다.
3. 소화약제 방출을 위해 별도의 용기로 질소를 공급하는 경우 배관의 최소 사용설계압력은 충전된 질소압력에 따른다. 다만 다음 각 목에 해당하는 경우에는 조정된 질소의 공급압력을 최소 사용 설계압력으로 적용할 수 있다.
   가. 질소의 공급압력을 조정하기 위해 감압장치를 설치할 것
   나. 폐쇄할 우려가 있는 배관 구간에는 배관의 최대허용압력 이하에서 작동하는 안전장치를 설치할 것

표 2.3.2.1(2) 불활성기체소화약제 저장용기의 충전밀도·충전압력 및 배관의 최소사용설계압력

항목 \ 소화약제		IG-01			IG-541		
21℃ 충전압력(kPa)		16,341	20,436	31,097	14,997	19,996	31,125
최소사용 설계압력(kPa)	1차 측	16,341	20,436	31,097	14,997	19,996	31,125
	2차 측	"[비고] 2" 참조					

항목 \ 소화약제		IG-55			IG-100		
21℃ 충전압력(kPa)		15,320	20,423	30,634	16,575	22,312	28,000
최소사용 설계압력(kPa)	1차 측	15,320	20,423	30,634	16,575	22,312	28,000
	2차 측	"[비고] 2" 참조					

[비고]
1. 1차 측과 2차 측은 감압장치를 기준으로 한다.
2. 2차 측의 최소사용설계압력은 제조사의 설계프로그램에 의한 압력 값에 따른다.
3. 저장용기에 소화약제가 21℃ 충전압력보다 낮은 압력으로 충전되어 있는 경우에는 실제 저장용기에 충전되어 있는 압력값을 1차 측 최소사용설계압력으로 적용할 수 있다.

2) 저장용기 약제명, 저장용기의 자체중량과 총 중량, 충전일시, 충전압력 및 약제의 체적을 표시할 것
3) 동일집합관에 접속되는 저장용기는 동일/한 내용적을 가진 것으로 충전량 및 충전압력이 같도록 할 것

4) 저장용기에 충전량 및 충전압력을 확인할 수 있는 장치를 하는 경우에는 해당 소화약제에 적합한 구조로 할 것
5) 저장용기의 약제량 손실이 5 %를 초과하거나 압력손실이 10 %를 초과할 경우 재충전하거나 저장용기 교체(단, 불활성기체소화약제 저장용기는 압력손실이 5 %를 초과할 경우 재충전하거나 저장용기 교체)
6) 저장용기와 선택밸브 또는 개폐밸브 사이에는 배관의 최소사용설계압력과 최대허용압력 사이의 압력에서 작동하는 안전장치를 설치해야 하며, 안전장치를 통하여 나온 소화가스는 전용의 배관 등을 통하여 건축물 외부로 배출될 수 있도록 해야 한다. 이 경우 안전장치로 용전식을 사용해서는 안 된다. 〈신설 2024.8.1.〉

7 수동식 기동장치

1) 방호구역마다 설치
2) 출입구부분 등 조작 하는 자가 쉽게 피난할 수 있는 장소에 설치
3) **기동장치의 조작부** : 높이 0.8 m 이상 1.5 m 이하의 위치, 보호판 등에 따른 보호장치 설치
4) 보기 쉬운 곳에 "할로겐화합물 및 불활성기체소화설비 기동장치" 표지
5) 전기를 사용하는 기동장치에는 전원표시등 설치
6) 기동장치의 방출용 스위치는 음향경보장치와 연동하여 조작될 수 있는 것
7) 50 N 이하의 힘을 가하여 기동할 수 있는 구조로 설치
8) 보호장치 설치. 보호장치 개방 시 부저 또는 벨 등으로 경고음 발할 것 〈신설 2024.8.1.〉
9) 옥외에 설치하는 경우 빗물 또는 외부 충격의 영향을 받지 않도록 설치
〈신설 2024.8.1.〉

8 배관의 두께 계산식

관의 두께(t)
$$= \frac{PD}{2SE} + A$$

P : 최대허용압력 [kPa]
D : 배관의 바깥지름 [mm]
SE : 최대허용응력 [kPa]
　　배관재질 인장강도의 1/4 값과 항복점의 2/3 값 중 작은 값 ×
　　배관이음 효율 × 1.2
A : 나사높이, 홈의 깊이 등의 허용값 [mm]

※ 배관이음 효율 : 이음매 없는 배관(1), 전기저항용접(0.85), 가열맞대기용접(0.6)
※ A : 나사이음, 홈이음 등의 허용 값(mm)
　나사이음(나사높이), 절단홈이음(홈의 깊이), 용접이음(0)

9 과압배출구 설치 시 검토 사항(CO_2 동일)

소화약제 방출 시 발생하는 과(부)압으로 인한 구조물 등의 손상을 방지하기 위해 설치(다만 과(부)압이 발생해도 구조물 등에 손상이 생길 우려가 없음을 시험 또는 공학적인 자료로 입증하는 경우 설치 제외 가능) 〈개정 2024.8.1.〉

1) 방호구역 누설면적
2) 방호구역의 최대허용압력
3) 소화약제 방출 시의 최고압력
4) 소화농도 유지시간

10 과압배출구면적

이산화탄소소화설비		불활성기체소화설비(IG)	
$A(mm^2) = \dfrac{239Q}{\sqrt{P(kPa)}}$		$A(cm^2) = \dfrac{42.9Q}{\sqrt{P(kg_f/m^2)}}$	
Q : 이산화탄소의 유량 [kg/min] P : 방호구역의 허용강도 [kPa]		Q : 이너젠의 유량 [m³/min] P : 방호구역의 허용강도 [kg_f/m^2]	
경량구조물	1.2 kPa	경량구조	10 kg_f/m^2
일반구조물	2.4 kPa	블록마감	50 kg_f/m^2
둥근구조물	4.8 kPa	철근콘크리트벽	100 kg_f/m^2

CHAPTER 02, 03 | 계산문제

| 할론 / 할로겐화합물 및 불활성기체소화설비

01

15 m × 20 m × 5 m의 전기실에 2가지의 할로겐화합물 및 불활성기체소화약제 소화설비를 설치하고자 한다.

───── 조 건 ─────

① 방호구역의 온도는 상온 20 ℃이다.
② HCFC BLEND A 용기는 68 L용 58 kg, IG-541 용기는 80 L용 12.4 m³을 적용한다.
③ 할로겐화합물 및 불활성기체소화약제의 소화농도

약제	소화농도	
	A급 화재	B급 화재
HCFC BLEND A	7.2	10
IG-541	31.25	31.25

④ K_1과 K_2값

약제	K_1	K_2
HCFC BLEND A	0.2413	0.00088
IG-541	0.65799	0.00239

(1) HCFC BLEND A의 최소약제량 [kg]은?
(2) HCFC BLEND A의 최소약제용기는 몇 병이 필요한가?
(3) IG-541의 최소 약제량 [m³]은? (단, 20 ℃의 비체적은 선형상수이다)
(4) IG-541의 최소 약제용기는 몇 병이 필요한가?

정답

> 1. 약제량 계산
>   1) 할로겐화합물 $W = \dfrac{V}{S} \times \dfrac{C}{100-C}$ [kg]
>   2) 불활성기체 $X = 2.303 \times \dfrac{V_s}{S} \times \log_{10}\left(\dfrac{100}{100-C}\right)$ [m³/m³]
> 2. C급 화재 설계농도 = A급화재 소화농도 × 1.35

1. HCFC BLEND A의 최소약제량 [kg]

   $C = 7.2 \times 1.35 \,(\text{C급}) = 9.72\%$ (최대허용 설계농도 10 %)

   $V = 15 \times 20 \times 5 = 1500 \, m^3$

   $S = K_1 + K_2 \times t[\text{℃}] = 0.2413 + (0.00088 \times 20) = 0.2589 \, kg/m^3$

   $\therefore W = \dfrac{1500 \, m^3}{0.2589 \, kg/m^3} \times \dfrac{9.72\%}{100 - 9.72\%} = 623.78 \, kg$

   답 623.78 kg

2. 최소약제용기 수

   $\dfrac{623.78 \, kg}{58 \, kg/\text{병}} = 10.75 \, \text{병} ≒ 11\text{병}$

   답 11병

3. IG-541의 최소 약제량 [m³]

   $X = 2.303 \times \dfrac{V_s\,[m^3/kg]}{S\,[m^3/kg]} \times \log\left(\dfrac{100}{100 - C[\%]}\right) \times V\,[m^3], \quad V_S = S$

   $C = 31.25 \times 1.35 \,(\text{C급}) = 42.19\%$

   $\therefore X = 2.303 \times \log_{10}\left(\dfrac{100}{100 - 42.19}\right) \times 1500 = 822.16 \, m^3$

   답 822.16 m³

4. 최소약제용기 수

   $\dfrac{822.16 \, m^3}{12.4 \, m^3/\text{병}} = 66.30 \, \text{병} ≒ 67\text{병}$

   답 67병

02

다음 [조건]을 이용하여 컴퓨터실에 설치하는 HCFC BLEND A를 설치하였다. 할로겐화합물 소화설비의 저장량 [kg]을 구하시오.

> **조 건**
> ① 10초 동안 약제가 방출될 시 설계농도의 95 %에 해당하는 약제가 방출된다.
> ② 방호구역은 가로 4 m, 세로 5 m, 높이 4 m이다.
> ③ 선형상수 K_1 = 0.2413, K_2 = 0.00088, 온도는 20 ℃이다.
> ④ A급, C급 화재가 발생가능한 장소로서 소화농도는 7.29 %이다.

(1) HCFC BLEND A의 저장량 [kg]
(2) 10초 동안 방출하여야 할 방출량 [kg]

정 답

1. 컴퓨터실(C급) : A급 소화농도 × 안전율 1.35
2. 10초 동안 약제가 방출될 시 설계농도의 95 %에 해당하는 약제가 방출된다.

1. HCFC BLEND A의 저장량

$$W[kg] = \frac{V[m^3]}{S[m^3/kg]} \times \frac{C}{100-C}$$

$V = 4 \times 5 \times 4 = 80 [m^3]$

$S = K_1 + K_2 \times t[℃] = 0.2413 + 0.00088 \times 20 = 0.2589 \, m^3/kg$

$C = 7.29 \times 1.35 (C급) = 9.84 \%$ (최대허용설계농도 10 %)

$\therefore W = \dfrac{80}{0.2589} \times \dfrac{9.84}{100-9.84} = 33.724 = 33.72 \, kg$

답 33.72 kg

2. 10초 동안 방출하여야 할 방출량 [kg]

$$W = \frac{80}{0.2589} \times \frac{9.84 \times 0.95}{100 - 9.84 \times 0.95} = 31.86 \, kg$$

답 31.86 kg

> Annex

> ❧ 부피비 및 중량비에 따른 HCFC BLEND A 분자량

화학식	분자량
HCFC-22($CHCIF_2$) : 82 %	12 g × 1 + 1 g × 1 + 35.5 g × 1 + 19 g × 2 = 86.5 g
HCFC-123($CHCl_2CF_3$) : 4.75 %	12 g × 2 + 1 g × 1 + 35.5 g × 2 + 19 g × 3 = 153 g
HCFC-124($CHCIFCF_3$) : 9.5 %	12 g × 2 + 1 g × 1 + 35.5 g × 1 + 19 g × 4 = 136.5 g
$C_{10}H_{16}$: 3.75 %	12 g × 10 + 1 g × 16 = 136 g
중량비에 따른 분자량	$\dfrac{100}{\dfrac{4.75}{153}+\dfrac{82}{86.5}+\dfrac{9.5}{136.5}+\dfrac{3.75}{136}} = 92.92\ g$
체적비에 따른 분자량	(86.5 × 0.82) + (153 × 0.0475) + (136.5 × 0.095) + (136 × 0.0375) = 96.27g

1) 중량비에 따른 선형상수 $K_1 = \dfrac{22.4 m^3}{92.92 kg} = 0.24106\ m^3/kg$ ∴ $0.2411\ m^3/kg$

2) 체적비에 따른 선형상수 $K_1 = \dfrac{22.4 m^3}{96.27 kg} = 0.23267\ m^3/kg$ ∴ $0.2327\ m^3/kg$

3) 화재안전기준에 따른 선형상수의 $K_1 = 0.2413\ m^3/kg$ $K_2 = 0.00088\ m^3/kg$

03

조건과 같은 전산기기실에 HFC-125를 설치하고자 한다. 다음 각 물음에 답하시오.

> **조 건**
>
> ① 전산기기실의 크기는 가로 15 m, 세로 10 m, 높이 4 m이다.
> ② HFC-125 의 소화농도는 A급 화재 시 7 %, B급 화재 시 9 %로 적용한다.
> ③ 전산기기실의 최소예상온도는 20 ℃이다.
> ④ 약제 팽창 시 외부로의 누설을 고려한 공차를 포함하지 않는다.

(1) HFC-125의 약제량 계산을 위한 K_1(표준 상태에서의 비체적) 및 K_2(단위온도당 비체적 증가분)값을 계산하시오.

(2) 소화설비의 규정된 방사시간 안에 방사해야 하는 최소 약제량 [kg]을 계산하시오.

> 정답
>
> 할로겐화합물소화약제는 10초 이내에, 불활성기체소화약제는 A·C급 화재 2분, B급 화재 1분 이내에 방호구역 각 부분에 최소설계농도의 95 % 이상 해당하는 약제량이 방출되도록 해야 한다.

1. HFC-125의 약제량 계산을 위한 K_1과 K_2

   1) HFC-125의 분자량(kg/kmol)

   분자량 $= (12\text{kg} \times 2) + (1\text{kg} \times 1) + (19\text{kg} \times 5) = 120$ ∴ 120 kg/kmol

   2) K_1

   $$K_1 = \frac{22.4\text{m}^3}{120\text{kg}} = 0.1867 (\text{NFTC } K_1 : 0.1825)$$

   답 0.1867 m³/kg

   3) K_2의 개념

   $$K_2 = \frac{0.1867\text{m}^3/\text{kg}}{273} = 0.0007 (\text{NFTC } K_2 : 0.0007)$$

   답 0.0007 m³/kg

2. 소화설비의 규정된 방사시간 안에 방사해야 하는 최소 약제량 [kg]

   1) 방호공간의 체적 [m³] = 15 m × 10 m × 4 m = 600 m³   ∴ 600 m³

   2) 설계농도 [%] = 소화농도 × 안전율 = 7 % × 1.35 = 9.45 %(최대허용설계농도 11.5 %)

   3) 20 ℃에서의 선형상수 [m³/kg]

   선형상수 [m³/kg] = 0.1867 + 0.0007 × 20 ℃ = 0.2007 m³/kg   ∴ 0.2007 m³/kg

   4) 방사시간에 따른 최소 약제량 [kg] $= \frac{600\text{m}^3}{0.2007\text{m}^3/\text{kg}} \times \left(\frac{9.45\% \times 0.95}{100 - 9.45\% \times 0.95}\right)$

   $= 294.856$ kg

   답 294.86 kg

04

가로 20 m × 세로 8 m × 높이 3 m의 발전기실에 다음의 불활성기체소화설비를 설치하고자 한다. 다음의 조건과 화재안전기준을 참고하여 다음 물음에 답하시오.

조건

① IG-100의 충전 시 밀도는 1.5 kg/m³이며, 1병당 충전량은 100 kg이다.
② 방호구역의 최소예상온도는 10 ℃이고, 발전기실에는 사람이 상주하지 않는다.
③ IG-100의 소화농도는 31.87 %이며, 발전기실의 화재는 전기화재로 가정한다.
④ 소화약제량 산정 시 선형상수를 이용하도록 한다.

약제	K_1	K_2
IG-100	0.7997	0.00293

(1) IG-100의 최소 필요 약제량 [m³]을 구하시오.
(2) 소화약제 저장용기의 1병당 충전량 [m³]을 구하시오.
(3) IG-100의 저장용기 최소 병수를 산정하시오.
(4) 배관 구경 산정 조건에 따라 IG-100의 약제량 방출 시 유량은 몇 [m^3/s]인가?

정답

1. 충전량 $[m^3] = \dfrac{1병당 충전량\, kg}{충전시 밀도\, kg/m^3}$

2. 배관의 구경은 해당 방호구역에 할로겐화합물소화약제는 10초 이내에, 불활성기체소화약제는 A·C급 화재 2분, B급 화재 1분 이내에 방호구역 각 부분에 최소설계농도의 95 % 이상 해당하는 약제량이 방출되도록 해야 한다.

1. IG-100의 최소 필요 약제량 [m³]

$$X[m^3] = 2.303 \times \frac{V_s[m^3/kg]}{S[m^3/kg]} \times \log\left[\frac{100}{100 - C[\%]}\right] \times V[m^3]$$

1) 20℃ 소화약제 비체적

$V_S = K_1 + K_2 \times 20\,℃ = 0.7997 + (0.00293 \times 20) = 0.8583\, m^3/kg$

2) 선형상수

$S = K_1 + K_2 \times t[℃] = 0.7997 + (0.00293 \times 10) = 0.829\, m^3/kg$

3) 설계농도

$C = 31.87 \times 1.35 = 43.02[\%]$ (C급 안전계수 : 소화농도 × 1.35)

4) 방호구역 체적

$V = 20\,m \times 8\,m \times 3\,m = 480\,m^3$

5) 최소 필요 약제량 [m³]

$$\therefore X = 2.303 \times \left(\frac{0.8583}{0.829}\right) \times \log_{10}\left[\frac{100}{100-43.02}\right] \times 480 = 279.58\,m^3$$

답 279.58 m³

2. 1병당 충전량 [m³]

1) 충전량 계산식 $[m^3] = \dfrac{1병당\ 충전량\ kg}{충전시\ 밀도\ kg/m^3}$

2) 충전량 $[m^3] = \dfrac{100\,kg}{1.5\,kg/m^3} = 66.67\,m^3$

답 66.67 m³

3. IG-100의 저장용기 최소 병수

1) 저장용기 병수 $= \dfrac{약제량\,(m^3)}{충전량\,(m^3)/병}$

2) 저장용기 병수 $= \dfrac{279.58\,m^3}{66.67\,m^3/병} = 4.19 ≒ 5병$

답 5병

4. 약제량 방출 시 유량 [m³/s]

1) 불활성기체소화약제의 방사시간(s)

할로겐화합물소화약제는 10초 이내에, 불활성기체소화약제는 A·C급 화재 2분, B급 화재 1분 이내에 방호구역 각 부분에 최소설계농도의 95% 이상 해당하는 약제량이 방출되도록 해야 한다.

2) 약제방사에 따른 최소유량(m³/s)

$$X[m^3] = 2.303 \times \frac{V_S[m^3/kg]}{S[m^3/kg]} \times \log_{10}\left[\frac{100}{100-C[\%]\times 0.95}\right] \times V[m^3]$$

$$= 2.303 \times \left(\frac{0.8583}{0.829}\right) \times \log_{10}\left[\frac{100}{100-43.02\times 0.95}\right] \times 480 = 261.16\,m^3$$

$$\therefore \frac{X[m^3]}{T[s]} = \frac{261.16\,m^3}{120\,s} = 2.18\,m^3/s$$

답 2.18 m³/s

05

IG-541 불활성기체소화약제에 관한 것이다. 다음 각 물음에 답하시오.

조건

① 전기실의 바닥면적은 300 m²이고, 층고는 3.5 m이다.
② IG-541의 소화농도는 31.85 %이다.
③ 약제저장실의 온도는 20 ℃이다.
④ 전기실은 철근콘크리트벽으로 방호구역의 최소 예상온도는 10 ℃이다.
⑤ 약제저장용기 1병당 부피는 80 L이며, 충전압력은 19,965 kPa이다.

(1) IG-541의 선형상수 K_1과 K_2를 계산하시오.
(2) IG-541의 소화약제량 [m³]을 계산하시오. (단, 설계농도는 정수로 적용하시오)
(3) IG-541의 최소 저장용기 수를 계산하시오.
(4) 선택밸브 통과 시 방사시간에 따른 최소유량 [m³/min]을 계산하시오.

정답

1. 선형상수 K_1과 K_2

$$K_1 = \frac{22.4 \text{m}^3}{34.08 \text{kg}} \qquad K_2 = \frac{K_1}{273}$$

2. 약제방출 후 체적 V_2

$$\frac{(P_a + P_1) \times V_1}{T_1} = \frac{(P_a + P_2) \times V_2}{T_2}$$

P_1 : 충전압력 [kPa]
P_2 : 방사 후 압력 [kPa]

1. IG-541의 선형상수 K_1과 K_2

  1) IG-541의 분자량

   (1) IG-541의 화학식 : N2 : 52 %, Ar : 40 %, CO₂ : 8 %

   (2) 분자량 = (28 kg × 0.52) + (40 kg × 0.4) + (44 kg × 0.08) = 34.08 kg/kmol

  2) $K_1 = \dfrac{22.4 \text{m}^3}{34.08 \text{kg}}$ = 0.65727 m³/kg (화재안전기준 : 0.65799)

   답 0.65727 m³/kg

  3) $K_2 = \dfrac{0.65727 \text{m}^3/\text{kg}}{273}$ = 0.0024 m³/kg (화재안전기준 : 0.00239)

   답 0.0024 m³/kg

2. IG-541의 소화약제량 [m³]

   1) 방호공간의 체적 [m³] = 300 m² × 3.5 m = 1,050 ∴ 1,050 m³
   2) 설계농도 [%] = 소화농도 × 안전율 = 31.85 % × 1.35 = 42.998 ∴ 43 %
   3) 선형상수 [m³/kg] = 0.65727 + 0.00240 × 10 ℃ = 0.68127 m³/kg
   4) 20 ℃ 소화약제 비체적 [m³/kg] = 0.65727 + 0.00240 × 20 ℃ = 0.70527 m³/kg
   5) 소화약제량 [m³] = $2.303 \times \log\left[\dfrac{100}{100-43}\right] \times \left(\dfrac{0.70527}{0.68127}\right) \times 1050 = 611.127\,\text{m}^3$

   답 611.13 m³

3. IG-541의 최소 저장용기 수

   1) 방사 후 체적 [m³]

   $= \dfrac{(101.325+19.965)\,\text{kPa} \times 0.08\,\text{m}^3}{(273+20)\,\text{K}} = \dfrac{101.325\,\text{kPa} \times V_2}{(273+10)\,\text{K}} \rightarrow V_2 = 15.3\,\text{m}^3$

   2) 저장용기의 수 $= \dfrac{611.13\,\text{m}^3}{15.3\,\text{m}^3/병} = 39.94$병

   답 40병

4. 선택밸브 통과 시 방사시간에 따른 최소유량 [m³/min]

   2분 이내 약제방사에 따른 최소유량 [m³/min]

   $= 2.303 \times \log\left[\dfrac{100}{100-(43\% \times 0.95)}\right] \times \left(\dfrac{0.70527}{0.68127}\right) \times 1,050\,\text{m}^3/2\text{min} = 285.44\,\text{m}^3/\text{min}$

   답 285.44 m³/min

06

불활성기체소화설비의 배관에 관한 다음 물음에 답하시오.

> 조 건
>
> ① 배관의 최대허용압력은 16,000 kPa이다.
> ② 배관의 바깥지름은 8.5 cm이다.
> ③ 배관의 인장강도는 410 N/mm²이다.
> ④ 배관의 항복점은 250 N/mm²이다.
> ⑤ 배관은 전기저항용접배관(SPP-E-G)으로, 배관의 이음은 용접이음이다.
> ⑥ 주어진 조건 외의 것은 국가화재안전기술기준에 따른다.

(1) 소화배관의 최대허용응력 [kPa]을 계산하시오.

(2) 소화배관의 두께 [mm]를 계산하시오.

정답

1. 소화배관의 최대허용응력 [kPa]

   1) 할로겐화합물 및 불활성기체소화설비에서 배관의 두께 [mm]

   $$t = \frac{PD}{2SE} + A$$

   여기서, t : 관의 두께 [mm]
   P : 최대허용압력 [kPa]
   D : 배관의 바깥지름 [mm]
   SE : 최대허용응력 [kPa]
   (배관재질 인장강도의 1/4 값과 항복점의 2/3 값 중 적은 값 × 배관이음 효율 × 1.2)
   A : 나사이음, 홈이음 등의 허용값 [mm] [헤드설치부분은 제외]
   - 나사이음 : 나사의 높이
   - 절단홈이음 : 홈의 깊이
   - 용접이음 : 0
   ※ 배관이음 효율
   - 이음매 없는 배관 : 1.0
   - 전기저항 용접배관 : 0.85
   - 가열맞대기 용접배관 : 0.60

   2) 배관의 최대허용응력 [kPa]

   (1) 인장강도 1/4 값 $= 410\text{N/mm}^2(=\text{MPa}) \times \frac{1}{4} \times 1{,}000 = 102{,}500\text{ kPa}$ ∴ 102,500 kPa

   (2) 항복점의 2/3 값 $= 250\text{N/mm}^2 \times \frac{2}{3} \times 1{,}000 = 166{,}666.67\text{ kPa}$ ∴ 166,667 kPa

   3) 최대허용응력 [kPa] $= 102{,}500\text{kPa} \times 0.85 \times 1.2 = 104{,}550\text{ kPa}$

   답 104,550 kPa

2. 소화배관의 두께 [mm]

   배관의 두께 [mm] $= \dfrac{PD}{2SE} + A = \dfrac{16{,}000\text{kPa} \times 85\text{mm}}{2 \times 104{,}550\text{kPa}} + 0 = 6.504\text{ mm}$

   답 6.5 mm

07

도면은 어느 전기실(A실), 발전기실(B실), 방재반실(C실), 및 배터리실(D실)을 방호하기 위한 할론 1301설비의 배관평면도이다. 물음에 답하시오.

조 건

① 약제용기는 고압식이다.
② 하나의 용기 내에 저장되는 약제는 50 kg이며, 용기의 내용적은 68 L이다.
③ 평면도상에 나타나 있는 각 실에 대한 배관(용기실 내의 입상관 포함)은 그 내용적이 다음과 같다.
  - A실에 대한 배관 내용적 : 198 L
  - B실에 대한 배관 내용적 : 78 L
  - C실에 대한 배관 내용적 : 28 L
  - D실에 대한 배관 내용적 : 10 L
④ A실에 대한 할론 집합관의 내용적은 88 L이다.
⑤ 할론 용기밸브와 집합관 간의 연결관에 대한 내용적은 무시한다.
⑥ 설계기준온도는 20 ℃이다.
⑦ 20 ℃에서의 액화 할론 1301의 비중은 1.6이다.
⑧ 각 실에 개구부의 존재는 없다고 가정한다.
⑨ 소요약제량 산출시 각 실내부의 기둥과 내용물의 체적은 무시한다.
⑩ 각 실의 바닥으로부터 천정까지의 높이는 각각 다음과 같다.
  - A실 및 B실 : 5 m
  - C실 및 D실 : 3 m

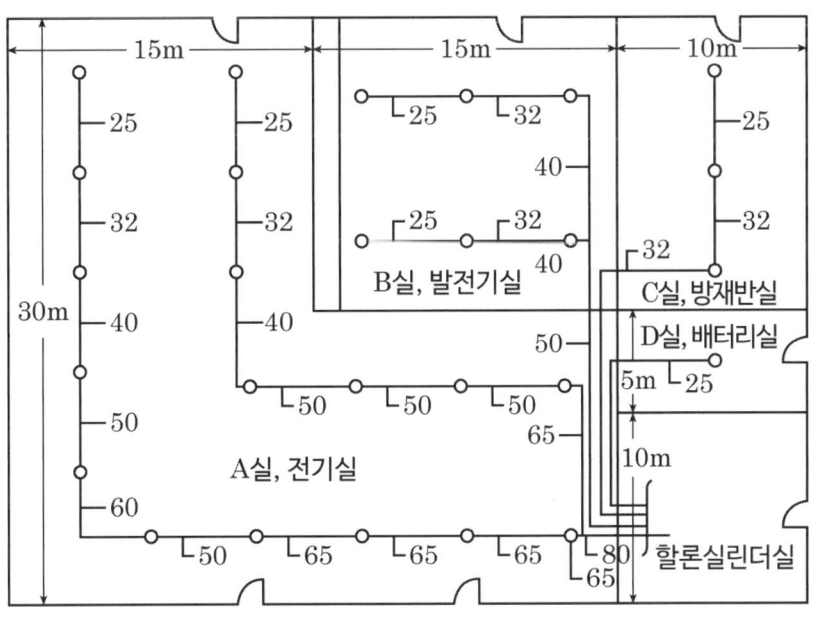

(1) A실(전기실)에 들어갈 저장 용기 수는?
(2) B실(발전기실)에 들어갈 저장 용기 수는?
(3) C실(방재반실)에 들어갈 저장 용기 수는?
(4) D실(배터리실)에 들어가 저장 용기 수는?
(5) 저장하여야 할 약제 병수는 최소 몇 병인가?

정 답

소방대상물	소요약제량	개구부가산량
• 차고, 주차장, 전기실, 전산실, 통신기기실 등 이와 유사한 전기설비 • 특수가연물(가연성 고체류, 가연성 액체류, 합성수지류 저장·취급)	0.32 kg/m³	2.4 kg/m²
특수가연물(사류, 면화류, 볏짚류, 목재가공품, 대팻밥, 나무부스러기 등)	0.52 kg/m³	3.9 kg/m²

1. 별도 독립방식 : 소화약제 저장용기와 배관을 방호구역별로 독립적으로 설치하는 방식
2. 할론소화설비

   하나의 구역을 담당하는 소화약제 저장용기의 소화약제량의 체적합계보다 그 소화약제 방출 시 방출경로가 되는 배관(집합관 포함)의 내용적이 1.5배 이상일 경우에는 해당 방호구역에 대한 설비는 별도 독립방식으로 해야 한다.

   $$\frac{배관 내용적}{약제량의 체적합계} \geq 1.5$$ 일 경우, 별도 독립방식

3. 할로겐화합물 및 불활성기체소화설비

   하나의 방호구역을 담당하는 저장용기의 소화약제의 체적 합계보다 소화약제의 방출 시 방출경로가 되는 배관(집합관을 포함한다)의 내용적의 비율이 할로겐화합물 및 불활성기체소화약제 제조업체(이하 "제조업체"라 한다)의 설계기준에서 정한 값 이상일 경우에는 해당 방호구역에 대한 설비는 별도 독립방식으로 해야 한다.

1, A실(전기실) 저장 용기 수

   1) 저장 용기수 = $\frac{약제량\ kg}{저장량\ kg/병}$

   2) 약제량

   W = (30 × 30 - 15 × 15) × 5 m³ × 0.32 kg/m³ = 1,080 kg

   3) 저장용기수 = $\frac{1080\ kg}{50\ kg/병}$ = 21.6 병 ≒ 22병

답 22병

2 B실(발전기실) 저장 용기 수

   1) 약제량

      W = (15 × 15 × 5) [m³] × 0.32 kg/m³ = 360 kg

   2) 저장용기수 = $\dfrac{360\,kg}{50\,kg/병}$ = 7.2 병 ≒ 8병

답 8병

3. C실(방재반실) 저장 용기 수

   1) 약제량

      W = (15 × 10 × 3) [m³] × 0.32 kg/m³ = 144 kg

   2) 저장용기수 = $\dfrac{144\,kg}{50\,kg/병}$ = 2.88 병 ≒ 3병

답 3병

4. D실(배터리실) 저장 용기 수

   1) 약제량

      W = (10 × 5 × 3) [m³] × 0.32 kg/m³ = 48 kg

   2) 저장용기수 = $\dfrac{48\,kg}{50\,kg/병}$ = 0.96 병 ≒ 1병

답 1병

5. 저장하여야 할 약제 병수

- 액화 할론 1301의 밀도 $\rho[kg/L]$ (조건 ⑦에 의해)

$$\rho = S \times \rho_W = 1.6 \times 1000\,kg/m^3 = 1600\,kg/m^3 = 1600\,kg/m^3 \times \dfrac{1\,m^3}{1000\,\ell} = 1.6\,kg/L$$

- 약제량의 체적 $[L]$

약제량의 체적 $[L] = \dfrac{소화약제의\,질량[kg]}{소화약제의\,밀도[kg/L]} = \dfrac{병수[병] \times 저장용기\,1병당\,저장량[kg/병]}{소화약제의\,밀도[kg/L]}$

1) A실

   (1) 약제량의 체적 $[L] = \dfrac{소화약제의\,질량[kg]}{소화약제의\,밀도[kg/L]} = \dfrac{22\,병 \times 50\,kg/병}{1.6\,kg/L} = 687.5\,L$

   (2) $\dfrac{배관\,내용적\,[L]}{약제량의\,체적\,[L]} = \dfrac{198\,L + 88\,L}{687.5\,L} = 0.416\,배 \cdots 0.416 < 1.5$이므로 별도 독립방식 ×

2) B실

   (1) 약제량의 체적 $[L] = \dfrac{소화약제의\,질량[kg]}{소화약제의\,밀도[kg/L]} = \dfrac{8[병] \times 50[kg/병]}{1.6[kg/L]} = 250\,L$

   (2) $\dfrac{배관\,내용적\,[L]}{약제량의\,체적\,[L]} = \dfrac{78\,L + 88\,L}{250\,L} = 0.664\,배 \cdots 0.664 < 1.5$이므로 별도 독립방식 ×

3) C실

   (1) 약제량의 체적 $[L] = \dfrac{\text{소화약제의 질량}[kg]}{\text{소화약제의 밀도}[kg/L]} = \dfrac{3[\text{병}] \times 50[kg/\text{병}]}{1.6[kg/L]} = 93.75\,L$

   (2) $\dfrac{\text{배관 내용적}[L]}{\text{약제량의 체적}[L]} = \dfrac{28\,L + 88\,L}{93.75\,L} = 1.237\,\text{배} \cdots 1.237 < 1.5$이므로 별도 독립방식 ×

4) D실

   (1) 약제량의 체적 $[L] = \dfrac{\text{소화약제의 질량}[kg]}{\text{소화약제의 밀도}[kg/L]} = \dfrac{1\,\text{병} \times 50\,kg/\text{병}}{1.6\,kg/L} = 31.25\,L$

   (2) $\dfrac{\text{배관 내용적}[L]}{\text{약제량의 체적}[L]} = \dfrac{10\,L + 88\,L}{31.25\,L} = 3.136\,\text{배} \cdots 3.136 > 1.5$이므로 별도 독립방식 ○

D실은 배관의 내용적이 약제 체적 합계의 1.5배 이상이므로 별도 독립방식으로 해야 한다.

∴ 최소 저장용기 수 = 22병 + 1병 = 23병

답 23병

08

주차장에 할론 1301을 전역방출방식으로 설치하려고 한다. 방호구역 1 m³에 대한 소화약제량이 0.52 kg이라고 할 때, 약제량에 대한 소화약제의 농도 [%]를 계산하시오. (단, 할론 1301의 비체적은 0.162 m³/kg이다)

정답

1. 소화약제의 체적 [m³]

   0.52 kg × 0.162 m³/kg = 0.084   ∴ 0.08 m³

2. 소화약제의 농도 [%]

   $\dfrac{0.08\,m^3}{1\,m^3 + 0.08\,m^3} \times 100 = 7.407$ **답** 7.41 %

09

바닥면적 600 m², 높이 7 m인 전기실에 할론소화설비(Halon 1301)를 전역 방출방식으로 설치하고자 한다. 용기의 부피 72 L, 충전비는 최댓값을 적용하고, 가로 1.5 m, 세로 2 m의 출입문에 자동폐쇄장치가 없을 경우 다음 물음에 답하시오.

(1) 할론소화설비의 화재안전기준에 따른 최소 약제량 [kg] 및 저장용기 수(개)를 계산하시오.
(2) 할론소화설비의 화재안전기준에 따라 계산된 최소 약제량이 방사될 때 실내의 약제농도가 6 %라면, Halon 1301 소화약제의 비체적 [m³/kg]을 계산하시오.
(3) 저장용기에 저장된 실제 저장량이 모두 방사된 경우 "(2)"에서 구한 비체적 값을 사용하여 약제농도 [%]를 계산하시오.

정 답

1. 할론 약제량 W = (V × α) + (A × β) [kg]
2. 할론 1301의 충전비는 0.9 이상 1.6 이하이므로 최댓값은 1.6
3. 방호구역 m³당 소화약제의 양은 0.32 kg 이상 0.64 kg 이하
4. 개구부 가산량은 2.4 kg

1. 할론소화설비의 화재안전기준에 따른 최소 약제량 [kg] 및 저장용기 수

   1) 최소 약제량

   (1) 전기실의 체적 [m³] = 600 m³ × 7 m = 4,200 m³

   (2) 최소 약제량 [kg] = $(4,200 m^3 \times 0.32 kg/m^3) + ([1.5 \times 2]m^2 \times 2.4 kg/m^2)$ = 1,351.2 kg

   2) 저장용기 수

   (1) 저장용기 1병당 약제량 [kg] = 72 L ÷ 1.6 = 45 kg/병

   (2) 저장용기 수 = $\dfrac{1,351.2\,kg}{45\,kg/병}$ = 30.02병

   답 31병

2. 최소 약제량이 방사될 때 Halon 1301 소화약제의 비체적 [m³/kg]

   1) 소화약제 방출량 [m³] : 6 % = $\dfrac{x\,m^3}{4,200\,m^3 + x\,m^3} \times 100$ → x = 268 m³

   2) 비체적 [m³/kg] = $\dfrac{268\,m^3}{1,351.2\,kg}$ = 0.198 m³/kg

   답 0.2 m³/kg

3. 실제 저장량이 모두 방사된 경우의 약제농도 [%]

$$약제농도\,[\%] = \frac{(45\text{kg} \times 31병) \times 0.2\text{m}^3/\text{kg}}{4{,}200\text{m}^3 + [(45\text{kg} \times 31병) \times 0.2\text{m}^3/\text{kg}]} \times 100 = 6.229\,\%$$

답 6.23 %

> **Annex**

◈ 가스계소화설비의 약제량 계산식

구분	자유유출	무유출
소화약제	이산화탄소, 불활성기체소화설비	할론, 할로겐화합물소화설비
가스농도	$\bullet\ C = \dfrac{21 - O_2}{21} \times 100$	$\bullet\ C = \dfrac{가스부피}{방호구역 + 가스부피} \times 100$ $\bullet\ C = \dfrac{21 - O_2}{21} \times 100$
소화약제량	$\bullet$ 가스부피 [m³] $= 2.303 \times \log\left(\dfrac{100}{100 - C}\right) \times V$ $\bullet$ 약제량 [kg] $= 2.303 \times \log\left(\dfrac{100}{100 - C}\right) \times \dfrac{V}{S}$ $\bullet$ 약제량 [m³] $= 2.303 \times \log\left(\dfrac{100}{100 - C}\right) \times \dfrac{Vs}{S} \times V$	$\bullet$ 가스부피 [m³] $= \dfrac{21 - O_2}{O_2} \times V$ $\bullet$ 가스부피 [m³] $= V \times \left(\dfrac{C}{100 - C}\right)$ $\bullet$ 약제량 [kg] $= \dfrac{V}{S}\left(\dfrac{C}{100 - C}\right)$

CHAPTER 04 | 분말소화설비

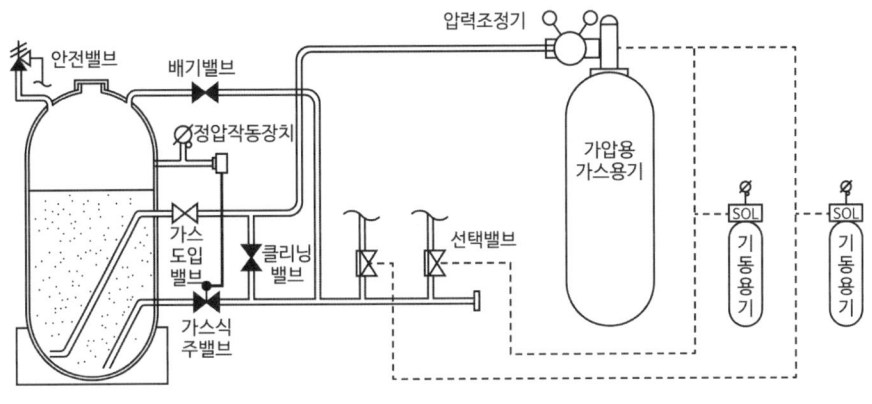

[분말소화설비의 계통도]

1 분말소화약제 약제량 산정

- 전역방출방식

  약제량 [kg] = (V × α) + (A × β)

  V : 방호구역체적 [m³], α : 체적계수 [kg/m³]
  A : 개구부면적 [m²], β : 면적계수 [kg/m²]

1) 체적계수(α)

소화약제의 종별	체적 1 m³에 대한 소화약제량 [kg]
제1종 분말	0.60 kg
제2종, 제3종 분말	0.36 kg
제4종 분말	0.24 kg

2) 면적계수(β) : 자동폐쇄장치가 없는 경우 적용

소화약제의 종별	면적 1 m²에 대한 소화약제량 [kg]
제1종 분말	4.5 kg
제2종, 제3종 분말	2.7 kg
제4종 분말	1.8 kg

3) 차고 또는 주차장의 분말소화설비의 소화약제는 제3종 분말로 하여야 한다.

- 국소방출방식

$$W = V \times Q \times 1.1 \rightarrow 여기서, Q = \left(X - Y\frac{a}{A}\right)$$

여기서, W : 약제량 [kg]
V : 방호공간(방호대상물의 각부분으로 0.6 m의 거리에 따라 둘러싸인 공간)
Q : 방호공간 1 m³에 대한 소화약제량 [kg]
a : 방호대상물 주위에 설치된 벽 면적의 합계 [m²]
A : 방호공간의 벽면적(벽이 없는 경우에는 벽이 있는 것으로 가정한 당해 부분의 면적)[m²]
X 및 Y : 다음 표의 수치

소화약제의 종류	X 의 수치	Y 의 수치
제1종 분말	5.2	3.9
제2종, 제3종 분말	3.2	2.4
제4종 분말	2.0	1.5

2 저장용기 설치기준

1) 저장용기의 내용적

소화약제의 종별	소화약제 1 kg당 저장용기 내용적
제1종 분말	0.8 L
제2종 분말	1 L
제3종 분말	1 L
제4종 분말	1.25 L

2) 저장용기의 안전밸브 설치에는 가압식은 최고사용압력의 1.8배 이하, 축압식은 용기의 내압시험 압력의 0.8배 이하의 압력에서 작동하는 안전밸브를 설치할 것

가압식	최고사용압력의 1.8배 이하 작동
축압식	용기의 내압시험압력의 0.8배 이하 작동

3) 저장용기에는 저장용기의 내부압력이 설정압력으로 되었을 때 주밸브를 개방하는 정압작동장치를 설치할 것
4) 저장용기의 충전비는 0.8 이상으로 할 것
5) 저장용기 및 배관에는 잔류 소화약제를 처리할 수 있는 청소장치를 설치할 것

6) 축압식의 분말소화설비는 사용압력의 범위를 표시한 지시압력계를 설치할 것

   ※ 저장용기 설치장소 기준 ≒ CO_2 소화설비

   (할론, 분말 : 방화문으로 방화구획된 실에 설치)

Annex

◈ 정압작동장치

1. 목적 : 저장용기의 내부압력이 설정압력에 도달하면 작동하여 주밸브를 개방시키는 장치
2. 종류

종류	주밸브 개방방식	구조
압력스위치식 (가스압력식)	탱크 내의 압력이 설정 압력에 도달 시 압력스위치의 작동으로 솔레노이드밸브가 작동하여 주밸브 개방	
기계식	탱크 내의 압력이 설정 압력에 도달 시 가스압력의 힘으로 밸브의 레버를 당겨 주밸브 개방	
시한릴레이식 (전기식)	탱크 내의 압력이 설정 압력에 도달 시 미리 시간을 시한릴레이에 입력하여 작동하면 솔레노이드밸브가 작동되어 주밸브 개방	

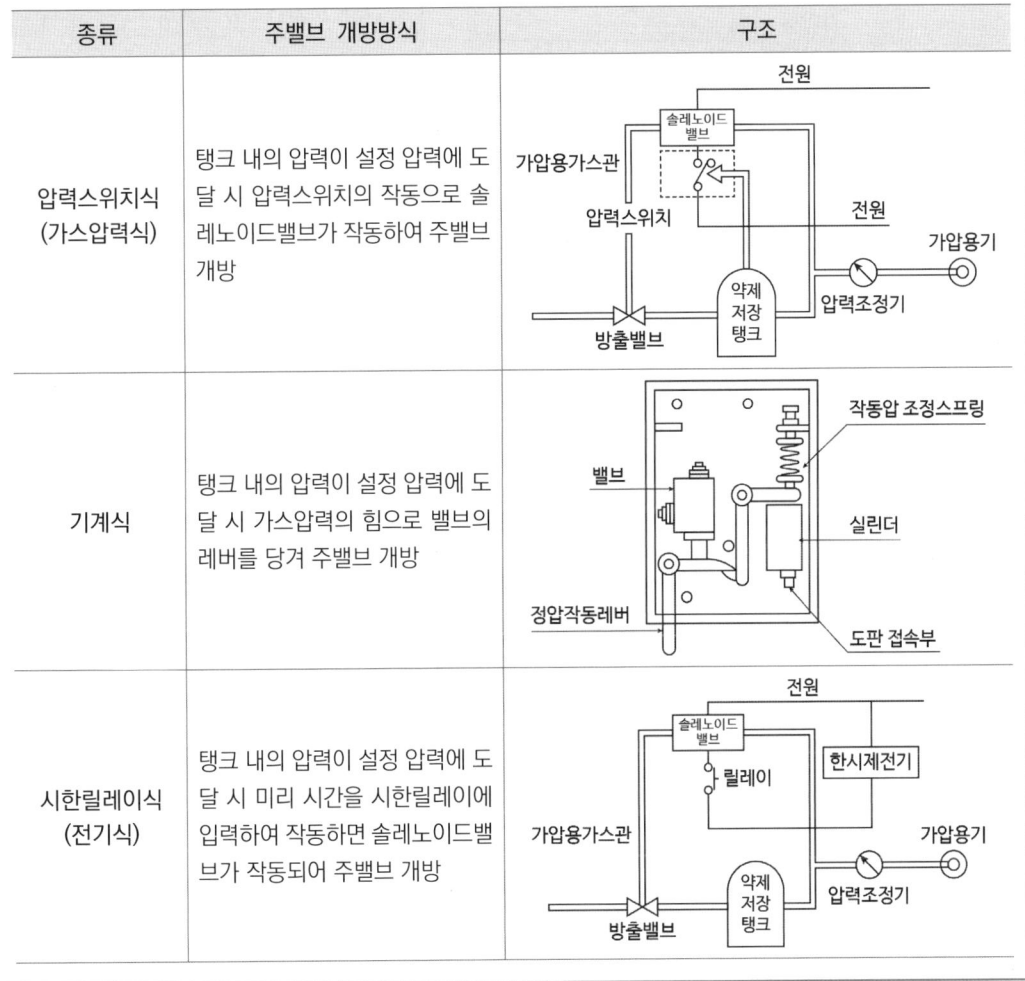

3 가압용 가스용기

1) 분말소화약제의 가스용기는 분말소화약제의 저장용기에 접속하여 설치
2) 가압용 가스 용기 3병 이상 설치한 경우 2개 이상의 용기에 전자개방밸브를 부착
3) 가압용 가스 용기에는 2.5 MPa 이하의 압력에서 조정 가능한 압력조정기를 설치
4) 가압용 가스, 축압용 가스 설치기준
   (1) 가압용 가스, 축압용 가스는 질소가스 또는 이산화탄소로 할 것
   (2) 가스 저장량

가압용 가스 (소화약제 1 kg당)	질소가스 40 L 이상(35 ℃ 1기압기준)
	이산화탄소 20 g 이상 + 배관 청소에 필요한 양
축압용 가스 (소화약제 1 kg당)	질소가스 10 L 이상(35 ℃ 1기압기준)
	이산화탄소 20 g 이상 + 배관 청소에 필요한 양

   (3) 배관의 청소에 필요한 양의 가스는 별도의 용기에 저장할 것

4 분말소화설비의 배관 설치기준

1) 배관은 전용
2) **강관** : 아연도금에 따른 배관용 탄소강관(KS D 3507)이나 이와 동등 이상의 강도·내식성 및 내열성을 가진 것으로 할 것(다만 축압식 분말소화설비에 사용하는 것 중 20 ℃에서 압력이 2.5 MPa 이상 4.2 MPa 이하인 것은 압력배관용 탄소강관 중 이음이 없는 스케줄 40 이상의 것 또는 이와 동등 이상의 강도를 가진 것으로서 아연도금으로 방식처리된 것을 사용)
3) **동관** : 고정압력 또는 최고사용압력의 1.5배 이상의 압력에 견딜 수 있는 것을 사용할 것
4) **밸브류** : 개폐위치 또는 개폐방향을 표시한 것으로 할 것
5) **배관의 관부속, 밸브류** : 배관과 동등 이상의 강도, 내식성이 있는 것으로 할 것
6) **확관형 분기배관** : 「분기배관의 성능인증 및 제품검사의 기술기준」에 적합한 것으로 설치할 것

5 기동장치(분말, 할론 동일)

1) 수동식 기동장치 설치기준

이 경우 수동식 기동장치의 부근에는 소화약제의 방출을 지연시킬 수 있는 방출지연스위치(자동복귀형 스위치로서 수동식 기동장치의 타이머를 순간 정지시키는 기능의 스위치를 말한다)를 설치해야 한다.

(1) 전역방출방식은 방호구역마다, 국소방출방식은 방호대상물마다 설치할 것
(2) 해당 방호구역의 출입구 부근 등 조작을 하는 자가 쉽게 피난할 수 있는 장소에 설치할 것
(3) 기동장치의 조작부는 바닥으로부터 0.8 m 이상 1.5 m 이하의 위치에 설치하고, 보호판 등에 따른 보호장치를 설치할 것
(4) 기동장치 인근의 보기 쉬운 곳에 "○○소화설비 수동식 기동장치"라는 표지를 할 것
(5) 전기를 사용하는 기동장치에는 전원표시등을 설치할 것
(6) 기동장치의 방출용 스위치는 음향경보장치와 연동하여 조작될 수 있는 것으로 할 것

2) 자동식 기동장치 설치기준

(1) 자동식 기동장치에는 수동으로도 기동할 수 있는 구조로 할 것
(2) 전기식 기동장치로서 7병 이상의 저장용기를 동시에 개방하는 설비는 2병 이상의 저장용기에 전자 개방밸브를 부착할 것
(3) 가스압력식 기동장치는 다음의 기준에 따를 것
  ① 기동용 가스용기 및 해당 용기에 사용하는 밸브는 25 MPa 이상의 압력에 견딜 수 있는 것으로 할 것
  ② 기동용 가스용기에는 내압시험압력의 0.8배부터 내압시험압력 이하에서 작동하는 안전장치를 설치할 것
  ③ 기동용 가스용기의 체적은 5 L 이상으로 하고, 해당 용기에 저장하는 질소 등의 비활성기체는 6.0 MPa 이상(21 ℃ 기준)의 압력으로 충전할 것. 다만 기동용 가스용기의 체적을 1 L 이상으로 하고, 해당 용기에 저장하는 이산화탄소의 양은 0.6 kg 이상으로 하며, 충전비는 1.5 이상 1.9 이하의 기동용 가스용기로 할 수 있다.
(4) 기계식 기동장치는 저장용기를 쉽게 개방할 수 있는 구조로 할 것

3) 분말소화설비가 설치된 부분의 출입구 등의 보기 쉬운 곳에 소화약제의 방출을 표시하는 표시등을 설치해야 한다.

4) 자동식 기동장치의 화재감지기(가스계소화설비 공통)

(1) 각 방호구역 내의 화재감지기의 감지에 따라 작동되도록 할 것
(2) 화재감지기의 회로는 교차회로방식으로 설치할 것. 다만 화재감지기를 「자동화재탐지설비 및 시각경보장치의 화재안전기술기준(NFTC 203)」 2.4.1 단서의 각 감지기로 설치하는 경우에는 그렇지 않다.
(3) 교차회로 내의 각 화재감지기회로별로 설치된 화재감지기 1개가 담당하는 바닥면적은 「자동화재탐지설비 및 시각경보장치의 화재안전기술기준(NFTC 203)」 2.4.3.5, 2.4.3.8부터 2.4.3.10까지의 규정에 따른 바닥면적으로 할 것

6 호스릴 분말소화설비 설치장소(차고·주차장 제외)

1) 지상 1층 및 피난층 부분으로서 지상에서 수동 또는 원격조작에 따라 개방할 수 있는 개구부의 유효면적의 합계가 바닥면적의 15 % 이상 부분
2) 전기설비가 설치되어 있는 부분 또는 다량의 화기를 사용하는 부분(주위 5 m 이내 부분 포함)의 바닥면적이 해당 설비가 설치되어 있는 구획의 바닥면적의 5분의 1 미만이 되는 부분

7 호스릴방식의 분말소화설비 설치기준

1) 방호대상물의 각 부분으로부터 하나의 호스접결구까지의 수평거리가 15 m 이하
2) 저장용기의 개방밸브는 호스릴의 설치장소에서 수동으로 개폐
3) 소화약제의 저장용기는 호스릴을 설치하는 장소마다 설치
4) 하나의 노즐마다 1분당 방사하는 소화약제 양

소화약제의 종별	소화약제 저장량	1분당 방사하는 소화약제 양
제1종 분말	50 kg	45 kg/min
제2종·제3종 분말	30 kg	27 kg/min
제4종 분말	20 kg	18 kg/min

5) 소화약제 저장용기의 가장 가까운 곳의 보기 쉬운 곳에 적색의 표시등을 설치하고, 호스릴방식의 분말소화설비가 있다는 뜻을 표시한 표지를 할 것

8 분사헤드

1) 전역방출방식 : 소화약제 저장량을 30초 이내에 방출
2) 국소방출방식 : 기준저장량의 소화약제를 30초 이내에 방출

9 자동폐쇄장치(가스계소화설비 공통)

전역방출방식은 다음 각 호의 기준에 따른 자동폐쇄장치 설치

1) 환기장치 : 소화약제 방출 전 해당 환기장치 정지
2) 개구부가 있거나 천장부터 1 m 부분 또는 바닥부터 해당 층 높이의 2/3 부분에 통기구가 있으면 소화약제 방사 전 해당 개구부 및 통기구 폐쇄
3) 자동폐쇄장치 : 구획 밖에서 복구할 수 있는 구조로 하고 위치 표지할 것

10 음향경보장치(가스계소화설비 공통)

1) 음향경보장치 설치기준
   (1) 수동식 기동장치를 설치한 것은 그 기동장치의 조작과정에서, 자동식 기동장치를 설치한 것은 화재감지기와 연동하여 자동으로 경보를 발하는 것으로 할 것
   (2) 소화약제의 방출 개시 후 1분 이상 경보를 계속할 수 있는 것으로 할 것
   (3) 방호구역 또는 방호대상물이 있는 구획 안에 있는 자에게 유효하게 경보할 수 있는 것으로 할 것

2) 방송에 따른 경보장치를 설치할 경우의 기준
   (1) 증폭기 재생장치는 화재 시 연소의 우려가 없고, 유지관리가 쉬운 장소에 설치
   (2) 방호구역 또는 방호대상물이 있는 구획의 각 부분으로부터 하나의 확성기까지의 수평거리는 25 m 이하가 되도록 할 것
   (3) 제어반의 복구스위치를 조작하여도 경보를 계속 발할 수 있는 것으로 할 것

CHAPTER 04 | 계산문제

| 분말소화설비

01

전기실에 제1종 분말소화약제를 사용한 분말소화설비를 가압식의 전역방출방식으로 설치하려고 한다. 다음 물음에 답하시오.

조 건

① 전기실의 크기는 가로 11 m, 세로 9 m, 높이 4.5 m인 내화구조로 되어있다.
② 전기실에는 0.7 m × 1.0 m, 1.2 m × 0.8 m 인 개구부가 각각 1개씩 설치되어 있으며, 1.2 m × 0.8 m인 개구부에는 자동폐쇄장치가 설치되어 있다.
③ 약제저장용기의 수 1개이다.
④ 약제저장실의 온도는 20 ℃이다.
⑤ 가압용용기의 내용적은 68 L, 가압용질소의 충전압력은 130 atm이다.
⑥ 소화약제 산정 및 기타 사항은 국가화재안전기준(NFTC)에 따라 산정할 것

(1) 전기실에 설치하여야 할 최소 소화약제량 [kg]을 계산하시오.
(2) 분말소화약제 저장용기의 최소 내용적 [m^3]을 계산하시오.
(3) 가압용 가스로 질소가스를 사용할 경우 가스량 [m^3]을 계산하시오.
(4) 가압용 질소의 최소 병수를 계산하시오.
(5) 전기실에 설치해야 하는 분사헤드의 설치개수를 계산하시오. (단, 분사헤드의 1개당 방사유량은 유량은 1.5 kg/s이다)

정답

1. 분말소화약제별 필요량

소화약제의 종별	소화약제의 양 [kg/m³]	개구부 1 m²당 가산량	소화약제 1 kg당 저장용기 내용적
제1종 분말	0.6 kg	4.5 kg	0.8 L
제2종, 3종 분말	0.36 kg	2.7 kg	1 L
제4종 분말	0.24 kg	1.8 kg	1.25 L

2. 가압용 질소의 최소 병수

$$가압용\ 질소용기수 = \frac{가압용\ 질소가스량(m^3)}{1병\ 방사후\ 체적(m^3)/병}$$

1. 전기실에 설치하여야 할 최소 소화약제량 [kg]

   1) $W = (V \times \alpha) + (A \times \beta)$

   여기서, V : 방호구역의 체적(m^3)
   A : 개구부의 면적(m^2)
   α : 방호구역 체적당 약제량(kg/m^3)
   β : 개구부면적당 가산량(kg/m^2)

   2) 소화약제량 [kg] = (445.5 m^3 × 0.6 kg/m^3) + (0.7 m^2 × 4.5 kg/m^2) = 270.45 kg

   답 270.45 kg

2. 1종 분말소화약제 저장용기의 최소 내용적 [m^3]

   1) 분말소화설비의 저장용기 내용적(L)

소화약제의 종별	소화약제 1 kg당 저장용기 내용적
제1종 분말	0.8 L
제2종 분말, 제3종 분말	1 L
제4종 분말	1.25 L

   2) 저장용기의 내용적 [m^3] = 270.45 kg × 0.8 L/kg = 216.36 L

   답 0.216 m^3

3. 가압용 가스로 질소가스를 사용할 경우 가스량 [m^3]

   1) 가압용 가스의 가스량

사용가스	가스량
이산화탄소	분말소화약제 1 kg에 20 g + 배관의 청소에 필요한 가산한 양 이상
질소	분말소화약제 1 kg마다 40 L(35 ℃, 1 atm으로 환산한 것) 이상

   ※ 배관의 청소에 필요한 양의 가스는 별도의 용기에 저장할 것

   2) 가압용 질소의 가스량 [m^3] = 270.45 kg × 40 L/kg = 10,818 L

   답 10.82 m^3

4. 가압용 질소의 최소 병수

   1) 가압용 질소의 용기수

   $$\text{가압용 질소용기수} = \frac{\text{가압용 질소 가스량}(m^3)}{1\text{병 방사후 체적}(m^3)/\text{병}}$$

   2) 가압용 질소의 1병당 방사 후 체적(m^3)

   $$\frac{(P_1 + P_a) \times V_1}{T_1} = \frac{(P_2 + P_a) \times V_2}{T_2}$$

   여기서, P_1 : 충전압력(atm)

   P_2 : 방사 후 압력(atm)

   P_a : 대기압(MPa)

   V_1 : 저장용기의 체적(m^3)

   V_2 : 방사 후 가스의 체적(m^3)

   T_1 : 저장용기의 온도(K)

   T_2 : 방호구역의 온도(K)

   방사 후 부피 [m^3] = $\frac{(130+1)\text{atm} \times 0.068\text{m}^3}{(273+20)\text{K}} = \frac{1\text{atm} \times V_2}{(273+35)\text{K}}$ → $V_2 = 9.364 \text{ m}^3$

   3) 가압용 질소의 용기 수 = $\frac{10.82\text{m}^3}{9.364\text{m}^3/1\text{병}}$ = 1.15

   답 2병

5. 전기실에 설치해야 하는 분사헤드의 설치개수

   분사헤드 = $\frac{\text{약제량}(kg)}{\text{헤드 1개당 유량}(kg/s) \times \text{방사시간}(s)} = \frac{270.45\text{kg}}{1.5\text{kg/s 개} \times 30\text{s}} = 6.01$

   답 7개

02

조건과 같은 주차시설에 분말소화설비를 설치하려고 한다. 다음 물음에 답하시오.

조 건

① 1층에 설치된 주차시설과 특정소방대상물의 이격거리 및 한 변 길이는 다음과 같다.

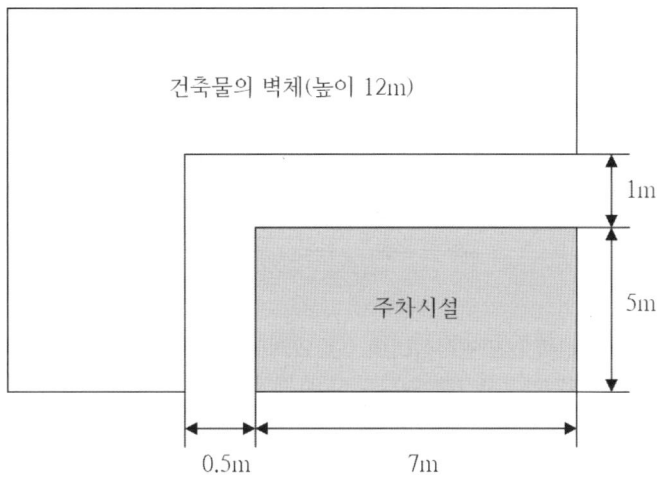

② 분말소화설비는 국소방출방식을 적용하며, 소화약제는 제3종 분말소화약제를 적용한다.
③ 주차시설의 크기는 가로 7 m, 세로 5 m, 높이는 4 m이다.
④ 주어진 조건 외의 것은 국가화재안전기술기준에 따른다.

---

(1) 주차시설에 설치해야 하는 제3종 분말소화설비의 소화약제량 [kg]을 계산하시오.
(2) 가압용 축압가스로 이산화탄소를 사용할 경우 이산화탄소량 [kg]을 계산하시오.

정답

1. 국소방출방식의 약제량 계산식

$W = V \times Q \times 1.1$

다음의 기준에 따라 계산하여 나온 양에 1.1을 곱하여 얻은 양 이상으로 할 것

$Q = X - Y\left(\dfrac{a}{A}\right)$

Q : 방호공간 1 m³에 대한 분말소화약제의 양 [kg/m³]
a : 방호대상물 주위에 설치된 벽면적의 합계 [m³]
A : 방호공간의 벽면적의 합계 [m²]

소화약제의 종별	X의 수치	Y의 수치
제1종 분말	5.2	3.9
제2종, 제3종 분말	3.2	2.4
제4종 분말	2.0	1.5

1. 주차시설에 설치해야 하는 제3종 분말소화설비의 소화약제량 [kg]

 1) 방호공간의 체적 [m³] : V

  = (7 + 1.1)m × (5 + 0.6 × 2)m × (4 + 0.6)m = 231.012 m³ ∴ 231.01 m³

 2) 방호공간 벽면적의 합계 [m²] : A

  = (8.1 × 4.6) m² × 2 + (6.2 × 4.6) m² × 2 = 131.56 m² ∴ 131.56 m²

 3) 방호대상물 주위에 설치된 벽면적의 합계 [m²] : a

  = (5.6 × 4.6) m² = 25.76 m² ∴ 25.76 m²

 4) 소화약제량 [kg]

  $W = V \times Q \times 1.1$ 여기서, $Q = X - Y\left(\dfrac{a}{A}\right)$

  소화약제량 [kg] = $231.01 \text{m}^3 \times \left(3.2 - 2.4 \dfrac{25.76}{131.56}\right) \text{kg/m}^3 \times 1.1 = 693.74 \text{ kg}$

  답 693.74 kg

2. 가압용 축압가스로 이산화탄소를 사용할 경우 이산화탄소량 [kg]

 1) 축압용 가스의 저장량 산정기준

사용가스		가스량
가압용 가스	이산화탄소	분말소화약제 1 kg에 20 g + 배관의 청소에 필요한 가산한 양 이상
	질소	분말소화약제 1 kg마다 40 L(35 ℃, 1 atm으로 환산한 것) 이상
축압용 가스	이산화탄소	분말소화약제 1 kg에 20 g + 배관의 청소에 필요한 가산한 양 이상
	질소	분말소화약제 1 kg마다 10 L(35 ℃, 1 atm으로 환산한 것) 이상

  ∴ 배관의 청소에 필요한 양의 가스는 별도의 용기에 저장할 것

 2) 이산화탄소의 가스량 [kg] = 693.74 kg × 20 g/kg = 13,874.8 g   **답 13.87 kg**

03

건축물 내부에 설치된 주차장에 전역방출방식의 분말소화설비를 설치하고자 한다. [조건]을 참고하여 다음 각 물음에 답하시오.

조 건

① 방호구역의 바닥면적은 600 m²이고 높이는 4 m이다.
② 방호구역에는 자동폐쇄장치가 설치되지 아니한 개구부가 있으며, 그 면적은 10 m²이다.
③ 소화약제는 제1인산암모늄을 주성분으로 하는 분말소화약제를 사용한다.
④ 축압용 가스는 질소가스를 사용한다.

---

(1) 분말소화약제량 [kg]을 구하시오.
(2) 필요한 축압용 가스의 최소량 [m³]을 구하시오.

정답

1. 분말소화약제량 [kg]

$$W = (V \times \alpha) + (A \times \beta)$$

1) 방호구역체적 V = 600 m² × 4 m = 2,400 m³
2) 약제량 = 2,400 m³ × 0.36 kg/m³ + 10 m² × 2.7 kg/m² = 891 kg

답 891 kg

2. 필요한 축압용 질소가스의 최소량 [m³]

가압용 가스	• 질소가스는 소화약제 1 kg마다 40 L 이상 • 이산화탄소는 소화약제 1 kg에 대하여 20 g 이상	+	배관 청소에 필요한 양 (이산화탄소만 해당)
축압용 가스	• 질소가스는 소화약제 1 kg에 대하여 10 L 이상 • 이산화탄소는 소화약제 1 kg에 대하여 20 g 이상	+	배관 청소에 필요한 양 (이산화탄소만 해당)

* 배관의 청소에 필요한 양의 가스는 별도의 용기에 저장할 것

축압용 가스(질소) 양 = 891 kg × 10 L/kg - 8,910 L = 8.91 m³

답 8.91 m³

CHAPTER 05 | 고체에어로졸소화설비

1 용어의 정의

고체 에어로졸소화설비	설계밀도 이상의 고체에어로졸을 방호구역 전체에 균일하게 방출하는 설비로서 분산(Dispersed)방식이 아닌 압축(Condensed)방식을 말한다.
고체 에어로졸화합물	과산화물질, 가연성 물질 등의 혼합물로서 화재를 소화하는 비전도성의 미세입자인 에어로졸을 만드는 고체화합물
고체 에어로졸	고체에어로졸화합물의 연소과정에 의해 생성된 직경 10 μm 이하의 고체 입자와 기체 상태의 물질로 구성된 혼합물
고체 에어로졸발생기	고체에어로졸화합물, 냉각장치, 작동장치, 방출구, 저장용기로 구성되어 에어로졸을 발생시키는 장치
소화밀도 [g/m^3]	방호공간 내 규정된 시험 조건의 화재를 소화하는 데 필요한 단위체적 [m^3]당 고체에어로졸화합물의 질량(g)을 말한다.
안전계수	설계밀도를 결정하기 위한 안전율을 말하며 1.3 적용
설계밀도	소화밀도 × 안전계수
열 안전 이격거리	고체에어로졸 방출 시 발생하는 온도에 영향을 받을 수 있는 모든 구조·구성요소와 고체에어로졸 발생기 사이에 안전확보에 필요한 이격거리

2 일반 조건

1) 고체에어로졸은 전기 전도성이 없을 것
2) 약제 방출 후 최소 10분간 소화밀도를 유지할 것
3) 주요 구성품은 형식승인 및 제품검사 기술기준에 적합한 것일 것
4) 비상주장소에 한하여 설치(단, 인체 무해 인증 및 최대허용설계밀도 미초과의 경우 상주장소에 설치 가능)
5) 소화성능이 발휘될 수 있도록 방호구역 내부의 밀폐성을 확보할 것
6) 방호구역 출입구 인근에 고체에어로졸 방출 시 주의사항 표지 설치
7) 기타 사항은 형식승인 받은 제조업체의 설계 매뉴얼에 따를 것

3 설치 제외(다음의 물질을 포함한 화재 또는 장소)

1) 니트로셀룰로오스, 화약 등의 산화성 물질
2) 리튬, 나트륨, 칼륨, 마그네슘, 티타늄, 지르코늄, 우라늄 및 플루토늄과 같은 자기반응성 금속
3) 금속 수소화물
4) 유기 과산화수소, 히드라진 등 자동 열분해를 하는 화학물질
5) 가연성 증기 또는 분진 등 폭발성 물질이 대기에 존재할 가능성 있는 장소

4 고체에어로졸 발생기 설치기준

1) 밀폐성이 보장된 방호구역 내에 설치하거나, 밀폐성능을 인정할 수 있는 별도의 조치를 취할 것
2) 천장이나 벽면 상부에 설치하되 고체에어로졸 화합물이 균일하게 방출되도록 설치할 것
3) 직사광선 및 빗물이 침투할 우려가 없는 곳에 설치할 것
4) 고체에어로졸 발생기는 다음 각 목의 열 안전이격거리를 준수할 것
   (1) 인체와의 최소 이격거리는 고체에어로졸 방출 시 75℃를 초과하는 온도가 인체에 영향을 미치지 않는 거리
   (2) 가연물과의 최소 이격거리는 고체에어로졸 방출 시 200℃를 초과하는 온도가 가연물에 영향을 미치지 않는 거리
5) 하나의 방호구역에는 동일 제품군 및 동일한 크기의 고체에어로졸발생기를 설치할 것
6) 방호구역의 높이는 형식승인 받은 고체에어로졸발생기의 최대 설치높이 이하로 할 것

5 고체에어로졸화합물의 양

$$m = d \times V$$

m : 필수소화약제량 [g]
d : 설계밀도 [g/m^3] = 소화밀도 [g/m^3] × 1.3(안전계수)
소화밀도 : 제조사의 설계매뉴얼에 제시된 소화밀도
V : 방호체적 [m^3]

6 기동

1) 고체에어로졸소화설비의 작동

   화재감지기 및 수동식 기동장치의 작동과 연동하여 기계적 또는 전기적 방식으로 작동해야 한다.

2) 방출시간

   1분 이내에 고체에어로졸 설계밀도의 95 % 이상을 균일하게 방출

3) 고체에어로졸소화설비의 수동식 기동장치 설치기준

   (1) 제어반마다 설치
   (2) 방호구역의 출입구마다 설치하되 출입구 인근에 사람이 쉽게 조작할 수 있는 위치에 설치
   (3) 기동장치의 조작부는 바닥으로부터 0.8 ~ 1.5 m 위치에 설치
   (4) 기동장치의 조작부에 보호판 등의 보호장치를 부착
   (5) 기동장치 인근의 보기 쉬운 곳에 "고체에어로졸소화설비 수동식 기동장치" 표지 부착
   (6) 전기를 사용하는 기동장치에는 전원표시등을 설치
   (7) 방출용 스위치의 작동을 명시하는 표시등을 설치
   (8) 50 N 이하의 힘으로 방출용 스위치를 기동할 수 있도록 할 것

4) 방출지연스위치 설치기준

   (1) 수동 작동방식으로서 방출지연스위치를 누르고 있는 동안만 지연될 것
   (2) 방호구역의 출입구마다 설치하되 피난이 용이한 출입구 인근에 사람이 쉽게 조작할 수 있는 위치에 설치할 것
   (3) 방출지연스위치 작동 시에는 음향경보를 발할 것
   (4) 방출지연스위치 작동 중 수동식 기동장치가 작동되면 수동식 기동장치의 기능이 우선될 것

7 제어반 등

1) 제어반 설치기준

   (1) 전원표시등 설치

   (2) 화재, 진동 및 충격에 따른 영향과 부식의 우려가 없고 점검에 편리한 장소

   (3) 제어반에는 해당 회로도 및 취급설명서 비치

   (4) 고체에어로졸소화설비의 작동방식(자동 또는 수동)을 선택할 수 있는 장치 설치

   (5) 수동식 기동장치 또는 화재감지기에서 신호 수신할 경우 다음의 기능을 수행할 것

   ① 음향경보장치의 작동

   ② 고체에어로졸의 방출

   ③ 기타 제어기능 작동

2) 화재표시반 설치기준(다만 자동화재탐지설비의 수신기의 제어반이 화재표시반의 기능을 가지고 있는 경우 화재표시반을 설치하지 않을 수 있다)

   (1) 전원표시등을 설치할 것

   (2) 화재, 진동 및 충격에 따른 영향 및 부식의 우려가 없고 점검에 편리한 장소에 설치할 것

   (3) 화재표시반에는 해당 회로도 및 취급설명서를 비치할 것

   (4) 고체에어로졸소화설비의 작동방식(자동 또는 수동)을 표시등으로 명시할 것

   (5) 고체에어로졸소화설비가 기동할 경우 음향장치를 통해 경보를 발할 것

   (6) 제어반에서 신호를 수신할 경우 방호구역별 경보장치의 작동, 수동식 기동장치의 작동 및 화재감지기의 작동 등을 표시등으로 명시할 것

3) 고체에어로졸소화설비가 설치된 구역의 출입구에는 고체에어로졸의 방출을 명시하는 표시등 설치

4) 고체에어로졸소화설비의 오작동을 제어하기 위해 제어반 인근에 설비정지스위치 설치

8 기타

1) 음향장치

    (1) 화재감지기 또는 수동식 기동장치가 작동할 경우 음향장치가 작동할 것
    (2) 방호구역마다 설치하되 해당 구역의 각 부분으로부터 하나의 음향장치까지의 수평거리는 25 m 이하가 되도록 할 것
    (3) 음향장치는 경종 또는 사이렌(전자식 사이렌 포함)으로 하되, 주위의 소음 및 다른 용도의 경보와 구별이 가능한 음색으로 할 것
    이 경우 경종 또는 사이렌은 자동화재탐지설비·비상벨설비 또는 자동식사이렌설비의 음향장치와 겸용 가능
    (4) 주음향장치는 화재표시반의 내부 또는 그 직근에 설치할 것
    (5) 음향장치는 다음의 기준에 따른 구조 및 성능의 것으로 할 것
        ① 정격전압의 80 % 전압에서 음향을 발할 수 있는 것으로 할 것
        ② 음량은 부착된 음향장치의 중심으로부터 1 m 떨어진 위치에서 90 dB 이상이 되는 것으로 할 것
    (6) 고체에어로졸의 방출 개시 후 1분 이상 경보를 계속 발할 것

2) 화재감지기

    (1) 고체에어로졸소화설비에는 다음 각 목의 감지기 중 하나를 설치할 것
        ① 광전식 공기흡입형 감지기
        ② 아날로그방식의 광전식 스포트형 감지기
        ③ 중앙소방기술심의위원회의 심의를 통해 적응성이 인정된 감지기
    (2) 화재감지기 1개가 담당하는 바닥면적은 「자동화재탐지설비 및 시각경보장치의 화재안전기술기준(NFTC 203)」 2.4.3의 규정에 따른 바닥면적으로 할 것
        ※ 제어반, 화재표시반, 방출표시등, 방호구역자동폐쇄, 비상전원, 배선, 표지, 과압배출구 등 ≒ 할로겐화합물 및 불활성기체소화설비의 해당 기준과 유사

CHAPTER 05 | 계산문제

| 고체에어로졸소화설비

01

조건과 같은 통신기기실에 에어로졸소화기를 설치하려고 한다. 다음 물음에 답하시오.

조 건

① 통신기기실의 바닥면적은 250 m²이며, 높이 4 m이다.
② 고체에어로졸소화기 1대의 약제량은 3.5 kg이며, 소화밀도는 55.4 g/m³이다.

(1) 에어로졸소화기의 설치개수를 계산하시오.
(2) 통신기기실에 설치할 수 있는 감지기의 종류를 쓰시오.

정답

1. 에어로졸소화기의 설치개수

    1) 고체에어로졸화합물의 소화약제량(g)

    $$m = d \times V$$

    여기서, m : 필수 소화약제량(g)
    d : 설계밀도(g/m³) = 소화밀도(g/m³) × 1.3 (안전계수)
    V : 방호체적(m³)

    2) 필수 소화약제량 [kg] = (250 × 4) m³ × 55.4 g/m³ × 1.3 = 72,020 g

    3) 소화기의 설치개수 = $\dfrac{72.02 \text{kg}}{3.5 \text{kg/개}}$ = 20.57개

    답 21개

2. 통신기기실에 설치할 수 있는 감지기의 종류

    1) 광전식 공기흡입형 감지기
    2) 아날로그방식의 광전식 스포트형 감지기
    3) 중앙소방기술심의위원회의 심의를 통해 고체에어로졸소화설비에 적응성이 있다고 인정된 감지기

END UP
소방시설관리사 기본서
설계 및 시공

PART 04

경보설비

CHAPTER 01 | 자동화재탐지설비 및 시각경보장치

■ 설치대상(밑줄은 시각경보기 설치대상)

용도(밑줄 : 시각경보기 설치대상)	규모
<u>근린생활시설(목욕장 제외)</u>, <u>위락시설</u>, <u>의료시설</u>, 복합건축물, 장례식장	연면적 600 m² 이상 모든 층
<u>문화 및 집회시설</u>, 항공기 및 자동차 관련 시설, <u>목욕장</u>, <u>운동시설</u>, 방송통신시설(시각 : 방송국), <u>업무시설</u>, <u>종교시설</u>, 국방·군사시설, <u>판매시설</u>, 관광 휴게시설, <u>발전시설</u>, <u>운수시설</u>, 위험물 저장 및 처리시설, 공장, 창고시설(시각 : 물류터미널), <u>지하상가</u>	연면적 1,000 m² 이상 모든 층
교육연구시설(시각 : 도서관), 묘지 관련 시설, 수련시설, 교정 및 군사시설, 동물 및 식물 관련 시설, 자원순환 관련 시설 (= 분뇨 및 쓰레기처리시설)	연면적 2,000 m² 이상 모든 층
<u>노유자생활시설</u>, <u>요양병원</u>, 지하구, 판매시장 중 전통시장 조산원, 산후조리원, 전기저장시설, 숙박시설, **공동주택(아파트, 기숙사), 6층 이상 건축물**	모두 설치, 모든 층
<u>노유자시설</u>	연면적 400 m² 이상, 모든 층
숙박시설이 있는 수련시설	수용인원 100명 이상, 모든 층
특수가연물 저장·취급공장 및 창고시설(시각 : 물류터미널)	지정수량 500배 이상
<u>정신의료기관 또는 의료재활시설</u>	바닥면적합계 300 m² 이상
<u>창살이 설치된 정신의료기관 또는 의료재활시설</u>	바닥면적합계 300 m² 미만
터널	길이 1,000 m 이상

1 자동화재탐지설비의 계통도

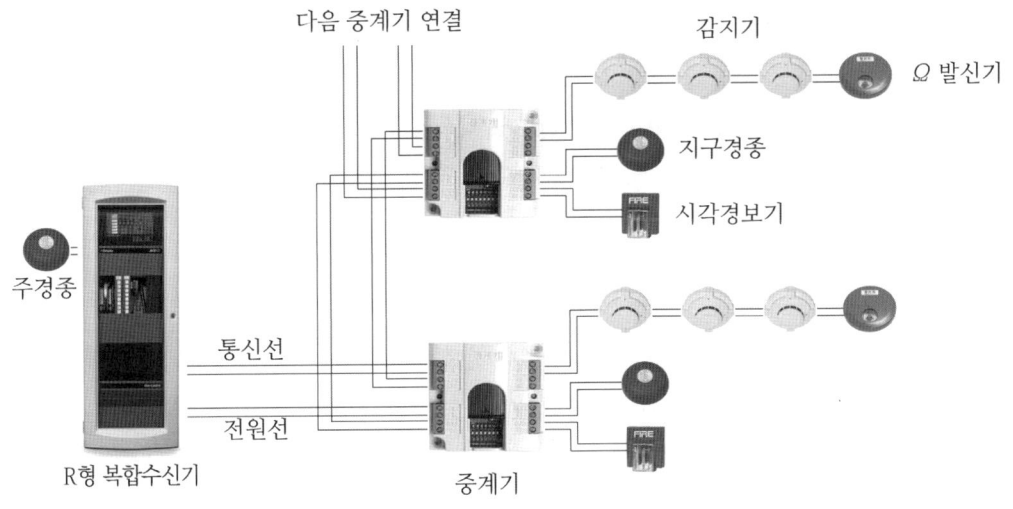

[자동화재탐지설비의 계통도]

2 설치면제기준(소방시설법 별표 5)

자동화재탐지설비의 기능(감지·수신·경보기능을 말한다)과 성능을 가진 화재알림설비, 스프링클러설비 또는 물분무등소화설비를 화재안전기준에 적합하게 설치한 경우 그 유효범위

3 경계구역 설정

1) 수평적 경계구역기준

   (1) 2개 이상의 건축물에 미치지 않을 것

   (2) 2개 이상의 층에 미치지 않을 것(합계 500 m² 이하 2개 층 가능)

   (3) 면적 600 m² 이하로 하고, 한 변의 길이 50 m 이하

   다만 주출입구에서 내부 전체가 보일 때 1,000 m² 이하(한 변 50 m 범위 내)

2) 수직적 경계구역기준

   (1) 계단(직통계단 외의 것은 떨어져 있는 상하 계단의 상호 간의 수평거리가 5 m 이하로서 서로 간에 구획되지 아니한 것에 한함)·경사로(에스컬레이터경사로 포함)·엘리베이터 승강로(권상기실이 있는 경우에는 권상기실)·린넨슈트·파이프 덕트 등 : 별도 경계구역 설정

   (2) 계단 및 경사로 : 높이 45 m 이하

   (3) 지하층의 계단 및 경사로(지하층 1층 제외) : 별도 경계구역

3) 외기에 면하여 상시 개방된 부분에서 5 m 미만의 범위 미산입

4) 감지기설치 면제 장소까지 포함해서 산출(목욕실 등)

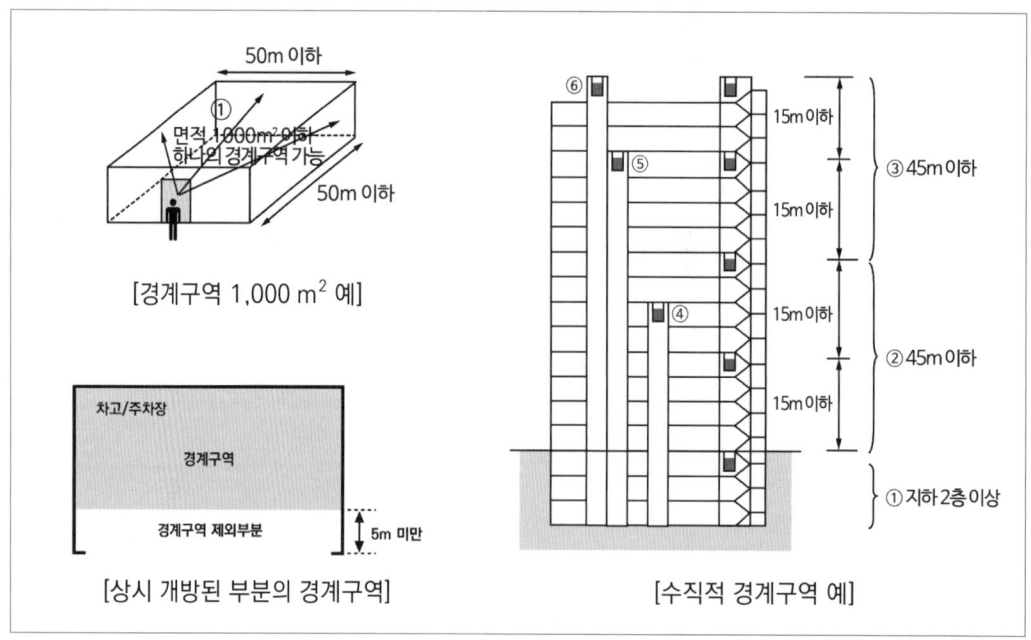

[경계구역 1,000 m² 예]

[상시 개방된 부분의 경계구역]

[수직적 경계구역 예]

4 기동용 감지기 설치 시 경계구역

스프링클러설비 또는 물분무등소화설비·제연설비의 화재감지기가 설치된 방호구역과 경계구역은 동일하게 설정 가능
(예 스프링클러설비의 3,000 m² 방호구역을 1경계구역으로 설정 가능)

5 수신기의 기준

1) 경계구역을 각각 표시할 수 있는 회선 수 이상일 것
2) 가스누설탐지설비가 설치된 경우에는 가스누설경보 기능이 있는 수신기를 설치할 것
   (가스누설탐지설비 수신부 별도 설치 시 제외)
3) 축적형 수신기 설치장소

장소	원인
지하층·무창층 등으로서 환기가 잘되지 않는 장소	일시적으로 발생한 열·연기 또는 먼지 등으로 인하여 감지기가 화재 신호를 발신할 우려가 있는 때
실내면적이 40 m² 미만인 장소	
감지기의 부착 면과 실내 바닥과의 거리가 2.3 m 이하인 장소	

4) 축적기능이 있는 감지기를 설치할 수 없는 경우
   (1) 교차회로방식에 사용되는 감지기의 경우
   (2) 급속한 연소확대가 우려되는 장소에 사용되는 감지기의 경우
   (3) 축적기능이 있는 수신기에 연결하여 사용하는 감지기의 경우

5) 축적형 수신기 설치 제외 : 다음의 감지기를 설치한 경우
   (1) 불꽃감지기
   (2) 정온식 감지선형 감지기
   (3) 분포형 감지기
   (4) 복합형 감지기
   (5) 광전식 분리형 감지기
   (6) 아날로그방식의 감지기
   (7) 다신호방식의 감지기
   (8) 축적방식의 감지기

6 수신기 설치기준

1) 상시 사람이 근무하는 장소에 설치(접근, 관리가 용이한 장소 가능)
2) 경계구역 일람도 비치(주수신기)
3) 수신기의 음향기구는 그 음량 및 음색이 다른 기기와 명확히 구별
4) 감지기·중계기 또는 발신기가 작동하는 경계구역을 표시
5) 화재·가스 전기등의 종합방재반은 수신기의 작동과 연동하여 감지기·중계기 또는 발신기가 작동하는 경계구역을 표시
6) 하나의 경계구역은 하나의 표시등 또는 하나의 문자로 표시
7) 조작 스위치는 바닥으로부터 높이 0.8 m 이상 1.5 m 이하
8) 하나의 특정소방대상물에 2개 이상의 수신기를 설치하는 경우에는 수신기를 상호 간 연동하여 화재 발생 상황을 각 수신기마다 확인할 것
9) 화재로 하나의 층의 지구음향장치 배선이 단락되어도 다른 층의 화재통보에 지장이 없도록 각 층 배선 상에 유효한 조치를 할 것

7 중계기 설치기준

1) 설치위치 : 수신기와 감지기 사이
2) 설치장소 : 조작이 용이하고 화재피해를 받을 우려가 없는 장소
3) 전원 별도 공급 시(집합형 중계기) 전원입력 측에 과전류 차단기 설치, 정전 시 수신기에 표시, 상용전원 및 예비전원 시험장치 설치

8 부착높이에 따른 감지기 적응성

부착 높이	감지기의 종류
4 m 미만	차동식(스포트형, 분포형), 보상식 스포트형, 정온식(스포트형, 감지선형), 이온화식 또는 광전식(스포트형, 분리형, 공기흡입형), 열복합형, 연기복합형, 열연기복합형, 불꽃감지기
4 m 이상 8 m 미만	차동식(스포트형, 분포형), 보상식 스포트형, 정온식(스포트형, 감지선형) 특종 또는 1종, 이온화식 1종 또는 2종, 광전식(스포트형, 분리형, 공기흡입형) 1종 또는 2종, 열복합형, 연기복합형, 열연기복합형, 불꽃감지기
8 m 이상 15 m 미만	차동식 분포형, 이온화식 1종 또는 2종, 광전식(스포트형, 분리형, 공기흡입형) 1종 또는 2종, 연기복합형, 불꽃감지기 ⑳ 불광동에 사는 이 연복 2세(아들)는 차분해 생일은 8.15
15 m 이상 20 m 미만	이온화식 1종, 광전식(스포트형, 분리형, 공기흡입형) 1종, 연기복합형, 불꽃감지기 ⑳ 불광동에 사는 이 연복
20 m 이상	불꽃감지기 광전식(분리형, 공기흡입형) 중 아날로그방식 ⑳ 불광동 20층 아파트가 공분을 사고있다

※ 부착 높이 20 m 이상에 설치하는 광전식 중 아날로그 감지기는 공칭감지농도 하한값이 감광률 5(%/m) 미만인 것으로 한다.

9 감지기 설치기준

1) 천장 또는 반자의 옥내에 면하는 부분에 설치
2) 실내로의 공기유입구로부터 1.5 m 이상 이격(차동식 분포형 제외)
3) 스포트형(차동식, 보상식, 정온식) 감지기의 면적기준

부착 높이 및 소방대상물의 구분		차동식		보상식		정온식		
		1종	2종	1종	2종	특종	1종	2종
4 m 미만	내화구조	90	70	90	70	70	60	20
	기타 구조	50	40	50	40	40	30	15
4 m 이상 8 m 미만	내화구조	45	35	45	35	35	30	-
	기타 구조	30	25	30	25	25	15	-

4) 스포트형 감지기 : 45° 이상 경사되지 아니하도록 부착
5) 정온식, 보상식 감지기의 정온점 : 평상시 주위 최고 온도 + 20 ℃ 이상

10 장소에 따른 설치 감지기

장소	감지기
<u>지</u>하층·<u>무</u>창층 등으로서 <u>환</u>기가 잘되지 아니하거나, 실<u>내면</u>적이 <u>40</u> m² 미만인 장소, <u>감</u>지기의 부착면과 실내 바닥과의 사이가 <u>2.3</u> m 이하인 곳 ⑧ 지무환, 면사, 감이상	<u>축</u>적방식의 감지기, <u>복</u>합형 감지기, <u>불</u>꽃감지기, <u>아</u>날로그방식의 감지기, <u>광</u>전식 분리형 감지기, <u>다</u>신호방식 감지기, <u>분</u>포형 감지기, <u>정</u>온식 감지선형 감지기 ⑧ 축복불아, 광다정분
주방·보일러실 등으로서 다량의 화기 취급 장소	정온식 감지기
지하구	먼지·습기 등의 영향을 받지 아니하고 발화지점(1 m 단위)과 온도를 확인할 수 있는 것
화학공장, 격납고, 제련소 등	광전식 분리형 감지기, 불꽃감지기
전산실, 반도체 공장 등	광전식공기흡입형 감지기

11 연기감지기 설치기준

1) 연기감지기를 설치하여야 하는 장소

　(1) 계단·경사로 및 에스컬레이터 경사로

　(2) 복도(30 m 미만의 것을 제외)

　(3) 엘리베이터 승강로(권상기실)·린넨슈트·파이프 피트·덕트 등

　(4) 천장 또는 반자의 높이가 15 m 이상 20 m 미만의 장소

　(5) 다음 대상물의 취침·숙박·입원 등으로 사용되는 거실

　　① 공동주택·오피스텔·숙박시설·노유자시설·수련시설

　　② 교육연구시설 중 합숙소

　　③ 의료시설, 근린생활시설 중 입원실이 있는 의원·조산원

　　④ 교정 및 군사시설

　　⑤ 근린생활시설 중 고시원

2) 설치기준

(1) 부착높이와 감지기 1개의 바닥면적

부착 높이	1종 및 2종 [m²]	3종 [m²]
4 m 미만	150	50
4 m 이상 20 m 미만	75	-

(2) 복도 및 통로 : 보행거리 30 m(3종에 있어서는 20 m)마다

계단 및 경사로 : 수직거리 15 m(3종에 있어서는 10 m)마다

(3) 천장 또는 반자가 낮거나 좁은 실내는 출입구 근처에 설치

(4) 천장 또는 반자 부근에 배기구가 있는 경우에는 그 부근에 설치

(5) 벽 또는 보로부터 0.6 m 이상 이격 설치

12 감지기 설치 제외 장소

1) 천장 또는 반자의 높이가 20 m 이상인 장소(다만 부착 높이에 따라 적응성이 있는 장소는 제외)

2) 헛간 등 외부와 기류가 통하는 장소

3) 부식성가스가 체류하고 있는 장소

4) 고온도 및 저온도로서 감지기의 기능·유지·관리가 어려운 장소

5) 목욕실·욕조나 샤워시설이 있는 화장실·기타 이와 유사한 장소

6) 파이프덕트 등으로서 2개 층마다 방화구획 or 수평단면적 $5\ m^2$ 이하

7) 먼지·가루 또는 수증기가 다량 체류 장소 또는 주방 등 평상시 연기 발생 장소(연기감지기에 한함)

8) 프레스공장·주조공장 등 화재발생 위험이 적은 장소로서 감지기의 유지관리가 어려운 장소

13 공기관식 차동식 분포형 감지기 설치기준

1) 공기관의 노출부분 : 20 m 이상
2) 하나의 검출부에 접속하는 공기관의 길이 : 100 m 이하
3) 공기관과 감지구역의 각 변과의 수평거리 : 1.5 m 이하
   공기관 상호 거리 : 6 m 이하(주요 구조부가 내화구조 : 9 m)
4) 공기관은 도중에 분기 금지
5) 검출부는 5° 이상 경사되지 않을 것
6) 검출부는 바닥으로부터 0.8 ~ 1.5 m 이하의 위치에 설치할 것

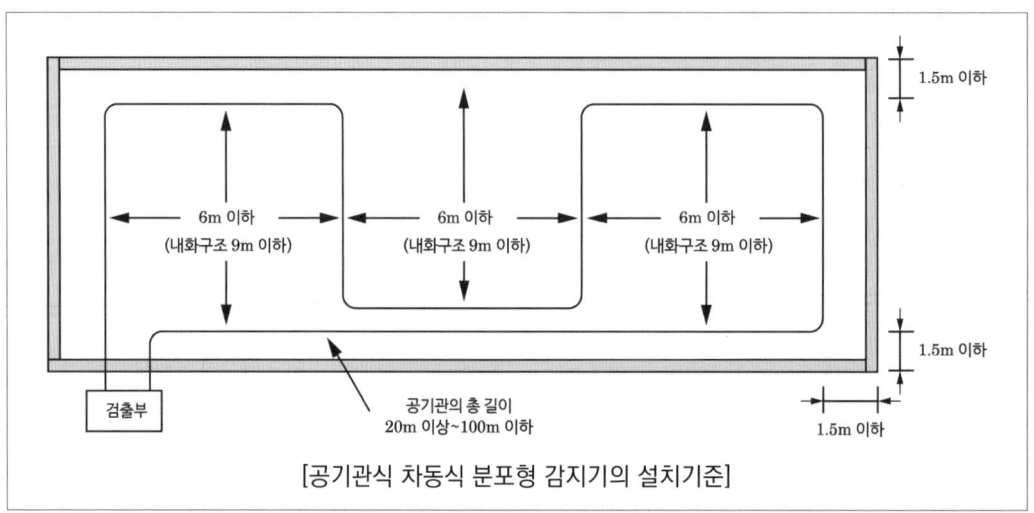

[공기관식 차동식 분포형 감지기의 설치기준]

14 열전대식 차동식 분포형 감지기

1) 제백효과(Seebeck Effect)를 이용
   두 종류의 금속을 접합하여 폐회로를 만들고, 접합점에서 온도를 달리하면 폐회로에 기전력이 발생하는 현상

2) 열전대(Thermo-electric Couple) 설치기준

구분	열전대부 감지구역 바닥면적	하나의 검출부 접속 열전대부 수
기타 구조	18 m²	4개 이상 ~ 20개 이하
내화구조	22 m²	

다만 바닥면적이 72 m²(주요 구조부가 내화구조로 된 특정소방대상물에 있어서는 88 m²) 이하인 특정소방대상물에 있어서는 4개 이상으로 한다.

15 열반도체식 차동식 분포형 감지기

1) 부착 높이별 바닥면적 [m²] 기준

부착 높이 및 소방대상물의 구분		1종	2종
8 m 미만	내화구조	65	36
	기타 구조	40	23
8 m 이상 15 m 미만	내화구조	50	36
	기타 구조	30	23

2) 하나의 검출기에 접속하는 감지부 : 2개 이상 ~ 15개 이하

16 정온식 감지선형 감지기 설치기준

1) 보조선이나 고정금구를 사용하여 감지선이 늘어지지 않도록 설치
2) 단자부와 마감 고정금구와의 설치간격은 10 cm 이내
3) 감지선형 감지기의 굴곡반경은 5 cm 이상
4) 감지기와 감지구역의 각 부분과의 수평거리
   (1) 내화구조의 경우 : 1종 4.5 m 이하, 2종 3 m 이하
   (2) 기타 구조의 경우 : 1종 3 m 이하, 2종 1 m 이하
5) 케이블트레이에 감지기 설치 시 케이블트레이 받침대에 마감금구를 사용하여 설치
6) 지하구나 창고의 천장 등에 지지물이 적당하지 않는 장소에서는 보조선을 설치하고 그 보조선에 설치
7) 분전반 내부에 설치하는 경우 접착제를 이용하여 돌기를 바닥에 고정시키고 그 곳에 감지기 설치
8) 그 밖의 설치방법은 형식승인 및 제조사의 시방에 따라 설치

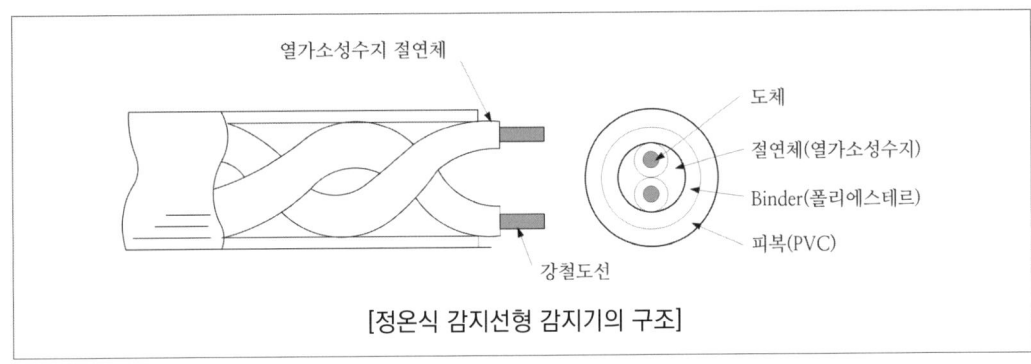

[정온식 감지선형 감지기의 구조]

17 불꽃감지기 설치기준

1) 공칭감시거리 및 공칭시야각은 형식승인 내용에 따를 것
2) 공칭감시거리와 공칭시야각을 기준으로 감시구역을 모두 포용
3) 화재감지를 유효하게 감지할 수 있는 모서리 또는 벽 등에 설치
4) 천장에 설치하는 경우에는 감지기는 바닥을 향하여 설치
5) 수분이 많이 발생할 우려가 있는 장소에는 방수형으로 설치
6) 그 밖의 설치기준은 형식승인 및 제조사의 시방에 따라 설치

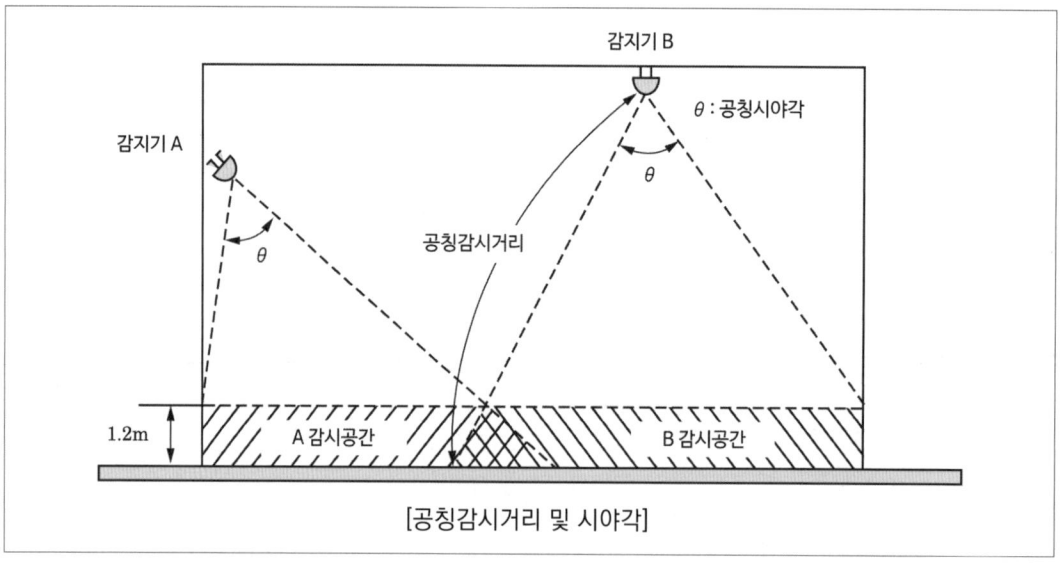

[공칭감시거리 및 시야각]

18 광전식 분리형 감지기 설치기준

1) 감지기의 수광면은 햇빛을 직접 받지 않도록 설치
2) 광축(송광면과 수광면의 중심을 연결한 선)은 나란한 벽으로부터 0.6 m 이상 이격하여 설치할 것
3) 감지기의 송광부와 수광부는 설치된 뒷벽으로부터 1 m 이내 위치
4) 광축의 높이는 천장 등(천장의 실내에 면한 부분 또는 상층의 바닥 하부면) 높이의 80 % 이상일 것
5) 감지기의 광축의 길이는 공칭감시거리 범위 이내일 것
6) 그 밖의 설치기준은 형식승인 및 제조사의 시방에 따라 설치

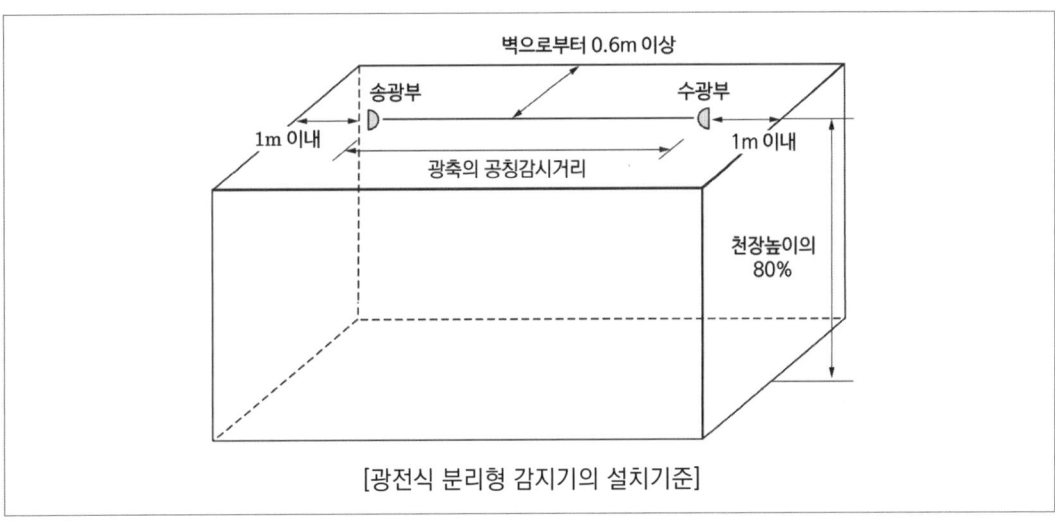

[광전식 분리형 감지기의 설치기준]

19 발신기 설치기준

1) 조작이 쉬운 장소, 바닥으로부터 0.8 m 이상 1.5 m 이하의 높이
2) 특정소방대상물의 층마다 설치
3) 해당 층의 각 부분으로부터 하나의 발신기까지의 수평거리 : 25 m 이하(복도 또는 별도로 구획된 실로서 보행거리 40 m 이상 시 추가 설치)
4) 기둥 또는 벽이 설치되지 아니한 대형공간의 경우 설치 대상 장소의 가장 가까운 장소의 벽 또는 기둥 등에 설치
5) 위치 표시등 : 함의 상부에 설치
6) 위치 표시등 불빛 : 부착면으로부터 15° 이상 범위 안에서 부착지점으로부터 10 m 이내에서 식별 용이한 적색등

20 음향장치 설치기준

1) 층수 11층(공동주택 16층) 이상 특정소방대상물 : 우선경보방식
2) 주음향장치 : 수신기의 내부 또는 그 직근에 설치
3) 지구음향장치 : 층마다 설치, 수평거리 25 m 이하, 유효하게 경보
4) 구조 및 성능
   (1) 정격전압의 80 % 전압에서 음향을 발할 수 있는 것으로 할 것
   (2) 음량은 부착된 음향장치의 중심으로부터 1 m 떨어진 위치에서 90 dB 이상
   (3) 감지기 및 발신기의 작동과 연동하여 작동
5) 대형공간의 지구음향장치 : 설치대상장소의 가까운 벽, 기둥에 설치
6) 복수의 수신기 설치된 경우 모든 수신기에서 지구음향장치 작동

21 우선경보방식

11층(공동주택 16층) 이상인 특정소방대상물	
화재	음향경보
2층 이상	발화층 + 그 직상 4개 층
1층	발화층 + 그 직상 4개 층 + 지하층
지하층	발화층 + 그 직상층 + 기타 지하층

22 시각경보장치 설치기준

「시각경보장치의 성능인증 및 제품검사의 기술기준」에 적합한 것

1) 복도·통로·청각장애인용 객실 및 공용 거실에 설치, 유효하게 경보를 발할 수 있는 위치에 설치(거실 : 로비, 회의실, 강의실, 식당, 휴게실, 오락실, 대기실, 체력단련실, 접객실, 안내실, 전시실, 기타 이와 유사한 장소)
2) 공연장·집회장·관람장, 이와 유사한 장소에 설치하는 경우에는 무대부 부분 등에 설치
3) 설치높이 : 바닥으로부터 2 m 이상 2.5 m 이하, 천장의 높이가 2 m 이하인 경우에는 천장으로부터 0.15 m 이내의 장소에 설치
4) 시각경보장치의 광원은 전용의 축전지설비 또는 전기저장장치에 의하여 점등 또는 시각경보기 전원공급용으로 형식승인을 얻은 수신기에 의해 공급
   ※ 하나의 특정소방대상물에 2 이상의 수신기가 설치된 경우 어느 수신기에서도 지구음향장치 및 시각경보장치를 작동할 수 있도록 할 것

23 배선

1) **전원회로의 배선** : 내화배선
   그 밖의 배선 : 내화배선 또는 내열배선(감지기 상호 간 또는 감지기로부터 수신기에 이르는 감지기회로의 배선 제외)
2) 감지기 상호 간 또는 감지기로부터 수신기에 이르는 감지기회로의 배선은 다음 각 목의 기준에 따라 설치
   (1) 아날로그식, 다신호식 감지기나 R형 수신기용으로 사용되는 것은 전자파 방해를 받지 아니하는 실드선 등을 사용하여야 하며, 광케이블의 경우에는 전자파 방해를 받지 아니하고 내열성능이 있는 경우 사용 가능
   (2) 일반배선을 사용할 때는 내화배선 또는 내열배선으로 사용
3) 감지기회로의 도통시험을 위한 종단저항 설치기준
   (1) 점검 및 관리가 쉬운 장소에 설치할 것
   (2) 전용함을 설치하는 경우 그 설치높이는 바닥으로부터 1.5 m 이내로 할 것
   (3) 감지기회로의 끝부분에 설치, 설치 시 구별이 용이하도록 해당 감지기의 기판 및 외부 등에 별도의 표시를 할 것

4) 감지기 사이의 회로의 배선은 송배전식으로 할 것

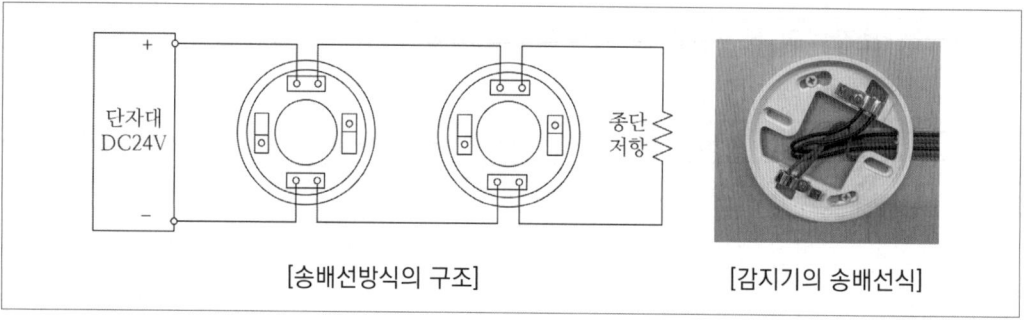

[송배선방식의 구조]　　　　[감지기의 송배선식]

5) 절연저항

　⑴ 전원회로의 전로와 대지 사이 및 배선 상호 간의 절연저항 : 「전기사업법」 제67조의 기술기준 의거

　⑵ 감지기회로 및 부속회로의 전로와 대지 사이 및 배선 상호 간의 절연저항 : 1경계구역마다 직류 250 V의 절연저항측정기를 사용하여 측정한 절연저항이 0.1 MΩ 이상이 되도록 할 것

6) **배선** : 다른 전선과 별도의 관·덕트·몰드 또는 풀박스 등에 설치

　다만 60 V 미만의 약 전류회로에 사용하는 전선으로서 각각의 전압이 같을 때에는 예외

7) **P형 수신기 및 G.P형 수신기의 감지기회로의 배선에 있어서 하나의 공통선에 접속할 수 있는 경계구역** : 7개 이하

8) **감지기회로의 전로저항** : 50 Ω 이하, 수신기의 각 회로별 종단에 설치되는 감지기의 배선의 전압은 감지기 정격 전압의 80 % 이상

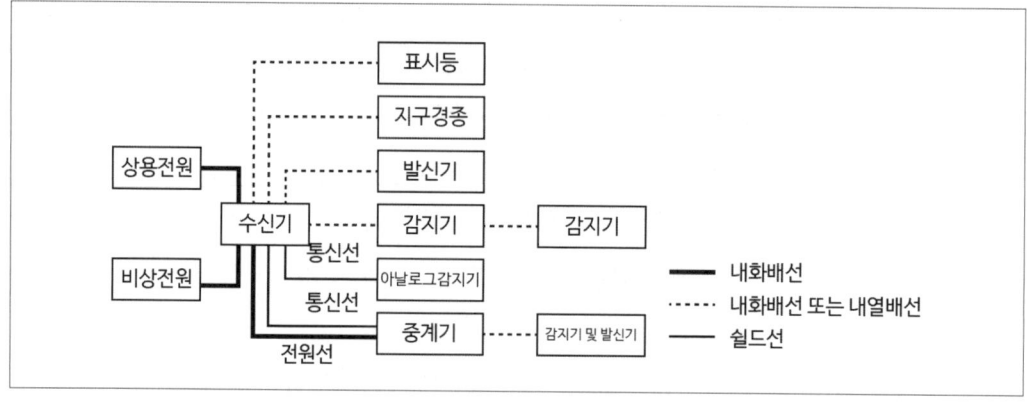

24 감지기회로의 감시전류와 동작전류

1) 평상시 감시전류

$$감시전류\ I = \frac{V}{R} \times 1{,}000\ [mA]$$

전체저항 R = $R_1 + R_2 + R_3$ [Ω]
회로전압 V = 24 V

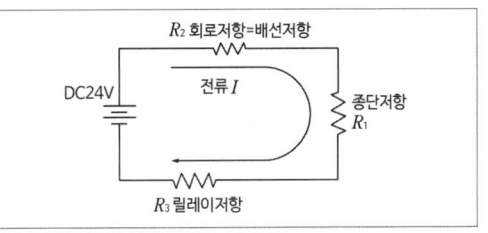

2) 감지기 동작 시 동작전류

$$동작전류\ I = \frac{V}{R} \times 1{,}000\ [mA]$$

전체저항 R = $R_2 + R_3$ [Ω]
회로전압 V = 24 V

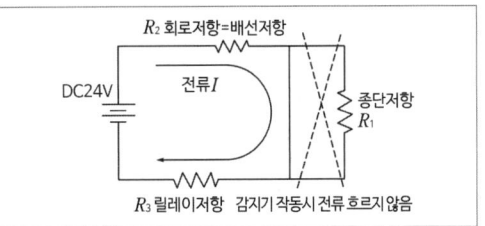

3) 회로 도통시험 시 전압

$$V = 24\ [V] \times \frac{시험저항}{R_1 + R_2 + 시험저항}$$

- 단선 시 : 저항이 ∞이므로 V = 0 V
- 단락 시 : 전압이 시험저항에만 걸림
  V ≒ 24 V

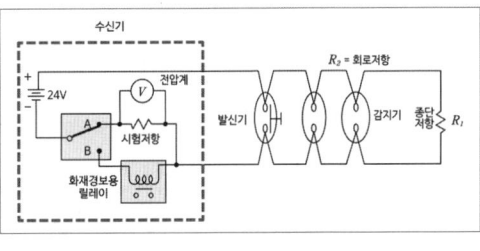

25 전압강하를 이용한 전선의 굵기

1) 전압강하식의 유도

   (1) 전선의 전압강하 [V]

   $$전압강하(e) = I \times R = I \times \rho \frac{L}{A}$$

   여기서, R : 저항(Ω)
   I : 전류(A)
   A : 전선의 단면적(mm^2)
   L : 전선의 길이(m)
   ρ : 고유저항($\Omega \cdot mm^2/m$)

   (2) 고유저항(ρ)이며, 구리의 고유저항 값은 $\rho = 1/58\,\Omega \cdot mm^2/m$ 이며, 이때 전선에 사용되는 구리의 도전율은 96~98 %이므로 97 %를 적용하고, 도전율과 고유저항은 역수인 관계가 된다.

   (3) 고유저항은 $\rho = \frac{1}{58} \times \frac{1}{0.97} = 0.0178\,\Omega \cdot mm^2/m$ 가 된다.

   (4) 전압강하 [V] $= I \times R = I \times \rho \frac{L}{A} = \frac{0.0178\,LI}{A} = \frac{17.8\,LI}{1,000\,A}$

2) 단상 2선식 전압강하식

   $$전압강하\ e = \frac{35.6\,LI}{1000\,A}\ [V]$$

   $$전류\ I = \frac{P}{V cos\theta}\ [A]$$

   A : 전선의 최소 굵기 [mm^2]
   L : 전선의 길이 [m]
   P : 전력 [kW]
   V : 전압 [V]
   $cos\theta$: 역률

3) 3상3선식 전압강하식

   $$전압강하\ e = \frac{30.8\,LI}{1000\,A}\ [V]$$

   $$전류\ I = \frac{P}{\sqrt{3}\,V cos\theta}\ [A]$$

   A : 전선의 최소 굵기 [mm^2]
   L : 전선의 길이 [m]
   P : 전력 [kW]
   V : 전압 [V]
   $cos\theta$: 역률

Annex

설치장소별 감지기 적응성(연기감지기를 설치할 수 없는 경우 적용)

설치장소		적응 열감지기								불꽃감지기	비 고
환경 상태	적응장소	차동식 스포트형		차동식 분포형		보상식 스포트형		정온식		열아날로그식		
		1종	2종	1종	2종	1종	2종	특종	1종			
1. 먼지 또는 미분 등이 다량으로 체류하는 장소 **-관점12**	쓰레기장, 하역장, 도장실, 섬유·목재·석재 등 가공 공장	○	○	○	○	○	○	×	○	○	○	1. 불꽃감지기에 따라 감시가 곤란한 장소는 적응성이 있는 열감지기를 설치할 것 2. 차동식 분포형 감지기를 설치하는 경우에는 검출부에 먼지, 미분 등이 침입하지 않도록 조치할 것 3. 차동식 스포트형 감지기 또는 보상식 스포트형 감지기를 설치하는 경우에는 검출부에 먼지, 미분 등이 침입하지 않도록 조치할 것 4. 섬유, 목재가공 공장 등 화재 확대가 급속하게 진행될 우려가 있는 장소에 설치하는 경우 정온식 감지기는 특종으로 설치 할 것. 공칭작동 온도 75℃ 이하, 열아날로그식 스포트형 감지기는 화재표시 설정은 80℃ 이하가 되도록 할 것
2. 수증기가 다량으로 머무는 장소	증기세정실, 탕비실, 소독실 등	×	×	×	○	×	○	○	○	○	○	1. 차동식 분포형 감지기 또는 보상식 스포트형 감지기는 급격한 온도변화가 없는 장소에 한하여 사용할 것 2. 차동식 분포형 감지기를 설치하는 경우에는 검출부에 수증기가 침입하지 않도록 조치할 것 3. 보상식 스포트형 감지기, 정온식 감지기 또는 열아날로그식 감지기를 설치하는 경우에는 방수형으로 설치할 것 4. 불꽃감지기를 설치할 경우 방수형으로 할 것

설치장소		적응 열감지기								열아날로그식	불꽃감지기	비고
		차동식 스포트형		차동식 분포형		보상식 스포트형		정온식				
환경 상태	적응장소	1종	2종	1종	2종	1종	2종	특종	1종			
3. 부식성 가스가 발생할 우려가 있는 장소 -관점15, 17	도금공장, 축전지실, 오수처리장 등	×	×	○	○	○	○	○	×	○	○	1. 차동식분포형 감지기를 설치하는 경우에는 감지부가 피복되어 있고 검출부가 부식성가스에 영향을 받지 않는 것 또는 검출부에 부식성가스가 침입하지 않도록 조치할 것 2. 보상식스포트형 감지기, 정온식감지기 또는 열아날로그식스포트형 감지기를 설치하는 경우에는 부식성가스의 성상에 반응하지 않는 내산형 또는 내알칼리형으로 설치할 것
4. 주방, 기타 평상시에 연기가 체류하는 장소	주방, 조리실, 용접작업장 등	×	×	×	×	×	×	○	○	○	○	1. 주방, 조리실 등 습도가 많은 장소에는 방수형 감지기를 설치할 것 2. 불꽃감지기는 UV/IR형을 설치할 것
5. 현저하게 고온으로 되는 장소 -관점20	건조실, 살균실, 보일러실, 주조실, 영사실, 스튜디오	×	×	×	×	×	×	○	○	○	×	
6. 배기가스가 다량으로 체류하는 장소	주차장, 차고, 화물취급소 차로, 자가발전실, 트럭터미널, 엔진시험실	○	○	○	○	○	○	×	×	○	○	1. 불꽃감지기에 따라 감시가 곤란한 장소는 적응성이 있는 열감지기를 설치할 것 2. 아날로그식스포트형 감지기는 화재표시 설정이 60℃ 이하가 바람직하다.

설치장소		적응 열감지기									열아날로그식	불꽃감지기	비고
		차동식 스포트형		차동식 분포형		보상식 스포트형		정온식					
환경 상태	적응장소	1종	2종	1종	2종	1종	2종	특종	1종				
7. 연기가 다량으로 유입할 우려가 있는 장소	음식물배급실, 주방전실, 주방 내 식품저장실, 음식물운반용 엘리베이터, 주방주변의 복도 및 통로, 식당 등	○	○	○	○	○	○	○	○		○	×	1. 고체연료 등 가연물이 수납되어 있는 음식물 배급실, 주방전실에 설치하는 정온식 감지기는 특종으로 설치할 것 2. 주방주변의 복도 및 통로, 식당 등에는 정온식 감지기를 설치하지 않을 것 3. 제1호 및 제2호의 장소에 열아날로그식 스포트형 감지기를 설치하는 경우에는 화재표시 설정을 60℃ 이하로 할 것
8. 물방울이 발생하는 장소 **-관점17**	스레트 또는 철판으로 설치한 지붕 창고·공장, 패키지형냉각기전용수납실, 밀폐된 지하창고, 냉동실 주변 등	×	×	○	○	○	○	○	○		○		1. 보상식 스포트형 감지기, 정온식 감지기 또는 열아날로그식 스포트형 감지기를 설치하는 경우에는 방수형으로 설치할 것 2. 보상식 스포트형 감지기는 급격한 온도변화가 없는 장소에 한하여 설치할 것 3. 불꽃감지기를 설치하는 경우에는 방수형으로 설치할 것
9. 불을 사용하는 설비로서 불꽃이 노출되는 장소	유리공장, 용선로가 있는 장소, 용접실, 주방, 작업장, 주방, 주조실 등	×	×	×	×	×	×	○	○		○	×	

[비고]
1. "○"는 당해 설치장소에 적응하는 것을 표시, "×"는 해당 설치장소에 적응하지 않는 것을 표시
2. 차동식 스포트형, 차동식 분포형 및 보상식 스포트형 1종은 감도가 예민하기 때문에 비화재보 발생은 2종에 비해 불리한 조건이라는 것을 유의할 것
3. 차동식 분포형 3종 및 정온식 2종은 소화설비와 연동하는 경우에 한해서 사용할 것
4. 다신호식 감지기는 그 감지기가 가지고 있는 종별, 공칭작동온도별로 따르지 말고 상기 표에 따른 적응성이 있는 감지기로 할 것

Annex

설치장소별 감지기 적응성

환경 상태	적응장소	적응 열감지기					적응 연기감지기					불꽃 감지기	비고
		차동식 스포트형	차동식 분포형	보상식 스포트형	정온식	열아날로그식	이온화식 스포트형	광전식 스포트형	이온아날로그식 스포트형	광전아날로그식 스포트형	광전식 분리형	광전아날로그식 분리형		
1. 흡연에 의해 연기가 체류하며 환기가 되지 않는 장소	회의실, 응접실, 휴게실, 노래연습실, 오락실, 다방, 음식점, 대합실, 카바레 등의 객실, 집회장, 연회장 등	○	○	○	-	-	-	◎	-	◎	○	○	-	
2. 취침시설로 사용하는 장소	호텔 객실, 여관, 수면실 등	-	-	-	-	-	◎	◎	◎	◎	○	○	-	
3. 연기 이외 미분이 떠다니는 장소	복도, 통로 등	-	-	-	-	-	◎	◎	◎	◎	○	○	○	
4. 바람에 영향을 받기 쉬운 장소	로비, 교회, 관람장, 옥탑에 있는 기계실	-	○	-	-	-	◎	-	◎	○	○	○		
5. 연기가 멀리 이동해서 감지기에 도달하는 장소	계단, 경사로	-	-	-	-	-	○	-	○	○	○	-		광전식 스포트형 감지기 또는 광전아날로그식 스포트형 감지기를 설치하는 경우에는 당해 감지기회로에 축적기능을 갖지 않는 것으로 할 것
6. 훈소화재의 우려가 있는 장소	전화기기실, 통신기기실, 전산실, 기계제어실	-	-	-	-	-	○	-	○	○	○	-		
7. 넓은 공간으로 천장이 높아 열 및 연기가 확산하는 장소	체육관, 항공기 격납고, 높은 천장의 창고·공장, 관람석 상부 등 감지기 부착 높이가 8 m 이상의 장소	-	○	-	-	-	-	-	-	-	○	○	○	

[비고]
1. "○"는 당해 설치장소에 적응하는 것을 표시
2. "◎" 당해 설치장소에 연감지기를 설치하는 경우에는 당해 감지회로에 축적기능을 갖는 것을 표시
3. 차동식 스포트형, 차동식 분포형, 보상식 스포트형 및 연기식(당해 감지기회로에 축적 기능을 갖지 않는 것)1종은 감도가 예민하기 때문에 비화재보 발생은 2종에 비해 불리한 조건이라는 것을 유의할 것
4. 차동식 분포형 3종 및 정온식 2종은 소화설비와 연동하는 경우에 한해서 사용할 것
5. 광전식 분리형 감지기는 평상시 연기가 발생하는 장소 또는 공간이 협소한 경우에는 적응성이 없음
6. 넓은 공간으로 천장이 높아 열 및 연기가 확산하는 장소로서 차동식 분포형 또는 광전식 분리형 2종을 설치하는 경우에는 제조사의 사양에 따를 것
7. 다신호식 감지기는 그 감지기가 가지고 있는 종별, 공칭작동온도별로 따르고 표에 따른 적응성이 있는 감지기로 할 것
8. 축적형 감지기 또는 축적형 중계기 혹은 축적형 수신기를 설치하는 경우에는 2.4에 따를 것

CHAPTER 01 | 계산문제

| 자동화재탐지설비 및 시각경보장치

01
다음과 같은 특정소방대상물에 대한 각각의 최소 경계구역을 설정하시오.

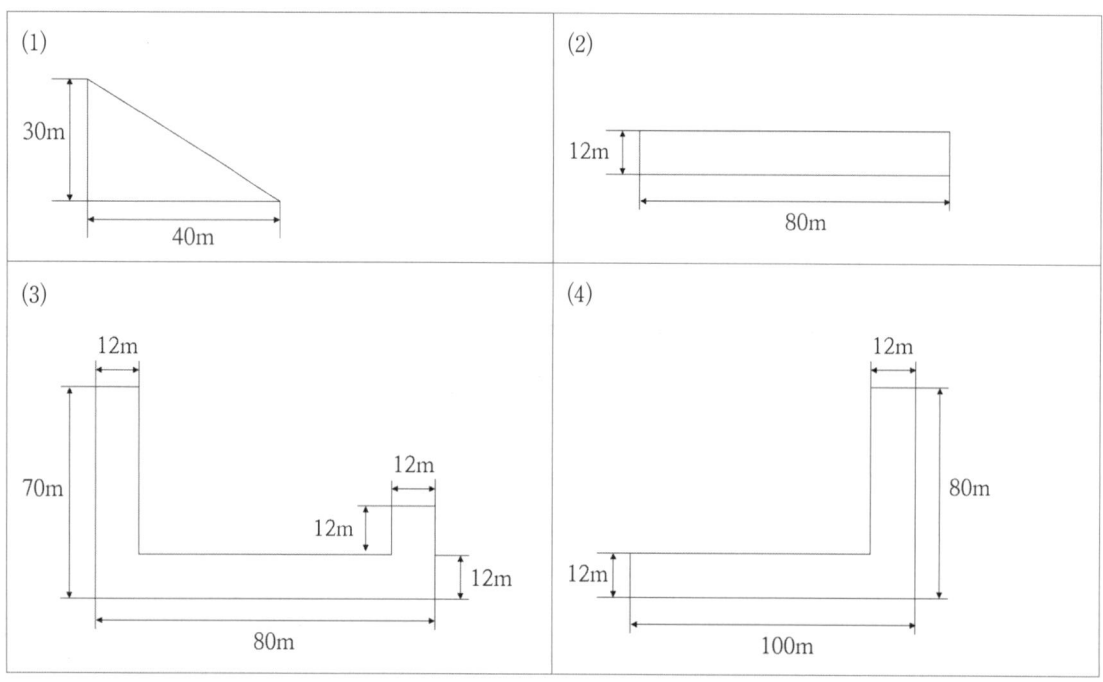

정답

경계구역의 설정기준
1) 하나의 경계구역이 2개 이상의 건축물에 미치지 않도록 할 것
2) 하나의 경계구역이 2개 이상의 층에 미치지 않도록 할 것. 다만 500 m^2 이하의 범위 안에서는 2개의 층을 하나의 경계구역으로 할 수 있다.
3) 하나의 경계구역의 면적은 600 m^2 이하로 하고 한 변의 길이는 50 m 이하로 할 것. 다만 해당 특정소방대상물의 주된 출입구에서 그 내부 전체가 보이는 것에 있어서는 한 변의 길이가 50 m의 범위 내에서 1,000 m^2 이하로 할 수 있다.

1. 경계구역의 수 : 1개

   1) 경계구역면적 [m²] = $\dfrac{30m \times 40m}{2}$ = 600 m² 면적기준 만족

   2) 한 변의 길이 50 m 만족

2. 경계구역의 수 : 2개

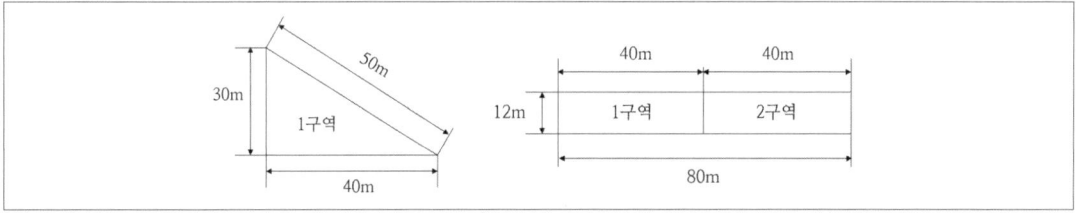

   1) 경계구역면적 [m²] = 12m × 40m = 480 m² 면적기준 만족

   2) 한 변의 길이 : 50 m 이하 기준 만족

3. 경계구역의 수 : 3개

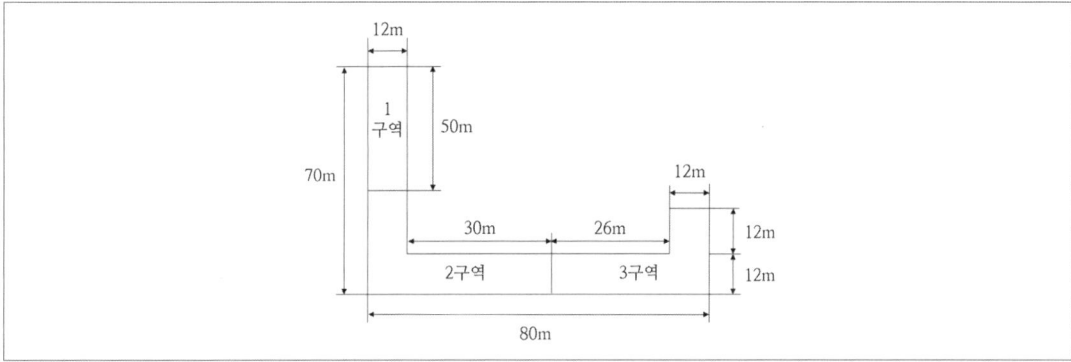

   1) 1번 경계구역면적 [m²] = 12m × 50m = 600 m², 면적 및 한 변의 길이기준 만족

   2) 2번 경계구역면적 [m²] = (12m × 8m) + (42m × 12m) = 600 m², 한 변의 길이 42 m 만족

   3) 3번 경계구역면적 [m²] = (38m × 12m) + (12m × 12m) = 600 m², 한 변의 길이 38 m 만족

4. 경계구역의 수 : 4개

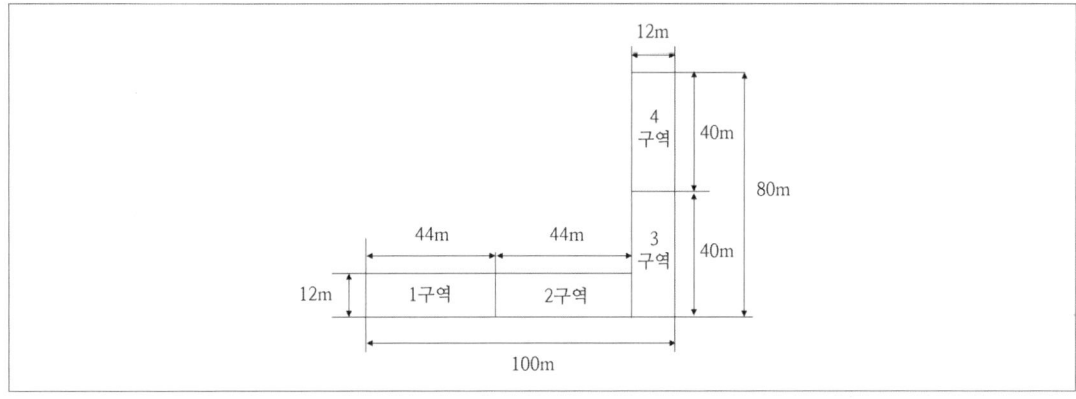

1) 1번 경계구역면적 [m²] = (44 m × 12 m) = 528 m², 한 변의 길이 44 m 만족
2) 2번 경계구역면적 [m²] = (44 m × 12 m) = 528 m², 한 변의 길이 44 m 만족
3) 3번 경계구역면적 [m²] = (40 m × 12 m) = 480 m², 한 변의 길이 40 m 만족
4) 4번 경계구역면적 [m²] = (40 m × 12 m) = 480 m², 한 변의 길이 40 m 만족

02
조건을 참고하여 경계구역 등에 관한 다음 물음에 답하시오.

조 건

① 지하 2층에서 지상 7층의 바닥면적은 800 m²(한 변의 길이는 50 m)이다.
② 지상 8층의 바닥면적은 400 m²이다.
③ 계단은 2개소 설치되어 있고 별도의 경계구역으로 한다.
④ 거실부분에는 차동식 스포트형 1종을 설치한다.
⑤ 주요 구조부는 내화구조이다.
⑥ 계단에는 연기감지기 2종을 설치한다.
⑦ 지하 2층에서 지상 7층에는 화장실(바닥면적 30 m²)이 설치되어 있다.
⑧ 주어진 조건 외의 것은 고려하지 않는다.

계단	8F		4.5m
	7F	계단	3.5m
	6F		3.5m
	5F		3.5m
	4F		3.5m
	3F		3.5m
	2F		3.5m
	1F		3.5m
	B1		4.5m
	B2		4.5m

(1) 경계구역의 수를 계산하시오.
(2) 감지기의 설치개수를 계산하시오.

정답

1. 경계구역 수

   1) 수평적 경계구역

구분	바닥면적	경계구역의 산출	
지하 2층 ~ 지상 7층	800 m²	$\dfrac{800\text{m}^2}{600\text{m}^2/구역} = 1.33$	∴ 2개 × 9층 = 18개 경계구역
지상 8층	400 m²	$\dfrac{400\text{m}^2}{600\text{m}^2/구역} = 0.66$	∴ 1개 경계구역

   2) 수직적(계단, 경사로 등) 경계구역의 설치기준

   ⑴ 오른쪽 계단의 경계구역

구분	계단의 높이	경계구역의 산출	
지상부분	3.5m × 7개 층 = 24.5 m	$\dfrac{24.5\text{m}}{45\text{m}/구역} = 0.54$	∴ 1개 경계구역
지하부분	4.5m × 2개 층 = 9m	$\dfrac{9\text{m}}{45\text{m}/구역} = 0.2$	∴ 1개 경계구역

   ⑵ 왼쪽계단의 경계구역

구분	계단의 높이	경계구역의 산출	
지상부분	4.5m + (3.5m × 7개 층) = 29 m	$\dfrac{29\text{m}}{45\text{m}/구역} = 0.64$	∴ 1개 경계구역
지하부분	4.5m × 2개 층 = 9 m	$\dfrac{9\text{m}}{45\text{m}/구역} = 0.2$	∴ 1개 경계구역

   3) 경계구역의 수 = 19개(수평적 경계구역) + 4개(수직적 경계구역) = 23

   답 23개

2. 감지기의 설치개수

1) 차동식 스포트형 감지기의 감지면적 [m²]

(1) 지하 1층, 2층 = $\dfrac{770\text{m}^2}{45\text{m}^2/\text{개}}$ = 17.11 그리고 $\dfrac{30\text{m}^2(\text{화장실})}{45\text{m}^2/\text{개}}$ = 0.66

= 18개 + 1개 = 19개 ∴ 19개 × 2개 층 = 38개

(2) 지상 1 ~ 7층 = $\dfrac{770\text{m}^2}{90\text{m}^2/\text{개}}$ = 8.55 그리고 $\dfrac{30\text{m}^2(\text{화장실})}{90\text{m}^2/\text{개}}$ = 0.33

= 9개 + 1개 = 10개 ∴ 10개 × 7개 층 = 70개

(3) 8층(높이 4.5 m의 경우 45 m²) = $\dfrac{400\text{m}^2}{45\text{m}^2/\text{개}}$ = 8.88개 ∴ 9개 × 1개 층 = 9개

(4) 차동식 스포트형 1종 감지기의 개수 = 38개 + 70개 + 9개 = 117개 **답** 117개

2) 연기감지기

(1) 오른쪽 지상층의 계단 감지기 = $\dfrac{(3.5 \times 7)\text{m}}{15\text{m}/\text{개}}$ = 1.63개 ∴ 2개

(2) 오른쪽 지하층의 계단 감지기 = $\dfrac{(4.5 + 4.5)\text{m}}{15\text{m}/\text{개}}$ = 0.5개 ∴ 1개

(3) 왼쪽 지상층의 계단 감지기 = $\dfrac{[4.5 + (3.5 \times 7)]\text{m}}{15\text{m}/\text{개}}$ = 1.93개 ∴ 2개

(4) 왼쪽 지하층의 계단 감지기 = $\dfrac{(4.5 + 4.5)\text{m}}{15\text{m}/\text{개}}$ = 0.5개 ∴ 1개

(5) 연기감지기 2종의 개수 = 1개 + 2개 + 1개 + 2개 = 6개

답 6개

03

조건의 도면을 참조하여 자동화재탐지설비에 관한 다음 물음에 답하시오. (단, 지상 10층, 지하 2층이며 내부는 방화구획이 되어 있다)

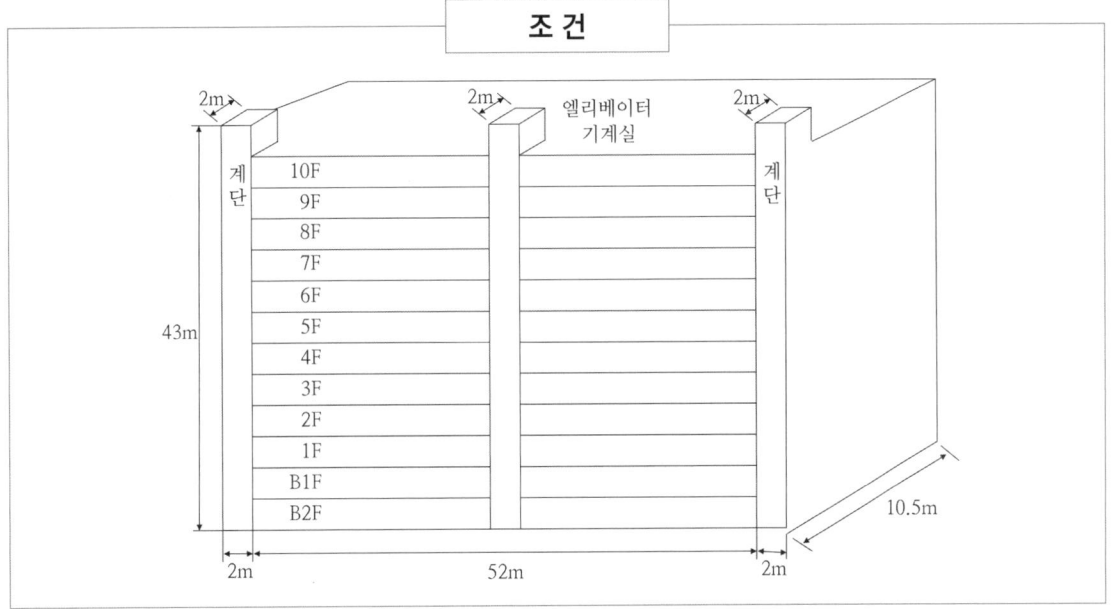

(1) 자동화재탐지설비의 경계구역 수를 산출하시오. (단, 산출근거를 포함하시오)
(2) 지상 1층에 감지기가 작동되었을 때, 음향경보가 경보되어야 하는 층을 쓰시오.
(3) 조건은 자동화재탐지설비에서 전원의 설치기준이다. 다음 빈칸의 내용을 채우시오.

자동화재탐지설비에는 그 설비에 대한 감시 상태를 (①)간 지속한 후 유효하게 (②) 이상 경보할 수 있는 비상전원으로서 (③)설비(수신기에 내장하는 경우를 포함한다) 또는 전기저장장치(외부 전기에너지를 저장해두었다가 필요한 때 전기를 공급하는 장치)를 설치해야 한다. 다만 (④)이 (⑤)설비인 경우 또는 건전지를 주전원으로 사용하는 (⑥)인 경우에는 그렇지 않다.

정답

1. 경계구역의 설정기준
   하나의 경계구역의 면적은 600 m² 이하로 하고 한 변의 길이는 50 m 이하로 할 것. 다만 해당 특정소방대상물의 주된 출입구에서 그 내부 전체가 보이는 것에 있어서는 한 변의 길이가 50 m의 범위 내에서 1,000 m² 이하로 할 수 있다.
2. 우선경보방식 적용 : 층수가 11층(공동주택의 경우에는 16층) 이상의 특정소방대상물

1. 자동화재탐지설비의 경계구역 수

   1) 수평적(층별, 길이별, 면적별 등) 경계구역의 설치기준

   ⑴ 층당 경계구역의 바닥면적 [m²]

   바닥면적 [m²] = 56 m × 10.5 m = 588 m² - (2 m × 2 m × 3개) = 576 m²   ∴ 576 m²

   ⑵ 수평적 경계구역 = 층당 2개 경계구역 × 12층 = 24개   ∴ 24개 경계구역

   2) 수직적(계단, 경사로 등) 경계구역의 설치기준

   ⑴ 계단실의 경계구역 = 2개(지상부분/지하부분) × 2개 = 4개   ∴ 4개 경계구역

   ⑵ 엘리베이터 기계실은 별도로 1개 경계구역

   3) 경계구역의 수 = 24개(수평적 경계구역) + 5개(수직적 경계구역) = 29개

   답 29개

2. 지상 1층에 감지기가 작동되었을 때, 음향경보가 경보되어야 하는 층

   1) 층수가 11층(공동주택의 경우에는 16층) 이상의 특정소방대상물에서 경보방식

   ⑴ 2층 이상의 층에서 발화한 때에는 발화층 및 그 직상 4개 층에 경보를 발할 것

   ⑵ 1층에서 발화한 때에는 발화층·그 직상 4개 층 및 지하층에 경보를 발할 것

   ⑶ 지하층에서 발화한 때에는 발화층·그 직상층 및 그 밖의 지하층에 경보를 발할 것

   2) 지상 1층에 감지기가 작동되었을 때, 음향경보가 경보되어야 하는 층

   특정소방대상물은 10층이므로 전층 경보가 되어야 한다.

   답 전층 경보

3. 자동화재탐지설비에서 전원의 설치기준

   자동화재탐지설비에는 그 설비에 대한 감시 상태를 (60분간) 지속한 후 유효하게 (10분) 이상 경보할 수 있는 비상전원으로서(축전지) 설비(수신기에 내장하는 경우를 포함한다) 또는 전기저장장치(외부 전기에너지를 저장해두었다가 필요한 때 전기를 공급하는 장치)를 설치해야 한다. 다만 (상용전원)이 (축전지설비)인 경우 또는 건전지를 주전원으로 사용하는 (무선식설비)인 경우에는 그렇지 않다.

04

주요 구조부가 내화구조인 건축물에 자동화재탐지설비를 설치하고자 한다. 다음 조건을 참조하여 물음에 답하시오. (단, 조건에 없는 내용은 고려하지 않는다)

조건

① 특정소방대상물의 규모는 지하 2층, 지상 9층이다.
② 층별 바닥면적은 1,050 m^2(가로 35 m, 세로 30 m)이다.
③ 전체 연면적은 11,550 m^2이다.
④ 각 층의 높이는 지하 2층 4.5 m, 지하 1층 4.5 m, 1~9층 3.5 m, 옥탑층 3.5 m
⑤ 직통계단은 건물 좌, 우측에 1개씩 설치
⑥ 옥탑층은 엘리베이터 권상기실로만 사용되며 건물 좌, 우측에 1개씩 설치
⑦ 각 층 거실과 지하주차장에는 차동식 스포트형 감지기 2종 설치
⑧ 연기감지기 설치장소에는 광전식 스포트형 2종 설치
⑨ 지하 2개 층은 주차장 용도로 준비작동식 유수검지장치(교차회로방식) 설치
⑩ 지상 9개 층은 사무실 용도로 습식 유수검지장치를 설치
⑪ 화재감지기는 스프링클러설비와 겸용으로 설치

---

(1) 전체 경계구역의 수를 계산하시오.
(2) 특정소방대상물에 설치해야 하는 감지기의 종류별 수량을 계산하시오.

정답

스프링클러설비·물분무등소화설비 또는 제연설비의 화재감지장치로서 화재감지기를 설치한 경우의 경계구역은 해당 소화설비의 방호구역 또는 제연구역과 동일하게 설정할 수 있다.
→ 준비작동식 하나의 방호구역면적 : 3,000 m^2

1. 전체 경계구역의 수

   1) 수평적 경계구역

구분	바닥면적	경계구역의 산출
지상 1층 ~ 지상 9층	1,050 m^2	$\dfrac{1,050 m^2}{600 m^2/구역} = 1.75$ → 층당 2개 경계구역
		9개 층 × 2개 경계구역 = 18 ∴ 18개 경계구역
지하 1층 ~ 지하 2층	1,050 m^2	1개의 방호구역 3,000 m^2 → 층당 1개 경계구역
		2개 층 × 1개 경계구역 = 2 ∴ 2개 경계구역

2) 수직적 경계구역

구분		계단의 높이	경계구역의 산출
계단실 2개	지상	3.5m × 9개 + 3.5m = 35 m	$\dfrac{35m}{45m/구역} = 0.7$ ∴ 1개 경계구역
	지하	4.5m × 2개층 = 9 m	$\dfrac{9m}{45m/구역} = 0.2$ ∴ 1개 경계구역
승강로 2개		∴ 승강로별 1개 경계구역	
경계구역		2개 × 2계단실 + 2승강로 = 6 ∴ 6개 경계구역	

3) 경계구역의 수 = 수평적 경계구역 20개 + 수직적 경계구역 6개 = 26개

답 26개

2. 특정소방대상물에 설치해야 하는 감지기의 종류별 수량

1) 차동식 스포트형 2종 감지기

(1) 차동식 스포트형 감지기의 감지면적 [m²]

부착높이 및 소방대상물의 구분		차동식 스포트형		보상식 스포트형		정온식 스포트형		
		1종	2종	1종	2종	특종	1종	2종
4 m 미만	내화구조	90	70	90	70	70	60	20
	기타구조	50	40	50	40	40	30	15
4 m 이상 8 m 미만	내화구조	45	35	45	35	35	30	-
	기타구조	30	25	30	25	25	15	-

(2) 차동식 스포트형 2종 감지기

구분	바닥면적	감지기의 산출
지상 1층 ~ 지상 9층	1,050 m²	$\dfrac{1,050m^2}{70m^2/개} = 15 \rightarrow$ 층당 15개
		9개 층 × 15개 감지기 = 135 ∴ 135개
지하 1층 ~ 지하 2층	1,050 m²	$\dfrac{1,050m^2}{35m^2/개} = 30 \rightarrow$ 층당 30개
		2개 층 × 30개 감지기 × 2(교차회로) = 120 ∴ 120개

2) 연기감지기(광전식 스포트형 2종 감지기)

구분		계단의 높이	감지기의 산출
계단실 2개	지상	3.5 m × 9개 층 + 3.5 m = 35 m	$\dfrac{35m}{15m/개} = 2.3$ ∴ 3개
		2개 계단실 × 3개 감지기 = 6개	
	지하	4.5 m × 2개 층 = 9 m	$\dfrac{9m}{15m/개} = 0.6$ ∴ 1개
		2개 계단실 × 1개 감지기 = 2개	
승강로 2개		승강로별 1개 감지기 ∴ 2개	

3) 감지기의 종류별 수량
  (1) 차동식 스포트형 2종 감지기의 개수 = 135개 + 120개 = 255개   답 255개
  (2) 광전식 스포트형 2종 감지기의 개수 = 6개 + 2개 + 2개 = 10개   답 10개

05

공칭시야각 90°, 공칭감시거리 20 m인 불꽃감지기를 다음 조건과 같은 실내의 천장면에서 바닥면을 향하여 균등하게 배치하여 화재를 감시하고자 한다. 불꽃감지기 1개가 방호하는 감지면적을 계산하여 최소설치수량을 산출하시오. (단, 기타의 조건은 무시한다)

조 건

① 바닥면적 392 m² (14 m × 28 m)
② 천장높이 5 m

정 답

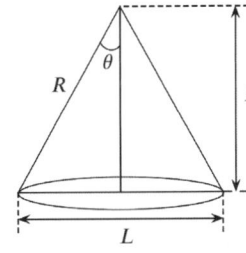 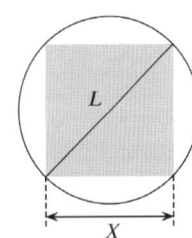

설치높이 $(H) = 5m$

공칭감시거리 $(R) = 20m$

공칭시야각 $2\theta = 90°$ $(\theta = 45)$ $\tan\theta = \dfrac{(L/2)}{H}$

1. L 계산 : $\dfrac{L}{2} = H\tan\theta \rightarrow L = 2H\tan\theta \rightarrow L = 2H\tan\theta \rightarrow L = 2\times 5 \times \tan 45 = 10\,m$

2. 감지길이(X) : $\cos\theta = \dfrac{X}{L} \rightarrow X = L\cos\theta \rightarrow X = 10 \times \cos 45 = 7.07\,m$

3. 감지면적 : $7.07 \times 7.07 = 49.98 = 50\,m^2$

4. 감지기 수량 : $392 \div 50 = 7.84$개

답 최소설치 수량 8개

CHAPTER 02 | 비상경보설비 및 단독경보형 감지기

1 설치대상 「소방시설법 시행령」 별표 4

1) 비상경보설비 설치대상

소방대상물	설치 대상
연면적 400 m²(지하가 중 터널 또는 사람이 거주하지 않거나 벽이 없는 축사 등 동·식물 관련 시설은 제외) 이상인 것은 모든 층	-
지하층 또는 무창층	바닥면적 150 m² 이상인 것은 모든 층
공연장	바닥면적 100 m² 이상인 것은 모든 층
터널	500 m 이상
50명 이상의 근로자가 작업하는 옥내 작업장	-

2) 단독 경보형 감지기 설치대상

소방대상물	설치 대상
유치원	연면적 400 m² 미만
교육연구시설 또는 수련시설 내 합숙소 또는 기숙사	연면적 2,000 m² 미만
숙박시설이 있는 수련시설	수용인원 100인 미만

※ 공동주택 중 연립주택 및 다세대주택(연동형으로 설치)

2 신호처리방식

1) 유선식 : 화재신호 등을 배선으로 송·수신하는 방식
2) 무선식 : 화재신호 등을 전파에 의해 송·수신하는 방식
3) 유·무선식 : 유선식과 무선식을 겸용으로 사용하는 방식

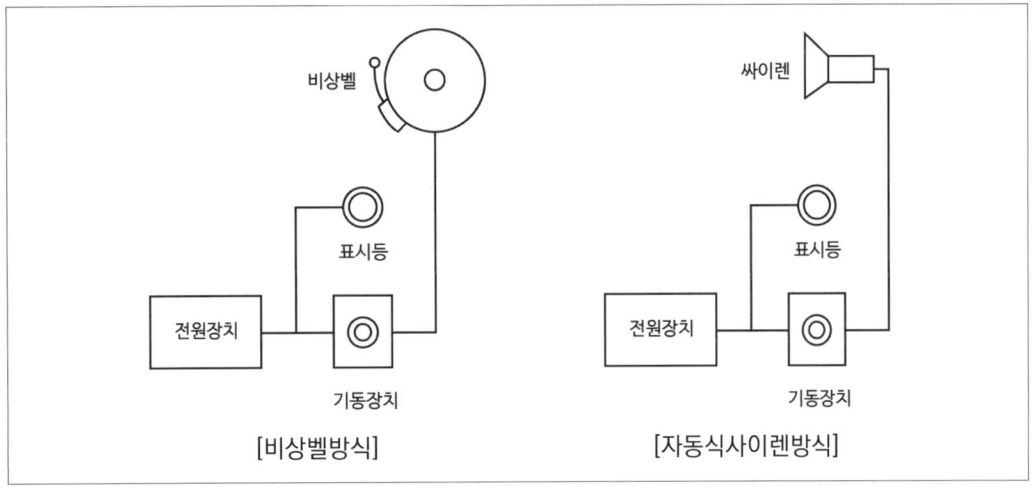

3 단독경보형 감지기 설치기준

1) 각 실마다 설치, 바닥면적 150 m²마다 1개 이상 설치
   단, 이웃하는 실내의 바닥면적이 각각 30 m² 미만이고, 벽체 상부의 전부 또는 일부가 개방되어 이웃하는 실내와 공기가 상호 유통되는 경우 1개의 실로 본다.
2) 계단실은 최상층의 계단실 천장에 설치(외기가 상통하는 계단실의 경우를 제외)
3) 건전지를 주전원으로 사용 시 정상작동 상태를 유지할 수 있도록 건전지를 교환
4) 상용전원이 주전원인 단독경보형 감지기의 2차 전지는 제품검사에 합격한 것을 사용

4 설치 면제(「소방시설법 시행령」 별표 5)

1) 단독경보형 감지기를 2개 이상의 단독경보형 감지기와 연동하여 설치하는 경우 그 설비의 유효범위 내에서 비상경보설비 면제
2) 자동화재탐지설비 또는 화재알림설비를 화재안전기준에 적합하게 설치한 경우 그 설비의 유효범위에서 비상경보설비 또는 단독경보형 감지기 설치 면제

CHAPTER 03 | 비상방송설비

1 설치 대상

소방대상물	설치 대상
연면적 3,500 m² 이상	
층수가 11층 이상인 것	모든 층
지하층 층수가 3층 이상인 것	

위험물 저장 및 처리시설 중 가스시설, 사람이 거주하지 않는 동물 및 식물 관련 시설, 터널, 축사 및 지하구는 제외

2 용어의 정의

1) 확성기 : 소리를 크게 하여 멀리까지 전달될 수 있도록 하는 장치(스피커)
2) 음량조절기 : 가변저항을 이용하여 전류를 변화시켜 음량을 크게 하거나 작게 조절할 수 있는 장치
3) 증폭기 : 전압전류의 진폭을 늘려 감도를 좋게 하고, 미약한 음성전류를 커다란 음성전류로 변화시켜 소리를 크게 하는 장치

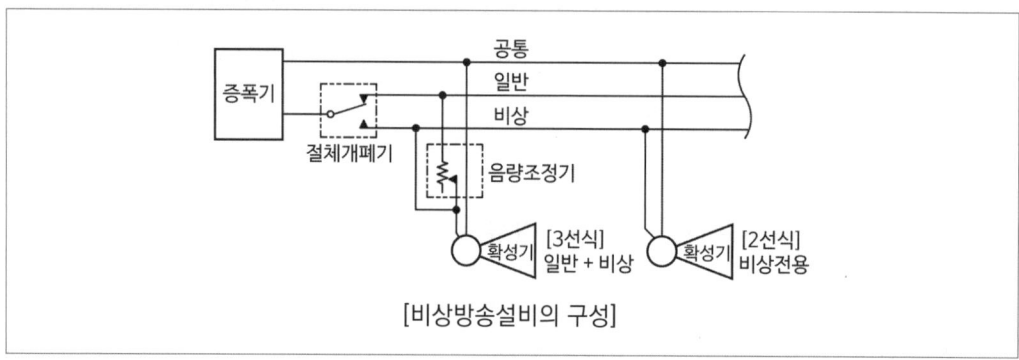

[비상방송설비의 구성]

3 음향장치 설치기준

1) 확성기
   (1) 음성입력 : 3 W(실내 1 W) 이상
   (2) 수평거리 : 층 각 부분으로부터 하나의 확성기까지의 25 m 이하
   (3) 확성기는 각 층마다 설치, 당해 층의 각 부분에 유효하게 경보를 발하도록 설치

2) 음량조정기(ATT) : 음량조정기의 배선은 3선식으로 한다.

3) 조작부
   (1) 조작스위치높이 : 바닥으로부터 0.8 m 이상 1.5 m 이하
   (2) 기동장치와 연동하여 당해 기동장치가 작동한 층, 구역을 표시
   (3) 조작부 및 증폭기 설치 장소 : 수위실 등 상시 사람이 근무, 점검이 편리, 방화상 유효한 곳
   (4) 2 이상 조작부 설치 시 상호 간 동시통화 및 어느 조작부에서도 전 구역 방송

4) 층수 11층(공동주택은 16층) 이상의 특정소방대상물 : 우선경보방식

5) 화재신고를 수신 후 필요한 음량으로 화재 발생 상황 및 피난에 유효한 방송이 자동으로 개시될 때까지 10초 이하

6) 다른 방송설비와 공용할 경우 화재 시 비상경보 외의 방송을 차단

7) 다른 전기회로에 따라 유도장애가 생기지 아니하도록 할 것

8) 음향장치의 구조 및 성능
   (1) 정격전압의 80 % 전압에서 음향을 발할 수 있는 것
   (2) 자동화재탐지설비의 작동과 연동하여 작동할 수 있는 것

4 배선 설치기준

1) 화재로 인해 하나의 층의 확성기 또는 배선이 단락 또는 단선되어도 다른 층의 화재 통보에 지장이 없을 것
2) 전원회로의 배선은 내화배선, 그 밖의 배선은 내화배선 또는 내열배선으로 할 것
3) 부속회로의 전로와 대지, 배선 상호 간의 절연저항은 1경계구역마다 직류 250 V의 절연저항측정기로 측정한 절연저항이 0.1 MΩ 이상
4) 다른 전선과 별도의 관·덕트(절연효력이 있는 것으로 구획한 때에는 별개의 덕트로 본다) 몰드 또는 풀박스 등에 설치할 것. 다만 60 V 미만의 약전류회로에 사용하는 전선으로서 각각의 전압이 같을 때는 그렇지 않다.

5 전원

1) 상용전원
    (1) 축전지, 교류전압의 옥내 간선, 전기저장장치. 전원까지의 배선은 전용
    (2) 개폐기에는 "비상방송설비용"이라고 표시한 표지를 할 것
2) 감시 상태 60분 지속 후 유효하게 10분(30층 이상은 30분) 이상 경보할 수 있는 축전지설비(수신기 내장포함) 또는 전기저장장치(외부 전기에너지를 저장해두었다가 필요한 때 전기를 공급하는 장치)를 설치

CHAPTER 04 자동화재속보설비 및 누전경보기 / 가스누설경보기 / 화재알림설비

1 자동화재속보설비 설치대상

소방대상물		설치 대상	설치 제외
노유자 생활시설		-	방재실 등 화재 수신반이 설치된 장소에 24시간 화재를 감시할 수 있는 사람이 근무하는 경우
보물 또는 국보로 지정된 목조 건축물		-	
노유자시설(노유자 생활시설 제외)		바닥면적 500 m² 이상인 층이 있는 것	
수련시설(숙박시설)			
근린생활시설	의원, 치과의원, 한의원으로서 입원실이 있는 것, 조산원 및 산후조리원		
의료시설	종합병원, 병원, 치과병원, 한방병원, 요양병원(의료재활시설 제외)		
	정신병원, 의료재활시설	바닥면적 500 m² 이상인 층이 있는 것	
판매시설 중 전통시장		-	

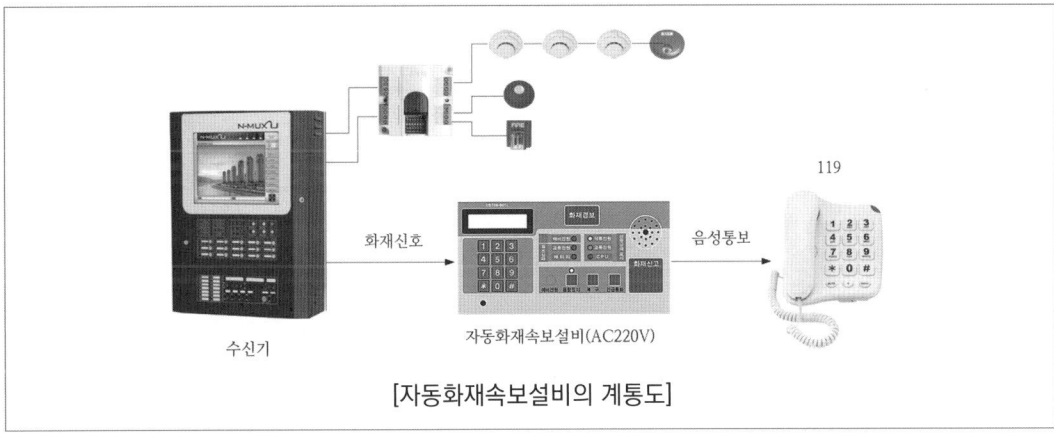

[자동화재속보설비의 계통도]

2 자동화재속보설비 설치기준

1) 자동화재탐지설비와 연동으로 작동하여 자동적으로 화재신호를 소방관서에 전달되는 것으로 할 것(부가적으로 관계인에게 전달 가능)
2) 조작스위치는 바닥으로부터 0.8 m 이상 1.5 m 이하의 높이
3) 속보기는 소방관서에 통신망으로 통보하도록 하며, 데이터 또는 코드전송방식을 부가적으로 설치할 수 있다.
4) 문화재에 설치하는 자동화재속보설비는 속보기에 감지기를 직접 연결하는 방식(1개의 경계구역)으로 할 수 있다.
5) 속보기는 소방청장이 정하여 고시한 「자동화재속보설비의 속보기의 성능인증 및 제품검사의 기술기준」에 적합한 것으로 설치

3 누전경보기

1) 설치대상

   계약전류용량이 100 A 초과로 내화구조가 아닌 건축물(내화구조가 아닌 건축물로서 벽·바닥 또는 반자의 전부나 일부를 불연재료 또는 준불연재료가 아닌 재료에 철망을 넣어 만든 것만 해당)

2) 누전경보기 설치방법

정격전류	60 A 초과	60 A 이하
설치하는 경보기의 종류	1급	1급, 2급

   (1) 정격전류 60 A 초과 : 1급 누전경보기 설치
      전로가 분기되어 각 분기회로 정격전류가 60 A 이하로 되는 경우 분기회로마다 2급 누전경보기 설치 가능
   (2) 변류기
      위치 : 옥외 인입선의 제1지점의 부하 측 또는 제2종 접지선 측의 점검이 쉬운 위치에 설치(부득이한 경우 인입구에 근접한 옥내)
   (3) 변류기를 옥외의 전로에 설치하는 경우에는 옥외형의 것을 설치

3) 누전경보기의 수신부

(1) 옥내의 점검이 편리한 장소에 설치

(2) 가연성의 증기나 먼지 체류 우려 장소의 전기회로 : 차단 기구를 가진 수신기 설치

(3) 수신기 설치 제외 장소

① 가연성 증기, 먼지, 가스 등이나 부식성 가스 등이 다량 체류하는 장소

② 화약류를 제조하거나 저장, 취급하는 장소

③ 습도가 높은 곳

④ 온도변화가 급격한 장소

⑤ 대전류회로, 고주파 발생회로 등에 의한 영향을 받을 우려가 있는 장소
(다만 방폭·방식·방습·방온·방진 및 정전기 차폐 등의 방호 조치를 한 것은 그렇지 않다)

4) 누전경보기의 전원

(1) 전원은 분전반으로부터 전용회로.
각 극에 개폐기 및 15 A 이하의 과전류차단기(배선용 20 A 이하) 설치

(2) 전원을 분기할 때는 다른 차단기에 의해 전원이 차단되지 않을 것

(3) 전원의 개폐기에는 누전경보기용 표지를 할 것

5) 음향장치

(1) 상시 사람이 근무하는 장소, 그 음량 및 음색은 다른 소음과 구별

(2) 사용전압 80 %에서 음향을 발생할 것

(3) 음향장치 중심부터 1 m 위치 70 dB 이상, 고장표시는 60 dB 이상

4 누전경보기 작동원리

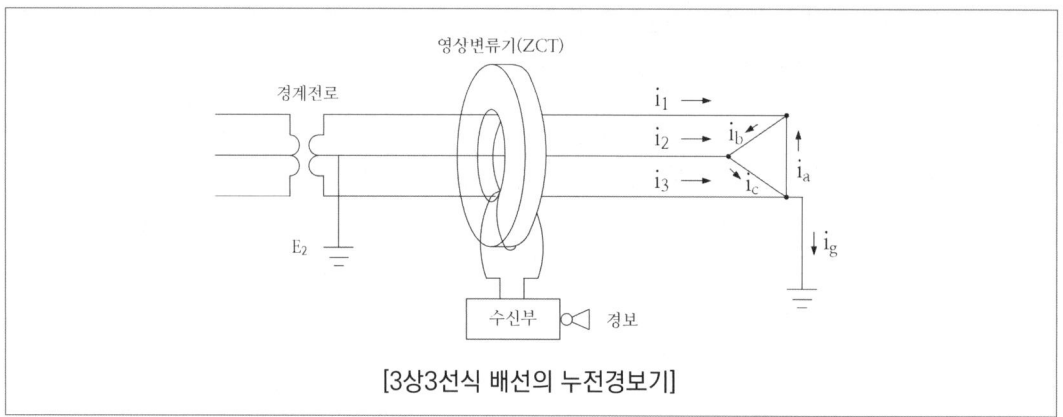

[3상3선식 배선의 누전경보기]

1) 누전경보기의 영상변류기(ZCT)에 의해 각 전선 간에 흐르는 전류의 차가 있을 때 누설전류를 검출하며, 전류의 누설이 없는 평상시에 자속($\emptyset$)이 상쇄되어 검출이 없고, 전류의 누설이 있을 때만 자속의 차가 발생하여 검출하는 원리이다.

2) 평상시(Kirchhoff's Current Law)

$I_1 + I_a = I_b,\ I_2 + I_b = I_c,\ I_3 + I_c = I_a$ 이므로 $I_1 + I_2 + I_3 = 0$이 되어, 자속($\emptyset$)은 모두 상쇄

3) 누설전류 발생 시

(1) $I_1 = I_b - I_a,\ I_2 = I_c - I_b,\ I_3 = I_a - I_c + I_g$ 이므로

(2) $I_1 + I_2 + I_3 = I_g$가 되어, 누설전류(I_g)에 의한 자속($\emptyset_g$)을 검출

5 가연성 가스 경보기 설치기준

- **가스누설경보기 설치대상(가스시설이 설치된 경우만 해당)**
  (1) 문화 및 집회시설, 종교시설, 판매시설, 운수시설, 의료시설, 노유자시설
  (2) 수련시설, 운동시설, 숙박시설, 창고시설 중 물류터미널, 장례시설

1) 가연성 가스의 종류에 적합한 경보기를 가스연소기 주변에 설치

2) 분리형 경보기의 수신부 설치기준

(1) 가스연소기 주위의 경보기의 상태 확인 및 유지 관리에 용이한 위치에 설치

(2) 가스누설 음향의 음량과 음색이 다른 기기의 소음 등과 명확히 구별

(3) 가스누설 음향은 수신부로부터 1 m 떨어진 위치에서 음압이 70 dB 이상

(4) 조작 스위치는 바닥부터 높이가 0.8 m 이상 1.5 m 이하인 장소에 설치

(5) 수신부가 설치된 장소에는 관계자의 비상연락 번호를 기재한 표 비치

3) 분리형 경보기의 탐지부 설치기준

　(1) 가스연소기 중심부터 직선거리 8 m(공기보다 무거운 가스 4 m) 내에 1개 이상

　(2) 공기보다 가벼운 가스 : 천장부터 탐지부 하단까지 0.3 m 이하로 설치

　　공기보다 무거운 가스 : 바닥면부터 탐지부 상단까지 0.3 m 이하로 설치

4) 단독형 경보기 설치기준

　(1) 가스연소기 주위의 경보기의 상태 확인 및 유지 관리에 용이한 위치에 설치

　(2) 가스누설 음향의 음량과 음색이 다른 기기의 소음 등과 명확히 구별될 것

　(3) 가스누설 음향장치는 수신부로부터 1 m 떨어진 위치에서 음압이 70 dB 이상

　(4) 가스연소기 중심부터 직선거리 8 m(공기보다 무거운 가스 4 m) 내에 1개 이상

　(5) 공기보다 가벼운 가스 : 천장부터 경보기 하단까지 0.3 m 이하로 설치

　　공기보다 무거운 가스 : 바닥면부터 경보기 상단까지 0.3 m 이하로 설치

　(6) 경보기가 설치된 장소에는 관계자 등의 비상연락 번호를 기재한 표를 비치

6 일산화탄소 경보기 설치기준

1) 일산화탄소 경보기를 설치하는 경우(타 법령에 따른 것 포함)에는 가스연소기 주변(타 법령에 따른 장소)에 설치

2) 분리형 경보기의 수신부 설치기준

　(1) 가스누설 음향의 음량과 음색이 다른 기기의 소음 등과 명확히 구별

　(2) 가스누설 음향은 수신부로부터 1 m 떨어진 위치에서 음압이 70 dB 이상

　(3) 수신부의 조작 스위치는 바닥부터 높이 0.8 m 이상 1.5 m 이하인 장소에 설치

　(4) 수신부가 설치된 장소에는 관계자 등의 비상연락 번호를 기재한 표를 비치

3) 탐지부는 천정부터 탐지부 하단까지 0.3 m 이하가 되도록 설치

4) 단독형 경보기 설치기준

　(1) 가스누설 음향의 음량과 음색이 다른 기기의 소음 등과 명확히 구별

　(2) 가스누설 음향장치는 수신부로부터 1 m 떨어진 위치에서 음압이 70 dB 이상

　(3) 천장부터 경보기 하단까지 0.3 m 이하가 되도록 설치

　(4) 경보기가 설치된 장소에는 관계자 등의 비상연락 번호를 기재한 표를 비치할 것

7 분리형 탐지부 및 단독형 경보기 설치 제외 장소

탐지부 및 단독형 경보기는 다음 각 호의 장소 이외의 장소에 설치

1) 출입구 부근 등으로서 외부의 기류가 통하는 곳
2) 환기구 등 공기가 들어오는 곳으로부터 1.5 m 이내인 곳
3) 연소기의 폐가스에 접촉하기 쉬운 곳
4) 가구·보·설비 등에 가려져 누설가스의 유통이 원활하지 못한 곳
5) 수증기, 기름 섞인 연기 등이 직접 접촉될 우려가 있는 곳

8 화재알림설비

1) 설치대상 〈시행 2023.12.1.〉
    (1) 판매시설 중 전통시장
    (2) 면제 : 자동화재탐지설비를 화재안전기준에 적합하게 설치한 경우 **그 설비의 유효범위에서 설치가 면제**
2) 개념
    (1) 전통시장 내 화재의 조기발견 및 소방관서·상인에게 통보
    (2) 화재알림형 감지기, 화재알림형 중계기, 화재알림형 수신기, 화재알림형 비상경보장치 등으로 구성
3) 전통시장 화재알림시설 기본 구성도

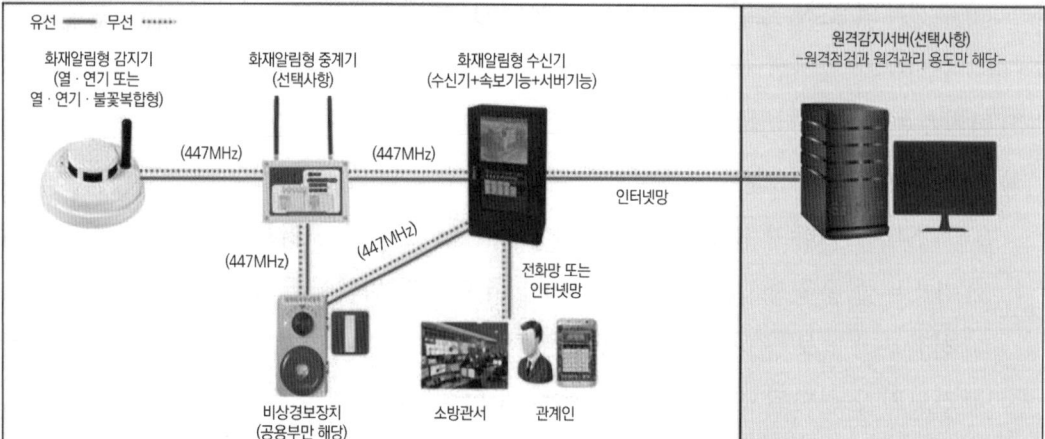

4) 화재알림형 수신기

　(1) 적합기준

　　① 화재알림형 감지기, 발신기 등의 작동 및 설치지점을 확인할 수 있는 것으로 설치

　　② 가스누설탐지설비가 설치된 경우에는 가스누설탐지설비로부터 가스누설신호를 수신하여 가스누설경보를 할 수 있는 것으로 설치

　　③ 화재알림형 감지기, 발신기 등에서 발신되는 화재정보·신호 등을 자동으로 1년 이상 저장할 수 있는 용량의 것으로 설치. 이 경우 저장된 데이터는 수신기에서 확인할 수 있어야 하며, 복사 및 출력도 가능하여야 함.

　　④ 속보기능은 화재신호를 자동적으로 통신망을 통하여 소방관서에는 음성 등의 방법으로 통보하고, 관계인에게는 문자로 전달할 수 있는 것으로 설치

　(2) 설치기준 ≒ 자탐 수신기 설치기준

5) 화재알림형 감지기 설치기준

　화재 시 발생하는 열, 연기, 불꽃을 자동적으로 감지하는 기능 중 두 가지 이상의 성능을 가진 열·연기 또는 열·연기·불꽃 복합형 감지기로서 화재알림형 수신기에 주위의 온도 또는 연기의 양의 변화에 따라 각각 다른 전류 또는 전압 등(이하 "화재정보값"이라 한다)의 출력을 발하고, 불꽃을 감지하는 경우 화재신호를 발신하며, 자체 내장된 음향장치에 의하여 경보하는 것

　(1) 열을 감지하는 경우 공칭감지온도범위, 연기를 감지하는 경우 공칭감지농도범위, 불꽃을 감지하는 경우 공칭감시거리 및 공칭시야각 등에 따라 적합한 장소에 설치. 다만 이 외 설치방법에 대하여는 형식승인 사항이나 제조사의 시방서에 따라 설치 가능)

　(2) 무선식의 경우 : 화재를 유효하게 검출할 수 있도록 해당 특정소방대상물에 음영구역이 없도록 설치

　(3) 동작된 감지기는 자체 내장된 음향장치에 의하여 경보를 발하여야 하며, 음압은 부착된 화재알림형 감지기의 중심으로부터 1 m 떨어진 위치에서 85 dB 이상

6) 비화재보방지

　화재알림형 수신기 또는 화재알림형 감지기에 자동보정기능이 있는 것으로 설치. 다만 자동보정기능이 있는 화재알림형 수신기에 연결하여 사용하는 화재알림형 감지기는 자동보정기능이 없는 것으로 설치

7) 비상경보장치 설치기준(전통시장의 경우 공용부분에 설치)
　(1) 화재알림형 비상경보장치 설치기준(전통시장의 경우 공용부분에 설치)
　　① 층수가 11층(공동주택의 경우 16층) 이상의 특정소방대상물에 적용

11층(공동주택 16층) 이상인 특정소방대상물	
2층 이상	발화층 + 그 직상 4개 층
1층	발화층 + 그 직상 4개 층 + 지하층
지하층	발화층 + 그 직상층 + 기타 지하층

　　② 특정소방대상물의 층마다 설치
　　③ 해당 특정소방대상물의 각 부분으로부터 하나의 화재알림형 비상경보장치까지의 수평거리가 25 m 이하, 다만 복도 또는 별도로 구획된 실로서 보행거리 40 m 이상일 경우에는 추가로ㅔ 설치(다만 방송설비를 화재알림형 감지기와 연동하여 작동하도록 설치한 경우에는 발신기만 설치 가능)
　　④ 기둥 또는 벽이 설치되지 아니한 대형공간의 경우 설치대상 장소 중 가장 가까운 장소의 벽 또는 기둥 등에 설치
　　⑤ 조작이 쉬운 장소에 설치하고, 발신기의 스위치는 바닥으로부터 0.8 m 이상 1.5 m 이하의 높이에 설치
　　⑥ 위치 표시등 : 함의 상부에 설치하되, 그 불빛은 부착면으로부터 15° 이상의 범위 안에서 부착지점으로부터 10 m 이내의 어느 곳에서도 쉽게 식별할 수 있는 적색등으로 설치
　(2) 화재알림형 비상경보장치 구조 및 성능
　　① 정격전압의 80 % 전압에서 음압을 발할 수 있는 것으로 할 것. 다만 건전지를 주전원으로 사용하는 화재알림형 비상경보장치는 그렇지 않다.
　　② 음압은 부착된 화재알림형 비상경보장치의 중심으로부터 1 m 떨어진 위치에서 90 dB 이상이 되는 것으로 할 것
　　③ 화재알림형 감지기 및 발신기의 작동과 연동하여 작동할 수 있는 것으로 할 것
　(3) 하나의 특정소방대상물에 2 이상의 화재알림형 수신기가 설치된 경우 어느 화재알림형 수신기에서도 화재알림형 비상경보장치를 작동할 수 있을 것

8) 원격감시서버
　(1) 특정소방대상물의 관계인은 원격감시서버를 보유한 관리업자에게 화재알림설비의 감시업무를 위탁할 수 있다. 다만 원격제어는 제외
　(2) 원격감시서버의 비상전원은 상용전원 차단 시 24시간 이상 전원을 유효하게 공급될 수 있는 것으로 설치
　(3) 용량 : 수신한 정보(주소, 화재정보·신호 등)를 1년 이상 저장
　　① 저장된 데이터는 원격감시서버에서 확인, 복사 및 출력 가능할 것
　　② 저장된 데이터는 임의로 수정이나 삭제를 방지할 수 있는 기능이 있을 것

02~04 계산문제　　　| 기타 경보설비

01

35층의 고층건축물에 설치하는 자동화재탐지설비 수신기의 부하특성이 다음과 같을 경우 수신기에 내장하는 축전지의 용량 [Ah]을 산정하시오.

조 건

① 수신기가 감당하는 부하전류
　㉠ 평상시 수신기 감시전류는 I_1 = 2.5 A이다.
　㉡ 화재 시 수신기가 소비하는 전류의 합은 I_2 = 9.5 A이다.
② 사용할 축전지의 사양과 환경 조건
　㉠ 사용 축전지 HS 연축전지
　㉡ 최저 전지온도 : 25 ℃
　㉢ 허용 최저전압 : 1.7 V
　㉣ 보수율 : 0.8
③ 제조사에서 제공한 방전시간에 따른 용량환산시간계수는 다음과 같다.

방전시간	10	20	30	40	50	60	70	80	90	100
용량환산시간계수	0.6	0.8	1.0	1.2	1.4	1.6	1.8	1.9	2.0	2.1

정답

자동화재탐지설비에는 그 설비에 대한 감시 상태를 60분간 지속한 후 유효하게 30분 이상 경보할 수 있는 비상전원으로서 축전지설비(수신기에 내장하는 경우를 포함한다) 또는 전기저장장치를 설치해야 한다. 다만 상용전원이 축전지설비인 경우에는 그렇지 않다.

1. 축전지용량 [Ah]의 계산식

$$C(Ah) = \frac{1}{L}[K_1 I_1 + K_2(I_2 - I_1) + \cdots\cdots K_n(I_n - I_{(n-1)})]$$

여기서, C : 축전지의 용량 [Ah]
 L : 보수율(경년변화에 따른 효율저하에 대한 여유율)
 K : 용량환산시간(h)
 I : 방전전류(A)

2. 고층건축물의 자동화재탐지설비 용량기준

자동화재탐지설비에는 그 설비에 대한 감시 상태를 60분간 지속한 후 유효하게 30분 이상 경보할 수 있는 비상전원으로서 축전지설비(수신기에 내장하는 경우를 포함한다) 또는 전기저장장치를 설치해야 한다. 다만 상용전원이 축전지설비인 경우에는 그렇지 않다.

3. 용량환산시간 계수

방전시간	10	20	30	40	50	60	70	80	90	100
용량환산시간계수	0.6	0.8	1.0	1.2	1.4	1.6	1.8	1.9	2.0	2.1

용량환산시간은 90분(2.0), 30분(1.0) 적용

4. 축전지의 용량 [Ah]

$$C = \frac{1}{0.8}[2.0h \times 2.5A + 1.0h \times (9.5 - 2.5)A] = 15$$

답 15 Ah

02

전압강하식 $e = \dfrac{0.0356 L \times I}{A}$ [V]의 식을 유도하고, 단상2선식, 단상3선식. 3상3선식과 비교하시오.

정답

전압강하 : 전기회로에서 전원에서 공급된 전압에 의해 전류가 이동하면서 회로의 저항(직류) 또는 임피던스(교류)에 의해 손실된 전기 위치에너지를 의미한다. 전류가 전기 위치 에너지가 높은 곳에서 낮은 곳으로 이동을 하므로 전압강하는 전류가 흐르는 회로의 모든 부분에서 발생한다.

$$\text{전압강하}(e) = I \times R = I \times \rho \dfrac{L}{A}$$

여기서, R : 저항(Ω)
I : 전류(A)
A : 전선의 단면적(mm^2)
L : 전선의 길이(m)
ρ : 고유저항($\Omega \cdot mm^2/m$)

1. $e = I \times R = I \times \rho \dfrac{L}{A}$

2. ρ는 고유저항(Specific Resistance)이며, 구리의 고유저항은 $\rho = 1/58 \, \Omega \cdot mm^2/m$이다.
   이때 전선에 사용되는 구리의 도전율은 96 ~ 98 %이므로 보통 97 %를 적용하고, 도전율과 고유저항은 역수인 관계가 된다.

3. $\rho = \dfrac{1}{58} \times \dfrac{1}{0.97} = 0.0178 \, \Omega \cdot mm^2/m$가 된다.

   $e = I \times R = I \times \rho \dfrac{L}{A} = \dfrac{0.0178 \cdot L \cdot I}{A} = \dfrac{17.8 \cdot L \cdot I}{1000 \, A}$

4. 각 계통 간의 전압강하

   1) 단상2선식, 직류2선식 : $e = \dfrac{2 \times 17.8 \cdot L \cdot I}{1000 \cdot A} = \dfrac{35.6}{1000} \dfrac{L \cdot I}{A}$

   2) 3상3선식 : $e = \dfrac{\sqrt{3} \times 17.8 \cdot L \cdot I}{1000 \cdot A} = \dfrac{30.8}{1000} \dfrac{L \cdot I}{A}$

   3) 단상3선, 직류3선, 3상4선 : $e = \dfrac{1 \times 17.8 \cdot L \cdot I}{1000 \cdot A} = \dfrac{17.8}{1000} \dfrac{L \cdot I}{A}$

전기방식	단상2선식, 직류2선식	3상3선식	단상3선, 3상4선
계산식	$e = \dfrac{35.6 \cdot L \cdot I}{1000 \, A}$	$e = \dfrac{30.8 \cdot L \cdot I}{1000 \, A}$	$e = \dfrac{17.8 \cdot L \cdot I}{1000 \, A}$

03

조건과 같이 특정소방대상물에 비상방송설비를 설치할 때 다음 물음에 답하시오.

> **조 건**
> ① 업무시설로서 층수는 45개 층이며, 지하층은 6개 층으로 주차장, 기계실 및 전기실이다.
> ② 층고는 3.5 m이며, 층별 바닥은 5,200 m²이다.
> ③ 스피커(1 W)는 실내에만 정방형으로 설치하며, 비상방송설비의 앰프 여유율은 10 %이다.

(1) 확성기의 최소 설치개수를 계산하시오.
(2) 비상방송용 엠프(AMP)의 최소 용량 [W]을 계산하시오.

정답

> 1. 설치간격(정방향) = 2 × 수평거리 × cos45°
> 2. 확성기는 각 층마다 설치하되, 그 층의 각 부분으로부터 하나의 확성기까지의 수평거리가 25 m 이하가 되도록 하고, 해당 층의 각 부분에 유효하게 경보를 발할 수 있도록 설치할 것

1. 확성기의 최소 설치개수

   1) 확성기의 설치간격 [m]

      S = 2 × 25 m × cos45° = 35.355 m

   2) 확성기의 1개당 유효면적 [m²]

      = 35.355 m × 35.355 m = 1,249.971 m²   ∴ 1,250 m²

   3) 층당 확성기의 개수 = $\dfrac{5,200 \text{m}^2}{1,250 \text{m}^2/\text{개}}$ = 4.16개   ∴ 5개

   4) 확성기의 설치개수 = 51개 층(45개 층 + 6개 층) × 5 = 255개

                                                            답 255개

2. 비상방송용 엠프(AMP)의 최소 용량 [W]

   1) 경보방식에 따른 작동 확성기의 개수

      (1) 11층 이상의 건축물인 경우 4개 층 우선경보방식의 적용

      (2) 1층을 기준으로 지하 6개 층 + 1층 ~ 5층 동작 = 11개 층의 작동

      (3) 경보방식에 따른 확성기의 수 = 11개 층 × 1층당 5개 = 55개   ∴ 55개

   2) 앰프의 용량(W) = $\sum W \times$ 여유율 = $(55\text{개} \times 1\text{W}) \times 1.1$ = 60.5 W

                                                            답 60.5 W

04

조건과 같은 P형 1급 수신기의 감지기 배선에 관한 다음 물음에 답하시오.

조 건

① 수신기의 상시 감시전류는 2 mA이다.
② 감지기의 배선회로저항은 50 Ω이다.
③ 수신기의 감시 릴레이저항은 800 Ω이다.
④ 감지기 선로의 입력전압은 DC 24 V이며, 기타 조건은 고려하지 않는다.

---

(1) 감지기 선로에 설치된 종단저항의 저항값(Ω)을 계산하시오.
(2) 감지기 작동 시 회로에 흐르는 전류(mA)를 계산하시오.

정답

1. 감시전류 = $\dfrac{회로전압}{감시회로저항}$

   → 종단저항 = $\dfrac{회로전압 - 감시전류(릴레이저항 + 배선저항)}{감시전류}$

2. 작동전류(A) = $\dfrac{회로전압(V)}{릴레이저항(\Omega) + 배선저항(\Omega)}$

1. 감지기 선로에 설치된 종단저항의 저항값(Ω)

   종단저항(Ω) = $\dfrac{24\text{V} - [(2 \times 10^{-3}\text{A}) \times (800\,\Omega + 50\,\Omega)]}{2 \times 10^{-3}\text{A}} = 11{,}150\ \Omega$

   답 11,150 Ω

2. 감지기 작동 시 회로에 흐르는 전류(mA)

 1) 회로의 작동전류(A)

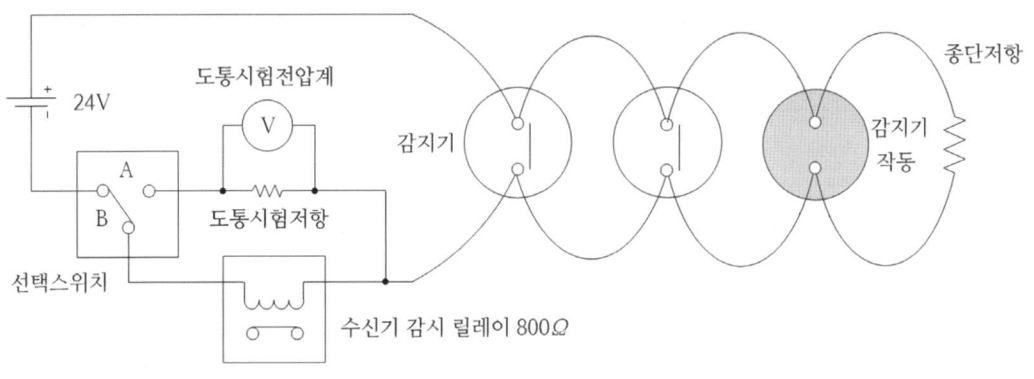

[수신기와 감지기의 배선]

 2) 회로의 작동전류(mA) = $\dfrac{24\,V}{800\,\Omega + 50\,\Omega}$ = 0.02823 A

답 28.23 mA

05

조건에서 수신기로부터 100 m 떨어진 곳에 지구경종이 접속되어 있으며, 지구경종이 정상 작동될 때 지구경종의 입력전압 [V]을 계산하시오.

───── 조 건 ─────

① 수신기로부터 지구경종 선로의 사용전선은 H-FIX이며, 전선의 단면적은 1.5 mm²이다.

② 지구경종의 정격출력은 10 W이며, H-FIX 의 고유저항은 0.0178 $\Omega \cdot mm^2/m$이다.

③ 수신기 출력단자의 정격전압은 DC24 V이며, 기타 조건은 고려하지 않는다.

정답

> 1. 입력전압 = 정격전압 - 전압강하
> 2. 전압강하$(e) = 2 \times I \times R = 2 \times I \times \rho \dfrac{L}{A}$ $(P = V \times I \rightarrow I = \dfrac{P}{V})$
> 3. 지구경종등의 음향장치의 구조 및 성능기준
>   1) 정격전압의 80 % 전압에서 음향을 발할 수 있는 것으로 할 것. 다만 건전지를 주전원으로 사용하는 음향장치는 그렇지 않다.
>   2) 음향의 크기는 부착된 음향장치의 중심으로부터 1 m 떨어진 위치에서 90 dB 이상이 되는 것으로 할 것
>   3) 감지기 및 발신기의 작동과 연동하여 작동할 수 있는 것으로 할 것

1. 수신기로부터 지구경종까지의 저항(Ω)

    선로저항$(\Omega) = 100\text{m} \times \dfrac{0.0178\,\Omega \cdot \text{mm}^2/\text{m}}{1.5\,\text{mm}^2} = 1.186\,\Omega$ ∴ 1.19 Ω

2. 지구경종의 작동 시 소비전류(A)

    1) 소비전류(A) 계산식

    $P = V \times I \rightarrow I = \dfrac{P}{V}$

    여기서, W : 전력(W)
    V : 전압(V)
    I : 전류(A)

    2) 소비전류(A) = $\dfrac{P}{V} = \dfrac{10\,W}{24\,V} = 0.416\,\text{A}$ ∴ 0.42 A

3. 지구경종의 전압강하 [V]

    $2IR = 2 \times 0.42\,\text{A} \times 1.19\,\Omega = 0.99\,\text{V}$ ∴ 1 V

4. 지구경종의 입력전압 [V]

    24 V - 1 V = 23 V

    답 23 V

06

정문안내실로부터 150 m에 위치한 공장동 건물(지상 2층/ 지하 1층, 연면적 15,000 m²)에 각 층별로 발신기를 6회로씩 설치하였다. 경종의 작동전류는 50 mA/1개, 표시램프의 경우 30 mA/1개의 전류가 소모된다. 다음 물음에 답하시오.

(1) 표시램프의 소요전류(A)를 계산하시오.
(2) 공장동 건물의 지상 1층에서 화재발생 시 지구경종의 소요전류(A)를 계산하시오.
(3) 정문안내실에서 공장동 건물까지의 전압강하 [V]를 계산하시오. (단, 전선굵기는 2.5 mm² 전선의 고유저항은 0.0178 Ω·mm²/m이다)

> **정답**
> 1. 전층 경보방식 : 층수가 11층 [공동주택의 경우에는 16층] 미만
> 2. 부하전류(A) = 표시램프전류(mA) + 경종전류(mA)

1. 표시램프의 소요전류(A)
   1) 표시램프의 점등개수(상시 점등 조건) = 3개 층 × 6개 회로 = 18개   ∴ 18개
   2) 표시램프의 부하전류(A) = 18개 × 30 mA = 540 mA

   답 0.54 A

2. 공장동 건물의 지상 1층에서 화재발생 시 지구경종의 소요전류(A)
   1) 화재 시 경보방식
      (1) 일제경보방식(전층 경보)
      (2) 화재 시 경종 동작개수 = 3개 층 × 6개 회로 = 18개   ∴ 18개
   2) 경종의 부하전류(A) = 18개 × 50 mA = 900 mA

   답 0.9 A

3. 정문안내실에서 공장동 건물까지의 전압강하 [V]

   전압강하$(e) = 2 \times I \times R = 2 \times I \times \rho \dfrac{L}{A}$

   1) 부하전류(A) = 0.54 A + 0.9 A = 1.44   ∴ 1.44 A
   2) 전압강하 [V] = $2 \times 1.44\text{A} \times 0.0178\,\Omega \cdot \text{mm}^2/\text{m} \times \dfrac{150\text{m}}{2.5\text{mm}^2}$ =   3.075 V

   답 3.08 V

07

유효부하 6,000 kW, 역률 85 %로 운전하는 공장에서 역률을 95 %로 개선하는 데 필요한 콘덴서 용량은?

정답

$$Q_C = P(\tan\theta_1 - \tan\theta_2) = P\left(\frac{\sqrt{1-\cos\theta_1^2}}{\cos\theta_1} - \frac{\sqrt{1-\cos\theta_2^2}}{\cos\theta_2}\right)$$

$$Q_C = 6000\left(\frac{\sqrt{1-\cos^2\theta_1}}{\cos\theta_1} - \frac{\sqrt{1-\cos^2\theta_2}}{\cos\theta_2}\right)$$
$$= 6000\left(\frac{\sqrt{1-0.85^2}}{0.85} - \frac{\sqrt{1-0.95^2}}{0.95}\right)$$
$$= 6000(0.62 - 0.329) = 1746\,kVA$$

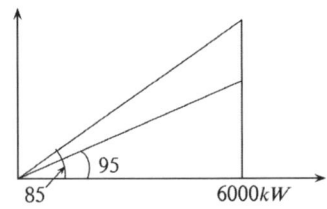

답 1,746 kVA

Annex 전력의 종류 및 역률

- 피상전력, 유효전력, 무효전력

$P = P_a \times \cos\theta$

$P_r = P_a \times \sin\theta$

$P_a = \sqrt{P^2 + P_r^2}$

역률 $= \cos\theta$

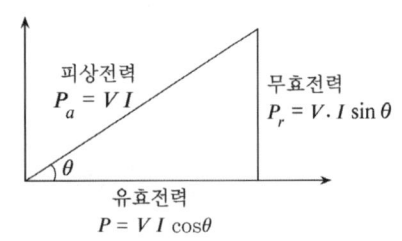

1) 피상전력 [VA]
   (1) 교류의 부하 또는 전원의 용량을 표시하는 전력, 전원에서 공급되는 전력
   (2) 임피던스(Z)에 의해서 소비되는 전력
   (3) 피상전력 : $P_a = V \cdot I = I^2 \cdot Z \,[VA]$

2) 유효전력 [W]
   (1) 전원에서 공급되어 부하에서 유효하게 이용되는 전력
   (2) 전원에서 부하로 실제 소비되는 전력, 저항(R)에 의해서 소비되는 전력
   (3) 유효전력 : $P = V \cdot I \cdot \cos\theta = I^2 \cdot R \,[W]$

3) 무효전력 [Var]
   (1) 리액턴스(L, C)에 교류전원이 인가될 때, 실제로는 어떤 일도 행하지 않는 전력
   (2) 아무런 일도 하지 않는 전력
   (3) 무효전력 : $P_r = V \cdot I \cdot sin\theta = I^2 \cdot X \, [Var]$

✎ 역률의 정의(Power Factor)

1) 전원에서 공급된 전력이 부하에서 유효하게 이용되는 비율로서 $cos\theta$로 나타낸 것이다.

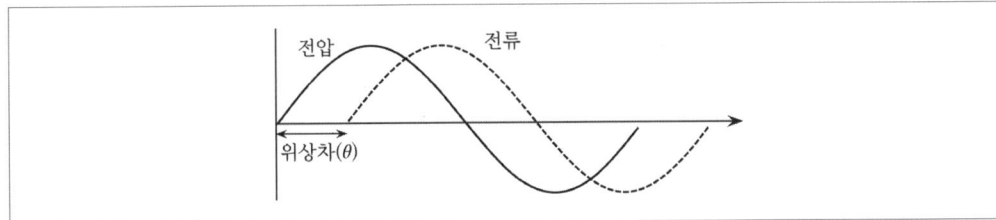

2) 피상전력 중에서 유효전력으로 사용되는 비율
3) 전압과 전류의 위상차를 표시한 값. 즉, 전압과 전류의 위상차를 θ라고 할 때 역률은 $cos\theta$

   (1) 역률 : $cos\theta = \dfrac{V \cdot I \cdot cos\theta}{V \cdot I} = \dfrac{유효전력\,(P)}{피상전력\,(P_a)}$

   (2) 유효·무효·피상전력 사이의 관계 : $P_a = \sqrt{P^2 + P_r^2}\,[VA]$

   (3) 역률 개선 : 부하의 역률을 1에 가깝게 높이는 것

   (4) 무효율 : $sin\theta = \dfrac{V \cdot I \cdot sin\theta}{V \cdot I} = \dfrac{무효전력\,(P_r)}{피상전력\,(P_a)}$

4) R 만의 회로의 역률 : 1, L 만의 회로의 역률 : 0, C 만의 회로의 역률 : 0
5) RLC 직렬회로 : $cos\theta = \dfrac{R}{Z} = \dfrac{R}{\sqrt{R^2+X^2}}$

✎ 콘덴서 용량 계산

1) 역률 개선 전의 무효전력

$$Q_1 = P_b \cdot sin\theta_1 = \dfrac{P}{cos\theta_1} sin\theta_1 = P \cdot tan\theta_1$$

2) 역률 개선 후의 무효전력

$$Q_2 = P_a \cdot sin\theta_2 = \dfrac{P}{cos\theta_2} sin\theta_2 = P \cdot tan\theta_2$$

3) 콘덴서 용량(Q_C)

$$Q_C = Q_1 - Q_2$$
$$= P(tan\theta_1 - tan\theta_2) = P\left(\dfrac{sin\theta_1}{cos\theta_1} - \dfrac{sin\theta_2}{cos\theta_2}\right)$$

$$= P\left(\frac{\sqrt{1-\cos^2\theta_1}}{\cos\theta_1} - \frac{\sqrt{1-\cos^2\theta_2}}{\cos\theta_2}\right)$$

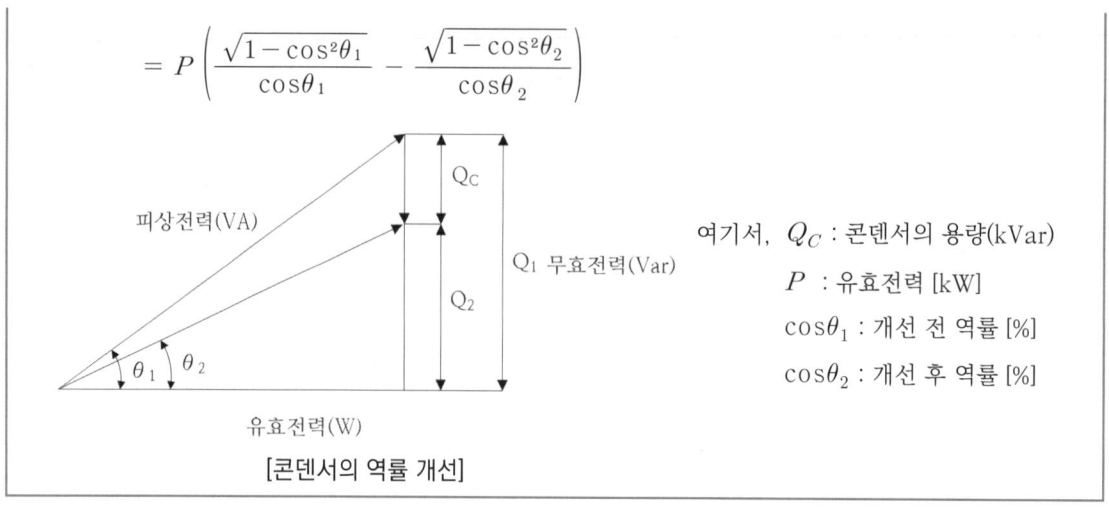

[콘덴서의 역률 개선]

08

조건과 같은 자동화재탐지설비의 계통도에서 일제경보방식일 경우와 우선경보방식일 경우의 간선수를 각각 명기하시오. (단, 경종·표시등의 공통선 같이 사용하고, 각 층의 지구음향장치 배선에 단락보호장치를 하였음)

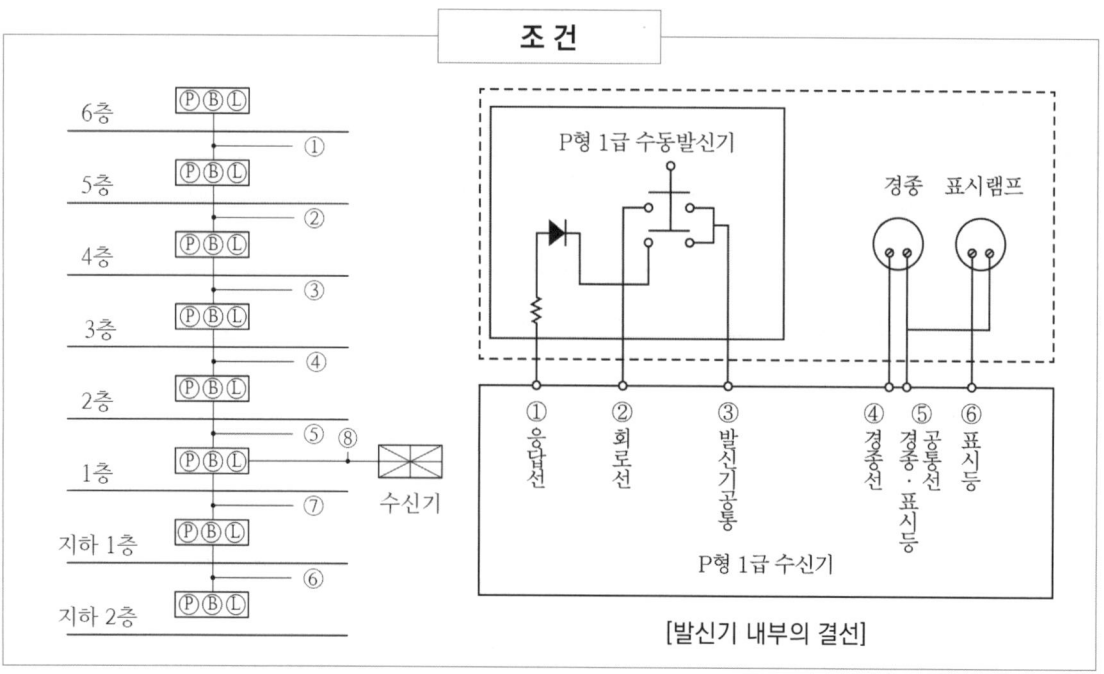

정답

1. 일제경보방식의 경우

구분	①	②	③	④	⑤	⑥	⑦	⑧
1. 회로선(지구)	1선	2선	3선	4선	5선	1선	2선	8선
2. 회로공통선	1선	1선	1선	1선	1선	1선	1선	2선
3. 응답선(발신기선)	1선	1선	1선	1선	1선	1선	1선	1선
4. 경종선	1선	1선	1선	1선	1선	1선	1선	1선
5. 경종, 표시등공통선	1선	1선	1선	1선	1선	1선	1선	1선
6. 표시등선	1선	1선	1선	1선	1선	1선	1선	1선
합계	6선	7선	8선	9선	10선	6선	7선	14선

2. 우선경보방식의 경우

구분	①	②	③	④	⑤	⑥	⑦	⑧
1. 회로선(지구)	1선	2선	3선	4선	5선	1선	2선	8선
2. 회로공통선	1선	1선	1선	1선	1선	1선	1선	2선
3. 응답선(발신기선)	1선	1선	1선	1선	1선	1선	1선	1선
4. 경종선	1선	2선	3선	4선	5선	1선	2선	8선
5. 경종, 표시등공통선	1선	1선	1선	1선	1선	1선	1선	1선
6. 표시등선	1선	1선	1선	1선	1선	1선	1선	1선
합계	6선	8선	10선	12선	14선	6선	8선	21선

Annex

◈ P형 수동발신기와 수신기 간의 결선

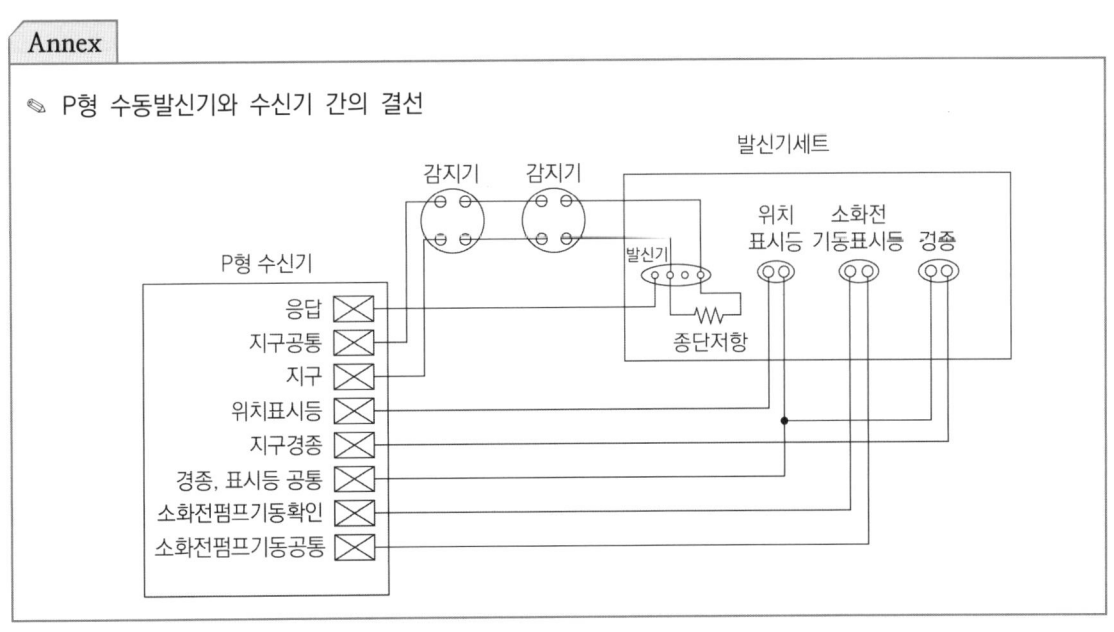

09

그림과 같은 회로를 보고 다음 각 물음에 답하시오.

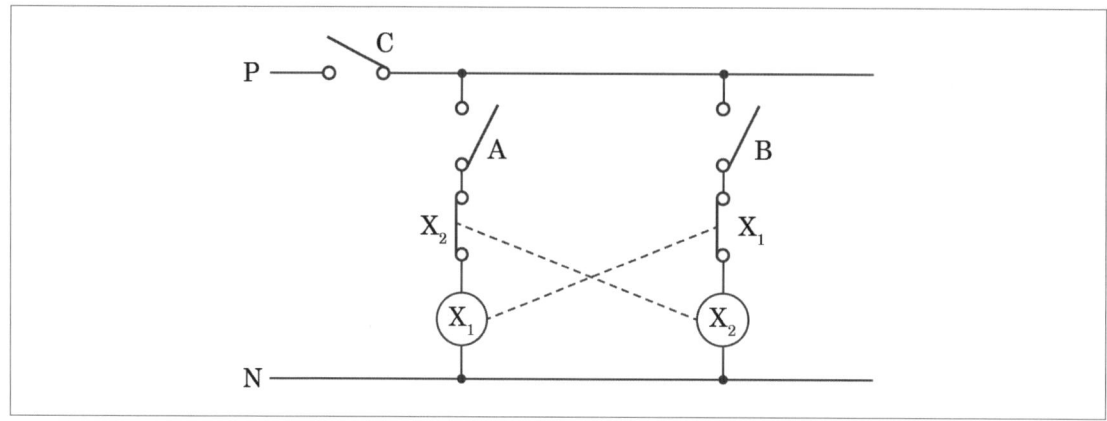

(1) 주어진 회로에 대한 타임차트를 완성하시오.

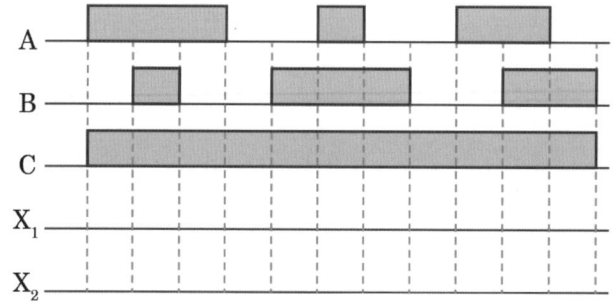

(2) 주어진 회로에서 X_1과 X_2의 b접점(Normal Close)의 사용목적을 쓰고, 이와 같은 회로의 명칭을 쓰시오.

(3) 자기유지회로의 개념을 쓰시오.

정답

1. 인터록회로
   1) 상호 관련이 있는 기기의 동작을 서로 구속하는 회로기기의 보호와 조작자의 안전이 목적인 회로
   2) 병렬회로에 상호 b접점(Normal Close)을 두어 X_1과 X_2의 동시투입 방지

1. 타임차트 작성

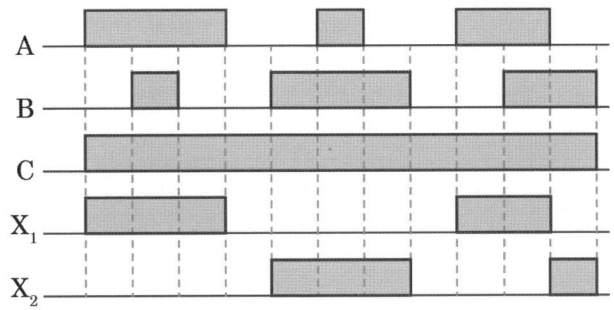

2. 1) 사용목적 : X_1과 X_2의 동시투입 방지
   2) 회로명칭 : 인터록회로

3. 자기유지회로(기억회로 : 한 번 동작하면 원상태를 유지하는 회로)

   이 회로는 기동용푸시버튼 스위치 PBS-1을 누르면, 전자접촉기의 코일 MC가 여자된다. 이때 코일이 여자됨에 따라 a접점이 닫혀 자기유지회로가 형성되고, PBS-1에서 손을 떼더라도 코일 MC는 계속 여자된다. 반면에 정지용 푸시버튼 스위치가 PBS-2를 누르면 코일 MC를 여자시켰던 전류는 끊어지고 자기유지가 해제되면 PBS-1을 다시 누르는 경우에만 자기유지회로가 다시 형성된다. 이와 같은 자기유지회로는 전동기의 기동, 정지운전회로에 매우 많이 사용되는 회로이다.

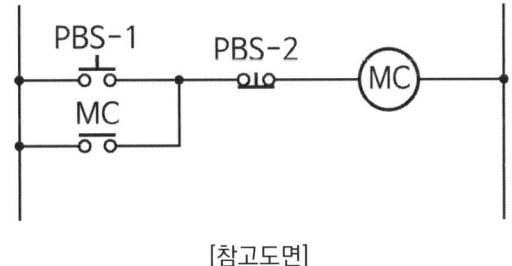

[참고도면]

Annex

🔖 인터록회로

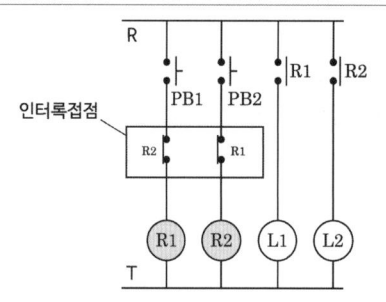

(1) PB1이 ON되면 릴레이 R1이 여자되고 R1의 a 접점이 폐로되고 또한 램프 L1이 점등된다.
(2) 이 때 PB2를 ON시켜도 릴레이 R2와 램프 L2는 R1의 b접점이 단전되기 때문에 작동할 수 없음
※ 하나의 릴레이가 동작하면 다른 릴레이는 동작이 금지됨

🔖 논리회로

게이트	논리회로	논리식	시퀀스회로	진리표		
AND	A, B → X (AND gate)	$X = A \cdot B$ $= AB$		A	B	X
				0	0	0
				0	1	0
				1	0	0
				1	1	1
OR	A, B → X (OR gate)	$X = A + B$		A	B	X
				0	0	0
				0	1	1
				1	0	1
				1	1	1
NOT	A → X (NOT gate)	$X = \overline{A}$		A	X	
				0	1	
				1	0	

Annex 시퀀스제어

- **배선용 차단기[MCCB(= MCB = NFB), Molded-Case Circuit Breaker]**

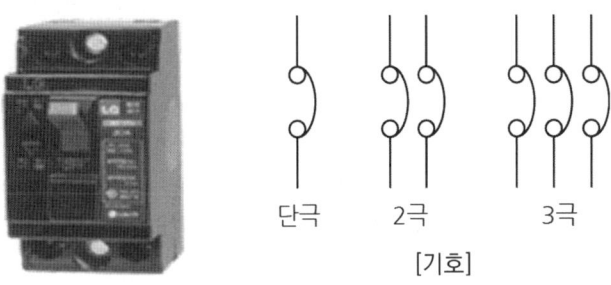

단극   2극   3극
[기호]

- **열동형 과전류계전기(THR, Thermal Relay)**

주회로 THR	제어회로 THR
⊐┤├⊏	─○✕○─ ✕○
열동계전기	열동계전기 b접점

열동형 과전류계전기는 히터와 바이메탈을 결합하여 만든 것으로, 히터부분에 과전류가 흐르면 바이메탈이 일정량 이상 구부러져서, 이것에 연동하는 접점이 동작하여 회로를 끊어주는 역할을 하는 계전기로서 전동기 소손을 방지할 목적으로 많이 사용된다.

- **전자접촉기(MC, Electromagnetic Contactor)**

전자접촉기는 전자계전기와 같이 전자석에 의한 철편의 흡입력을 이용하여 접점을 개폐하는 기능을 가진 기기로서 전자계전기에 비해 개폐하는 회로의 전력이 매우 큰 회로에 사용되며, 빈번한 개폐 조작에도 충분히 견딜 수 있는 구조로 되어 있다. 전자 접촉기는 전자 코일과 여러 개의 접점으로 구성되어 있으며, 주접점은 주회로의 큰 전류를 개폐하고, 보조 접점은 제어회로 전류를 개폐하게 된다.

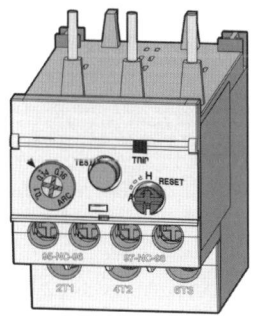
[열동계전기-LS산전]

[전자접촉기]

END UP
소방시설관리사 기본서
설계 및 시공

PART 05

피난구조 및 소화용수설비

CHAPTER 01 | 피난기구 및 인명구조기구

1 피난기구의 적응성 및 설치개수 등

1) 층마다 설치

2) 설치대상에 다른 설치개수

설치 대상	설치개수
숙박시설, 노유자시설, 의료시설	500 m²마다 1개 이상
위락시설, 문화 및 집회시설, 운동시설, 판매시설, 복합용도의 층(하나의 층이 연립주택, 다세대주택, 기숙사, 종교시설, 교육연구시설, 노유자시설, 수련시설, 운동시설, 업무시설, 숙박시설, 위락시설, 공장, 창고시설, 위험물 저장 및 처리시설, 항공기 및 자동차 관련 시설 중 2 이상의 용도로 사용되는 층)	800 m²마다 1개 이상
그 밖의 용도의 층	1,000 m²마다 1개 이상
계단실형 아파트	각 세대마다

3) 추가로 설치해야 하는 피난기구

   (1) 숙박시설(휴양콘도미니엄 제외) : 추가로 객실마다 완강기 또는 둘 이상의 간이완강기 설치

   (2) 4층 이상의 층에 설치된 노유자시설 중 장애인 관련 시설로서 주된 사용자 중 스스로 피난이 불가한 자가 있는 경우에는 층마다 구조대를 1개 이상 추가로 설치할 것

2 피난기구의 설치기준

1) 계단·피난구 기타 피난시설로부터 적당한 거리에 있는 안전한 구조로 된 피난 또는 소화 활동상 유효한 개구부에 고정하여 설치하거나, 필요한 때에 신속하고 유효하게 설치할 수 있는 상태에 둘 것

   ※ 개구부 : 가로 0.5 m 이상 세로 1 m 이상(개구부 하단이 바닥에서 1.2 m 이상이면 발판 등을 설치. 밀폐된 창문은 쉽게 파괴할 수 있는 파괴장치를 비치)

2) 피난기구를 설치하는 개구부는 서로 동일직선상이 아닌 위치
   (피난교, 피난용 트랩, 간이완강기, 아파트의 피난기구(다수인피난장비 제외) 등 제외)

3) 특정소방대상물의 기둥, 바닥, 보, 기타 구조상 견고한 부분에 볼트 조임, 매입, 용접 등으로 견고하게 부착할 것

4) 4층 이상인 층의 피난사다리는 금속성 고정사다리, 노대 설치

5) 완강기 : 강하 시 로프가 소방대상물과 접촉, 손상되지 않도록 할 것
   완강기 로프 길이 : 부착위치에서 지면 또는 피난상 유효한 착지면

6) 미끄럼대의 안전한 강하속도를 유지 및 전락방지 안전조치

7) 구조대의 길이 : 안정한 강하속도를 유지할 수 있는 길이

3 다수인 피난장비 설치기준

1) 피난에 용이하고 안전하게 하강할 수 있는 장소에 적재 하중을 충분히 견딜 수 있도록 구조안전의 확인을 받아 견고하게 설치할 것

2) 다수인피난장비 보관실은 건물 외측보다 돌출되지 아니하고, 빗물·먼지 등으로부터 장비를 보호할 수 있는 구조일 것

3) 사용 시 보관실 외측 문이 먼저 열리고 탑승기가 외측으로 자동 전개될 것

4) 하강 시에 탑승기가 건물 외벽이나 돌출물에 충돌하지 않도록 설치

5) 상·하층에 설치 시 탑승기의 하강경로가 중첩되지 않도록 할 것

6) 하강 시 안전하고 일정한 속도를 유지하고 전복, 흔들림, 경로이탈 방지를 위한 안전조치를 할 것

7) 보관실의 문에는 오작동 방지조치, 문 개방 시에는 경보설비와 연동한 유효한 경보음을 발할 것

8) 피난층에는 피난기구의 착지에 지장이 없도록 충분한 공간 확보

9) 성능을 검증받은 것일 것

4 승강식 피난기 및 하향식 피난구용 내림식사다리 설치기준

1) 피난기구의 설치경로가 설치층에서 피난층까지 연계될 수 있는 구조로 설치. 다만 건축물의 구조 및 설치 여건상 불가피한 경우 그렇지 않다.
2) **대피실의 면적** : 2 m²(2세대 이상 : 3 m²) 이상(아파트 대피공간)
   하강구(개구부)규격 : 직경 60 cm 이상(외기에 개방된 장소는 미적용)
3) 하강구 내측에는 기구의 연결 금속구 등이 없어야 하며, 전개된 피난기구는 하강구 수평투영면적 공간 내의 범위를 침범하지 않는 구조일 것. 단, 직경 60 cm 크기의 범위를 벗어난 경우이거나 직하층의 바닥 면으로부터 높이 50 cm 이하의 범위는 제외
4) 대피실 출입문은 60분+ 방화문 또는 60분 방화문 설치 및 피난방향에서 식별가능 위치에 "대피실" 표지판 부착(외기와 개방된 장소는 제외)
5) 착지점과 하강구는 상호 수평거리 15 cm 이상의 간격을 둘 것
6) 대피실 내에는 비상조명등 설치
7) 대피실에는 층의 위치표시, 피난기구 사용설명서, 주의사항 표지판 부착
8) 대피실 출입문이 개방, 피난기구 작동 시 해당층 및 직하층 거실에 설치된 표시등 및 경보장치 작동, 감시제어반에 피난기구의 작동 확인
9) 사용 시 기울거나 흔들리지 않도록 설치
10) 승강식 피난기는 그 성능을 검증받은 것일 것

5 피난기구 설치 제외

숙박시설(휴양콘도미니엄을 제외)에 추가 설치되는 완강기 및 간이완강기 : 설치 제외 불가

1) 다음 기준에 적합한 층
   (1) 주요 구조부 : 내화구조
   (2) 실내의 면하는 부분의 마감이 불연재료·준불연재료 또는 난연재료로 되어 있고 방화구획
   (3) 거실의 각 부분으로부터 직접 복도로 쉽게 통할 수 있어야 할 것
   (4) 복도에 2 이상의 피난계단 또는 특별피난계단 설치
   (5) 복도의 어느 부분에서도 2 이상의 방향으로 각각 다른 계단에 도달할 수 있어야 할 것

2) 옥상의 직하층 또는 최상층(문화 및 집회시설, 운동시설 또는 판매시설을 제외)
   (1) 주요 구조부 : 내화구조
   (2) 옥상면적 : 1,500 m² 이상
   (3) 옥상으로 쉽게 통할 수 있는 창 또는 출입구가 설치
   (4) 소방사다리차가 쉽게 통행할 수 있는 도로(폭 6 m 이상) 또는 공지(공원 또는 광장 등)에 면하여 설치되어 있거나 옥상으로부터 피난층 또는 지상으로 통하는 2 이상의 피난계단 또는 특별피난계단이 적합하게 설치

3) 주요 구조부가 내화구조 + 지하층을 제외한 층수가 4층 이하 + 소방사다리차가 쉽게 통행할 수 있는 도로 또는 공지에 면하는 부분에 개구부가 2 이상 설치되어 있는 층 (문화집회 및 운동시설·판매시설 및 영업시설 또는 노유자시설의 용도로 사용되는 층으로서 그 층의 바닥면적이 1,000 m² 이상인 것은 제외)

4) 갓복도식 아파트 또는 인접(수평 또는 수직)세대로 피난할 수 있는 아파트

5) 주요 구조부가 내화구조로서 거실의 각 부분으로 직접 복도로 피난할 수 있는 학교(강의실 용도로 사용되는 층에 한한다)

6) 무인공장 또는 자동창고로서 사람의 출입이 금지된 장소(관리를 위하여 일시적으로 출입하는 장소를 포함)

7) 건축물의 옥상부분으로서 거실에 해당하지 아니하고, 층수로 산정된 층으로 사람이 근무하거나 거주하지 않는 장소

6 피난기구 설치의 감소

1) 다음 기준에 적합한 층에는 2분의 1을 감소(소수점 이하는 1)
   (1) 주요 구조부 : 내화구조
   (2) 피난계단 또는 특별피난계단 2 이상 설치
2) 주요 구조부가 내화구조이고 다음 기준에 적합한 건널 복도가 설치된 층
   피난기구 수 = 피난기구 수 - 건널 복도의 수 × 2
   (1) 내화구조 또는 철골조
   (2) 건널 복도 양단 출입구 : 자동폐쇄장치를 한 60분+ 또는 60분 방화문(방화셔터 제외)
   (3) 피난·통행 또는 운반의 전용 용도일 것
3) 다음 기준에 적합한 노대가 설치된 거실은 바닥면적 산정에서 제외
   (1) 노대를 포함한 소방대상물의 주요 구조부가 내화구조
   (2) 노대가 거실의 외기에 면하는 부분에 피난상 유효하게 설치될 것
   (3) 노대가 소방사다리차가 쉽게 통행할 수 있는 도로 또는 공지에 면하여 설치되어 있거나, 거실 부분과 방화 구획되어 있거나, 노대에 지상으로 통하는 계단 그 밖의 피난기구가 설치되어 있을 것

7 소방대상물의 설치장소별 피난기구의 적응성

구분	1층	2층	3층	4층 이상 10층 이하
1. 노유자시설	• 미끄럼대 • 구조대 • 피난교 • 다수인피난장비 • 승강식 피난기	• 미끄럼대 • 구조대 • 피난교 • 다수인피난장비 • 승강식 피난기	• 미끄럼대 • 구조대 • 피난교 • 다수인피난장비 • 승강식 피난기	• 구조대[1] • 피난교 • 다수인피난장비 • 승강식 피난기
2. 의료시설·근린생활시설 중 입원실이 있는 의원·접골원·조산원	-	-	• 미끄럼대 • 구조대 • 피난교 • 피난용 트랩 • 다수인피난장비 • 승강식 피난기	• 구조대 • 피난교 • 피난용 트랩 • 다수인피난장비 • 승강식 피난기
3. 「다중이용업소의 안전관리에 관한특별법시행령」 제2조에 따른 다중이용업소로서 영업장의 위치가 4층 이하인 다중이용업소	-	• 미끄럼대 • 피난사다리 • 구조대 • 완강기 • 다수인피난장비 • 승강식 피난기	• 미끄럼대 • 피난사다리 • 구조대 • 완강기 • 다수인피난장비 • 승강식 피난기	• 미끄럼대 • 피난사다리 • 구조대 • 완강기 • 다수인피난장비 • 승강식 피난기
4. 그 밖의 것 - 관설18	-	-	• 미끄럼대 • 피난사다리 • 구조대 • 완강기 • 피난교 • 피난용 트랩 • 간이완강기[2] • 공기안전매트 • 다수인피난장비 • 승강식 피난기	• 피난사다리 • 구조대 • 완강기 • 피난교 • 간이완강기[2] • 공기안전매트 • 다수인피난장비 • 승강식 피난기

[비고]
1) 구조대의 적응성은 장애인 관련 시설로서 주된 사용자 중 스스로 피난이 불가한 자가 있는 경우 제4조 제2항 제4호에 따라 추가로 설치하는 경우에 한한다.
2) 간이완강기의 적응성은 숙박시설의 3층 이상에 있는 객실에 추가로 설치하는 경우에 한한다.

8 인명구조기구 종류

종류	정의
방열복	고온의 복사열에 가까이 접근하여 소방활동을 수행할 수 있는 내열피복
공기호흡기	소화활동 시 화재로 인하여 발생하는 각종 유독가스 중에서 일정시간 사용할 수 있도록 제조된 압축공기식 개인 호흡장비(보조마스크 포함)
인공소생기	호흡 부전 상태 사람에게 인공호흡을 시켜 환자 보호 또는 구급 기구
방화복	화재진압 등의 소방활동을 수행할 수 있는 피복(안전모, 보호장갑, 안전화 포함)

9 인명구조기구 설치기준

1) 특정소방대상물의 용도 및 장소별로 설치해야 할 인명구조기구

특정소방대상물	종류	설치 수량
지하층을 포함하는 층수가 7층 이상인 관광호텔 및 5층 이상인 병원	방열복 또는 방화복, 공기호흡기, 인공소생기	각 2개 이상 비치할 것 다만 병원은 인공소생기를 설치하지 않을 수 있다.
• 수용인원 100명↑ 영화상영관 • 판매시설 중 대규모 점포 • 운수시설 중 지하역사 • 지하상가	공기호흡기	층마다 2개 이상 비치할 것. 다만 각 층마다 갖추어야 할 공기호흡기 중 일부를 직원이 상주하는 인근사무실에 갖추어 둘 수 있다.
이산화탄소소화설비 설치의무 대상물	공기호흡기	이산화탄소소화설비가 설치된 장소의 출입구 외부 인근에 1대 이상 비치할 것

2) 화재 시 쉽게 반출 사용할 수 있는 장소에 비치할 것
3) 보기 쉬운 곳에 "인명구조기구"라는 축광식 표지(「축광표지의 성능인증 및 제품검사의 기술기준」에 적합)와 그 사용방법 표시
4) 방열복은 「소방용 방열복의 성능인증 및 제품검사의 기술기준」에 적합한 것 설치
5) 방화복(안전모, 보호장갑, 안전화 포함)은 표준규격에 적합한 것 설치

CHAPTER 01 | 계산문제

| 피난기구 및 인명구조기구

01

다음의 각 특정소방대상물에 피난기구를 설치하고자 한다. 다음 물음에 답하시오.

[조건]

① 각 특정소방대상물의 용도 및 구조는 다음과 같다.
   Ⓐ 바닥면적은 1,200 m²이며, 주요 구조부가 내화구조이고 거실의 각 부분으로 직접 복도로 이어진 4층의 학교(강의실 용도)
   Ⓑ 바닥면적은 800 m²이며, 옥상층으로서 5층의 객실 수 6개인 숙박시설
   Ⓒ 바닥면적은 1,000 m²이며, 주요 구조부가 내화구조이고 피난계단이 2개소 설치된 8층의 병원
② 피난기구는 완강기를 설치하며, 간이완강기는 설치하지 않는 것으로 가정한다.
③ 만약 피난기구를 설치하지 않아도 되는 경우에는 계산과정을 적지 아니하고 답란에 0을 적는다.
④ 기타 조건 이외의 감소되거나 면제되는 조건은 없다.

(1) Ⓐ, Ⓑ, Ⓒ의 특정소방대상물에 설치하여야 할 피난기구의 개수를 각각 구하시오.
(2) Ⓑ의 경우 적응성 있는 피난기구 3가지를 쓰시오. (단, 완강기와 간이완강기는 제외하고 답할 것)

정답

용도	피난기구 설치개수
숙박시설·노유자시설·의료시설	바닥면적 500 m²마다 1개 이상
위락시설·문화 및 집회시설·운동시설·판매시설 또는 복합용도의 층	바닥면적 800 m²마다 1개 이상
그 밖의 용도의 층	바닥면적 1,000 m²마다 1개 이상
계단실형 아파트	각 세대마다

1. 피난기구의 개수

   1) Ⓐ : 학교(교육연구시설)

   ⑴ 기본설치개수 = $\dfrac{바닥면적\,[m^2]}{1,000\,[m^2/개]} = \dfrac{1,200\,m^2}{1,000\,m^2/개} = 1.2\,개 ≒ 2개$

   ⑵ 피난기구의 설치 제외

   주요 구조부가 내화구조로서 거실의 각 부분으로 직접 복도로 피난할 수 있는 학교(강의실 용도로 사용되는 층에 한한다)

   🖺 설치개수 0개

   2) Ⓑ : 바닥면적은 800 m²이며, 옥상 층으로서 5층의 객실 수 6개인 숙박시설

   ⑴ 기본설치개수 = $\dfrac{바닥면적\,[m^2]}{500\,[m^2/개]} = \dfrac{800\,m^2}{500\,m^2/개} = 1.6\,개 ≒ 2\,개$

   ⑵ 숙박시설(휴양콘도미니엄 제외)의 경우 피난기구 추가 설치개수

   표 [소방대상물의 설치장소별 피난기구의 적응성]에 따라 설치한 피난기구 외에 추가로 객실마다 완강기 또는 2 이상의 간이완강기 설치할 것

   객실마다 추가할 완강기개수 = 6개(객실 수 6개, 조건에 따라 간이완강기 설치 불가)

   ⑶ 총 설치개수 = 기본설치개수 + 객실마다 추가 완강기

   ∴ 총 설치개수 = 2개 + 6개 = 8개

   🖺 설치개수 8개

   3) Ⓒ : 병원(의료시설)

   바닥면적은 1,000 m²이며, 주요 구조부가 내화구조이고 피난계단이 2개소 설치된 8층의 병원

   ⑴ 기본설치개수 = $\dfrac{바닥면적\,[m^2]}{500\,[m^2/개]} = \dfrac{1,000\,m^2}{500\,m^2/개} = 2\,개$

   ⑵ 피난기구의 설치 감소

   피난기구를 설치하여야 할 소방대상물 중 다음의 기준에 적합한 층에는 피난기구의 2분의 1을 감소할 수 있다. 이 경우 설치하여야 할 피난기구의 수에 있어서 소수점 이하의 수는 1로 한다

   ㉠ 주요 구조부가 내화구조로 되어 있을 것

   ㉡ 직통계단인 피난계단 또는 특별피난계단이 2 이상 설치되어 있을 것

   ⑶ 총 설치개수 = 기본설치개수 + 설치 감소 적용

   ∴ $2개 × \dfrac{1}{2}$ ➔ 설치개수 = 1개

   🖺 설치개수 1개

2. Ⓑ의 경우(숙박시설) 적응성 있는 피난기구(단, 완강기와 간이완강기는 제외하고 답할 것)

   1) 소방대상물의 설치장소별 피난기구의 적응성으 그밖의 것에 해당

   4층 이상 10층 이하 숙박시설의 경우 : 구조대, 다수인피난장비, 승강식 피난기, 피난교, 피난사다리, 공기안전매트, 완강기, 간이완강기

   2) 문제 조건에 따라 완강기, 간이완강기 제외

   🖺 구조대, 다수인피난장비, 승강식 피난기, 피난교, 피난사다리, 공기안전매트

Annex

소방대상물의 설치장소별 피난기구의 적응성

장소별 \ 층별	1층	2층	3층	4층 이상 10층 이하
1. 노유자시설	• 미끄럼대 • 구조대 • 다수인피난장비 • 승강식 피난기 • 피난교	• 미끄럼대 • 구조대 • 다수인피난장비 • 승강식 피난기 • 피난교	• 미끄럼대 • 구조대 • 다수인피난장비 • 승강식 피난기 • 피난교	• 구조대[1] • 다수인피난장비 • 승강식 피난기 • 피난교
2. 의료시설·근린생활시설 중 입원실이 있는 의원·접골원·조산원	-	-	• 미끄럼대 • 구조대 • 다수인피난장비 • 승강식 피난기 • 피난교 • 피난용 트랩	• 구조대 • 다수인피난장비 • 승강식 피난기 • 피난교 • 피난용 트랩
3. 다중이용업소로서 영업장의 위치가 4층 이하인 다중이용업소	-	• 미끄럼대 • 구조대 • 다수인피난장비 • 승강식 피난기 • 완강기 • 피난사다리	• 미끄럼대 • 구조대 • 다수인피난장비 • 승강식 피난기 • 완강기 • 피난사다리	• 미끄럼대 • 구조대 • 다수인피난장비 • 승강식 피난기 • 완강기 • 피난사다리
3. 그 밖의 것	-	-	• 미끄럼대 • 구조대 • 다수인피난장비 • 승강식 피난기 • 완강기 • 간이완강기[2] • 공기안전매트 • 피난교 • 피난사다리 • 피난용 트랩	• 구조대 • 다수인피난장비 • 승강식 피난기 • 완강기 • 간이완강기[2] • 공기안전매트 • 피난교 • 피난사다리

[비고]
1) 구조대의 적응성은 장애인 관련 시설로서 주된 사용자 중 스스로 피난이 불가한 자가 있는 경우 추가로 설치하는 경우에 한함
2) 간이완강기의 적응성은 숙박시설의 3층 이상에 있는 객실에 추가로 설치하는 경우에 한함

CHAPTER 02 | 유도등 및 유도표지 / 비상조명등

1 유도등과 유도표지의 설치장소별 종류

설치장소	유도등 및 유도표지의 종류
1. 공연장, 집회장(종교집회장 포함), 관람장, 운동시설 2. 유흥주점영업시설(「식품위생법 시행령」 제21조 제8호 라목의 유흥주점영업 중 손님이 춤을 출 수 있는 무대가 설치된 카바레, 나이트클럽 또는 그밖에 이와 비슷한 영업시설)	• 대형피난구유도등 • 통로유도등 • 객석유도등
3. 위락시설, 판매시설, 운수시설, 관광숙박업, 의료시설, 장례식장, 방송통신시설, 전시장, 지하상가, 지하철역사	• 대형피난구유도등 • 통로유도등
4. 숙박시설(관광숙박업 외의 것), 오피스텔 5. 지하층·무창층 또는 층수가 11층 이상인 특정소방대상물(대형피난구유도등 설치대상은 제외)	• 중형피난구유도등 • 통로유도등
6. 근린생활시설, 노유자시설, 업무시설, 발전시설, 종교시설(집회장 용도로 사용하는 부분 제외), 교육연구시설, 수련시설, 공장, 교정 및 군사시설(국방, 군사시설 제외), 자동차정비공장, 운전학원 및 정비학원, 다중이용업소, 복합건축물(대형, 중형피난구유도등 설치대상은 제외)	• 소형피난구유도등 • 통로유도등
7. 그 밖의 것	• 피난구유도표지 • 통로유도표지

[비고]
1. 소방서장은 특정소방대상물의 위치·구조 및 설비의 상황을 판단하여 대형피난구유도등을 설치해야 할 장소에 중형피난유도등 또는 소형피난유도등을, 중형피난구유도등을 설치해야 할 장소에 소형피난유도등설치하게 할 수 있다.
2. 복합건축물의 경우 주택의 세대 내에는 유도등을 설치하지 않을 수 있다.

2 피난구유도등의 설치기준(녹색바탕, 백색표시)

1) 설치장소
(1) 옥내로부터 직접 지상으로 통하는 출입구 및 그 부속실의 출입구
(2) 직통계단·직통계단의 계단실 및 그 부속실의 출입구
(3) "(1)"과 "(2)"에 따른 출입구에 이르는 복도 또는 통로로 통하는 출입구
(4) 안전구획된 거실로 통하는 출입구

2) 설치기준
(1) 피난구의 바닥으로부터 높이 1.5 m 이상, 출입구에 인접하도록 설치
(2) 피난층으로 향하는 출입구 및 직통계단으로 통하는 출입구 [1)의 (1), (2)]에는 설치된 피난구유도등의 면과 수직이 되도록 피난구유도등을 추가 설치. 다만 출입구에 설치된 피난구유도등이 입체형인 경우 제외
(3) 추가로 설치하는 피난구유도등은 피난구의 식별이 용이하도록 피난구 방향의 화살표가 함께 표시된 것으로 설치해야 한다. <신설 2024.7.1.>

3 통로유도등의 설치기준(백색바탕, 녹색표시)

1) 복도통로유도등
(1) 복도에 설치하되, 1)의 (1), (2)에 따라 피난구유도등이 설치된 출입구의 맞은편 복도에는 입체형 또는 바닥에 설치
(2) 구부러진 모퉁이 및 (1)에 따라 설치된 통로유도등을 기점으로 보행거리 20 m마다 설치
(3) 바닥으로부터 높이 1 m 이하의 위치에 설치. 다만 지하층 또는 무창층의 용도가 도매시장·소매시장·여객자동차터미널·지하역사 또는 지하상가인 경우에는 복도·통로 중앙부분의 바닥에 설치
(4) 바닥에 설치하는 통로유도등은 하중에 파괴되지 아니하는 강도

2) 거실통로 유도등
(1) 거실의 통로에 설치(거실통로가 벽체등으로 구획 : 복도통로유도등 설치)
(2) 구부러진 모퉁이 및 보행거리 20 m마다 설치
(3) 바닥부터 높이 1.5 m 이상의 위치에 설치(기둥에 설치 시 1.5 m 이하 가능)

3) 계단통로 유도등

(1) 각 층의 계단참 및 경사로 참에 설치(1개 층에 참이 2 이상 : 2개 참마다 설치)

(2) 바닥으로부터 높이 1 m 이하의 위치에 설치할 것

4) 통행에 지장이 없도록 설치

5) 주위에 이와 유사한 등화광고물·게시물 등을 설치하지 아니할 것

4 객석유도등

1) 객석의 통로, 바닥, 벽에 설치

2) 객석 내의 통로가 경사로 또는 수평로로 되어 있는 부분의 산출식

$$설치개수 = \frac{객석의\ 통로의\ 직선부분의\ 길이(m)}{4} - 1$$

※ 소수점 이하의 수는 1로 본다.

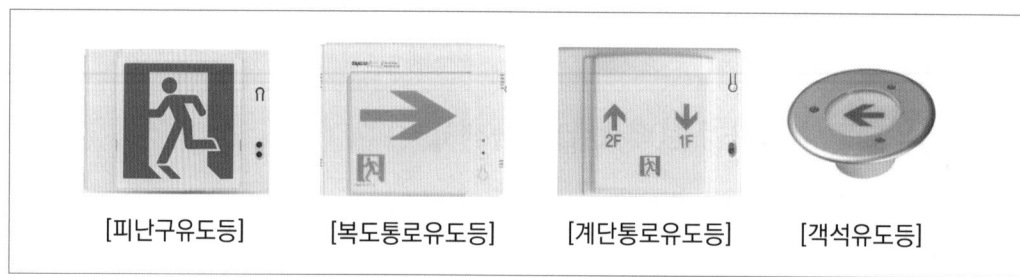

[피난구유도등]   [복도통로유도등]   [계단통로유도등]   [객석유도등]

5 유도표지의 설치기준

1) 계단유도표지를 제외하고 보행거리 15 m 이하가 되는 곳과 구부러진 모퉁이의 벽에 설치
2) 피난구유도표지 : 출입구 상단
   통로유도표지 : 바닥으로부터 높이 1 m 이하의 위치에 설치
3) 주위에는 이와 유사한 등화·광고물·게시물 등을 설치 금지
4) 유도표지는 부착판 등을 사용하여 쉽게 떨어지지 않도록 설치
5) 축광방식의 유도표지는 외광 또는 조명장치에 의하여 상시 조명이 제공되거나 비상조명 등에 의한 조명이 제공되도록 설치

[피난구유도표지]　　　　　　　[통로유도표지]

6 피난유도선의 설치기준

1) 축광방식 피난유도선
   ⑴ 설치장소 : 구획된 각 실로부터 주출입구 또는 비상구까지 설치
   ⑵ 설치위치 : 바닥으로부터 높이 50 cm 이하의 위치 또는 바닥 면에 설치
   ⑶ 간격 : 피난유도 표시부는 50 cm 이내의 간격으로 연속되도록 설치
   ⑷ 부착방법 : 부착대에 의하여 견고하게 설치
   ⑸ 외부의 빛 또는 조명장치에 의하여 상시 조명 제공 및 비상조명등에 의한 조명이 제공되도록 설치

2) 광원점등방식의 피난유도선

　(1) 설치장소 : 구획된 각 실로부터 주출입구 또는 비상구까지 설치

　(2) 설치위치 : 바닥으로부터 높이 1 m 이하의 위치 또는 바닥면에 설치

　(3) 간격 : 표시부는 50 cm 이내의 간격으로 연속되도록 설치

　　　(설치 곤란할 경우 1 m 이내로 설치)

　(4) 수신기로부터의 화재신호 및 수동조작에 의하여 광원이 점등되도록 설치

　(5) 비상전원이 상시 충전 상태를 유지하도록 설치

　(6) 바닥에 설치되는 피난유도 표시부는 매립하는 방식 사용

　(7) 제어부는 바닥으로부터 0.8 m 이상 1.5 m 이하의 높이에 설치

3) 피난유도선은 「피난유도선의 성능인증 및 제품검사의 기술기준」에 적합한 것으로 설치

7 유도등의 전원

1) **상용전원** : 축전지, 전기저장장치, 교류전압의 옥내간선
전원까지의 배선은 전용으로 할 것

2) **비상전원**

　(1) 축전지

　(2) 용량 : 유도등은 20분 이상 작동

　(3) 60분 이상 작동해야 하는 경우

　　　① 지하층을 제외한 층수가 11층 이상의 층

　　　② 지하층, 무창층으로서 용도가 도매시장·소매시장·여객자동차터미널·지하역사 또는 지하상가

8 유도등의 배선

1) 유도등의 인입선과 옥내배선은 직접 연결할 것

2) 유도등의 전기회로에는 점멸기를 설치하지 아니하고 항상 점등 상태 유지

3) 3선식 배선은 내화배선 또는 내열배선으로 사용할 것

9 3선식 배선 적용(평상시 소등 및 충전, 화재·정전 시 점등)

1) 특정소방대상물 또는 그 부분에 사람이 없는 장소
2) 외부의 빛에 의해 피난구 또는 피난방향을 쉽게 식별할 수 있는 장소
3) 공연장, 암실 등으로서 어두워야 할 필요가 있는 장소
4) 특정소방대상물의 관계인 또는 종사원이 주로 사용하는 장소

10 3선식 유도등이 점등되어야 하는 경우

1) 자동화재탐지설비의 감지기 또는 발신기가 작동되는 때
2) 비상경보설비의 발신기가 작동되는 때
3) 상용전원이 정전되거나 전원선이 단선되는 때
4) 방재업무를 통제하는 곳 또는 전기실의 배전반에서 수동 점등할 때
5) 자동소화설비가 작동되는 때

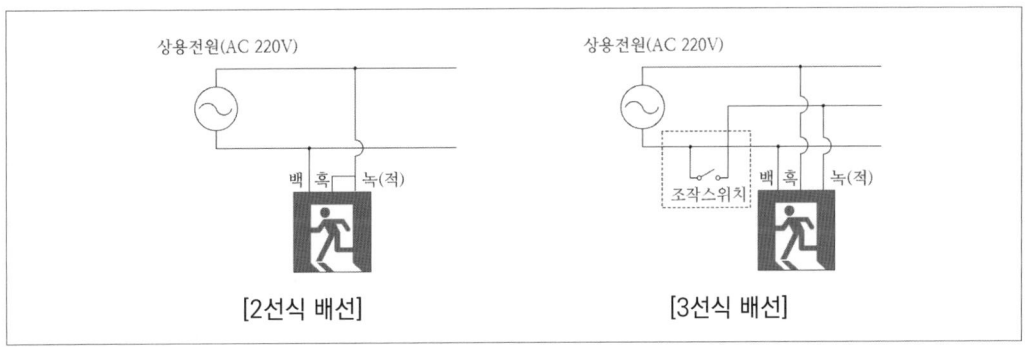

11 유도등 및 유도표지의 설치 제외

1) 피난구유도등 설치 제외
   (1) 바닥면적이 1,000 m² 미만인 층으로서 옥내로부터 직접 지상으로 통하는 출입구(외부의 식별이 용이한 경우에 한한다)
   (2) 대각선 길이가 15 m 이내인 구획된 실의 출입구
   (3) 거실 각 부분으로부터 하나의 출입구에 이르는 보행거리가 20 m 이하이고 비상조명등과 유도표지가 설치된 거실의 출입구
   (4) 출입구가 3개소 이상 있는 거실로서 그 거실 각 부분으로부터 하나의 출입구에 이르는 보행거리가 30 m 이하인 경우에는 주된 출입구 2개소 외의 출입구(유도표지가 부착된 출입구). 다만 공연장·집회장·관람장·전시장·판매시설·운수시설·숙박시설·노유자시설·의료시설·장례식장의 경우에는 그렇지 않다.

2) 통로유도등 설치 제외
   (1) 구부러지지 아니한 복도 또는 통로로서 길이가 30 m 미만인 복도 또는 통로
   (2) 제1호에 해당하지 않는 복도 또는 통로로서 보행거리가 20 m 미만이고, 그 복도 또는 통로와 연결된 출입구 또는 그 부속실의 출입구에 피난구유도등이 설치된 복도 또는 통로

3) 객석유도등 설치 제외
   (1) 주간에만 사용하는 장소로서 채광이 충분한 객석
   (2) 거실 등의 각 부분으로부터 하나의 거실출입구에 이르는 보행거리가 20 m 이하인 객석의 통로로서 그 통로에 통로유도등이 설치된 객석

4) 유도표지 설치 제외
   (1) 피난구유도등과 통로유도등이 기준에 적합하게 설치된 출입구 복도·계단·통로
   (2) 1)의 (1)·(2)와 2)에 해당하는 출입구 복도·계단 및 통로

12 퍼킨제 효과(Purkinje Effect)

1) 주위의 밝기 변화에 따라 물체색의 명도가 변화되어 보이는 현상

   빛이 약한 경우 눈이 장파장보다 단파장의 빛에 민감해져 파장이 긴 붉은색은 어둡게, 파장이 짧은 보라색은 비교적 밝고 선명하게 보이는 현상

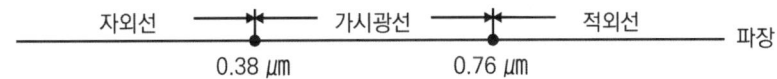

2) 밝은 곳에서 노랑, 어두운 곳에서 청록을 가장 밝게 느낌
3) 유도등의 문자 및 바탕색 결정
   (1) 피난구 유도등은 위치확인이 중요하므로 녹색 바탕에 흰색 문자
   (2) 통로유도등은 방향지시가 중요하므로 흰색 바탕에 녹색 화살표

13 비상조명등 설치대상

1) 지하층 포함한 층수가 5층 이상으로서 연면적 3,000 m² 이상인 경우 모든 층
2) 지하층, 무창층의 바닥면적이 450 m² 이상인 경우 해당층
3) 터널로서 그 길이가 500 m 이상인 것
4) 설치면제 : 피난구유도등 또는 통로유도등을 바닥 조도기준(1 lux)에 적합하게 설치한 경우 그 유효범위

14 휴대용 비상조명등 설치대상

1) 숙박시설
2) 수용인원 100명 이상의 영화상영관, 판매시설 중 대규모점포, 철도 및 도시철도시설 중 지하역사, 지하상가
3) 다중이용업소의 영업장의 구획된 실마다

15 비상조명등 설치기준

1) 소방대상물의 각 거실과 그로부터 지상에 이르는 복도·계단 및 그 밖의 통로에 설치
2) 조도
   (1) 설치된 장소의 각 부분의 바닥에서 1 lx 이상이 되도록 할 것
   (2) 초고층 및 지하연계복합건축물의 피난안전구역 : 10 lx 이상
3) 예비전원 내장형
   (1) 평상시 점등 여부를 확인할 수 있는 점검 스위치 설치
   (2) 20분 이상 작동시킬 수 있는 용량의 축전지와 예비전원 충전장치 내장
4) 예비전원 비내장형 비상조명등의 비상전원
   (1) 축전지설비, 자가발전설비 또는 전기저장장치
   (2) 점검이 편리, 화재·침수 등의 재해로 인한 피해 우려가 없는 곳
   (3) 상용전원의 공급이 중단된 때에는 비상전원으로 자동 전환
   (4) 설치장소는 다른 장소와 방화구획할 것
   (5) 실내에 설치하는 경우 비상조명등 설치
5) 용량 : 20분 이상 작동(다음의 경우 60분 이상의 작동 용량)
   (1) 지하층을 제외한 층수가 11층 이상의 층
   (2) 지하층, 무창층으로서 용도가 도매시장·소매시장·여객자동차터미널·지하역사 또는 지하상가의 비상조명등

16 휴대용 비상조명등 설치기준

구분	설치 조건	설치개수
숙박시설 다중이용업소	객실 또는 영업장 안의 구획된 실마다 잘 보이는 곳 (외부 설치 시 출입문 손잡이로부터 1 m 이내 부분)	1개 이상
지하상가 지하역사	보행거리 25 m 이내	3개 이상
대규모 점포 영화상영관	보행거리 50 m 이내	

1) 외함은 난연성능이 있을 것
2) 위치 : 바닥으로부터 0.8 m 이상 1.5 m 이하의 높이에 설치할 것
3) 어둠 속에서 위치를 확인할 수 있도록 할 것

4) 사용 시 자동으로 점등되는 구조

5) 건전지식은 방전방지조치, 충전식 배터리는 상시 충전되도록 할 것

6) 건전지 및 충전식 배터리의 용량 : 20분

[고정 비상조명등]   [벽부 비상조명등]   [휴대용 비상조명등]

17 설치 제외

1) 비상조명등

    (1) 거실 각 부분으로부터 하나의 출입구에 이르는 보행거리 15 m 이내 부분

    (2) 의원·경기장·공동주택·의료시설·학교의 거실

2) 휴대용 비상조명등(NFPC 304)

    (1) 지상 1층 또는 피난층으로서 복도나 통로 또는 창문 등의 개구부를 통하여 피난이 용이한 경우

    (2) 숙박시설로서 복도에 비상조명등을 설치한 경우에는 휴대용 비상조명등을 설치하지 않을 수 있다.

CHAPTER 03 | 상수도소화용수설비 / 소화수조 및 저수조

■ **상수도소화용수설비의 설치대상**

1) 연면적 5천 m² 이상인 것. 다만 위험물 저장 및 처리시설 중 가스시설, 터널 또는 지하구의 경우에는 그렇지 않다.
2) 가스시설로서 지상에 노출된 탱크의 저장용량의 합계가 100톤 이상인 것
3) 자원순환 관련 시설 중 폐기물재활용시설 및 폐기물처분시설
   상수도소화용수설비를 설치해야 하는 특정소방대상물의 대지 경계선으로부터 180 m 이내에 지름 75 mm 이상인 상수도용 배수관이 설치되지 않은 지역의 경우에는 화재안전기준에 따른 소화수조 또는 저수조 설치

1 상수도소화용수설비 설치기준

1) 호칭지름 75 mm 이상 수도배관에 호칭지름 100 mm 이상 소화전 접속
2) 소화전은 소방자동차 등의 진입이 쉬운 도로변 또는 공지에 설치
3) 소화전은 특정소방대상물의 수평투영면의 각 부분으로부터 140 m 이하가 되도록 설치
4) 지상식 소화전의 호스접결구는 지면으로부터 높이가 0.5 m 이상 1 m 이하가 되도록 설치

2 소화수조 및 저수조의 설치기준

1) 채수구 또는 흡수관투입구는 소방차가 2 m 이내의 지점까지 접근할 수 있는 위치에 설치
2) 소화수조 또는 저수조의 저수량

특정소방대상물 연면적 ÷ 다음의 기준면적(소수점 이하 올림) × 20 m³

구분	기준면적
1층 및 2층의 바닥면적 합계가 15,000 m² 이상	7,500 m²
그 밖의 소방대상물	12,500 m²

3 수조 설치 제외

유수의 양이 0.8 m³/min 이상인 경우

4 채수구 설치기준

1) 소방용 호스 또는 소방용 흡수관에 구경 65 mm 이상의 나사식 결합금속구를 설치한다.

소요 수량 [m³]	20 이상 40 미만	40 이상 100 미만	100 이상
채수구의 수	1개	2개	3개

2) 채수구 높이 지면으로부터 0.5 m 이상 1 m 이하 및 "채수구" 표지

5 흡수관 투입구

1) 한 변이 0.6 m 이상이거나 직경이 0.6 m 이상인 것
2) 흡수관 투입구의 수

소요수량 [m³]	80 미만	80 이상
흡수관 투입구의 수	1개 이상	2개 이상

6 가압송수장치의 설치기준

1) 소화수조 또는 저수조가 지표면으로부터의 깊이가 4.5 m 이상인 지하에 있는 경우에는 다음 표에 따라 가압송수장치를 설치한다.

소화수조의 소요수량 [m³]	20 이상 40 미만	40 이상 100 미만	100 이상
양수량(토출량)	1,100 L/min 이상	2,200 L/min 이상	3,300 L/min 이상

2) 소화수조가 옥상 또는 옥탑의 부분에 설치된 경우에는 지상에 설치된 채수구에서의 압력이 0.15 MPa 이상이 되도록 해야 한다.

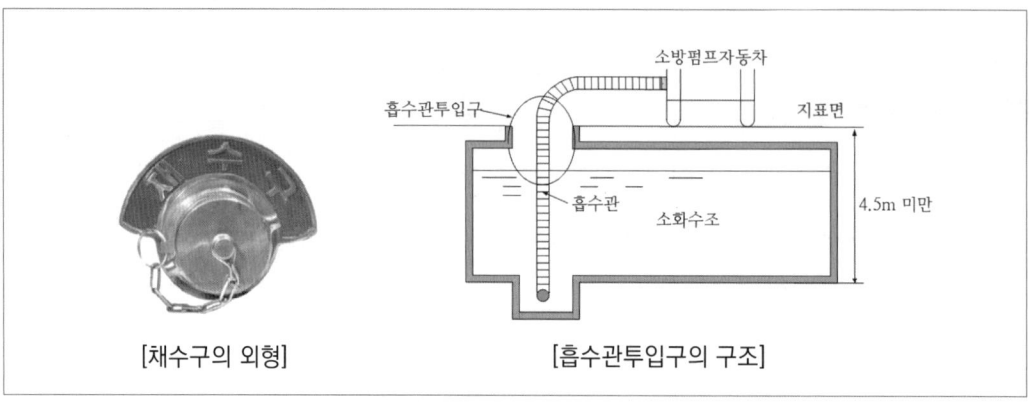

[채수구의 외형]   [흡수관투입구의 구조]

CHAPTER 03 | 계산문제

I 상수도소화용수설비 / 소화수조 및 저수조

01

소화수조 및 저수조의 설치기준을 참조하여 다음 물음에 답하시오.

조건

① 특정소방대상물의 지하 1층/지상 3층이며, 연면적은 35,000 m²이다.
② 각 층별 바닥면적은 지하 1층 11,000 m², 1층 8,000 m², 2층 8,000 m², 3층 8,000 m²이다.
③ 지표면으로부터 저수조의 바닥까지의 높이는 5 m이다.

(1) 「소방시설 설치 및 관리에 관한 법률 시행령」에서 상수도 소화용수설비의 설치대상을 쓰시오.
(2) 소화수조 또는 저수조를 설치하는 경우 저수량 [m³]을 계산하시오.
(3) 지하에 저수조를 설치하는 경우 흡수관 투입구의 설치개수를 계산하시오.
(4) 가압송수장치를 설치할 경우 분당 양수량 [L/min]을 계산하시오.

정답

1. 「소방시설 설치 및 관리에 관한 법률 시행령」에서 상수도 소화용수설비의 설치대상

상수도소화용수설비를 설치하여야 하는 특정소방대상물의 대지경계선으로부터 180 m 이내에 지름 75 mm 이상인 상수도용 배수관이 설치되지 않은 지역의 경우에는 화재안전기준에 따른 소화수조 또는 저수조를 설치하여야 한다.
1) 연면적 5,000 m² 이상인 것. 다만 위험물 저장 및 처리시설 중 가스시설, 터널, 지하구의 경우 제외
2) 가스시설로서 지상에 노출된 탱크의 저장용량의 합계가 100톤 이상인 것
3) 자원순환 관련 시설 중 폐기물재활용시설 및 폐기물처분시설

2. 소화수조 또는 저수조를 설치하는 경우 저수량 [m³]

　1) 저수량 [m³]의 산정기준

　　소방대상물의 연면적을 다음 표 2.1.2에 따른 기준면적으로 나누어 얻은 수(소수점 이하의 수는 1로 본다)에 20 m³를 곱한 양 이상이 되도록 해야 한다.

[표 2.1.2 소방대상물별 기준면적]

소방대상물의 구분	기준면적
1. 1층 및 2층의 바닥면적 합계가 15,000 m² 이상인 소방대상물	7,500 m²
2. 제1호에 해당되지 않는 그 밖의 소방대상물	12,500 m²

　2) 기준면적의 산출

　　1, 2층 바닥면적의 합계는 16,000 m²이므로 기준면적 7,500 m²을 적용

　3) 저수량 [m³] $= \dfrac{35,000 \text{m}^2}{7,500 \text{m}^2} = 4.6 \rightarrow 5 \times 20 m^3 = 100 \text{ m}^2$

답 100 m³

3. 지하에 저수조를 설치하는 경우 흡수관 투입구의 설치개수

　1) 수원량에 따른 흡수관투입구 및 채수구, 가압송수장치의 양수량기준

수원량	20 m³ 이상 40 m³ 미만	40 m³ 이상 100 m³ 미만	100 m³ 이상
흡수관 투입구의 수	1개	80 m³ 미만 1개 80 m³ 이상 2개	2개
채수구의 수	1개	2개	3개
가압송수장치의 양수량	1,100 L/min	2,200 L/min	3,300 L/min

　2) 흡수관 투입구의 설치개수

　　저수량 [m³]이 100 m³이므로 흡수관 투입구

답 2개

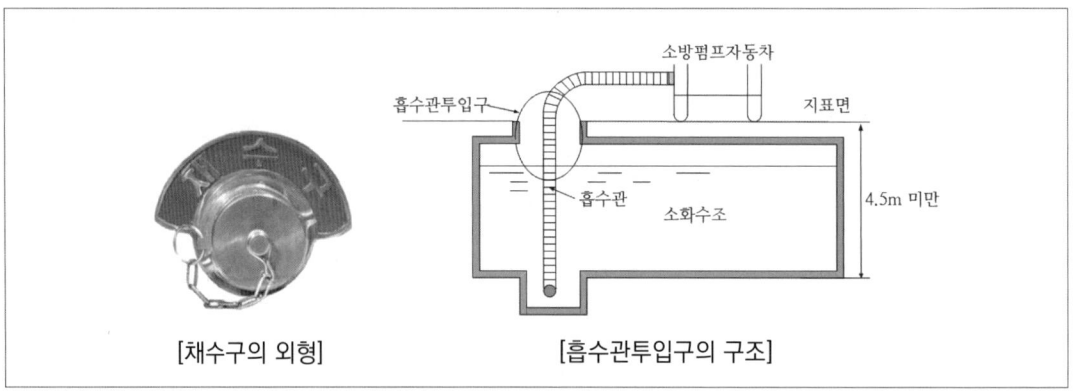

[채수구의 외형]　　　[흡수관투입구의 구조]

4. 가압송수장치를 설치할 경우 분당 양수량 [L/min]
   1) 가압송수장치의 설치대상
      소화수조 또는 저수조가 지표면으로부터의 깊이(수조 내부바닥까지의 길이)가 4.5 m 이상인 지하에 있는 경우에는 가압송수장치를 설치해야 한다.
   2) 저수량 [m^3]이 100 m^3이므로 가압송수장치의 양수량 [L/min] 답 3,300 L/min

02

소화용수설비를 설치하는 지하 2층, 지상 3층의 특정소방대상물의 연면적이 32,500 m^2이고, 각 층의 바닥면적이 다음과 같을 때 물음에 답하시오.

층수	지하 2층	지하 1층	지상 1층	지상 2층	지상 3층
바닥면적	2,500 m^2	2,500 m^2	13,500 m^2	13,500 m^2	500 m^2

(1) 소화수조의 저수량 [m^3]을 구하시오.
(2) 저수조에 설치하여야 할 흡수관 투입구 및 채수구의 최소 설치개수 [개]를 구하시오.
(3) 가압송수장치 설치 시 송수량 [L/min]은?

정답

1. 소화수조의 저수량 [m^3]
   1) 지상 1, 2층의 바닥면적의 합계가 15,000 m^2 이상 → 기준면적 7,500 m^2
   2) 저수량 [m^3]
      $$\frac{32,500\,m^2}{7,500\,m^2} = 4.33 ≒ 5,\ 5 \times 20\,m^3 = 100\,m^3$$
      답 100 m^3

2. 흡수관 투입구 및 채수구의 최소 설치개수 [개]

수원량	20 m^3 이상 40 m^3 미만	40 m^3 이상 100 m^3 미만	100 m^3 이상
흡수관 투입구의 수	1개	80 m^3 미만 1개 80 m^3 이상 2개	2개
채수구의 수	1개	2개	3개
가압송수장치의 양수량	1,100 L/min	2,200 L/min	3,300 L/min

답 흡수관 투입구 수 : 2개, 채수구수 : 3개

3. 가압송수장치의 송수량 [L/min]   답 3,300 L/min

END UP
소방시설관리사 기본서
설계 및 시공

PART 06

소화활동설비

CHAPTER 01 제연설비

■ **제연설비**

화재가 발생한 거실의 연기를 배출함과 동시에 옥외의 신선한 공기를 공급하여 거주자들이 안전하게 피난하고, 소방대가 원활한 소화활동을 할 수 있도록 연기를 제어하는 설비

■ **제연설비 설치대상**

1) 문화 및 집회시설, 종교시설, 운동시설 중 무대부의 바닥면적이 200 m² 이상인 경우에는 해당 무대부
2) 문화 및 집회시설 중 영화상영관으로서 수용인원 100명 이상인 경우에는 해당 영화상영관
3) 지하층이나 무창층에 설치된 근린생활시설, 판매시설, 운수시설, 숙박시설, 위락시설, 의료시설, 노유자시설 또는 창고시설(물류터미널로 한정한다)로서 해당 용도로 사용되는 바닥면적의 합계가 1천 m² 이상인 경우 해당 부분
4) 운수시설 중 시외버스정류장, 철도 및 도시철도시설, 공항시설 및 항만시설의 대기실 또는 휴게시설로서 지하층 또는 무창층의 바닥면적이 1천 m² 이상인 경우에는 모든 층
5) 지하상가로서 연면적 1천 m² 이상인 것
6) 예상 교통량, 경사도 등 터널의 특성을 고려하여 행정안전부령으로 정하는 터널
7) 특정소방대상물(갓복도형 아파트등은 제외)에 부설된 특별피난계단, 비상용 승강기의 승강장 또는 피난용 승강기의 승강장

1 제연설비 설치장소의 제연구역 구획기준

1) 하나의 제연구역의 면적은 1,000 m² 이내
2) 거실과 통로(복도를 포함)는 각각 제연구획
3) 통로상의 제연구역은 보행중심선의 길이가 60 m를 초과하지 않을 것

4) 하나의 제연구역은 직경 60 m 원 내에 들어갈 수 있을 것
5) 하나의 제연구역은 2개 이상 층에 미치지 않도록 할 것
   다만 층 구분이 불분명한 부분은 그 부분을 다른 부분과 별도로 제연구획

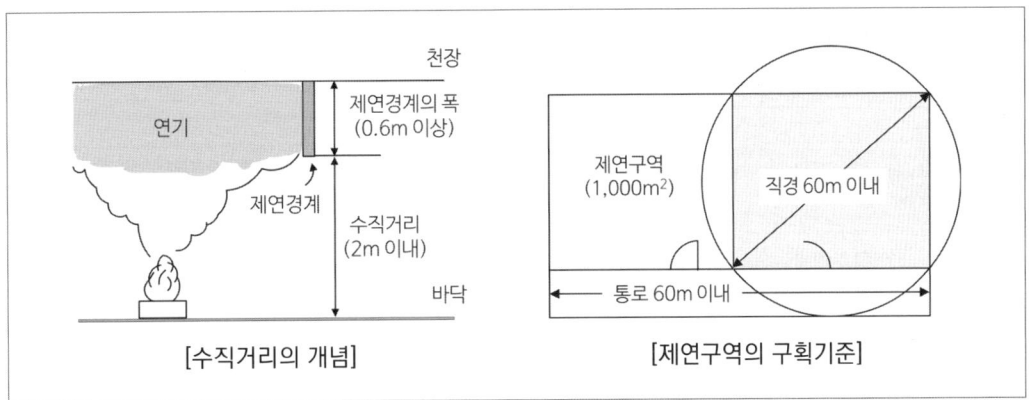

2 제연구역의 구획

제연구역의 구획은 보·제연경계벽(이하 "제연경계") 및 벽(화재 시 자동으로 구획되는 가동벽·방화셔터·방화문)으로 하되, 다음 기준에 적합할 것

1) 재질은 내화재료, 불연재료 또는 제연경계벽으로 성능 인정받은 것
   화재 시 쉽게 변형·파괴되지 않고 연기가 누설되지 않는 기밀성 재료
2) **제연경계** : 제연경계 폭 0.6 m 이상, 수직거리는 2 m 이내
3) **제연경계벽** : 배연 시 기류에 따라 하단이 흔들리지 않고, 급속히 하강하지 않는 구조

3 제연방식

1) 예상제연구역에 대하여는 화재 시 연기배출과 동시에 공기유입이 될 수 있게 하고, 배출구역이 거실일 경우에는 통로에 동시에 공기기 유입될 수 있도록 할 것
2) "1)"에도 불구하고 통로와 인접하고 있는 거실의 바닥면적이 50 m² 미만으로 구획(제연경계에 따른 구획은 제외. 다만 거실과 통로와의 구획은 그렇지 않다)되고 그 거실에 통로가 인접하여 있는 경우에는 화재 시 그 거실에서 직접 배출하지 아니하고 인접한 통로의 배출로 갈음할 수 있다. 다만 그 거실이 다른 거실의 피난을 위한 경유거실인 경우에는 그 거실에서 직접 배출해야 한다.

3) 통로의 주요구조부가 내화구조이며 마감이 불연재료 또는 난연재료로 처리되고 통로 내부에 가연성 물질이 없는 경우에 그 통로는 예상제연구역으로 간주하지 않을 수 있다. 다만 화재 시 연기의 유입이 우려되는 통로는 그렇지 않다.

Annex

◈ 제연설비의 방식

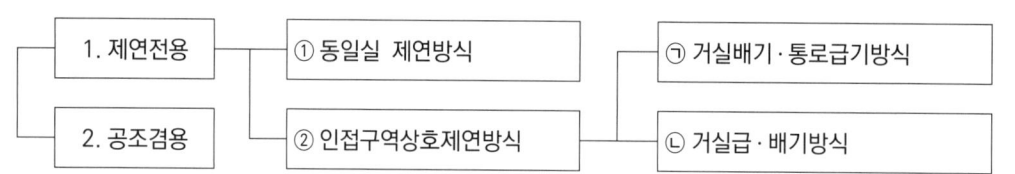

(1) 동일실제연방식 : 벽으로 구획된 소규모 거실
  ① 화재실에서 급기 및 배기를 동시에 실시하는 방식
  ② 거실 바닥면적 400 m² 미만으로 벽으로 구획된 제연면적이 작아 출구까지의 거리가 짧아 화재실의 연기농도를 낮추는 제연방식
(2) 인접구역 상호제연방식
  ① 화재실에서 배기를 실시하고, 인접한 구역에서 급기하는 방식

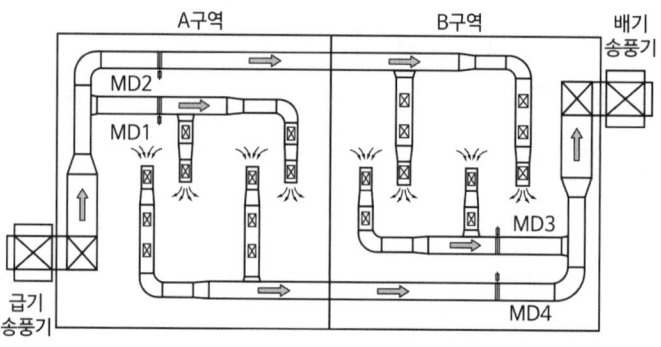

② 화재에 따른 Damper Schedule표 → A실 화재 시

구분	MD1	MD2	MD3	MD4
작동	close	open	close	open

③ 화재실의 천장 또는 반자에서 배기를 실시하고 인접한 제연구역(또는 통로)에서 급기하여 연기층(Smoke Layer)과 청결층(Clean Layer)으로 나누어 제연하는 방식

구분	제연방식
거실·급배기방식	① 백화점과 같은 복도가 없는 대규모 거실에 적용하는 방식 ② 화재구역에서 배기하고 화재실 또는 인접구역에서 급기하는 방식
거실배기· 통로급기방식	① 지하상가와 같이 각 실이 구획된 경우 적용하는 방식 ② 화재실인 거실에서 배기를 실시하고, 급기는 통로부분에서 실시하여 구획된 각 실의 복도 측 외벽에 설치된 유입구를 통하여 급기되는 방식

4 배출량 및 배출방식

1) 예상제연구역의 거실 바닥면적이 400 m² 미만인 경우

   (1) 배출량 : 바닥면적 1 m²당 1 m³/min 이상(최소배출량 : 5,000 m³/hr 이상)

   $$Q_V = A\,[m^2] \times 1\,m^3/min\cdot m^2 \times 60\,min/hr$$

   (2) 통로배출방식(바닥면적이 50 m² 미만)

통로길이	수직거리	배출량 [m/h]	비고
40 m 이하	2 m 이하	25,000 이상	벽 구획 포함
	2 m 초과 2.5 m 이하	30,000 이상	-
	2.5 m 초과 3 m 이하	35,000 이상	-
	3 m 초과	45,000 이상	-
40 m 초과 60 m 이하	2 m 이하	30,000 이상	벽 구획 포함
	2 m 초과 2.5 m 이하	35,000 이상	-
	2.5 m 초과 3 m 이하	40,000 이상	-
	3 m 초과	50,000 이상	-

2) 예상제연구역의 거실 바닥면적이 400 m² 이상인 경우

   (1) 직경 40 m인 원의 범위 안에 있을 경우 : 배출량 40,000 m³/hr 이상

   (다만 예상제연구역이 제연경계 구획의 경우 배출량은 아래 표에 의함)

수직거리	배출량 [m³/h]
2 m 이하	40,000 이상
2 m 초과 2.5 m 이하	45,000 이상
2.5 m 초과 3 m 이하	50,000 이상
3 m 초과	60,000 이상

   (2) 직경 40 m인 원의 범위를 초과할 경우 : 배출량 45,000 m³/hr 이상

   (다만 예상제연구역이 제연경계로 구획된 경우 배출량은 아래 표에 의한다)

수직거리	배출량 [m³/h]
2 m 이하	45,000 이상
2 m 초과 2.5 m 이하	50,000 이상
2.5 m 초과 3 m 이하	55,000 이상
3 m 초과	65,000 이상

3) 예상제연구역이 통로인 경우 : 배출량 45,000 m³/hr 이상(다만 제연경계 구획의 경우에는 그 수직거리에 따라 2)의 (2)표에 의한다)
4) 공동예상구역(2 이상의 예상제연구역을 동시에 배출)의 배출량
   ※ 다만 거실과 통로는 공동예상제연구역으로 할 수 없다.
   (1) 예상제연구역이 각각 벽으로 구획된 경우(출입구만 제연경계 구획 포함)
       각 예상제연구역의 배출량을 합한 것 이상. 다만 예상제연구역의 바닥면적이 400 m² 미만인 경우 배출량은 바닥면적 1 m²당 1 m³/min 이상으로 하고 공동예상구역 전체배출량은 5,000 m³/hr 이상으로 할 것
   (2) 예상제연구역이 각각 제연경계로 구획된 경우
       각 예상제연구역의 배출량 중 최대의 것으로 할 것. 이 경우 공동제연예상구역이 거실일 때에는 그 바닥면적이 1,000 m² 이하이며, 직경 40 m 원 안에 들어가야 하고, 공동제연예상구역이 통로일 때에는 보행중심선의 길이를 40 m 이하로 해야 한다.
5) 수직거리가 구획 부분에 따라 다른 경우는 수직거리가 긴 것 기준

5 배출구 설치 위치

구분	예상제연구역 400 m² 미만		통로 및 400 m² 이상의 통로 외의 예상제연구역	
조건	벽으로 구획	제연경계로 구획	벽으로 구획	제연경계로 구획
배출구하단	중간 ↑	제연경계 하단부 ↑	2 m ↑	제연경계 하단부 ↑

※ 각 부분으로부터 하나의 배출구까지 수평거리는 10 m 이내

1) 바닥면적이 400 m² 미만인 예상제연구역(통로인 예상제연구역은 제외)

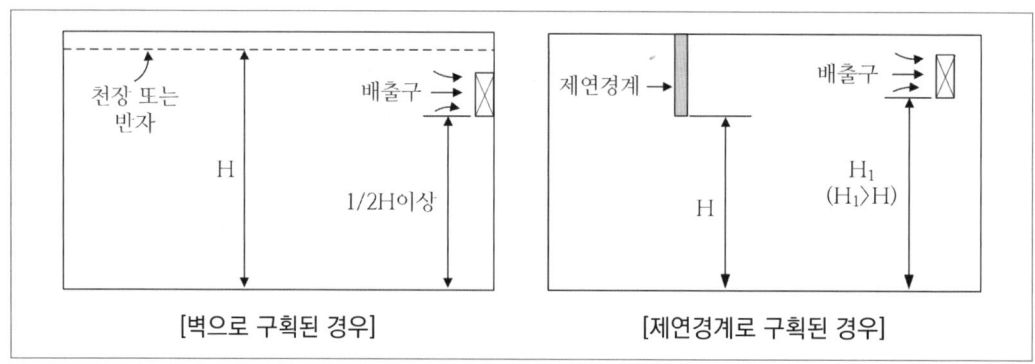

[벽으로 구획된 경우]   [제연경계로 구획된 경우]

2) 통로인 예상제연구역과 바닥면적이 400 m² 이상인 통로 외의 예상제연구역

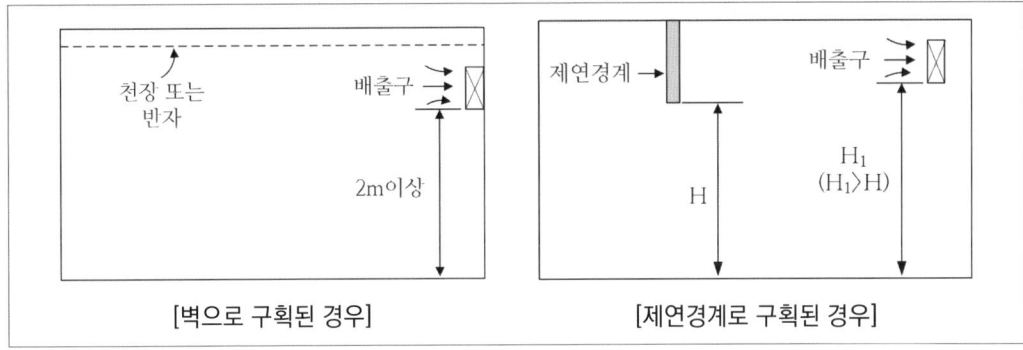

[벽으로 구획된 경우]   [제연경계로 구획된 경우]

6 공기유입방식 및 공기유입구

1) 예상제연구역에 대한 공기유입방식

   (1) 유입풍도를 경유한 강제유입 또는 자연유입방식

   (2) 인접한 제연구역 또는 통로에 유입되는 공기(가압 포함)가 해당구역으로 유입되는 방식

2) 공기유입구기준

   (1) 바닥면적 400 m² 미만의 거실인 경우

   예상제연구역(제연경계 구획 제외. 다만 거실과 통로와의 구획은 그렇지 않다)에 대해서는 공기유입구와 배출구 간의 직선거리는 5 m 이상 또는 구획된 실의 장변의 2분의 1 이상으로 할 것. 다만 공연장·집회장·위락시설의 용도로 사용되는 부분의 바닥면적이 200 m²를 초과하는 경우의 공기유입구는 아래 (2)의 기준에 따른다.

   (2) 바닥면적이 400 m² 이상의 거실인 경우

   예상제연구역(제연경계 구획 제외. 다만 거실과 통로와의 구획은 그렇지 않다)에 대해서는 바닥으로부터 1.5 m 이하의 높이에 설치하고 그 주변은 공기의 유입에 장애가 없도록 할 것

(3) 위 (1)과 (2)에 해당하는 것 외의 예상제연구역(통로인 예상제연구역을 포함)에 대한 유입구는 다음 각 목에 따를 것. 다만 제연경계로 인접하는 구역의 유입공기가 당해 예상제연구역으로 유입되게 한 때에는 그렇지 않다.
① 유입구를 벽에 설치할 경우에는 (2)의 기준에 따를 것
② 유입구를 벽 외의 장소에 설치할 경우에는 유입구 상단이 천장 또는 반자와 바닥 사이의 중간 아랫부분보다 낮게 되도록 하고, 수직거리가 가장 짧은 제연경계 하단보다 낮게 되도록 설치할 것

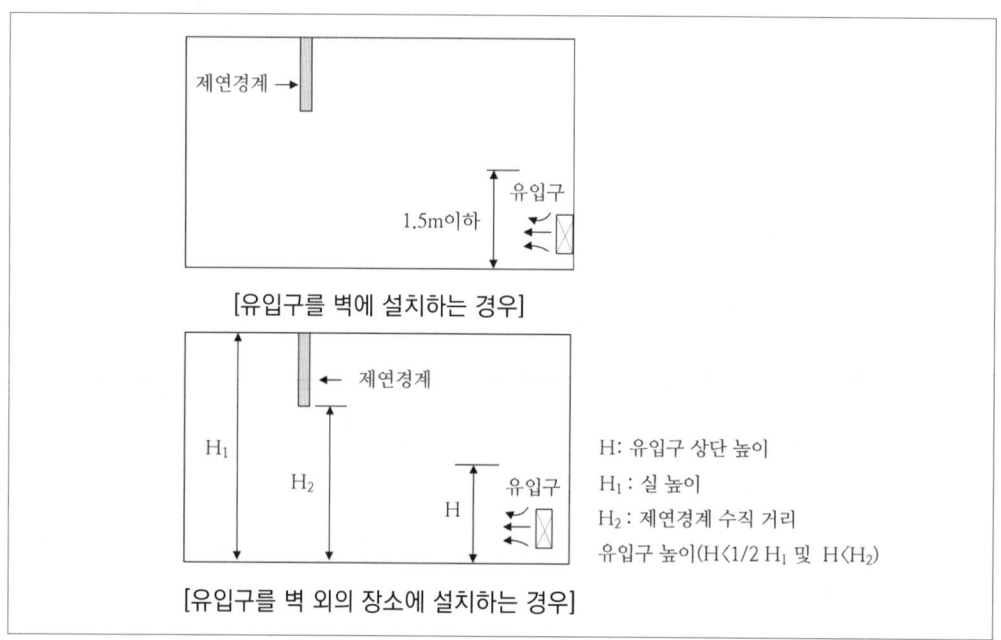

3) 공동예상제연구역에 설치되는 공기유입구 설치기준
   (1) 공동예상제연구역 안에 설치된 각 예상제연구역이 벽으로 구획되어 있을 때에는 각 예상제연구역의 바닥면적에 따라 위 2)의 (1), (2)에 따라 설치할 것
   (2) 공동예상제연구역 안에 설치된 각 예상제연구역의 일부 또는 전부가 제연경계로 구획되어 있을 때에는 공동예상제연구역 안의 1개 이상의 장소에 위 2)의 (3)에 따라 설치할 것

4) 인접한 제연구역 또는 통로로부터 유입되는 공기를 해당 예상제연구역에 대한 공기유입으로 하는 경우에는 그 인접한 제연구역 또는 통로의 유입구가 제연경계 하단보다 높은 경우에는 그 인접한 제연구역 또는 통로의 화재 시 그 유입구는 다음의 어느 하나에 적합할 것
   (1) 각 유입구는 자동폐쇄될 것
   (2) 해당구역 내에 설치된 유입풍도가 해당 제연구획부분을 지나는 곳에 설치된 댐퍼는 자동폐쇄될 것
5) 예상제연구역에 공기가 유입되는 순간의 풍속은 5 m/s 이하가 되도록 하고, 2)부터 3)까지의 유입구의 구조는 유입공기를 상향으로 분출하지 않도록 설치(다만 유입구가 바닥에 설치되는 경우에는 상향으로 분출이 가능하며 이때의 풍속은 1 m/s 이하)
6) 공기유입구의 크기는 해당 예상제연구역 배출량 1 m^3/min에 대하여 35 cm^2 이상
7) 예상제연구역에 대한 공기유입량은 배출량의 배출에 지장이 없는 양

7 배출풍도

1) 배출풍도는 아연도금강판 또는 이와 동등 이상의 내식성·내열성이 있는 것 불연재료(석면재료 제외)인 단열재로 풍도 외부에 유효한 단열 처리를 할 것
2) 배출기의 흡입 측 풍도 안의 풍속은 15 m/s 이하, 배출 측 풍속은 20 m/s 이하
3) 배출풍도 강판의 두께

풍도단면의 긴 변 또는 직경의 크기	450 mm 이하	450 ~ 750	750 ~ 1,500	1,500 ~ 2,250	2,250 초과
강판두께	0.5 mm	0.6 mm	0.8 mm	1.0 mm	1.2 mm

※ 유입풍도 안의 풍속은 20 m/s 이하 7

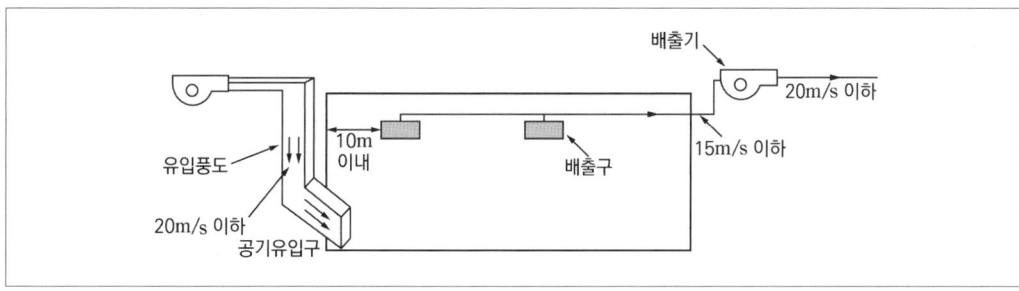

8 댐퍼 설치기준 〈시행 2024.10.1.〉

- 댐퍼 : 풍도 내부의 연기 또는 공기의 흐름을 조절하기 위해 설치하는 장치
- 풍량조절댐퍼 : 송풍기(또는 공기조화기) 토출 측에 설치하여 유입풍도로 공급되는 공기의 유량을 조절하는 장치

1) 제연설비의 풍도에 댐퍼를 설치하는 경우 댐퍼를 확인, 정비할 수 있는 점검구를 풍도에 설치할 것. 이 경우 댐퍼가 반자 내부에 설치되는 때에는 댐퍼 직근의 반자에도 점검구(지름 60cm 이상의 원이 내접할 수 있는 크기)를 설치하고 제연설비용 점검구임을 표시해야 한다.
2) 제연설비 댐퍼의 설정된 개방 및 폐쇄 상태를 제어반에서 상시 확인할 수 있도록 할 것
3) 제연설비가 공기조화설비와 겸용으로 설치되는 경우 풍량조절댐퍼는 각 설비별 기능에 따른 작동 시 각각의 풍량을 충족하는 개구율로 자동 조절될 수 있는 기능이 있어야 할 것

9 제연설비의 전원 및 기동

1) 비상전원 설치기준(자가발전설비, 축전지설비, 전기저장장치)
   ⑴ 점검에 편리하고 화재 및 침수 등의 재해로 인한 피해를 받을 우려가 없는 곳에 설치할 것
   ⑵ 제연설비를 유효하게 20분 이상 작동할 수 있도록 할 것
   ⑶ 상용전원으로부터 전력의 공급이 중단된 때에는 자동으로 비상전원으로부터 전력을 공급받을 수 있도록 할 것
   ⑷ 비상전원의 설치장소는 다른 장소와 방화구획할 것
   ⑸ 비상전원을 실내에 설치하는 때에는 그 실내에 비상조명등을 설치할 것
2) 제연설비의 작동은 해당 제연구역에 설치된 화재감지기와 연동되어야 하며, 예상제연구역(또는 인접장소)마다 설치된 수동기동장치 및 제어반에서 수동으로 기동이 가능하도록 해야 한다. 〈개정 2024.9.13.〉

3) 제연설비 작동 시 포함 사항

예상제연구역(또는 인접장소)마다 설치되는 수동기동장치는 바닥으로부터 0.8 미터 이상 1.5 미터 이하의 높이에 문 개방 등으로 인한 위치 확인에 장애가 없고 접근이 쉬운 위치에 설치해야 한다. 〈신설 2024.9.13.〉

⑴ 해당 제연구역의 구획을 위한 제연경계벽 및 벽의 작동
⑵ 해당 제연구역의 공기유입 및 연기배출 관련 댐퍼의 작동
⑶ 공기유입송풍기 및 배출송풍기의 작동

10 제연설비의 성능확인

1) 제연설비는 설계목적에 적합한지 검토하고 제연설비의 성능과 관련된 건물의 모든 부분(건축설비 포함)이 완성되는 시점에 맞추어 시험·측정 및 조정(이하 "시험 등"이라 한다)을 해야 한다. 〈신설 2024.9.13.〉

2) 제연설비의 시험 등 실시기준

⑴ 송풍기 풍량 및 송풍기 모터의 전류, 전압 측정
⑵ 제연설비 시험시 제연구역에 설치된 화재감지기(수동기동장치 포함)를 동작시켜 해당 제연설비가 정상적으로 작동되는지 확인
⑶ 제연구역의 공기유입량 및 유입풍속, 배출량은 모든 유입구 및 배출구에서 측정
⑷ 제연구역의 출입문, 방화셔터, 공기조화설비 등이 제연설비와 연동된 상태에서 측정

3) 제연설비 시험 등의 평가기준

⑴ 배출구별 배출량은 배출구별 설계 배출량의 60 % 이상, 제연구역별 배출구의 배출량 합계는 제6조에 따른 설계배출량 이상일 것
⑵ 유입구별 공기유입량은 유입구별 설계 유입량의 60 % 이상, 제연구역별 유입구의 공기유입량 합계는 제8조 제7항에 따른 설계유입량을 충족할 것
⑶ 제연구역의 구획이 설계 조건과 동일한 조건에서 ⑴에 따라 측정한 배출량이 설계배출량 이상인 경우에는 ⑵에 따라 측정한 공기유입량이 설계유입량에 일부 미달되더라도 적합한 성능으로 볼 것

11 송풍기 동력 [kW]

$$P = \frac{P_T \cdot Q}{102 \times 60\eta} K$$

P_t : 전압 [mmAq] [mmH_2O]
Q : 풍량 [m³/min]
η : 전효율 [%]   K : 전달계수

12 제연설비 설치 제외기준

다음 각 호의 부분은 배출구·공기유입구의 설치 및 배출량 산정에서 제외

1) 화장실·목욕실·주차장·발코니를 설치한 숙박시설(가족호텔 및 휴양콘도미니엄에 한함)의 객실
2) 사람이 상주하지 아니하는 기계실·전기실·공조실·50 m² 미만의 창고 등으로 사용되는 부분

13 연기배출에 따른 연기층 교란현상

1) 플러그 홀링(Plug-Holing)
   (1) 하나의 배출구에서의 배기량이 너무 커서 Smoke Layer의 연기와 함께 그 하부에 있는 Clear Layer의 공기까지 배출되는 현상
   (2) 플러그 홀링이 발생되면 배출기에 의해 배출되는 양이 감소되어 이로 인한 연기층의 하강하여 피난위험요소가 증가

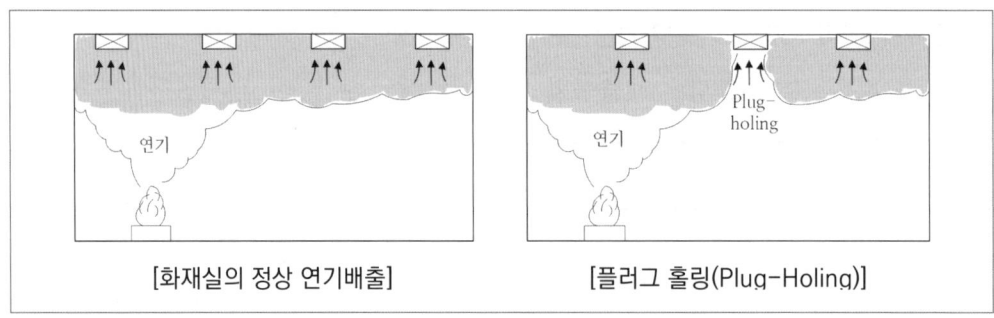

[화재실의 정상 연기배출]   [플러그 홀링(Plug-Holing)]

2) 스모크로깅(Smoke Logging)
   (1) 화재 발생 시 스프링클러 헤드가 방수됨으로 물방울의 냉각효과에 의해 연기층의 온도가 저하되어 부력이 감소하므로 발생하는 연기층이 화재층의 중간부분에 정체하는 현상
   (2) 스모크로깅현상으로 연기가 중층에 정체하여 제연설비의 정상적 연기배출이 되지 못해 피난위험요소가 증가

CHAPTER 01 | 계산문제

| 제연설비

01

다음은 거실제연설비를 설치한 어느 건물의 도면을 나타낸 것이다. 각 실은 공동제연구역으로 별도의 칸막이로 구획되어 있다. (단, 각 실의 크기는 가로 9 m, 세로 10 m로 동일하고, 실의 높이는 2.5 m이다)

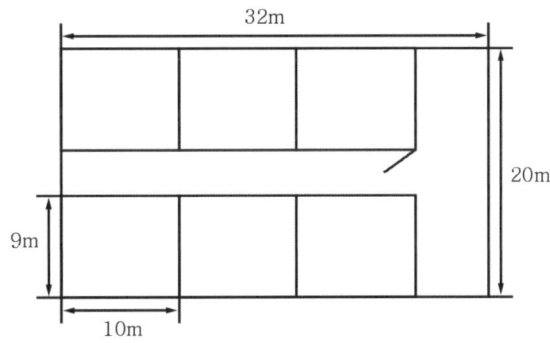

(1) 거실배기, 통로급기방식에서 공동제연 시 소요 풍량의 합계 [m³/h]는?
(2) 배출기의 흡입 측 주 덕트의 최소면적 [m²]을 구하시오.
(3) 배출기의 배출 측 주 덕트의 최소면적 [m²]을 구하시오.

> **정답**
>
> 1. 소규모거실 배출량 : A [m²] × 1 [CMM/m²]
> $1 CMM\,[1m^3/\min] = 60 CMH\,[1m^3/hr]$
> 2. 배출기 흡입 측 유속 : 15 m/s 이하, 배출기 배출 측 유속 : 20 m/s 이하

1. 공동제연 시 소요 풍량의 합계 [m³/h]

   1) 각 실의 소요 풍량 [m³/h]

   $90\,m^2 \times 1\,CMM/m^2 = 90\,CMM \times \dfrac{60\,CMH}{1\,CMM} = 5400\,CMH$

   2) 총 소요 풍량 [m³/h]
   5,400 CMH × 6구역 = 32,400 CMH   답 32,400 m³/h

2. 배출기의 흡입 측 주 덕트의 최소면적 [m²]

$$A = \frac{Q}{V} = \frac{\frac{32400}{3600}\,m^3/s}{15\,m/s} = 0.6\,m^2$$

답 0.6 m²

3. 배출기의 배출 측 주 덕트의 최소면적 [m²]

$$A = \frac{Q}{V} = \frac{\frac{32400}{3600}\,m^3/s}{20\,m/s} = 0.45\,m^2$$

답 0.45 m²

02

다음 제연설비에 관한 물음에 답하시오.

(1) 배연구에서 측정한 평균 풍속이 2 m/s, 배연구의 유효면적이 2 m²이고, 실내 온도가 20 ℃일 때 풍량 [m³/min]을 구하시오.

(2) 전압 30 mmAq이고, 효율이 60 %, 전압력 손실과 배연량 누기를 고려한 여유율을 10 % 증가시킨 것으로 할 때 (1)항의 풍량을 송풍할 수 있는 배연기의 동력 [kW]을 구하시오.

정 답

1. 배연구 풍량 [m³/min]

$$Q[m^3/s] = A[m^2] \times V[m/s]$$
$$= 2\,m^2 \times 2\,m/s = 4\,m^3/s = 240\,m^3/min$$

답 240 m³/min

2. 배연기의 동력 [kW]

$$P[kW] = \frac{P_t[mmAq] \times Q[m^3/s]}{102 \times \eta} \times K$$

$$= \frac{30\,mmAq \times \frac{240}{60}\,m^3/s}{102 \times 0.6} \times 1.1 = 2.16\,kW$$

답 2.16 kW

03

특정소방대상물의 바닥면적이 380 m²인 경유거실 구조에 다음과 같이 제연설비를 설치하려고 한다. 배출기에 대한 다음 물음에 답하시오.

(1) 소요 배출량 [m³/h]을 산출하시오.
(2) 제연설비의 흡입 측 풍도(DUCT)의 한 변 높이를 600 mm로 할 때 풍도의 최소 폭 [mm]을 계산하시오. (단, 풍도 내 풍속은 화재안전기술기준을 근거로 한다)
(3) 송풍기의 전압이 50 mmAq이고 효율이 55 %인 다익송풍기 사용 시 축동력 [kW]을 구하시오. (단, 회전수는 1,200 rpm, 여유율은 20 %)
(4) 제연설비의 회전차 크기를 변경하지 않고 배출량을 20 % 증가시키고자 할 때 회전수 [rpm]를 구하시오.
(5) "(4)"항의 회전수 [rpm]로 운전할 경우 전압(mmAq)을 구하시오.
(6) "(3)"항에서의 계산결과를 근거로 15 kW 전동기를 설치 후 풍량의 20 %를 증가시켰을 경우 전동기 사용 가능 여부를 설명하시오.

정답

1. $Q = A \times v \rightarrow A = \dfrac{Q}{v}$ 폭을 b로 가정하여 $\rightarrow b = \dfrac{Q}{0.6m \times v}$

2. 상사의 법칙

구분	상사의 법칙
풍량(Q)	$\dfrac{Q_2}{Q_1} = \left(\dfrac{D_2}{D_1}\right)^3 \times \left(\dfrac{N_2}{N_1}\right)^1$
전압(P)	$\dfrac{P_2}{P_1} = \left(\dfrac{D_2}{D_1}\right)^2 \times \left(\dfrac{N_2}{N_1}\right)^2$
동력 [L]	$\dfrac{L_2}{L_1} = \left(\dfrac{D_2}{D_1}\right)^5 \times \left(\dfrac{N_2}{N_1}\right)^3$

1. 소요 배출량 [m³/h]

    배출량 $(m^3/h) = 380 m^2 \times 1 m^3/min \cdot m^2 \times 60 min = 22800$

    답 22,800 m³/h

2. 제연설비의 흡입 측 풍도(DUCT)의 한 변 높이를 600 mm로 할 때 풍도의 최소 폭 [mm]

    풍도의 최소 폭 [mm] = $\dfrac{22,800 \, m^3/hr}{0.6 \, m \times 15 \, m/s \times 3,600 \, s} = 0.70370 \, m$

    답 703.7 mm

3. 송풍기의 전압이 50 mmAq이고 효율이 55 %인 다익송풍기 사용 시 축동력 [kW]

$$축동력\ [kW] = \frac{P_t \times Q}{102\eta} = \frac{50\,\mathrm{mmAq} \times 22{,}800\,\mathrm{m^3/hr}}{102 \times 0.55 \times 3{,}600s} \times 1.2 = 6.7736\ kW$$

답 6.77 kW

4. 제연설비의 배출량을 20 % 증가시키고자 할 때 회전수 [rpm]

1) 배출량을 20 % 증가시킨 후 배출량 $(m^3/hr) = 22{,}800\,\mathrm{m^3/hr} \times 1.2 = 27360\,\mathrm{m^3/hr}$

2) 회전수 [rpm] $= \dfrac{Q_2}{Q_1} \times N_1 = \dfrac{27{,}360\,\mathrm{m^3/hr}}{22{,}800\,\mathrm{m^3/hr}} \times 1{,}200\,\mathrm{rpm} = 1{,}440\ rpm$

답 1,440 rpm

5. "4."항의 회전수 [rpm]로 운전할 경우 전압(mmAq)

$$전압(P_2) = \left(\frac{N_2}{N_1}\right)^2 \times P_1 = \left(\frac{1{,}440\,rpm}{1{,}200\,rpm}\right)^2 \times 50\,mmAq = 72\ mmAq$$

답 72 mmAq

6. "3."항에서의 계산결과를 근거로 15 kW 전동기를 설치 후 풍량의 20 %를 증가시켰을 경우 전동기 사용 가능 여부

1) 전동기의 용량 [kW] $= \dfrac{72\,mmAq \times 27{,}360\,m^3/hr}{102 \times 0.55 \times 3{,}600s} \times 1.2 = 11.704\ kW$

답 11.7 kW

2) 풍량의 20 %를 증가시켰을 경우 동력이 11.7 kW이므로 15 kW 전동기를 사용할 수 있다.

04

예상제연구역인 거실 바닥면적 500 m², 직경 50 m, 수직거리 3.2 m, 효율 50 %, 전압 65 mmAq, 배출기 흡입 측 풍도높이 600 mm, 전달계수 1.2이다. 다음 각 물음에 답하시오.

(1) 제연구역의 배출량 [m³/min]을 계산하시오.

(2) 송풍기의 동력 [kW]을 계산하시오.

(3) 흡입 측 풍도에서 한 변의 최소폭 [mm]을 계산하시오.

(4) 흡입 측 풍도의 강판두께 [mm]를 계산하시오.

정답

1. 대규모 거실 : 500 m², 직경 50 m, 수직거리 3.2 m : 65,000 m³/hr
2. 풍도별 풍속기준

구분	풍속의 기준	
유입풍도	유입풍도 안의 풍속은 20 m/s(유입구 순간 풍속 5 m/s) 이하	
배출풍도	배출기의 흡입 측 15 m/s 이하	배출기의 배출 측 20 m/s 이하

1. 제연구역의 배출량 [m³/min]

   1) 예상제연구역인 거실의 바닥면적은 500 m², 직경은 50 m, 수직거리는 3.2 m이다.

   2) 배출량 [m³/min] = $\dfrac{65,000 \text{m}^3/\text{hr}}{60 \text{min}}$ = 1,083.33 m³/min

   답 1,083.33 m³/min

2. 송풍기의 동력 [kW]

   송풍기의 동력 [kW] = $\dfrac{65 \text{mmAq} \times 1,083.33 \text{m}^3/\text{min}}{102 \times 60 \times 0.5} \times 1.2$ = 27.614 kW   답 27.61 kW

3. 흡입 측 풍도에서 한 변의 최소폭 [mm]

   1) 풍도의 최소 폭 [mm] = $\dfrac{1,083.33 \text{m}^3/\text{min}}{0.6 \text{m} \times 15 \text{m/s} \times 60 \text{s}}$ = 2.0061 m   답 2,006 mm

4. 흡입 측 풍도의 강판두께 [mm]

   1) 풍도의 크기에 따른 강판두께 [mm]

풍도단면의 긴 변 또는 직경의 크기	450 mm 이하	450 mm 초과 750 mm 이하	750 mm 초과 1,500 mm 이하	1,500 mm 초과 2,250 mm 이하	2,250 mm 초과
강판두께	0.5 mm	0.6 mm	0.8 mm	1.0 mm	1.2 mm

   2) 강판두께 [mm]   답 1.0 mm 이상

05

조건과 같이 설치된 제연설비에서의 각 예상제연구역 별 배출량 [m³/hr]을 계산하시오.

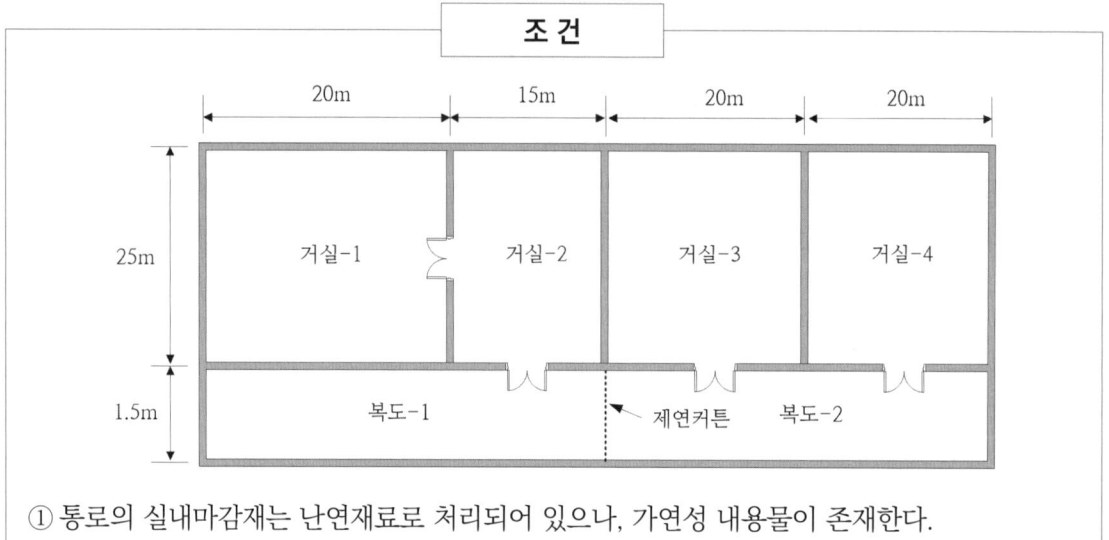

① 통로의 실내마감재는 난연재료로 처리되어 있으나, 가연성 내용물이 존재한다.
② 주어진 조건 외의 것은 국가화재안전기술기준에 따른다.

정답

1. 예상제연구역이 거실인 경우 배출량 산정기준

   1) 소규모거실(바닥면적이 400 m² 미만)인 예상제연구역의 배출량 산정기준
      바닥면적 1 m²당 1 m³/min 이상으로 하되, 예상제연구역에 대한 최저 배출량은 5,000 m³/hr 이상으로 할 것

   2) 바닥면적 400 m² 이상인 거실의 예상제연구역의 배출량 산정기준
      (1) 예상제연구역이 직경 40 m인 원의 범위 안에 있을 경우의 배출량기준

제연구역	수직거리	배출량
직경 40 m인 원에 내접하는 경우	2 m 이하	40,000 m³/hr 이상
	2 m 초과 2.5 m 이하	45,000 m³/hr 이상
	2.5 m 초과 3 m 이하	50,000 m³/hr 이상
	3 m 초과	60,000 m³/hr 이상

(2) 예상제연구역이 직경 40 m인 원의 범위를 초과할 경우의 배출량기준

제연구역	수직거리	배출량
직경 40 m 초과 60 m 이하인 경우	2 m 이하	45,000 m³/hr 이상
	2 m 초과 2.5 m 이하	50,000 m³/hr 이상
	2.5 m 초과 3 m 이하	55,000 m³/hr 이상
	3 m 초과	65,000 m³/hr 이상

2. 예상제연구역이 통로인 경우 배출량 산정기준

　1) 예상제연구역이 통로인 경우의 배출량은 45,000 m³/hr 이상으로 할 것
　2) 예상제연구역이 제연경계로 구획된 경우에는 그 수직거리에 따라 배출량

제연구역	수직거리	배출량
제연경계로 구획된 경우	2 m 이하	45,000 m³/hr 이상
	2 m 초과 2.5 m 이하	50,000 m³/hr 이상
	2.5 m 초과 3 m 이하	55,000 m³/hr 이상
	3 m 초과	65,000 m³/hr 이상

3. 각 예상제연구역별 배출량 [m³/hr]

구분	바닥면적 / 직경 또는 통로길이	배출량
거실 - 1	$500\ m^2 / \sqrt{(25m)^2 + (20m)^2} = 32.02\ m$	∴ 최소 40,000 m³/hr
거실 - 2	$375\ m^2 \times 1m^3/min \cdot m^2 \times 60\ min/hr$	∴ 최소 22,500 m³/hr
거실 - 3	$500\ m^2 / \sqrt{(25m)^2 + (20m)^2} = 32.02\ m$	∴ 최소 40,000 m³/hr
거실 - 4	$500\ m^2 / \sqrt{(25m)^2 + (20m)^2} = 32.02\ m$	∴ 최소 40,000 m³/hr
복도 - 1	- /35 m	∴ 최소 45,000 m³/hr
복도 - 2	- /40 m	∴ 최소 45,000 m³/hr

06

조건과 같은 특정소방대상물에 공동 거실배기·통로급기방식으로 제연설비를 설치하려고 한다. 이 때 반자높이가 2.1 m이며, 공동제연으로 하는 경우 최소 배출량 [m³/hr]을 계산하시오. (단, 각 실마다 칸막이로 구획되어 있다)

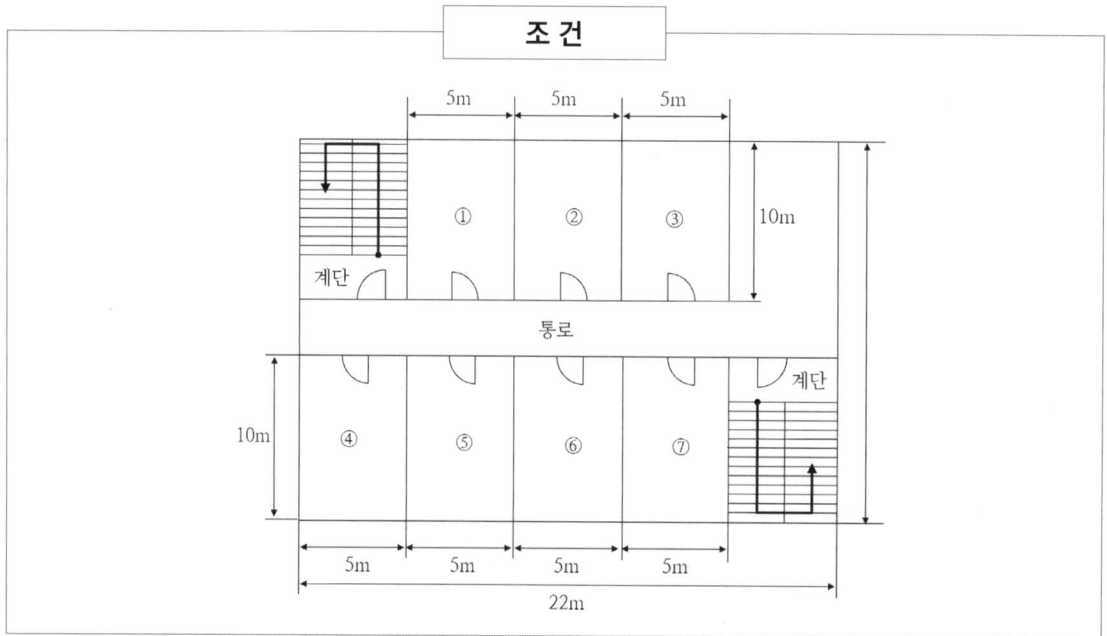

정답

1) 공동제연일 경우 배출량 산정기준

공동예상제연구역 안에 설치된 예상제연구역이 각각 벽으로 구획된 경우(제연구역의 구획 중 출입구만을 제연경계로 구획한 경우를 포함)에는 각 예상제연구역의 배출량을 합한 것 이상으로 할 것. 다만 예상제연 구역의 바닥면적이 400 m² 미만인 경우 배출량은 바닥면적 1 m²당 1 m³/min 이상으로 하고 공동예상구역 전체배출량은 5,000 m³/hr 이상으로 할 것

2) 각 실의 합계 바닥면적 [m²] = 50 m² × 7실 = 350 m² ∴ 350 m²

3) 배출량 [m³/hr] = $350 \text{m}^2 \times 1 \text{m}^3/\text{min} \cdot \text{m}^2 \times 60 \text{min/hr}$ = 21,000 m³/hr

답 21,000 m³/hr

07

조건과 같은 영화상영관에 제연설비를 설치하려고 한다. 다음 물음에 답하시오.

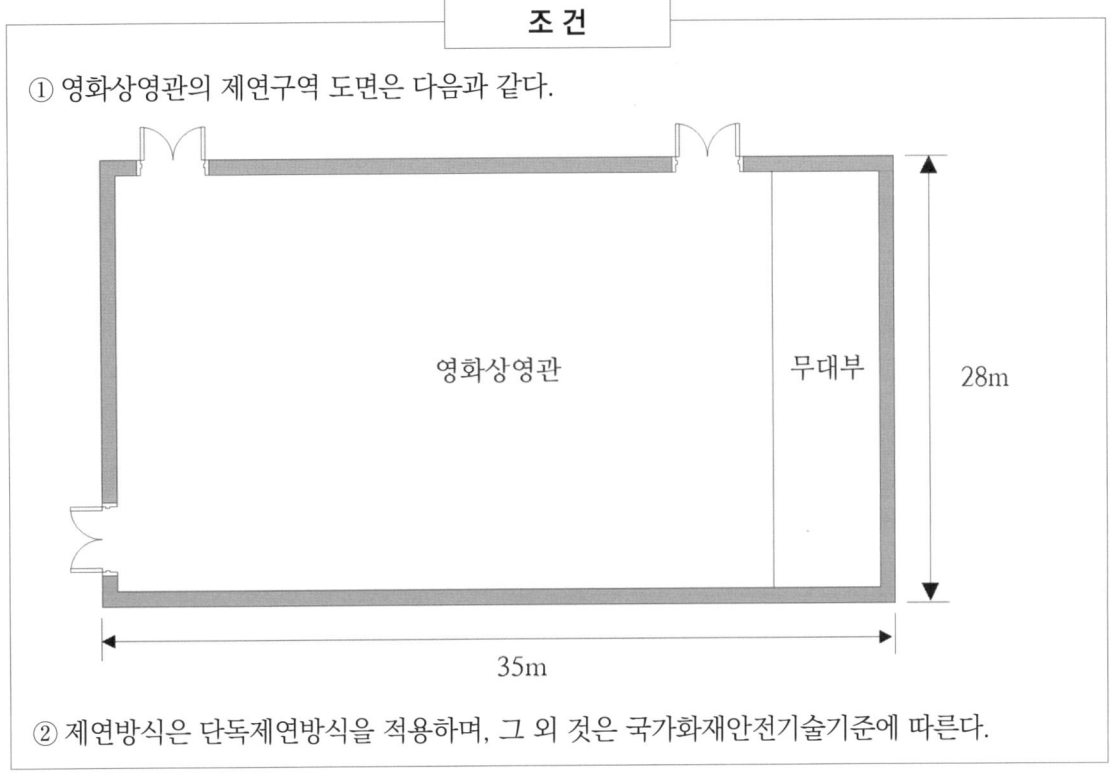

① 영화상영관의 제연구역 도면은 다음과 같다.

② 제연방식은 단독제연방식을 적용하며, 그 외 것은 국가화재안전기술기준에 따른다.

(1) 배출구의 1개당 배출량 [m^3/hr]을 계산하시오. (단, 배출구는 정방형으로 설치한다)

(2) 배출구의 순간 풍속을 5 m/s로 제한할 때, 배출구의 크기 [m^2]를 계산하시오. (단, 개구율은 85 %이다)

(3) 영화상영관에 설치해야 하는 유입구의 크기 [m^2]를 계산하시오. (단, 유입구는 바닥 외에 설치하며, 개구율은 90 %이다)

정답

$$\text{배출구의 설치간격 [m]} = 2 \times \text{수평거리}(10\text{ m}) \times \cos 45°$$

1. 배출구의 1개당 배출량 [m³/hr]

    1) 영화상영관의 규모

        ⑴ 영화상영관의 바닥면적 [m²] = 35m × 28m = 980　　　　　　　∴ 980 m²

        ⑵ 영화상영관의 직경크기 [m] = $\sqrt{(35\text{m})^2 + (28\text{m})^2}$ = 44.82 m　　∴ 44.82 m

    2) 영화상영관의 최소 배출량 [m³/hr]　　　　　　　　　　　　∴ 45,000 m³/hr 이상

    3) 배출구의 설치수량

        ⑴ 배출구의 설치간격 [m] = 2 × 10m × cos45° = 14.142 m　　　∴ 14.14 m

        ⑵ 배출구 설치간격에 따른 설치수량

        ・ 가로개수 : 35 m ÷ 14.14 m/개 = 2.4개　　　　　　　　　　　∴ 3개

        ・ 세로개수 : 28 m ÷ 14.14 m/개 = 1.9개　　　　　　　　　　　∴ 2개

        ・ 배출구의 설치개수 : 3개 × 2개 = 6개　　　　　　　　　　　∴ 6개

    4) 배출구의 1개당 배출량 [m³/hr] = $\dfrac{45{,}000\text{m}^3/\text{hr}}{6\text{개}}$ = 7,500 m³/hr

    답 7,500 m³/hr

2. 배출구의 순간 풍속을 5 m/s로 제한할 때 배출구의 크기 [m²]

    배출구의 크기 [m²] = $\dfrac{Q}{v \times \text{개구율}}$ = $\dfrac{7{,}500\text{m}^3/\text{hr}}{5\text{m/s} \times 0.85 \times 3{,}600\text{s}}$ = 0.49 m²

    답 0.49 m²

3. 영화상영관에 설치해야 하는 유입구의 크기 [m²]

    1) 유입구의 설치기준

        ⑴ 예상제연구역에 공기가 유입되는 순간의 풍속은 5 m/s 이하가 되도록 하고, 2.5.2부터 2.5.4 까지의 유입구의 구조는 유입공기를 상향으로 분출하지 않도록 설치해야 한다.

        ⑵ 예상제연구역에 대한 공기유입구의 크기는 해당 예상제연구역 배출량 1 m³/min에 대하여 35 cm² 이상으로 해야 한다.

    2) 유입구의 크기 [m²] = $\dfrac{45{,}000\text{m}^3/\text{hr}}{60\text{min} \times 0.9} \times 35\text{cm}^2 \times \dfrac{1\text{m}^2}{(100\text{cm})^2}$ = 2.916 m²

    답 2.92 m²

08

조건과 같은 5개 거실에 제연설비를 설치하려고 한다. 다음 물음에 답하시오.

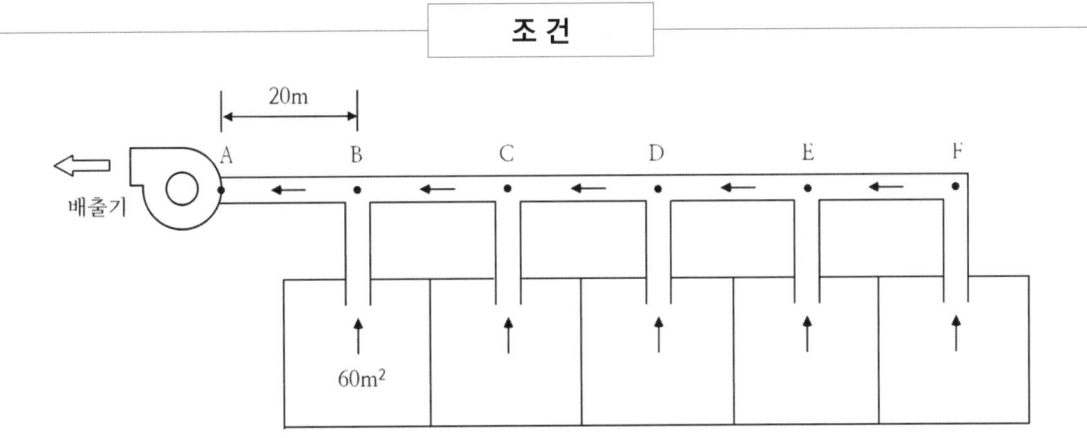

① 각 실의 면적은 60 m²로 동일하고, 배출량은 최소배출량으로 한다.
② 주 덕트는 사각덕트로 폭과 높이는 1,000 mm와 500 mm이다.
③ 주 덕트의 벽면 마찰손실계수는 0.02로 모든 덕트구간에 동일하게 사용한다.
④ 사각덕트를 원형덕트로의 환산지름은 수력지름(Hydraulic Diameter)의 산출공식을 이용한다.
⑤ 각 가지 덕트에서 발생하는 압력손실의 합은 5 mmAq로 한다.
⑥ 주 덕트는 마찰손실 이외의 각종 부속품손실(부차적 손실)은 무시한다.
⑦ 공기밀도는 1.2 kg/m³이고, 모든 계산은 소수점 둘째자리까지 구하며, 그 외 조건은 고려하지 않는다.

(1) 송풍기의 최소 필요 압력 [Pa]을 계산하시오.
(2) 송풍기의 최소 필요 동력 [kW]을 계산하시오.

정답

1. 전압 [Pa] $= \gamma \times h = \rho \times g \times h = Pa(N/m^2)$

   1) 수력직경(D_h) = 수력반경(R_h) × 4 → 수력반경(R_h) = $\dfrac{\text{유동단면적}}{\text{접수길이}}$

   2) $\triangle H = \lambda \times \dfrac{L}{D} \times \dfrac{v^2}{2g}$

2. 공동예상제연구역 안에 설치된 예상제연구역이 각각 벽으로 구획된 경우(제연구역의 구획 중 출입구만을 제연경계로 구획한 경우를 포함)에는 각 예상제연구역의 배출량을 합한 것 이상으로 할 것. 다만 예상제연구역의 바닥면적이 400 m² 미만인 경우 배출량은 바닥면적 1 m²당 1 m³/min 이상으로 하고 공동예상구역 전체배출량은 5,000 m³/hr 이상으로 할 것

3. 필요 동력 [kW] : $P(W) = P_t \times Q$

   P_t : 전압 [N/m²], Q : 풍량 [m³/s]

1. 송풍기의 최소 필요 압력 [Pa]

   1) 수력지름에 따른 덕트의 직경 [m]

      (1) 수력반경(R_h) = $\dfrac{1m \times 0.5m}{1m + 0.5m + 1m + 0.5m}$ = 0.1666 m   ∴ 0.17 m

      (2) 수력직경(D_h) = 4 × 수력반경(R_h) = 4 × 0.17 m = 0.68 m   ∴ 0.68 m

   2) 공동제연일 경우 배출량 [m³/hr]과 배출풍속(m/s)

      (1) 각 실의 합계 바닥면적 [m²] = $60m^2 \times 5$개실 = $300\,m^2$ ∴ 300 m²

      (2) 배출량 [m³/hr] = $300m^2 \times 1m^3/\min\cdot m^2 \times \dfrac{60\min}{1hr}$ = 18,000 m³/hr   ∴ 18,000 m³/hr

      (3) A ~ B구간 풍속 [m/s] = $\dfrac{4Q}{\pi D^2}$ = $\dfrac{4 \times 18,000 m^3/hr}{\pi \times (0.68m)^2 \times 3,600}$ = 13.767 /m/s   ∴ 13.77 m/s

   3) A ~ B구간 덕트의 마찰손실 [m]

      $\triangle H = \lambda \times \dfrac{L}{D} \times \dfrac{v^2}{2g}$

      덕트의 마찰손실 [m] = $0.02 \times \dfrac{20m}{0.68m} \times \dfrac{(13.77m/s)^2}{2 \times 9.8m/s^2}$ = 5.69 m   ∴ 5.69 m

   4) 각 가지덕트의 마찰손실 : 5 mmAq

   5) 송풍기의 전압 [Pa]

      = 주 덕트 전압 + 가지덕트 전압

      = $(1.2kg/m^3 \times 9.8m/s^2 \times 5.69m) + (5mmAq \times \dfrac{101325N/m^2}{10332mmAq})$ = 115.95 N/m²

   답 115.95 N/m²

2. 송풍기의 최소 필요 동력 [kW]

송풍기의 공기 동력 [kW] = $\dfrac{115.95 N/m^2 \times 18{,}000 m^3/hr}{3{,}600 s}$ = $579.75\ W$

답 0.58 kW

09

조건과 같은 노유자시설에 제연설비를 설치하려고 한다. 다음 물음에 답하시오. (단, 바닥에서 천장까지 수직거리는 3.5 m이다)

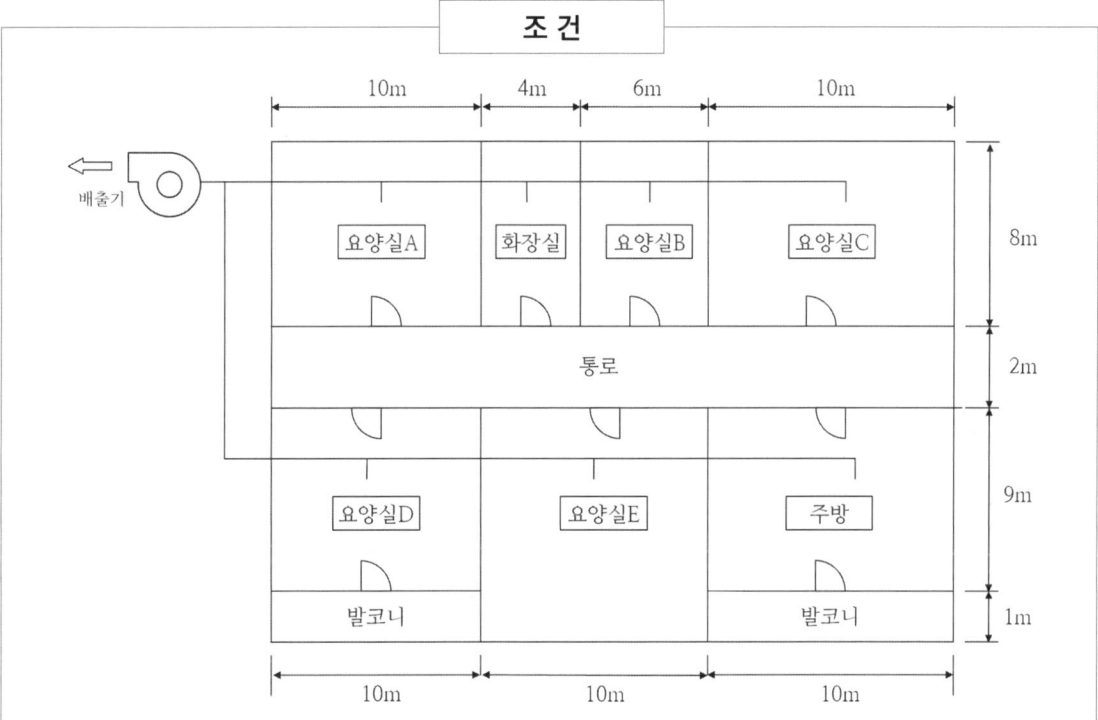

① 노유자시설은 거실배기 통로급기에 의한 공동배출방식에 따른다.
② 본 노유자시설은 숙박시설(가족호텔) 제연설비기준에 따라 설치한다.
③ 기계실, 전기실, 창고는 사람이 거주하지 않는다.
④ 건축물의 주요 구조부는 내화구조이고, 마감재는 불연재료이며, 통로에는 가연성 내용물이 없다.
⑤ 주어진 조건 외의 것은 고려하지 않는다.

(1) 배출기의 배출량 [m³/hr]을 계산하시오. (단, 각 실별 풍량의 계산과정을 포함한다)
(2) 배출기 회전수 600 rpm에서 배출량이 16,000 m³/hr이고, 축동력이 5.0 kW이면, 이 배출기가 최소 풍량을 배출하기 위해 필요한 전동기의 동력 [kW]을 계산하시오. (다만 전동기의 전달계수 포함 여유율은 15 %를 적용한다)
(3) 요양실 E실에 필요한 최소 공기유입량 [m³/hr]을 계산하시오. (단, 유입량은 최소 배출량을 기준으로 한다)
(4) 요양실 E실에 공기유입구의 최소면적 [cm²]을 계산하시오. (단, 유입구는 바닥 외에 설치한다)

정답

1. 공동예상제연구역 안에 설치된 예상제연구역이 각각 벽으로 구획된 경우(제연구역의 구획 중 출입구만을 제연경계로 구획한 경우를 포함)에는 각 예상제연구역의 배출량을 합한 것 이상으로 할 것. 다만 예상제연구역의 바닥면적이 400 m² 미만인 경우 배출량은 바닥면적 1 m²당 1 m³/min 이상으로 하고 공동예상구역 전체배출량은 5,000 m³/hr 이상으로 할 것
2. 공기유입구의 크기는 해당 예상제연구역 배출량 1 m³/min에 대하여 35 cm² 이상

1. 배출기의 배출량 [m³/hr]
    1) 각 예상제연구역의 배출량 [m³/hr]

구분	바닥면적 [m²]	최소풍량 [m³/hr]	
요양실A	8×10 = 80 m²	$80m^2 \times \frac{1m^3}{min \cdot m^2} \times \frac{60min}{1hr} = 4,800$	∴ 4,800 m³/hr
요양실B	6×8 = 48 m²	$48m^2 \times \frac{1m^3}{min \cdot m^2} \times \frac{60min}{1hr} = 2,880$	∴ 2,880 m³/hr
요양실C	8×10 = 80 m²	$80m^2 \times \frac{1m^3}{min \cdot m^2} \times \frac{60min}{1hr} = 4,800$	∴ 4,800 m³/hr
요양실E	10×10 = 100 m²	$100m^2 \times \frac{1m^3}{min \cdot m^2} \times \frac{60min}{1hr} = 6,000$	∴ 6,000 m³/hr
주방	9×10 = 90 m²	$90m^2 \times \frac{1m^3}{min \cdot m^2} \times \frac{60min}{1hr} = 5,400$	∴ 5,400 m³/hr

    2) 배출기의 배출량 [m³/hr] = (4,800 × 2개) + 2,880 + 6,000 + 5,400 = 23,880 m³/hr

답 23,880 m³/hr

2. 배출기가 최소 풍량을 배출하기 위해 필요한 전동기의 동력 [kW]

1) 상사에 따른 회전수 [rpm]

$$\text{회전수 [rpm]} = \frac{Q_2}{Q_1} \times N_1 = \frac{23{,}880 \text{m}^3/\text{hr}}{16{,}000 \text{m}^3/\text{hr}} \times 600 \text{rpm} = 895.5 \text{ rpm} \qquad \therefore 896 \text{ rpm}$$

2) 축동력 [kW] $= \left(\dfrac{N_2}{N_1}\right)^3 \times L_1 = \left(\dfrac{896 \text{rpm}}{600 \text{rpm}}\right)^3 \times 5\text{kW} = 16.65 \text{ kW} \qquad \therefore 16.65 \text{ kW}$

3) 전동기의 동력(kW) = 16.65 kW × 1.15 = 19.147 kW 　　　답 19.15 kW

3. 요양실 E실에 필요한 최소 공기유입량 [m³/hr]

1) 공기유입량의 산정기준

예상제연구역에 대한 공기유입량은 배출량의 배출에 지장이 없는 양으로 해야 한다.

2) E실의 최소 공기유입량 [m³/hr]

E실의 배출량 6,000 m³/hr을 기준으로 공기유입량 [m³/hr]　　　답 6,000 m³/hr

4. 요양실 E실에 공기유입구의 최소면적 [cm²]

$$\text{유입구의 최소면적 [cm}^2] = \frac{6{,}000 \text{m}^3/\text{hr}}{60 \text{min}} \times 35 \text{cm}^2 = 3{,}500 \text{ cm}^2 \qquad \text{답 } 3{,}500 \text{ cm}^2$$

10

지상 200 m 높이의 고층건축물에서 1층 부분에 발생하는 압력차는 몇 [Pa]인지 계산하시오.
(단, 겨울철의 외기온도는 0 ℃, 실내온도는 22 ℃이다. 중성대는 건물의 높이 중앙에 있다)

정답

1. 중성대의 높이를 이용한 압력차

$$\triangle P = 3460 \left(\frac{1}{T_o} - \frac{1}{T_i}\right) h$$

여기서, $\triangle P$: 부력에 의한 상승력(Pa)
　　　　h : 중성대로부터 화재실 높이(m)
　　　　T_o : 화재실 주변의 온도(K)
　　　　T_i : 화재실 화염의 온도(K)

2. 중성대 : 실내와 실외의 정압이 같아지는 경계면

$$\triangle P = 3460 \times \left(\frac{1}{273+0} - \frac{1}{273+22}\right) \times \frac{200}{2} = 94.52 \, Pa \qquad \text{답 } 94.52 \, Pa$$

CHAPTER 02 | 특별피난계단의 계단실 및 부속실 제연설비

■ **적용범위**

특별피난계단의 계단실(이하 "계단실"이라 한다) 및 부속실(비상용승강기의 승강장과 겸용하는 것 또는 비상용승강기·피난용승강기의 승강장을 포함한다. 이하 "부속실"이라 한다)

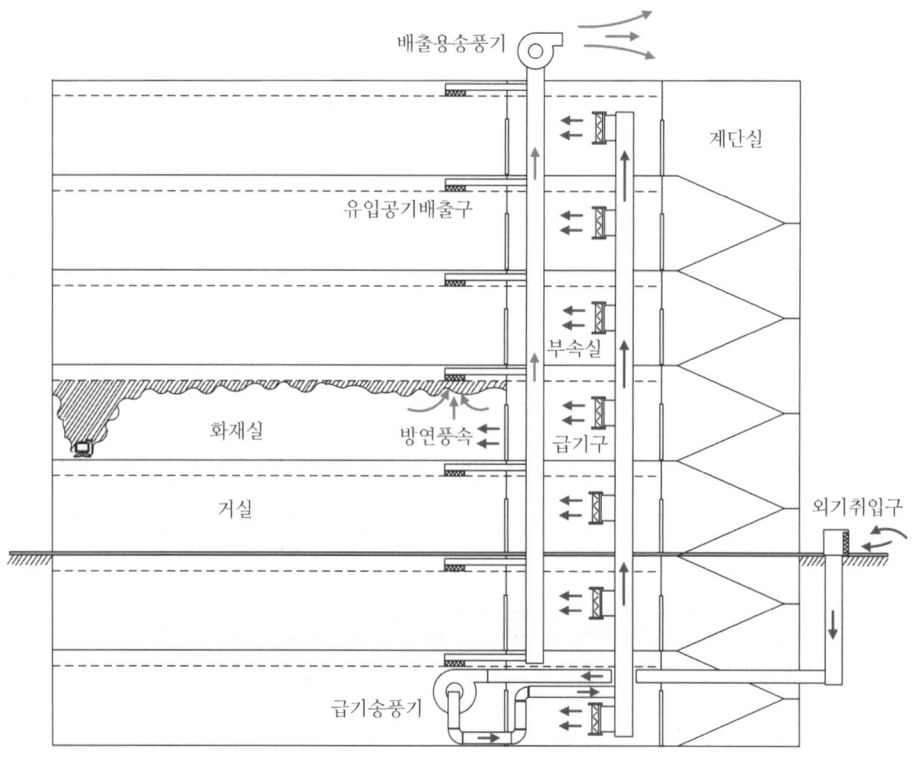

[부속실 급기가압방식의 개념도]

1 제연방식

1) 제연구역에 옥외의 신선한 공기를 공급하여 제연구역의 기압을 제연구역 이외의 옥내보다 높게 하되 일정한 기압의 차이(차압)를 유지하게 함으로써 옥내로부터 제연구역 내로 연기가 침투하지 못하도록 한다.
2) 피난을 위해 제연구역의 출입문이 일시적으로 개방되는 경우 방연풍속을 유지하도록 옥외의 공기를 제연구역내로 보충·공급하도록 한다.
3) 출입문이 닫히는 경우 제연구역의 과압을 방지할 수 있는 유효한 조치를 하여 차압을 유지한다.

2 제연구역의 선정

1) 계단실 및 그 부속실을 동시에 제연하는 것
2) 부속실을 단독으로 제연하는 것
3) 계단실을 단독으로 제연하는 것

3 차압(제연구역과 화재실 간의 기압 차이) 기준

1) 최소차압 : 40 Pa(옥내에 스프링클러설비 : 12.5 Pa) 이상
2) 출입문의 개방에 필요한 힘은 110 N 이하
3) 출입문이 일시적 개방 시 개방되지 아니하는 제연구역과 옥내와의 차압은 기준 차압의 70 % 이상
4) 계단실과 부속실을 동시에 제연하는 경우 부속실의 기압은 계단실과 같게 하거나, 5 Pa 이하 낮을 것

4 최대출입문의 개방에 필요한 힘(최대차압)

110 N : 가압 상태에서 문을 여는 순간의 힘

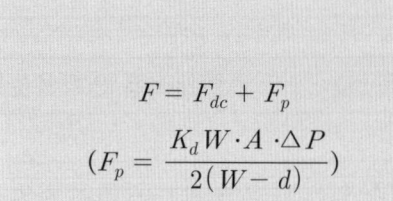

F : 문을 개방하는 데 필요한 전체 힘 [N]
F_{dc} : 도어체크의 저항력 [N]
F_p : 차압에 의해 방화문에 미치는 힘 [N]
K_d : 상수값(= 1.0)
W : 문의 폭 [m]
A : 방화문의 면적 [m²]
$\triangle P$: 비제연구역과의 차압 [Pa]
d : 손잡이에서 문의 끝까지 거리 [m]

$$F = F_{dc} + F_p$$
$$\left(F_p = \frac{K_d W \cdot A \cdot \triangle P}{2(W-d)}\right)$$

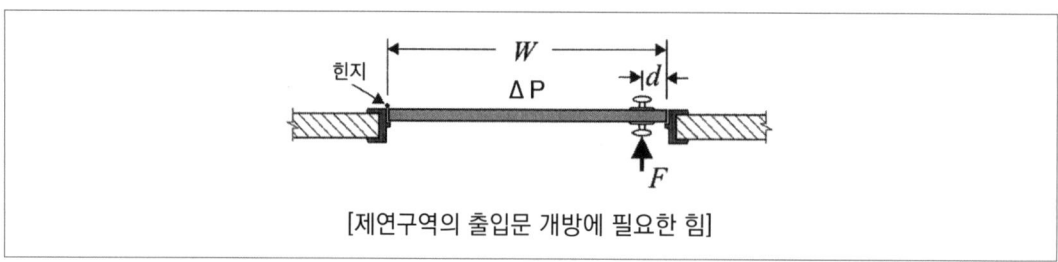

[제연구역의 출입문 개방에 필요한 힘]

5 방연풍속 : 연기유입을 방지할 수 있는 풍속

제연구역		방연풍속
계단실, 부속실을 동시 제연 또는 계단실 단독 제연		0.5 m/s 이상
부속실 단독 제연	면하는 옥내가 거실인 경우	0.7 m/s 이상
	면하는 옥내가 복도로서 그 구조가 방화구조(내화시간이 30분 이상인 구조를 포함)인 것	0.5 m/s 이상

6 급기량 = 누설량 + 보충량

1) 급기량 : 제연구역에 공급하여야 할 공기의 양
2) 누설량 : 출입문 등의 틈새를 통하여 제연구역에서 새어나가는 공기량

$$Q\,[m^3/s] = 0.827 \times A \times \sqrt{\triangle P}$$

A : 누설틈새면적 [m²]
$\triangle P$: 차압 [Pa]

3) 출입문 틈새면적 [m²]

$A = (L / \ell) \times A_d$

L : 출입문 틈새의 길이 [m]
 (L ≤ ℓ 경우 : ℓ의 수치로 할 것)
ℓ : 외여닫이문 : 5.6
  쌍여닫이문 : 9.2
  승강기의 출입문 : 8.0
A_d : 외여닫이문, 제연구역쪽으로 열리는 경우 : 0.01
  제연구역 외로 열리도록 설치하는 경우 : 0.02
  쌍여닫이문의 경우 : 0.03
  승강기의 출입문 : 0.06

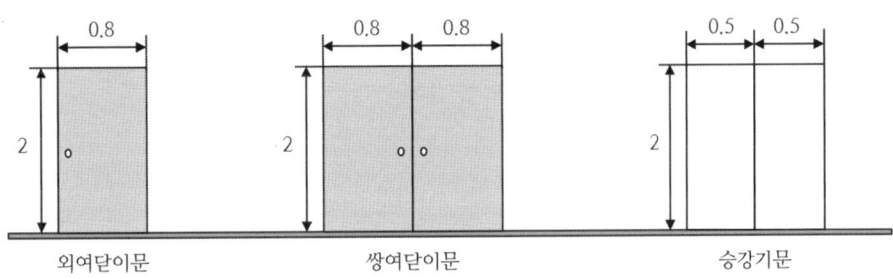

출입문		기준틈새길이 [m]	기준틈새면적 [m²]
외여닫이문	제연구역의 실내 쪽으로 개방	5.6	0.01
	제연구역의 실외 쪽으로 개방	5.6	0.02
쌍여닫이		9.2	0.03
승강기		8.0	0.06

4) 창문 틈새면적

(1) 여닫이식 창문으로서 창틀에 방수팩킹이 없는 경우

  틈새면적 [m²] = 2.55×10^{-4} × 틈새의 길이 [m]

(2) 여닫이식 창문으로서 창틀에 방수팩킹이 있는 경우

  틈세면적 [m²] = 3.61×10^{-5} × 틈새의 길이 [m]

(3) 미닫이식 창문이 설치되어 있는 경우

  틈새면적 [m²] = 1.00×10^{-4} × 틈새의 길이 [m]

5) **보충량** : 방연풍속을 유지하기 위해 제연구역 보충하는 공기량

부속실의 수가 20개 이하는 1개 층 이상, 20개를 초과하는 경우에는 2개 층 이상의 보충량

$$Q_보 = K \times \left(\frac{AV}{0.6}\right) - Q_0$$
$$(방연풍량\ Q_N = Q_보 + Q_0)$$

K : 부속실수가 20개 이하 1
     부속실수가 20개 초과 2
A : 문의면적 [m^2]
V : 방연풍속 [m/s]
Q_0 : 거실유입풍량 [m^3/s]

※ Q_0 : 거실유입풍량(m^3/s)

부속실 단독제연에서 계단실로 누설된 공기가 계단실에 쌓여 출입문 개방에 따라 계단실의 공기가 부속실을 통하여 유입되는 풍량

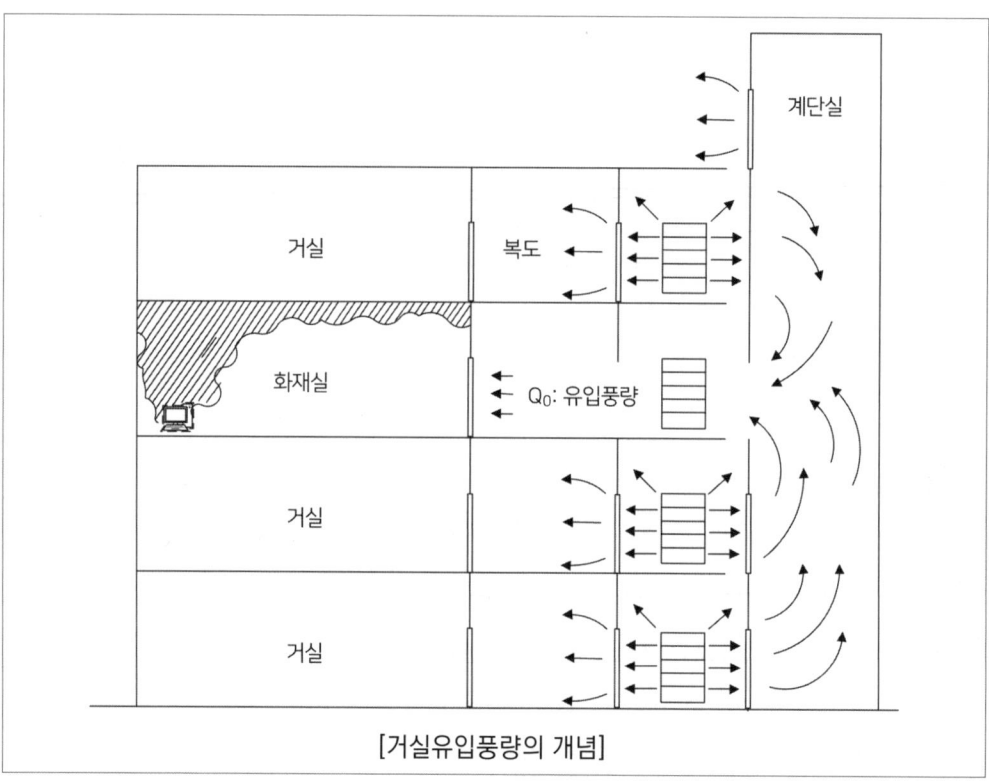

[거실유입풍량의 개념]

7 누설틈새면적의 합

직렬 누설틈새의 합	병렬 누설틈새의 합
부속실 A_1 → 거실 A_2 →	부속실 A_1 → 계단 / A_2 옥내
$\dfrac{1}{A_t^n} = \dfrac{1}{A_1^n} + \dfrac{1}{A_2^n}$ [여기서 n : 2(출입문), 1.6(창문)]	$A_0 = A_1 + A_2$

8 유입공기의 배출

유입공기는 화재 층의 제연구역과 면하는 옥내로부터 옥외로 배출되도록 해야 한다. 다만 직통계단식 공동주택의 경우에는 그렇지 않다.

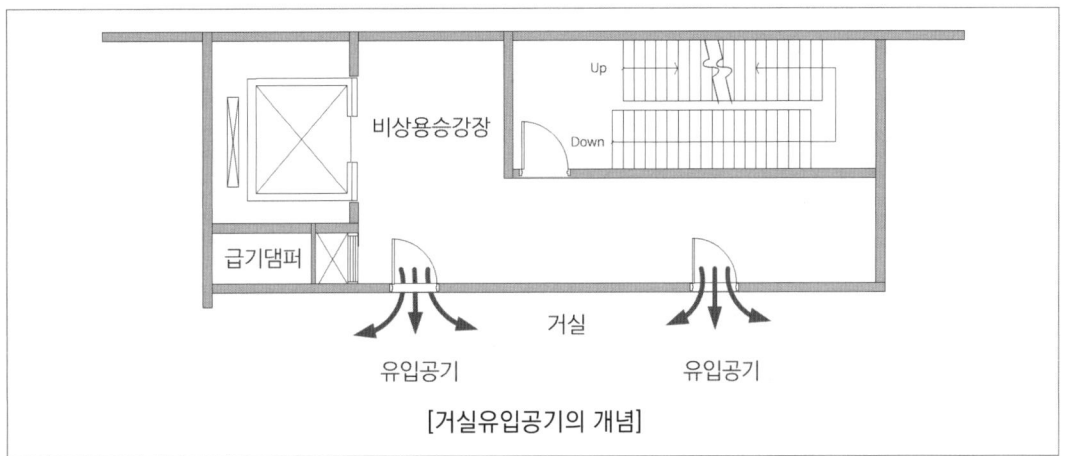

[거실유입공기의 개념]

1) **유입공기** : 제연구역으로부터 옥내로 유입하는 공기로서 차압에 따라 누설하는 것과 출입문의 개방에 따라 유입하는 것 등
2) **수직풍도에 따른 배출** : 옥상으로 직통하는 전용의 배출용 수직풍도로 배출
   (1) 자연배출식 : 굴뚝효과에 따라 배출하는 것
   (2) 기계배출식 : 수직풍도 상부에 전용의 배출용 송풍기를 설치하여 강제 배출
3) **배출구에 따른 배출** : 건물의 옥내와 면하는 외벽마다 옥외와 통하는 배출구 설치
4) **제연설비에 따른 배출** : 거실제연설비의 배출량에 합하여 배출

9 수직풍도에 따른 배출

1) 수직풍도는 내화구조로 하되 「건축물의 피난·방화구조 등의 기준에 관한 규칙」 제3조 제1호 또는 제2호의 기준 이상의 성능으로 할 것

> **Annex**
>
> ◈ 「건축물의 피난·방화구조 등의 기준에 관한 규칙」 제3조 제1호 또는 제2호의 기준
>
> 제3조(내화구조)
>
> 1. 벽의 경우에는 다음 각 목의 어느 하나에 해당하는 것
>   가. 철근콘크리트조 또는 철골철근콘크리트조로서 두께가 10센티미터 이상인 것
>   나. 골구를 철골조로 하고 그 양면을 두께 4센티미터 이상의 철망모르타르(그 바름바탕을 불연재료로 한 것으로 한정한다. 이하 이 조에서 같다) 또는 두께 5센티미터 이상의 콘크리트블록·벽돌 또는 석재로 덮은 것
>   다. 철재로 보강된 콘크리트블록조·벽돌조 또는 석조로서 철재에 덮은 콘크리트블록등의 두께가 5센티미터 이상인 것
>   라. 벽돌조로서 두께가 19센티미터 이상인 것
>   마. 고온·고압의 증기로 양생된 경량기포 콘크리트패널 또는 경량기포 콘크리트블록조로서 두께가 10센티미터 이상인 것
>
> 2. 외벽 중 비내력벽인 경우에는 제1호에도 불구하고 다음 각 목의 어느 하나에 해당하는 것
>   가. 철근콘크리트조 또는 철골철근콘크리트조로서 두께가 7센티미터 이상인 것
>   나. 골구를 철골조로 하고 그 양면을 두께 3센티미터 이상의 철망모르타르 또는 두께 4센티미터 이상의 콘크리트블록·벽돌 또는 석재로 덮은 것
>   다. 철재로 보강된 콘크리트블록조·벽돌조 또는 석조로서 철재에 덮은 콘크리트블록등의 두께가 4센티미터 이상인 것
>   라. 무근콘크리트조·콘크리트블록조·벽돌조 또는 석조로서 그 두께가 7센티미터 이상인 것

2) 수직풍도의 내부면은 두께 0.5 mm 이상의 아연도금강판 또는 동등 이상의 내식성·내열성이 있는 것으로 마감하되, 접합부에 대하여는 통기성이 없도록 조치할 것

3) 배출댐퍼의 설치기준

　(1) 배출댐퍼는 두께 1.5 mm 이상의 강판 또는 이와 동등 이상의 성능이 있는 것으로 설치하여야 하며, 비 내식성 재료의 경우에는 부식방지 조치를 할 것
　(2) 평상시 닫힌 구조로 기밀 상태를 유지할 것
　(3) 개폐 여부를 당해 장치 및 제어반에서 확인할 수 있는 감지기능을 내장할 것
　(4) 구동부의 작동 상태와 닫혀 있을 때의 기밀 상태를 수시로 점검할 수 있는 구조
　(5) 풍도의 내부마감 상태에 대한 점검 및 댐퍼의 정비가 가능한 이·탈착구조
　(6) 화재층에 설치된 화재감지기 동작에 따라 당해 층의 댐퍼가 개방될 것
　(7) 개방 시의 실제개구부(개구율 감안)의 크기는 수직풍도의 최소 내부단면적 이상으로 할 것
　(8) 댐퍼는 풍도 내 공기흐름에 지장을 주지 않도록 수직풍도의 내부로 돌출하지 않게 설치할 것

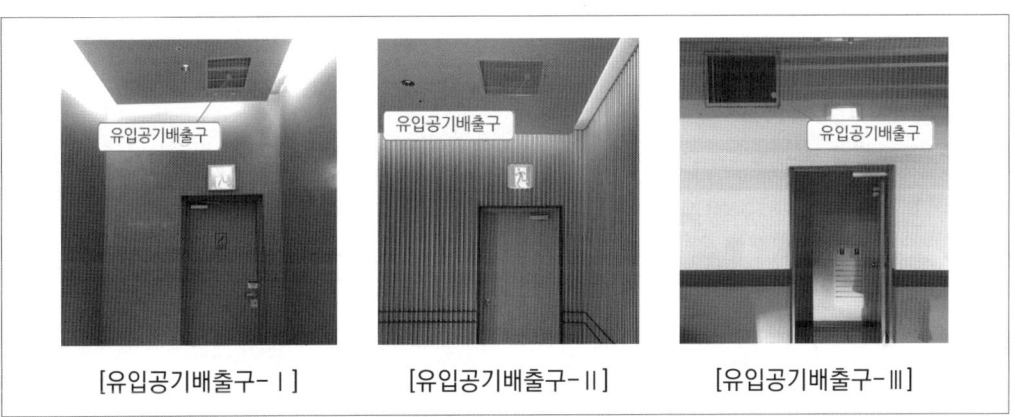

[유입공기배출구-Ⅰ]　　[유입공기배출구-Ⅱ]　　[유입공기배출구-Ⅲ]

4) 유입공기 배출방식에 따른 풍도의 단면적 [m²]

자연배출방식		기계배출방식	배출구방식	제연설비방식
수직풍도 길이 100 m 이하	수직풍도 길이 100 m 초과			
$A_P = \dfrac{Q_N}{2}$	$A_P = \dfrac{Q_N}{2} \times 1.2$	$A_P = \dfrac{Q_N}{15}$	$A_O = \dfrac{Q_N}{2.5}$	유입공기의 양을 거실 제연설비의 배출량에 합산

$Q_N = A \times v$

여기서, A : 출입문의 면적(m²)
　　　　v : 방연풍속 [m/s]

Q_N : 수직풍도가 담당하는 1개 층의 제연구역의 출입문(옥내와 면하는 출입문을 말한다) 1개의 면적 [m²]과 방연풍속 [m/s]를 곱한 값 [m³/s]

※ 송풍기를 이용한 기계배출식의 경우 풍속 15 m/s 이하로 할 것

5) 배출용 송풍기기준

   (1) 열기류에 노출되는 송풍기 및 그 부품들은 섭씨 250도의 온도에서 1시간 이상 가동상태를 유지할 것

   (2) 송풍기의 풍량은 제4호 가목의 기준에 따른 QN에 여유량을 더한 양을 기준으로 할 것

   (3) 송풍기는 화재감지기의 동작에 따라 연동하도록 할 것

   (4) 송풍기의 풍량을 실측할 수 있는 유효한 조치를 할 것

   (5) 송풍기는 다른 장소와 방화구획되고 접근과 점검이 용이한 장소에 설치할 것

10 제연구획에 대한 급기기준

1) 부속실을 제연하는 경우 동일수직선상의 모든 부속실은 하나의 전용수직풍도를 통해 동시에 급기할 것. 다만 동일수직선상에 2대 이상의 급기송풍기가 설치되는 경우 수직풍도를 분리 가능

2) 계단실 및 부속실을 동시에 제연하는 경우 계단실에 대하여는 그 부속실의 수직풍도를 통해 급기할 수 있다.

3) 계단실만 제연하는 경우에는 전용수직풍도를 설치하거나 계단실에 급기풍도 또는 급기송풍기를 직접 연결하여 급기하는 방식

4) 하나의 수직풍도마다 전용의 송풍기로 급기

5) 비상용승강기 또는 피난용승강기의 승강장을 제연하는 경우 해당 승강기의 승강로를 급기풍도로 사용할 수 있다. 〈시행 2024.7.1.〉

11 급기구

1) 급기용 수직풍도와 직접 면하는 벽체 또는 천장(당해 수직풍도와 천장급기구 사이의 풍도 포함)에 고정하되, 옥내와 면하는 출입문으로부터 가능한 먼 위치에 설치할 것

2) 계단실과 그 부속실 동시 제연 또는 계단실만 제연하는 경우 급기구는 계단실 매 3개 층 이하의 높이마다 설치. 다만 계단실 높이 31 m 이하로서 계단실만을 제연하는 경우 하나의 계단실에 하나의 급기구만 설치 가능

3) 급기구의 댐퍼 설치기준

　(1) 급기댐퍼의 재질은 「자동차압급기댐퍼의 성능인증 및 제품검사의 기술기준」에 적합한 것으로 할 것

　(2) 자동차압급기댐퍼는 「자동차압급기댐퍼의 성능인증 및 제품검사의 기술기준」에 적합한 것으로 설치할 것

　(3) 자동차압급기댐퍼가 아닌 댐퍼는 개구율을 수동으로 조절할 수 있는 구조로 할 것

　(4) 화재감지기에 따라 모든 제연구역의 댐퍼가 개방되도록 할 것. 다만 둘 이상의 특정소방대상물이 지하에 설치된 주차장으로 연결되어 있는 경우에는 특정소방대상물의 화재감지기 및 주차장에서 하나의 특정소방대상물의 제연구역으로 들어가는 입구에 설치된 제연용 연기감지기의 작동에 따라 해당 특정소방대상물의 수직풍도에 연결된 모든 제연구역의 댐퍼가 개방되도록 하거나 해당 특정소방대상물을 포함한 둘 이상의 특정소방대상물의 모든 제연구역의 댐퍼가 개방되도록 할 것

　(5) 댐퍼의 작동이 전기적 방식에 의하는 경우 **9** 3)의 (2) 내지 (5)의 기준을, 기계적 방식에 따른 경우 **9** 3)의 (3), (4), (5) 기준을 준용할 것

　(6) 그 밖의 설치기준은 **9** 3)의 (1) 및 (8)의 기준을 준용할 것

4) 급기풍도기준

　(1) 수직풍도는 내화구조로 하고 내부면은 두께 0.5 mm 이상의 아연도금강판 또는 동등 이상의 내식성·내열성이 있는 것으로 마감하되 접합부에 대하여는 통기성이 없도록 조치할 것

　(2) 수직풍도 이외의 풍도로서 금속판으로 설치하는 풍도는 다음 각 목의 기준에 적합할 것

　　① 풍도는 아연도금강판 또는 이와 동등 이상의 내식성·내열성이 있는 것으로 하며, 불연재료(석면재료 제외)인 단열재로 풍도 외부에 유효한 단열처리를 하고, 강판의 두께는 [거실제연설비 수직풍도]기준 이상으로 할 것. [다만 방화구획이 되는 전용실에 급기송풍기와 연결되는 풍도는 단열이 필요없다. → NFTC]

　　② 풍도에서의 누설량은 급기량의 10 %를 초과하지 아니할 것

　(3) 풍도는 정기적으로 풍도 내부를 청소할 수 있는 구조로 할 것

　(4) 풍도 내의 풍속은 15 m/s 이하로 할 것

12 급기송풍기

1) 송풍기의 송풍능력은 송풍기가 담당하는 제연구역에 대한 급기량의 1.15배 이상으로 할 것. 다만 풍도에서의 누설을 실측하여 조정하는 경우에는 그렇지 않다.
2) 송풍기에는 풍량조절장치를 설치하여 풍량조절을 할 수 있도록 할 것
3) 송풍기에는 풍량을 실측할 수 있는 유효한 조치를 할 것
4) 송풍기는 인접 장소의 화재로부터 영향을 받지 않고 접근 및 점검이 용이한 장소에 설치할 것
5) 송풍기는 옥내의 화재감지기의 동작에 따라 작동하도록 할 것
6) 송풍기와 연결되는 캔버스는 내열성(석면재료를 제외한다)이 있는 것으로 할 것

[송풍기의 풍속측정공]

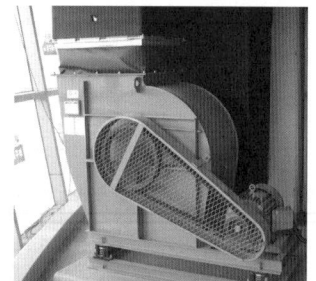

[송풍기]

13 외기취입구

1) 외기를 옥외로부터 취입하는 경우 취입구는 오염된 공기를 취입하지 않는 위치에 설치하며, 배기구 등(유입공기, 주방의 조리대의 배출공기 또는 화장실의 배출공기 등의 배기구)으로부터 수평거리 5 m 이상, 수직거리 1 m 이상 낮은 위치에 설치
2) 옥상에 설치하는 경우 옥상의 외곽 면으로부터 수평거리 5 m 이상, 외곽면의 상단으로부터 하부로 수직거리 1 m 이하의 위치에 설치
3) 빗물과 이물질이 유입하지 아니하는 구조
4) 옥외의 바람의 속도와 방향에 따라 영향을 받지 아니하는 구조

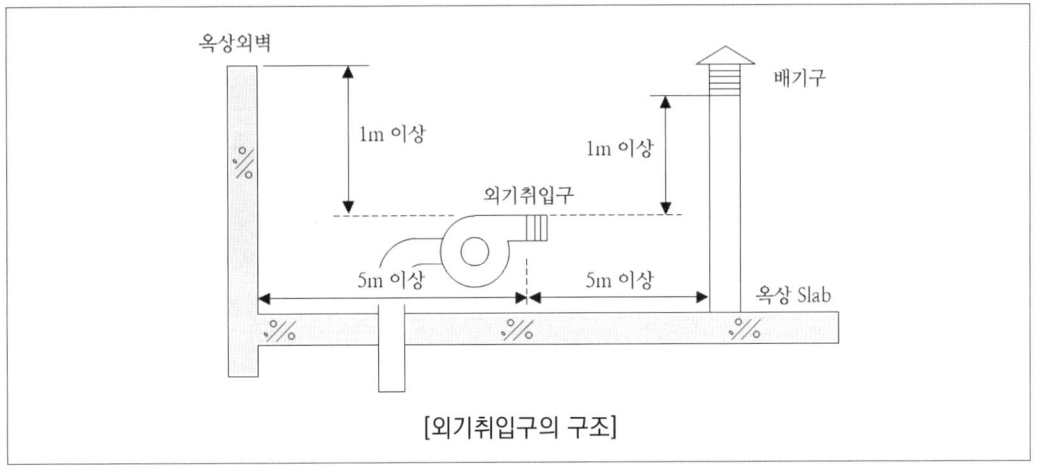

[외기취입구의 구조]

14 제연구역 및 옥내의 출입문

제연구역 출입문	방화구조의 복도와 거실 사이 출입문
1) 제연구역의 출입문(창문 포함)은 언제나 닫힌 상태를 유지하거나 자동폐쇄장치에 의해 자동으로 닫히는 구조로 할 것. 다만 아파트 경우 제연구역과 계단실 사이의 출입문은 자동폐쇄장치에 의하여 자동으로 닫히는 구조일 것 2) 출입문의 자동폐쇄장치는 제연구역의 기압에도 불구하고 출입문을 용이하게 닫을 수 있는 충분한 폐쇄력이 있을 것 3) 제연구역의 출입문 등에 자동폐쇄장치를 사용하는 경우에는 성능인증 및 제품검사의 기술기준에 적합한 것일 것	1) 출입문은 언제나 닫힌 상태를 유지하거나 자동폐쇄장치에 의해 자동으로 닫히는 구조로 할 것 2) 거실 쪽으로 열리는 구조의 출입문에 자동폐쇄장치를 설치하는 경우에는 출입문의 개방 시 유입공기의 압력에도 불구하고 출입문을 용이하게 닫을 수 있는 충분한 폐쇄력이 있는 것으로 할 것

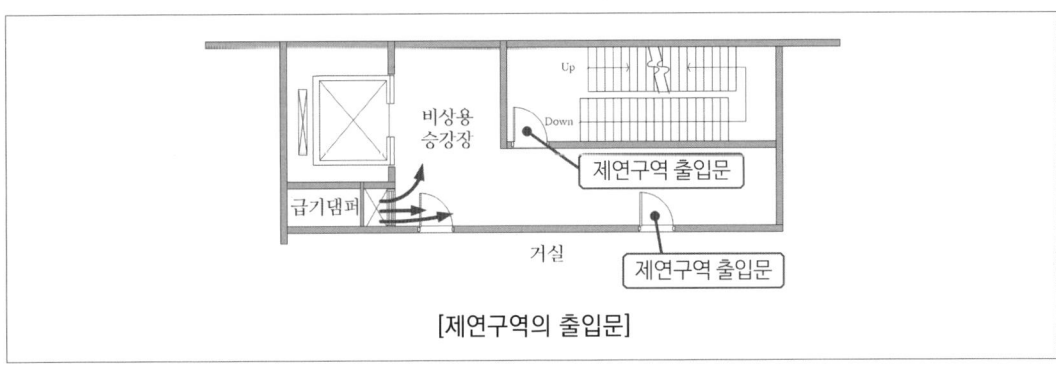

[제연구역의 출입문]

15 수동기동장치 기능

1) 설치위치 : 배출댐퍼 및 개폐기의 직근 또는 제연구역
   스위치 : 바닥으로부터 0.8 미터 이상 1.5 미터 이하의 높이에 설치
   (1) 전층의 제연구역에 설치된 급기댐퍼의 개방
   (2) 당해 층의 배출댐퍼 또는 개폐기의 개방
   (3) 급기송풍기 및 유입공기의 배출용 송풍기(설치한 경우)의 작동
   (4) 개방·고정된 모든 출입문의 개폐장치의 작동
2) 수동기동 장치는 옥내의 수동발신기의 조작으로도 작동할 수 있을 것

16 제어반 설치기준

1) 제어반의 기능을 1시간 이상 유지 가능한 비상용 축전지 내장(종합방재반으로부터 전원공급 시 제외)
2) 제어반의 기능
   (1) 급기용 댐퍼의 개폐 감시 및 원격조작기능
   (2) 배출댐퍼 또는 개폐기의 작동 여부 감시 및 원격조작기능
   (3) 급기송풍기·유입공기 배출용 송풍기 작동 여부 감시 및 원격조작기능
   (4) 제연구역 출입문의 일시적인 고정개방 및 해정 감시 및 원격조작기능
   (5) 수동기동장치의 작동 여부 감시기능
   (6) 급기구 개구율 자동조절장치의 작동 감시기능(차압표시계 설치 시 제외)
   (7) 감시선로의 단선에 대한 감시기능
   (8) 예비전원 확보 및 예비전원의 적합 여부 시험

17 제연설비의 시험, 측정 및 조정

제연설비의 성능과 관련된 건물의 모든 부분(건축설비를 포함한다)이 완성되는 시점에 시행

구분	내용
출입문의 크기와 개폐방향이 설계도서와 일치 여부	• 불일치 시 급기량, 보충량 재산출 조정가능 여부 및 재설계 • 개수 여부 등 결정
출입문 폐쇄력 측정	• 제연설비 비가동 상태에서 측정
출입문 개방력 측정	• 제연설비 가동 상태에서 측정 • 출입문의 개방력 확인(110 N 이하)
출입문의 자동폐쇄 상태 확인	• 개방된 출입문의 자동 닫힘 여부 확인 • 닫힌 상태를 유지 가능한지 여부 확인 및 조정
층별로 화재감지기 동작시험	• 제연설비 작동 여부 확인
방연풍속 측정	• 부속실 단독 시 거실과 면할 때 : 0.7 m/s • 기타 : 0.5 m/s
방연풍속 측정 시 비개방제연구역의 차압	• 정상차압의 70 % 이상

1) 제연구역의 모든 출입문 등의 크기와 열리는 방향이 설계 시와 동일한지 여부를 확인할 것

2) 제연구역의 출입문 및 복도와 거실(옥내가 복도와 거실로 되어 있는 경우에 한한다) 사이의 출입문마다 제연설비가 작동하고 있지 아니한 상태에서 그 폐쇄력을 측정할 것

3) 층별로 화재감지기(수동기동장치를 포함한다)를 동작시켜 제연설비가 작동하는지 여부를 확인할 것. 다만 둘 이상의 특정소방대상물이 지하에 설치된 주차장으로 연결되어 있는 경우에는 특정소방대상물의 화재감지기 및 주차장에서 하나의 특정소방대상물의 제연구역으로 들어가는 입구에 설치된 제연용 연기감지기의 작동에 따라 해당 특정소방대상물의 수직풍도에 연결된 모든 제연구역의 댐퍼가 개방되도록 하거나 해당 특정소방대상물을 포함한 둘 이상의 특정소방대상물의 모든 제연구역의 댐퍼가 개방되도록 하고 비상전원을 작동시켜 급기 및 배기용 송풍기의 성능이 정상인지 확인할 것

4) 제3호의 기준에 따라 제연설비가 작동하는 경우 방연풍속, 차압, 및 출입문의 개방력(제연구역의 출입문과 면하는 옥내에 거실제연설비가 설치된 경우에는 이 기준에 따른 제연설비와 해당 거실제연설비를 동시에 작동시킨 상태에서 측정)과 자동 닫힘 등이 적합한지 여부를 확인하는 시험을 실시할 것

특별피난계단의 계단실 및 부속실 제연설비의 성능시험 조사표

가. 제연구역과 옥내사이차압, 방화문개방력, 비개방층차압, 평균방연풍속, 유입공기배출량

제연구역	차압/개방력		비개방층 차압 Pa -방화문 1개 층 개방	비개방층 차압 Pa -방화문 2개 층 개방	평균방연 풍속 m/s	유입공기 배출구배출량 (기계배출식 등)	비고
	차압 Pa	개방력 N					
	~	~	~	~	/		
	~	~	~	~	/		
	~	~	~	~	/		
	~	~	~	~	/		

* 측정값은 최젓값과 최곳값, 평균값 등을 기록한다.
* 계측기 및 측정오차의 최대허용범위는 측정값의 ±10 %로 한다.

나. 송풍기 검사

송풍기번호 또는 제연구역	송풍기 규격	송풍기 검사			비고 (송풍기 설치층)
		풍량	전류 [A]	전압 [V]	
	m³/h × Pa × kw				
	m³/h × Pa × kw				
	m³/h × Pa × kw				
	m³/h × Pa × kw				

다. 계측기

계측기명	형식(MODEL) 및 기기 번호	교정일과 성적서 유효기간	기기편차 또는 평균측정편차 % 등	비고
			~	
			~	
			~	
			~	

※ 첨부 : 국가 공인기관의 계측기 교정성적서 사본

- 계측기명 : 측정 계측기명 기록
- 형식(MODEL) 및 기기 번호 : 교정성적서에 있는 형식(MODEL) 및 기기번호 기록
- 교정일과 성적서 유효기간 : 교정성적서에 있는 교정날짜와 유효기간을 기록한다.
- 교정성적서 2면 기기편차 또는 평균측정편차의 최소 및 최댓값, 평균값 등은 필요시 백분율로 환산하여 기록할 수 있다.
- 국내 교정기관에서 교정검사가 불가능 한 경우 공인검사기관의 확인서를 첨부하고 제조사의 교정성적서를 첨부할 수 있다.
- 사용 계측기의 최대허용오차는 교정성적서의 측정범위 내 표준 입력값의 ±5 % 범위 이내여야 한다.

성능시험실시자	업체명 :	인증번호 :	책임기술자:

* 제연설비의 성능시험을 별도의 업체에서 실시한 경우 성능시험 조사결과를 첨부한다.

210 mm × 297 mm[백상지(80 g/m²) 또는 중질지(80 g/m²)]

〈을지〉

제연구역	시험일시	외부 대기온도	실내평균온도
	20 . .	℃	℃

가. 제연구역과 옥내사이차압, 방화문개방력, 비개방층차압, 방연풍속, 유입공기배출구배출량

☐ 최종검사

층	차압/개방력		비개방층차압 Pa -방화문 1개 층 개방	비개방층차압 Pa -방화문 2개 층 개방	비 고(송풍기설치 위치표시)	방연풍속 m/s 배출(+), 유입(−)				
	차압Pa	개방력N				측정층:	평균:			m/s
							1	2	3	4
						1				
						2				
						3				
						4				
						5				
						6				
						7				
						8				
						측정층:	평균:			m/s
							1	2	3	4
						1				
						2				
						3				
						4				
						5				
						6				
						7				
						8				
						측정층:	평균:			m/s
							1	2	3	4
						1				
						2				
						3				
						4				
						5				
						6				
						7				
						8				
						측정층:	평균:			m/s
							1	2	3	4
						1				
						2				
						3				
						4				
						5				
						6				
						7				
						8				

유입공기배출 풍량

층 : m^3/h
층 : m^3/h
층 : m^3/h
층 : m^3/h

〈을지〉

나. 송풍기 검사

송풍기 번호 또는 제연구역	실측풍량()	전류(A)	전압(V)	비고

※ 첨부 : 송풍기 풍량 측정 기록지
※ 도면 또는 측정기록지에는 측정위치를 표기한다.

[비고]
1. 제연구역과 옥내 간의 차압은 전 층 측정을 원칙으로 한다. 단, 계단실 가압을 하는 경우 급기댐퍼가 설치된 층만 측정할 수 있다.
2. 제연구역의 방화문이 모두 닫힌 상태에서 전 층 제연구역의 옥내 방화문 개방력 측정을 원칙으로 한다. 단, NFSC501A 제5조 1호 및 3호에 해당하는 경우 옥내 및 계단 방화문의 개방력을 모두 측정하는 것을 원칙으로 한다.
3. 방연풍속
   (1) 송풍기에서 가장 먼 층을 기준으로 제연구역 1개 층(20층 초과 시 연속되는 2개 층) 제연구역과 옥내 간의 측정을 원칙으로 하며 필요시 그 이상으로 할 수 있다.
   (2) 방연풍속은 최소 10점 이상 균등 분할하여 측정하며, 측정 시 각 측정점에 대해 제연구역을 기준으로 기류가 유입(-) 또는 배출(+) 상태를 측정지에 기록한다.
   (3) 유입공기배출장치(있는 경우)는 방연풍속을 측정하는 층만 개방한다.
   (4) 직통계단식 공동주택은 방화문 개방층의 제연구역과 연결된 세대와 면하는 외기문을 개방할 수 있다.
4. 비개방층 차압
   (1) 비개방층 차압은 "3호 방연풍속"의 시험 조건에서 방화문이 열린층의 직상 및 직하층을 기준층으로 하여 5개 층마다 1개소 측정을 원칙으로 하며 필요시 그 이상으로 할 수 있다.
   (2) 20개 층 까지는 1개소만 개방하여 측정한다.
   (3) 21개 층부터는 2개 층을 개방하여 측정하고, 1개 층만 개방하여 추가로 측정한다.
   ※ 부속실과 면하는 옥내의 출입문이 2개소 이상인 경우 그 중 크기가 최대인 출입문 1개소를 개방하여 측정할 것
5. 유입공기 배출량
   (1) 기계배출식은 송풍기에서 가장 먼 층의 유입공기배출댐퍼를 개방하여 측정하는 것을 원칙으로 한다.
   (2) 기타 방식은 설계 조건에 따라 적정한 위치의 유입공기배출구를 개방하여 측정하는 것을 원칙으로 한다.
6. 송풍기 풍량 측정
   (1) "3호 방연풍속"의 시험 조건에서 송풍기 풍량은 피토관 또는 기타 풍량측정 장치를 사용하고, 송풍기 모터의 전류, 전압을 측정한다.
   (2) 이때 전류 및 전압 측정값은 동력제어반에 표시되는 수치를 기록할 수 있다.

210 mm × 297 mm[백상지(80 g/m^2) 또는 중질지(80 g/m^2)]

송풍기 풍량 측정 기록지											
제연구역 및 송풍기 :								회 측정의 평균풍속 :			m/s	
풍량(m³/h) = 속도(m/s)×단면적(m²) × 3,600 :					m³/h			풍도크기 :			
세로 \ 가로	1	2	3	4	5	6	7	8	9	10	
1											
2											
3											
4											
5											
6											
7											
8											
9											
10											

[비고]
1. 일반사항
   (1) 풍량 측정점은 덕트 내의 풍속, 시공 상태, 현장 여건 등을 고려하여 송풍기의 흡입 측 또는 토출 측 덕트에서 정상류가 형성되는 위치를 선정한다. 일반적으로 엘보 등 방향전환 지점 기준 하류쪽은 덕트직경(장방형 덕트의 경우 상당지름)의 7.5배 이상 상류쪽은 2.5배 이상 지점에서 측정하여야 하며, 직관길이가 미달하는 경우 최적위치를 선정하여 측정하고 측정기록지에 기록한다.
   (2) 피토관 측정 시 풍속은 아래공식으로 계산한다.
   $v = 1.29\sqrt{P_v}$ (v : 풍속 m/s, P_v : 동압 Pa) - **관점20**
   (3) 풍량 계산은 아래공식으로 계산한다.
   $Q = 3,600\,VA$ (Q : 풍량 m³/h, V : 평균풍속 m/s, A : 덕트의 단면적) - **관점20**
2. 송풍기 풍량 측정위치는 측정자가 쉽게 접근할 수 있고 안전하게 측정할 수 있도록 조치하여야 한다.
3. 동일면적 분할법 사례 - **관점20**

원형덕트 또는 송풍기 흡입구 피토관 이송 측정점 (동일면적 분할법)	장방형 덕트 피토관 이송 측정점(동일면적 분할법)
(원형 덕트 그림: 직경(D), 측정점 1~5)	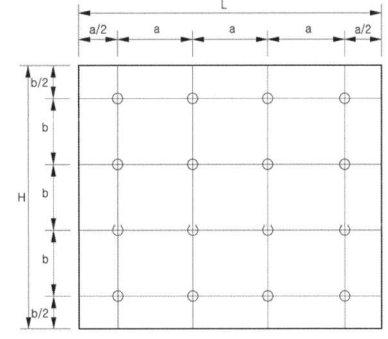
• 300 mm 이상인 경우 총 20개 지점 측정 • 측정점 위치)	• 최소 16점이며 64점 이상을 넘지 않도록 한다. • 64점 이하 측정 시 a, b의 간격은 150 mm 이하 일 것 • L = 1,100일 경우 1,100/150 = 7.33, 측정점은 8개소 a = 1,100/8 = 137.5 mm

측정점1	측정점2	측정점3	측정점4	측정점5
0.0257D	0.0817D	0.1465D	0.2262D	0.3419D

주) D : 원형 덕트의 직경

210 mm × 297 mm[백상지(80 g/m²) 또는 중질지(80 g/m²)]

CHAPTER 02 | 계산문제
특별피난계단의 계단실 및 부속실 제연설비

01

다음은 서로 직렬된 2개의 실 Ⅰ, Ⅱ 평면도이다. 출입문 A_1, A_2의 누설틈새면적은 각각 0.02 m²이고, 압력차가 50 Pa로 판정되었을 때 누설량을 구하시오.

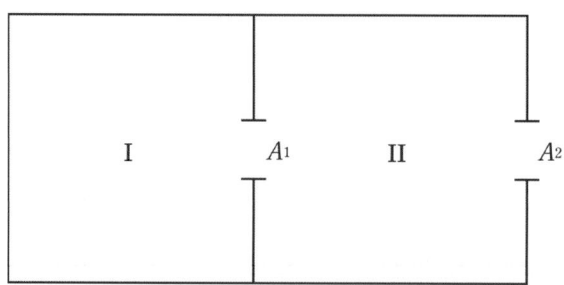

정답

1. 직렬 상태 누설틈새면적

$$\frac{1}{A_t^n} = \frac{1}{A_1^n} + \frac{1}{A_2^n}$$

여기서, 출입문 n = 2, 창문 = 1.6

2. 개구부의 누설량(m³/s)

$$Q = C \times A \times v = C \times A \times \sqrt{2gH} = C \times A \times \left(\frac{2}{\rho}\Delta P\right)^{\frac{1}{n}}$$

여기서, Q : 누설량(kg/s)
C : 유동계수(0.64)
ρ : 밀도(kg/m³)
A : 틈새면적(m²)
v : 속도(m/s)
P : 압력(Pa)

1) 직렬 상태인 경우 틈새면적 [m^2]

$$A_T[m^2] = \frac{1}{\sqrt{(\frac{1}{A_1^2}+\frac{1}{A_2^2}+...+\frac{1}{A_n^2})}} = \left(\frac{1}{A_1^2}+\frac{1}{A_2^2}+...+\frac{1}{A_n^2}\right)^{-\frac{1}{2}}$$

$$A_1 \sim A_2 = \frac{1}{\sqrt{\frac{1}{0.02^2}+\frac{1}{0.02^2}}} = 0.014\,m^2$$

2) 누설량 [m^3/s]

$$Q = 0.827 \times A \times \sqrt{P} \quad (A : 틈새면적\,[m^2],\,P : 차압\,[Pa])$$
$$= 0.827 \times 0.014 \times \sqrt{50} = 0.081 ≒ 0.08\,m^3/s$$

답 0.08 m^3/s

02

특별피난계단 부속실의 설계에 대하여 조건과 같은 유동경로를 갖는 제연구역의 출입문 누설면적이 각각 A$_1$ = A$_2$ = A$_3$ = 0.04 m^2, A$_4$ = A$_5$ = A$_6$ = 0.02 m^{2}일 때 총 누설면적 [m^2]을 계산하시오. (단, 소수점 다섯째자리에서 반올림하시오)

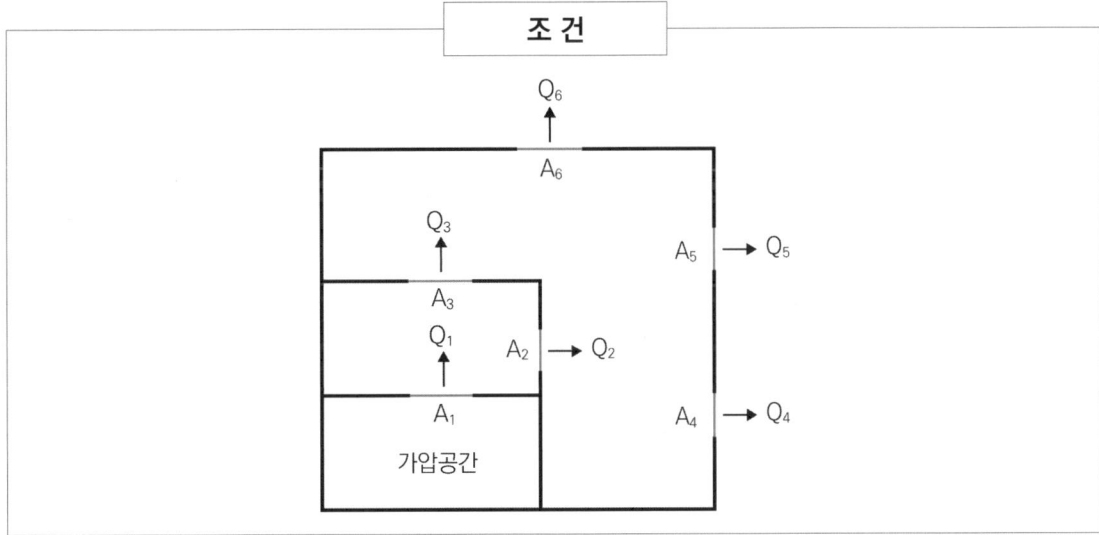

정답

1. 직렬 상태 누설틈새면적

$$\frac{1}{A_t^n} = \frac{1}{A_1^n} + \frac{1}{A_2^n} \rightarrow A_t = \left(\frac{1}{A_1^n} + \frac{1}{A_2^n}\right)^{-\frac{1}{n}}$$

여기서, 출입문 n = 2, 창문 = 1.6

2. 병렬 상태 누설틈새면적

$$A_t = A_1 + A_2$$

1) 계산을 위한 조건

   (1) $A_{4\sim6} = A_4 + A_5 + A_6 = 0.02\text{m}^2 + 0.02\text{m}^2 + 0.02\text{m}^2 = 0.06\text{ m}^2$ ∴ 0.06 m²

   (2) $A_{2\sim3} = A_2 + A_3 = 0.04\text{m}^2 + 0.04\text{m}^2 = 0.08\text{ m}^2$ ∴ 0.08 m²

2) 전체 누설틈새면적 [m²]

   (1) Q_1과($Q_{2\sim3}$ 병렬)은 직렬로 연결되어 있으며, 다시($Q_{4\sim6}$ 병렬)과 직렬로 계산

   (2) 누설틈새면적 [m²] $= \left(\dfrac{1}{(A_1)^n} + \dfrac{1}{(A_{2\sim3})^n} + \dfrac{1}{(A_{4\sim6})^n}\right)^{-\frac{1}{n}}$

   $= \left(\dfrac{1}{(0.04\text{m}^2)^2} + \dfrac{1}{(0.08\text{m}^2)^2} + \dfrac{1}{(0.06\text{m}^2)^2}\right)^{-\frac{1}{2}} = 0.0307\text{ m}^2$

   답 0.0307 m²

03

특별피난계단의 부속실에 설치하는 제연설비에 관한 다음 물음에 답하시오.

(1) 옥내의 압력이 750 mmHg일 때 화재 시 부속실에 유지하여야 할 최소 압력은 절대압력은 몇 kPa인지를 구하시오. (단, 옥내에 스프링클러가 설치되지 아니한 경우이다)

(2) 부속실만 단독으로 제연하는 방식이며 부속실이 면하는 옥내가 복도로서 그 구조가 방화구조이다. 제연구역에는 옥내와 면하는 2개의 출입문이 있으며 각 출입문의 크기는 가로 1 m, 세로 2 m이다. 이때 유입공기의 배출을 배출구에 따른 배출방식으로 할 경우 개폐기의 개구면적은 최소 몇 [m²]인지 구하시오.

정답

1. 개폐기의 개구면적 $A_0 = \dfrac{Q_N}{2.5}$

2. 방연풍속

제연구역		방연풍속
계단실 및 그 부속실을 동시에 제연하는 것 또는 계단실만 단독으로 제연하는 것		0.5 m/s 이상
부속실만 단독으로 제연하는 것	부속실이 면하는 옥내가 거실인 경우	0.7 m/s 이상
	부속실이 면하는 옥내가 복도로서 그 구조가 방화구조(내화시간이 30분 이상인 구조를 포함)인 것	0.5 m/s 이상

1. 옥내의 절대압력

$$750\,mmHg \times \dfrac{101325\,Pa}{760\,mmHg} = 99991.78\,Pa$$

(부속실에 유지하여야 할 최소 압력) 99,991.78 Pa + 40 Pa = 100,031.78 Pa = 100.03 kPa

답 100.03 kPa

2. 개폐기의 개구면적

  1) 출입문 1개의 면적 : $1 \times 2\,m^2$

  2) 제연구역이 부속실이 면하는 옥내가 복도일 때 방연풍속 : $0.5\,m/s$

$$Q_N = (1 \times 2)\,m^2 \times 0.5\,m/s = 1\,m^3/s,\ A_0 = \dfrac{Q_N}{2.5} = 0.4\,m^2$$

답 0.4 m²

04

조건과 같이 1개 층에 부속실제연설비를 설치하려고 한다. 다음 물음에 답하시오.

조 건

① 부속실에서 거실 쪽, 계단 쪽 출입문의 크기는 높이 2.1 m, 폭 1 m의 외여닫이문으로 부속실만을 단독제연하는 방식이다.

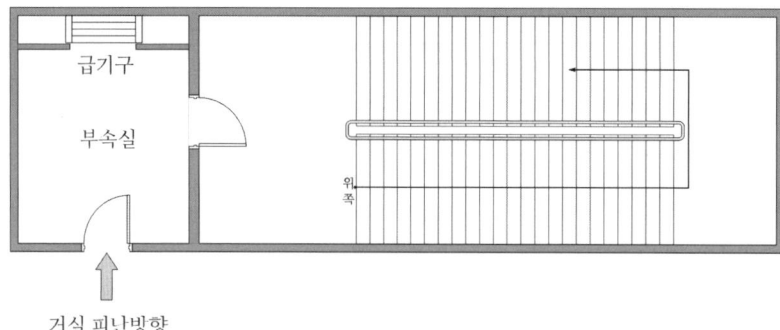

② 보충량 계산을 위한 식은 다음과 같다.

$$Q_\text{보} = K\left(\frac{S \times V}{0.6}\right) - 0.4\,\text{m}^3/\text{s}$$

③ 급기용 덕트의 직관길이 105 m이다.
④ 유입공기의 배출방식은 배출구방식으로 한다.
⑤ 덕트직관의 마찰저항은 0.5 mmAq/m로 하며, 기타손실은 고려하지 아니한다.
⑥ 급기풍도의 풍속 15 m/s, 급기구의 순간풍속은 3 m/s, 개구율은 60 %이다.
⑦ 송풍기 fan의 효율은 60 %, 안전율은 10 %로 한다.
⑧ 특정소방대상물에는 스프링클러설비가 설치되어 있으며, 그 외 조건은 고려하지 않는다.

(1) 부속실과 옥내 사이의 차압을 위한 누설량 [m³/s]을 소수점 이하 셋째자리까지 계산하시오.
(2) 피난을 위한 출입문 개방 시 필요한 보충량 [m³/s]을 계산하시오.
(3) 부속실 제연설비를 위한 최소 송풍기의 풍량 [m³/s]을 계산하시오.
(4) 급기덕트의 풍도 단면적 [m²]을 계산하시오.
(5) 유입공기 배출구의 최소면적 [m²]을 계산하시오.
(6) 급기용 송풍기의 최소동력 [kW]을 계산하시오.

정답

> 1. 제연구역과 옥내 사이에 유지하여야 하는 최소차압은 40 Pa(옥내에 스프링클러설비가 설치된 경우에는 12.5 Pa) 이상으로 하여야 한다.
> 2. 누설틈새면적 $A = \dfrac{L}{\ell} \times A_d$
>
> | 출입문 | | 기준틈새길이 [m] | 기준틈새면적 [m²] |
> |---|---|---|---|
> | 외여닫이문 | 제연구역의 실내 쪽으로 개방 | 5.6 | 0.01 |
> | | 제연구역의 실외 쪽으로 개방 | 5.6 | 0.02 |
>
> 3. 급기량 = 누설량 + 보충량 → 송풍기 풍량 = 급기량 × 1.15
> 4. 배출구의 단면적 [m²] : $A_P = \dfrac{Q_N}{2.5}$ (방연풍량 $Q_N = A \times v$)
> 5. 송풍기의 전압 = 덕트길이에 따른 저항 + 기타부속류저항 + 차압

1. 부속실과 옥내 사이의 차압을 위한 누설량 [m³/s]

   1) 실내 쪽으로 개방되는 누설틈새면적 [m²] = $\dfrac{6.2\text{m}}{5.6\text{m}} \times 0.01\text{m}^2 = 0.011\text{ m}^2$ ∴ 0.011 m²

   2) 실외 쪽으로 개방되는 누설틈새면적 [m²] = $\dfrac{6.2\text{m}}{5.6\text{m}} \times 0.02\text{m}^2 = 0.022\text{ m}^2$ ∴ 0.022 m²

   3) 틈새가 병렬일 경우 틈새면적 [m²]
   틈새면적 [m²] = 0.011 m² + 0.022 m² = 0.033 m²   ∴ 0.033 m²

   4) 누설량 [m³/s] = $0.827 \times 0.033\text{m}^2 \times \sqrt{12.5\text{Pa}} = 0.0964\text{ m}^3/\text{s}$ 답 0.096 m³/s

2. 피난을 위한 출입문 개방 시 필요한 보충량 [m³/s]

   보충량 [m³/s] = $\left(\dfrac{2.1m \times 1m \times 0.7m/s}{0.6}\right) - 0.4 m^3/s = 2.05\text{ m}^3/s$ 답 2.05 m³/s

3. 부속실 제연설비를 위한 최소 송풍기의 풍량 [m³/s]

   송풍기의 풍량 [m³/s] = $(0.096\text{m}^3/\text{s} + 2.05\text{m}^3/\text{s}) \times 1.15 = 2.467\text{ m}^3/\text{s}$ 답 2.47 m³/s

4. 급기덕트의 풍도 단면적 [m²]

   풍도 단면적 [m²] = $\dfrac{\text{급기풍량}(\text{m}^3/\text{s})}{\text{풍속}(\text{m/s})} = \dfrac{2.47\text{m}^3/\text{s}}{15\text{m/s}} = 0.1646\text{ m}^2$ 답 0.16 m²

5. 유입공기 배출구의 최소면적 [m²]

   배출구의 단면적 [m²] = $\dfrac{2.1\text{m} \times 1\text{m} \times 0.7\text{m/s}}{2.5\text{m/s}} = 0.588\text{ m}^2$ 답 0.59 m²

6. 급기용 송풍기의 최소동력 [kW]

   1) 송풍기의 전압(mmAq)

   $$\text{전압(mmAq)} = 105\text{m} \times 0.5\text{mmAq/m} + \left(12.5\text{Pa} \times \frac{10,332\text{mmAq}}{101,325\text{Pa}}\right) = 53.774 \text{ mmAq}$$

   ∴ 53.77 mmAq

   2) 송풍기의 동력 [kW] $= \dfrac{53.77\text{mmAq} \times 2.47\text{m}^3/\text{s}}{102 \times 0.6} \times 1.1 = 2.387 \text{ kW}$

   답 2.39 kW

05

특별피난계단의 계단실 및 부속실 제연설비의 출입문 누설량에 관한 다음 물음에 답하시오.

> ① 제연구역의 실외 쪽으로 열리는 출입문은 높이 : 2.2 m, 폭 : 1.1 m의 외여닫이문이다.
> ② 적용차압은 50 Pa을 기준으로 한다.
> ③ 주어진 것 외의 것은 고려하지 않는다.

(1) 국가화재안전기준(NFTC 501A)에 따른 방화문의 누설량 [m³/s]을 계산하시오.
(2) 한국산업표준(KS)에 따른 방화문의 누설량 [m³/s]을 계산하시오.

정답

1. NFTC 501A : 누설량 $Q = 0.827 \times Am^2 \times \sqrt{\Delta P}$ $[m^3/s]$
2. 방화문 차연성 : KS F 2846(방화문의 차연시험방법)에 따른 차연성 시험결과, KS F 3109(문세트)에서 규정한 차연성능을 확보
   1) 차연성능 : 차압이 25 Pa일 때 공기 누설량이 0.9 m³/min·m² 이하

1. 국가화재안전기준(NFTC 501A)에 따른 방화문의 누설량 [m³/s]

   1) 누설틈새면적의 계산

   ⑴ 누설틈새면적의 공식(기준 틈새길이 5.6 m에 따른 틈새면적 0.02 m²)

   5.6 m : 0.02 m² = 6.6 m : 틈새면적 [m²]

   ⑵ 누설틈새면적 [m²] $= \dfrac{6.6\text{m}}{5.6\text{m}} \times 0.02\text{m}^2 = 0.0235$ ∴ 0.024 m²

   2) 누설량 [m³/s] $= 0.827 \times 0.024\text{m}^2 \times \sqrt{50\text{Pa}} = 0.14$

   답 0.14 m³/s

2. 한국산업표준(KS)에 따른 방화문의 누설량 [m³/s]

   1) KS F 2846의 차연성 성능기준(방화문 누설량)

      차압이 25 Pa일 때 공기 누설량이 0.9 m³/min·m² 이하일 것

   2) 누설량 [m³/s] = (2.2 × 1.1) m² × 0.9 m³/min·m² ÷ 60 s = 0.036   ∴ 0.036 m³/s

   3) 50 Pa 일 때 누설량 [m³/s]

      (1) 25 Pa일 때 $\sqrt{25} : 0.036\,m^3/s = \sqrt{50}$: 누설량(m^3/s)

      (2) 누설량 [m³/s] = $\sqrt{\dfrac{50}{25}} \times 0.036\,m^3/s = 0.0509$

   답 0.051 m³/s

06

옥내와의 차압이 60 Pa로 급기되고 있는 특별피난계단 부속실의 출입문을 모두 닫은 상태에서 크기가 1.2 m × 2.1 m인 출입문을 부속실 쪽으로 열 때, 필요한 힘 [N]을 계산하시오. (단, 이 출입문의 자동폐쇄장치의 폐쇄력과 출입문 경첩의 마찰력은 각각 13 N, 2 N이며 손잡이는 출입문 끝으로부터 10 cm 떨어져 있다)

정답

1. 문을 개방하는 데 필요한 힘 $F = F_{dc} + F_P$

2. $F_P = \Delta P \cdot A \cdot \dfrac{W}{2(W-d)}$

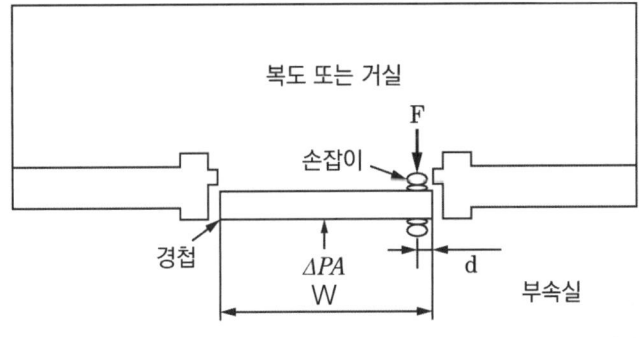

1) 도어체크의 개방력(F_{dc}) = 폐쇄력 + 마찰력 = 13 N + 2 N = 15 N

2) 출입문을 개방하는 데 필요한 힘 [N] = $15N + \dfrac{1 \times 1.2m \times (1.2m \times 2.1m) \times 60Pa}{2(1.2m - 0.1m)}$

   = 97.472   답 97.47 N

07

화재실에서 발생한 연기가 거실에서 특별피난계단 부속실로 유입되는 것을 방지하기 위하여 부속실에 55 Pa의 압력을 가하려고 한다. 다음 조건을 참고하여 설명하시오.

[조 건]

- 출입문 크기 : 2.1 m × 1 m
- 손잡이 위치 : 장변 모서리로부터 10 cm
- 문의 마찰력 : 5 N

(1) 국내 화재안전기준을 적용하여 부속실과 거실 사이에 출입문의 자동폐쇄장치가 허용하는 힘 [N]
(2) 동일 조건에서 자동폐쇄장치의 폐쇄력이 45 N인 제품을 사용할 경우 부속실의 압력한계 [Pa]

정답

1. 국내 화재안전기준을 적용하여 부속실과 거실 사이에 출입문의 자동폐쇄장치가 허용하는 힘 [N]

    1) 차압에 의한 힘

    $$F_1 \times (w-d) = P \times A \times \frac{w}{2}$$

    $$F_1 = \frac{55 \times 2.1 \times 1 \times 1}{2 \times (1-0.1)} = 64.17\,N$$

    $$F_1 = 64.17\,N$$

    2) 자동폐쇄장치가 허용하는 힘 [N]

    $$110 = 64.17 + 5 + F_3$$

    답 $40.83\,N$

2. 동일 조건에서 자동폐쇄장치의 폐쇄력이 45 N인 제품을 사용할 경우 부속실의 압력한계 [Pa]

    1) 차압에 의한 힘

    $$110 = F_1 + 5 + 45$$

    $$F_1 = 60\,N$$

    2) 압력한계 [Pa]

    $$P = \frac{60 \times (1-0.1) \times 2}{2.1 \times 1 \times 1} = 51.428$$

    답 $51.43\,Pa$

    3) 자동폐쇄장치의 폐쇄력이 45 N인 제품은 사용할 수 없다.

08

아래와 같은 병렬 및 직렬 누설 틈새 식을 유도하시오.

(1) 병렬 누설 틈새 식 : $A_T = A_1 + A_2 + \cdots + A_k$

(2) 직렬 누설 틈새 식 : $\dfrac{1}{A_t^n} = \dfrac{1}{A_1^n} + \dfrac{1}{A_2^n} + \cdots + \dfrac{1}{A_k^n}$

정 답

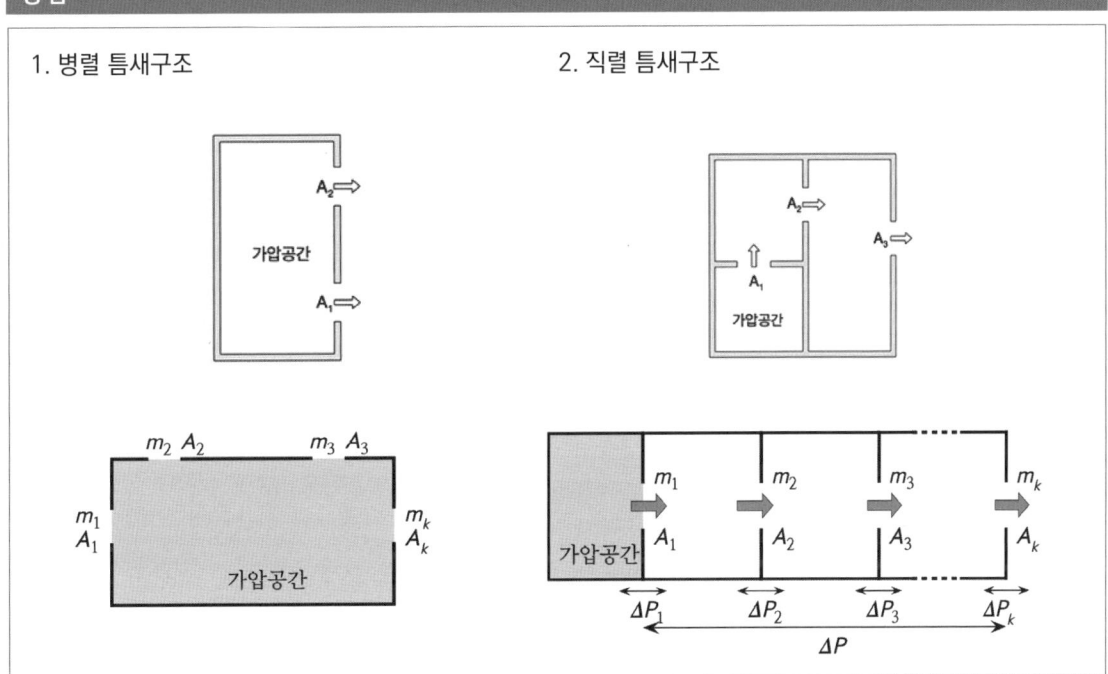

1. 병렬의 유통경로를 갖는 경우 누설틈새면적(m²)을 산출하는 공식

$$A_t = A_1 + A_2$$

1) 각 개구부의 전체 압력차(△Pa)

$$\triangle P_1 = \triangle P_2 = \triangle P_3 = \triangle P_n \cdots = \triangle P_t$$

2) 누설틈새면적에 따른 누설량(m³/s)

(1) 질량보존법칙에 의한 각 개구부의 누설량(m³/s)

$$Q_1 + Q_2 + Q_3 + Q_4 \cdots = Q_t$$

(2) 개구부의 누설량(m³/s)

$$Q = C \times A \times v = C \times A \times \sqrt{2gH} = C \times A \times \left(\frac{2}{\rho}\Delta P\right)^{\frac{1}{n}}$$ (출입문 n = 2, 창문 = 1.6)

여기서, M : 누설량(kg/s)
C : 유동계수(0.64)
ρ : 밀도(kg/m³)
A : 틈새면적(m²)
v : 속도(m/s)
P : 압력(Pa)

(3) 각 개구부의 전체 누설량(Q_t)

$$Q_t = Q_1 + Q_2 + Q_3 + Q_4 \cdots$$

$$C \times A_t \times \left(\frac{2}{\rho}\Delta P_t\right)^{\frac{1}{n}}$$

$$= C \times A_1 \times \left(\frac{2}{\rho}\Delta P_1\right)^{\frac{1}{n}} + C \times A_2 \times \left(\frac{2}{\rho}\Delta P_2\right)^{\frac{1}{n}} + C \times A_3 \times \left(\frac{2}{\rho}\Delta P_3\right)^{\frac{1}{n}} + \cdots$$

(유동계수 C와 밀도 ρ는 동일. $\Delta P_1 = \Delta P_2 = \Delta P_3 \cdots = \Delta P_t$ 이므로)

$$A_t = A_1 + A_2$$

3) 병렬 누설틈새면적

$$A_T = A_1 + A_2 + \cdots + A_k$$

2. 직렬의 유통경로를 갖는 경우 누설틈새면적(m²)을 산출하는 공식

$$\frac{1}{A_t^n} = \frac{1}{A_1^n} + \frac{1}{A_2^n}$$ 여기서, 출입문 n = 2, 창문 = 1.6

1) 누설틈새면적에 따른 누설량(m³/s)

(1) 질량보존법칙에 의한 각 개구부의 누설량(m³/s)

$$Q_1 = Q_2 = Q_3 = Q_4 \cdots = Q_n$$

(2) 개구부의 누설량(m³/s)

$$Q = C \times A \times v = C \times A \times \sqrt{2gH} = C \times A \times \left(\frac{2}{\rho}\Delta P\right)^{\frac{1}{n}}$$

여기서, Q : 누설량(kg/s)
C : 유동계수(0.64)
ρ : 밀도(kg/m³)
A : 틈새면적(m²)
v : 속도(m/s)
ΔP : 압력차(Pa)

2) 각 개구부의 압력차는 전체 압력차(ΔPa)

$\Delta P_1 + \Delta P_2 + \Delta P_3 + \Delta P_n \cdots = \Delta P_t$

3) 각 틈새면적에 따른 압력차(ΔPa)

(1) $\Delta P_1 = \dfrac{1}{2}\left(\dfrac{Q_1}{CA_1}\right)^n$

(2) $\Delta P_2 = \dfrac{1}{2}\left(\dfrac{Q_2}{CA_2}\right)^n$

(3) $\Delta P_3 = \dfrac{1}{2}\left(\dfrac{Q_3}{CA_3}\right)^n$

4) 직렬 누설틈새면적

(1) $\Delta P_1 + \Delta P_2 + \Delta P_3 \cdots = \Delta P_t$

(2) $\dfrac{1}{\cancel{2}}\left(\dfrac{\cancel{Q_1}}{\cancel{C}A_1}\right)^n + \dfrac{1}{\cancel{2}}\left(\dfrac{\cancel{Q_2}}{\cancel{C}A_2}\right)^n + \dfrac{1}{\cancel{2}}\left(\dfrac{\cancel{Q_3}}{\cancel{C}A_3}\right)^n = \dfrac{1}{\cancel{2}}\left(\dfrac{\cancel{Q_t}}{\cancel{C}A_t}\right)^n$

(3) $\dfrac{1}{A_1^n} + \dfrac{1}{A_2^n} + \dfrac{1}{A_3^n} = \dfrac{1}{A_t^n}$

$\therefore \dfrac{1}{A_t^n} = \dfrac{1}{A_1^n} + \dfrac{1}{A_2^n} + \cdots + \dfrac{1}{A_k^n}$

09

출입문 틈새로부터의 누설량($Q = 0.827 \times A \times \sqrt{\Delta P}$)식을 유도하시오. (단, 출입문 틈새의 유동계수는 0.64이며, 온도 조건은 21 ℃이다)

> **정답**

1) 연속 방정식에 의한 누설량 [m³/s]

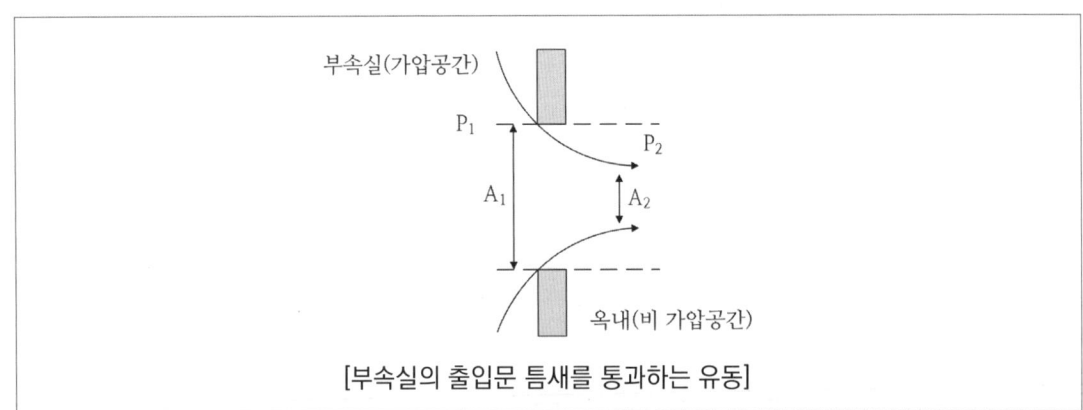

[부속실의 출입문 틈새를 통과하는 유동]

$$Q = C \times A \times v = C \times A \times \sqrt{\frac{2}{\rho}\Delta P} = 0.827 \times A \times \sqrt{\Delta P}$$

여기서, Q : 누설량(m³/s)
C : 유동계수(0.64)
A : 틈새면적(m²)
v : 속도 [m/s]

2) 틈새를 통한 공기의 유출 속도식

(1) $\dfrac{P_1}{\gamma} + \dfrac{\cancel{v_1^2}}{2g} + \cancel{z_1} = \dfrac{P_2}{\gamma} + \dfrac{v_2^2}{2g} + \cancel{z_2}$ 여기서, $A_1 \gg A_2$일 때 $v_1 \approx 0$, $z_1 = z_2$

(2) $\dfrac{P_1}{\gamma} = \dfrac{P_2}{\gamma} + \dfrac{v_2^2}{2g} \rightarrow \dfrac{P_1 - P_2}{\gamma} = \dfrac{v_2^2}{2g}$

(3) $P_1 - P_2 = \dfrac{v_2^2}{2g} \times \gamma$ 여기서, $\triangle P = P_1 - P_2$

(4) $\triangle P = \dfrac{v_2^2}{2g} \times \gamma \Rightarrow v = \sqrt{2g\dfrac{\Delta P}{\gamma}} = \sqrt{2\cancel{g}\dfrac{\Delta P}{\rho \cancel{g}}} = \sqrt{\dfrac{2}{\rho}\Delta P}$ ······································· ①식

3) 공기의 밀도에 따른 유출속도

(1) 공기밀도(ρ)는 21℃를 기준으로 이상기체 상태 방정식을 적용하여

$$밀도(\rho) = \frac{PM}{RT} = \frac{101{,}325\,\text{N/m}^2 \times 29\,\text{kg/kmol}}{8{,}313.85\,\text{N m/kmol·K} \times (273+21)\text{K}} = 1.202\,\text{kg/m}^3 \quad \therefore\ 1.2\,\text{kg/m}^3$$

(2) "1.식"의 속도공식에 공기밀도 대입

$$공기의\ 유출속도\ [\text{m/s}] = \sqrt{2\frac{\Delta P}{1.2}} = 1.29\sqrt{\Delta P}$$

4) 틈새를 통한 누설량 $[\text{m}^3/\text{s}] = 0.64 \times A \times \sqrt{\frac{2\,\Delta P}{1.2}} \rightarrow \therefore\ Q = 0.827 \times A \times \sqrt{\Delta P}$

CHAPTER 03 | 연결송수관설비

1 설치대상

1) 5층 이상으로서 연면적 6,000 m² 이상인 경우 모든 층
2) 지하층 포함하는 층수가 7층 이상인 경우 모든 층
3) 지하 3층 이상이고 지하층 바닥면적 합계 1,000 m² 이상인 경우 모든 층
4) 터널 1,000 m 이상인 것

2 가압송수장치 등 〈시행 2024.7.1.〉

지표면에서 최상층 방수구의 높이가 70 m 이상인 경우 설치

1) 펌프의 성능은 체절운전 시 정격토출압력의 140 %를 초과하지 않고, 정격토출량의 150 %로 운전 시 정격토출압력의 65 % 이상이 되어야 하며, 펌프의 성능을 시험할 수 있는 성능시험배관을 설치할 것 〈개정 2024.5.10.〉
   (1) 펌프의 성능시험을 위한 전용의 수조를 설치할 것 〈신설 2024.5.10.〉
   (2) 수조의 유효수량은 펌프 정격토출량의 150 %로 5분 이상 시험할 수 있는 양 이상이 되도록 할 것 〈신설 2024.5.10.〉
   (3) 펌프의 성능시험 시 방수되는 물로 침수피해가 발생하지 않도록 배수설비가 되어 있을 것 〈신설 2024.5.10.〉

2) 펌프 토출량과 양정

구분	일반건축물	계단식 아파트
토출량	2,400 L/min 이상	1,200 L/min 이상
	방수구가 3개를 초과 시 1개마다 800 L/min를 가산한 양(최대 5개)	방수구가 3개를 초과 시 1개마다 400 L/min를 가산한 양(최대 5개)
펌프양정	최상층에 설치된 노즐선단의 압력이 0.35 MPa 이상의 압력	

3 송수구 설치기준

1) 소방차가 쉽게 접근할 수 있고, 잘 보이는 장소에 설치
2) 지면으로부터 높이가 0.5 m 이상 1 m 이하의 위치에 설치
3) 화재층으로부터 지면으로 떨어지는 유리창 등이 송수 및 그 밖의 소화작업에 지장을 주지 않는 장소에 설치
4) 주배관에 이르는 연결배관에 개폐밸브를 설치 시 개폐 상태를 쉽게 확인 및 조작할 수 있는 옥외 또는 기계실 등의 장소에 설치 및 다음 기준의 탬퍼스위치 설치
   (1) 급수개폐밸브가 잠길 경우 탬퍼스위치의 동작으로 인하여 감시제어반 또는 수신기에 표시되어야 하며 경보음을 발할 것
   (2) 탬퍼스위치는 감시제어반 또는 수신기에서 동작의 유무확인과 동작시험, 도통시험을 할 수 있을 것
   (3) 탬퍼스위치에 사용되는 전기배선은 내화전선 또는 내열전선으로 설치할 것
5) 구경 65 mm의 쌍구형으로 할 것
6) 송수압력범위를 표시한 표지를 할 것
7) 송수구는 연결송수관의 수직배관마다 1개 이상을 설치할 것
8) 송수구의 부근의 자동배수밸브 및 체크밸브 설치기준
   (1) 습식 : 송수구, 자동배수밸브, 체크밸브의 순으로 설치할 것
   (2) 건식 : 송수구, 자동배수밸브, 체크밸브, 자동배수밸브의 순으로 설치할 것

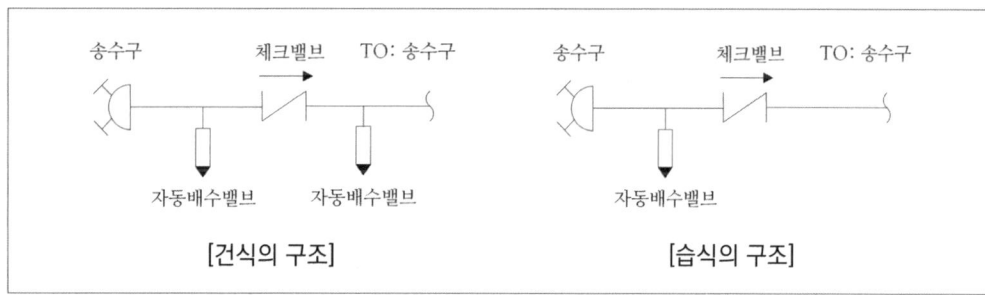

9) "연결송수관설비 송수구"라고 표시한 표지
10) 송수구에는 이물질을 막기 위한 마개를 씌울 것

4 배관의 설치기준 〈시행 2024.7.1.〉

1) 주배관의 구경은 100 mm 이상의 전용배관으로 할 것(다만 주배관의 구경이 100 mm 이상인 옥내소화전설비의 배관과는 겸용 가능)
2) 지면으로부터 높이 31 m 이상 또는 지상 11층 이상 : 습식 설비
3) 성능시험배관은 펌프의 토출 측에 설치된 개폐밸브 이전에서 분기, 유량측정장치를 기준으로 전단에 개폐밸브를 후단에 유량조절밸브를 설치
4) 성능시험배관에 설치하는 유량측정장치는 성능시험배관의 직관부에 설치하되, 펌프 정격토출량의 175 % 이상을 측정할 수 있는 것

5 방수구

1) 층마다 설치할 것(단, 다음 각목의 해당 층에는 설치 제외)
  (1) 아파트등의 1층 및 2층
  (2) 소방차 접근이 가능하고 소방대원이 쉽게 도달할 수 있는 피난층
  (3) 송수구가 부설된 옥내소화전을 설치한 특정소방대상물의 다음 해당 층
     (집회장·관람장·백화점·도매시장·소매시장·판매시설·공장·창고시설·지하가 제외)
     ① 층수 4층 이하이고 연면적 6,000 m² 미만인 대상물의 지상층
     ② 지하층의 층수가 2 이하인 대상물의 지하층

2) 방수구 설치기준
  (1) 아파트 또는 바닥면적이 1,000 m² 미만인 층 : 계단으로부터 5 m 이내에 설치
     ① 계단이 둘 이상 있는 경우에는 그중 1개의 계단
     ② 부속실이 있는 계단은 부속실의 옥내 출입구로부터 5 m 이내에 설치
  (2) 바닥면적 1,000 m² 이상인 층(아파트를 제외) : 각 계단으로부터 5 m 이내에 설치
     ① 계단의 부속실을 포함하며 계단이 셋 이상 있는 층의 경우에는 그중 두 개의 계단
     ② 부속실이 있는 계단은 부속실의 옥내 출입구로부터 5 m 이내에 설치
  (3) 방수구 추가 설치
     ① 지하가(터널 제외), 지하층 바닥면적 합계 3,000 m² 이상 : 수평거리 25 m
     ② 그 밖 : 수평거리 50 m

3) 11층 이상의 부분에는 쌍구형으로 할 것(다만 다음 각 목의 층에는 단구형으로 설치 가능)

　(1) 아파트등의 용도로 사용되는 층

　(2) 스프링클러설비가 설치되어 있고, 방수구가 2개소 이상 설치된 층

4) 방수구의 호스접결구 : 바닥으로부터 높이 0.5 m 이상 1 m 이하

5) 방수구는 연결송수관 전용 방수구 또는 옥내소화전 방수구로서 구경 65 mm의 것으로 설치

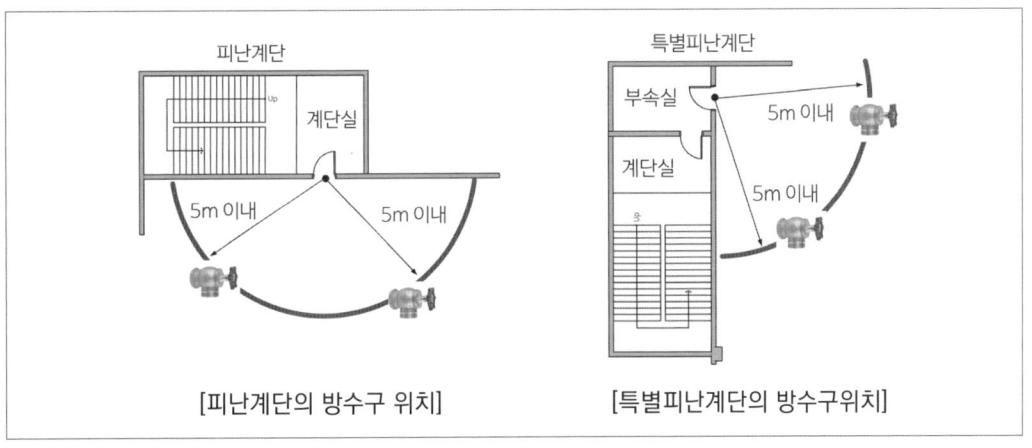

6 방수기구함

1) 피난층과 가장 가까운 층을 기준 3개 층마다 설치하되, 그 층의 방수구마다 보행거리 5 m 이내에 설치할 것

2) 방수기구함에는 길이 15 m의 호스와 방사형 관창을 비치할 것

　(1) 호스는 각 부분에 유효하게 물이 뿌려질 수 있는 개수 이상을 비치할 것(쌍구형 : 단구형 방수구의 2배 이상 설치)

　(2) 방사형 관창은 단구형 방수구 : 1개, 쌍구형 방수구 : 2개 이상 비치할 것

3) 방수기구함에는 "방수기구함"이라고 표시한 축광식 표지를 할 것

7 송수구의 겸용

연결송수관설비의 송수구를 옥내소화전설비와 겸용으로 설치하는 경우에는 연결송수관설비의 송수구 설치기준에 따르되 각각의 소화설비의 기능에 지장이 없도록 해야 한다.

CHAPTER 03 | 계산문제

| 연결송수관설비

01

조건과 같은 업무시설에 연결송수관설비를 설치하려고 한다. 송수구의 가까운 곳에 표시해야 하는 송수압력범위 [MPa]를 계산하시오. (단, 10 m = 0.1 MPa이다)

조 건

① 업무시설은 지상 30층/지하 5층으로 각 층의 바닥면적은 2,500 m²이다.
② 특별피난계단은 2개가 설치되어 있으며, 그 외 소방시설은 관련 법령에 따라 적법하게 설치되어 있다.
③ 각 층의 층고는 4 m이며, 송수구 및 방수구는 화재안전기술기준의 가장 낮은 위치에 설치한다.

정답

1) 송수압력의 계산식

$$P = P_1 + P_2 + 0.35 \text{MPa}$$

여기서, P : 필요한 압력 [MPa]
P_1 : 낙차환산수두압 [MPa]
P_2 : 배관, 관 부속품 및 호스의 마찰손실압력 [MPa]

2) 연결송수관설비의 설치기준
　(1) 펌프의 양정은 최상층에 설치된 노즐선단의 압력이 0.35 MPa 이상의 압력이 되도록 할 것
　(2) 송수구는 지면으로부터 높이가 0.5 m 이상 1 m 이하의 위치에 설치할 것
　(3) 방수구의 호스접결구는 바닥으로부터 높이 0.5 m 이상 1 m 이하의 위치에 설치할 것
3) 최소송수압력 [MPa] = −[(4 m × 4층) + 0.5 m + 3.5 m] + 35 m = 15 m　　∴ 0.15 MPa
4) 최대송수압력 [MPa] = [(4 m × 28층) + 3.5 m + 0.5 m] + 35 m = 151 m　　∴ 1.51 MPa
5) 송수압력범위 [MPa]

답　0.15 ~ 1.51 MPa

02

다음은 연결송수관설비에 관한 설명이다. 다음 물음에 답하시오.

(1) 가압송수장치를 설치하는 경우 건물의 높이와 가압송수장치를 설치하는 이유를 설명하시오.
(2) 연결송수관설비 방수구가 6개 설치된 경우 펌프 토출량 [L/min]과 성능시험을 위한 수조의 양 [m³]을 구하라. (계단식 아파트가 아님)
(3) 연결송수관설비 방수구가 2개 설치된 경우 펌프 토출량 [L/min]과 성능시험을 위한 수조의 양 [m³]을 구하라. (계단식 아파트)
(4) 소방펌프의 흡입 측에 연성계 또는 진공계를 설치하지 않을 수 있는 2가지를 쓰시오.
(5) 최상층 노즐선단의 방수압력 [MPa]은 얼마 이상인가?
(6) 11층 이상의 건물에 방수구를 단구형으로 설치하는 경우 2가지를 서술하시오.

정답

1. 펌프의 토출량
   펌프의 토출량은 2,400 L/min(계단식 아파트의 경우에는 1,200 L/min) 이상이 되는 것으로 할 것. 다만 해당 층에 설치된 방수구가 3개를 초과(방수구가 5개 이상인 경우에는 5개)하는 것에 있어서는 1개마다 800 L/min(계단식 아파트의 경우에는 400 L/min)를 가산한 양이 되는 것으로 할 것
2. 성능시험을 위한 수조의 유효수량
   수조의 유효수량은 펌프 정격토출량의 150 %로 5분 이상 방수할 수 있는 양 이상

1. 가압송수장치를 설치하는 경우 건물의 높이와 가압송수장치를 설치하는 이유
   1) 건물 높이 : 지표면에서 최상층 방수구의 높이가 70 m 이상인 경우
   2) 설치 이유 : 건물 높이가 높은 경우 소방차의 수압만으로는 규정 방사압력(0.35 MPa 이상)을 유지하기 어려우므로 가압송수장치를 설치

2. 방수구가 6개 설치된 경우 펌프 토출량 [L/min]과 성능시험을 위한 수조의 양 [m³] (계단식 아파트가 아님)
   1) 펌프 토출량 [L/min] : 2,400 + (800 × 2) = 4,000 L/min
   2) 수조의 양 [m³] = 4,000 L/min × 150 % × 5 min = 30 m³

   답 4,000 L/min, 30 m³

3. 방수구가 2개 설치된 경우 펌프 토출량 [L/min]과 성능시험을 위한 수조의 양 [m³] (계단식 아파트)
   1) 펌프 토출량 [L/min] : 1,200 L/min (1개 ~ 3개)
   2) 수조의 양 [m³] = 1,200 L/min × 150 % × 5 min = 9 m³

   답 1,200 L/min, 9 m³

4. 소방펌프의 흡입 측에 연성계 또는 진공계를 설치하지 않을 수 있는 경우
   1) 수원의 수위가 펌프의 위치보다 높은 경우
   2) 수직회전축펌프를 설치하는 경우

5. 최상층 노즐선단의 방수압력 [MPa]   답 0.35 MPa

6. 11층 이상의 건물에 방수구를 단구형으로 설치하는 경우
   1) 아파트등의 용도로 사용되는 층
   2) 스프링클러설비가 유효하게 설치되어 있고, 방수구가 2개소 이상 설치된 층

CHAPTER 04 | 연결살수설비

1 설치대상

설치대상	설치 조건
① 판매시설·운수시설·창고시설 중 물류터미널	바닥면적 합계 1,000 m² 이상 시 해당시설
② 지하층(피난층으로 주된 출입구가 도로와 접한 경우 제외)	바닥면적 합계 150 m² 이상 시 지하층의 모든 층 [국민주택규모 이하인 아파트 등의 지하층(대피시설), 학교의 지하층 : 700 m² 이상]
③ 가스시설 중 지상에 노출된 탱크	30 ton 이상
④ '①' 및 '②'의 특정소방대상물에 부속된 연결통로	

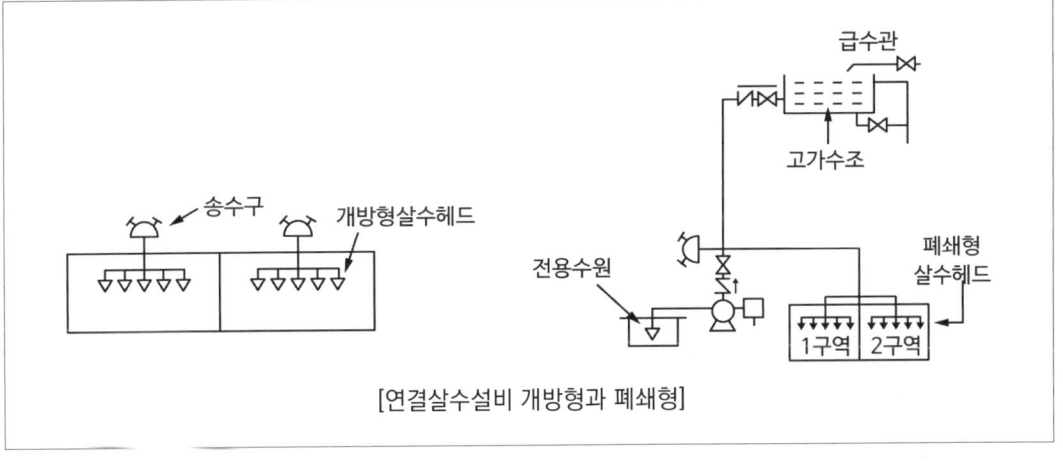

[연결살수설비 개방형과 폐쇄형]

2 송수구

1) 소방차가 쉽게 접근할 수 있고, 노출된 장소에 설치할 것
2) 가연성 가스 저장·취급시설에 설치하는 연결살수설비 송수구는 방호대상물로부터 20 m 이상 거리를 두거나 방호대상물에 면하는 부분이 높이 1.5 m, 폭 2.5 m 이상 철근콘크리트벽으로 가려진 장소에 설치할 것
3) 송수구는 구경 65 mm의 쌍구형으로 설치할 것
   (하나의 송수구역에 살수헤드의 수가 10개 이하 : 단구형 가능)
4) 개방형 헤드의 송수구는 각 송수구역마다 설치할 것
   (다만 선택밸브가 설치되고, 주요 구조부가 내화구조인 경우 제외)
5) 지면으로부터 높이가 0.5 m 이상 1 m 이하의 위치에 설치할 것
6) 송수구로부터 주배관에 이르는 연결배관에는 개폐밸브를 설치하지 아니할 것(스프링클러, 물분무, 포소화설비 또는 연결송수관설비의 배관과 겸용하는 경우 제외)
7) 송수구 부근에 "연결살수설비 송수구" 표지와 송수구역일람표 설치
8) 송수구에는 이물질을 막기 위한 마개를 씌워야 한다.

3 배관의 설치기준

1) 폐쇄형 헤드 사용 시 다음 중 하나의 배관 또는 수조에 접속할 것
   (1) 옥내소화전설비의 주배관(옥내소화전설비 설치된 경우)
   (2) 수도배관(설치된 수도배관 중 구경이 가장 큰 배관)
   (3) 옥상에 설치된 수조(다른 설비의 수조 포함)
2) 개방형 헤드 사용 시
   (1) 하나의 송수구역에 설치하는 살수헤드의 수는 10개 이하가 되도록 설치
   (2) 수평주행배관은 헤드를 향하여 상향으로 $\frac{1}{100}$ 이상의 기울기로 설치하고, 주배관 중 낮은 부분에는 자동배수밸브를 설치할 것
3) 송수구의 부근의 자동배수밸브 및 체크밸브 설치기준
   (1) 폐쇄형 헤드 : 송수구, 자동배수밸브, 체크밸브의 순으로 설치
   (2) 개방형 헤드 : 송수구, 자동배수밸브의 순으로 설치
4) 가지배관의 배열은 토너먼트방식이 아니어야 하며, 가지배관은 분기점을 기점으로 한쪽 가지배관의 헤드개수는 8개 이하로 할 것

4 헤드의 설치기준

1) 연결살수설비 전용 헤드 또는 스프링클러헤드로 설치할 것

살수 헤드개수	1개	2개	3개	4개, 5개	6개 이상 10개 이하
배관구경 [mm]	32	40	50	65	80

2) 건축물에 설치하는 연결살수설비의 헤드 설치기준
   (1) 천장 또는 반자의 실내에 면하는 부분에 설치할 것
   (2) 수평거리 : 전용 헤드 3.7 m 이하, 스프링클러헤드 2.3 m 이하

3) 가연성 가스의 저장·취급시설에 설치하는 헤드 설치기준
   (1) 전용의 개방형 헤드를 설치할 것
   (2) 가스저장탱크, 가스홀더 및 가스발생기의 주위에 설치하되, 헤드 상호 간의 거리는 3.7 m 이하로 할 것
   (3) 헤드의 살수범위는 가스저장탱크, 가스홀더 및 가스발생기의 몸체의 중간 윗부분의 모든 부분이 포함되도록 하여야 하고, 살수된 물이 흘러내리면서 살수범위에 포함되지 아니한 부분에도 모두 적셔질 수 있도록 할 것

5 헤드 설치 제외

1) 상점(판매시설과 운수시설, 바닥면적이 150 m² 이상 지하층 제외)으로서 주요 구조부가 내화구조 또는 방화구조로 되어 있고, 바닥면적이 500 m² 미만으로 방화구획되어 있는 대상물 또는 그 부분
2) 계단실(특별피난계단의 부속실을 포함한다)·경사로·승강기의 승강로·파이프덕트·목욕실·수영장(관람석부분을 제외한다)·화장실·직접 외기에 개방되어 있는 복도 그 밖의 이와 유사한 장소
3) 통신기기실·전자기기실·기타 이와 유사한 장소
4) 발전실·변전실·변압기·기타 이와 유사한 전기설비가 설치되어 있는 장소
5) 병원의 수술실·응급처치실·기타 이와 유사한 장소

6) 천장과 반자 양쪽이 불연재료로 되어 있는 경우로서 그 사이의 거리 및 구조가 다음의 어느 하나에 해당하는 부분
　⑴ 천장과 반자 사이의 거리가 2 m 미만인 부분
　⑵ 천장과 반자 사이의 벽이 불연재료이고 천장과 반자 사이의 거리가 2 m 이상으로서 그 사이에 가연물이 존재하지 않는 부분
7) 천장·반자 중 한쪽이 불연재료로 되어 있고 천장과 반자 사이의 거리가 1 m 미만인 부분
8) 천장 및 반자가 불연재료 외의 것으로 되어 있고 천장과 반자 사이의 거리가 0.5 m 미만인 부분
9) 펌프실·물탱크실 그 밖의 이와 비슷한 장소
10) 현관 또는 로비 등으로서 바닥으로부터 높이가 20 m 이상인 장소
11) 냉장창고의 영하의 냉장실 또는 냉동창고의 냉동실
12) 고온의 노가 설치된 장소 또는 물과 격렬하게 반응하는 물품의 저장 또는 취급장소
13) 불연재료로 된 특정소방대상물 또는 그 부분으로서 다음의 어느 하나에 해당하는 장소
　⑴ 정수장·오물처리장 그 밖의 이와 비슷한 장소
　⑵ 펄프공장의 작업장·음료수공장의 세정 또는 충전하는 작업장 그 밖의 이와 비슷한 장소
　⑶ 불연성의 금속·석재 등의 가공공장으로서 가연성 물질을 저장 또는 취급하지 않는 장소
14) 실내에 설치된 테니스장·게이트볼장·정구장 또는 이와 비슷한 장소로서 실내바닥·벽·천장이 불연재료 또는 준불연재료로 구성되어 있고 가연물이 존재하지 않는 장소로서 관람석이 없는 운동시설 부분(지하층은 제외한다)

6 소화설비의 겸용

연결살수설비의 송수구를 스프링클러설비·간이스프링클러설비·화재조기진압용 스프링클러설비·물분무소화설비·포소화설비와 겸용으로 설치하는 경우에는 스프링클러설비의 송수구 설치기준에 따르고, 옥내소화전설비의 송수구와 겸용으로 설치하는 경우에는 옥내소화전설비의 송수구의 설치기준에 따르되 각각의 소화설비의 기능에 지장이 없도록 해야 한다. 〈개정 2024.7.1.〉

CHAPTER 05 | 비상콘센트설비

1 설치대상 및 정의

1) 설치대상

소방대상물	설치대상
층수가 11층 이상인 특정소방대상물	11층 이상의 층
지하층의 층수가 3층 이상이고, 지하층의 바닥면적의 합계가 1,000 m² 이상인 것	지하층의 모든 층
터널	길이 500 m 이상
위험물 저장 및 처리시설 중 가스시설 또는 지하구는 제외	

2) 정의

(1) 저압 : 직류 1.5 kV 이하, 교류 1 kV 이하인 것

(2) 고압 : 직류 1.5 kV를, 교류 1 kV를 초과하고, 7 kV 이하인 것

(3) 특고압 : 7 kV를 초과하는 것

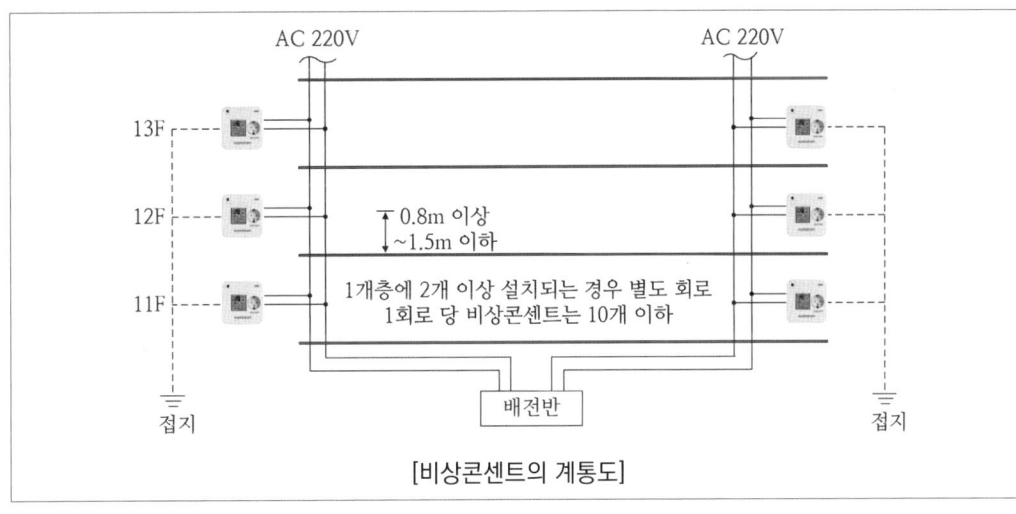

[비상콘센트의 계통도]

2 상용전원 설치기준

1) 저압수전인 경우 : 인입개폐기의 직후에서 분기한 전용배선

2) 특별고압 또는 고압수전인 경우

   (1) 전력용 변압기 2차 측의 주차단기 1차 측에서 전용배선으로 분기

   (2) 변압기 2차 측 주차단기 2차 측에서 전용배선으로 분기

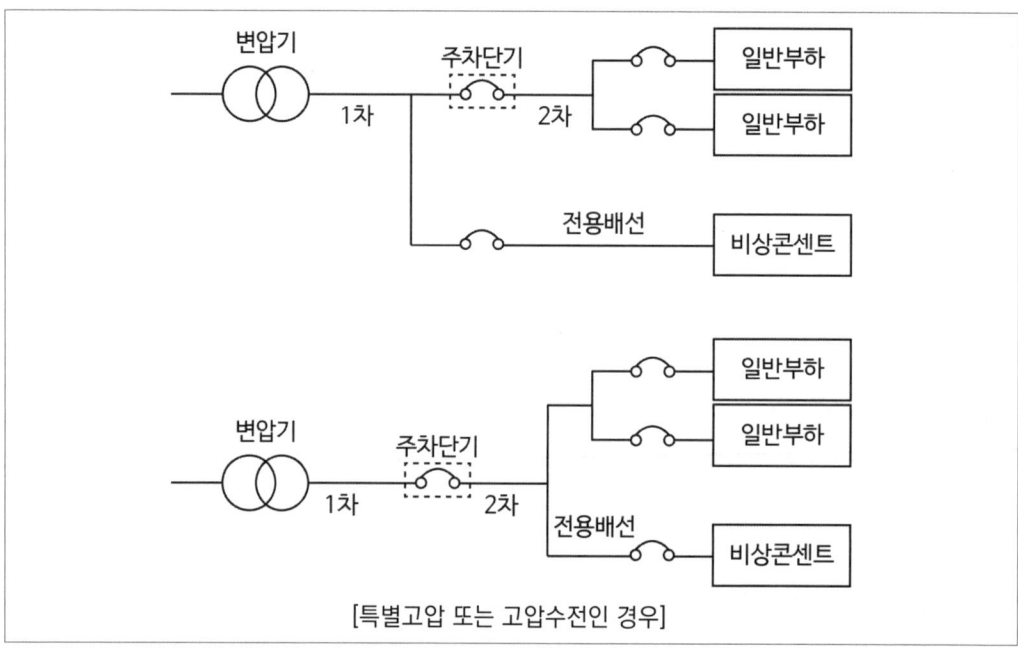

[특별고압 또는 고압수전인 경우]

3 비상 전원

1) 종류 : 자가발전설비, 비상전원수전설비, 축전지설비 또는 전기저장장치

2) 설치 대상

   (1) 지하층을 제외한 층수가 7층 이상으로서 연면적 2,000 m² 이상

   (2) 지하층의 바닥면적의 합계가 3,000 m² 이상인 소방대상물

3) 설치 면제

   (1) 2 이상의 변전소에서 전력을 동시에 공급받을 수 있는 상용전원 설치

   (2) 하나의 변전소로부터 전력의 공급이 중단되는 때에는 자동으로 다른 변전소로부터 전력을 공급받을 수 있도록 상용전원을 설치한 경우

4 전원회로

1) 비상콘센트설비의 전원회로는 단상교류 220 V인 것으로서, 그 공급용량은 1.5 kVA 이상인 것으로 할 것
2) 전원회로는 각층에 2 이상이 되도록 설치할 것. 다만 설치해야 할 층의 비상콘센트가 1개인 때에는 하나의 회로로 할 수 있다.
3) 전원회로는 주배전반에서 전용회로로 할 것. 다만 다른 설비회로의 사고에 따른 영향을 받지 않도록 되어 있는 것은 그렇지 않다.
4) 전원으로부터 각 층의 비상콘센트에 분기되는 경우에는 분기배선용 차단기를 보호함 안에 설치할 것
5) 콘센트마다 배선용 차단기(KS C 8321)를 설치해야 하며, 충전부가 노출되지 않도록 할 것
6) 개폐기에는 "비상콘센트"라고 표시한 표지를 할 것
7) 비상콘센트용의 풀박스 등은 방청도장을 한 것으로서, 두께 1.6 mm 이상의 철판으로 할 것
8) 하나의 전용회로에 설치하는 비상콘센트는 10개 이하로 할 것. 이 경우 전선의 용량은 각 비상콘센트(비상콘센트가 3개 이상인 경우에는 3개)의 공급용량을 합한 용량 이상의 것으로 해야 한다.

5 비상콘센트의 플러그접속기

1) 접지형 2극 플러그접속기 사용
2) 플러그접속기의 칼받이의 접지극에는 접지공사

6 비상콘센트의 설치기준

1) 바닥으로부터 높이 0.8 m 이상 1.5 m 이하의 위치에 설치
2) 비상콘센트의 배치

구분	배치
바닥면적이 1,000 m² 미만인 층	계단(2개 이상 시 1개)의 출입구(계단의 부속실을 포함)로부터 5 m 이내
바닥면적이 1,000 m² 이상인 층	각 계단(3개 이상 시 2개)의 출입구 또는 계단 부속실의 출입구로부터 5 m 이내

3) 비상콘센트 추가 설치

구분	수평거리
• 지하상가 • 지하층 바닥면적의 합계가 3,000 m² 이상	수평거리 25 m 이내마다 설치
• 기타	수평거리 50 m 이내마다 설치

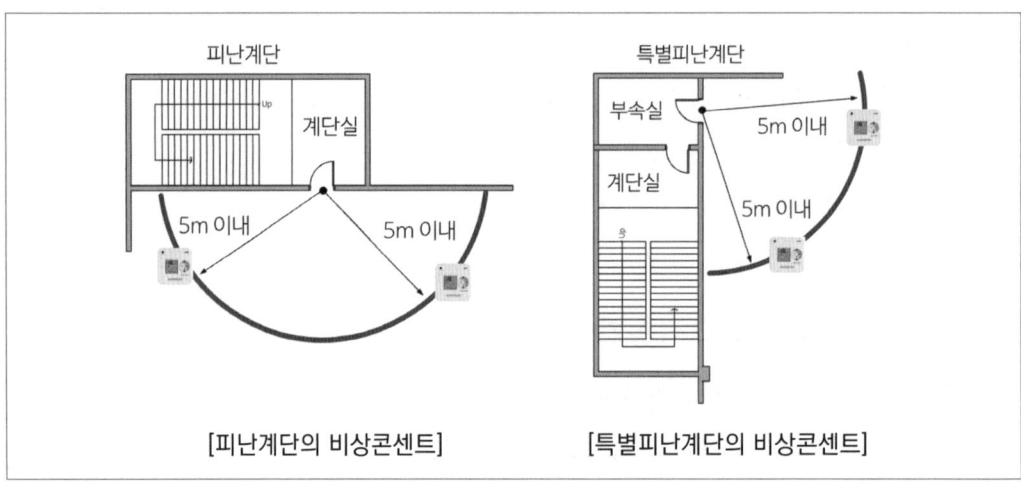

[피난계단의 비상콘센트]   [특별피난계단의 비상콘센트]

7 비상콘센트 보호함

1) 쉽게 개폐 가능한 문 설치
2) 표면에 "비상콘센트"라고 표시한 표지 설치
3) 함 상부에 적색의 표시등 설치(옥내소화전함의 표시등과 겸용 가능)

8 배선 설치기준

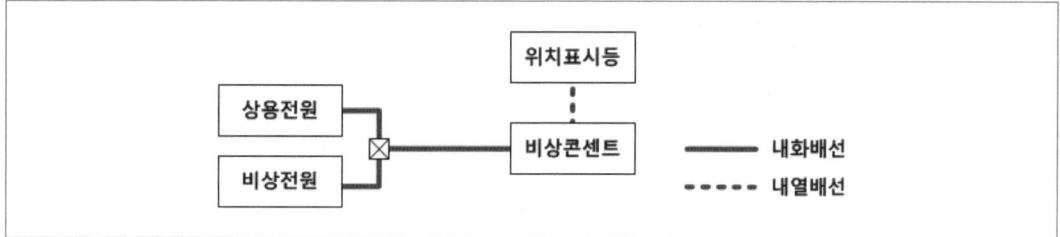

1) 전원회로 : 내화배선
2) 그 밖의 배선 : 내화배선 또는 내열배선
3) 절연저항 및 절연내력
   (1) 절연저항 : 전원부와 외함 사이를 500 V 절연저항계로 측정할 때 20 MΩ 이상
   (2) 전원부와 외함 사이 절연내력(다음을 가할 때 1분 이상 견딜 것)
      ① 정격전압이 150 V 이하 : 1,000 V의 실효전압
      ② 정격전압이 150 V 초과 : 정격전압 × 2 + 1,000 V의 실효전압

CHAPTER 05 | 계산문제

| 비상콘센트설비

01

특정소방대상물에 설치된 비상콘센트설비에 소방용장비 용량이 3 kW, 역률이 65 %인 장비를 비상콘센트에 접속하여 사용하고자 한다. 층수가 25층인 특정소방대상물의 각 층 층고는 4 m이며, 비상콘센트(비상콘센트용 풀박스)는 화재안전기준에서 허용하는 가장 낮은 위치에 설치하고, 1층의 비상콘센트용 풀 박스로부터 수전설비까지의 거리가 100 m일 경우 전선의 단면적 [mm^2]을 계산하시오. (단, 전압강하는 정격전압의 10 %로 하고, 최상층 기준으로 한다)

정답

1) 전압강하 [V]와 전선 굵기(mm^2)의 관계식

$$\text{전압강하}(e) = \frac{35.6 \times I \times L}{1,000\,A} \rightarrow A(mm^2) = \frac{35.6 \times I \times L}{1,000 \times e}$$

여기서, e : 전압강하(V)
I : 전류(A)
L : 전선의 길이(m)
A : 전선의 단면적(mm^2)

2) 선로의 길이 [m] : 4 m × 24층 + 100 m = 196 m ∴ 196 m
3) 전압강하(e) : 220 V × 10 % = 22 V ∴ 22 V
4) 비상콘센트의 부하전류(A)
   (1) 전력의 계산식

$$P = V \times I \times \cos\theta \rightarrow I = \frac{P}{V \times \cos\theta}$$

   여기서, P : 유효전력(W)
   V : 전압 [V]
   I : 전류(A)
   θ : 역률 [%]

   (2) 부하전류(A) $= \dfrac{3,000\text{W}}{220\text{V} \times 0.65} = 20.979$ A ∴ 20.98 A

5) 전선의 단면적 [mm^2] : $\dfrac{35.6 \times L \times I}{1,000 \times e} = \dfrac{35.6 \times 196\text{m} \times 20.98\text{A}}{1,000 \times 22\text{V}} = 6.654$ mm^2 답 6.65 mm^2

CHAPTER 06 | 무선통신보조설비

1 설치대상

소방대상물	설치대상
지하상가	연면적 1,000 m^2
터널	길이 500 m 이상
• 지하층 바닥면적 합계 3,000 m^2 이상 • 지하층 층수가 3층 이상이고, 지하층 바닥면적 합계가 1,000 m^2 이상	지하층의 모든 층
공동구	-
층수 30층 이상인 것	16층 이상 부분의 모든 층
위험물 저장 및 처리시설 중 가스시설은 제외	

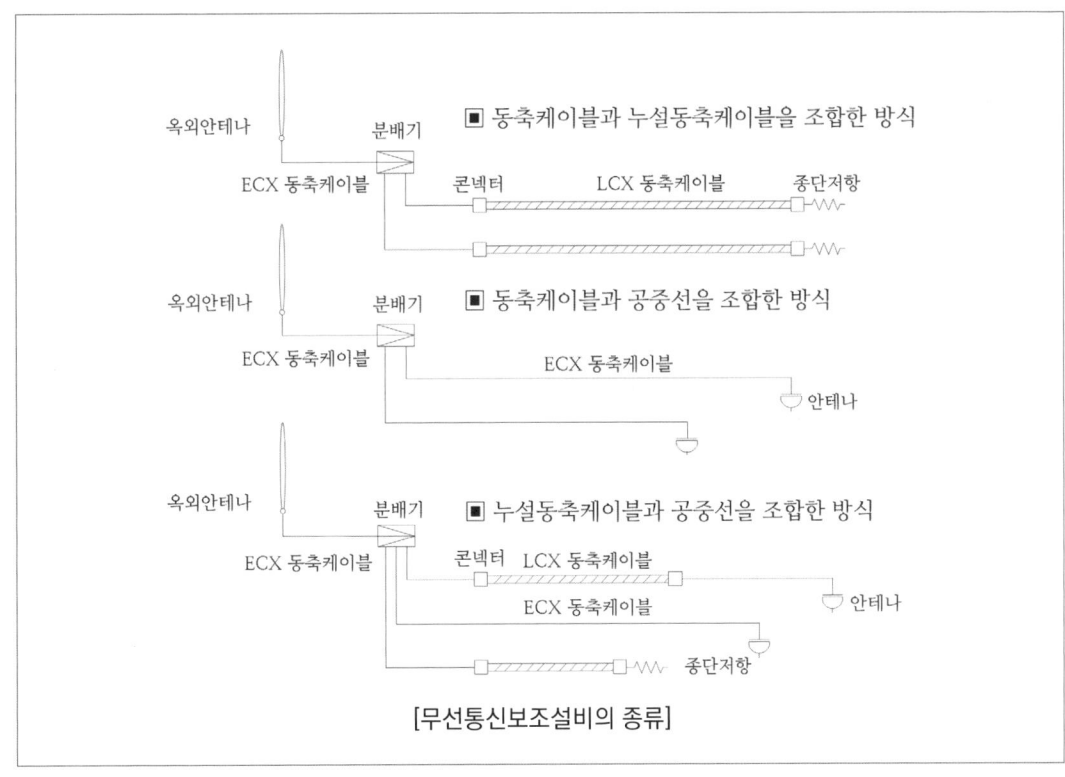

[무선통신보조설비의 종류]

2 면제 및 설치 제외 대상

1) 이동통신 구내 중계기 선로설비 또는 무선이동중계기 등을 화재안전기준의 무선통신보조설비기준에 적합하게 설치한 경우 면제
2) 지하층으로서 특정소방대상물의 바닥부분 2면 이상이 지표면과 동일하거나 지표면으로부터의 깊이가 1 m 이하인 경우의 해당 층은 제외 가능

3 정의

1) "누설동축케이블"이란 동축케이블의 외부도체에 가느다란 홈을 만들어서 전파가 외부로 새어나갈 수 있도록 한 케이블
2) "분배기"란 신호의 전송로가 분기되는 장소에 설치하는 것으로 임피던스 매칭(Matching)과 신호 균등분배를 위해 사용하는 장치
3) "분파기"란 서로 다른 주파수의 합성된 신호를 분리하는 장치
4) "혼합기"란 2 이상의 입력신호를 원하는 비율로 조합하는 출력장치
5) "증폭기"란 전압·전류의 진폭을 늘려 감도 등을 개선하는 장치
6) "무선중계기"란 안테나로 수신된 무전기 신호를 증폭한 후 음영지역에 재방사하여 무전기 상호 간 송수신이 가능하도록 하는 장치
7) "옥외안테나"란 무선중계기의 입력과 출력포트에 연결되어 송수신 신호를 원활하게 방사·수신하기 위해 옥외에 설치하는 장치

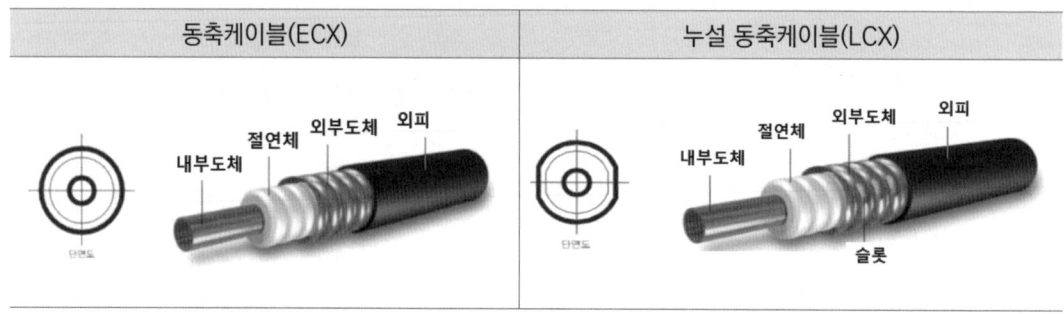

4 누설동축케이블등의 설치기준

1) 소방전용 주파수대에서 전파의 전송 또는 복사에 적합한 것으로서 소방전용의 것으로 할 것. 다만 소방대 상호간의 무선 연락에 지장이 없는 경우에는 다른 용도와 겸용할 수 있다.
2) 누설동축케이블과 이에 접속하는 안테나 또는 동축케이블과 이에 접속하는 안테나로 구성할 것
3) 누설동축케이블 및 동축케이블은 불연 또는 난연성의 것으로서 습기 등의 환경 조건에 따라 전기의 특성이 변질되지 않는 것으로 하고, 노출하여 설치한 경우에는 피난 및 통행에 장애가 없도록 할 것
4) 누설동축케이블 및 동축케이블은 화재에 따라 해당 케이블의 피복이 소실된 경우에 케이블 본체가 떨어지지 않도록 4 m 이내마다 금속제 또는 자기제 등의 지지금구로 벽·천장·기둥 등에 견고하게 고정시킬 것. 다만 불연재료로 구획된 반자 안에 설치하는 경우에는 그렇지 않다.
5) 누설동축케이블 및 안테나는 금속판 등에 따라 전파의 복사 또는 특성이 현저하게 저하되지 않는 위치에 설치할 것
6) 누설동축케이블 및 안테나는 고압의 전로로부터 1.5 m 이상 떨어진 위치에 설치할 것. 다만 해당 전로에 정전기 차폐장치를 유효하게 설치한 경우에는 그렇지 않다.
7) 누설동축케이블의 끝부분에는 무반사 종단저항을 견고하게 설치할 것

[무반사종단저항-Ⅰ]

[무반사종단저항-Ⅱ]

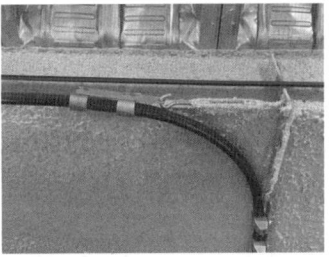
[누설 동축케이블의 지지금구]

5 무선통신보조설비 설치기준

1) 누설동축케이블 또는 동축케이블과 이에 접속하는 안테나가 설치된 층은 모든 부분(계단실, 승강기, 별도 구획된 실 포함)에서 유효하게 통신이 가능할 것
2) 다음 기기 간의 상호통신이 가능할 것
    (1) 옥외 안테나와 연결된 무전기와 건축물 내부에 존재하는 무전기
    (2) 건축물 내부에 존재하는 무전기 간의 상호통신
    (3) 옥외 안테나와 연결된 무전기와 방재실
    (4) 건축물 내부에 존재하는 무전기와 방재실

6 옥외안테나 설치기준

1) 건축물, 지하가, 터널, 공동구의 출입구 및 그 인근에서 통신이 가능한 장소에 설치
2) 다른 용도의 안테나로 인한 통신장애가 발생하지 않게 설치할 것
3) 옥외안테나는 견고하게 파손의 우려가 없는 곳에 설치하고 그 가까운 곳의 보기 쉬운 곳에 "무선통신보조설비 안테나"라는 표시와 함께 통신 가능거리를 표시한 표지를 설치할 것
4) 수신기가 설치된 장소 등 사람이 상시 근무하는 장소에는 옥외 안테나의 위치가 모두 표시된 옥외안테나 위치표시도를 비치할 것

7 분배기·분파기 및 혼합기 설치기준

1) 점검에 편리하고 화재 등 재해로 인한 피해의 우려가 없는 장소
2) 먼지·습기 및 부식 등에 따라 기능에 이상을 가져오지 않도록 할 것
3) 임피던스 : 50 Ω

8 증폭기 및 무선중계기 설치기준

1) 상용전원은 전기가 정상적으로 공급되는 축전지설비, 전기저장장치(외부 전기에너지를 저장해 두었다가 필요한 때 전기를 공급하는 장치) 또는 교류전압의 옥내 간선으로 하고, 전원까지의 배선은 전용으로 할 것
2) 증폭기의 전면에는 주회로 전원의 정상 여부를 표시할 수 있는 표시등 및 전압계를 설치할 것
3) 증폭기에는 비상전원이 부착된 것으로 하고 해당 비상전원 용량은 무선통신보조설비를 유효하게 30분 이상 작동시킬 수 있는 것으로 할 것
4) 증폭기 및 무선중계기는 전파법에 따른 적합성평가를 받은 제품으로 설치하고 임의로 변경하지 않도록 할 것
5) 디지털방식의 무전기를 사용하는 데 지장이 없도록 설치할 것

CHAPTER 06 | 계산문제

| 무선통신보조설비

01

누설동축케이블에 교류전압 30 V 400 MHz을 인가하여 누설동축케이블로부터 2 m 떨어진 거리에 다이폴 - 안테나(Dipole-antenna)를 설치 후 측정한 수신전압이 4 V였다면 이때 발생한 결합손실 [dB]을 계산하시오.

정답

1) 결합손실의 정의
    누설동축케이블(Lcx)의 내부 전송전력과 일정거리 떨어진 지점에서 수신되는 수신전력의 비율
2) 누설동축케이블의 결합손실 [dB]

$$|L_C| = -10\log\left(\frac{P_r}{P_t}\right) = 10\log\left(\frac{P_t}{P_r}\right) = -20\log\left(\frac{V_r}{V_t}\right)$$

여기서, L_C : 결합손실 [dB]
    P_t : 전송전력 [W], V_t : 전송전압 [V]
    P_r : 수신전력 [W], V_r : 수신전압 [V]

3) 결합손실(dB) = $-20\log\left(\frac{V_r}{V_t}\right) = -20 \times \log\left(\frac{4\text{V}}{30\text{V}}\right) = 17.50$ dB

답 17.50 dB

모아북스

END UP
소방시설관리사 기본서
설계 및 시공

PART 07

기타 설비

CHAPTER 01 | 소방시설용 비상전원수전설비

1 정의

비상전원수전설비	화재 시 상용전원이 공급되는 시점까지만 비상전원으로 적용이 가능한 설비로서 상용전원의 안전성과 내화성능을 향상시킨 설비
인입구배선	인입선 연결점부터 특정소방대상물 내 인입개폐기에 이르는 배선
수전설비	전력수급용 계기용변성기·주차단장치 및 그 부속기기
변전설비	전력용변압기 및 그 부속장치
전용큐비클식	소방회로용의 것으로 수전설비, 변전설비 그 밖의 기기 및 배선을 금속제 외함에 수납한 것
공용큐비클식	소방회로 및 일반회로 겸용의 것으로서 수전설비, 변전설비 그 밖의 기기 및 배선을 금속제 외함에 수납한 것
전용배전반	소방회로 전용의 것으로서 개폐기, 과전류차단기, 계기 그 밖의 배선용 기기 및 배손을 금속제 외함에 수납한 것
공용배전반	소방회로 및 일반회로 겸용의 것으로서 개폐기, 과전류차단기, 계기 그 밖의 배선용 기기 및 배선을 금속제 외함에 수납한 것
전용분전반	소방회로 전용의 것으로서 분기 개폐기, 분기과전류차단기 그 밖의 배선용 기기 및 배선을 금속제 외함에 수납한 것
공용분전반	소방회로 및 일반회로 겸용의 것으로서 분기개폐기, 분기과전류차단기 그 밖의 배선용 기기 및 배선을 금속제 외함에 수납한 것

2 인입구 및 인입구 배선의 시설

1) 인입선은 특정소방대상물의 화재로 인한 손상을 받지 않도록 설치
2) 인입구 배선 : 옥내소화전설비의 화재안전기준에 따른 내화배선

3 특별고압 또는 고압으로 수전 시

방화구획형, 옥외 개방형 또는 큐비클형으로 하여야 한다.
1) 전용의 방화구획 내에 설치
2) 배선은 일반회로 배선과 불연성 격벽으로 구획할 것(단, 소방회로 배선과 일반회로 배선을 0.15 m 이상 떨어진 경우 제외)
3) 일반회로에는 과부하, 지락사고, 또는 단락사고가 발생한 경우에도 이에 영향을 받지 아니하고 계속하여 소방회로에 전원을 공급해야 함
4) 소방회로용 개폐기 및 과전류차단기에는 "소방설비용"이라 표시할 것

4 전기회로 결선

고압 또는 특별고압 수전	
전용의 전력용 변압기	공용의 전력용 변압기
1. 전용의 전력용변압기에서 소방부하에 전원을 공급하는 경우 　가. 일반회로의 과부하 또는 단락사고 시에 CB_{10}(또는 PF_{10})이 CB_{12}(또는 PF_{12}) 및 CB_{22}(또는 F_{22})보다 먼저 차단되어서는 안 된다. 　나. CB_{11}(또는 PF_{11})은 CB_{12}(또는 PF_{12})와 동등 이상의 차단용량일 것	2. 공용의 전력용변압기에서 소방부하에 전원을 공급하는 경우 　가. 일반회로의 과부하 또는 단락사고 시에 CB_{10}(또는 PF_{10})이 CB_{22}(또는 F_{22}) 및 CB(또는 F)보다 먼저 차단되어서는 안 된다. 　나. CB_{21}(또는 F_{21})은 CB_{22}(또는 F_{22})와 동등이상의 차단용량일 것
약호 / 명칭 CB / 전력차단기 PF / 전력퓨즈(고압 또는 특별고압용) F / 퓨즈(저압용) Tr / 전력용변압기	약호 / 명칭 CB / 전력차단기 PF / 전력퓨즈(고압 또는 특별고압용) F / 퓨즈(저압용) Tr / 전력용변압기

5 큐비클형(특별고압 또는 고압 수전)

1) 전용 큐비클 또는 공용 큐비클 설치
2) 외함 : 두께 2.3 mm 이상의 강판과 동등 이상의 강도와 내화성능
   개구부 : 60분+ 방화문, 60분 방화문 또는 30분 방화문
3) 큐비클에 노출로 설치 가능한 것 : 표시등, 전선의 인입구 및 인출구, 환기장치, 전압계, 전류계, 계기용 절환스위치
4) 외함은 건축물의 바닥에 견고하게 고정한다.
5) 외함에 수납하는 수전설비, 변전설비 그 밖의 기기 및 배선 기준
   (1) 외함 또는 프레임 등에 견고하게 고정
   (2) 외함의 바닥에서 0.1 m(시험단자, 충전부는 0.15 m) 이상의 높이에 설치
6) 전선의 인입구 및 인출구에는 금속관 또는 금속제가요전선관 사용
7) 환기장치 설치기준
   (1) 내부의 온도가 상승하지 않도록 환기장치 설치
   (2) 면적 : 외함 한 면에 대해 당해 면적의 $\frac{1}{3}$ 이하로 할 것(단, 통기구의 크기는 직경 10 mm 이상의 둥근 막대의 들어가지 않는 크기일 것)
   (3) 환기구에는 방화조치(금속망, 방화댐퍼 등), 옥외 설치 시 빗물 등 침투 방지
   (4) 자연환기구에 따라 충분히 환기할 수 없는 경우에는 환기설비를 설치

[큐비클형수전설비-Ⅰ]

[큐비클형수전설비-Ⅱ(KD파워)]

6 저압으로 수전 시

전기사업자로부터 저압으로 수전하는 비상전원설비는 전용배전반, 전용분전반, 또는 공용분전반으로 하여야 한다.

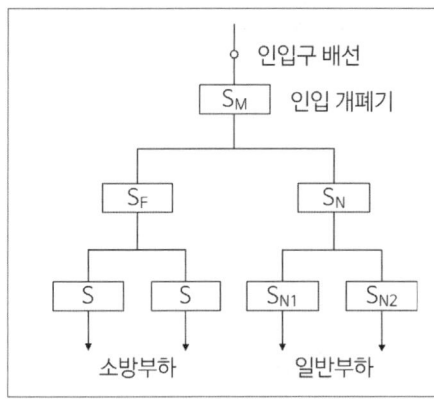

1. 일반회로의 과부하 또는 단락 사고 시 S_M이 S_N, S_{N1} 및 S_{N2}보다 먼저 차단되어서는 아니 된다.
2. S_F는 S_N과 동등 이상의 차단용량일 것

약호	명칭
S	저압용개폐기 및 과전류차단기

7 제1종 배전반 및 제1종 분전반(저압으로 수전 시)

1) 외함 두께 1.6 mm(전면 및 문 : 2.3 mm) 이상
2) 외함은 내열성 및 단열성이 있을 것
3) 표시등, 전선의 인입구 및 인출구는 노출로 설치 가능
4) 외함은 금속관 또는 금속제 가요전선관을 쉽게 접속할 수 있도록 하고, 당해 접속부분에는 단열조치를 할 것
5) 공용 배전반 및 공용 분전반의 경우 소방회로와 일반회로에 사용하는 배선 및 배선용 기기는 불연재료로 구획할 것

8 제2종 배전반 및 제2종 분전반(저압으로 수전 시)

1) 외함 두께 1 mm 이상
2) 120 ℃의 온도를 가했을 때 이상 없는 전류계, 전압계를 노출 설치
3) 단열을 위해 배선용 불연전용실내에 설치할 것

CHAPTER 02 | 도로터널

1 도로터널의 소방시설 설치기준

구분	성능	설치간격※ (한쪽 또는 양쪽)	높이	기타	비상 전원
소화기	• A3 B5 C적응 : 2개 • 총중량 7 kg↓	50 m 이내	1.5 m↓	조명식, 반사식 표지	-
옥내 소화전	• 수원 : 2개(3개), 40분 • 방수압 : 0.35 MPa • 방수량 : 190 L/min	소화전함, 방수구 50 m 이내	방수구 : 1.5 m↓	• **예비펌프설치** • 방수구 : 40 mm 1개 • 15 m 이상 호스 : 3본 • 방수노즐 : 1개	40분 이상
물분무	• 헤드 방수밀도 : 6 L/min·m² • 수원 : 3개 방수구역, 40분↑			하나의 방수 구역 : 25 m↑	40분 이상
비상경보	음향장치 : 1 m 90 dB	발신기, 음향장치, 시각경보기 50 m 이내	발신기 0.8 - 1.5	음향장치 : 동시경보 시각경보기 : 동기방식	-
자동화재 탐지설비	• 차동식 분포형 • 정온식 감지선형 (아날로그) • 인정된 감지기	경계구역 : 100 m 간격 : 6.5/10 m 발신기, 음향장치	발신기 : 0.8 - 1.5	감지기 : 밀착 × 고정금구 형식승인, 시방서	-
비상 조명등	차도보도 10 lx 그 외 1 lx↑	-	-	내장된 예비전원이나 축전 지는 상시 충전	60분 이상
제연설비	• 설계화재강도 : 20 MW • 연기발생률 : 80 m³/s • 배출량 : 충분한 용량	• 종류환기방식 : 예비용 제트팬 • 횡류환기방식 : 배연팬 내열온도 검토 • 대배기구 개폐용 전동모터 : 정전등에 조작 상태 유지 • 전원공급장치등 : 250 ℃ 60분 이상 운전 상태 유지 • 기동 : 화재감지기, 발신기, 자동소화설비, 수동조작스위치			60분 이상
연결 송수관	• 방수압 : 0.35 MPa • 방수량 : 400 L/min	방수기구함, 방수 구 50 m 이내		15 m 이상 호스 : 3본 65 방수노즐	-
무선통신 보조설비	옥외안테나 설치위치 : 방재실, 터널의 입구, 출구, 피난연결통로				
비상 콘센트	• 단상교류 220 V • 공급용량 1.5 KVA	50 m 이내	0.8 - 1.5	콘센트마다 배선용 차단기 (KS C 8321)	-

※ 설치간격 : 편도 2차선 이상 양방향 터널, 4차로 이상의 일방향 터널은 양쪽 측벽에 각각 50 m 이내의 간격으로 엇갈리게 설치(시각경보기, 연결송수관은 한쪽 측벽에만 설치, 비상콘센트는 주행차로 우측 측벽)
※ 화살표는 이상, 이하를 의미함

2 자동화재탐지설비

1) 터널에 설치할 수 있는 감지기 종류
   (1) 차동식 분포형 감지기, 정온식 감지선형 감지기(아날로그식)
   (2) 터널화재 적응성이 인정된 감지기(중앙기술심의위원회의 심의)

2) 경계구역의 길이
   (1) 하나의 경계구역의 길이 : 100 m 이하
   (2) 감지기의 작동에 의하여 다른 소방시설 등이 연동되는 경우로서 해당 소방시설 등의 작동을 위한 정확한 발화 위치를 확인할 필요가 있는 경우에는 경계구역의 길이가 해당 설비의 방호구역 등에 포함되도록 설치

3) 감지기 설치기준
   (1) 이격거리 : 감열부와 감열부 10 m 이하, 감지기와 벽면 6.5 m 이하
   (2) 제1호에도 불구하고 아치형의 터널에 감지기를 터널 진행방향으로 설치 시
      ① 감열부와 감열부 사이 이격거리 10 m 이하
      ② 아치형 천장의 중앙 최상부에 1열로 감지기 설치
      ③ 감지기를 2열 이상으로 설치 시 : ①의 기준에 따름
   (3) 천장 면에 설치 시 감지기가 천장 면에 밀착되지 않도록 고정금구 등 사용

3 제연설비 설계기준

1) 설계화재강도 20 MW, 연기발생률 80 m^3/s
2) 화재강도 > 설계화재강도 : 위험도분석 통해 설계화재강도 설정

4 제연설비 설치기준

1) 종류환기방식의 경우 예비용 제트팬을 설치
2) 횡류환기방식(또는 반횡류환기방식) 및 대배기구방식의 배연용 팬은 덕트의 길이에 따라서 노출온도가 달라질 수 있으므로 수치해석 등을 통해서 내열온도 등을 검토한 후에 적용하도록 할 것
3) 대배기구의 개폐용 전동모터는 정전 등 전원이 차단되는 경우에도 조작 상태를 유지할 수 있을 것
4) 화재에 노출이 우려되는 제연설비와 전원공급선 및 제트팬 사이의 전원공급장치 등 : 250 ℃에서 60분 이상 운전 상태 유지

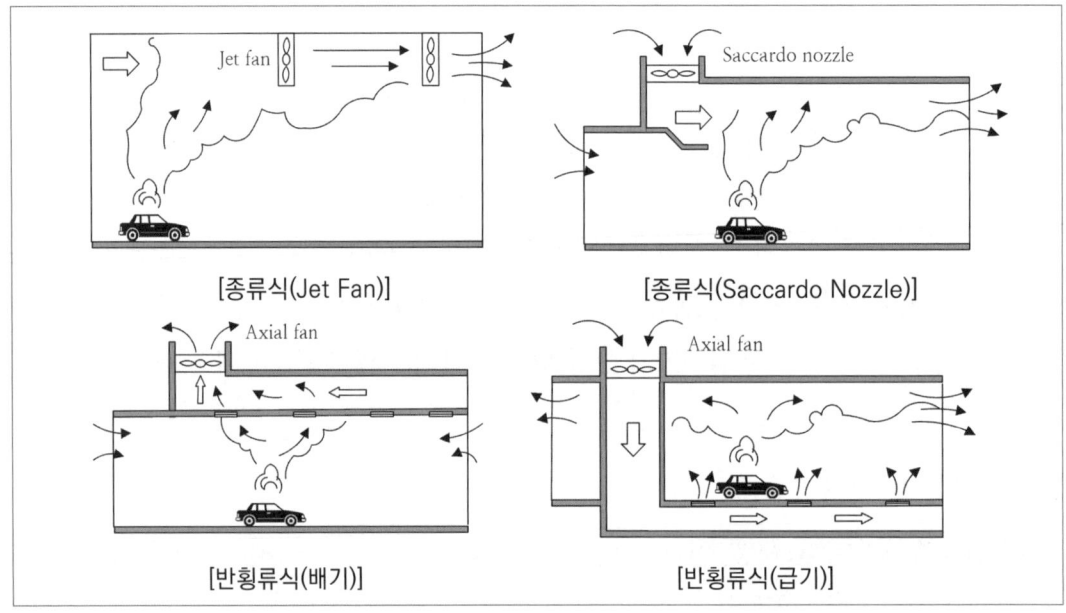

[종류식(Jet Fan)]   [종류식(Saccardo Nozzle)]
[반횡류식(배기)]   [반횡류식(급기)]

5 제연설비 기동(자동 및 수동)

1) 화재감지기가 동작되는 경우
2) 발신기의 스위치 조작 또는 자동소화설비의 기동장치 동작의 경우
3) 화재수신기 또는 감시제어반의 수동조작스위치를 동작시키는 경우

6 무선통신보조설비

1) 무선통신보조설비의 옥외안테나는 방재실 인근과 터널의 입구 및 출구, 피난연결통로 등에 설치할 것
2) 라디오 재방송설비와 무선통신보조설비 겸용 설치 가능

CHAPTER 02 계산문제

| 도로터널

01

도로터널의 화재안전기준(NFTC 603)을 적용하여 다음 물음에 답하시오.

[조건]

① 도로터널의 길이는 2,500 m이다.
② 편도 4차선으로 일방향 터널이다.
③ 전원은 3상 380 V 역률은 80 %이다.
④ 펌프의 전양정은 45 m, 펌프의 효율 70 %, 전달계수는 1.1이다.

(1) 터널에 설치하는 옥내소화전에서 방수구의 최소 설치수량 및 수원량 [m³]을 계산하시오.
(2) 옥내소화전설비의 전동기 동력 [kW]을 계산하시오.
(3) 전동기의 역률을 90 %로 개선하기 위한 전력용 콘덴서의 용량 [KVA]을 구하시오.
(4) 터널 내 길이방향의 최소 경계구역의 수를 계산하시오.
(5) 터널 내 비상콘센트의 최소 설치수량을 계산하시오.

정답

1. 터널에 설치하는 옥내소화전에서 방수구의 최소 설치수량 및 수원량 [m³]
   1) 옥내소화전의 방수구
      (1) 소화전함과 방수구는 주행차로 우측 측벽을 따라 50 m 이내의 간격으로 설치하며, 편도 2차선 이상의 양방향 터널이나 4차로 이상의 일방향터널의 경우에는 양쪽 측벽에 각각 50 m 이내의 간격으로 엇갈리게 설치할 것
      (2) 방수구의 설치개수 = $\dfrac{2{,}500\text{m}}{25\text{m}/개} - 1 = 99개$

답 99개

2) 수원량 [m³]의 산정기준

(1) 수원은 그 저수량이 옥내소화전의 설치개수 2개(4차로 이상의 터널의 경우 3개)를 동시에 40분 이상 사용할 수 있는 충분한 양 이상을 확보할 것

(2) 가압송수장치는 옥내소화전 2개(4차로 이상의 터널인 경우 3개)를 동시에 사용할 경우 각 옥내소화전의 노즐선단에서의 방수압력은 0.35 MPa 이상이고 방수량은 190 L/min 이상이 되는 성능의 것으로 할 것

(3) 수원량 [m³] = 190L/min × 3개 × 40min = 22,800 L   답 22.8 m³

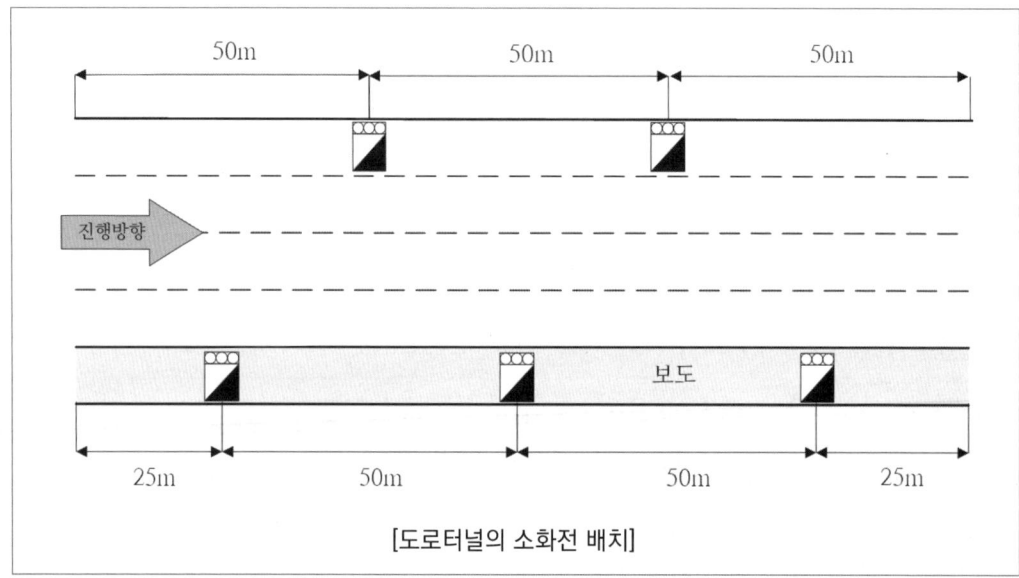

[도로터널의 소화전 배치]

2. 옥내소화전설비의 전동기 동력 [kW]

1) 전동기의 동력 [kW]

$$P = \frac{\gamma \times Q \times H}{\eta} \times K$$

여기서, P : 전동기의 동력(kW)
Q : 유량(m³/s)
γ : 비중량(kN/m³)
H : 전양정 [m]
η : 효율
K : 전동기의 전달계수

2) 펌프의 토출량 [L/min] = 190 L/min × 3개 = 570 L/min   ∴ 570 L/min

3) 전동기의 동력 [kW] = $\dfrac{9.8\text{kN/m}^3 \times 45\text{m} \times 0.57\text{m}^3/\text{min}}{0.7 \times 60\text{s}} \times 1.1 = 6.583$ kW

답 6.58 kW

3. 전동기의 역률을 90 %로 개선하기 위한 전력용 콘덴서의 용량 [KVA]

   1) 콘덴서의 용량 [kVA]

   $$Q_C = P(\tan\theta_1 - \tan\theta_2) = P\left(\frac{\sqrt{1-\cos\theta_1^2}}{\cos\theta_1} - \frac{\sqrt{1-\cos\theta_2^2}}{\cos\theta_2}\right)$$

   여기서, Q_C : 콘덴서의 용량 [kVA]
   P : 유효전력 [kW]
   $\cos\theta_1$: 개선 전 역률 [%]
   $\cos\theta_2$: 개선 후 역률 [%]

   2) 콘덴서의 용량 [kVA] $= 6.58\text{kW} \times \left(\dfrac{\sqrt{1-0.8^2}}{0.8} - \dfrac{\sqrt{1-0.9^2}}{0.9}\right) = 1.748\,\text{kVA}$

   답 1.75 kVA

4. 터널 내 길이방향의 최소 경계구역의 수

   1) 도로터널의 경계구역 선정기준

   도로터널에서 하나의 경계구역의 길이는 100 m 이하로 하여야 한다.

   2) 최소 경계구역의 수 $= \dfrac{2{,}500\text{m}}{100\text{m}/경계구역} = 25경계구역$

   답 25경계구역

5. 터널 내 비상콘센트의 설치기준 및 설치수량

   1) 터널 내 비상콘센트의 설치기준

   (1) 비상콘센트설비의 전원회로는 단상교류 220 V인 것으로서 그 공급용량은 1.5 kVA 이상인 것으로 할 것

   (2) 전원회로는 주배전반에서 전용회로로 할 것. 다만 다른 설비의 회로 사고에 따른 영향을 받지 않도록 되어 있는 것은 그렇지 않다.

   (3) 콘센트마다 배선용 차단기(KS C 8321)를 설치해야 하며, 충전부가 노출되지 않도록 할 것

   (4) 주행차로의 우측 측벽에 50 m 이내의 간격으로 바닥으로부터 0.8 m 이상 1.5 m 이하의 높이에 설치할 것

   2) 비상콘센트의 설치수량 $= \dfrac{2{,}500\text{m}}{50\text{m}/비상콘센트 수} - 1 = 49개$

   답 49개

02

조건과 같이 설치된 도로터널의 소방시설에 관한 다음 물음에 답하시오.

조 건

① 도로터널은 편도 4차선 일방향 터널로 길이는 1,200 m, 폭은 15 m이다.
② 터널에 설치된 소방시설은 소화기구 옥내소화전, 물분무소화설비, 자동화재탐지설비, 비상조명등, 연결송수관설비, 비상콘센트설비, 제연설비이다.
③ 도로터널에 설치된 분말소화기 3.3 kg(A급 화재는 3단위 이상, B급 화재는 5단위 이상 및 C급 화재에 적응성)이다.
④ 터널의 입구 측과 출구 측에 소화기를 설치한다.
⑤ 물분무소화설비의 펌프 전양정은 60 m, 펌프 효율은 85 %, 전달계수는 1.1이고, 화재감지기에 의해 기동된다.
⑥ 물분무소화설비의 전동기의 전원은 3상 380 V 역률은 80 %이다.

---

(1) 도로터널에 설치하는 자동화재탐지설비의 경계구역 수를 계산하시오.
(2) 물분무소화설비의 설치에 따른 수원량 [m³]을 계산하시오.
(3) 물분무소화설비에 따른 전동기의 동력 [kW]을 계산하시오.
(4) 도로터널 내에서 화물트럭에 화재가 발생하여 물분무소화설비가 작동되어 소화를 하였다. 이때 방사된 물의 부피 [m³]을 계산하시오. (단, 화재는 NTP상태에서 발생하여 1,000 ℃까지 온도가 상승하였고, 물분무소화설비는 30분간 작동하였으며, 수증기 비열은 0.441 kcal/kg·℃이다)

> 정답

1. 도로터널에 설치하는 자동화재탐지설비의 경계구역 수
    1) 자동화재탐지설비의 설치기준
        (1) 하나의 경계구역의 길이는 100 m 이하로 해야 한다.
        (2) 감지기의 작동에 의하여 다른 소방시설 등이 연동되는 경우로서 해당 소방시설 등의 작동을 위한 정확한 발화 위치를 확인할 필요가 있는 경우에는 경계구역의 길이가 해당 설비의 방호구역 등에 포함되도록 설치해야 한다.
    2) 경계구역 수 $= \dfrac{1{,}200\text{m}}{25\text{m}/\text{구역}} = 48$

    답 48개 경계구역

2. 물분무소화설비의 설치에 따른 수원량 [m³]
    1) 물분무설비의 설치기준
        (1) 물분무 헤드는 도로면에 1 m²에 대하여 6 L/min 이상의 수량을 균일하게 방수할 수 있도록 할 것
        (2) 물분무설비의 하나의 방수구역은 25 m 이상으로 하며, 3개 방수구역을 동시에 40분 이상 방수할 수 있는 수량을 확보할 것
        (3) 물분무설비의 비상전원은 물분무소화설비를 유효하게 40분 이상 작동할 수 있어야 할 것
    2) 수원량 [m³] = 75 m × 15 m × 6 L/m²·min × 40 min = 270,000 L

    답 270 m³

3. 물분무소화설비에 따른 전동기의 동력 [kW]
    1) 토출량 [m³/min] = 75 m × 15 m × 6 L/m²·min = 6,750 L/min   ∴ 6.75 m³/min
    2) 전동기의 동력 [kW]

    $$P = \dfrac{\gamma \times Q \times H}{\eta} \times K$$

    여기서, Q : 유량 [m³/s]
    γ : 비중량 [kN/m³]
    H : 전양정 [m]
    η : 효율
    K : 전동기의 전달계수

    3) 전동기의 동력 [kW] $= \dfrac{9.8\text{kN/m}^3 \times 60\text{m} \times 6.75\text{m}^3/\text{min}}{0.85 \times 60\text{s}} \times 1.1 = 85.605$ kW

    답 85.61 kW

4. 물분무소화설비를 통한 방사된 물의 부피 [m³]

  1) 열량공식(STP의 온도 및 압력 : 0℃, 1 atm, NTP의 온도 및 압력 : 20℃, 1 atm)

$$Q = mc_1 \Delta t_1 + mr + mc_2 \Delta t_2 \rightarrow$$

$$m = \frac{Q}{c_1 \Delta t_1 + r + c_2 \Delta t_2}$$

  여기서, Q : 열량 [kcal]
  m : 물질의 질량 [kg]
  c : 물질의 비열 [kcal/kg·℃]
  r : 물질의 잠열 [kcal/kg]

  2) 설계화재 강도에 따른 총 발생열량(kcal)

  (1) 도로터널에서 트럭의 설계 화재강도 30 MW

  (2) 도로터널에서 설계 화재강도(30 MW)에 따른 열량(J)

   30 MW의 열량(J) = $30 MW \times 1,800s = 30 \times 10^6 J/s \times 1,800s = 5.4 \times 10^{10} J$

  (3) 주울열(J)의 열량 단위변환(kcal) = $5.4 \times 10^{10} J \times 0.24 cal/J \times 10^{-3}$ = 12,960,000 kcal

  3) 물의 질량 [kg] = $\dfrac{12,960,000 kcal}{1 kcal/kg \cdot ℃ \times 80℃ + 539 kcal/kg + 0.441 kcal/kg \cdot ℃ \times 900℃}$

   = 12,757.161 kg   ∴ 12,757.16 kg

  4) 물의 부피 [m³] = $\dfrac{물의 질량(kg)}{물의 밀도(kg/m^3)} = \dfrac{12,757.16 kg}{1,000 kg/m^3}$ = 12.757 m³

답 12.76 m³

Annex

◈ 설계화재 강도 및 연기발생량

적용차종	승용차	버스	트럭	탱크롤리
화재강도(MW)	5 이하	20	30	100
연기발생량(m³/s)	20	60~80	80	200

03

도로터널에 조건과 같이 비상조명등을 설치하고자 한다. 다음 물음에 답하시오.

조 건

① 도로터널은 편도 3차선 일방향 터널로 길이는 1,200 m이다.
② 도로터널의 폭은 12 m, 천장의 높이는 8 m이며 조명등의 높이 5 m이다.
③ 조명등은 220 V 40 W 형광등(소비전류는 0.2 A) 1등용이며, 1개의 광속은 2,750 lm이다.
④ 조명률 [%]을 위한 천장 반사율은 50 %, 벽 반사율은 50 %, 바닥 반사율은 10 %이다.

반사율	천정	70 %			50 %			30 %		
	벽	70	50	30	70	50	30	70	50	30
	바닥	10			10			10		
실지수		조명률 [%]								
1.5		64	55	49	58	51	45	52	46	42
2.0		69	61	55	62	56	51	57	52	44
2.5		72	66	60	65	60	56	60	55	48
3.0		74	69	64	68	63	59	62	58	52
4.0		77	73	69	71	67	64	65	62	56
5.0		79	75	72	73	70	67	67	64	60

⑤ 감광보상률은 1.4이며, 그 외 조건은 화재안전기술기준에 따른다.

(1) 조명률을 위한 실지수를 계산하시오.
(2) 비상조명등으로 형광등을 설치할 경우 형광등의 개수를 계산하시오.
(3) 비상조명등의 사용에 따른 부하용량 [kVA]을 계산하시오.

정답

1. 조명률을 위한 실지수

    1) 실지수의 정의

        (1) 조명적용 장소에 대한 형상, 크기 광원의 위치에 따라 결정되는 계수

        (2) 실지수가 클수록 조명률이 높다(단위는 없음)

        $$\text{실지수} = \frac{X \times Y}{H(X+Y)}$$

        여기서, X : 가로 길이 [m]

        Y : 세로 길이 [m]

        H : 피조면에서 조명기구까지의 높이 [m]

    2) 실지수 $= \dfrac{X \times Y}{H(X+Y)} = \dfrac{1{,}200\text{m} \times 12\text{m}}{5\text{m}(1{,}200\text{m} + 12\text{m})} = 2.376$

    답 실지수 2.37

2. 비상조명등으로 형광등을 설치할 경우 형광등의 개수

    1) 비상조명등의 개수

        $$FUN = DAE \rightarrow N = \frac{DAE}{FU} = \frac{AE}{FUM}$$

        여기서, N : 등기구의 수 [개]

        D : 감광보상률(1/M[유지율]) : 광속에 따른 여유율

        A : 바닥면적 [m²]

        E : 조도 [lx]

        F : 조명광속 [lm]

        U : 조명률 [%]

        M : 유지율 [%]

    2) 실지수에 따른 조명률 [%]

        실지수 2.37이므로 조명률은 56 % 적용

반사율	천정	70 %			50 %			30 %		
	벽	70	50	30	70	50	30	70	50	30
	바닥	10			10			10		
실지수		조명률 [%]								
1.5		64	55	49	58	51	45	52	46	42
2.0		69	61	55	62	56	51	57	52	44
2.5		72	66	60	65	60	56	60	55	48

3) 도로터널의 비상조명등 설치기준

상시 조명이 소등된 상태에서 비상조명등이 점등되는 경우 터널 안의 차도 및 보도의 바닥면의 조도는 10lx 이상, 그 외 모든 지점의 조도는 1lx 이상이 될 수 있도록 설치할 것

4) 형광등의 수 $= \dfrac{DAE}{FU} = \dfrac{1.4 \times 12\,\text{m} \times 1{,}200\,\text{m} \times 10\,\text{lx}}{2{,}750\,\text{lm} \times 0.56} = 130.9$개

답 131개

3. 비상조명등의 사용에 따른 부하용량 [kVA]

1) 부하용량의 계산식

$$P = V \times I$$

여기서, P : 전력(VA)
V : 전압 [V]
I : 전류(A)

2) 부하전류 [A] = 131개 × 0.2 A = 26.2 A ∴ 26.2 A

3) 부하용량 [kVA] = 220 V × 26.2 A = 5,764 VA

답 5.76 kVA

CHAPTER 03 | 고층건축물

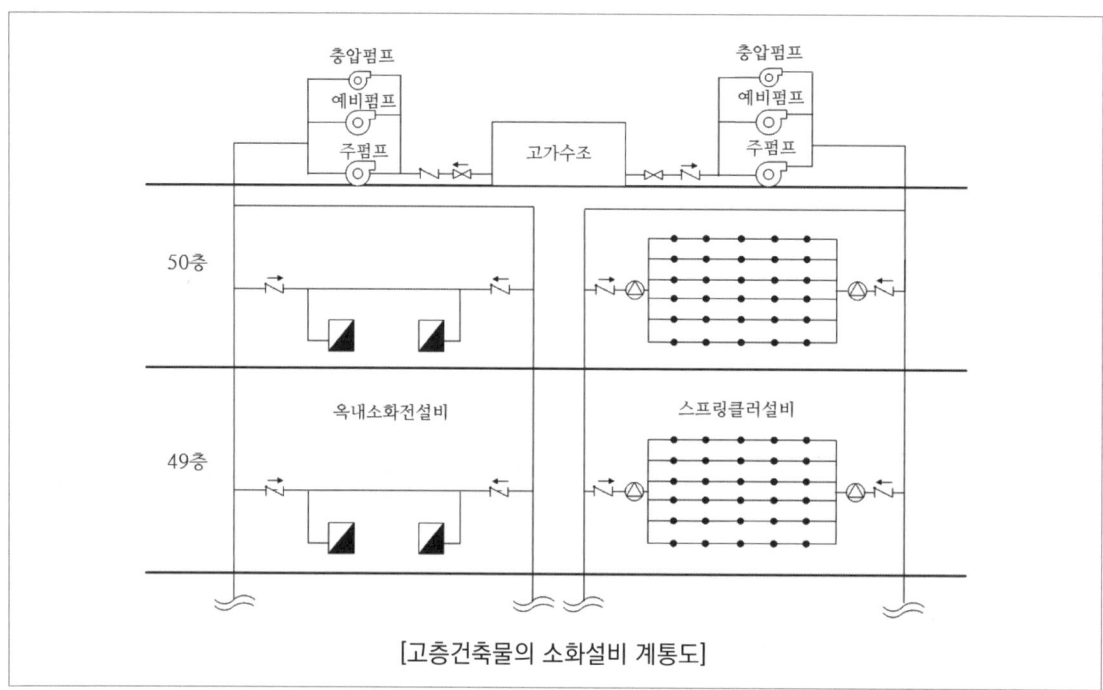

[고층건축물의 소화설비 계통도]

> **Annex**
>
> - 고층건축물
>   층수가 30층 이상이거나 높이가 120미터 이상인 건축물
> - 초고층건축물
>   층수가 50층 이상 또는 높이가 200미터 이상인 건축물
> - 지하연계 복합건축물(다음 각 항의 요건을 모두 갖춘 것)
>   ① 층수가 11층 이상이거나 1일 수용인원이 5천 명 이상인 건축물로서 지하부분이 지하역사 또는 지하도상가와 연결된 건축물
>   ② 건축물 안에 문화 및 집회시설, 판매시설, 운수시설, 업무시설, 숙박시설, 위락시설 중 유원시설업의 시설 또는 대통령령(종합병원과 요양병원)으로 정하는 용도의 시설이 하나 이상 있는 건축물

1 스프링클러 및 옥내소화전

구분	스프링클러	옥내소화전
수원	기준개수 × 3.2 m³ (4.8 m³ : 50층 이상 시)	개수(최대 5개) × 5.2 m³ (7.8 m³ : 50층 이상 시)
가압송수장치	전용 펌프, 동일성능의 별도 예비펌프 설치	전용 펌프, 동일성능의 별도 예비펌프 설치
급수배관	전용	전용(연결송수관 배관과 겸용 가능)
비상전원	자가발전설비, 축전지설비, 전기저장장치 : 40분, 60분(50층 이상)	
50층 이상인 경우 배관	• 주배관 중 수직배관 : 2개 이상 • 각각 유수검지장치 설치 • 헤드 : 2개 이상의 가지배관 양방향에서 소화용수 공급 • 수리계산에 의한 설계	주배관 중 수직배관 : 2개 이상

2 자동화재탐지설비

1) 감지기 : 아날로그방식의 감지기

2) 공동주택 : 아날로그방식 외의 감지기도 가능(감지기별 작동 및 설치지점 확인)

3) 50층 이상 건축물에 설치한 통신, 신호배선 : 이중배선 설치

   (1) 수신기와 수신기 사이의 통신배선

   (2) 수신기와 중계기 사이의 신호배선

   (3) 수신기와 감지기 사이의 신호배선

4) 감시·경보시간 : 60분 감시, 30분 이상 경보

3 비상방송설비

1) 음향장치 경보기준(스프링클러설비, 자동화재탐지설비 동일)

   (1) 2층 이상 발화 시 : 발화층 및 그 직상 4개 층 경보

   (2) 1층 발화 시 : 발화층, 그 직상 4개 층 및 지하층에 경보

   (3) 지하층 발화 시 : 발화층, 그 직상층 및 기타 지하층

2) 감시, 경보시간 : 60분 감시, 30분 이상 경보

4 특별피난계단의 계단실 및 부속실 제연설비

1) NFTC 501A[부속실 제연설비의 화재안전기술기준]에 따라 설치
2) 비상전원 : 자가발전설비 등으로 40분(50층 이상 : 60분) 이상

5 피난안전구역

1) 30 ~ 49층 : 전체 층수의 $\frac{1}{2}$ ± 5개층에 1개소

2) 50층 이상 : 30층마다 1개소

구분	피난안전구역의 소방시설 설치기준(화재안전기술기준)
제연 설비	차압은 50 Pa(옥내에 스프링클러설비가 설치된 경우에는 12.5 Pa) 이상. 다만 피난안전구역 한쪽 면 이상이 외기에 개방된 구조는 설치하지 아니할 수 있다.
피난 유도선	가. 피난안전구역 층의 계단실 출입구 ~ 피난안전구역 주출입구 또는 비상구 나. 계단실에 설치하는 경우 계단 및 계단참에 설치 다. 피난유도 표시부의 너비는 최소 25 mm 이상 라. 광원점등방식(전류에 의한 빛)으로, 60분 이상
비상 조명등	각 부분의 바닥에서 조도는 10 lx 이상
휴대용 비상 조명등	가. 휴대용 비상조명등 설치 수량 • 초고층 건축물의 피난안전구역 위층 재실자 수의 $\frac{1}{10}$ 이상 • 지하연계 복합건축물의 피난안전구역 설치된 층의 수용인원의 $\frac{1}{10}$ 이상 나. 용량은 40분 이상(피난안전구역이 50층 이상에 설치된 경우 60분)
인명 구조 기구	가. 방열복, 인공소생기를 각 2개 이상 비치 나. 45분 이상의 공기호흡기(보조마스크 포함)를 2개 이상 비치(피난안전구역이 50층 이상에 설치된 경우 : 동일한 성능의 예비용기 10개 이상) 다. 화재 시 쉽게 반출할 수 있는 곳에 비치 라. "인명구조기구"라는 표지판 등 설치

CHAPTER 03 | 계산문제

| 고층건축물

01

고층건축물의 화재안전기준 등을 적용하여 조건에 관한 다음 물음에 답하시오.

조 건

① 두 개의 동으로 구성된 건축물로서 A동은 50층의 아파트, B동은 11층의 오피스텔로서 지하층은 공용으로 사용된다.
② A동과 B동은 완전구획하지 않고 하나의 소방대상물로 보며, 소방시설은 각각 별개 시설로 구성한다.
③ 지하층은 5개 층으로 주차장, 기계실 및 전기실로 구성되었으며 지하층의 소방시설은 B동에 연결되어 있다.
④ A동, B동의 층고는 2.8 m이며, 바닥면적은 30 m × 20 m으로 동일하다.
⑤ 지하층은 층고는 3.5 m이며, 바닥면적은 80 m × 60 m이다.
⑥ 옥내소화전설비의 방수구는 화재안전기준상 바닥으로부터 가장 높이 설치되어 있으며, 바닥 등 콘크리트 두께는 무시한다.
⑦ 고가수조의 크기는 8 m × 6 m × 6 m(H)이며, 각 동의 옥상 바닥에 설치되어 있다.
⑧ 수조의 토출구는 물탱크의 바닥에 위치한다.
⑨ 계산 시 π = 3.14이며, 소수점 3자리에서 반올림하여 2자리까지 구한다.
⑩ 주어진 조건 외에는 고려하지 않는다.

---

(1) 옥내소화전설비를 정방형으로 배치한 경우 A동과 B동의 최소 수원 [m^3]을 각각 구하시오.
(2) 스프링클러설비가 설치된 경우 아파트와 오피스텔의 최소 수원 [m^3]을 각각 구하시오.
(3) B동 고가수조의 소화용수가 자연낙차에 따라 지하 5층 옥내소화전 방수구로 방수되는 데 소요되는 최소시간(s)을 구하시오.

> **정답**
>
> 1. 고층건축물 옥내소화전 최대개수 : 5개
> 2. 11층 이상 스프링클러헤드 기준개수 : 30개
>   아파트등 : 10개(각 동이 주차장으로 연결된 경우 그 주차장부분 : 30개)
> 3. 방수시간 : $t(\sec) = \dfrac{2A_t}{C_Q \times A\sqrt{2g}} \times (\sqrt{H_1} - \sqrt{H_2})$

1. 옥내소화전설비를 정방형으로 배치한 경우 A동과 B동의 최소 수원 [m³]

   1) 옥내소화전 수평거리에 따른 설치간격 [m]

      설치간격 [m] $= 2 \cdot r \cdot \cos 45° = 2 \times 25\text{m} \times \cos 45° = 35.355\text{ m}$ ∴ 35.36 m

   2) 수평거리에 따른 옥내소화전개수 산정

구분	바닥면적에 따른 개수	
A동	① 가로의 개수 : $30\text{m} \div 35.36\text{m/개} = 0.85$	∴ 1개
	② 세로의 개수 : $20\text{m} \div 35.36\text{m/개} = 0.57$	∴ 1개
	③ 1개 층당 개수 : $1\text{개} \times 1\text{개} = 1\text{개}$	∴ 1개
B동	① 가로의 개수 : $80\text{m} \div 35.36\text{m/개} = 2.26$	∴ 3개
	② 세로의 개수 : $60\text{m} \div 35.36\text{m/개} = 1.7$	∴ 2개
	③ 1개 층당 개수 : $3\text{개} \times 2\text{개} = 6\text{개}$	∴ 6개

   3) 옥내소화전설비에 따른 수원량 [m³]

구분	고가수조의 최소 수원 [m³]
A동	$1\text{개} \times 7.8\text{m}^3 (130\text{L/min} \times 60\text{min}) = 7.8$ 답 7.8 m³
B동	$5\text{개} \times 7.8\text{m}^3 (130\text{L/min} \times 60\text{min}) = 39$ 답 39 m³

2. 스프링클러설비가 설치된 경우, 아파트와 오피스텔의 최소 수원 [m³]

구분	기준개수에 따른 고가수조의 최소 수원 [m³]
A동(아파트)	$10\text{개} \times 4.8\text{m}^3 (80\text{L/min} \times 60\text{min}) = 48$ 답 48 m³
B동(11층 오피스텔)	$30\text{개} \times 4.8\text{m}^3 (80\text{L/min} \times 60\text{min}) = 144$ 답 144 m³

3. B동 고가수조의 소화용수가 자연낙차에 따라 지하 5층 옥내소화전 방수구로 방수되는 데 소요되는 최소시간(s)

1) 낙차 [m] $= (2.8\text{m} \times 11\text{층}) + [(3.5\text{m} \times \text{지하}\,5\text{층}) - 1.5\text{m}] = 46.8\text{ m}$ ∴ 46.8 m

2) 고가수조 수원량에 따른 저수높이 [m]

　(1) 바닥면적 [m²] × 저수높이 [m] = 고가수조의 수원량 [m³]

　(2) 저수높이 [m] $= \dfrac{(39+144)\text{m}^3}{(8\times 6)\text{m}^2} = \dfrac{183\text{m}^3}{48\text{m}^2} = 3.812\text{ m}$ ∴ 3.81 m

3) 방수구로 방수되는 데 걸리는 시간(s)

$$\text{방수시간 [s]} = \dfrac{2\times 8\text{m}\times 6\text{m}}{\left(\dfrac{3.14\times 0.04^2}{4}\right)\text{m}^2\sqrt{2\times 9.8\text{m}^2/\text{s}}} \times (\sqrt{50.61\text{m}} - \sqrt{46.8\text{m}})$$

$= 4{,}713.514\text{ s}$

답 4,713.51 s

CHAPTER 04 | 지하구

1 지하구 정의

1) 다음의 지하 인공구조물로서 사람의 출입이 가능한 것
    (1) 전력 또는 통신사업용 전력구, 통신구
    (2) 폭 1.8 m 이상, 높이 2 m 이상, 길이 50 m 이상인 것

2) 공동구

[지하구의 연소방지설비]

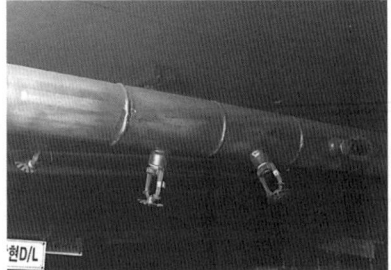

[연소방지설비의 헤드]

2 소화기구 및 자동소화장치

소화기	• 능력단위 : A3 B5 C 적응 이상 • 총중량 : 7 kg 이하 • 수량 : 출입구, 환기구, 작업구 부근 5개 이상 • 높이 : 1.5 m 이하 • 표지판 : 소화기 상부에 조명식 또는 반사식
자동소화장치	발전실, 전산기기실 등 바닥면적 300 m² 미만인 곳
가스·분말·고체에어로졸	케이블접속부(절연유를 포함한 접속부)마다
가스·분말·고체에어로졸 또는 소공간용 소화용구	제어반 또는 분전반마다

3 자동화재탐지설비

1) 감지기

　(1) 발화지점(1 m 단위)과 온도를 확인할 수 있는 것

- 불꽃감지기
- 정온식 감지선형 감지기
- 아날로그방식의 감지기
- 복합형 감지기
- 광전식 분리형 감지기
- 다신호방식의 감지기
- 분포형 감지기
- 축적방식의 감지기

　(2) 설치위치 : 지하구 천장의 중심부, 수직거리 30 cm 이내

　(3) 발화지점이 지하구의 실제거리와 일치하도록 수신기 등에 표시

　(4) 감지기 제외 가능 : 공동구에 상수도용, 냉·난방용 설비만 존재

2) 발신기, 지구음향장치 및 시각경보기는 설치하지 않을 수 있다.

4 피난구 유도등의 설치의무

사람의 출입이 가능한 출입구, 환기구, 작업구에 적합한 크기로 설치

5 연소방지설비

1) 배관 설치기준

　(1) 배관용 탄소강관(KS D 3507) 또는 압력배관용 탄소강관(KS D 3562)이나 이와 동등 이상의 강도·내식성 및 내열성을 가진 것

　(2) 급수배관(송수구로부터 연소방지설비 헤드에 급수하는 배관)은 전용

　(3) 배관의 구경(≒ 연결살수설비)

　　① 연소방지설비전용 헤드의 구경

살수 헤드개수	1개	2개	3개	4개 또는 5개	6개 이상
배관구경 [mm]	32	40	50	65	80

　　② 개방형 스프링클러헤드를 사용하는 경우에는 「스프링클러설비의 화재안전기술기준(NFTC 103)」 표2.5.3.3의 기준에 따를 것

　(4) 교차배관은 가지배관과 수평으로 설치하거나 또는 가지배관 밑에 설치하고, 그 구경은 (3)에 따르되, 최소구경이 40 mm 이상이 되도록 할 것

　(5) 행가 및 확관형분기배관기준 = 스프링클러설비기준

2) 헤드 설치기준

　(1) 천장 또는 벽면에 설치할 것

　(2) 헤드간의 수평거리 : 전용 헤드(살수헤드) 2 m, 스프링클러헤드 1.5 m 이하

　(3) 살수구역의 선정

　　① 소방대원의 출입이 가능한 환기구·작업구마다 지하구의 양쪽방향

　　② 한쪽 방향의 살수구역의 길이는 3 m 이상

　　③ 환기구 사이의 간격이 700 m를 초과 시 700 m 이내마다

　　　(지하구의 구조를 고려하여 방화벽 설치 시 살수구역 제외)

　(4) 연소방지설비 전용 헤드를 설치할 경우에는 「소화설비용 헤드의 성능인증 및 제품검사 기술기준」에 적합한 살수헤드를 설치

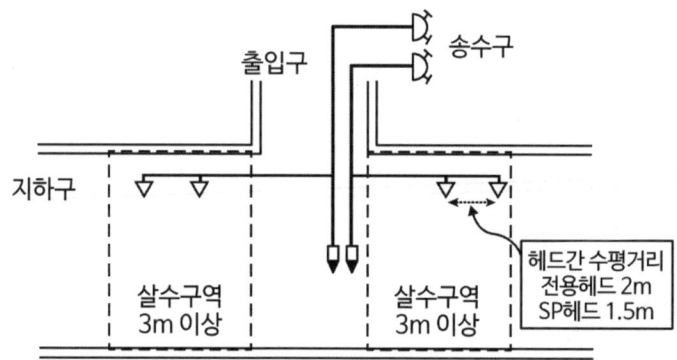

6 연소방지재

1) 연소방지재 설치대상 : 지하구 내에 설치하는 케이블·전선 등

2) 연소방지재 난연성능기준(케이블·전선 등의 난연성능)

　(1) 시료(케이블 등)의 아래쪽(점화원 가까운 쪽) 30 cm 지점부터 부착

　(2) 시험에 사용되는 시료(케이블 등)의 단면적 325 mm^2

　(3) 시험성적서의 유효기간은 발급 후 3년

3) 연소방지재의 설치

구분	내용
설치부분	가. 분기구 나. 지하구의 인입부 또는 인출부 다. 절연유 순환펌프 등이 설치된 부분 라. 기타 화재발생 위험이 우려되는 부분
설치방식, 설치길이	2)와 관련된 시험성적서에 명시된 방식
연소방지재 설치간격	350 m 이하

7 방화벽

화재 시 발생한 열, 연기 등의 확산을 방지하기 위하여 설치하는 벽

1) 내화구조로서 홀로 설 수 있는 구조
2) 출입문 : 60분+ 방화문 또는 60분 방화문(항상 닫힘 또는 자동폐쇄장치 설치)
3) 방화벽을 관통하는 케이블·전선 등에는 내화채움구조로 마감
4) 분기구 및 국사·변전소 건축물과 지하구 연결 부위에 설치(건축물로부터 20 m 이내)
5) 자동폐쇄장치는 성능인증 및 제품검사 기술기준에 적합한 것

8 무선통신보조설비

옥외안테나 설치위치 : 방재실인근, 공동구의 입구, 송수구 설치장소(지상)

9 통합감시시설

1) 소방관서와 지하구의 통제실 간에 정보통신망을 구축
2) 정보통신망(무선통신망 포함)은 광케이블 등의 성능
3) 수신기는 지하구의 통제실에 설치하되 화재신호, 경보, 발화지점 등 수신기에 표시되는 정보가 119상황실이 있는 관할 소방관서의 정보통신장치에 표시되도록 할 것

CHAPTER 05 | 건설현장

1 용어의 정의

구분	용어의 정의
소화기	소화약제를 압력에 따라 방사하는 기구로 사람이 수동으로 조작하여 소화하는 소형소화기 및 대형소화기
간이소화장치	공사현장에서 화재위험작업 시 신속한 화재 진압이 가능하도록 물을 방수하는 형태의 소화장치
비상경보장치	발신기, 경종 및 표시등이 결합된 형태로 화재위험작업 공간 등에서 수동조작에 의해 화재경보상황을 알려줄 수 있는 비상벨 장치
간이피난유도선	화재위험작업 시 작업자의 피난을 유도할 수 있는 케이블형태의 장치
가스누설경보기	건설현장에서 발생하는 가연성 가스를 탐지, 경보하는 장치
비상조명등	화재 발생 시 안전하고 원활한 피난활동을 할 수 있도록 계단실 내부에 설치되어 자동 점등되는 조명등
방화포	건설현장 내 용접·용단 작업 시 발생하는 금속성 불티로부터 가연물이 점화되는 것을 방지해주는 차단막

2 화재위험작업

1) 인화성·가연성·폭발성 물질 취급 또는 가연성 가스 발생 작업
2) 용접·용단 등 불꽃 발생 또는 화기 취급 작업
3) 전열기구, 가열전선 등 열 발생 기구 취급 작업
4) 알루미늄, 마그네슘 등 폭발성 부유분진을 발생시킬 수 있는 작업
5) 그 밖에 비슷한 작업으로 소방청장이 정하여 고시하는 작업

3 임시소방시설을 설치하여야 하는 공사의 종류와 규모

시설	공사의 종류와 규모(화재위험작업현장)
소화기	특정소방대상물 신축·증축·개축·재축·이전·용도변경·대수선 또는 설비 설치 등 공사 현장의 화재위험작업 현장
간이소화장치	1) 연면적 3,000 m² 이상 2) 지하층, 무창층 또는 4층 이상의 층. 이 경우 해당 층의 바닥면적이 600 m² 이상인 경우만 해당
비상경보장치	1) 연면적 400 m² 이상 2) 지하층 또는 무창층. 이 경우 해당 층의 바닥면적이 150 m² 이상인 경우만 해당
간이피난유도선 가스누설경보기 비상조명등	바닥면적이 150 m² 이상인 지하층 또는 무창층의 화재위험작업현장
방화포	용접·용단 작업이 진행되는 화재위험작업 현장

4 설치기준

임시소방시설	성능 및 설치기준
소화기	1) 소화약제 : 화재에 적응성이 있는 것 2) 각 층 계단실마다 출입구 부근에 3단위 이상 소화기 2개 이상 설치 3) 작업 종료 시까지 작업지점으로부터 5 m 이내 쉽게 보이는 장소에 3단위 이상 소화기 2개 이상과 대형소화기 1개 추가 배치 4) "소화기"라고 표시한 축광식 표지 부착

간이소화장치	1) 수원 : 20분 이상의 소화수를 공급할 수 있는 양
	2) 방수압력은 최소 0.1 MPa 이상, 방수량은 65 L/min 이상
	3) 작업 종료 시까지 작업지점으로부터 25 m 이내에 설치. 지하 1층과 지상 1층은 건설현장 각 부분으로부터 수평거리 25 m 이하에 상시배치
	4) 성능인증 및 제품검사의 기술기준에 적합한 것으로 할 것
	5) 다음 각 목의 소방시설을 사용승인 전이라도 완공검사 받아 사용할 수 있게 된 경우 간이소화장치 제외
	  ⑴ 옥내소화전설비
	  ⑵ 연결송수관설비와 방수구 인근에 대형소화기 6개 이상 배치

임시소방시설	성능 및 설치기준
비상경보장치	1) 피난층 또는 지상으로 통하는 각 층 직통계단의 출입구마다 설치 2) 발신기를 누를 경우 해당 발신기와 결합된 경종이 작동해야 하며 다른 장소에 설치된 경종이 연동하여 작동되도록 설치 가능 3) 경종의 음량은 부착된 음향장치의 중심으로부터 1 m 위치에서 100 dB 이상 4) 발신기의 위치표시등은 함의 상부에 설치하되, 그 불빛은 부착 면으로부터 15° 이상의 범위 안에서 부착지점으로부터 10 m 이내의 어느 곳에서도 쉽게 식별할 수 있는 적색등으로 할 것 5) 시각경보장치는 발신기함 상부에 위치하도록 설치하되 바닥으로부터 2 m 이상 2.5 m 이하의 높이에 설치하여 건설현장의 각 부분에 유효하게 경보할 수 있도록 할 것 6) 발신기, 경종은 형식승인 및 제품검사의 기술기준에 적합한 것 표시등은 성능인증 및 제품검사의 기술기준에 적합한 것 설치 7) "비상경보장치"라고 표시한 표지를 비상경보장치 상단에 부착 8) 비상경보장치를 20분 이상 유효하게 작동시킬 수 있는 비상전원 9) 설치 제외 : 자동화재탐지설비 또는 비상방송설비
간이피난유도선	1) 간이피난유도선은 녹색 계열의 광원점등방식으로 각 층 직통계단마다 계단의 출입구로부터 건물 내부로 10 m 이상 길이로 설치 2) 바닥으로부터 1 m 이하의 높이에 설치하고, 피난유도선이 점멸하거나 화살표로 표시하는 등의 방법으로 작업장의 어느 위치에서도 피난유도선을 통해 출입구로의 피난방향을 알 수 있도록 할 것 3) 층 내부에 구획된 실이 있는 경우에는 구획된 각 실로부터 가장 가까운 직통계단의 출입구까지 연속 설치할 것 4) 공사 중에는 상시 점등되도록 하고, 간이피난유도선을 20분 이상 유효하게 작동시킬 수 있는 비상전원을 확보할 것 5) 설치 제외 : 피난유도선, 피난구유도등, 통로유도등 또는 비상조명등
가스누설경보기	1) 가연성 가스를 발생시키는 작업을 하는 지하층·무창층 내부(내부에 구획실이 있는 경우 구획실마다)에 가연성 가스 발생 작업 부분으로부터 수평거리 10 m 이내에 바닥으로부터 탐지부 상단까지 0.3 m 이하 위치에 설치 2) 형식승인 및 제품검사의 기술기준에 적합한 것으로 설치
비상조명등	1) 지하층이나 무창층에서 피난층 또는 지상으로 통하는 직통계단의 계단실 내부에 각 층마다 설치 2) 비상조명등이 설치된 장소의 조도는 각 부분의 바닥에서 1 lx 이상 3) 비상조명등 20분(지하층과 지상11층 이상의 층은 60분) 이상 유효 작동시킬 수 있는 비상전원 확보 4) 비상경보장치가 작동할 경우 연동하여 점등되는 구조로 설치 5) 형식승인 및 제품검사의 기술기준에 적합한 것으로 설치
방화포	1) 용접·용단 작업 시 11 m 이내의 가연물은 방화포로 보호할 것. 다만 「산업안전보건기준에 관한 규칙」에 따른 비산방지조치를 한 경우에는 방화포를 설치 제외 가능 2) 방화포의 성능인증 및 제품검사의 기술기준에 적합한 것 설치

5 건설현장에 배치되는 소방안전관리자의 업무

1) 방수·도장·우레탄폼 성형 등 가연성 가스 발생 작업과 용접·용단 및 불꽃이 발생하는 작업이 동시에 이루어지지 않도록 수시로 확인
2) 가연성 가스가 발생되는 작업을 할 경우에는 사전에 가스누설경보기의 정상작동 여부를 확인하고, 작업 중 또는 작업 후 가연성 가스가 체류되지 않도록 충분한 환기조치를 실시
3) 용접·용단 작업을 할 경우에는 성능인증 받은 방화포가 설치기준에 따라 적정하게 도포되어 있는지 확인
4) 위험물 등이 있는 장소에서 화기 등을 취급하는 작업이 이루어지지 않도록 확인

CHAPTER 06 | 전기저장시설

1 용어의 정의

용어	정의
발전시설 중 전기저장시설	20 kWh를 초과하는 리튬·나트륨·레독스플로우 계열의 이차전지를 이용한 전기저장장치의 시설
전기저장장치	생산된 전기를 전력 계통에 저장했다가 전기가 가장 필요한 시기에 공급해 에너지 효율을 높이는 것으로 배터리, 배터리 관리 시스템, 전력변환 장치 및 에너지 관리 시스템 등으로 구성되어 발전·송배전·일반 건축물에서 목적에 따라 단계별 저장이 가능한 장치를 말한다.
옥외형 전기저장장치 설비	컨테이너, 패널 등 전기저장장치 설비 전용 건축물의 형태로 옥외의 구획된 실에 설치된 전기저장장치를 말한다.
더블인터락 (Double-Interlock)방식	화재감지기와 스프링클러헤드가 모두 작동 시 준비작동식 유수검지장치가 개방되는 방식

2 설치기준

1) 소방시설

소방시설	설치기준
소화기	바닥면적 50 m^2마다 적응성 있는 소화기 1개 이상 또는 자동소화장치

스프링클러 설비 (배터리실에만 설치)	1. 종류 : 습식 또는 준비작동식('더블인터락' 방식 제외)
	2. 방수량 : 12.2 L/min·m^2(바닥면적 230 m^2 이상인 경우 230 m^2)
	  방수시간 : 30분 이상
	3. 스프링클러헤드 간격 : 1.8 m 이상
	4. 비상전원 : 30분
	5. 준비작동식 스프링클러설비의 경우
	  • 전기저장장치의 출입구 부근에 수동식 기동장치 설치
	  • 감지기는 공기흡입형 감지기, 아날로그식 연기감지기 또는 심의에서 적응성이 있다고 인정된 감지기
	6. 송수구 : 「스프링클러설비의 화재안전기준」에 따라 설치

소방시설	설치기준
배터리용 소화장치	스프링클러설비를 설치하지 않고 인정받은 배터리용 소화장치를 설치할 수 있는 경우 1. 옥외형 전기저장장치 설비가 컨테이너 내부에 설치된 경우 2. 옥외형 전기저장장치 설비가 다른 건축물, 주차장, 공용도로, 적재된 가연물, 위험물 등으로부터 30 m이상 떨어진 지역에 설치된 경우
자동화재 탐지설비	감지기의 종류 1. 공기흡입형 감지기 또는 아날로그식 연기감지기 2. 중앙소방기술심의위원회의 심의를 통해 적응성이 인정된 감지기 (옥외형 전기저장장치 설비에는 자동화재탐지설비 제외 가능)

2) 배출설비

 (1) 배풍기·배출덕트·후드 등을 이용하여 강제적으로 배출할 것

 (2) 바닥면적 $1\ m^2$ 에 시간당 $18\ m^3$ 이상의 용량을 배출할 것

 (3) 화재감지기의 감지에 따라 작동할 것

 (4) 옥외와 면하는 벽체에 설치할 것

3) 설치장소

관할 소방대의 원활한 소방활동을 위해 지면으로부터 지상 22 m(전기저장장치가 설치된 전용건축물의 최상부 끝단까지의 높이) 이내, 지하 9 m(전기저장장치가 설치된 바닥면까지의 깊이) 이내로 설치

4) 방화구획

전기저장장치 설치장소의 벽체, 바닥 및 천장은 건축물의 다른 부분과 방화구획해야 한다. 다만 배터리실 외의 장소와 옥외형 전기저장장치 설비는 방화구획하지 않을 수 있다.

CHAPTER 07 | 공동주택

1 용어의 정의

용어	정의
공동주택	아파트등, 기숙사, 연립주택, 다세대주택 • 연립주택 : 주택으로 쓰는 1개 동의 바닥면적합계 660 m^2 초과 + 4개 층 이하 • 다세대주택 : 주택으로 쓰는 1개 동의 바닥면적합계 660 m^2 이하 + 4개 층 이하인 주택
아파트등	주택으로 쓰는 층수가 5층 이상인 주택
기숙사	학교 또는 공장 등의 학생 또는 종업원 등을 위하여 쓰는 것으로서 1개 동의 공동취사시설 이용 세대 수가 전체의 50 % 이상

2 설치기준

1) 소화기구 및 자동소화장치

   (1) 소화기

   ① 바닥면적 100 m^{2}마다 1단위 이상의 능력단위기준으로 설치

   ② 아파트등의 경우 각 세대 및 공용부(승강장, 복도 등)마다 설치할 것

   ③ 아파트등의 세대 내에 설치된 보일러실이 방화구획되거나, 스프링클러설비·간이스프링클러설비·물분무등소화설비 중 하나 설치 시 부속용도별 추가 설치 제외

   ④ 아파트등의 경우 소화기의 감소 규정 미적용

   (2) 주거용 주방자동소화장치는 아파트등의 주방에 열원(가스 또는 전기)의 종류에 적합한 것으로 설치하고, 열원을 차단할 수 있는 차단장치를 설치

2) 옥내소화전설비

　(1) 호스릴(Hose Reel)방식

　(2) 복층형 구조인 경우 : 출입구가 없는 층에 방수구를 설치 제외 가능

　(3) 감시제어반 전용실은 피난층 또는 지하 1층에 설치할 것. 다만 상시 사람이 근무하는 장소 또는 관계인이 쉽게 접근할 수 있고 관리가 용이한 장소에 감시제어반 전용실을 설치할 경우에는 지상 2층 또는 지하 2층에 설치할 수 있다.

3) 스프링클러설비

　(1) 수원의 양(폐쇄형 스프링클러헤드)

　　① 아파트등 : 기준개수 10개 × 1.6 m^3

　　② 주차장(각 동이 주차장으로 연결된 구조) 부분 : 기준개수 30개

　(2) 아파트등의 경우 화장실 반자 내부에 소방용 합성수지배관으로 설치 가능
　　(소방용 합성수지배관 내부에 항상 소화수가 채워진 상태를 유지할 것)

　(3) 하나의 방호구역은 2개 층에 미치지 아니하도록 할 것. 다만 복층형 구조의 공동주택에는 3개 층 이내로 할 수 있다.

　(4) 수평거리

　　아파트등의 세대 내 스프링클러헤드를 설치하는 경우 천장·반자·천장과 반자 사이·덕트·선반등의 각 부분으로부터 하나의 스프링클러헤드까지의 수평거리는 2.6 m 이하

　(5) 외벽에 설치된 창문에서 0.6 m 이내에 스프링클러헤드를 배치하고, 배치된 헤드의 수평거리 이내에 창문이 모두 포함되도록 할 것. 다만 다음의 경우 예외

　　① 창문에 드렌처설비가 설치된 경우

　　② 창문과 창문 사이의 수직부분이 내화구조로 90 cm 이상 이격되어 있거나,「발코니 등의 구조변경절차 및 설치기준」제4조 제1항부터 제5항까지에서 정하는 구조와 성능의 방화판 또는 방화유리창을 설치한 경우

　　③ 발코니가 설치된 부분

　(6) 거실에는 조기반응형 스프링클러헤드를 설치할 것

　(7) 감시제어반 전용실은 피난층 또는 지하 1층에 설치할 것. 다만 상시 사람이 근무하는 장소 또는 관계인이 쉽게 접근할 수 있고 관리가 용이한 장소에 감시제어반 전용실을 설치할 경우에는 지상 2층 또는 지하 2층에 설치할 수 있다.

　(8) 대피공간에 헤드 설치 제외 가능

⑼ 세대 내 실외기실 등 소규모 공간에서 해당 공간 여건상 헤드와 장애물 사이에 60 cm 반경을 확보하지 못하거나 장애물 폭의 3배를 확보하지 못하는 경우에는 살수방해가 최소화되는 위치에 설치할 수 있다.

4) 자동화재탐지설비

   ⑴ 감지기

   ① 아날로그방식의 감지기, 광전식 공기흡입형 감지기 또는 이와 동등 이상의 기능·성능이 인정되는 것

   ② 신호처리방식 : 유선식, 무선식, 유 + 무선식

   ③ 세대 내 거실 : 연기감지기

   ④ 감지기회로 단선 시 고장표시가 되며, 해당 회로에 설치된 감지기가 정상 작동될 수 있는 성능을 갖도록 할 것

   ⑵ 복층형 구조 : 출입구가 없는 층에 발신기를 설치 제외 가능

5) 비상방송설비

   ⑴ 확성기는 각 세대마다 설치

   ⑵ 실내에 설치하는 확성기 음성입력은 2W 이상

6) 피난기구

   ⑴ 설치기준

   ① 아파트등의 경우 각 세대마다 설치

   ② 피난장애가 발생하지 않도록 하기 위하여 피난기구를 설치하는 개구부는 동일 직선상이 아닌 위치에 있을 것. 다만 수직 피난방향으로 동일 직선상인 세대별 개구부에 피난기구를 엇갈리게 설치하여 피난장애가 발생하지 않는 경우에는 그렇지 않다.

   ③ "의무관리대상 공동주택"의 경우에는 하나의 관리주체가 관리하는 공동주택 구역마다 공기안전매트 1개 이상을 추가로 설치할 것. 다만 옥상으로 피난이 가능하거나 수평 또는 수직 방향의 인접세대로 피난할 수 있는 구조인 경우에는 추가로 설치하지 않을 수 있다.

   ⑵ 갓복도식 공동주택 또는 수평 또는 수직 방향의 인접세대로 피난할 수 있는 아파트는 피난기구를 설치하지 않을 수 있다.

⑶ 승강식 피난기 및 하향식 피난구용 내림식사다리가 「건축물의 피난·방화구조 등의 기준에 관한 규칙」 제14조에 따라 방화구획된 장소(세대 내부)에 설치될 경우에는 해당 방화구획된 장소를 대피실로 간주하고, 대피실의 면적규정과 외기에 접하는 구조로 대피실을 설치하는 규정을 적용하지 않을 수 있다.

7) 유도등

⑴ 소형 피난구 유도등을 설치. 다만 세대 내에는 유도등을 설치 제외 가능

⑵ 주차장으로 사용되는 부분 : 중형 피난구유도등 설치

⑶ 비상문자동개폐장치가 설치된 옥상 출입문 : 대형 피난구유도등 설치

⑷ 내부구조가 단순하고 복도식이 아닌 층에는 [피난구유도등의 면과 수직이 되도록 피난구유도등을 추가 설치 및 피난구유도등이 설치된 출입구의 맞은편 복도에는 입체형으로 설치하거나, 바닥에 설치]기준을 적용하지 아니할 것

8) 비상조명등

각 거실로부터 지상에 이르는 복도·계단 및 그 밖의 통로에 설치해야 한다. 다만 공동주택의 세대 내에는 출입구 인근 통로에 1개 이상 설치

9) 특별피난계단의 계단실 및 부속실 제연설비

부속실을 단독으로 제연하는 경우에는 부속실과 면하는 옥내 출입문만 개방한 상태로 방연풍속을 측정할 수 있다.

10) 연결송수관설비

⑴ 방수구 설치기준

① 층마다 설치할 것. 다만 아파트등의 1층과 2층(또는 피난층과 그 직상층)에는 설치하지 않을 수 있다.

② 아파트등의 경우 계단의 출입구(계단의 부속실을 포함하며 계단이 2 이상 있는 경우에는 그 중 1개의 계단을 말한다)로부터 5 m 이내에 방수구를 설치하되, 그 방수구로부터 해당 층의 각 부분까지의 수평거리가 50 m를 초과하는 경우에는 방수구를 추가로 설치할 것

③ 쌍구형으로 할 것. 다만 아파트등의 용도로 사용되는 층에는 단구형으로 설치할 수 있다.

④ 송수구는 동별로 설치하되, 소방차량의 접근 및 통행이 용이하고 잘 보이는 장소에 설치할 것

⑵ 펌프의 토출량은 분당 2,400리터 이상(계단식 아파트의 경우에는 분당 1,200리터 이상)으로 하고, 방수구개수가 3개를 초과(방수구가 5개 이상인 경우에는 5개)하는 경우에는 1개마다 분당 800리터(계단식 아파트의 경우에는 분당 400리터 이상)를 가산해야 한다.

11) 비상콘센트

아파트등의 경우에는 계단의 출입구(계단의 부속실을 포함하며 계단이 2개 이상 있는 경우에는 그 중 1개의 계단을 말한다)로부터 5 m 이내에 비상콘센트를 설치하되, 그 비상콘센트로부터 해당 층의 각 부분까지의 수평거리가 50 m를 초과하는 경우에는 비상콘센트를 추가로 설치해야 한다.

CHAPTER 08 | 창고시설

1 용어의 정의

용어	정의
창고시설	창고(냉장·냉동 창고 포함), 하역장, 물류터미널, 집배송시설
적층식 랙	선반을 다층식으로 겹쳐 쌓는 랙
송기공간	랙을 일렬로 나란하게 맞대어 설치하는 경우 랙 사이에 형성되는 공간(사람이나 장비가 이동하는 통로는 제외)

2 설치기준

1) 소화기구 및 자동소화장치

   배전반 및 분전반마다 가스자동소화장치·분말자동소화장치·고체에어로졸자동소화장치 또는 소공간용 소화용구 설치

2) 옥내소화전설비

   (1) 수원의 저수량 = N(최대 2개) × 5.2 m^3

   (2) 사람이 상시 근무하는 물류창고 등 동결의 우려가 없는 경우에는 「옥내소화전설비의 화재안전성능기준(NFPC 102)」 제5조 제1항 제9호의 단서를 적용하지 않는다.

   > **Annex** NFPC 102 제5조 제1항 제9호의 단서
   >
   > 9. 기동장치로는 기동용 수압개폐장치 또는 이와 동등 이상의 성능이 있는 것을 설치할 것. 다만 학교·공장·창고시설(제4조 제2항에 따라 옥상수조를 설치한 대상은 제외한다)로서 동결의 우려가 있는 장소에 있어서는 기동스위치에 보호판을 부착하여 옥내소화전함 내에 설치할 수 있다.

   (3) 비상전원 : 자가발전설비, 축전지설비 또는 전기저장장치로서 유효하게 40분 이상 작동

3) 스프링클러설비

(1) 설치방식

① 라지드롭형 스프링클러헤드를 습식으로 설치할 것

※ 건식 스프링클러설비 설치 가능 경우
　가. 냉동창고 또는 영하의 온도로 저장하는 냉장창고
　나. 창고시설 내에 상시 근무자가 없어 난방을 하지 않는 창고시설

② 랙식 창고의 경우 라지드롭형 스프링클러헤드를 랙 높이 3 m 이하마다 설치할 것. 수평거리 15 cm 이상의 송기공간이 있는 랙식 창고에는 랙 높이 3 m 이하마다 설치하는 스프링클러헤드를 송기공간에 설치할 수 있다.

③ 창고시설에 적층식 랙을 설치하는 경우 적층식 랙의 각 단 바닥면적을 방호구역면적으로 포함할 것

④ 제1호 내지 제3호에도 불구하고 천장 높이가 13.7 m 이하인 랙식 창고에는 화재조기진압용 스프링클러설비를 설치할 수 있다.

(2) 수원의 저수량

① N(최대 30개 × 3.2 m^3 (랙식 창고 : 9.6 m^3)

② 화재조기진압용 스프링클러설비를 설치하는 경우 그 기준에 따를 것

(3) 가압송수장치의 송수량기준

① 0.1 MPa의 방수압력. 160 L/min 이상

② 화재조기진압용 스프링클러설비를 설치하는 경우 그 기준에 따를 것

(4) 한쪽 가지배관에 설치되는 헤드의 개수(반자 아래와 반자 속의 헤드를 하나의 가지배관 상에 병설하는 경우에는 반자 아래에 설치하는 헤드의 개수)는 4개 이하
다만 화재조기진압용 스프링클러설비 시 예외

(5) 스프링클러헤드 기준

① 라지드롭형 스프링클러헤드를 설치하는 천장·반자·천장과 반자 사이·덕트·선반 등의 각 부분으로부터 하나의 스프링클러헤드까지의 수평거리는 특수가연물을 저장 또는 취급하는 창고는 1.7 m 이하, 그 외의 창고는 2.1 m(내화구조 2.3 m) 이하로 할 것

② 화재조기진압용 스프링클러설비를 설치하는 경우 그 기준에 따를 것

(6) 연소할 우려가 있는 개구부에는 드렌처설비 설치

(7) 비상전원

자가발전설비, 축전지설비 또는 전기저장장치로서 스프링클러설비를 유효하게 20분(랙식 창고의 경우 60분) 이상 작동

4) 비상방송설비

(1) 확성기 음성입력은 3 W (실내 포함) 이상

(2) 창고시설에서 발화한 때에는 전 층에 경보

(3) 비상방송설비에는 그 설비에 대한 감시 상태를 60분간 지속한 후 유효하게 30분 이상 경보할 수 있는 축전지설비(수신기에 내장하는 경우를 포함한다. 이하 같다) 또는 전기저장장치를 설치

5) 자동화재탐지설비

(1) 감지기 작동 시 해당 감지기의 위치가 수신기에 표시되도록 할 것

(2) 영상정보처리기기를 설치하는 경우 수신기는 영상정보의 열람·재생 장소에 설치할 것

(3) 감지기 설치기준

① 아날로그방식의 감지기, 광전식 공기흡입형 감지기 또는 이와 동등 이상의 기능·성능이 인정되는 감지기를 설치할 것

② 신호처리방식 : 유선식, 무선식, 유 + 무선식

(4) 창고시설에서 발화한 때에는 전 층에 경보를 발할 것

(5) 자동화재탐지설비에는 그 설비에 대한 감시 상태를 60분간 지속한 후 유효하게 30분 이상 경보할 수 있는 비상전원으로서 축전지설비 또는 전기저장장치를 설치해야 한다. 다만 상용전원이 축전지설비인 경우에는 그렇지 않다.

6) 유도등

(1) 피난구유도등과 거실통로유도등은 대형으로 설치

(2) 피난유도선

연면적 15,000 m^2 이상인 창고시설의 지하층 및 무창층 설치

① 광원점등방식으로 바닥으로부터 1 m 이하의 높이에 설치할 것

② 각 층 직통계단 출입구로부터 건물 내부 벽면으로 10 m 이상 설치할 것

③ 화재 시 점등되며 비상전원 30분 이상을 확보할 것

④ 「피난유도선 성능인증 및 제품검사의 기술기준」에 적합한 것으로 설치

7) 소화수조 및 저수조

소화수조 또는 저수조의 저수량은 특정소방대상물의 연면적을 5,000 m²로 나누어 얻은 수(소수점 이하의 수는 1로 본다)에 20 m³를 곱한 양 이상이 되도록 해야 한다.

저수량 = [연면적 ÷ 5,000 m² (소수점 이하의 수는 1)] × 20 m³

CHAPTER 08 | 계산문제

| 창고시설

01

지상 2층 내화구조 건축물로 각 층 바닥면적이 10,000 m²인 창고시설이다. 다음을 계산하시오. (다만 옥상수원은 고려하지 않는다)

(1) 층당 소화전이 8개씩 설치되었을 때 옥내소화전설비의 수원 저수량 [m³]
(2) 라지드롭형 스프링클러헤드를 정방향으로 설치할 경우 수원 저수량 [m³]
(3) 소화수조의 저수량 [m³]

정답

1. 옥내소화전설비 수원량 = N(최대 2개) × 5.2 m³
2. 스프링클러설비 수원량 = N(최대 30개) × 3.2 m³(랙식 창고 : 9.6 m³)
3. 소화수조 저수량 = [연면적 ÷ 5,000 m²(소수점 이하의 수는 1)] × 20 m³

1. 옥내소화전설비의 수원 저수량 [m³]
   1) 수원의 저수량은 옥내소화전의 설치개수가 가장 많은 층의 설치개수(2개 이상 설치된 경우에는 2개)에 5.2 m³(호스릴옥내소화전설비를 포함한다)를 곱한 양 이상이 되도록 해야 한다.
   2) 저수량 [m³]
      저수량 [m³] = 2개 × 130L/min × 40min × 10^{-3} = 10.4 m³

답 10.4 m³

2. 스프링클러설비의 수원 저수량 [m³]

   1) 라지드롭형 스프링클러 헤드개수

      (1) 수평거리(m)에 따른 헤드 설치간격(m)

      $$S = 2r \times \cos 45°$$

      여기서, S : 헤드의 설치간격(m)
      r : 수평거리(m)

      설치간격(m) = $2r \times \cos\theta$ = $2 \times 2.3\,m \times \cos 45°$ = 3.2526 m   ∴ 3.252 m

      (2) 헤드 방호면적(m²) = 3.252 m × 3.252 m = 10.575 m²   ∴ 10.58 m²

      (3) 방호면적(m²)에 따른 전체 헤드개수

      $$\frac{10,000\,m^2}{10.58\,m^2/개} = 946개 \times 2개\,층 = 1,892\,개$$ ∴ 1,892개

   2) 저수량 [m³]

      저수량 [m³] = $30개 \times 160L/\min \times 20\min \times 10^{-3}$ = 96 m³

      답 96 m³

3. 소화수조의 저수량 [m³]

   1) 연면적

      지상 1, 2층의 바닥면적의 합계 20,000 m²

   2) 저수량 [m³]

      $$\frac{20,000\,m^2}{5,000\,m^2} = 4 \times 20m^3 = 80m^3$$

      답 80 m³

CHAPTER 09 | 소방시설의 내진설계기준

1 용어의 정의

수평지진 하중(F_{pw})	지진 시 흔들림 방지 버팀대에 전달되는 배관의 동적지진하중 또는 같은 크기의 정적지진하중으로 환산한 값, 허용응력설계법으로 산정한 지진하중
세장비 (L/r)	• 흔들림 방지 버팀대 지지대의 길이 [L]와, 최소단면 2차 반경(r)의 비율 • 세장비가 커질수록 좌굴(Buckling)현상으로 지진 시 파괴, 손상 • $\dfrac{L}{r} \leq 300$
지진분리 이음	지진발생 시 지진으로 인한 **진동**이 배관에 손상을 주지 않고 배관의 축방향 변위, 회전, 1°이상의 각도 변위를 허용하는 이음(단, 구경 200 mm이상의 배관은 허용하는 각도변위 0.5° 이상)
지진분리 장치	지진 시 건축물 지진분리이음 설치 위치 및 지상에 노출된 건축물과 건축물 사이 등에서 발생하는 **상대변위 발생**에 대응하기 위해 모든 방향에서의 변위를 허용하는 커플링, 플렉시블 조인트, 관부속품 등의 집합체
근입 깊이	앵커볼트가 벽면 또는 바닥면 속으로 들어가 인발력에 저항할 수 있는 구간의 길이
내진 스토퍼	지진하중에 의해 과도한 변위가 발생하지 않도록 제한하는 장치
편심하중	하중의 합력 방향이 그 물체의 중심을 지나지 않을 때의 하중
단부	직선배관에서 방향 전환하는 지점과 배관이 끝나는 지점
영향구역	흔들림 방지 버팀대가 수평지진하중을 지지할 수 있는 예상구역
상쇄배관 (Offset)	영향구역 내의 직선배관이 방향전환한 후 다시 같은 방향으로 연속될 경우 중간에 방향이 전환된 짧은 배관, 짧은 배관의 합산길이는 3.7 m 이하일 것

2 내진설계 대상

1) 건축법상 구조안전 확인대상 건축물로서 특정소방대상물인 것
2) 소방시설 : 옥내소화전설비, 스프링클러설비, 물분무등소화설비
3) 적용 제외대상 : 성능시험배관, 지중매설배관, 배수배관 등
4) 특수한 구조 등으로 특별한 조사·연구에 의해 설계하는 경우 제외 가능

3 설치기준

구분		내용
수조		• 수조자체 구조안전성 확인 • 수조 기초부(패드)에 고정, 수조와 연결되는 배관에는 가요성이음장치
가압송수장치		• 방진장치에 내진스토퍼 설치(3 mm 이격, 6 mm 초과 시 수평지진하중 2배) • 흡입 측, 토출 측에 가요성이음장치
배관		• 지진분리이음, 지진분리장치, 이격거리, 흔들림방지버팀대 적용 • 배관은 단단한 고정과 흔들림방지를 위해 흔들림방지버팀대 사용할 것 • 이격거리와 지진분리이음은 상호대체 가능
	수평지진하중	흔들림 방지 버팀대에 작용하는 수평지진하중 1. 허용응력설계법 : $F_{pw} = C_p \times W_p$(W_p : 배관의 가동중량) 2. 허용응력설계법 외의 설계지진력 × 0.7

	이격거리	1. 관통구 및 배관 슬리브의 호칭구경
		   배관 호칭구경이 25 ~ 100 mm 미만 : 배관보다 50 mm 이상 클 것
		   배관 호칭구경이 100 mm 이상 : 배관보다 100 mm 이상 클 것
		   다만 배관 호칭구경이 50 mm 이하는 배관의 호칭구경 보다 50 mm 미만의 더 큰 관통구 및 배관 슬리브를 설치할 수 있다.
		2. 방화구획 관통하는 배관의 틈새 : 인정된 내화충전구조 중 신축성이 있는 것으로 메워야 한다.

지진분리이음		1. 구경 65 mm 이상으로서 수직직선배관 및 티분기되는 수평배관 0.6 m에 설치 2. 수직직선배관의 상부 및 단부 0.6 m 이내, 2층 이상 건축물은 바닥으로부터 0.3 m, 천장으로부터 0.6 m 이내 설치(다만 길이가 0.9 m 미만은 설치 제외, 길이 0.9 ~ 2.1 m는 하나의 지진분리이음 설치 가능) 3. 수직직선배관의 중간지지부 위아래부분 0.6 m 이내
지진분리장치		1. 지상층 배관 중 건축물 지진분리이음 위치 및 건축물 인입 위치에 설치 2. 건축물 지진분리이음의 변위량을 흡수할 수 있도록 전후좌우 방향의 변위를 수용할 수 있도록 설치 3. 지진분리장치의 전단과 후단의 1.8 m 이내에는 4방향 흔들림 방지 버팀대를 설치 4. 지진분리장치 자체에는 흔들림 방지 버팀대를 설치할 수 없다.
흔들림방지버팀대	흔들림방지버팀대	• 세장비(L/r)는 300 이하일 것 • 하나의 수평직선배관 : 최소 2개의 횡방향 흔들림 방지 버팀대와 1개의 종방향흔들림 방지 버팀대를 설치할 것(다만 길이 6 m미만인 경우는 각 1개 설치)
	횡방향	• 수평배관, 교차배관 및 구경 65 mm 이상 가지배관에 설치 • 12 m마다 설치(상쇄배관 길이는 합산한다) • 단부에서 1.8 m 이내에 설치
	종방향	수평배관, 교차배관에 설치, 24 m마다 설치, 단부에서 12 m 이내(상쇄배관 길이는 합산한다)
	4방향	수직직선배관에 설치, 최상부 및 8 m마다 설치

횡방향 흔들림방지 버팀대를 제외할 수 있는 행가의 기준	가. 구조부재 고정점 ~ 배관 상단까지 거리 : 150 mm 이내 나. 모든 행가의 75 % 이상이 가목의 기준을 만족할 것 다. 연속 설치된 행가는 가목의 기준을 연속 초과하지 않을 것 라. 지진계수(C_p) 값이 0.5 이하일 것 마. 구경 : 수평주행배관 150 mm 이하, 교차배관 100 mm 이하

가지배관 고정장치	• 행가로부터 위치 : 와이어타입은 600 mm, 환봉타입은 150 mm 이내일 것
	• 65 mm 미만의 가지배관에 설치, 세장비 400
	• 행가가 다음 각 목을 모두 만족하는 경우 고정장치 설치 제외 가능
	  가. 구조부재 고정점 ~ 배관 상단까지 거리 : 150 mm 이내
	  나. 모든 행가의 75 % 이상이 가목의 기준을 만족할 것
	  다. 연속 설치된 행가는 가목의 기준을 연속 초과하지 않을 것

제어반 소화전함 비상전원 가스계	• 공통적용사항의 지진하중, 앵커볼트 기준 적용 • 제어반 및 소화전함은 하중이 450 N 이하이고 내력벽, 기둥에 설치 시 직경 8 mm 이상 볼트 4개로 고정 가능하다. • 지진 시 기능 유지, 파손 변형 아니 되고, 개폐 장애 없으며 오동작, 전도방지

4 버팀대 형상에 따른 단면 2차 모멘트

버팀대 형상	단면 2차 모멘트(I)	단면적(A)	최소 단면 2차 반경 $\left(\sqrt{\dfrac{I}{A}}\right)$
[직사각형]	$\dfrac{bh^3}{12}$	bh	$\sqrt{\dfrac{I}{A}} = \sqrt{\dfrac{bh^3}{12bh}} = \dfrac{h}{\sqrt{12}}$
[원형]	$\dfrac{\pi D^4}{64}$	$\dfrac{\pi D^2}{4}$	$\sqrt{\dfrac{I}{A}} = \sqrt{\dfrac{4\pi D^4}{64\pi D^2}} = \dfrac{D}{4}$
[이중원형]	$\dfrac{\pi(D^4-d^4)}{64}$	$\dfrac{\pi(D^2-d^2)}{4}$	$\sqrt{\dfrac{I}{A}} = \sqrt{\dfrac{4\pi(D^4-d^4)}{64\pi(D^2-d^2)}} = \dfrac{\sqrt{D^2+d^2}}{4}$

CHAPTER 09 | 계산문제
소방시설의 내진설계기준

01
조건과 같은 형상의 종방향 흔들림방지버팀대를 사용하는 경우 최대 버팀대의 길이 [m]를 계산하시오.

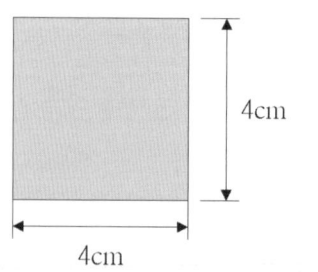

종방향 흔들림방지버팀대의 형상의 다음과 같으며, 좌굴길이의 계수 r = 1이다.

정답

$$\text{세장비}(\lambda) = \frac{L}{r} \qquad \text{최소단면 2차 반경 } r = \sqrt{\frac{I}{A}}$$

1) 최소단면 2차 반경(r)

  (1) 버팀대의 단면 2차 모멘트(cm⁴) = $\dfrac{4\text{cm} \times (4\text{cm})^3}{12}$ = 21.333 cm⁴   ∴ 21.33 cm⁴

  (2) 버팀대의 단면적(cm²) = 4cm × 4cm = 16 cm²   ∴ 16 cm²

  (3) 최소단면 2차 반경(r) = $\sqrt{\dfrac{21.33\text{cm}^4}{16\text{cm}^2}}$ = 1.154 cm   ∴ 1.15 cm

2) 최대 버팀대의 길이 [m] = $r \times 300$ = 1.15cm × 300 = 345 cm

답 3.45 m

02

조건과 같은 형상의 버팀대를 사용할 경우 세장비를 계산하시오. (단, 버팀대 길이 3 m, 양단 pin지지, 좌굴길이의 계수 r = 1이다)

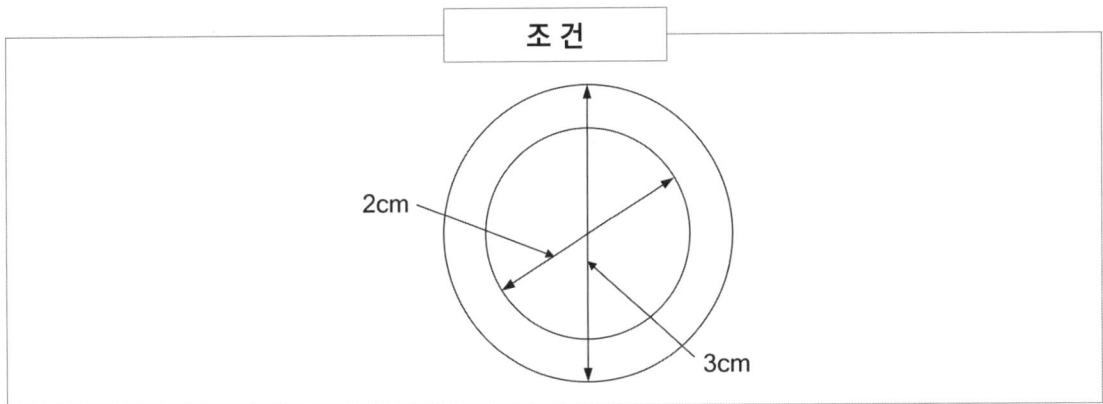

정답

1) 최소단면 2차 반경(r)

　(1) 버팀대의 단면 2차 모멘트(cm^4) 및 버팀대의 단면적(cm^2)

　　① 단면 2차 모멘트(cm^4) = $\dfrac{\pi}{64}(D^4 - d^4)$

　　② 단면적(cm^2) = $\dfrac{\pi}{4}(D^2 - d^2)$

　(2) 단면 2차 모멘트(cm^4) = $\dfrac{\pi \times [(3\,cm)^4 - (2\,cm)^4]}{64}$ = 3.19 cm^4 　　　∴ 3.19 cm^4

　(3) 버팀대의 단면적(cm^2) = $\dfrac{\pi \times [(3cm)^2 - (2cm)^2]}{4}$ = 3.927 cm^2 　　　∴ 3.927 cm^2

　(4) 최소단면2차 반경(r) = $\sqrt{\dfrac{I}{A}} = \sqrt{\dfrac{3.19\,cm^4}{3.927\,cm^2}}$ = 0.9013 cm 　　　∴ 0.9013 cm

2) 세장비 = $\dfrac{L}{r}$ = $\dfrac{300cm}{0.9013cm}$ = 332.85

답 332.85(세장비가 300 초과이므로 사용 불가)

부록 소방시설도시기호

분류	명칭	도시기호	분류	명칭	도시기호
배관	일반배관	———	헤드류	스프링클러헤드폐쇄형 상향식(평면도)	⊸•⊸
	옥내·외소화전	—H—		스프링클러헤드폐쇄형 하향식(평면도)	
	스프링클러	—SP—		스프링클러헤드개방형 상향식(평면도)	
	물분무	—WS—		스프링클러헤드개방형 하향식(평면도)	
	포소화	—F—		스프링클러헤드폐쇄형 상향식(계통도)	▲
	배수관	—D—		스프링클러헤드폐쇄형 하향식(입면도)	▼
전선관	입상			스프링클러헤드폐쇄형 상·하향식(입면도)	
	입하			스프링클러헤드 상향형(입면도)	↑
	통과			스프링클러헤드 하향형(입면도)	↓
관이음쇠	후렌지	—∥—		분말·탄산가스· 할로겐헤드	
	유니온	—∥∥—		연결살수헤드	
	플러그	←—		물분무헤드(평면도)	—⊗—
	90°엘보			물분무헤드(입면도)	▽
	45°엘보			드랜쳐헤드(평면도)	—⊘—
	티			드랜쳐헤드(입면도)	▽
	크로스			포헤드(평면도)	
				포헤드(입면도)	
	맹후렌지	—∥		감지헤드(평면도)	
	캡	—⊐			

분류	명칭	도시기호	분류	명칭	도시기호
헤드류	감지헤드(입면도)		밸브류	릴리프밸브(이산화탄소용)	
	청정소화약제방출헤드(평면도)			릴리프밸브(일반)	
	청정소화약제방출헤드(입면도)			동체크밸브	
밸브류	체크밸브			앵글밸브	
	가스체크밸브			FOOT밸브	
	게이트밸브(상시개방)			볼밸브	
	게이트밸브(상시폐쇄)			배수밸브	
	선택밸브			자동배수밸브	
	조작밸브(일반)			여과망	
	조작밸브(전자식)			자동밸브	
	조작밸브(가스식)			감압밸브	
	경보밸브(습식)			공기조절밸브	
	경보밸브(건식)		계기류	압력계	
	프리액션밸브			연성계	
	경보델류지밸브			유량계	
	프리액션밸브 수동조작함	SVP	소화전	옥내소화전함	
	플렉시블조인트			옥내소화전 방수용기구병설	
	솔레노이드밸브			옥외소화전	
	모터밸브			포말소화전	

부록 607

분류	명칭	도시기호	분류	명칭	도시기호
소화전	송수구		경보설비기기류	차동식 스포트형 감지기	
	방수구			보상식 스포트형 감지기	
스트레이너	Y형			정온식 스포트형 감지기	
	U형			연기감지기	S
저장탱크류	고가수조 (물올림장치)			감지선	
	압력챔버			공기관	
	포말원액탱크	(수직) (수평)		열전대	
레듀셔	편심레듀셔			열반도체	
	원심레듀셔			차동식 분포형 감지기의 검출기	
혼합장치류	프레져프로포셔너			발신기세트 단독형	PBL
	라인프로포셔너			발신기세트 옥내소화전내장형	PBL
	프레져사이드 프로포셔너			경계구역번호	△
	기타	P		비상용누름버튼	F
				비상전화기	ET
펌프류	일반펌프			비상벨	B
	펌프모터(수평)	M		사이렌	
	펌프모토(수직)	M		모터사이렌	M
저장용기류	분말약제 저장용기	P.D		전자사이렌	S
	저장용기			조작장치	EP
				증폭기	AMP

분류	명칭	도시기호	분류	명칭		도시기호
경보설비기기류	기동누름버튼	Ⓔ	경보설비기기류	종단저항		∩
	이온화식 감지기 (스포트형)	S I		수동식제어		□
	광전식연기감지기 (아날로그)	S A		천장용 배풍기		
	광전식연기감지기 (스포트형)	S P		벽부착용 배풍기		
	감지기간선, HIV1.2 mm × 4(22C)	—F ///	제연설비	배풍기	일반배풍기	
	감지기간선, HIV1.2 mm × 8(22C)	—F /// ///			관로배풍기	
	유도등간선 HIV2.0 mm × 3(22C)	— EX —		댐퍼	화재댐퍼	
	경보부저	BZ			연기댐퍼	
	제어반	⊠			화재/연기 댐퍼	
	표시반	⊞	스위치류	압력스위치		PS
	회로시험기	⊙		탬퍼스위치		TS
	화재경보벨	Ⓑ	방연·방화문	연기감지기(전용)		S
	시각경보기 (스트로브)	◇		열감지기(전용)		⊖
	수신기	⊠		자동폐쇄장치		ER
	부수신기	⊞		연동제어기		
	중계기	▭		배연창기동 모터		M
	표시등	◐		배연창수동조작함		
	피난구유도등	⧖	피뢰침	피뢰부(평면도)		●
	통로유도등	→		피뢰부(입면도)		
	표시판	◿		피뢰도선 및 지붕 위 도체		—
	보조전원	TR				

분류	명칭	도시기호	분류	명칭	도시기호
제연설비	접지		기타	비상콘센트	
	접지저항 측정용 단자			비상분전반	
소화기류	ABC소화기			가스계소화설비의 수동조작함	RM
	자동확산 소화기			전동기구동	M
	자동식소화기			엔진구동	E
	이산화탄소 소화기			배관행거	
	할로겐화합물 소화기			기압계	
기타	안테나			배기구	
	스피커			바닥은폐선	
	연기 방연벽			노출배선	
	화재방화벽			소화가스 패키지	PAC
	화재 및 연기방벽				

2026 엔드 업 소방시설관리사 기본서 설계 및 시공

발행일	2025년 10월 30일 개정판 1쇄
지은이	이승화
발행인	황모아
발행처	(주)모아교육그룹
주 소	서울특별시 영등포구 영신로 32길 29 세화빌딩 2층
전 화	02-2068-2393(출판, 주문)
등 록	제2015-000006호(2015.1.16.)
이메일	moagbooks@naver.com
ISBN	979-11-6804-470-8 (13500)

이 책의 가격은 뒤표지에 있습니다.

Copyright ⓒ (주)모아교육그룹 Co., Ltd. All Rights Reserved.

이 책은 저작권법에 의해 보호를 받는 저작물이므로 저자와 출판사의 서면 허락 없이
내용의 전부 또는 일부를 이용하는 것을 금합니다.

시작부터 합격할 때까지 함께하는 모아북스 교재!

| 모아 소방기술사 | 요해 소방기술사 시리즈 | 금화도감 소방기술사 시리즈 |

    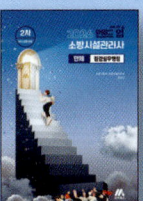

소방시설관리사 시리즈 (버닝 업/그로우 업/엔드 업)

초격차 소방설비기사·산업기사 시리즈   소방기술사 합격비책

뇌박힘 시리즈   뇌풀림 수리계산 핸드북   소방설비 찐 실무

모아북스

전기분야

　　　모아 전기기사 시리즈　　　　　　모아 전기산업기사 시리즈　　　2025 모아 전기기사 봉투모의고사

　　　　　　모아 전기안전기술사 시리즈　　　　　　　　　　모아 전기응용기술사

   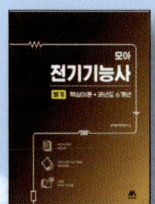 

　　　　아우름 전기기능장 시리즈　　　　　　　　　모아 전기기능사 시리즈

   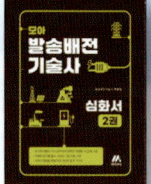 

　　　　모아 발송배전기술사(기본서/심화서)　　　　　정보통신기술사(이론서)

 **안전분야**

모아 위험물기능장·산업기사·기능사 시리즈   모아 건축설비기사·산업기사 시리즈

 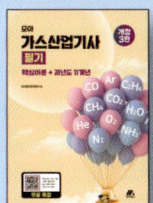   

모아 가스기사·산업기사·기능사 시리즈   모아 산업안전기사 시리즈

    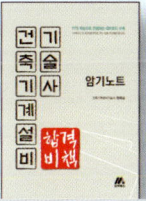

모아 공조냉동기계기사·산업기사·기능사 시리즈   모아 화공안전기술사   건축기계설비기술사 합격비책

모아 에너지관리기사·산업기사·기능사 시리즈

모아북스

모아북스

"수험생의 불필요한 시간을 아끼는 것"
모아북스가 가장 중요하게 생각하는 가치입니다.

모아북스는 매년 달라지는 법령과 변화하는 출제 경향, 새롭게 제정되는 규정까지 수험생보다 먼저 학습하고, 핵심만을 빠르게 정리합니다. 합격을 위한 가장 빠르고 정확한 수험서를 만들기 위해 한 페이지 한 페이지에 진심을 담아 제작합니다.

▍모아 출판 프로세스

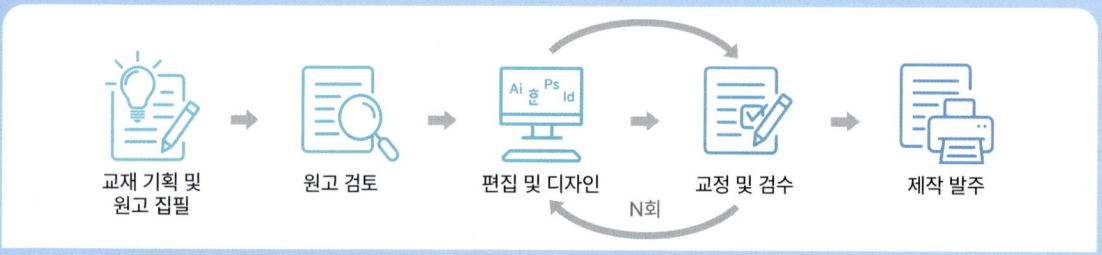

교재 기획 및 원고 집필 → 원고 검토 → 편집 및 디자인 → 교정 및 검수 → 제작 발주 (N회)

▍모아북스 블로그 소개

수험서를 구매하기 전 책을 훑어보러 서점까지 가기 힘드신가요? 모아북스 블로그에서는 수험생의 소중한 시간을 아껴드리기 위해 책의 구체적인 구성과 강점, 효과적인 학습법까지 직접 보는 것처럼 상세하게 소개해드립니다. 궁금한 교재가 있다면 모아북스 블로그에 '책 제목'을 검색해보세요!

모아북스 블로그

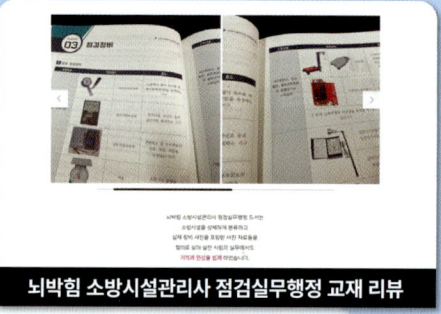
뇌박힘 소방시설관리사 점검실무행정 교재 리뷰

모아북스 블로그

▍고객의 소리

더 나은 교재 제작을 위해 여러분의 소중한 의견을 기다립니다. QR을 통해 남겨주신 피드백 중 우수 글에 선정되신 독자분께는 감사의 마음을 담아 소정의 선물을 드립니다.

고객의 소리

모아북스